Peter · Rüstungspolitik in Baden

Beiträge zur Militärgeschichte

Herausgegeben vom
Militärgeschichtlichen Forschungsamt

Band 44

R. Oldenbourg Verlag München 1995

Rüstungspolitik in Baden

Kriegswirtschaft und Arbeitseinsatz in einer Grenzregion im Zweiten Weltkrieg

von

Roland Peter

R. Oldenbourg Verlag München 1995

Skizzen und Graphiken: Zeichenstelle des Militärgeschichtlichen Forschungsamtes

Die Deutsche Bibliothek – CIP-Einheitsaufnahme

Peter, Roland:
Rüstungspolitik in Baden : Kriegswirtschaft und Arbeitseinsatz in einer Grenzregion im Zweiten Weltkrieg / von Roland Peter. – München : Oldenbourg, 1995
(Beiträge zur Militärgeschichte ; Bd. 44)
Zugl.: Kurzfassung von: Freiburg (Breisgau), Univ., Diss., 1992
ISBN 3-486-56057-3
NE: GT

Satz: Militärgeschichtliches Forschungsamt, Potsdam
Druck und Bindung: R. Oldenbourg Graphische Betriebe GmbH, München

ISBN 3-486-56057-3

Inhalt

Anhang

Vorwort des Herausgebers

Baden als Grenzland litt von jeher unter erheblichen Benachteiligungen im Vergleich zu den Zentralregionen. Dies war in Friedenszeiten so, als aufgrund fehlender Arbeitsplätze die Arbeitssuchenden des Landes in die Industriereviere abwandern mußten. Und in Kriegsjahren verschärfte sich die Krisenlage, weil diese Region aufgrund der Nähe zur Front besonders gefährdet erschien, so daß kriegswichtige Betriebe in die grenz- und damit frontferneren Gebiete verlegt, andere sogar ganz geschlossen wurden.

Die vorliegende Arbeit, eine überarbeitete Freiburger Dissertation, behandelt nun erstmals die wirtschaftliche Entwicklung Badens in den Jahren 1933—1945 und vermag damit ein lang beklagtes Forschungsdesiderat abzubauen.

Der Autor wertete kaum genutztes Quellenmaterial, wie beispielsweise Akten von Firmen, Handelskammern und Arbeitsämtern sowie die umfangreichen Bestände der Rüstungsdienststellen der Wehrmacht, aus und skizziert den Aufbau nationalsozialistischer Wirtschaftsverwaltung in Baden. Dabei werden auf unterschiedlichen Ebenen regional-traditionelle Faktoren bei der beginnenden Rüstungswirtschaft in den »Friedensjahren« dargelegt, die zunehmende Reglementierung durch Staat und Partei nachvollzogen und schließlich die kriegsbedingte Kommando- und Zwangswirtschaft herausgearbeitet. Am Beispiel der Auftragsvergabe, der Stillegung von Betrieben, des Einsatzes von Arbeitskräften bis hin zur Heranziehung von Zwangsarbeitern, Kriegsgefangenen und Frauen werden die Kompetenzstreitigkeiten zwischen kommunalen und parteilichen Institutionen und Interessengruppen veranschaulicht und somit die These vom polykratischen Charakter nationalsozialistischer Wirtschaftspolitik überzeugend untermauert.

Dr. Günter Roth
Brigadegeneral und Amtschef
des Militärgeschichtlichen Forschungsamtes

Zum Geleit

Roland Peters regionalgeschichtliche Arbeit vermag unsere Einsicht in Zusammenhänge der nationalsozialistischen Kriegswirtschaft und in die Struktur des Herrschaftssystems wesentlich zu erweitern. Wir erfahren, daß Baden aufgrund der Grenzlage lange Zeit wirtschaftspolitisch — und gerade auch rüstungswirtschaftlich — benachteiligt war und erst nach dem Frankreichfeldzug ganz in die Kriegswirtschaft integriert wurde. Rasch konnten nun zahlreiche badische Firmen produktionstechnologische Rückstände aufholen, standen jedoch bald auch vor erheblichen Problemen. Gestützt auf eine breite Quellengrundlage, darunter bisher nicht ausgewertete Materialien, kann Roland Peter die Aktivitäten der Rüstungsfirmen nachzeichnen. Großen Raum widmet er der Frage des Arbeitskräftemangels. Besonderes Interesse verdienen dabei seine Ausführungen zum Einsatz von Frauen und von Zwangsarbeitern, der von beträchtlichen Konflikten begleitet war.

Darüber hinaus analysiert Roland Peter das organisatorische Geflecht der Kriegswirtschaft und kann neues Licht auf das Verhältnis von Region und Zentrale werfen. Das Bild vom polykratischen Charakter des nationalsozialistischen Sysems bestätigt sich, ja es gelingt, über den bisherigen Stand der Forschung hinaus weitere Kennzeichen polykratischer Konfliktlinien, aber auch deren systemstabilisierende Funktion deutlich zu machen. So ermöglichte es die polykratische Struktur, daß in der Praxis — ohne die NS-Herrschaft in Frage zu stellen — der Einfluß von Parteiorganen auf Staat und Wirtschaft zurückgedrängt wurde. Dadurch konnten an sich systemkritische oder »unpolitische« Persönlichkeiten mit einem gewissen Maß an Anpassung überleben und dazu beitragen, daß ihr Amt oder ihre Firma effizient arbeitete. Auf diese Weise jedoch erfüllten sie die NS-Ordnung mit Leben, bewirkten Erfolge, stärkten deren Ansehen, förderten somit letztlich deren Funktionieren.

Die Studie kann nicht nur die Verhältnisse in der badischen Region während des »Dritten Reiches« erhellen, sondern auch überregionales Interesse an differenzierter Kenntnis des Herrschaftsmechanismus beanspruchen.

Basel — Heiko Haumann

Danksagung

Die vorliegende Studie wurde 1992 von den Philosophischen Fakultäten der Albert-Ludwigs-Univeristät in Freiburg im Breisgau als Dissertation angenommen. Für die Buchfassung habe ich das Manuskript nochmals überarbeitet und gekürzt.
Ein Stipendium der Friedrich-Ebert-Stiftung hat die Dissertation ermöglicht. Danken möchte ich besonders den Mitarbeitern der verschiedenen Archive, für die ich stellvertretend Manfred Hennhöfer vom Generallandesarchiv in Karlsruhe, Anne Hermann vom Wirtschaftsarchiv in Stuttgart und Ursula Kettenmann-Pfaff vom Daimler-Benz-Archiv in Stuttgart-Untertürkheim nennen möchte. Sie alle sind meinen häufig nicht ganz einfachen und für sie arbeitsreichen Wünschen gerne nachgekommen.
Besonders zu Dank verpflichtet bin ich meinen akademischen Lehrern, vor allem meinem »Doktorvater« Professor Dr. Heiko Haumann, der die Arbeit kritisch und ermunternd begleitet hat, obwohl ich erst spät zu den Freiburger Regionalhistorikern hinzugestoßen bin. Wichtige Ratschläge kamen vom Tübinger Wirtschaftshistoriker Hans-Peter Ullmann.
Besonders erwähnen möchte ich auch meine Freiburger Freunde, die das Manuskript gegengelesen und verbessert haben: Stephan Lamerz, Edgar Wolfrum, Thomas Held und Friedemann Scriba in einem besonders wichtigen Stadium.
Das Militärgeschichtliche Forschungsamt hat meine Arbeit dankenswerterweise in seine Schriftenreihe aufgenommen.
Ich möchte die Arbeit meiner Frau Andrea und unserer Tochter Meike widmen. Ohne Ihren Verzicht auf viele gemeinsame Stunden wäre ich nicht weit gekommen.

Freiburg, im Sommer 1994 Roland Peter

I. Einleitung

»Die Aufgabe muß sein, aus den Hirnen der Industriellen endlich die Meinung auszutreiben, daß die militärisch strategische Lage unserer badischen Heimat gefährlicher und für die Ansiedlung der Industrie ungeeigneter sei als die unserer Nachbarländer. Wenn eine solche Gefahr bestünde, wäre sie im Hinblick auf die moderne Kriegstechnik in Baden nicht größer als in Württemberg, in Bayern oder in Innerdeutschland[1].«

Trotz seiner beschwörenden Worte, die der badische Gauleiter Robert Wagner zu Beginn seiner Amtszeit 1933 an die oberbadischen Bürgermeister richtete, verhinderte die geopolitische Situation Badens auch in den folgenden Jahren den Aufbau einer Rüstungsindustrie in dem südwestdeutschen Grenzland. Zu tief hatten sich die Erfahrungen, die in den Jahren seit Ende des Ersten Weltkrieges mit dieser Lage gemacht wurden, in den »Hirnen« vor allem der Militärs festgesetzt, als daß das Land gleichberechtigt am Rüstungsboom der dreißiger Jahre beteiligt worden wäre. Und zu gegenwärtig waren die mit der entmilitarisierten Zone verbundenen Risiken, dem vom Versailler Friedensvertrag von 1919 eingerichteten Gebilde. Die Zone umfaßte in Baden entlang der Linie Schiltach—Tiengen ein Gebiet von etwa 50 Kilometern Breite.

Welche Gefahren der Zone drohten, hatte insbesondere der Einmarsch französischer Truppen während des »Ruhrkampfes« von 1923 offenbart. Die Invasoren besetzten Mannheim und Karlsruhe und stürzten die Region in eine schwere wirtschaftliche Krise[2]. Potentielle Investoren machten in der Folge meist einen großen Bogen um den rechtsrheinischen badischen Raum. Nach Ansicht des badischen Innenministers wurde das Gebiet »von denjenigen Kreisen der Wirtschaft, die vor der Frage einer Niederlassung oder der Verlegung einer solchen stehen, geradezu als Gefahrenzone betrachtet«[3]. Der Respekt vor den französischen Kanonen gewann für die südwestdeutsche Peripherie um so mehr an Bedeutung, als sich in den dreißiger Jahren auch militärische Stellen dieser Haltung anschlossen. In der Führung von Reichswehr und Wehrmacht waren geradezu »psychologische Widerstände« dagegen entstanden, Rüstungsaufträge an badische Firmen zu geben, wie sich die Mannheimer Dienststelle des Sicherheitsdienstes der SS (SD) später erinnerte[4].

Diese Haltung verzögerte die wirtschaftliche Erholung in den westlichen Grenzregionen und bestimmte das soziale und ökonomische Leben bis 1939. »Grenzlandnot« war deshalb lange Zeit das wichtigste Schlagwort der badischen Regierung[5]. In der Folge fehlte

---

1 Der Alemanne, Nr. 191, 13.7.1933.

2 Bad. Landesregierung, Denkschrift über die Notlage Badens, S. 5; vgl. Schäfer, Wirtschaftliche und soziale Probleme, S. 168ff.; Allgeier, Grenzland, S. 150f.

3 Zit. nach Allgeier, Grenzland, S. 164ff.

4 GLA, 465d/1364, Die wirtschaftliche Struktur Nordbadens und die daraus entstehenden wichtigsten SD-Probleme, o.D. und Autor (1942/43).

5 GLA, 233/25543, Denkschrift der badischen IHK an Hitler, 11.9.1933.

es den Randgebieten an einer Rüstungsindustrie[6]. Im Krieg hatten sie deshalb lange keinen Anspruch darauf, mit dem inner- und mitteldeutschen Raum in ökonomischen und sozialen Fragen gleichbehandelt zu werden. Demzufolge ist es der nationalsozialistischen Wirtschaftspolitik und ihrem Primat der Aufrüstung zuzuschreiben, daß sich die deutschen Regionen nach 1933 teilweise vollkommen unterschiedlich entwickelten. Am Beispiel Badens soll untersucht werden, wie stark und in welcher Hinsicht der geopolitische Faktor[7] die ökonomische Lage eines Grenzlandes im »Dritten Reich« beeinflußte, sich auf den Aufbau der Rüstungsindustrie auswirkte und die Situation des Gaues während des Zweiten Weltkrieges mitbestimmte.

Wenn Kriegswirtschaftspolitik als das volkswirtschaftliche Stadium gelten soll, in der die Richtlinie herrscht, den »Staat maximal mit militärischen Machtmitteln im weitesten Sinne des Wortes auszustatten und laufend zu versorgen, damit er seine kriegerischen Zielsetzungen in taktischer und strategischer Hinsicht erfüllen kann«[8], ist zu fragen, welche Mittel und Wege dafür auf regionaler Ebene gefunden wurden und welche Widerstände zu überwinden waren. Je länger der Krieg dauerte, um so mehr ging es dabei darum, auch die Konsumgewerbe, die die badische Wirtschaft bis 1933 dominiert hatten, in die Rüstung einzuschalten. Die Kriegswirtschaftspolitik führte so zwangsläufig zu einem tiefen sozialen Eingriff, womit sich auch die regionale Interessenpolitik angesprochen fühlen mußte. Es liegt deshalb auf der Hand, daß die Untersuchung neben den ökonomischen auch soziale und politische Faktoren nicht außer acht lassen kann.

Die sozialen Auswirkungen der ökonomischen Benachteiligung trafen Baden zu Kriegsbeginn mit voller Wucht. Die Wehrmachtführung sah in den Gebieten, die nur über relativ wenige Rüstungsfirmen verfügten, ein Menschenreservoir sowohl für das Militär selbst wie für die Kriegsfirmen Württembergs und vorwiegend Innerdeutschlands. Die Bewohner der südwestdeutschen Randregion bekamen demnach die Folgen von Aufrüstung und Kriegswirtschaft schneller und stärker zu spüren als das Gros der Reichsbevölkerung, und auch für die badische Rüstungsindustrie fiel der Mangel an Beschäftigten und insbesondere an Fachkräften eher und stärker ins Gewicht. Um Ersatz zu schaffen, griff die Arbeitsverwaltung auf deutsche Frauen und verschleppte Zwangsarbeiter zurück. Sie stand allerdings in Baden in beiden Fällen anderen Schwierigkeiten gegenüber als im Reichsinneren.

Es konnte nicht ausbleiben, daß angesichts dieser unterschiedlichen und für Baden nachteiligen ökonomischen und sozialen Prozesse politische Faktoren eine wichtige Rolle spielten. Der Karlsruher Führung unter Gauleiter Robert Wagner und Ministerpräsident Walter Köhler blieb keine andere Wahl, als die badischen Belange gegen Vorgaben Berliner Ministerien zu verteidigen und die zwangsläufig entstehenden Spannungen in Kauf zu nehmen. Die geopolitische Ausgangsposition führte also letztlich zum Konflikt zwischen Gaupartikularismus und Reichsregierung. Damit muß auch die Frage diskutiert werden,

---

6 Unter Industriefirmen werden in der Regel Unternehmen mit 20 und mehr Beschäftigten verstanden.

7 Vgl. Köllmann, Zur Bedeutung der Regionalgeschichte im Rahmen struktur- und sozialgeschichtlicher Konzeptionen.

8 Boelcke, Kriegsfinanzierung, S. 14.

inwieweit sich die polykratischen Strukturen innerhalb der NS-Herrschaft auf der mittleren Ebene widerspiegelten. Polykratie wird seit der grundlegenden Studie Peter Hüttenbergers definiert als Herrschaftszustand, der sich aus den Auseinandersetzungen unterschiedlicher Herrschaftsträger innerhalb eines Systems entwickelt[9]. Hüttenberger siedelt diesen Konflikt allerdings weitgehend auf der Makro-Ebene an, sieht ihn also als Auseinandersetzung unter den Spitzenvertretern der NS-Diktatur. Diese Studie will aber zeigen, daß die Definition auch die Konflikte zwischen den einzelnen Herrschaftsebenen mit einbeziehen muß. Sie fanden in der zentralen Berliner Politik ihren Widerhall.

Die reichhaltigen Auseinandersetzungen im regionalen Bereich umfaßten etwa den Führungsanspruch, den die Rüstungsbürokratie gegenüber den zivilen Wirtschaftbehörden unabhängig von Berliner Vorgaben durchsetzen wollte. Darüber hinaus kann das Beispiel Baden neue Aspekte für die Beziehungen zwischen den Gauleitern und ihren Vertretern vor Ort neue Aspekte liefern, zumal das Auftreten der Kreisleiter über einen Aufsatz von Barbara Fait[10] hinaus noch kaum analysiert wurde. Schließlich steht das Verhalten der an sich unpolitischen Wirtschaftsexperten aus den Handelskammern sowie der Unternehmer gegenüber dem Nationalsozialismus zur Diskussion. Dabei geht es auch um die Frage, wer letztlich im »Dritten Reich« das Sagen hatte: die Politik oder die Wirtschaft?

Die historische Forschung ist sich über die möglichen positiven Ergebnisse regionalhistorischer Arbeiten über den Nationalsozialismus einig. Horst Kuss etwa schreibt regional- und lokalhistorischen Ansätzen zu, sie seien in der Lage,

> »den Blick für die Wirklichkeit der nationalsozialistischen Herrschaft [...] zu schärfen, ihre fördernden und hemmenden Faktoren vor Ort erkennen zu lassen und schließlich die verschiedensten Möglichkeiten des lokalen, regionalen und internationalen Vergleichs anzubieten. Wie es der Realität entspricht, verbinden sich dabei die regionalen und lokalen Aspekte mit gruppen- und personenbezogenen, so daß nicht die allgemeine Geschichte einer Region, sondern vorzugsweise das Verhalten der in ihr lebenden sozialen Gruppen und Schichten an Interesse gewinnt. Regionalgeschichte wird so zur regionalen oder lokalen Sozialgeschichte[11].«

Um solche idealtypischen Ergebnisse zu erreichen, darf allerdings nicht der Blick für den Gesamtzusammenhang verloren gehen. Sonst droht der Rückfall in die provinzialisierende Landesgeschichtsschreibung. Regionalhistorische Untersuchungen müssen deshalb, wo immer es die Quellenlage zuläßt, vergleichend angelegt sein[12] und sie müssen sich an übergreifenden Fragestellungen orientieren[13]. Eine Studie über die Rüstungspolitik in einer Region des nationalsozialistischen Reiches muß beide Forderungen aber schon deshalb erfüllen, da der dirigistische Staat die grundlegenden ökonomischen Beschlüsse von

---

9 Hüttenberger, Polykratie, S. 420f.

10 Fait, Die Kreisleiter der NSDAP.

11 Kuss, Die Ausbreitung nationalsozialistischer Herrschaft, S. 542.

12 Vgl. Haumann, Alltagsgeschichte, Regionalgeschichte, Gesellschaftsgeschichte. Zu einigen Neuerscheinungen, S. 418; Hinrichs, Regionale Sozialgeschichte als Methode der modernen Geschichtswissenschaft, S. 11; Fried, Einleitung, S. 7; Steinbach, Zur Diskussion über den Begriff der »Region« — eine Grundsatzfrage der modernen Landesgeschichte, S. 208.

13 Vgl. Hinrichs, Regionale Sozialgeschichte, S. 10; Köllmann, Zur Bedeutung der Regionalgeschichte im Rahmen struktur- und sozialgeschichtlicher Konzeptionen, S. 49.

Berlin aus verordnete. Um die regionale Reaktion auf diese Entscheidungsabläufe analysieren zu können, ist ein Vergleich der wirtschaftlichen Entwicklung Badens und des Reiches notwendig. Übergreifende Fragestellungen rücken dabei häufig ins Blickfeld. Wo immer es geht, werden auch Unterschiede und Parallelen zu anderen Gauen aufgezeigt, um die badische Situation noch deutlicher herausarbeiten zu können. Angesichts fehlender Studien sind die Möglichkeiten hierzu allerdings begrenzt. Da mit Hermann Schäfers Arbeit[14] bereits eine Arbeit zur ökonomischen Lage im Baden des Ersten Weltkriegs vorliegt, werden darüber hinaus Vergleiche mit der damaligen Situation gezogen. Insbesondere für den politischen Bereich korrigierte die Forschung seit Mitte der sechziger Jahre das bis dahin vorherrschende Bild einer zentralistischen Diktatur, das die regionale Entwicklung als »bloße(n) Reflex der Befehlsempfänger gegenüber der Berliner Zentrale« charakterisierte[15]. Untersuchungen zu unterschiedlichen Mechanismen der Machtergreifung und des Widerstandes trugen ebenso zu einem tieferen Verständnis der Strukturen bei wie die Studie Hüttenbergers über die Gauleiter[16]. Trotz dieser Erkenntnisse befaßten sich bisher aber nur wenige regionalhistorische Untersuchungen mit der wirtschaftlichen und sozialen Entwicklung während des Nationalsozialismus, ihren Strukturen und Akteuren. Ein Beispiel ist die 1977 aus dem Forschungsprojekt »Widerstand und Verfolgung in Bayern 1933 bis 1945« des Münchener Instituts für Zeitgeschichte hervorgegangene mehrbändige Studie »Bayern in der NS-Zeit«[17]. Dies ist um so erstaunlicher, als die schon Ende der sechziger Jahre verfaßte Dissertation Jürgen Johns und sein Aufsatz in der Zeitschrift für Geschichtswissenschaft[18] über die rüstungsindustrielle Entwicklung in Thüringen andeuteten, welch große Unterschiede in dieser Hinsicht zwischen den Regionen bestanden. Obwohl Johns Arbeit mit seinem regionalhistorischen Ansatz implizit auch die marxistische ›Agententheorie‹ widerlegte und die eigenständige Rolle der NSDAP unterstrich, fand sie in der westlichen Historiographie keine Beachtung. John zufolge entwickelte sich Gauleiter Fritz Sauckel in Thüringen zum »Manager« von Industriefirmen und baute schließlich auch Rüstungskonzerne auf. Eine solche Politik widersprach diametral dem in Baden verfolgten Ansatz.

---

[14] Schäfer, Regionale Wirtschaftspolitik in der Kriegswirtschaft. Staat, Industrie und Verbände während des Ersten Weltkriegs in Baden, Stuttgart 1983.

[15] Düwell, Regionale Geschichte des NS-Staaates zwischen Mikro- und Makroanalyse, S. 287; vgl. ders., Vergleichende Strukturfragen einer Regionalgeschichte der NS-Zeit.

[16] Peter Hüttenberger, Die Gauleiter. Für eine ausführliche Bibliographie zu regional- und lokalgeschichtlichen Arbeiten über den Nationalsozialismus siehe die Literaturbesprechungen von Horn, Regionale Entwicklung; Düwell, Regionale Geschichte; Kuss, Ausbreitung nationalsozialistischer Herrschaft und Grill, Local and Regional Studies.

[17] Pollmann/Ludewig, Nationalsozialistische Wirtschaftspolitik im Lande Braunschweig 1930–1939; Bayern in der NS-Zeit. Soziale Lage und politisches Verhalten im Spiegel vertraulicher Berichte. Hg. Martin Broszat u.a.; darin u.a.: Blaich, Die bayerische Industrie 1933–1939. Elemente von Gleichschaltung, Konformismus und Selbstbehauptung; Karner, Die Steiermark im Dritten Reich 1938–1945. Willi A. Boelcke legte 1987 und 1989 eine allgemeine »Wirtschafts-« und eine »Sozialgeschichte« Baden-Württembergs von 1800 bis 1989 mit Handbuchcharakter vor.

[18] John, Faschistische Rüstungswirtschaft und regionale Industrie, 1969; ders. Rüstungsindustrie und NSDAP-Organisation in Thüringen 1933–1939, in: ZfG 22 (1974).

Auch zur Frage des Verhältnisses zwischen Gaupartikularismus und Reichsregierung sowie der damit zusammenhängenden polykratischen Herrschaftsausübung im NS-Staat gab es bisher nur wenige Arbeiten[19]. In der Forschung wurde deshalb etwa von Dieter Rebentisch[20] dazu aufgefordert, entsprechende Untersuchungen anzustellen.

Für Baden und Württemberg liegen bereits Studien über die Zeit des Nationalsozialismus vor, die sich allerdings ausschließlich auf den politischen Bereich konzentrieren. 1975 erstellte der amerikanische Historiker Johnpeter Horst Grill seine Dissertation über die badische NSDAP, die 1983 in einer überarbeiteten Fassung veröffentlicht wurde[21]. Grill analysierte die Entwicklung der Partei von 1920 bis 1945, wobei er allerdings überregionale Bezüge vollkommen außer acht ließ und auch die Verbindung von sozialgeschichtlichen mit ökonomischen Fragen nur am Rande behandelte. Eine Reihe lokaler Studien konnte darüber hinaus in die Arbeit einbezogen werden[22].

Die Quellenlage für die vorliegende Arbeit war ausgesprochen gut, wenn auch einige wichtige Bestände fehlten. Die Studie stützt sich in erster Linie auf die im Generallandesarchiv (GLA) in Karlsruhe vorhandenen Unterlagen des badischen Finanz- und Wirtschaftsministeriums, des Staatsministeriums, der NSDAP sowie verschiedener Arbeitsämter. Als besonders ergiebig erwies sich der erst jüngst freigegebene Bestand an Spruchkammerakten, der sich im GLA aber nur auf den nordbadischen Raum konzentrierte. Die für die Erforschung der südbadischen Region maßgeblichen Verfahrensakten lagern im Colmarer Archiv der französischen Besatzungsarmee, für deren Zugang die Genehmigung versagt wurde[23]. Die im Bundesarchiv-Militärarchiv Freiburg (BA-MA) verwalteten Unterlagen der Rüstungsinspektionen und -kommandos ergänzten die Aussagen über die Kriegsindustrie in Südwestdeutschland. Als weitere bedeutende Quellensammlung auf regionaler Ebene erwies sich das Wirtschaftsarchiv (WSA) Baden-Württemberg in Stuttgart-Hohenheim, dessen Sammlungen der IHK-Bestände von Konstanz und Schopfheim — angesichts des Verlustes der Unterlagen aller anderen badischen Industrie- und Handelskammern — in ihrer Bedeutung für die regionale Sozial- und Wirtschaftsgeschichtsschreibung kaum überschätzt werden können. Ergänzt wurden diese Bestände durch die Archivsammlungen auf zentraler Ebene in Koblenz, Potsdam und im Berlin Document Center, schließlich auf lokalem Niveau durch Unterlagen des Staatsarchivs Freiburg sowie der Stadtarchive Mannheim, Heidelberg, Pforzheim, Freiburg und Konstanz. Als weiterer wichtiger Quellenbestand erwies sich das Archiv der Firma Daimler-Benz in Stuttgart-Untertürkheim, das bis auf die Vorstandsprotokolle des Konzerns in

---

19 Mit der Ausnahme etwa des Projekts Bayern in der NS-Zeit. Soziale Lage und politisches Verhalten im Spiegel vertraulicher Berichte. Hg. Martin Broszat u.a., sowie von Arbeiten über Westfalen in der Aufsatzsammlung von Rebentisch/Teppe, Verwaltung contra Menschenführung im Staat Hitlers, Studien zum politisch-administrativen System.

20 Rebentisch, Führerstaat und Verwaltung, S. 25f.

21 Johnpeter H. Grill, The Nazi Party in Baden, 1920—1945, 1975; ders., The Nazi Movement in Baden, 1920—1945, 1983.

22 Unter anderem: Boelcke, Industrie im Raum Singen; Irek, Mannheim 1945—49; Matthias/Weber, Widerstand gegen den Nationalsozialismus in Mannheim; Rauh-Kühne, Ettlingen 1918—1939; Schott/Trapp, Konstanz; Zier, Pforzheim.

23 Schreiben der Archivabtlg. des französischen Außenministeriums an den Verfasser, 10.10.1990.

den Jahren nach 1942, die aus archivtechnischen Gründen bis auf eine Ausnahme nicht vorlagen, eingesehen werden konnte. Das Archiv gab zur Entwicklung der Konzernwerke in Mannheim und Gaggenau, aber auch zur Beziehung zwischen Nationalsozialismus und Großunternehmertum wertvollen Aufschluß. Diese Quellensammlung ist auch deshalb von besonderer Bedeutung, da die Archivbestände anderer badischer Großbetriebe in der Regel nicht mehr vorhanden sind.

Leider untersagte die Firmenleitung des Teninger Aluminiumunternehmens Tscheulin die Einsichtnahme in ihr von der Freiburger IHK betreutes Betriebsarchiv[24], wobei gerade dieser Bestand wichtige Aufschlüsse hätte geben können. Zum einen gehörte die Aluminiumindustrie zu den ersten badischen Gewerben, die von der Aufrüstung profitierten, zum zweiten fungierte Firmenchef Fritz Tscheulin als Präsident der Freiburger Industrie- und Handelskammer. Dessen Firmenkorrespondenz hätte deshalb möglicherweise Ersatz für den verlorenen Bestand der IHK bieten können.

Die für die Thematik wichtigen Aktenbestände des badischen Gauleiters, des südwestdeutschen Landesarbeitsamtes sowie des Landeswirtschaftsamtes Wiesbaden[25], das bis Herbst 1942 für die zivile Industrie Nordbadens zuständig war, müssen bis auf wenige Quellen als verloren angesehen werden.

Da sich der Begriff der Rüstungsindustrie während des Krieges wandelte, ist eine genauere Definition notwendig. Die Begriffsbestimmung zu Kriegsbeginn basierte auf der Produktionsseite und bezeichnete diejenigen Firmen als Rüstungsbetriebe, die sich mit ihrer Herstellung an den Entwürfen und Anweisungen der Wehrmacht orientierten[26]. Die militärischen Dienststellen der Rüstungsinspektionen und -kommandos waren für diese Unternehmen zuständig. In der zweiten Hälfte des Krieges vereinfachte Minister Albert Speer die Klassifizierung. Er ging dabei nicht von der Produktion, sondern von den Aufträgen aus und bezeichnete diejenigen Unternehmen als Rüstungsfirmen, die über 50 Prozent ihrer Fertigung für die Wehrmacht herstellten[27]. Den militärischen Rüstungsstellen wurde damit eine Vielzahl weiterer Betriebe zugeteilt. Schon angesichts der Quellenlage ist es für diese Arbeit zwingend notwendig, die zeitgenössischen Kriterien zu übernehmen. Diejenigen Firmen, die von den militärischen Dienststellen betreut wurden, werden deshalb als Rüstungsbetriebe bezeichnet[28].

---

[24] Schreiben der IHK Freiburg, 27.2.1990.

[25] Schreiben des Hessischen Hauptstaatsarchivs Wiesbaden, 22.8.1989.

[26] Thomas, Wehr- und Rüstungswirtschaft, S. 76.

[27] BA-MA, RW 20—5/51, RüIn-Abtlg. TB, Stand der Betriebsbetreuung, 1.1.1944, darin: Verfügung des RMfRuK, 11.9.1943.

[28] Über die Einzelheiten der Betreuung und deren Entwicklung siehe Kapitel II,2.

II. »Jeder gegen Jeden« oder: Der polykratische Aufbau der Behörden

1. Der subjektive Faktor: Die Beziehung Gauleiter Robert Wagners zu Ministerpräsident Walter Köhler

Das Verhältnis zwischen Gauleiter Robert Wagner und Ministerpräsident Walter Köhler gehörte zu den wichtigsten Faktoren in der badischen Wirtschaftsgeschichte zur Zeit des Dritten Reiches. Die Entscheidung, in welchem Ausmaß die badische NSDAP ihre Spuren in Ökonomie und Wirtschaftspolitik des Landes hinterlassen konnte, wurde maßgeblich davon beeinflußt.

In der Biographie beider Männer finden sich wichtige Parallelen, die lange Zeit ihr Verhältnis zueinander bestimmten. Beide hatten ungefähr das gleiche Alter, Wagner[1] war Jahrgang 1895, Köhler[2] 1897. Beide stammten aus ähnlichen kleinbürgerlichen Verhältnissen: Wagners Eltern waren Bauern in Lindach bei Eberbach im Neckartal, Köhlers Eltern besaßen einen Kolonialwarenladen in Weinheim. Vor allem die gemeinsame Erfahrung in der Kriegszeit prägte ihr späteres Verhältnis zueinander. Beide hatten sich als Kriegsfreiwillige gemeldet. Köhler wurde 1916 verwundet und kam in englische Kriegsgefangenschaft, Wagner beendete den Krieg als Leutnant. Insbesondere der spätere Gauleiter, der vor dem Krieg ein Lehrerseminar besuchte hatte, ließ sich stark von seinen militärischen Erlebnissen beeinflussen. Er blieb bei der Reichswehr und kämpfte 1919 gegen Mannheimer Revolutionäre. Dem militärischen Habitus hing Wagner zeitlebens an, der Völkische Beobachter bezeichnete ihn als Menschen mit »soldatischer Natur«[3]. Noch als Gauleiter legte er viel Wert auf militärische Äußerlichkeiten und ließ sich Meldungen in strammer Haltung erstatten[4].

Die Parallelen zwischen Wagner und Köhler zeigten sich auch nach dem Krieg. Zwar schlugen beide zunächst unterschiedliche berufliche Laufbahnen ein: Wagner blieb bei der Reichswehr als Berufssoldat, Köhler arbeitete in der elterlichen Kolonialwarenhandlung mit und übernahm später auch das Geschäft. Dabei gewann er zwangsläufig einen pragmatischen Bezug zur Wirtschaft, der seine spätere Politik wesentlich bestimmte. Doch beide kamen stark politisiert aus dem Krieg zurück und schlossen sich deutschvölkischen Gruppen an.

---

1 Die biographischen Angaben zu Wagner stützen sich auf den Bestand des BDC; weitere Quellen: Völkischer Beobachter, 13.10.1940; Bad. Biographie II, S. 297ff.; Kettenacker, Volkstum, S. 67ff.

2 Die biographischen Angaben zu Köhler basieren auf dem für das Spruchkammerverfahren selbstverfaßten Lebenslauf (GLA, 465a/51/68/902), auf dem Bestand des BDC sowie auf Bräunche, NSDAP in Baden.

3 Der Alemanne, Nr. 125, 7.5.1933; Völk. Beobachter, 13.10.1940.

4 Hüttenberger, Gauleiter, S. 125. Vgl. Kettenacker, Gauleiter, S. 70f., zur Ansicht Wagners über die Nähe zwischen NSDAP und Wehrmacht.

Köhler betonte 1946, seine »soziale« Sichtweise habe ihn schon 1918 in die DNVP geführt. Fünf Jahre später habe er die Partei wieder verlassen, da sie ihm zu »exklusiv« geworden sei. Zudem trat der Kaufmann dem deutschvölkischen Trutz- und Schutzbund bei, einer der Wehrorganisationen für ehemalige Frontsoldaten. 1925 wurde Köhler Mitglied der NSDAP. Nach seinem Parteieintritt gelang dem späteren Ministerpräsidenten der schnelle politische Aufstieg vom Ortsgruppenleiter in Weinheim bis zum Landtagsabgeordneten (1929) und Vorsitzenden der Fraktion (bis 1933). Als stellvertretender Gauleiter führte er seit 1932 schließlich die Geschäfte der badischen NSDAP. Köhler war schon in der März-Regierung Wagners als dessen Stellvertreter und kommissarischer Finanzminister vertreten[5]. Am 19. April 1933 übernahm er bei der Neugestaltung der badischen Regierung die bisher vom Innenministerium verwalteten ökonomischen Bereiche in dem neugegründeten Ressort für Finanzen und Wirtschaft[6]. Schließlich wurde er am 7. Mai zum neuen badischen Ministerpräsidenten ernannt, blieb aber weiterhin verantwortlich für den Bereich Finanzen und Wirtschaft[7].

Der spätere Gauleiter Robert Wagner beteiligte sich als Oberleutnant an der Infanterieschule München am »Bürgerbräuputsch« vom 9. November 1923 und wurde zusammen mit Hitler zu eineinhalb Jahren Haft in der Festung Landsberg verurteilt. Nur zwei weitere spätere Gauleiter-Kollegen Wagners nahmen ebenfalls am Putschversuch teil[8]. 1925 gründete Wagner in Baden den dortigen Gau der NSDAP und wurde der erste und zugleich einzige Gauleiter des Landes. Seine Stellung in Baden hinderte ihn aber nicht daran, 1932 für kurze Zeit als stellvertretender Reichsorganisationsleiter in die Parteizentrale zu wechseln. Hitler machte Wagner am 7. März 1933 zum Reichskommissar für das badische Polizeiwesen; am 11. März übernahm er nach dem Rücktritt des badischen Staatsministeriums die Amtsgeschäfte als kommissarischer Ministerpräsident[9]; am 5. Mai schließlich setzte ihn Hitler als Statthalter des Reiches für Baden ein[10]. Trotz dieser Betonung seiner regionalen Standbeins behielt Wagner weiterhin gute Beziehungen nach Berlin, die über die zunächst üblichen Statthalterkonferenzen hinausgingen. So verband ihn eine Art Freundschaft mit Propagandaminister Joseph Goebbels, der ihm bei Treffen im Südwesten immer wieder Gelegenheit zu einer Aussprache gab. Für Goebbels war Wagner »ordentlich, klug, sauber und treu«[11].

Vom Nationalsozialismus zutiefst überzeugt, hatte Wagner sich vor allem der Person Hitler auf das engste verbunden. Sein Verhältnis zu ihm wurzelte, so urteilt Kettenacker richtig, »im messianischen Erlösungsglauben« an seinen »Führer«. Im Elsaß erklärte Wagner 1942:

[5] Der Alemanne, 12.3.1933.

[6] Der Führer, Nr. 109, 20.4.1944.

[7] Der Alemanne, Nr. 126, 8.5.1933.

[8] Hüttenberger, Gauleiter, S. 213ff.

[9] GLA, 23324281, Auszüge aus Kabinettsprotokollen des Staatsministeriums, 9.3. und 10.3.1933; Der Alemanne, 9.3.und 12.3.1933. Vgl. dazu: Rehberger, Gleichschaltung; Grill, Movement, S. 243ff.; Ott, Das Land Baden.

[10] Bad. Biographie II, S. 297ff.

[11] Die Tagebücher von Joseph Goebbels. Eintragungen zu Treffen mit Wagner am 10.10.1929, 24.1. 1933 (Zitat), 31.12.1934, 13.7.1936, 12.10.1936, 18.12.1937, 3.11.1938, 9.7.1940, 26.9.1940.

»Dieser Mann hat eine höhere Mission auf der Erde zu erfüllen. Und daher ist er unüberwindlich und wird seinen Auftrag erfüllen. Er wird Herr über alle Feinde werden und Herr jeder Situation[12].«

Dieser Glaube an Hitler hielt sich bis in die letzten Kriegstage. Der Gauleiter beklagte sich Anfang April 1945 bitter bei Goebbels, daß die Moral bei der Bevölkerung wie bei der Truppe stark gesunken sei, und schilderte die für ihn unverständlichen Zweifel an der Gestalt Hitlers: »Man schrecke jetzt auch nicht mehr vor einer scharfen Kritik am Führer zurück[13].« Noch vor dem Erschießungskommando der Franzosen am 14. August 1946 wollte Robert Wagner von seiner Überzeugung nicht lassen. Seine letzten Worte waren: »Lang lebe Großdeutschland, lang lebe Hitler, lang lebe der Nationalsozialismus[14].«

Dem Gauleiter waren auch die extremsten Seiten des Rassenwahns nicht fremd. Selbständig und ohne Anweisung aus Berlin verfolgte er das Ziel, Baden »judenrein« zu machen. Am 22. Oktober 1940 wurden 6500 badische Juden in das Lager Gurs in den Pyrenäen verschleppt. Der Großteil von ihnen kam dort um, andere starben in Auschwitz[15]. Im Lager Schirmeck-Vorbruck, das Wagner direkt unterstand, sollten Elsässer durch eine »individuelle Behandlung« umerzogen werden. Im KZ Struthof starben mit Wissen Wagners Tausende[16]. Der Gauleiter strebte an, seine Glaubenssätze von Führung und Disziplin auf die politische Arbeit zu übertragen, und setzte sich das entsprechende Ziel[17], Macht und Autorität des NS-Staates nach innen und außen aufzubauen und zu verteidigen.

Einmal die öffentliche Gewalt in Händen, war der Gauleiter auch dann nicht mehr gewillt, sie durch nichtstaatliche Kräfte verletzen zu lassen, wenn die Partei dahinter stand. Entsprechend bezeichnete es das Kabinett unter seinem Vorsitz als wünschenswert, den Einfluß der Parteistellen auf die staatlichen Behörden auf Personalfragen zu beschränken[18]. Auch auf die Wirtschaft traf dies zu. Statt sich der SA-Forderung nach einer sozialen Umwälzung anzuschließen, legte er Wert auf »Ruhe, Ordnung und Disziplin«, wie Wagner vor den Oberbürgermeistern Oberbadens betonte. Die Wirtschaft sollte wieder aufblühen können, Übergriffe nichtstaatlicher Dienststellen müßten unbedingt unterbleiben[19]. Wagner hatte sich bei diesen Konflikten mit zwei Kontrahenten auseinanderzusetzen: der SA und der Nationalsozialistischen Betriebszellenorganisation (NSBO). Letztere ging in der späteren badischen DAF-Abteilung unter Fritz Plattner auf. Der SA und der SS befahl Wagner schon in den ersten Tagen seiner Tätigkeit als Reichskommissar den Rückzug. Die »öffentliche Sicherheit und Ordnung« sei durch die Polizei gewährleistet[20]. Dieser Aufruf erfolgte über einen Monat vor der Anweisung der

---

12 Straßburger Nachrichten, 2.2.1942, zit. nach Kettenacker, Volkstum, S. 70.
13 Goebbels, Tagebücher 1945, 1.4.1945, S. 482.
14 Grill, Nazi Party, S. 837.
15 Zier, Pforzheim, S. 334ff.
16 Verzeichnis der Haftstätten, XCIIIf.; Bad. Biographie II, S. 299f.
17 Vgl. dazu die ausgezeichnete Abhandlung in Kettenacker, Volkstum, S. 70f.
18 GLA, 233/24318, Sitzung des Staatsministeriums, 12.1.1934.
19 Der Alemanne, Nr. 191, 13.7.1933.
20 Der Führer, Nr. 70, 11.3.1933, vgl. Grill, Movement, S. 250.

Reichs-NSDAP, Eingriffe in die industrielle Wirtschaft zu unterlassen[21]. Er blieb aber erfolglos.

Nach Vorfällen im Juli 1933 sah sich Wagner dazu gezwungen, Handlungen von SA-Führern, die »ein bedenkliches Maß von Mißachtung der Staatsautorität erkennen lassen und eine grobe Verletzung der altbewährten Parteidisziplin darstellen«, mit staatlichen Zwangsmitteln zu bedrohen[22]. In der Folge wurden in Baden keine weiteren Übergriffe der SA bekannt, eine endgültige Konsolidierung brachte aber vermutlich erst der Terror Hitlers gegen die SA-Führung beim sogenannten »Röhm-Putsch« im Juni 1934.

Noch mehr Schwierigkeiten bereiteten die NSBO und die spätere DAF der Gauleitung. Sie verfolgten ähnliche antikapitalistische Zielsetzungen wie die SA, aber auch interne Probleme mit dem regionalen NSBO- und späteren DAF-Leiter Fritz Plattner spielten eine Rolle. Plattner versuchte zunächst, die Forderungen seiner Mitglieder mit der Drohung an die badischen Arbeitgeber aufzufangen, Lohnabbau oder Entlassungen könnten als »Sabotage am Aufbauprogramm« verstanden werden[23]. Er hatte damit ebensowenig Erfolg wie Wagner bei der SA, das vernehmbare Murren in der NSBO hielt aber wesentlich länger an. Als der Aufruf Plattners, bis zur Neuregelung der Verhältnisse Geduld zu zeigen, im September keine Ruhe brachte, folgte im Februar 1934 ein Auftritt Köhlers mit dem drohenden Hinweis, Verbände innerhalb der »Bewegung« seien nicht in erster Linie Vertreter eines Standes[24]. Auch Köhler mußte sich dem Druck aus den Reihen der badischen Parteimitglieder stellen, der angesicht der hohen Arbeitslosigkeit und des geringen Lohnniveaus insbesondere in den Bereichen Textil und Tabak entstanden war. Mitte Juli 1934 fand er vor Tabakarbeitern nur noch den Ausweg, »nichtarische Firmen« als Sündenbock vorzuschieben. Sie betrieben Lohnabbau und machten kleine und mittlere Firmen konkurrenzunfähig[25].

Offenbar vergrößerte sich die Mißstimmung angesichts des zu erwartenden Anstiegs der Arbeitslosigkeit im Winter 1934 noch einmal und mußte trotz des Versuchs der NSDAP, bei den Unternehmern Vertrauen in die neuen Verhältnisse zu wecken, besänftigt werden. Die badische Partei nahm deshalb Anfang Dezember einen nichtigen Anlaß zum Vorwand, um den der NSDAP angehörenden Direktor des Mannheimer Unternehmens AG für Seilindustrie verhaften zu lassen. Der Firmenchef hatte sich geweigert, zum Jahrestag des Kriegsbeginns Hitlers Buch »Mein Kampf« an Kriegsbeschädigte zu übergeben und der neuaufgebauten Werksbibliothek eine Spende zu leisten. Öffentlich wurde dem Firmenchef sein angeblich »unsoziales Verhalten« vorgeworfen, da er Lohnabbau betrieben und Entlassungen angeordnet habe[26]. Sanktionen folgten der Festnahme aber offenbar nicht, die Mannheimer NS-Zeitung »Hakenkreuzbanner« schwieg die weitere Entwicklung des Falles tot.

---

[21] Broszat, Staat Hitlers, S. 219f. Aufruf des Wirtschaftskommissars Wegener vom 27.4.1933.

[22] Der Führer, Nr. 208, 30.7.1933.

[23] Der Führer, Nr. 90, 31.3.1933.

[24] Der Führer, 24.9.1933; ders., Nr. 47, 17.2.1934.

[25] Der Führer, Nr. 197, 20.7.1934.

[26] Hakenkreuzbanner, Nr. 557, 4.12.1934.

Noch gravierender mußte das Vorgehen gegen die französische Gummiwarenfabrik Hutchinson in Mannheim dem Aufbau eines Vertrauensverhältnisses schaden. Im April 1935 griff ein DAF-Sturmführer in einer Veranstaltung zur Vertrauensratswahl den Firmenchef, einen französischen Juden, persönlich an. Der Direktor wurde daraufhin offenbar ausgewechselt, doch Ende 1935 attackierte Plattner persönlich dessen Nachfolger und drohte mit einem Aufruf zum Boykott der Firmenartikel. Die französische Mutterfirma beschwerte sich daraufhin beim Außenministerium und drohte, ihre Mannheimer Filiale mit über 1200 Beschäftigten zu schließen, falls die Angriffe nicht beendet würden. Die französische Botschaft forderte das Auswärtige Amt auf, für eine Entschuldigung des DAF-Gauobmanns zu sorgen[27]. Dieser Vorfall in Verbindung mit einer Kreditaffäre gab Wagner die Möglichkeit, Plattner Anfang Juli 1936 zu beurlauben und sich selbst um die Zähmung der DAF zu kümmern[28]. Innerparteiliche Konfliktpunkte waren damit beendet.

Zur Sicherung der neuen Macht des Nationalsozialismus ging Wagner als Reichskommissar sofort daran, die wichtigsten ökonomischen und politischen Vereinigungen gleichzuschalten. Im Bereich der Wirtschaft galt das vor allem für das Kammerwesen, während die Unternehmensverbände sich rasch den neuen Verhältnissen anpaßten[29]. Die Übernahme der wichtigsten Positionen durch Parteimitglieder war für Wagner dabei ebenso unverzichtbar wie die Durchsetzung des Führerprinzips. Nachdem die Nationalsozialisten ihre Macht konsolidiert hatten, galt dieses Vorhaben auch für staatliche Verwaltungsämter. Wagners Zielsetzung unterschied sich insofern kaum von einigen Parteistellen, deren Einflußnahme auf die Behörden er ja zunächst unterbunden hatte. Allerdings sollte die Verschmelzung von Partei und Staat unter Führung der ersten im Sinne des Führerprinzips ablaufen: nach Anordnung und unter Kontrolle der Parteispitze.

Als Wagner nach seiner Einsetzung zum Reichsstatthalter auch wieder die Leitung der Parteiführung in Baden übernahm, zeigte sich bald, daß er die staatlichen Führungspositionen mit den Parteispitzen verbinden wollte. Während Wagners Abwesenheit war er in Baden von Köhler vertreten worden. Der Gauleiter betonte kurz darauf, die Stelle des Gauleiters sei die Voraussetzung dafür, das Amt des Reichsstatthalters ausüben zu können[30]. Ob Wagner dabei auf größeren Widerstand seines Stellvertreters Köhler stieß, ist zweifelhaft[31]. Köhler selbst gibt an, durch die Berufung in die Staatsämter als Stellvertretender Gauleiter ausgeschieden zu sein[32]. Als Mitglied der Gauführung trat er tatsächlich nicht mehr in Erscheinung, 1934 wurde Hermann Röhn sein Nachfolger.

---

27 Akten der Parteikanzlei, 101/25680ff.; 101/25092.

28 BDC, Akten Plattner, Wagner an Reichsorganisationsleiter, 10.12.1936.

29 Siehe Kapitel II,3.

30 Der Führer, Nr. 283, 13.10.1933.

31 Der Führer, Nr. 127, 9.5.1933. Grill, Movement, S. 248, versucht aus dieser Konstellation heraus einen Konflikt zu konstruieren, der aber von den Quellen nicht gedeckt ist.

32 GLA, 465a/51/68/902, Lebenslauf Köhler. Die Angabe in Sauer, Staat, S. 25, Wagner habe Köhler seines Postens enthoben, ist nicht nachweisbar und wäre zu diesem Zeitpunkt auch nicht denkbar gewesen. Falls diese Angabe tatsächlich zutreffend gewesen wäre, hätte sich Köhler bei seinem Spruchkammerverfahren ihrer bedient.

Wagner ging auch daran, die auf den beiden Ebenen Reichskanzler/«Führer« sowie Reichsstatthalter/Gauleiter verquickten Funktionen von Staat und Partei auch bei den Landräten einzuführen. Er schlug Hitler im September 1934 vor, die Kreisleiter allgemein als Landräte einzusetzen. Die Landräte wagten sich, so seine Begründung, nicht an politische Aufgaben heran, da sie sich »im heutigen politischen Leben« nicht sicher fühlten. Dadurch würden sie in eine »unhaltbare Stellung« hineingedrängt. Da die Landräte aber auch die nationalsozialistische Staatsgewalt verkörperten, sei damit die politische Autorität des Staates gefährdet. Selbst die mangelnde Kompetenz der Kreisleiter schreckte den badischen Nationalsozialisten nicht: Verwaltungsbeamte an der Seite der örtlichen Parteiführer sollten deren Fehler ausbügeln. Hitler lehnte jedoch eine generelle Regelung dieser Art ab[33].

Damit wurde offensichtlich, daß Wagners und Hitlers Positionen in dieser Frage auseinanderlagen. Der Vorschlag des Badeners hätte gegen den Dualismus verstoßen, der im Ende 1933 erlassenen Gesetz zur Sicherung der Einheit von Partei und Staat[34] festgelegt worden war. Hitler reduzierte mit dieser Verordnung die Staatsbehörden auf eine bloße Verwaltungsfunktion, während er die »Menschenführung« der Partei zuwies. Diese nur theoretisch trennbare Aufgabenstellung sollte einen Schutz vor bürokratischer Erstarrung wie vor leistungsmindernden Experimenten bilden. Auf letzteres wäre der Vorschlag Wagners ohne Zweifel hinausgelaufen. Alle Bestrebungen zur Verschmelzung von Staat und Partei ließen sich mit diesem Gesetz unterbinden[35]. Obwohl er damit erfolglos blieb, zeigen solche Initiativen, daß eine Einschätzung des Gauleiters als phantasielos und unselbständig[36] Wagners Persönlichkeit unterschätzt. Der Nationalsozialist entwickelte vor allem dann Vorschläge und Forderungen, wenn es um den Ausbau oder die Sicherung seiner Machtstellung ging. Seine Stellung als badischer Führer durfte nicht in Gefahr geraten.

Wagners Position als Reichsstatthalter verhalf ihm zu einer überragenden Machtstellung in Baden. Hitler hatte dieses Amt 1933 mit dem »Zweiten Gesetz zur Gleichschaltung der Länder mit dem Reich«[37] eingeführt, um die zentrale Kontrolle der Länder von Berlin aus zu gewährleisten. Die Statthalter erhielten die Möglichkeit, die Ministerpräsidenten zu ernennen und zu entlassen. Sie hingen ihrerseits wiederum vom Reichskanzler ab, der sie jederzeit abberufen konnte. Verfassungspolitisch unterstanden damit die Länder der Reichsregierung, ihre Eigenständigkeit war abgeschafft. Hitler wollte mit dem Gesetz eine partikulare Machtbildung verhindern. Die Statthalter standen deshalb als eine Art Präsident über der Regierung.

Obwohl sie die Vorsitz bei den Kabinettssitzungen führten, durften sie sich allerdings nicht direkt an ihnen beteiligen. Damit entstand in den Ländern Baden, Württemberg,

---

[33] BA, R 43 II/497, Bl. 32ff., Wagner an Hitler, 19.9.1934, Bl. 32ff.; Lammers an Wagner, Bl. 36f., 30.9.1934.

[34] RGBl. I, S. 10, 1.12.1933.

[35] Interpretation nach Rebentisch, Führerstaat, S. 69f. Vgl. auch Broszat, Staat, S. 263ff., der mit dem Gesetz sogar eine »klare Unterordnung der Partei- unter die Staatsführung« ausgeführt sah.

[36] Kettenacker, Volkstum, S. 70.

[37] RGBl. I, S. 173, 7.4.1933 (Reichsstatthaltergesetz).

Thüringen, Oldenburg und Bremen, in denen die Gauleiter das Amt des Regierungschefs aufgegeben hatten und statt dessen Statthalter geworden waren, eine besondere Art des Dualismus zwischen den Hitler-Vertretern auf der einen und den neuen Ministerpräsidenten auf der anderen Seite[38].

Für Wagner bedeutete diese Regelung insbesondere deshalb eine starke Beeinträchtigung seiner Machtposition, da er sich wie die anderen Gauleiter als uneingeschränkter »Stellvertreter des Reichskanzlers« verstand[39]. Bei einer Konferenz der Reichsstatthalter forderte er deshalb, »mehr und mehr« Befugnisse der Landesregierungen auf den Statthalter zu übertragen, während er umgekehrt dagegen war, zuviel zu delegieren. Vor allem die Personalpolitik, die ihm nach dem Gesetz auch zustand, wollte er keinesfalls abgeben. Im Grunde lief Wagners Stellungnahme, die Statthalter müßten sich »mehr Rechte herausnehmen als bisher«, darauf hinaus, die Kompetenzen der Landesregierung so einzuengen, daß sie letztlich von ihm übernommen werden konnten[40].

Mit dem zweiten Reichsstatthaltergesetz vom 30. Januar 1935[41] schien dieses Ziel erreicht. In den Ländern sollte jetzt eine regelrechte Mittelinstanz aufgebaut werden, nachdem das Gesetz über den Neuaufbau des Reiches vom 30. Januar 1934[42] die Hoheitsrechte der Länder auf die Zentrale übertragen hatte. Die Landesregierungen unterstanden danach der Reichsregierung, die Statthalter der Dienstaufsicht des Reichsinnenministers. Nach diesem zweiten Gesetz waren die Reichsstatthalter befugt, sich von allen Behörden in ihren Bezirken unterrichten zu lassen. Das Innenministerium hatte darüber hinaus versucht, die bisher ausdrücklich untersagte Einbindung der Reichsvertreter in die Landesregierungen zu ermöglichen. Hitler war aber offensichtlich gegen eine normative Festlegung, da damit zukünftige Entscheidungen schon im voraus eingeengt wurden. Er änderte deshalb die vorgeschlagene Bestimmung, alle Statthalter seien mit der Führung der jeweiligen Landesregierung zu beauftragen, in eine »Kann«-Vorschrift um[43].

Nur in zwei Ländern (Hessen und Sachsen) ließ Hitler die Einsetzung der Statthalter als Regierungschefs zu. Für Baden, Württemberg und Thüringen hatte er im Mai 1935 die Ernennungsurkunden der Gauleiter Robert Wagner, Wilhelm Murr und Fritz Sauckel bereits unterzeichnet. Am 31. Mai ordnete er aber an, die Urkunden nicht abzuschikken[44]. Köhler blieb damit Ministerpräsident.

Diese für Wagner unbefriedigende Regelung hielt auch nach 1939 an. Der Ministerrat für die Reichsverteidigung[45] schuf sich zu Kriegsbeginn mit den Reichsverteidigungs-

---

[38] Vgl. Broszat, Der Staat Hitlers, S. 147ff.; Diehl-Thiele, Partei und Staat, S. 41f.

[39] Der Führer, Nr. 25, 26. 1. 1934.

[40] BA, R 43 II/1392, Bl. 5ff., Konferenz der Reichsstatthalter, 28. 9. 1933.

[41] RGBl. I, S. 293, 30. 1. 1935.

[42] RGBl. I, S. 75.

[43] Rebentisch, Führerstaat, S. 236, bekennt, eine eindeutigere Bestimmung des Motivs sei bisher nicht gefunden worden. Auch Broszat, Staat Hitlers, S. 160, weist in anderem Zusammenhang auf diese Tendenz Hitlers hin.

[44] BA, R 43 II/496, Bl. 261f. und 278.

[45] Der Ministerrat für die Reichsverteidigung wurde am 30. 8. 1939 als Kriegskabinett eingesetzt (RGBl. I, S. 1539), erlangte aber kaum Bedeutung. Als Vorsitzender fungierte Göring. Weitere Mitglieder waren Reichsinnenminister Frick als Generalbevollmächtigter für die Reichsverwaltung, Reichswirtschafts-

kommissaren in den Wehrkreisen regionale Organe, denen die staatlichen Behörden unterstellt wurden. Als Kommissare fungierten in der Regel die Gauleiter. Für den Wehrkreis V, der auch Mittel- und Südbaden umfaßte, ernannte Hitler den Württemberger Wilhelm Murr zum Kommissar[46]. Wagner ging leer aus, da Baden von drei Wehrkreisen regelrecht zerschnitten wurde. Er fungierte als einer von wenigen Gauleitern nicht einmal als Beauftragter eines Kommissars, Hitler wollte ihm vermutlich eine Unterordnung unter den württembergischen Kollegen ersparen. Die Einsetzung zum Chef der Zivilverwaltung des Elsaß im Juni 1940, als der er Hitler direkt unterstellt war[47], diente deshalb wohl auch als Entschädigung für den badischen Parteiführer.

Wagner nutzte angesichts des offensichtlichen Bedeutungsverlustes als Gauleiter und Reichsstatthalter gegenüber den Kommissaren 1941 eine Umfrage der Reichskanzlei zu einem neuen Vorstoß, um die Länderregierungen den Statthaltern zu unterstellen. Der Nationalsozialist nahm wieder Bezug auf den Führergedanken:

»Der Gedanke einer einheitlichen Führung oder Leitung des Gaues bedeutet auch, daß der Reichsstatthalter eigenschöpferisch im Sinne der Politik der Führers und der Reichsregierung tätig zu sein hat.«

Er forderte deshalb die Übertragung der Gesamtverantwortung des Gaus auf seine Schultern: »also nicht nur die politische, sondern auch die verwaltungsmäßige, wirtschaftliche, kulturelle usw.«[48].

Die Umfrage bei den Statthaltern verlor mit dem Überfall auf die Sowjetunion an Bedeutung[49]. Wagner unternahm deshalb 1942 noch einmal zwei direkte Versuche, um sein Ziel zu erreichen. Diesmal scheiterte er nicht an Hitler, sondern an seinem üblichen Widerstand gegen einen tatsächlichen oder vermeintlichen Bedeutungsverlust seines Gaues. Hitler lehnte zwar erneut eine allgemeine Regelung ab, der Ablösung Köhlers stimmte er aber zu. Da Gauleiter Wagner eine solche Lösung aber ausdrücklich davon abhängig machte, daß sie nicht nur für Baden gelten dürfe, blieb es ebenso beim Status quo wie bei einem erneuten Versuch im November 1942[50].

Eher defensiv agieren mußte Wagner bei der Diskussion über eine Reichsreform, bei der Württemberg darauf drängte, mit Baden vereinigt zu werden[51]. Wagner nahm mehrmals Stellung gegen eine Aufteilung des Landes[52]. Besonders intensive Gerüchte tauchten auf, nachdem Hitlers Referent für die Reichsreform, Gauleiter Adolf Wagner, bei einem Besuch in der Rheinpfalz Ende 1934 davon gesprochen hatte, die Reform werde über die »napoleonischen Gebilde« Baden und Bayern hinweggehen. Robert Wagner war

---

minister Walther Funk als Generalbevollmächtigter für die Wirtschaft, OKW-Chef Wilhelm Keitel, Hans-Heinrich Lammers als Chef der Reichskanzlei sowie der Hitler-Stellvertreter Rudolf Heß.

46 BA, R 43 II/1306a, Runderlaß des GB für die Reichsverwaltung, 7.10.1940; vgl. Hüttenberger, Gauleiter, S. 155f.

47 Kettenacker, Volkstum, S. 56

48 BA, R 43 II/1394a, Bl. 1ff., Wagner an Lammers, 25.3.1941.

49 Rebentisch, Führerstaat, S. 259ff.

50 BA, R 43 II/1310.

51 So ein Vorschlag des württembergischen Gauleiters Murr von Ende 1934. Als Alternative war auch daran gedacht, die badische Bodenseeregion an Württemberg abzugeben. (BA, R 43 II/496, Bl. 68ff., Murr an Hitler).

52 So am 17. November 1933 (BA, R 43 II/1313, Bl. 71f).

der Angelegenheit so überdrüssig geworden, daß er eine Entscheidung über die künftige Gaueinteilung verlangte, um die Gerüchte verstummen zu lassen[53]. Hitler sah bei diesen Diskussionen keine Möglichkeit, die divergierenden Interessen der Gauleiter unter einen Hut zu bringen. Hinzu kam, daß er bei einer weiteren Verfolgung der Pläne eine Stärkung des zentralen Beamtentums befürchtete. Im März 1935 verbot er deshalb weitere Diskussionen um die Reform[54].

In Baden blieb die persönliche Machtstellung des Reichsstatthalters und Gauleiters Wagner unangefochten. Das lag weniger an der Position als Hitlers »Vizekönig«, wie der Reichskanzler die Stellung der Statthalter bezeichnete[55], als an anderen Faktoren. Eine Ursache war das starke politische Eintreten Wagners für die badischen Interessen, wie es sich bei der Diskussion um die Reichsreform gezeigt hatte[56]. Insbesondere im ökonomischen Bereich spiegelte sich diese Grundkonstante der badischen Politik wider, die dazu diente, die eigene Machtbasis nicht durch eine anhaltende Mißstimmung der Bevölkerung aufs Spiel zu setzen[57]. Beispiele finden sich etwa bei dem Versuch der Karlsruher Regierung, den Abzug von Beschäftigten nach Württemberg oder in andere Reichsteile zu verhindern, oder auch bei ihrer dilatorischen Haltung in der Frage stillzulegender Betriebe[58]. Als logische Folge führte diese gaupartikularistische Haltung der badischen NSDAP- und Wirtschaftsführung zu Spannungen mit der Reichsregierung.

Diese Auseinandersetzungen zwischen der Reichs- und der Regional-Ebene machen eine Erweiterung des bisherigen Polykratie-Begriffs notwendig[59]. Diese These, die es ermöglichen soll, die nationalsozialistische Herrschaftspraxis annähernd zu beschreiben, wird in der Regel auf das Niveau des Reiches, also auf die Berliner Regierung, die Partei- und Wehrmachtführung und ihre jeweiligen Beziehungen zueinander bezogen. Vorgänge in der darunter liegenden Mikroebene werden dagegen »als integrale Bestandteile der je übergeordneten Bereiche« gewertet[60]. Konflikte zwischen den Ebenen fallen damit unter den Tisch, obwohl die Polykratie-These »einfache Modelle der Über- und Unterordnung« ausschließt[61]. Zwar wurzelten vielfältige Auseinandersetzungen auf den verschiedenen mikropolitischen Ebenen in der Tat in makropolitischen Vorgängen. Das Beispiel Baden zeigt aber, daß ihr Kern häufig auch einen anderen Ausgangspunkt hatte. Erst wenn die Konflikte einbezogen werden, die sich aus den jeweils unterschiedlichen regionalen Interessenlagen ergaben, wird eine eindeutigere Beschreibung der Herrschaftspraxis im NS-Staat möglich[62].

---

53 BA, R 43 II/496, Bl. 165ff., Wagner an Gauleiter Adolf Wagner, 16.1.1935.

54 BA, R 43 II/496, Bl. 248, Runderlaß RMdI, 14.3.1935. Vgl. Broszat, Der Staat Hitlers, S. 157ff.

55 Zit. nach Broszat, Der Staat Hitlers, S. 150.

56 Vgl. dazu auch Grill, Movement, S. 258f.

57 Hüttenberger, Gauleiter.

58 Siehe Kapitel IV.2. und IV.3.

59 Polykratie bezeichnet einen Herrschaftszustand, der sich entsprechend den Auseinandersetzungen unterschiedlicher Herrschaftsträger entwickelt. Ihre Positionen und Eigenschaften formieren sich dabei aus den Konstellationen ihrer Beziehungen zueinander während unterschiedlicher Phasen (nach: Hüttenberger, Polykratie, S. 421).

60 Hüttenberger, Polykratie, S. 420, nach der Position Broszats.

61 Ebd., S. 422.

62 Vgl. Peter, NS-Wirtschaft in einer Grenzregion, in: Regionale Eliten, S. 171 bis 193.

Eine zweite Ursache für die sichere Position des badischen Gauleiters lag im Verhältnis Wagners zu Ministerpräsident Köhler. Köhler wäre der einzige gewesen, der Wagners Stellung hätte gefährden können. Während es in anderen Ländern und Gauen wie etwa in Württemberg zu Machtkämpfen zwischen dem Gauleiter und dem Ministerpräsidenten kam[63], blieb es in Baden in dieser Hinsicht bis in die letzten Kriegsmonate ruhig. Der Grund lag vermutlich in einer zwar nicht nachweisbaren, aber sehr wahrscheinlichen Absprache zwischen Wagner und Köhler. Der Ministerpräsident ließ in keiner Weise irgendwelche Ambitionen auf die Spitzenposition in Baden erkennen, dafür hatte er auf dem Gebiet der Wirtschaft völlig freie Hand und besaß in diesem Bereich das uneingeschränkte Vertrauen Wagners. Einflußnahmen des Gauleiters auf die Wirtschaft lassen sich nur wenige nachweisen. Wagner schritt hier in der Regel nur ein, wenn es galt, seine Position in Konflikten mit außerbadischen Institutionen in die Waagschale zu werfen.

Die Hauptursache für diese Zurückhaltung dürfte neben dem Vertrauen, das Köhler als langjähriger Weggefährte genoß, die Einsicht Wagners in seine eigene ökonomische Inkompetenz gewesen sein. Seiner Ideologie völlig verhaftet, vertrat Wagner etwa 1933 im Sinne des nationalsozialistischen Gedankenguts die Ansicht, die wirtschaftliche Belebung müsse von der Landwirtschaft ausgehen. Den Arbeitslosen solle mit Meliorationen eine »Heimatscholle« geschaffen werden, um so auch die Landflucht zu beenden[64]. Für die Industrie bot die NS-Weltanschauung seiner Ansicht nach neue Möglichkeiten. Sie schaffe einen »neuen Stil« im Kunsthandwerk und der Architektur, der wiederum »neue Moden« für die Möbel-, die Tapeten-, die Teppich- und die Textilindustrie kreiere[65]. Beide Lösungen sprachen der Problematik Hohn.

Die Abstinenz des Reichsstatthalters in ökonomischen Fragen läßt sich darüber hinaus auch auf das persönliche Auftreten der beiden Männer zurückführen. Die badische NS- und Verwaltungsspitze war auf die Wirtschaft angewiesen, wenn die Arbeitslosigkeit fallen sollte. Nur bei einer solchen Verbesserung der Lage konnte das System sich etablieren. Um die Unternehmer anzusprechen, war Köhler als Kaufmann aber der wesentlich geeignetere Mann als der ausgeprägte Nationalsozialist Wagner. Der Ministerpräsident setzte denn auch nicht auf Druck, sondern auf seine Überzeugungskraft. Köhler erklärte bei der konstituierenden Sitzung der badischen IHK:

»Diese Revolution ist abgeschlossen und wir sind in ein neues Stadium getreten. Es muß eine neue Vertrauensbasis geschaffen werden. Wir bitten sie, dieses Vertrauen zu verbreitern und Miesmacher zurückzuscheuchen[66].«

Das Vertrauen Wagners in Köhler offenbarte sich vor allem in der ausschließlichen Berücksichtigung des Ministerpräsidenten für die höchsten wirtschaftlichen Ämtern, die der Gau zu vergeben hatte. Bei ihrer Besetzung hatte Wagner in der Regel ein Mitspracherecht oder konnte sogar allein entscheiden[67]. Das Vertrauen des Gauleiters wog so schwer, daß

[63] Sauer, Staat, S. 26; vgl. Broszat, Staat Hitlers, S. 147f.

[64] Der Alemanne, Nr. 191, 13.7.1933.

[65] Hakenkreuzbanner, Nr. 307, 15.11.1933.

[66] Ebd.; vgl. auch die Antrittsrede Köhlers vor den Mitarbeitern des Finanzministeriums (Der Führer, Nr. 73, 14.3.1933).

[67] Siehe dazu Kap. II,3.

Köhler besonders in der Personalpolitik eigene Wege gehen konnte. Während Wagner im Sinne des Führerprinzips darauf achtete, Nationalsozialisten für die hohen Positionen einzusetzen, betonte der Ministerpräsident vom ersten Tag seiner Regierungszeit an den Vorrang der Leistung vor der Parteizugehörigkeit:

»Wir fragen nicht nach dem Parteibuch. Uns ist jeder willkommen, der der etwas leistet und seinen Mann steht[68].«

In der Personalpolitik seines Ministeriums und der badischen Kammern zeigte sich, daß Köhler seinen Anspruch tatsächlich durchsetzte. So konnte sich der zweite Mann des Finanz- und Wirtschaftsministeriums, Ministerialdirektor Ludwig Sammet, ohne Mitgliedschaft in der Partei bis 1937 halten. Sammets Nachfolger Wilhelm Mühe war bis 1933 Mitglied der liberalen Staatspartei. Dessen Ernennung zum Ministerialdirektor verzögerte sich als Nicht-»Pg« um ein Jahr, bis er 1938 doch in die NSDAP eintrat[69]. Der badische Nachkriegs-Justizminister Fecht, der 1933 als Vertreter Badens beim Reich vorzeitig in den Ruhestand versetzt worden war, gehörte seit Kriegsbeginn zum ehrenamtlichen Mitarbeiterstab Köhlers. Der Ministerpräsident hatte die Bedingung akzeptiert, nie auf dem Parteieintritt Fechts zu bestehen[70].

Auf dieser Grundlage war es Köhler möglich, eine weitgehend ideologiefreie Wirtschaftspolitik zu betreiben. Sie war ohne Frage orientiert an den Interessen des Landes und half mit, bei Kriegsausbruch die Ausraubung der humanen und ökonomischen Ressourcen Badens zu verhindern. Die ideologiefreie Politik gegenüber Juden oder dem Elsaß bestätigten ihm nach dem Krieg namhafte Zeugen. So verhinderte er 1944 offenbar in Baden die Aufstellung von Sonderformationen der Wehrmacht und der Organisation Todt, die aus Juden, Halbjuden oder Männern mit jüdischen Ehefrauen bestehen sollten. Die Geschäftsführer einer südbadischen Textilfirma blieben deshalb verschont[71]. Köhler trug ebenfalls einen Anteil daran, daß der »Nero-Befehl« Hitlers zur Zerstörung der Infrastruktur in der badischen Wirtschaft praktisch nicht zum Tragen kam[72].

Der badische Ministerpräsident gewann durch seine Politik auch einen gewissen Ruf auf Reichsebene. 1936 wurde er von Göring als Leiter der Geschäftsgruppe Rohstoffverteilung in die Organisation des Vierjahresplanes gerufen, trat aber bereits ein Jahr später wieder zurück. Der ehemalige Reichswirtschaftsminister Schacht bescheinigte Köhler dabei, auf seiner wirtschaftspolitischen Linie gelegen und die forcierte Aufrüstung abgelehnt zu haben. Als Ursache für den Rücktritt nannte Schacht im Spruchkammerverfahren die Weigerung Köhlers, die Ansprüche der Wehrmacht auf Eisenkontingente zu erfüllen, die zu Lasten der zivilen Wirtschaft gegangen wären. Da Göring diesen Wün-

---

68 Der Führer, Nr. 205, 27.7.1933.

69 GLA, 465a/51/68/902, Erklärung Sammet im Spruchkammerverfahren Köhler; 465a/51/6/8312, Verfahren Mühe.

70 GLA, 465a/51/68/902, Erklärung Fecht.

71 GLA, 465a/51/68/902, verschiedene Erklärungen im Spruchkammerverfahren, u.a. des ehemaligen Rüstungsinspekteurs Ernst Streicher sowie eines elsässischen Unternehmers.

72 Siehe Kap. III, 10.

schen nachgab, habe Köhler seinen Hut genommen[73]. Ohne diesen Rücktritt hätte der Ministerpräsident den Gipfel seiner Karriere erreichen können. In der Berliner Führung war er 1937 in der Nachfolge Schachts als Reichswirtschaftsminister im Gespräch. Neuer Minister wurde der auf Parteilinie liegende Walter Funk, den Goebbels als den »Geeignetste(n)« bezeichnete[74].

Allerdings muß auch gesehen werden, daß Köhler als Vorsitzender der Rüstungskommission, der nach dem Führerprinzip die letzte Entscheidung hatte, verantwortlich war für die Umsteuerung der badischen Wirtschaft auf die Rüstungsindustrie. Die Anordnung der Kommission, die russischen Frauen in Bereiche schwerster körperlicher Arbeit umzusetzen, oder die Aufforderung an die Unternehmer, die Arbeitsdisziplin in den Betrieben unbedingt durchzusetzen, liegen in seiner Verantwortung. Dazu zählt auch der Aufruf an die badischen Unternehmer vom Mai 1944:

»Wir wissen, um was es geht und wir sind bereit, alles zu tun, um diese tatsächlich kriegsentscheidende Aufgabe zu erfüllen. Ich fordere die Männer der Wirtschaft und der Behörden auf zu erkennen, was die Stunde geschlagen hat, und sich restlos und rückhaltlos für diese gewaltige Aufgabe einzusetzen[75].«

Noch zur Jahreswende 1944/45 erließ Köhler einen öffentlichen Durchhalteappell an Unternehmer und Arbeiter, die Rüstungsproduktion zu steigern:

»Unser Einsatz im Jahre 1945 wird und muß dem Ziel angemessen sein, für das wir kämpfen: Dem Sieg der deutschen Waffen und damit der Freiheit und gesicherten Zukunft unseres Volkes[76].«

Im Grunde funktionierte der Ministerpräsident also so, wie es von ihm erwartet wurde. Deshalb gab es für den Gauleiter lange Zeit keine Ursache, gegen Köhler einzuschreiten.

Erst in der letzten Phase des Krieges entfremdeten sich Wagner und Köhler wirklich. Köhler gelang es zunächst, dem schwankenden regionalen Parteichef in der Frage des Schanz- und des Volkssturmeinsatzes noch einmal eine für die Wirtschaft positive Regelung abzugewinnen. Mit den näherrückenden Alliierten gewann die ideologische Sichtweise bei Wagner aber immer mehr die Oberhand. Beide Männer zogen aus der Niederlage Konsequenzen, die noch einmal den unterschiedlichen Stellenwert der Ideologie bei ihnen illustrierten. Während Wagner zu Durchhalteparolen griff und Hitler in dem Bestreben folgte, die deutsche Bevölkerung mit in den Untergang zu reißen, ließ sich Köhler von den französischen Panzern überrollen. Er blieb entgegen der Anordnung Wagners in Karlsruhe. Der Gauleiter setzte ihn darauf von allen Ämtern ab und ernannte den Freiburger Oberbürgermeister Kerber zu seinem Nachfolger. Am 6. April 1945 wurde darüber hinaus auf Befehl Wagners ein Standgerichtsverfahren gegen Köhler eingeleitet[77].

[73] GLA, 465a/51/68/902, Erklärung Schacht, 17.2.1948. Inwieweit diese Behauptungen zutreffen, ließ sich nicht verifizieren.

[74] Die Tagebücher des Joseph Goebbels, 2.11.1937.

[75] BA-MA, RL 3/6, Bl. 2466, Besprechungen anläßlich der VIII. Reise des Jägerstabs, 18/19.5.1944.

[76] Der Führer, Nr. 4, 5.1.1945.

[77] GLA, 465a/51/68/902, Lebenslauf Köhler; Erklärung Streicher; Haselier, Plötz, S. 470; Ueberschär, Volkssturm, S. 330.

2. Kompetenzkonflikte bringen Sand ins Getriebe der Verwaltungen

Trotz aller Anstrengungen hatten Bestrebungen, die gesamte deutsche Industrie unter eine einheitliche Führung zu stellen, bis Kriegsbeginn keinen Erfolg[78]. Die duale Ausrichtung der Wirtschaft auf zivile Unternehmen und Rüstungsbetriebe blieb damit weiterhin festgeschrieben. Ende August 1939 installierten die entsprechenden Organisationen ihre Instanzen auf der mittleren Ebene — ungeachtet des zwangsläufigen Konkurrenzverhältnisses, das damit entstehen mußte[79].

Für den zivilen Bereich errichtete der Generalbevollmächtigte für die Wirtschaft, Walter Funk, in den Wehrkreisen als Unterbau des Reichswirtschaftsministeriums Bezirkswirtschaftsämter, die 1941 in Landeswirtschaftsämter umbenannt wurden[80]. Sie sollten die Produktionsfähigkeit der Industriebetriebe im Bereich der zivilen Wirtschaft und der Ausfuhr sowie der »unentbehrlichen« Handels- und Handwerksunternehmen sicherstellen, die Energieversorgung von Wirtschaft und Verbrauchern festlegen, Verbrauch und Verteilung von Kohle und Treibstoff bestimmen sowie den Konsum der auf Karten erhältlichen Güter wie Kohle, Treibstoff, Textilien, Schuhe u.a. regeln[81]. Die Verordnung unterstellte die Industrie- und Handelskammern den Ämtern als ausführende Organe.

Für den Rüstungsbereich verantwortlich war der Wehrwirtschaftsstab des Oberkommandos der Wehrmacht (OKW). Er verfügte mit den Wehrwirtschafts- und späteren Rüstungsinspektionen auf Wehrkreis- sowie den entsprechenden Kommandos auf regionaler Ebene über eine seit längerem ausgebaute Unterstufe, die die Rüstungsfirmen direkt betreute[82]. Inspektion und Kommandos sollten den Fertigungsablauf überwachen sowie den sich aus den Produktionsaufgaben ergebenden Bedarf der Firmen in den Bereichen Arbeitseinsatz, Maschinen und Betriebsmittel prüfen und gegenüber den für die Zuteilung zuständigen Stellen vertreten. Da die Bezirkswirtschaftsämter für die Verteilung von Energie, Kohle und Treibstoff zuständig waren, zeichneten sich die kommenden Auseinandersetzungen ab. Die militärischen Dienststellen hatten darüber hinaus dafür zu sorgen, daß die Betriebe ihre Produkte entsprechend der festgelegten Dringlichkeit bestimmter Fertigungen herstellten sowie ihre Beschäftigten und die Rohstoffe nur für die festgelegten Zwecke einsetzten[83]. Die Inspektionen unterstützten damit zwar die Arbeit der Firmen, fungierten aber gleichzeitig als Überwachungsorgane des Staates. Dieser Aufbau der Wirtschaftsorganisation während des Krieges entsprang einem für das NS-System »typischen Herrschaftskompromiß«[84].

---

[78] Vgl. Müller, Mobilisierung, S. 352f.

[79] Vgl. Herbst, Der totale Krieg, S. 112ff.

[80] BA, R 7/4103, Bl. 136ff., Verordnung über die Wirtschaftsverwaltung, 22.8.1939; RGBl. I, S. 1495, dass., 27.8.1939; vgl. Boelcke, Deutsche Wirtschaft, S. 243.

[81] BA-MA, RW 20—5/52b, Erste Durchführungsanordnung zum Erlaß Görings über die Zusammenfassung der Dienststellen und der Selbstverantwortungsorgane der Rüstungswirtschaft in der Mittelinstanz vom 17.9.1942, 10.10.1942.

[82] Müller, Mobilisierung, S. 371.

[83] BA-MA, RW 20—5/52b, Erste Durchführungsanordnung zum Erlaß Görings über die Zusammenfassung der Dienststellen und der Selbstverantwortungsorgane der Rüstungswirtschaft in der Mittelinstanz vom 17.9.1942, 10.10.1942.

[84] Müller, Mobilisierung, S. 352.

Die darin angelegten Konkurrenzkämpfe offenbaren bereits seine erheblichen Nachteile. Der Oberrhein mußte darüber hinaus mit einer zweiten negativen Komponente zurecht kommen, die der regionalen Behördenaufteilung entsprang: dem weitgehenden Verlust der Wirtschaftsverwaltung an außerbadische Stellen. Im folgenden wird die Entwicklung in beiden Punkten bis 1942 getrennt geschildert, bevor eine zusammenfassende Betrachtung möglich ist.

a) Der Konflikt zwischen zivilen und militärischen Wirtschaftsämtern

Die erste Problematik entsprang der Frage, wie ein Betrieb klassifiziert werden sollte. Das Reichsverteidigungsgesetz vom 21. Mai 1935 legte drei Kategorien fest: die Rüstungsindustrie, die alle Unternehmen mit direkten Wehrmachtaufträgen umfaßte; die »kriegswichtigen Industrie«, die die gesamten sonstigen für die Kriegsführung benötigten Firmen einschloß, sowie die »lebenswichtige Industrie«, die die Versorgung der Bevölkerung sicherstellte[85]. Nur die erste Kategorie der Rüstungsbetriebe blieb der Betreuung durch die militärischen Organe vorbehalten, die restlichen Firmen unterstanden den Institutionen des Reichswirtschaftsministeriums. Damit war ein vielfach völlig willkürlicher Schnitt durch die Wirtschaft gezogen, der oft sogar einzelne Betriebe aufteilte. Das machte sich insbesondere bei einer Firmengruppe bemerkbar, die an sich eine elementare Bedeutung für die gesamte Industrie innehatte: den Zulieferern[86]. Ihre termingemäße Lieferung an die Endproduzenten entschied über den störungsfreien Ablauf der Kriegsproduktion. Schließlich hing selbst der Panzerbau von der rechtzeitigen Anfuhr bestimmter Schrauben ab. Die Mehrzahl unter den Zulieferern fiel nicht in den Rüstungsbereich und unter die geschützten Firmen, obwohl sie in ihrer Bedeutung einen Großteil der Endfertiger übertraf[87].
Welche Auswirkungen eine solche Aufteilung hatte, zeigte sich vom ersten Tag des Krieges an. Die Wehrmacht entzog den Zuliefererfirmen Beschäftigte in großem Ausmaße[88], zahlreiche Betriebe dieser Art wurden sogar »mehr oder weniger zerschlagen«, wie die Stuttgarter Inspektion berichtete. Die Folge waren langfristige Lieferverzögerungen für Halbzeug, Halb- und Fertigfabrikate, womit der termingemäße Ausstoß von Rüstungsprodukten in höchste Gefahr geriet[89]. »Fast täglich«, meldete die Inspektion an den Wehrwirtschaftsstab, suchten nicht von ihr betreute Firmen um ihre Unterstützung nach. Es ist nicht erstaunlich, daß die Inspektion deshalb die bisherige Aufteilung der Arbeitsgebiete in zivile und Rüstungsbetriebe für »nicht zweckmäßig« erklärte[90].
Von diese sachlichen Erwägungen veranlaßt, aber auch ermuntert vom Wirtschafts- und Rüstungsamt des OKW, das um die künftige Führung der Wirtschaftsverwaltung rang[91],

---

[85] Thomas, Wehr- und Rüstungswirtschaft, S. 76.

[86] Ebd.; vgl. Bagel-Bohlen, Kriegsvorbereitung, S. 127ff.; Fear, Rüstungsindustrie, S. 197.

[87] BA-MA, RW 20—5/4, S. 4f., Geschichte der RüIn V, 1.9.1939 bis 30.9.1940.

[88] BA-MA, RW 21—44/1, S. 9, KTB Rüko Mannheim, 20.9.1939.

[89] BA-MA, RW 20—5/7, Halbjahresbericht der RüIn V, 26.3.1940.

[90] BA-MA, RW 19/55, WWI V an WWSt, 19.9.1939 (Zitat); RW 21—44/1, S. 9, KTB Rüko Mannheim, 20.9.1939.

[91] Anordnung des WiRüAmtes betr. Übernahme von Betrieben in die Betreuung der RüIn vom 8.5.1940, BA-MA, Wi/IF 5.208, T. 2, vgl. Müller, Mobilisierung, S. 477.

drängte die Stuttgarter Inspektion stark auf die Übernahme wichtiger Firmen aus dem Bestand der zivilen Wirtschaftsverwaltung. Die Inspektion ging systematisch daran, die Anzahl der von ihr betreuten Unternehmen zu steigern und entschied ohne Einverständnis des Bezirkswirtschaftsamtes im Dezember 1939, daß eine Reihe von Firmen in ihre Betreuung übergehen sollte. Der Inspektionschef schuf ein ›fait accompli‹, unterrichtete die Firmen sofort von dem Betreuungswechsel und ließ dem Karlsruher Amt keine andere Wahl als nachzugeben[92]. Die Rüstungsstelle erhob darüber hinaus den Anspruch, diejenigen Firmen zu übernehmen, die unter anderem Armaturen, Schrauben, Werkzeuge, Werkzeug-Maschinen und selbst Tuche produzierten. Schon jetzt schaffte es das Bezirkswirtschaftsamt nur mit Rückendeckung des Reichswirtschaftsministeriums, sich diesem Ansinnen zu erwehren[93].

Die Spannungen verminderten sich auch nicht nach einer Einigung über Richtlinien, die im Juni 1940 zwischen dem Ministerium und dem OKW über die weitere Zusammenarbeit getroffen wurden[94]. Eine Umbetreuung sollte demnach nur dann erfolgen, wenn die Wehrmachtaufträge einer Firma »produktionsmäßig erheblich« seien oder wenn sie »besonders wichtiges Kriegsgerät« und die Vor- und Unterlieferungen hierfür erstellten. Unter Kriegsgerät verstanden die Urheber der Verordnung »nicht handelsübliches Gerät«: Die schon bisher übliche Regelung, die sich als unbrauchbar erwiesen hatte[95], galt damit weiter. Diese Definitionen waren so schwammig, daß die Kontrahenten sich offensichtlich darauf geeinigt hatten, sich nicht zu einigen. Sie verlagerten damit die Auseinandersetzung einmal mehr auf die mittlere Ebene: Der Stärkere behielt weiterhin den Vorrang. Auch der im Frühjahr 1941 folgende Versuch der beiden Kontrahenten in der Berliner Zentrale, Fortschritte zu erzielen, änderte nichts an diesem Zustand. Das Wirtschafts- und Rüstungsamt wies zwar danach die Inspektionen an, eine Umbetreuung nur aus »zwingende(n) Gründen« vorzunehmen[96], doch auch diese Anordnung ließ sich beliebig deuten, zumal sich die Inspekteure darüber im klaren waren, daß General Thomas kein Interesse daran hatte, den Druck auf die Bezirkswirtschaftsämter zu verringern.

Infolgedessen ließ die militärische Stelle bis Herbst 1942 keine Gelegenheit aus, um die von der zivilen Behörde betreuten Firmen zu sich herüberzuziehen. Seit 1941 verstärkte die Inspektion ihr Bemühen erheblich[97] und wandte sich direkt an die Firmen, um sie zum Übertritt zu bewegen[98]. Als sich mit dem Rückschlag der Wehrmacht vor Moskau im Winter 1941/42 der Druck auf die Kriegswirtschaft noch verstärkte, wuchs der offensichtlich von der Zentrale aus ermunterte Zugriff auf die Betriebe erneut. Die Stuttgarter Inspektion forderte das Karlsruher Amt jetzt in einem ultimativen Schreiben auf, ihr

---

[92] GLA, 237/24351, RüIn an BWA V, 19.12.1939; BWA Vb an RWM, 9.4.1940.

[93] GLA, 237/24351, BWA Vb an RWM, 9.4.1940; RWM an BWA, 7.5.1940.

[94] GLA, 237/24351, Runderlaß des BWA, 10.7.1940, Anlage: Gemeinsame Richtlinien WiRüAmt und Reichswirtschaftsministerium für die Zusammenarbeit beider sowie deren nachgeordneter Dienststellen vom 6.6.1940; vgl. Müller, Mobilisierung, S. 477.

[95] Vgl. etwa aus der Praxis: BA-MA, RW 20—5/4, S. 4f., Geschichte der RüIn V, 1.9.1939 bis 30.9.1940.

[96] GLA, 237/24351, Runderlaß RWM, 21.5.1941, Anlage: Runderlaß des WiRüAmtes, 10.4.1941.

[97] GLA, 237/24351, LWA an RüIn, 20.7.1941; Runderlaß LWA, 24.9.1941.

[98] GLA, 237/24351, Kammer Schopfheim an LWA, 28.4.1941.

die Firmen »mit Wehrmachtsfertigung« zu übergeben. Begründung: Das Amt sei nicht mehr in der Lage, seine Firmen mit Treibstoff zu versorgen. Daß es wegen Personal- oder Materialmangels in diesen Betrieben noch zu keinen größeren Ausfällen gekommen sei, habe das Landeswirtschaftsamt nur der Hilfe durch die Inspektion zu verdanken[99]. Die vorherigen Klassifizierungen waren endgültig ad acta gelegt. Die Inspektion erhob damit Anspruch auf alle Firmen, die irgendeine für die Wehrmacht gedachte Produktion aufwiesen.

Die militärische Dienststelle verfolgte mit ihrer Politik keine geringere Absicht, als das zivile Amt ihrem Kommando zu unterstellen. Die 1939 gescheiterte Zusammenfassung der Wirtschaftsverwaltungen sollte sich so auf kaltem Wege vollziehen. Ökonomisch wäre eine solche Maßnahme richtig gewesen, doch die während des gesamten Krieges andauernde Auseinandersetzung belastete die Wirtschaftsverwaltung erheblich. Zusammenarbeit bedeutete für die Rüstungsinspektion nicht Kooperation, sondern Unterordnung unter ihren Führungsanspruch, wie sie 1942 offenlegte:

»Es wurde immer wieder beobachtet, daß die Zusammenarbeit mit den Landeswirtschaftsämtern wie auch mit den Kammern nicht einwandfrei war. Das Bestreben, sich von der Führung der militärischen Stellen möglichst frei zu machen, war bei einzelnen Persönlichkeiten deutlich bemerkbar[100].«

Der Erfolg gab der Inspektion und ihrer Taktik Recht. Die Zahl der von der Rüstungsstelle betreuten Betriebe innerhalb des Wehrkreises V stieg zunächst nur langsam an von 260 Firmen zu Kriegsbeginn auf 363 Ende 1940. Im Jahr darauf aber verdoppelte sie sich fast auf 656 Betriebe bis Ende 1941[101].

Ob sich mit diesem starken Anstieg die Betreuung der Firmen verbesserte, ist allerdings eher zweifelhaft. General Thomas selbst gab bei einer Besprechung mit den Inspekteuren aus dem Gesamtreich am 21. Januar 1942 zu erkennen, daß die Betreuung angesichts der Vielzahl von Unternehmen erheblich leide[102]. Die Firmen selbst versprachen sich in der Regel einen Vorteil davon, von der Inspektion übernommen zu werden. Hierin lag — wenn man von der immer wieder zurücksteckenden Leitung des Reichswirtschaftsministeriums absieht — letztlich auch die Ursache dafür, daß das Landeswirtschaftsamt zu keinem Zeitpunkt des Krieges aus der Defensive herauskam. Wenn Firmen das Interesse der Inspektion bemerkten, versuchten sie »mit allen Mitteln« von ihr übernommen zu werden, wie das Bezirkswirtschaftsamt schon im Herbst 1940 eingestehen mußte. Sie erhofften sich damit ebenso schnellere Einordnungen ihrer Beschäftigten als »unabkömmlich« wie größere und schnellere Zuteilungen an Maschinen, Benzin und Material. Diese Vorteile waren so offensichtlich, daß selbst die Kammern als Außenstellen des Amtes immer wieder die Übergabe von Firmen empfahlen[103]. Dem Landeswirtschaftsamt blieb zur Gegenwehr nur noch die Anordnung, die Verbindung mit den Firmen zu verstär-

---

[99] GLA, 237/24351, RüIn V an LWA, 10.1.1942; vgl. Müller, Mobilisierung, S. 667.

[100] BA-MA, RW 20—5/5, S. 2f., Geschichte der RüIn V, 1.1. bis 31.5.1942.

[101] BA-MA, RW 20—5/4, S. 17, Geschichte der RüIn V, 1.9.1939 bis 31.9.1940; RW 20—5/5, S. 13, Geschichte der RüIn V, 1.10.1940 bis 31.12.1941. Angaben für Baden allein waren nicht auffindbar.

[102] Müller, Mobilisierung, S. 664ff.

[103] GLA, 237/24394, BWA an RWM, 7.10.1940 (Zitat); 237/24351, IHK Karlsruhe an LWA, 1.12.1941; IHK Pforzheim an LWA, 9.10.1941.

ken[104]. Da das aber den strukturellen Nachteil nicht aus der Welt schaffen konnte, gestand das Amt damit seine Hilflosigkeit ein. Wie sich im Herbst 1942 zeigen sollte, profitierte die Karlsruher Behörde auch nicht von einer neuen institutionellen Regelung.

b) Baden wird dreigeteilt

Neben dieser unpraktikablen Kompetenzverteilung innerhalb der Wirtschaftsverwaltung des Reiches war Baden von einem weiteren Konstruktionsfehler des Systems betroffen, der die Wirtschaft des Landes schwer schädigen sollte: die willkürliche Aufteilung der regionalen Behörden. Innerhalb eines Wehrkreises sollte die Verwaltung auch in der Hand einer Behörde liegen, für die Ökonomie also beim Bezirkswirtschaftsamt. Alle sonstigen Wirtschaftsbehörden in diesen Gebieten hatten somit ihre wesentlichen Kompetenzen an dieses Amt abzugeben, auch wenn es sich um Länderministerien handelte.

Das sollte auch für Baden gelten, das zu drei Wehrkreisen gehörte (Karte 1). Die Landesregierung verlor damit die ökonomische Verantwortung an die jeweiligen Bezirkswirtschaftsämter: an das Stuttgarter Amt im Wehrkreis V, der in Baden den südlichen und mittleren Landesteil inklusive Karlsruhe umfaßte; an das Wiesbadener Amt im Wehrkreis XII mit den Landkreisen Mannheim, Heidelberg, Mosbach und Sinsheim; schließlich an das Nürnberger Amt im Wehrkreis XIII, der das nordöstliche Gebiet einschloß, also die Landkreise Buchen und Tauberbischofsheim. Im militärischen Bereich wurde Baden von den jeweils zuständigen Inspektionen der drei Wehrkreise verwaltet. Auf der untersten Ebene waren Kommandos gebildet worden, deren Grenzen ebenfalls unabhängig von den traditionellen Bindungen festgesetzt worden waren. Es existierten ein Kommando in Mannheim, dessen Kompetenz auch auf Ludwigshafen und hessische Gebiete übergriff, eines in Stuttgart für Pforzheim und Mittelbaden sowie eines in Villingen für Südbaden und einen Teil Südwürttembergs.

Baden war mit dieser Verwaltungsaufteilung ökonomisch völlig auseinandergeschnitten worden. Immer wieder wurde darin sogar die Vorwegnahme künftiger Ländergrenzen nach einer Reichsreform gesehen[105]. Dieser Behördenaufbau führte aber nicht dazu, daß die Landesverwaltungen aufgelöst worden wären, wie man meinen könnte. Der Ministerrat für die Reichsverteidigung stülpte ein System von Reichsverteidigungskommissaren über sie, die als zivile Verwaltungschefs den militärischen Befehlshabern in den Wehrkreisen gegenüberstehen sollten. Als Kommissare wurden in der Regel die Gauleiter eingesetzt, die ihren Sitz am Hauptort des Wehrkreises innehatten. Die für Baden zuständige Verwaltungsspitze zerfiel damit erneut, dieses Mal in die Kompetenz der Kommissare in Stuttgart, Wiesbaden und Nürnberg. Wagner ging leer aus und wurde nur in den obligatorischen Verteidigungsausschuß für den Wehrkreis V berufen. Er fungierte dabei auch nicht als Beauftragter des württembergischen Gauleiters Wilhelm Murr[106]. Dieser Ausschuß trat ver-

[104] GLA, 237/243351, LWA Runderlaß, 24.9.1941.

[105] Stiefel, Baden, Bd 1, S. 3371.

[106] BA, R 43 II/1306a, Runderlaß des Generalbevollmächtigten für die Reichsverwaltung, 7.10.1939; ders., Dienstanweisung für die RVKs, 4.12.1939. Siehe Kap. II,1.

Die Aufteilung Badens durch die Wehrkreise V, XII und XIII (1.9.1939 bis 1.7.1942)

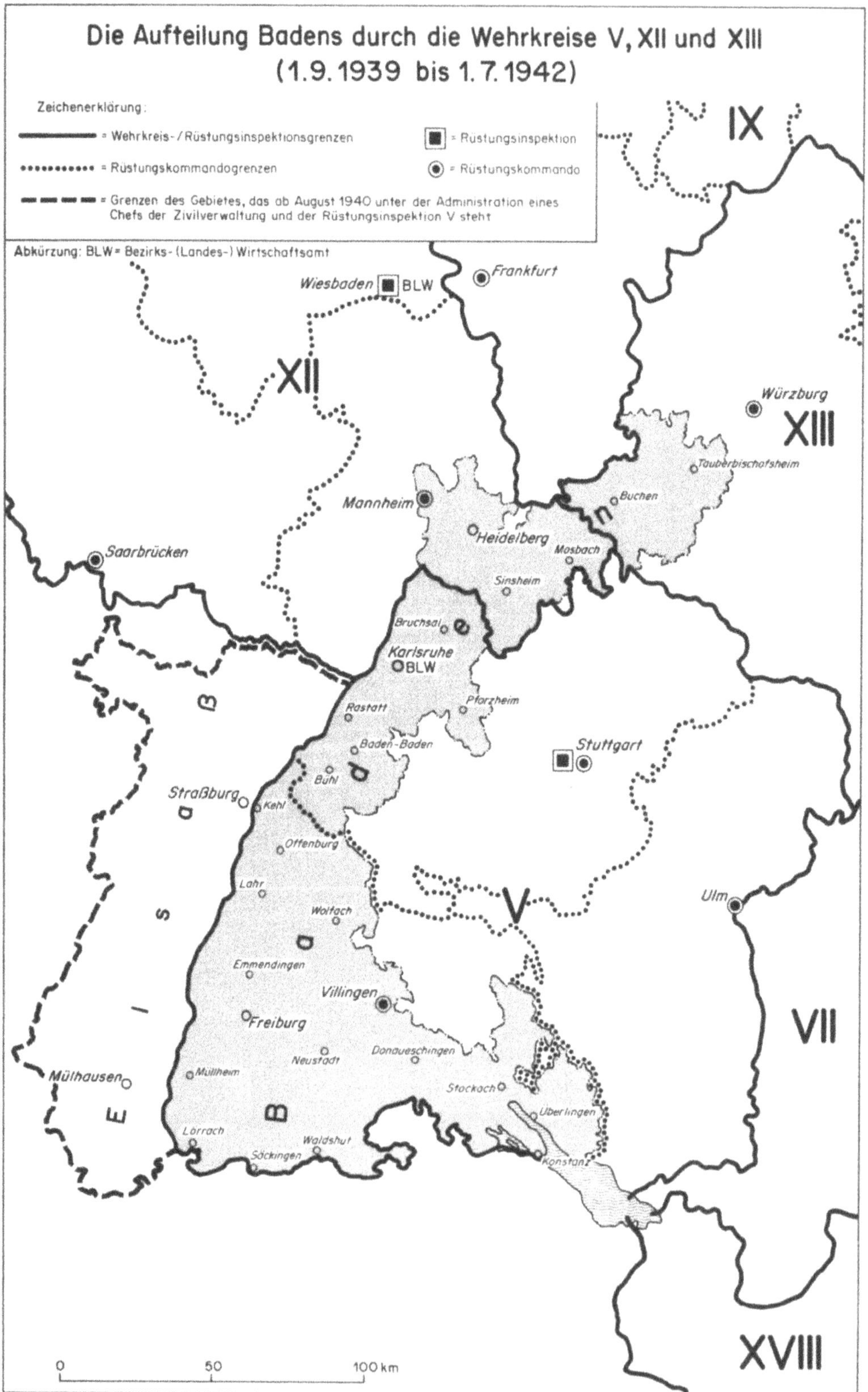

Quelle: BA-MA, RH 2/1000, K-1 bis 4.

mutlich kein einziges Mal zusammen und geriet schnell in Vergessenheit. Auch Anordnungen des württembergischen Gauleiters Wilhelm Murr an Wagner sind nicht bekannt.

Da die bestehenden Behörden weiterhin existierten, blieb die Kompetenz der badischen Regierung für bestimmte wirtschaftliche Vorgänge erhalten, für die Aufsicht über die Ernährungsämter der Städte beispielsweise, das Wohn- und Siedlungswesen oder für die Wasserwirtschaft (Schaubild 1). Andere, die Wirtschaft berührende Aufgaben des Innenministeriums lagen weiterhin in Karlsruhe, die Aufsicht über die ausländischen Zwangsarbeiter etwa. Das organisatorische Chaos wurde schließlich dadurch perfekt, daß bestehende Reichsverwaltungen ihre traditionelle Gliederung beibehielten, nicht entsprechend den Wehrkreisbereichen, sondern den Landesgrenzen. Die Landesarbeitsämter sind solch ein Beispiel[107].

Auf der unteren Ebene spiegelte insbesondere das ökonomische Zentrum Mannheim die Lage des Landes wider, im Bereich der Wirtschaft mehreren Behörden zu unterstehen, deren geographische Zuständigkeiten sich vollkommen überschnitten. Für Mannheim verantwortlich waren der Reichsverteidigungskommissar in Darmstadt, das Bezirkswirtschaftsamt in Wiesbaden, das Landesarbeitsamt in Stuttgart sowie die Badische Regierung und schließlich die Gauleitung mit Sitz in Karlsruhe. Es dürfte kaum übertrieben sein, angesichts dieses bürokratischen Chaos von einem Desaster zu sprechen. Die schwere ökonomische Krise bis Frühjahr 1940 war nicht zuletzt dieser organisatorischen Fehlplanung zuzuschreiben.

In einem extremen Fall hatte die Aufteilung der Zuständigkeiten entsprechend der Verordnung über die Wirtschaftsverwaltung allerdings nicht lange Bestand. Der Generalbevollmächtigte für die Wirtschaft, Walter Funk, sah sich schnell dazu gezwungen, sein Scheitern einzugestehen und die realitätsferne und offensichtlich unvorbereitete Anweisung in Teilen wieder zurückzunehmen. Die ökonomische Verwaltung des süd- und mittelbadischen Gebietes im Wehrkreis V durch das württembergische Wirtschaftsministerium, die ohnehin nur auf dem Papier eintrat, war damit eine Angelegenheit von kurzer Dauer. Ministerpräsident Köhler erreichte im Zusammenspiel mit dem thüringischen Gauleiter Sauckel und dem Gauleiter des Sudetenlandes, Henlein, deren Wirtschaftsministerien ebenfalls übergangen worden waren, die Errichtung eines badischen Bezirkswirtschaftsamtes für den 1. Januar 1940[108]. Vor allem Köhler hatte offenbar starken Druck ausgeübt. Er wurde in dem Verordnungsentwurf vom 3. November 1939 an erster Stelle unter den drei genannten NS-Repräsentanten erwähnt, auf deren Anregung die Änderung zustande gekommen sei. Das sagte in dem hierarchischen NS-System einiges aus, zumal Gauleiter Wagner nicht erwähnt wurde. Funk verwies in der Begründung darauf, die Wirtschaftsministerien dieser Länder hätten die ökonomischen Maßnahmen schon im Frieden gelenkt, es liege nun »im Interesse der Kriegswirtschaft«, diese Stellen weiterhin mit den entsprechenden Aufgaben zu betrauen — als ob dies nicht schon vorher

[107] Einen größeren Überblick geben Broszat, Staat Hitlers, S. 162ff. und insbesondere Rebentisch, Führerstaat, 363ff., mit einer grundlegenden Abhandlung zum Behördenaufbau.

[108] BA, R 43 II/608, GBW an Göring, 3. 11. 1939, Anlage: Entwurf einer Verordnung zur Ergänzung der Verordnung über die Wirtschaftsverwaltung.

Schaubild 1:

Der organisatorische Aufbau der kriegswirtschaftlichen Behörden in Baden (1940/41)

Reichsarbeitsminister	Reichswirtschaftsminister	OKW/Wehrwirtschafts- und Rüstungsamt	Reichsinnenministerium
Landesarbeitsamt Stuttgart	Bezirks-/Landeswirtschaftsämter Karlsruhe, Wiesbaden, Nürnberg	Rüstungsinspektionen V/XII/XIII Stuttgart, Wiesbaden, Nürnberg	Badische Landesregierung in Karlsruhe (Ministerpräsident Köhler)
Arbeitsämter (Auskämmkommissionen)	IHKn Mannheim, Karlsruhe, Pforzheim, Freiburg mit den Außenstellen Konstanz und Schopfheim (im Elsaß: Straßburg und Colmar)	Rüstungskommandos Mannheim, Stuttgart, Villingen (im Elsaß: Straßburg)	Landeskommissäre, Landräte, einzelne Behörden wie die Wirtschafts- und Ernährungsämter oder das Wasserwirtschaftsamt
Aufgaben:	Aufgaben:	Aufgaben:	Aufgaben:
Abzug und Zuteilung von Arbeitskräften; Anforderung und Einsatz ausländischer Zwangsarbeiter	Betreuung und Überwachung der Betriebe mit überwiegend ziviler Produktion; Zuteilung von Energie, Kohle, Treibstoff	Betreuung und Überwachung der Rüstungsbetriebe; Beschaffung von Arbeitskräften, Produktions- und Betriebsmitteln	Aufsicht über Behörden, Verteilung der Nahrungsmittel, Aufsicht über die ausländischen Zwangsarbeiter

bekannt gewesen wäre. Köhler triumphierte in einem Zeitungsinterview, die Errichtung des badischen Amtes sei für das Grenzland »von entscheidender Bedeutung«. Nur die Landesbehörden wüßten um die Sorgen und Nöte der Wirtschaft. Wenn das Amt seine Tätigkeit aufnehme, sei eine wesentliche Vereinfachung für die badische Wirtschaft und eine intensive Betreuung aller Wirtschaftszweige gegeben[109].

Die Aufweichung der Verordnung war recht schnell und erstaunlich reibungslos gelungen. Vermutlich hing das rasche Nachgeben Funks auch mit den Veränderungen zusammen, die sich bei den Reichsverteidigungskommissaren damit ergeben hatten, daß übergangene Gauleiter als Beauftragte eingesetzt wurden. Die Zentralisierung der zivilen Verwaltung in den Wehrkreisen war damit wieder aufgegeben worden und somit auch nicht mehr unbedingt unter den Wirtschaftsbehörden haltbar. Falls es württembergische Ambitionen gegeben haben sollte, mit der einheitlichen Verwaltung des Wehrkreises auch den Aufbau eines neuen Gaues zusammen mit Baden anstreben zu wollen[110], mußten sie sich den kriegswirtschaftlichen Realitäten anpassen. Da mit der Errichtung des badischen Amtes nur eine Änderung innerhalb eines Wehrkreises herbeigeführt worden war und Funk somit auch nicht grundlegend gegen die Verordnung über die Wirtschaftsverwaltung verstieß, blieben die Widerstände hiergegen noch verhalten.

Die bürokratische Dreiteilung blieb aber weiterhin bestehen, zumal bei Änderungen über die Wehrkreisgrenzen hinweg auch die Zuständigkeiten der Reichsverteidigungskommissare berührt wurden. Diese Frage war auch nach der Einsetzung von Beauftragten politisch derart brisant, daß eine Neugliederung der Bezirke zunächst kaum in Frage kam[111]. Köhlers Hoffnung, die er in dem erwähnten Interview zum Jahresende 1939 auch öffentlich kundtat, »daß in Bälde das gesamte Land Baden von dem neu errichteten Bezirkswirtschaftsamt betreut wird«[112], erwies sich als Unterschätzung der damit zusammenhängenden Probleme. Die kriegswirtschaftlichen Behörden waren bereits so ineinander verwoben, daß eine einseitige Gebietsrevision in der Tat nicht sehr sinnvoll erschien. Wäre zum Beispiel das Karlsruher Bezirkswirtschaftsamt allein nach Nordbaden ausgedehnt worden, hätte es weiterhin mit den drei bisherigen Rüstungsinspekteuren zu tun gehabt. Erneute Änderungen von Gebietszuteilungen und Zuständigkeiten mußten deshalb in eine allgemeine Revision der Verwaltungseinheiten einbezogen werden. Trotz der Zustimmung des Staatssekretärs Friedrich Landfried vom Reichswirtschaftsministerium unterblieb deshalb im Frühjahr 1941 die Ausdehnung des badischen Landeswirtschaftsamtes auf das nördliche Territorium[113].

Erst mit der Okkupation des Elsaß wurde eine Revision möglich — wenn auch erst nach einiger Zeitverzögerung. Das Land unterstand seit Juni 1940 Wagner als Chef der Zivilverwaltung und der badischen Regierung, die dadurch trotz aller staatsrechtlichen Rücksichtnahmen über ein bedeutend größeres Verwaltungsgebiet verfügten. Der 1941 fol-

---

109 Der Alemanne, Nr. 1, 31.12.1939/1.1.1940.

110 Rebentisch, Führerstaat, S. 241, weist auf die wieder auftauchenden Diskussionen zur Reichsreform hin.

111 Vgl. Rebentisch, Führerstaat, S. 139f.; Teppe, Reichsverteidigungskommissar, S. 282ff.

112 Der Alemanne, Nr. 1, 31.12.1939/1.1.1940.

113 GLA, 237/39050, Köhler an Staatssekretär Landfried (RWM), 3.5.1941.

gende Antrag auf Errichtung eines eigenen Wehrkreises Baden-Elsaß wurde aber dennoch zunächst abgelehnt[114]. Dagegen kam es wie Ende 1939 zu einer Änderung innerhalb des Wehrkreises V. Da auch Fritz Todt, Reichsminister für Bewaffnung und Munition, zustimmte[115], ordnete das Wehrwirtschafts- und Rüstungsamt des OKW am 29. April 1942 die Gründung einer »Rüstungsinspektion Oberrhein« für Süd- und Mittelbaden sowie das Elsaß an[116].

Die Einrichtung sollte auch einem künftigen Gau Oberrhein zur Verfügung stehen, der für Baden und das Elsaß geplant war[117]. Insbesondere Wagner hatte darauf gedrängt, für sein Verwaltungsgebiet eine eigenständige rüstungswirtschaftliche Behörde zu bekommen, die die Kompetenzen klarer regelte. Wie verworren die Zuständigkeiten nach der Einbeziehung des Elsaß verteilt waren, wird daran deutlich, daß er als Chef der Zivilverwaltung auf wirtschaftlichem Gebiet weitgehend autonom agieren konnte und nicht einmal den Weisungen der Reichsministerien unterworfen war[118], während er als badischer Reichsstatthalter staatsrechtlich dem württembergischen Reichsverteidigungskommissar Wilhelm Murr unterstand. Wagner führte zudem immer wieder Auseinandersetzungen mit der Stuttgarter Inspektion. So lehnte der Gauleiter den von der Rüstungsstelle gewünschten Export elsässischer Beschäftigter vor allem nach Württemberg nach schlechten Anfangserfahrungen ab, zumal er eine eigenständige elsässische Wirtschaft aufbauen wollte. Ähnliche Probleme mit einer in seinem Gau ansässigen Inspektion waren nicht zu erwarten, da sie Wagners Einfluß unterliegen würde.

Dem Wehrwirtschafts- und Rüstungsamt im OKW mußte es auf der anderen Seite darum gehen, die Spannungen mit den Gauleitern nicht zu verstärken, zumal das Amt in der Reichspolitik zusehends an Einfluß verloren hatte[119]. Amtschef General Thomas setzte sich deshalb über die Bedenken der Stuttgarter Inspektion hinweg, die um ihren Einfluß fürchtete. Der dortigen Behörde war das zunächst in Straßburg neu eingerichtete Rüstungskommando für das Elsaß unterstellt gewesen. Sie verlor deshalb mit der Schaffung einer für Baden und das Elsaß zuständigen Inspektion die Hälfte ihres Verwaltungsgebietes. Ihr Chef, Oberst Rudolf Klett, bestritt die rüstungswirtschaftliche Notwendigkeit einer solchen Stelle. Die Gründung schrieb er ausschließlich politischen Ursachen zu, vorneweg dem »Prestigedenken« Wagners[120].

Das war aber sicher nicht die ganze Wahrheit: Die Verwaltungsarbeit der auf Baden und das Elsaß bezogenen Wirtschaftsbehörden war mit der neuen Inspektion wesentlich einfacher geworden. Immer noch fehlte aber der nördliche Landesteil, in dem die seit Kriegsbeginn bestehenden, ineffizienten Verwaltungseinheiten weiterhin existierten. Der Nachfolger Todts, Albert Speer, hielt zwar die Forderungen der badischen Regierungs-

---

[114] GLA, 237/28847, Besprechung des LWA V b mit den badischen Unterkommissionen der Prüfungskommission V, 5.5.1941.
[115] GLA, 237/39050, Köhler an Staatssekretär Landfried (RWM), 3.5.1941.
[116] BA-MA, RW 20—5/5, S. 37f., Geschichte der RüIn V, 1.1. bis 31.5.1942.
[117] Vgl. Kettenacker, Volkstumspolitik, S. 140ff.
[118] Vgl. Rebentisch, Führerstaat, S. 305ff.
[119] Vgl. Janssen, Ministerium Speer, S. 49f. Zu den Elsässern siehe Kap. IV,3.b.
[120] BA-MA, RW 20—5/5, S. 37f., Geschichte der RüIn V, 1.1. bis 31.5.1942.

spitze für richtig. Dem Minister waren die militärischen Stellen des Wehrwirtschafts- und Rüstungsamtes nach einem Erlaß Hitlers am 7. Mai 1942 als ausführende Organe seines Ministeriums unterstellt[121]. Aber auch Speer hatte die innere Ordnung des NS-Regimes zu akzeptieren. Grundlage der Verwaltung seien die Reichsverteidigungskommissare. Ehe deren Organisation nicht reformiert worden sei, könne nicht daran gedacht werden, den nordbadischen Landesteil in die Verantwortung der Straßburger Inspektion zu übertragen, teilte Speer Köhler mit[122]. Schon kurz darauf sollte es soweit sein.

c) Der Führungsanspruch der Rüstungsinspektion

Daß eine allgemeine Reform Not tat, ließ sich angesichts dieses Gegeneinanders der verschiedenen Institutionen nicht mehr übersehen. Die Vielzahl von Behörden und Ämtern in der Mittelinstanz — außer dem Landeswirtschaftsamt und der Rüstungsinspektion existierten auf dieser Ebene unter anderem noch der Wehrkreisbeauftragte, das Gauamt für Technik, der Gauwirtschaftsberater und das Landesarbeitsamt — verursachte in den Verwaltungen unvermeidbar außerordentlich hohe Reibungsverluste, die sich auf die Produktion niederschlugen. Nur mit einem Neuaufbau war es möglich, die nach den Niederlagen im Osten unumgänglichen Steigerungen der Fertigung verwaltungstechnisch vorzubereiten. Albert Speer erkannte dabei schnell, daß bei einer Reorganisation der Wirtschaftsverwaltung in der Mittelinstanz die Hausmacht der Gauleiter nicht umgangen werden konnte[123]. Der Minister machte deshalb aus der Not eine Tugend und spannte die Partei bei der Verwaltung der Rüstungswirtschaft ein, ohne ihr allerdings dabei auch Verantwortung zu übertragen. Beide Ziele, die Straffung der Verwaltung und die Mitarbeit der Gauleiter, waren nur zu erreichen bei einer Anpassung der Gaugrenzen an die Verwaltungsbezirke. Der Minister legte deshalb im August 1942 die Bereiche der Rüstungsinspektionen auf die Gaugebiete fest[124].

Die mit dem Erlaß Görings vom 17. September 1942[125] geschaffenen Rüstungskommissionen sollten eine weitgehende Zusammenfassung aller Wirtschaftsbehörden auf der mittleren Ebene erreichen. Darüber hinaus reformierte eine Verordnung am 26. November 1942 das System der Reichsverteidigungskommissare[126]. Der Geltungsbereich der Kommissionen wurde mit den Gebieten der Inspektionen und der Reichsverteidigungskommissare abgestimmt, deren Amt erstmals an alle Gauleiter fiel. Da auch die Wirtschaftsregionen entsprechend umformiert wurden, deckten sich zum ersten Mal seit Kriegs-

[121] GLA, 237/24373, Erlaß RWM, 9.6.1942, Anlage: Erlaß Hitler über die einheitliche Steuerung der Rüstungswirtschaft vom 7.5.1942; vgl. Janssen, Ministerium Speer, S. 50.

[122] GLA, 237/39050, Speer an Köhler, 19.8.1942.

[123] Vgl. Hüttenberger, Gauleiter, S. 182f.; Weyres, Rüstungswirtschaft, S. 31.

[124] Erlaß vom 25. August 1942 nach Weyres, Rüstungswirtschaft, S. 31.

[125] BA-MA, RW 20—5/12, Erlaß über die Zusammenfassung der Dienststellen und der Selbstverantwortungsorgane der Rüstungswirtschaft in der Mittelinstanz, 17.9.1942; Erste Durchführungsanordnung zu diesem Erlaß, 10.10.1942.

[126] RGBl. 1942, I, Verordnung über die Reichsverteidigungskommissare und die Vereinheitlichung der Wirtschaftsverwaltung, 16.11.1942, S. 649.

beginn die Gaugrenzen weitgehend mit den Verwaltungsgebieten. Damit entsprach die neue Organisation auch einer seit langem erhobenen Forderung der Gauleiter[127]. Mit dieser Reform erreichte die Berliner Spitze eine größere Effizienz in der Mittelinstanz. Sie mußte sich aber gleichzeitig mit einem verstärkten Partikularismus abfinden, der auf der größeren Machtbefugnis der Gauleiter basierte.

Die Einbindung der Partei basierte nicht nur auf der Zuständigkeit der Gauleiter und Reichsstatthalter als regionaler Spitze aller Verwaltungen der Mittelinstanz. Darüber hinaus war die NSDAP durch ihren Gauwirtschaftsberater in der Rüstungskommission (Schaubild 2) vertreten. Zur Kommission gehörten: der Rüstungsinspekteur, der auch die Geschäftsführung innehatte, der Wehrkreisbeauftragte Speers, der Rüstungsobmann der Ausschüsse und Ringe, die Leiter des Landeswirtschafts- und des Landesarbeitsamtes sowie der Präsident der Gauwirtschaftskammer. Da die Gauleiter bei der Einsetzung der Präsidenten dieser Kammern ein Mitspracherecht hatten, wurden sie auf einer weiteren Ebene eingebunden[128].

Was bedeutete diese Flut von Erlassen für die Wirtschaftsverwaltungen in Baden? Die bisherige Aufteilung des Landes in verschiedene Verwaltungsbezirke verschwand, die einheitliche Zuständigkeit der Behörden war, wenn auch mit einigen Ausnahmen[129], weitgehend wiederhergestellt. Der Vertreter der badischen Regierung in Berlin, Ministerialrat Sauer, triumphierte deshalb, die Kommissarsverordnung entspreche den badischen Wünschen »sehr weitgehend«[130]. Eine künftige Reichsreform hätte die jetzt bestehende Abgrenzung der Verwaltungsgebiete vermutlich in großem Umfang akzeptiert.

Wie sah die Neueinteilung im einzelnen aus? Am 13. Oktober 1942 veröffentlichte das Reichswirtschaftsministerium die Anordnung, die Bezirke der Landeswirtschaftsämter den Gauen anzupassen[131]. Damit umfaßte das Karlsruher Amt ab 1. November 1942 künftig das gesamte Land Baden sowie das Elsaß (Karte 2). Die bisher von seinem Wiesbadener und Fürther Pendant verwalteten Industriebezirke fielen an die badische Behörde zurück. Die von Köhler »seit langem erstrebte Regelung«, wie es in einem Schreiben aus dem Reichswirtschaftsministerium hieß[132], wurde schließlich nach drei Kriegsjahren erreicht.

Daß die Änderung der Gebietsgrenzen aber nicht nur positive verwaltungstechnische Auswirkungen hatte, wird bei der Rüstungsinspektion Oberrhein deutlich. Sie wurde 1942 zweimal von Organisationsänderungen betroffen. Nachdem noch General Thomas ihre Aufstellung bis 1. Juli 1942 befohlen hatte und sie dem bis dahin bestehenden Gebiet des Karlsruher Landeswirtschaftsamtes anglich[133], veränderte der Erlaß Speers zur An-

---

[127] Vgl. Rebentisch, Führerstaat, S. 278f.; Hüttenberger, Gauleiter, S. 156f.

[128] Vgl. Kapitel II,3. Zu den Ausschüssen und Ringen siehe unten.

[129] Die wichtigste Ausnahme betraf die weiter geltende Zuständigkeit des Landesarbeitsamtes Stuttgart für den Gau bis 31. Mai 1943. Daneben blieb die Dreiteilung entsprechend den Wehrkreisen erhalten im Transportbereich, beim Amt für Holz- und Forstwirtschaft sowie beim Zentralbüro für Mineralöl.

[130] GLA, 237/39050, Sauer an FWM, 2.9.1942.

[131] GLA, 237/39050, Min.Blatt des RWM, Nr. 29, 13.10.1942.

[132] GLA, 237/39050, Min.Direktor Quecke (RMW) an Köhler, 1.10.1942.

[133] BA-MA, RW 20–5/11, KTB RüIn OR, 3. Q. 1942, Anlage 1, Erlaß des WiRüAmtes, 29.4.1942.

Schaubild 2:

Der organisatorische Aufbau der kriegswirtschaftlichen Behörden in Baden (ab 17.9.1942)

Rüstungskommission Oberrhein*
Vorsitz: Ministerpräsident Köhler

Rüstungsinspektion Oberrhein (Inspekteur: Generalmajor Hauger)	Landwirtschaftsamt Karlsruhe (Kommissarischer Leiter: Hermann Eustachi)	Landesarbeitsamt Stuttgart (Präsident Friedrich Burkhardt)	Rüstungsobmann der Ausschüsse und Ringe (Heinrich Hofweber)	Wehrkreisbeauftragter des Reichsministers für Bewaffnung und Munition (Prof. Hans Overlach)
Rüstungskommandos Mannheim, Freiburg, Straßburg	IHKs in Mannheim, Karlsruhe, Pforzheim, Freiburg (mit Konstanz und Schopfheim), Straßburg und Colmar	Arbeitsämter	Bezirksobmänner sowie Wirtschaftskammern (IHKn)	Gauamt für Technik
Aufgaben: Betreuung und Überwachung der Rüstungsbetriebe; Beschaffung von Arbeitskräften, Produktions- und Betriebsmitteln	Aufgaben: Betreuung und Überwachung der Betriebe mit überwiegend ziviler Produktion; Zuteilung von Energie, Kohle, Treibstoff; Stillegung von Betrieben	Aufgaben: Organisation des Arbeitseinsatzes; Zuführung und Umsetzung von Arbeitskräften; Anforderung und Einsatz ausländischer Zwangsarbeiter	Aufgaben: Überwachung der Rüstungsproduktion; Stärkung der Rationalisierung; Vorschläge und Einsprüche bei der Auftragssteuerung; Erfahrungsaustausch unter den Betrieben	Aufgaben: Einsatz der Technik für eine beschleunigte Rationalisierung in den Betrieben; Entscheidung über Wiederaufbau oder Instandsetzung von Fabriken nach Luftangriffen

* Weiteres Mitglied der Rüstungskommission Oberrhein: Gauwirtschaftsberater Clemens Kentrup.

Die Rüstungsinspektion Oberrhein für Baden und das Elsaß (1.10.1942 bis 1945)

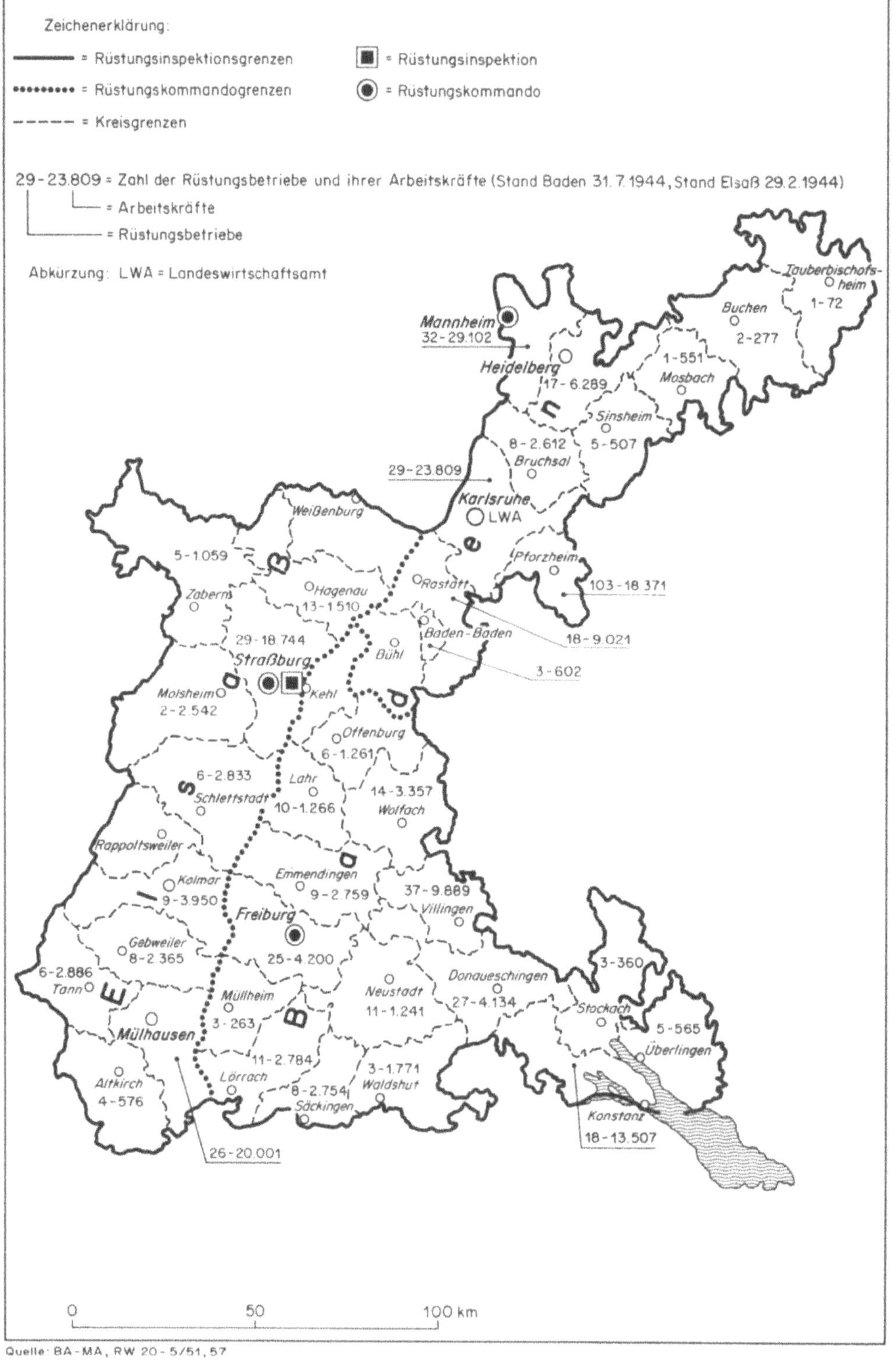

Quelle: BA-MA, RW 20-5/51, 57

passung der Inspektions- an die Gaugrenze vom 25. August 1942 den Bezirk erneut[134]. Das hatte nicht nur Auswirkungen auf die Zuständigkeiten, sondern auch auf die innere Organisation der Rüstungsstelle. Die ursprüngliche Verordnung von Thomas schrieb Straßburg als Inspektionssitz vor, von dem aus das Unterelsaß verwaltet werden sollte. Dazu kamen Kommandos in Karlsruhe für die Bereiche Karlsruhe, Rastatt und Offenburg sowie in Colmar für das südliche Elsaß und Südbaden. Kaum hatte die Arbeit begonnen, bildete Speer am 25. August 1942 neue Kommandos in Straßburg für das gesamte Elsaß sowie in Karlsruhe für Nord- und in Freiburg für Südbaden[135]. Um den Verwaltungsaufwand in Grenzen zu halten, entschied das OKW schließlich am 4. Dezember 1942, das nordbadische Kommando in Mannheim zu belassen, zumal die Stadt das Rüstungszentrum Badens schlechthin darstellte[136]. Das südbadische Kommando mußte wohl aus verkehrstechnischen Gründen das Villinger Rüstungsgebiet verlassen und nach Freiburg umziehen.

Hermann Göring, Vorsitzender des Ministerrates für die Reichsverteidigung, ernannte Robert Wagner am 11. Dezember 1942 zum Reichsverteidigungskommissar des Gaues Baden[137]. Damit besaß der Gauleiter die Befugnis, allen Behörden Weisungen in Fragen zu erteilen, die mit der Verteidigung zusammenhingen — im Krieg gab es praktisch keine anderen. Als ausführende Behörde wurde Wagner das Landeswirtschaftsamt Karlsruhe zugeteilt. Zum Vorsitzenden der oberrheinischen Rüstungskommission ernannte Speer den badischen Ministerpräsidenten Köhler. Das war ungewöhnlich: In der Regel strebte der Munitionsminister an, »Exponent(en) der Rüstungswirtschaft« mit der Aufgabe zu betrauen[138]. Die Ursache lag in der dominierenden Position Köhlers in der badisch-elsässischen Wirtschaftspolitik. Der Ministerpräsident hatte bereits in den Vorjahren die Leitung des nach außen nie in Erscheinung getretenen »Führungsstabes der Wirtschaft« in der Hand gehabt[139]. Die überragenden Kompetenzen des Kommissionsvorsitzenden hätten diese Stellung aber weitgehend ausgehöhlt. Köhler wäre, wie er es in einem Verhör nach Kriegsende beurteilte, »eine Perle aus der Krone gefallen«[140]. Unter den Wirtschaftsführern des Gaues gab es keine Alternative zu Köhler, wie sich auch bei seiner späteren Einsetzung als Präsident der Gauwirtschaftskammer zeigte[141].

Mit der Bildung der Kommission bestand zum ersten Mal ein Gremium in der Mittelinstanz, das die gesamte Wirtschaft einheitlich steuern sollte[142]. Dazu verpflichtete der Rüstungsminister alle Organisationen der Wirtschaftsverwaltung zur Mitarbeit. Die Stellung des Vorsitzenden hatte Speer stark herausgehoben, bei Auseinandersetzungen galt seine Entscheidung. Die bestehenden Dienststellen wurden der Kommission unterstellt.

---

134 BA-MA, RW 20—5/11, KTB RüIn OR, 3. Q. 1942, Anlage 4.
135 BA-MA, RW 21—57/2, KTB Rüko Straßburg, 4. Q. 1942.
136 BA-MA, RW 20—5/53, Bericht RüIn-Gruppe Ia1, 12. 12. 1942.
137 GLA, 237/24373, Gauleiter an FWM, 12. 1. 1943.
138 Zit. nach Eichholtz, Kriegswirtschaft 2, S. 96.
139 GLA, 237/39050, Köhler an RWM, 25. 8. 1941.
140 GLA, 465a/51/68/902, Vernehmung des Walter Köhler am 18. 8. 1947.
141 Siehe Kapitel II, 3.
142 Vgl. dazu die Bewertung von Eichholtz, Kriegswirtschaft 2, S. 97.

Dennoch erschwerte allein schon ihre Weiterexistenz die Aufgabe, Doppelarbeit von Behörden zu vermeiden, wie sich später zeigen sollte. Auch die klare Verteilung der Aufgaben war immer noch nicht gegeben[143]. Daraus sollten sich immer wieder Auseinandersetzungen entwickeln.

Das galt auch für einen weiteren Punkt, dessen Regelung die Rüstungskommission zunächst scheinbar erreichte: die Betreuungsfrage. Da die Inspektionen zu Außenstellen seines Ministeriums geworden waren, erweiterte Speer ihre formalen Zuständigkeiten. Er ordnete ihnen neben den Waffen- und Munitionsproduzenten alle Betriebe zu, die »nicht handelsübliches Wehrmachtgerät« herstellten, soweit die Fertigung innerhalb einer Firma nicht »von untergeordneter Bedeutung« war. Dazu kamen die zugehörigen wichtigsten Zu- und Unterlieferanten[144].

Auch diese Definition ließ ausreichenden Spielraum für Auseinandersetzungen unter den Wirtschaftsverwaltungen des Gaues. Dennoch bot die von Speer geschaffene Kommission ein Gremium, das die Interessen der Rüstungswirtschaft kompetent und zielbewußt vertrat. Mehr wäre nur dann zu erreichen gewesen, wenn die verschiedenen Dienststellen ihre Existenz verloren hätten. Das hätte zur Einsetzung eines Rüstungsdiktators geführt, der aber von Hitler aus machtpolitischen Gründen nicht gewollt war[145].

Zwischen dem Landeswirtschaftsamt und der neu gegründeten Inspektion Oberrhein kam es in der Betreuungsfrage zunächst relativ schnell zu einer Einigung, die an sich auch einen tragbaren Charakter gehabt hätte, wären beide Parteien wirklich zu einer Kooperation bereit gewesen. Die Mitglieder der Rüstungskommission Oberrhein einigten sich in einer Vorbesprechung darauf, die beiden Behörden zu einer eigenständigen Verhandlungslösung kommen zu lassen, um die von Speer angeordneten Zuständigkeiten auch auszufüllen. Allerdings gaben sie der Besprechung den Vorschlag mit auf den Weg, eine Firmenaufteilung nach Sparten vorzunehmen[146]. Damit war eine logische und gangbare Lösung vorgezeichnet. Beide Behördenvertreter, der kommissarische Amtschef Hermann Eustachi sowie Oberstleutnant Streicher als stellvertretender Inspekteur, stimmten darin überein, dem Landeswirtschaftsamt die Firmen der Textil- und Lederindustrie einschließlich der Schuhproduzenten zu übertragen[147]. Darüber hinaus wurden die Chemiefirmen, die Unternehmen der Roh- und Werkstofferzeugung sowie alle Betriebe, die »handelsübliche Erzeugnisse« herstellten, dem Amt zugesprochen. Dafür sollten grundsätzlich alle Betriebe der eisen-und metallverarbeitenden Industrie, die »zum überwiegenden Teil mit reiner Kriegsgerätefertigung belegt« waren, von der Inspektion betreut werden[148]. Eustachi deutete diesen Passus allerdings so, daß nur

[143] BA-MA, RW 20—5/51, KTB RüIn OR, 1. Q. 1944.

[144] BA-MA, RW 20—5/12, 1. Durchführungsanordnung zum Erlaß des Reichsmarschalls [...] über die Zusammensetzung der Dienststellen und der Selbstverantwortungsorgane der Rüstungswirtschaft in der Mittelinstanz vom 17.9.1942, 10.10.1942.

[145] Vgl. Müller, Mobilisierung, S. 676ff.

[146] GLA, 237/24378, Aktennotiz des CdZ über Besprechung zur Rükom OR bei Köhler, 23.10.1942.

[147] GLA, 237/28836, LWA-Runderlaß, 9.11.1942, Anlage: Besprechung über die Umbetreuung von Betrieben, 5.11.1942; BA-MA, RW 20—5/23, Bericht RüIn-Gruppe III, 7.11.1942.

[148] BA-MA, RW 20—5/23, Bericht RüIn-Gruppe III, 7.11.1942.

diejenigen Firmen abzugeben seien, die »Wehrmachtsgeräte im engeren Sinne« herstellten. Da die Besprechung von der Spartenlösung ausging, dürften sich die Interpretationen zunächst entsprochen haben, ohne daß aber alle Hintertüren für Konflikte geschlossen wurden.

Das Landeswirtschaftsamt verlor als Resultat der Besprechung 142 Firmen, 40 überwiegend elsässische Betriebe kamen an das Amt zurück[149]. Der Verlust hielt sich allerdings noch in Grenzen, zumal mit 56 über ein Drittel der Betriebe aus der Pforzheimer Schmuckwaren- und der Uhrenbranche stammte, die wegen ihrer Kriegsproduktion de facto bereits von den Kommandos Stuttgart und Mannheim betreut worden waren[150]. Das Landeswirtschaftsamt verlor sie so nur dem Namen nach.

Daß mit der Besprechung Auseinandersetzungen keineswegs unmöglich gemacht worden waren, hatte sich schon vorher in der Inspektion angedeutet. Ihre für die Produktion von Gebrauchsgütern zuständige Abteilung »Verwaltung« monierte bereits den Anspruch des Landeswirtschaftsamtes auf die Textil- und Lederindustrie[151]. Streicher überging aber diesen Einwurf, um die Zusammenarbeit in der Rüstungskommission nicht von vornherein zu belasten. Diese Absicht überdauerte noch die folgenden Monate, bis sich die Auswirkungen der Kommissionsarbeit vollends zeigten. Generalmajor Hauger entschuldigte sich als Inspekteur noch Ende April 1943 bei Eustachi dafür, daß Betriebe in die Betreuung der Inspektion übernommen worden waren, ohne daß das Einverständnis des Amtes vorlag[152].

Die Rüstungsstellen hatten ihre bisherigen Ziele trotz dieser Zurückhaltung aber nicht aufgegeben. Der Inspektion ging es dabei nicht nur darum, die Aufgaben der zivilen Behörden und der Kammern zu übernehmen, sondern sie strebte auch an, auf Bezirksebene bei der Vergabe der Aufträge eingeschaltet zu werden[153]. Damit griff sie in den Aufgabenbereich der Ausschüsse und Ringe ein, der Organe der wirtschaftlichen Selbstverantwortung. Diese Gremien waren ursprünglich 1940 von Speers Vorgänger Fritz Todt aus der Taufe gehoben worden, der sich mit Arbeitsgemeinschaften der Munitionsproduzenten die Privatinitiative der Industrie zur Planung und Lenkung der Produktion zunutze gemacht hatte. Albert Speer erweiterte das System nochmals und überzog die Rüstungswirtschaft mit einem Netz an Ausschüssen und Ringen, deren Mitglieder aus den Industriebetrieben kamen. Diese Gremien hatten nach seinem Erlaß vom 20. April 1942 vor allem für die Konzentration gleichartiger Produktionen in den »Bestbetrieben« zu sorgen, die am effizientesten arbeiteten. Darüber hinaus sollten sie die Rationalisierung und Serienfertigung in diesen Unternehmen voranbringen. In der Konsequenz übernahmen die Ausschüsse und Ringe damit immer mehr die Verteilung der Aufträge, während die Wehrmacht sich mit der Rolle des Auftraggebers zufriedengeben mußte. Bis Sommer

---

149 GLA, 237/28838, Runderlaß des LWA zur Umbetreuung von Betrieben, 7.1.1943.

150 GLA, 237/24351, IHK Pforzheim an LWA, 9.10.1941.

151 BA-MA, RW 20—5/23, Bericht RüIn-Abtlg. Verwaltung, 24.10.1942.

152 GLA, 237/24354, LWA an RüIn, 12.4.1943; Aktennotiz des LWA über Entschuldigung Haugers bei Sitzung des Rükom-Arbeitsausschusses, 29.4.1943.

153 BA-MA, RW 20—5/21, Aktennotiz RüIn OR, 15.2.1943; Aktennotiz RüIn OR, Vorschläge als Besprechungspunkte für die Rüstungstagung, 16.8.1943.

1944 waren 21 Hauptausschüsse für die Endfertigung der Rüstung verantwortlich, 12 Ringe sollten die notwendigen Zulieferungen gewährleisten[154].

Die Spannungen zwischen den Institutionen wurden schon allein durch die Aufgabenverteilung angeregt. Schließlich sollte der Rüstungsobmann als Vertreter der Ausschüsse und Ringe auf Wehrkreis-Ebene Vorschläge machen, welche Betriebe mit welchen Aufträgen belegt werden könnten. Da er aber wie auch die Inspektion die Aufgabe hatte, die Produktion zu überwachen, überschnitten sich die Zuständigkeiten[155].

Schon die Stuttgarter Vorgängerin der oberheinischen Inspektion hatte eigene Kompetenzen bei der Auftragserteilung gefordert. So machte sich Inspekteur Rudolf Klett bei einer der wenigen reichsweiten Lagebesprechungen der militärischen Wirtschaftsstellen Ende März 1940 als einziger dafür stark, die Beschaffung von Munition zu dezentralisieren. Seine Kollegen gestanden dagegen frank und frei ein, daß ihnen für eine solche Aufgabe das Personal fehlen würde[156]. Wohl auf Kletts Drängen hin, aber auch, um im Ringen mit Minister Todt neue Argumente in die Hände zu bekommen, erteilte General Thomas im Oktober 1940 der Stuttgarter Inspektion die Erlaubnis, die Auftragserteilung für Munition und Packgefäße dezentral einzurichten — versuchsweise wenigstens. Der Aufbau der industriellen Selbstverantwortung sorgte aber trotz des angeblichen Erfolges für ein Ende des Versuchs[157].

Der Versuch der Rüstungsinspektion Oberrhein von 1943, diese Forderung wieder aufzunehmen, ging an den politischen Gegebenheiten vorbei. Speer hatte schließlich das System der Ausschüsse und Ringe weiter verstärkt. Der Anspruch der Inspektion kam dagegen einer Rückkehr zur gescheiterten Auftragssteuerung durch die Wehrmacht gleich, wenn sie auch in diesem Fall durch die Betonung der Dezentralisierung kaschiert wurde. Die Forderung erscheint angesichts des inzwischen erreichten Produktionsanstiegs zudem unverständlich und nur mit eigenen Machtansprüchen erklärbar. Nicht die tatsächlich sachlich notwendige Zusammenfassung der Kriegswirtschaft in einer Hand stand hinter dem Bestreben der Rüstungsstellen, sondern es ging weit darüber hinaus: Die Inspektion Oberrhein hatte das gesamte System der Selbstverantwortung im Visier. Dessen Organe sollten auf eine Beratungsaufgabe beschränkt und damit abgeschafft werden[158]. Wie wenig die in der Inspektion verantwortlichen Offiziere hinter dem System standen, verdeutlicht auch die mehrfache Forderung des Freiburger Kommandeurs, Oberstleutnant Kurt Gieser, jegliche privatwirtschaftlichen Interessen zu bekämpfen[159]. Giesers militärisch-hierarchisches Denken wehrte sich offenbar gegen die Einsicht, daß die Steuerung

---

154 Erlaß nach: Weyres, Rüstungswirtschaft, S. 24; vgl. Janssen, Ministerium Speer, S. 45; Volkmann, Verhältnis von Großwirtschaft und NS-Regime, S. 486ff. Zu den Anfängen der Ausschüsse siehe Kapitel III, 3.

155 BA-MA, RW 20—5/12, Durchführungsverordnung Speers vom 10. 10. 1942; RW 20—5/51, KTB RüIn OR, 1. Q. 1944.

156 BA-MA, RW 19/568, Aktennotiz zur Inspektionsbesprechung vom 29./30. 3. 1940. Vgl. Müller, S. 470f.

157 BA-MA, RW 20—5/5, S. 4ff., Geschichte der RüIn V, 1. 10. 1940 bis 31. 12. 1941; ebd., dass., S. 2ff., 1. 1. bis 31. 5. 1942.

158 BA-MA, RW 20—5/21, Aktennotiz RüIn OR, 15. 2. 1943.

159 BA-MA, RW 21—21/9, S. 19f., KTB Rüko Freiburg, 1. Q. 1944; RW 21—21/10, S. 11f., dass., 2. Q. 1944.

einer Kriegswirtschaft nur funktionieren konnte, wenn die ökonomischen Gesetze beachtet wurden[160].

Angesichts dieser Motivation überrascht es nicht, daß sich Mitte 1943 die Kooperation zwischen der Inspektion und dem Landeswirtschaftsamt erneut verschlechterte. Das Landeswirtschaftsamt versuchte daraufhin vorzubeugen und den wachsenden Ansprüchen der Inspektion wieder mit seinem einzig verfügbaren Mittel zu begegnen: der Qualität der Betreuungsarbeit. Es wies die Kammern eindringlich darauf hin, die »starke persönliche Fühlungnahme« mit den wichtigsten betreuten Firmen habe sich als dringend erforderlich herausgestellt[161]. Die aber sollte wenig nützen.

Die Inspektion konnte sich ab 11. September 1943 auf eine Verordnung Speers berufen, die dem Erlaß Hitlers »über die Konzentration der Kriegswirtschaft«[162] gefolgt war. Damit wurden dem jetzt für Rüstung und Kriegsproduktion zuständigen Ministerium Speers wichtige Befugnisse des Reichswirtschaftsministeriums übertragen. Seine Behörde zeichnete damit verantwortlich für das gesamte Gebiet der Rohstoffe und der Produktion, womit auch die Landeswirtschaftsämter an ihn übergegangen waren. Der Erlaß vom 11. September ermöglichte es den Inspektionen, weitere Betriebe zu übernehmen[163].

Das Ministerium Speer war im Interesse einer effizienteren Rüstungsproduktion bestrebt, den gesamten Herstellungsprozeß einschließlich der Vorproduktion und den Zuliefererfirmen zu kontrollieren. Erst wenn die gesamte Steuerung in einer Hand lag, ließen sich die Hemmungen des bisherigen Gegeneinanders beseitigen. Entsprechend seiner September-Verordnung kehrte Speer das bisherige Verfahren um. Wichtig war jetzt nicht die Produktions-, sondern die Auftragsseite. Im November 1943 teilte er den Inspektionen aller Firmen zu, deren Produktion zu mehr als der Hälfte auf den Aufträgen der Hauptausschüsse und -ringe basierte. Der Rüstungsminister machte sich dabei das Eigeninteresse der Inspekteure zunutze: Diese Dienststellen selbst sollten die vom Landeswirtschaftsamt betreuten Betriebe daraufhin untersuchen, von welchen Hauptausschüssen und -ringen sie wie stark belegt waren und dabei die in Frage kommenden Firmen übernehmen. Ein Mitwirkungsrecht des Amtes oder der Kammern war nicht vorgesehen[164]. Entsprechend kam es darauf an, mit welchem Engagement sich die Inspektionen und Kommandos um neue Firmen bemühten.

Im Gau Baden war ihr Erfolg durchschlagend. Bis Ende Juli 1944 betreute die Inspektion Oberrhein 564 Betriebe mit rund 209000 Beschäftigten. Sie hatte damit ihren Bestand seit September 1943 um 188 Firmen, also um mehr als die Hälfte, gesteigert. Die Zahl der Beschäftigten stieg dagegen nur um knapp 40000, also um ein Viertel, an[165]. Die Inspek-

---

160 Vgl. Müller, Mobilisierung, S. 370ff. sowie dessen Beurteilung der ähnlichen Haltung von General Thomas im Frühjahr 1942, S. 666. Allerdings äußerte Gieser seine Ansicht zwei Jahre später.

161 GLA, 237/24354, Runderlaß LWA, 23.7.1943.

162 RGBl 1943 I, 2.9.1943, S. 529f.

163 BA-MA, RW 20—5/51, RüIn-Abtlg. TB, Stand der Betriebsbetreuung, 8.1.1944, darin: Verfügung des RMfRuK, 11.9.1943.

164 BA-MA, RW 20—5/51, RüIn-Abtlg. TB, Stand der Betriebsbetreuung, 8.1.1944, darin: Verfügung des RMfRuK, 10.11.1943; vgl. Herbst, Der totale Krieg, S. 255.

165 BA-MA, RW 20—5/39 und 57, Tabelle der von der Inspektion betreuten Firmen.

tion übernahm infolgedessen vorwiegend kleinere und mittlere Betriebe, wobei es sich in der Mehrzahl um Zulieferfirmen handelte. In Südbaden fielen solche bedeutenden Unternehmen an die Inspektion wie die Aluminiumfirma Rheinfelden oder die Villinger Metallwerke, in Nordbaden die Bruchsaler und Heidelberger Waggonfabriken, die Mannheimer Firmen Isolation sowie die Rheinischen Gummiwerke oder die Ettlinger Lorenz AG. Im Konsum- und vor allem dem Textilbereich wurden jetzt die Konsequenzen aus der starken Verlagerung von Rüstungsaufträgen[166] in diese Betriebe gezogen. Das Freiburger Kommando übernahm eine Vielzahl solcher Unternehmen wie die Textilfirma Mez AG in Freiburg selbst, die Textilmanufaktur Koechlin, Baumgartner und Cie. in Lörrach, die Druckerei in der grenznahen Gemeinde Brombach oder die Firma Herosé in Rielasingen. Fast alle Konsumbetriebe mit einer überwiegenden Produktion von Rüstungsgütern gingen damit dem Landeswirtschaftsamt verloren. Selbst Unternehmen, die noch unter der Kontrolle des Amtes standen, aber im Rahmen der Auftragsverlagerung einige Rüstungsbestellungen ausführten, wurden von den militärischen Stellen beansprucht[167].

Die militärischen Stellen gingen bei der Übernahme »ziemlich scharf vor«, wie der Geschäftsführer der Gauwirtschaftskammer Oberrhein, Karl Tröndle, bemerkte. Ihre Absichten waren von vornherein »sehr weitgehend«[168]. Einsprüche des Landeswirtschaftsamtes blieben erfolglos. Ob die Ambitionen der militärischen Stellen sich für die Firmen allerdings auszahlten, ist angesichts des knapp bemessenen Personals zweifelhaft. Das Freiburger Kommando etwa war nahe daran, im ersten Halbjahr 1944 die Zahl der Betriebe, denen es Hilfe zu leisten hatte, mit 105 auf 186 zu verdoppeln. Gleichzeitig erhöhte sich die Zahl der Mitarbeiter des Kommandos gerade von 45 auf 49[169]. Erst im Mai 1944, nachdem die Kommandos die wichtigsten Firmen übernommen und dabei wohl von der Fülle der Arbeit überwältigt worden waren, ließ sich die Freiburger Dienststelle auf Verhandlungen mit den südbadischen Kammern ein, die offenbar vielversprechend verliefen[170]. Das hieß allerdings nicht, daß die Frage der Betreuung endlich zur Ruhe gekommen wäre. Noch Ende Januar 1945 ließ es sich die inzwischen nach Ettlingen geflüchtete Inspektion nicht nehmen, die Umbetreuung der Großbetriebe Heinrich Lanz, Mannheim, und Ritter, Karlsruhe, zu fordern, die stark mit der Produktion von Rüstungsgütern ausgelastet seien[171]. Obwohl die militärischen Dienststellen die bedeutendsten Betriebe übernommen hatten, dauerten die Kompetenzstreitigkeiten somit bis Kriegsende an.

---

166 Siehe Kapitel IV, 3. e.

167 BA-MA, RW 20—5/56, Rüln OR, 19.1.1945.

168 WSA Stgt., IHK Kon. 306, Protokolle der Geschäftsführerkonferenz der Kammern, 23/24.2.1944 und 5.5.1944 (Zitat 1); IHK Kon. 311, dass., 8.11.1943 (Zitat 2).

169 BA-MA, RW 21—21/9, S. 9 und S. 47, KTB Rüko Freiburg, 1. Q. 1944; RW 21—21/10, S. 7 und 47, dass., 2. Q. 1944. Die Angaben der Mitarbeiterzahlen beziehen sich auf die Ist-Stärke.

170 WSA Stgt., IHK Kon. 306, Geschäftsführerkonferenz der Kammern, 5.5.1944; IHK Schopf. 346, handschriftliches Protokoll der Konferenz vom 5.5.1944 mit weitergehenden positiven Bemerkungen zu den Verhandlungen mit dem Kommando.

171 GLA, 237/24379, Rükom-Sitzung, 29.6.1944; BA-MA, RW 20—5/56, Rüln an LWA, 25.1.1945.

Die Machtzunahme der Inspektion läßt sich sicherlich mit dem notwendigen Aufbau einer effizienten Wirtschaftsverwaltung begründen, der angesichts der dynamischen Entwicklung der Rüstungswirtschaft notwendig wurde. Sachlich war die Ausdehnung ihrer Betreuungsfunktion deshalb gerechtfertig, sollten die Hauptproduzenten der Rüstungsgüter samt ihren wichtigsten Zulieferern und Vorproduzenten einheitlich betreut werden, um einen störungsfreien Ablauf der Produktion zu gewährleisten. Solange aber die Inspektion und ihre Kommandos nicht auch personell und qualitativ auf einen Stand gebracht worden waren, mit dem sie die Betreuung tatsächlich verbessern konnten, beruhten diese letztlich erfolgreichen Anstrengungen auf einer rein theoretischen Grundlage. Die Expansionsziele der oberrheinischen Rüstungsstellen entsprachen deshalb weniger sachlichen Erwägungen als den Machtgelüsten der Militärs, die auf ihren hierarchischen Vorstellungen beruhten. Die ständigen Umverteilungen brachten damit letztlich weit mehr Sand in das Getriebe der Wirtschaftsverwaltungen als zuvor die tatsächlich unsinnige Zweiteilung der Behörden.

In den letzten Kriegsmonaten wurde mit der erzwungenen Dezentralisierung aller Aufgaben die alte Forderung insbesondere des Stuttgarter Inspekteurs Oberst Rudolf Klett erfüllt[172]. Angesichts der Lage wirkte sich diese Maßnahme aber nur noch bedingt aus. Die Luftangriffe und die sich schon teilweise auf Reichsgebiet abspielenden Kämpfe erschwerten die bereits seit Herbst 1944 gestörte Kommunikation zwischen Mittelinstanz und Zentrale erheblich. Speer setzte deshalb nach einem schon für das Ruhrgebiet erprobten Muster in verschiedenen Räumen Rüstungsbevollmächtigte ein, die für ein Gebiet von vier bis acht Gauen verantwortlich waren. Die Inspektion Oberrhein faßte Speer im Bezirk Südwest zusammen mit den Bereichen Va (Württemberg-Hohenzollern), XIIa (Hessen-Nassau) und XIIb (Westmark/Moselland) unter der Leitung von Direktor Kelchner, dem Vorsitzenden der Rüstungskommission XIIb. Sein Sitz war Heidelberg[173].

Die Bevollmächtigten hatten die Aufgabe, die Maßnahmen der Rüstungskommissionen auf den Gebieten Arbeitseinsatz, Verkehr, Kohle, Gas, Wasser sowie Energie und Nachrichtenmittel miteinander abzustimmen, wenn ihre Auswirkungen in andere Gaue hineinreichten. Dabei unterstanden ihnen alle Organe des Speer-Ministeriums[174]. Angesichts der Transportprobleme hatte die Arbeit Kelchners in Baden aber nur noch wenig Auswirkungen. Konkrete Anweisungen sind nur im Bereich der Lähmungen und Zerstörungen nachweisbar[175]. Der Konstanzer Kammergeschäftsführer veranschlagte schon Mitte Januar 1945 für eine Reise nach Ettlingen zum Sitz der Gauwirtschaftskammer einige Tage[176]. Auch die Kommunikation zwischen den Wirtschaftsverwaltungen des südwestdeutschen Bezirks dürfte deshalb stark gelitten haben, zumal Kelchner schon knapp zwei Monate nach seiner Ernennung einen Ausweichsitz in Metzingen in Württemberg ein-

---

172 BA-MA, RW 20—5/56, Aktennotiz RüIn OR, Besprechung RüIn mit Rüstungsbevollmächtigtem Kelchner und Speer in Heidelberg, 26.2.1945.

173 StA Freiburg, LKK 1368, Erlaß MdI, Anlage: Runderlaß RMfRuK, 8.2.1945; vgl. Janssen, Ministerium Speer, S. 285f.; Weyres, Rüstungswirtschaft, S. 158.

174 BA, R 3/1623a, Aktennotiz Speer, 7.3.1945; Runderlaß RMfRuK, 25.3.1945.

175 Siehe Kapitel III, 10.

176 WSA Stgt., IHK Kon. 306, Zweigstelle Kon. an GWK, 13.1.1945.

nehmen mußte[177]. Die Inspektion hatte ihren Betrieb bereits nach dem Verlust Straßburgs am 23. November 1944 nach Zell am Harmersbach und Gengenbach verlagert. Teile der Dienststelle kamen zusammen mit der Geschäftsführung der Rüstungskommission nach Ettlingen, wohin auch Abteilungen des Landesarbeitsamtes umgesiedelt wurden. Gauleiter Wagner und das Innenministerium schlugen ihren Sitz in Baden-Baden auf, das Wehrbezirkskommando ging nach Maulbronn[178]. Die mühsam erstrebte Einheit der badischen Wirtschaftsverwaltung war endgültig zusammengebrochen.

3. Der Kampf der Industrie- und Handelskammern um ihre Selbständigkeit

a) Die Gleichschaltung der Wirtschaftsvertretungen

Die Bedeutung des Kammerwesens für die Entwicklung der Kriegswirtschaft im Baden des Zweiten Weltkriegs ist kaum zu überschätzen. Seine traditionelle Bindung an die Unternehmen führte ebenso wie die häufig in den Nationalsozialismus herübergerettete wirtschaftsliberale Einstellung der Geschäftsführer zu Versuchen, das Überleben der konsumorientierten Firmen zu sichern. Diese Haltung verzögerte die völlige Anpassung der badischen Ökonomie an Kriegsbelange zum Teil bis über das Jahr 1943 hinaus und rief immer neue Kontroversen mit den Rüstungsämtern der Wehrmacht hervor. Die bis in die letzten Kriegsjahre in den meisten Bereichen noch vertretbare Versorgungslage der Bevölkerung ist auch diesen Bemühungen zu verdanken. Der Grundstein für diese Politik der badischen Industrie- und Handelskammern wurde bereits in den ersten Jahren der nationalsozialistischen Herrschaft gelegt, als es gelang, die Einflüsse der Partei zu begrenzen. Diese Untersuchung fragt, welche institutionellen Veränderungen die Selbständigkeit der IHKs und damit ihre grundsätzlichen Positionen bedrängten; wie und um welchen Preis war es möglich, die Einwirkungen der badischen NSDAP abzuwehren?

Die badischen Handelskammern hatten während der nationalsozialistischen Herrschaft in den Jahren 1933, 1935 und 1943 drei Reformen zu überstehen, eine mehr als ihre Pendants im sonstigen Reichsgebiet. Sie kosteten drei von ehemals neun IHKn ihre Existenz, vier weitere verloren ihre Selbständigkeit (Schaubild 3). 1943 verfügten nur noch die Kammern von Mannheim und Freiburg über eine Stellung, die in etwa der Zeit bis 1933 vergleichbar war, während die Konstanzer und Schopfheimer Vertretung ab 1933 und schließlich die Karlsruher und Pforzheimer ab 1943 ihre Aufgaben als Zweigstellen zu erledigen hatten. Allerdings bezog sich dieser Kompetenzverlust im wesentlichen auf nur zwei Punkte: Stellungnahmen zu grundsätzlichen wirtschaftspolitischen Fragen waren den Zweigstellen ebenso verwehrt wie nach 1943 der Schriftverkehr mit zentralen Reichsstellen. Letzteres hatte angesichts der zentralisierten Wirtschaftsführung im Krieg einige Bedeutung. Da aber alle übrigen Aufgaben in weitgehend eigener Verantwortung erle-

177 WSA Stgt., IHK Kon. 386, Aktennotiz Kon., 18.4.1945.

178 BA-MA, RW 20–5/56, S. 30, Rüln an RMfRuK, 27.11.1944; Werner, Karlsruhe 1945.

digt werden konnten, arbeiteten auch die Zweigstellen größtenteils ohne äußere Bevormundung. Der Verlust an Selbständigkeit schlug sich jedoch in Namen und Status nieder. Namentlich die Konstanzer Vertretung von Industrie und Handel versuchte deshalb, die beiden Reformen von 1935 und 1943 zu nutzen, um die alten Rechte wieder zu erlangen. Dieses Vorhaben scheiterte aber beide Male.

Schaubild 3:

Die Entwicklung des badischen Systems der Industrie- und Handelskammern (IHK)

bis 31.6.1933	1.7.1933	7.3.1935	22.3.1943
Industrie- und Handelskammern	**Badische IHK Karlsruhe**	**Wirtschaftskammer Baden**	**Gauwirtschaftskammer Oberrhein in Straßburg**
Mannheim Karlsruhe Pforzheim Freiburg Konstanz Schopfheim Heidelberg Lahr Villingen	mit Außenstellen: Mannheim Pforzheim Freiburg Konstanz Schopfheim	mit den IHKn Mannheim Karlsruhe Pforzheim Freiburg; Freiburger Außenstellen: Konstanz und Schopfheim	mit Zweigstellen in: Karlsruhe, Pforzheim; Selbständige Wirtschaftskammern Mannheim und Freiburg mit den Außenstellen Konstanz und Schopfheim

Als erstes Reichsland überhaupt organisierte Baden im Juli 1933 noch während der Diskussion über den zukünftigen berufsständischen Aufbau der Wirtschaft seine Vertretungen von Industrie und Handel neu. Diese Debatte fand auch in Baden Beachtung, der Reichskommissar und spätere Reichsstatthalter Wagner verstand die Reform deshalb auch als vorübergehend; sie sollte aber »eine gewisse Basis« für eine allgemeine Regelung bilden[179]. Die württembergische Regierung änderte den Kammeraufbau im Gegensatz dazu erst Ende April 1934, auch die personelle Gleichschaltung hielt sich dort vorerst in Grenzen[180]. Hinter der Eile in Baden steckte vor allem der Elan des neu ernannten Reichskommissars Robert Wagner. Zunächst rechnete sich Wagner wohl größere Chancen bei der Reichsregierung aus, wenn seine Bitte um Hilfsmaßnahmen für die badische Wirtschaft von Säuberungen in den zuständigen Organisationen begleitet wurden. Wichtiger war ihm aber ein zweiter Punkt: Angesichts der allgemeinen Gleichschaltungswelle[181] sollten nicht ausgerechnet die Wirtschaftsorganisationen zurückstehen, die in ihrem Kern als konservative Gegner des Nationalsozialismus galten. Unter den bisherigen Präsiden-

179 WSA Stgt., IHK Kon. 327, Protokoll der Besprechung am 13.4.1933 bei der Konstanzer HK mit einem Bericht von Präsident Gradmann über die Zusammenkunft mit Wagner am 10.4. (Zitate Wagner).

180 Winkel, Geschichte der württembergischen IHKs, S. 11 f.; Schnabel, Württemberg 1928 bis 1945/46, S. 251.

181 Vgl. Hourand, Die Gleichschaltung der badischen Gemeinden 1933/34; Lux, Die Ausschaltung der Arbeiterbewegung im Frühjahr 1933; Schnabel, Die Machtergreifung im Südwesten. Das Ende der Weimarer Republik in Baden und Württemberg 1928—1933.

ten und Geschäftsführern aller neun badischen Vertretungen von Industrie und Handel fand sich bis zu diesem Zeitpunkt nur ein einziges ausgewiesenes Mitglied der NSDAP: der Villinger Syndikus Karl Jordan.

Wie reserviert und vorsichtig die Kammern dem neuen politischen System gegenübertraten, wird an der obligatorischen Erklärung sichtbar, die der badische Industrie- und Handelstag im März 1933 an den neu eingesetzten Reichskommissar Wagner schickte. Sie zeugte vom Selbstverständnis und Selbstbewußtsein der Wirtschaftsvertretung, von Ergebenheitsadresse fand sich keine Spur. Die Kammern drückten ausschließlich ihre Bereitschaft aus, an der wirtschaftlichen Wiederbelebung mitzuarbeiten.

»Die Handelskammern des badischen Landes, die sich darauf berufen dürfen, in den schwersten Zeiten [...] sich mit allen ihren Kräften [...] in den Dienst des Vaterlandes gestellt zu haben, sind bereit, im gleichen Sinne an diesen neuen großen Aufgaben mitzuwirken und sich dafür der Regierung zur Verfügung zu stellen[182].«

Die Erklärung bedeutete aber nicht, daß die nationalsozialistische Regierung rundweg abgelehnt worden wäre. Bestimmte Aspekte ihrer Ideologie fanden im konservativ-klerikalen Bewußtsein, das in den südbadischen Vertretungen von Industrie und Handel dominierte, durchaus Anklang. So beschwor der Präsident der Schopfheimer Kammer, Emil Garnier, den Gedanken der »große(n) innere(n) Gemeinschaft der Nation« und verwies darauf, daß »die Zersplitterung der staatlichen Macht und Verantwortung, der Parteimißbrauch und die Interessengegensätze« Hauptursachen des wirtschaftlichen Niedergangs gewesen seien. Die Lösung sah Garnier in einer ähnlichen Aufbruchstimmung wie beim Kriegsbeginn von 1914. Er näherte sich mit seinen Positionen bewußt der nationalsozialistischen Grundüberzeugung der Volksgemeinschaft an, um dabei aber die eigenen Werte umso mehr hervorzuheben:

»Wenn der Geist vom August 1914 den Aufbau in Staat und Wirtschaft begleitet und wenn alle positiven Kräfte des deutschen Volkes, insbesondere auch die Arbeit und Fortschritt verbürgende Initiative des freien Unternehmertums zum freudigen Einsatz gewonnen werden, ist die Wende zu glücklichen Zeiten für die deutsche Wirtschaft und das deutsche Volk Tatsache geworden[183].«

Daß dieses Bekenntnis keine Interessenidentität mit der jetzt herrschenden Ideologie markieren sollte, machte der Syndikus der Schopfheimer Kammer deutlich. Albert Maier propagierte bei derselben Vollversammlung im März 1933, bei der Emil Garnier seine Erklärung vorstellte, liberalistische Grundüberzeugungen der freien Marktwirtschaft: Eine staatliche Planwirtschaft sei gleichbedeutend mit einem »Lotteriespiel«. Man müsse alles daran setzen, die Fühlung mit dem Weltmarkt zu halten. Die »allenthalben propagierte These: ›Durch Autarkie zum Freihandel‹«, sei deswegen abzulehnen. Die Wirtschaft benötige in erster Linie Sachkenntnis und Fachwissen:

»Die berufsständische Organisation müßte daher von unten herauf auf der Grundlage der Selbstverwaltung aufgezogen werden. Die Auflösung der berufsständischen Organe in Staatsfunktionen würde dem deutschen Wesen nicht entsprechen[184].«

---

182 Mitteilungen der Handelskammer Schopfheim, 21. Jg., März 1933, S. 34.

183 Ebd.

184 WSA Stgt., IHK Schopf. 1652, IHK-Rundschreiben an ihre Mitglieder, Bericht über die Vollversammlung vom 28. März, 19.4.1933.

Im Gegensatz zu solchen Stimmen aus dem IHK-Bereich versuchten einzelne Kammern des Handwerks relativ schnell, sich mit Ergebenheitsadressen Wohlwollen zu sichern. So bekannte sich die Handwerkskammer des Seekreises am 9. April 1933 »in treuer Verbundenheit zur Regierung der nationalen Erhebung«. Diese Organisationen waren sich offenbar ihrer schwachen Stellung bewußt, denn schon am 28. April bildete Wagner eine badische Einheitskammer des Handwerks und löste die Vertretungen in Mannheim, Freiburg und Konstanz auf[185]. Und die wirtschaftliche Vereinigung der badischen Unternehmerverbände schließlich vollzog laut einer Erklärung ihres Präsidenten die Gleichschaltung »automatisch«[186].

Auch bei den badischen Handelskammern änderte sich die Tonlage, nachdem die erste Reform der badischen Kammern abgelaufen war. Sie hatte ihren Spitzen gezeigt, welche Bedeutung einem guten Einvernehmen mit der neuen Regierung zukam. Der unterkühlte Tenor der gemeinsamen Erklärung wich jetzt einem Treuebekenntnis. Der Konstanzer IHK-Präsident versicherte im Juni 1933 vor der Vollversammlung, die Kammer stehe »einmütig loyal« hinter der »nationale(n) Regierung«. Er begrüßte den »machtvollen nationalen Aufbruch« und wünschte »von ganzem Herzen, daß er unser Volk herausführen möge aus tiefster seelischer und physischer Not, besseren Zeiten [...] entgegen[187].«

Die Gleichschaltung der Kammern erreichte Wagner über ihre Erneuerung im organisatorischen wie im personellen Bereich. Bei der Reform der Organisation hatte sich Wagner zum Ziel gesetzt, die Vertretung der Wirtschaft in eine gut kontrollierbare Form zu bringen. Der Reichskommissar bevorzugte hierbei im Sinne der NS-Ideologie des Führerprinzips von vornherein den Aufbau einer Einheits-IHK mit einem zentralen Kammerführer im Vordergrund[188].

Robert Wagner rechnete offenbar mit dem erbitterten Widerstand der Kammern gegen eine Neugestaltung, sollte sie die Auflösung einiger Vertretungen beinhalten. 1931 hatten die IHKn schon einmal einen aus Spargründen gestarteten Versuch zur Neuformierung zu Fall gebracht[189]. Der Reichskommissar spielte deshalb die Kammern taktisch klug gegeneinander aus. Zunächst gab er sich bei einer Vorbesprechung am 10. April mit den Vertretern von vier IHKn moderat und stellte drei unterschiedliche Modelle für den künftigen Aufbau des badischen Kammersystems vor. Es solle dabei nur noch sechs, drei oder eine IHK geben. Der »Kopf«, der aus dem bisherigen Industrie- und Handelstag in Mannheim bestand, habe aber auf jeden Fall in die Landeshauptstadt Karlsruhe umzuziehen. Anhand dieser Vorgaben verlangte Wagner Vorschläge der Kammervertreter. Da die vier eingeladenen Präsidenten und Geschäftsführer aus Städten kamen, die

185 GLA, 237/35446, Resolution des Handwerks des Seekreises, 9.4.1933 (Zitat); Der Führer, Nr. 117, 28.4.1933.

186 SA Mannheim, IHK 421, Sitzung der wirtschaftlichen Vereinigung der Unternehmerverbände, Abtlg. Baden, 11.4.1933. Präsident Dr. Graf Douglas: »Bei der Gleichschaltung, die heute vor sich geht innerhalb aller Verbände, ist es nach meinem Dafürhalten eine Selbstverständlichkeit, daß auch innerhalb unserer Vereinigung diese Gleichschaltung automatisch vor sich gehen wird.«

187 Mitteilungen der Handelskammer für den Kreis Konstanz, Nr. 6, Juni 1933, S. 62f.

188 WSA Stgt., IHK Kon. 327, Karl Jordan (HK Villingen) an die badischen Handelskammern, 9.5.1933.

189 WSA Stgt., IHK Schopf. 72.

mit dem Verlust der IKH oder — im Falle Mannheims — mit dem an Bedeuung zu rechnen hatten, kam es bereits in dieser Besprechung zu Auseinandersetzungen[190]. Sie setzten sich in den beiden folgenden Monaten fort.

Für seinen zweiten Schachzug ließ der Gauleiter sich den Boden von seinem aus Dortmund importierten Kommissar für Mittelstandsfragen, Clemens Kentrup, und von Karl Jordan, also einem Kenner der Branche, bereiten. Der Villinger Geschäftsführer hatte sich seit längerem mit dem Problem der Handelskammerreform vertraut gemacht und Ende März bereits einen entsprechenden Vorschlag vorgestellt. Er ging darin entsprechend dem noch im Reich diskutierten ständischen Aufbau von einem Landeswirtschaftsrat aus, unter dem sich drei badische Kammern für Nord-, Mittel- und Südbaden gruppieren sollten. Jordan wollte ihnen die Selbstverwaltung belassen und sprach den Kammern darüber hinaus sogar ein »Initiativrecht« gegenüber Regierung und Landtag zu[191].

Unter Jordans Einfluß spitzte sich die Frage schnell darauf zu, ob drei oder vier Kammern erhalten bleiben sollten, wobei die vierte sich auf eine zweite Vertretung in Südbaden neben Freiburg bezog. Das Existenzrecht der Handelskammern in Villingen, Lahr und Heidelberg war schnell ad acta gelegt worden. Aber auch um die neue Vertretung der dortigen Firmen gab es Konflikte. Heidelberg wollte lieber Karlsruhe als dem übermächtigen Wirtschaftsraum Mannheim angehören[192]; in Oberbaden stritt Schopfheim mit dem Argument der ökonomischen Bedeutung seines Bezirks für die Erhaltung, da der eigene Wirtschaftsraum nach Steuerwerten die drittgrößte Kapazität des Landes darstelle. Konstanz wiederum verwies auf die ungünstige geographische Lage und die Entfernungen nach Freiburg und Karlsruhe[193]. Jordan blieb aber hart, Schopfheim solle ganz geschlossen werden, in Konstanz eine kleine Stelle erhalten bleiben. Auch der unter seinem Einfluß stehende Kommissar für Mittelstandsfragen schloß sich der Dreiteilung an[194].

Der Gauleiter lehnte aber überraschend einen solchen Vorschlag ab, obwohl er damit Jordan und Kentrup desavouierte. Der Villinger Syndikus mußte in einem Brief an die Kammern zugeben, daß der Reichsstatthalter von vornherein die Schaffung einer Einheitskammer vorgehabt hatte[195]. Wagners Taktik des divide et impera hatte Erfolg: Ein einheitlicher Widerstand der um ihre Existenz ringenden Institutionen war nach der bisherigen Diskussion nicht mehr zu erwarten. Die bisher von ihrer Selbständigkeit ausgehenden Kammern versuchten zwar noch, ihren politischen Einfluß geltend zu machen. Der Freiburger Oberbürgermeister Kerber etwa richtete nach einer Aufforderung des Kammerpräsidenten entsprechende Schreiben an Ministerpräsident Köhler sowie an Reichsstatthalter Wagner, die Vollversammlung der Freiburger IHK verabschiedete einen ent-

---

190 WSA Stgt., IHK Kon. 327, Protokoll der Besprechung am 13.4.1933 bei der Konstanzer HK mit einem Bericht von Präsident Gradmann über die Zusammenkunft mit Wagner am 10.4. (Zitate Wagner).

191 WSA Stgt., IHK Schopf. 70, Karl Jordan, Berufsständischer Aufbau der Wirtschaft für das Land Baden, verschickt am 28.3.1933.

192 WSA Stgt., IHK Schopf. 72, Aktennotiz, Konferenz über die Handelskammerfrage, 26.4.1933.

193 WSA Stgt., IHK Schopf. 72, HK an den Minister des Inneren, 12.4.1933; IHK Kon. 327, Denkschrift o.D. (13.4.1933), Frage der Zusammenlegung der badischen Handelskammern.

194 WSA Stgt., IHK Kon. 327, Aktennotiz IHK Kon., 26.4.1933.

195 WSA Stgt., IHK Kon. 27, Jordan an die badischen Handelskammern, 9.5.1933.

sprechenden Appell[196]. Aber selbst die mit dem NSDAP-Mitglied Fritz Reuther erneuerte Führung der Mannheimer Organisation erreichte keine Änderung der Linie[197]. Vermutlich entfaltete jetzt auch die Erfahrung ihre Wirkung, die Wagner mit der reibungslosen Gleichschaltung der badischen Handwerkskammern und ihrer Reduzierung auf eine Einheitsvertretung gemacht hatte.

Das am 1. Juli erlassene Gesetz gründete eine badische IHK als Einheitsstelle mit Sitz in Karlsruhe[198]. Die darin genehmigten Außenstellen richtete das Finanz- und Wirtschaftsministerium in Mannheim, Karlsruhe, Pforzheim, Freiburg, Schopfheim und Konstanz ein. Gestrichen waren die Vertretungen in Heidelberg, die von Mannheim übernommen wurde, sowie in Lahr und Villingen, die nach Freiburg kamen[199]. Auch die innere Organisation der Kammern war auf das »Führerprinzip« abgestellt. An ihrer Spitze stand der Präsident, der über alle Fragen allein entscheiden und selbst die Satzung ändern konnte. Er berief zu seiner Unterstützung zwei Stellvertreter sowie einen aus sechs Personen bestehenden Beirat. Die bis 1933 frei gewählten Vollversammlungen gab es zwar laut Satzung noch, sie waren aber zu bedeutungslosen Gebilden verkommen, denen es verboten war, über bestimmte Fragen abzustimmen[200]. Die Außenstellen waren damit von der Entscheidung grundlegender Fragen ausgeschlossen, wenn auch ihre praktische Arbeit davon kaum berührt war. Ihnen verblieb zudem das Recht, eigene Präsidien und Geschäftsführungen zu bilden.

Mit der Reform konnte Wagner auch die personelle Säuberung in den Kammerspitzen fortzusetzen. Wegen der Bedeutung des Mannheimer Wirtschaftsraums, vor allem aber wegen der dortigen jüdischen Beteiligung an den Präsidien, hatte die personelle Gleichschaltung in Nordbaden schon im März eingesetzt, während in Südbaden offenbar keine jüdische Beteiligung an einer Kammerspitze vorhanden war. In Mannheim mußte der jüdische Kammerpräsident Richard Lenel schon Ende März seinen Rücktritt erklären, in Pforzheim der jüdische Vizepräsident Hermann Kahn[201]. Mit der Einführung der badischen Einheitskammer verloren schließlich auch alle anderen Präsidenten ihr Amt. Der Freiburger Präsident Schuster ließ es sich dabei nicht nehmen, aus Protest gegen die Neuordnung noch vor ihrem Vollzug im Juli zurückzutreten, obwohl er sich in seinem Rücktrittsschreiben selbst als dem Nationalsozialismus »außerordentlich nahe(stehend)« bezeichnete[202].

---

196 SA Freiburg, C 4/IX/20—2, HK Freiburg an Kerber, 16.5.1933; Kerber an Köhler, 17.5. 33; ders. an Wagner, 18.5.1933; Der Alemanne, Nr. 138, 20.5.1933.

197 GLA, 465a/56/S/323, Memorandum Reuther für Spruchkammerverfahren, 1.5.1947; 465a/57/20/70, Erklärung der Mannheimer IHK-Geschäftsführer in Spruchkammerverfahren Ulm, 12.11.1946.

198 Bad. Gesetz- und Verordnungsblatt, Nr. 43, S. 123, Gesetz vom 1.7.1933 über die Änderung des Handelskammergesetzes.

199 WSA Stgt., IHK Kon. 320, Bad. IHK, »Neuordnung des badischen Handelskammerwesens«, 8.8.1933.

200 WSA Stgt., IHK Kon. 297, Satzung der Badischen Industrie- und Handelskammer, beschlossen am 26.7.1933.

201 Hakenkreuzbanner, Nr. 99, 27.3.1933; Der Führer, Nr. 90, 31.3.1933. Der Mannheimer Oberbürgermeister der Weimarer Zeit, Hermann Heimerich, warf Reuther vor, den Rücktritt Lenels herbeigeführt zu haben (GLA, 465a/56/S/323, Spruchkammerverfahren Reuther, Erklärung Heimerich, 13.5.1947).

202 SA Freiburg, C IV/IX/20—2, Präsident HK Freiburg an Kerber, 13.6.1933, Anlage: Schreiben an Köhler, 13.6.1933.

Bei der Erneuerung der Kammerspitzen stieß die badische NSDAP allerdings an Grenzen, die auch für den gesamten Bereich der Verwaltungen gelten sollten. Die Präsidenten aller Kammern konnten zwar durch Parteimitglieder ersetzt werden, doch schon hierbei machten sich die ersten Schwierigkeiten bemerkbar. In Freiburg stand der Teninger Fabrikant Emil Tscheulin zur Verfügung, der auch zum Vizepräsidenten ernannt wurde, in Pforzheim Arthur Barth, in Schopfheim Otto Blank. In Mannheim dagegen setzte Fritz Reuther, der auf die Bedeutung des Industriestandorts gegenüber Karlsruhe pochte, die Bedingung durch, das Amt nur nach wirtschaftlichen Gesichtspunkten führen zu wollen[203]. Dennoch war es unumgänglich, Reuther ebenfalls als Vizepräsidenten der Einheitskammer einzusetzen. In Konstanz wurde mit dem Sporthausbetreiber Fritz Gruner ein Präsident eingesetzt, der bereits Anfang 1934 wieder von seinem Posten entfernt wurde. Gruner hatte nach Ansicht des Einheitspräsidenten Kentrup zu wenig Initiative im Bereich der Arbeitsbeschaffung gezeigt, war aber auch in eine Affäre um zu hohe Preise beim Verkauf von Hakenkreuzfahnen verwickelt. Für die Benennung eines Nachfolgers überließ Oberbürgermeister Hermann dem Kreisleiter das Vorschlagsrecht. Neuer Präsident wurde am 24. Mai 1934 Josef Jöhle von der dortigen Porzellanmanufaktur, der als Ortsgruppenleiter in der Partei mitarbeitete[204].

Symptomatisch zeigt die Ernennung von Clemens Kentrup zum ersten Präsidenten, der aus einer Dortmunder Versicherung nach Baden geholt worden war, die Personalprobleme im Bereich der Kammern auf. Offenbar fand Wagner unter den badischen Industriellen keinen Vertrauten mit genügend Format, um für den Präsidentenstuhl in Frage zu kommen. Kentrup galt als Günstling Wagners, versah sein Amt auch in Personalunion mit dem Amt eines Gauwirtschaftsberaters und entsprechend parteibezogen. Er war in Baden aber so unbeliebt, daß der Versuch Wagners, ihn 1934 auf den Präsidentenstuhl der Badischen Kommunalen Landesbank zu setzen, am Widerstand des Verwaltungsrates scheiterte. Dabei spielte der Mannheimer Oberbürgermeister Carl Renninger die Hauptrolle, der sich dafür rächte, daß seine Stadt die badische Kammerspitze verloren hatte[205].

Den Einfluß auf die Position der Präsidenten ließ sich die badische NSDAP auch danach nicht nehmen. Sie folgte damit der Politik Wagners, der den direkten Parteieinfluß auf öffentliche Stellen ablehnte, es aber als »wünschenswert« ansah, »reine Personalfragen« weiterhin von der NSDAP entscheiden zu lassen[206]. So scheiterte im Sommer 1939 der Versuch des Freiburger Präsidenten Tscheulin, den Stuhl des Konstanzer Vorsitzenden ohne vorherige Rücksprache mit dem Gauleiter zu besetzen. Tscheulin mußte den Vor-

203 GLA, 465a/56/S/323, Memorandum Reuther im Spruchkammerverfahren, S. 2f.; Erklärung des ehemaligen IHK-Vizepräsidenten Heinrich Winterwerb, 17.9.1948; Erklärung der IHK Mannheim, 26.6.1947. Diese Haltung Reuthers ist auch deshalb gesichert, da er auf der Weiterbeschäftigung des Geschäftsführers Otto Ulm bestand (siehe unten).

204 SA Konstanz, S II/12206, Rundschreiben Gruner, O.D (Ende 1933); Kentrup an Dr. Stiegeler, 28.2.1934; OB Hermann an Kreisleiter, 1.3.1934; Jöhle an OB, 26.10.1933; WSA Stgt., IHK Kon. 377, Jöhle an OB Konstanz, 11.6.1934.

205 GLA, 465a/56/SJ/69, Erklärung Ulm im Spruchkammerverfahren Renninger; Erklärung der Bad. Komm. Landesbank.

206 GLA, 23333/24318, Sitzung des Staatsministeriums, 12.1.34.

schlag auf Wunsch Wagners wieder zurückziehen. Neuer Vorsitzender wurde mit Wilhelm Mannebach ein »wahre(r) Nationalsozialist«, wie ihn der Kreisleiter bei der Amtseinführung titulierte[207].

Weit schwieriger als die personelle Säuberung der Kammerspitzen gestaltete sich die Säuberung unter den Geschäftsführern. Hier ging es weniger um Linientreue als um Kompetenz, über die die badische NSDAP nicht verfügte. So kam es in diesem Bereich nur zu wenigen Stellenverlusten und -wechseln; auf die meisten Syndici konnte nicht verzichtet werden. Köhler wies die Kammern am 22. Juni 1933 im Hinblick auf die Zusammenlegung an, die Verträge der Angestellten entsprechend dem »Gesetz zur Wiederherstellung des Berufsbeamtentums« zu überprüfen und den Geschäftsführern zu kündigen[208]. Es gelang aber nur, das Gesetz im Falle des jüdischen Mannheimer Geschäftsführers Blaustein[209] sowie eines Konstanzer Angestellten[210] anzuwenden. Ausscheiden mußte nach einer gewissen Übergangszeit auch der langjährige Konstanzer Geschäftsführer Braun[211]. Der einzige nationalsozialistische Syndikus vor dem Machtwechsel, Karl Jordan, sollte die Freiburger Kammer auf die Partei einschwören, der bisherige Geschäftsführer Kaiser mußte an die zweite Stelle rücken. Jordan wurde aber wegen »Disziplinlosigkeit« gegenüber Präsident Tscheulin schon 1936 strafversetzt. Der ehemalige Reformer hatte gegen den nach Freiburg versetzten Geschäftsführer Eduard Lais wegen dessen katholischer Einstellung opponiert, drang aber bei Tscheulin nicht durch[212].

Der badischen NSDAP war es damit nicht gelungen, die Kammern auf ihren Kurs zu bringen, obwohl die Geschäftsführer meist 1933/34 in die NSDAP eintraten, um ihre Stellung zu halten. Dem Nachfolger Blausteins als Mannheimer Geschäftsführer, Otto Ulm, bescheinigte Gauamtsleiter Schuppel 1938 eine »labile Einstellung« gegenüber der Bewegung, Ulm entspreche dem »Typ des liberalen Syndikus«[213]. Der Stellvertreter Jordans und ab 1936 Geschäftsführer der Freiburger Kammer, Franz Kaiser, der als früheres Mitglied des Stahlhelm in die NSDAP aufgenommen worden war, wurde als »katholisch stark gebunden« eingeschätzt. Kaiser war vor 1933 im Zentrum aktiv. Im Krieg lieferte er der im Untergrund arbeitenden KPD Material über die Rüstungsindustrie[214]. Adolf Sauter, der in Konstanz Nachfolger Brauns wurde, trat erst 1941 auf Druck des Kreisleiters in die Partei ein. Er wies ebenso wie Albert Maier aus Schopfheim eine starke konfessionelle Bindung auf. Schuppel bezeichnete Maier 1938 als »liberal« und seine politische Zuverlässigkeit sei nicht »unbedenklich« zu bejahen, obwohl der Geschäftsführer

---

207 ZSA Potsdam, RWM 9538, Bl. 302, Tscheulin an RWM, 5.5.1939; Bl. 318, dass., 3.7.1939; WSA Stgt., IHK Kon. 380, Protokoll der Amtseinführung Mannebachs, 26.9.1938 (Zitat).

208 GLA, 237/35676, FWM an die IHK-Präsidenten, 22.6.1933.

209 GLA, 237/35676, Reuther an FWM, 29.6.1933.

210 WSA Stgt., IHK Kon. 320, Aktennotiz 6.10.1933.

211 GLA, 465b/162805, Erklärung Braun, 19.1.1947.

212 GLA, 465b/898, Erklärung Lais in Spruchkammerverfahren Kaiser, 10.11.1945; Kaiser, »Mein Verhältnis zu Herrn Präsident Tscheulin«, o.D.

213 GLA, 465a/57/20/70, Polit. Beurteilung, 26.2.1938.

214 GLA, 465b/898, Personalblatt Kaiser, 15.3.1938; Zeugenerklärungen im Spruchkammerverfahren Kaiser, unter anderem von der Witwe Stefan Meiers, 10.8.1945, und dem ehemaligen Leiter der Untergrund-KPD in Freiburg, 12.11.1945.

seit 1933 zu den Parteigenossen zählte[215]. Der Syndikus der Karlsruher Kammer, Walter Krienen, trat erst 1937 in die NSDAP ein[216]. Sein Pforzheimer Kollege Carl Christiansen wurde zwar nicht in das Beamtenverhältnis übernommen, da »ein Elternteil seiner Ehefrau« nicht arisch war. Christiansen war aber so unentbehrlich, daß er bis zur Auflösung der Pforzheimer Kammer Anfang 1943 im Amt blieb[217].

Der Einfluß der Partei auf die Kammerpolitik blieb angesichts der fehlgeschlagenen Durchdringung des Führungspersonals gering. Dieser Mißerfolg ist auch auf die Haltung der jeweiligen Präsidenten zurückzuführen, die in ihrer neuen Aufgabe schnell aufgingen und ihre nationalsozialistische Linientreue zugunsten des Kammer- und Wirtschaftsinteresses aufgaben. Demzufolge legten sie weniger Wert auf ideologisches Bewußtsein als darauf, die IHKs mit sachkundigem und eingearbeitetem Personal ausgestattet zu wissen. Angriffe von Parteistellen auf Mitarbeiter der Kammer verstanden die Präsidenten als Angriffe auf ihre eigene Position und reagierten entsprechend. So schaffte es Reuther in Mannheim, mit Hilfe seiner engen Verbindung zur NSDAP die Einsetzung eines unerfahrenen und parteitreuen Geschäftsführers rückgängig zu machen und Otto Ulm als Nachfolger Blausteins durchzusetzen. Auch der Freiburger Syndikus Franz Kaiser wurde von seinem Präsidenten Tscheulin gedeckt, der sich auf gute Beziehungen zu Gauleiter Wagner berufen konnte[218].

Die Politik der Kammern blieb auf diese Weise ihren alten Positionen treu und dem Schutz des Unternehmertums verhaftet. Schon 1933 meldete ein Spitzel in der Mannheimer IHK, Ulm und dessen »liberale Clique« habe es gegen den von der Partei eingesetzten Geschäftsführer geschafft, die Leitung zurückzugewinnen[219]. Das traditionelle Verhalten sollte sich vor allem im Krieg auswirken, als die Vertretungen der Wirtschaft den Untergang vieler Firmen verhinderten. Entsprechend schlecht war es um ihr Ansehen bei der Partei bestellt. Die Freiburger Kreisleitung etwa sah noch Ende Oktober 1944 in der dortigen Vertretung »reaktionäre Kräfte« am Werk[220].

Allerdings muß auch bedacht werden, daß das Beharrungsvermögen der Kammern und ihrer Geschäftsführer durch Wohlverhalten erkauft wurde, bei dem der Eintritt der Syndici in die Partei noch das geringste Übel war. So wies Sauter die Mitarbeiter der Konstanzer Kammer 1936 an, der Ausführung des »deutschen Grußes [...] größere Aufmerksamkeit zu widmen«[221]. Die Schopfheimer Kammer schickte im September 1933 einem Todtnauer Fabrikanten einen Verweis, da er sich »in abfälliger Weise« über eine Rede Hitlers geäußert habe. Das Bezirksamt wollte unter dieser Voraussetzung von einem Strafverfahren absehen. Präsident Otto Blank und Geschäftsführer Albert Maier gingen über

---

215 GLA, 465b/189978, Beurteilung Schuppel, 26.2.1938; Beurteilung DAF Lörrach, 21.2.1938.

216 ZSA Potsdam, RWM 9593, Personalakten IHK Karlsruhe.

217 ZSA Potsdam, RWM 9692, BFWM an RWM, 11.9.1935; dass. 2.5.1936 (Zitat); RWM 9693, Barth an RWM, 27.1.1943.

218 GLA, 465a/56/S/323, Erklärung der Mannheimer IHK, 26.6.1947; 465b/898, Erklärung Kaisers; Kaiser, »Mein Verhältnis zu Herrn Präsident Tscheulin«, o.D.

219 GLA, 465c/63, Situationsbericht zur HK Mannheim (o.D. und Autor).

220 BA, NS 6/812, Kreisleiter Freiburg an Parteikanzlei, 31.10.1944.

221 WSA Stgt., IHK Kon. 385, Aktennotiz über die Betriebsversammlung, 19.3.1936.

diese Forderung aber sogar noch hinaus und verlangten es als »selbstverständlich« von dem Unternehmer, sich »gesinnungsmäßig auf die nationalen und wirtschaftlichen Ziele« des Reichskanzlers einzustellen[222].

Noch angepaßter war das Auftreten einiger Kammern im Rahmen der Boykottaktionen gegen jüdische Firmen oder Geschäftsleute. So beantwortete die Mannheimer IHK das Gesuch des Finanz- und Wirtschaftsministeriums, zu den Aktionen Stellung zu nehmen, mit dem Hinweis auf Parteiämter, die das Publikum »auf das intensivste« dazu erzögen, seinen Bedarf »beim deutschen Volksgenossen zu decken«. Ein Personalabbau in den Warenhäusern erscheine deshalb unausweichlich[223]. Die Mannheimer waren auch die einzigen, die 1937 die separate Unterrichtung von Handelsschülern in der jüdischen Fortbildungsschule vorbehaltlos unterstützten. Die meisten Vertretungen von Industrie und Handel erhoben zwar Bedenken, opponierten aber auch nicht strikt dagegen[224]. Der Antisemitismus hatte damit auch die Gewerbe- und Handelsschulen erreicht.

Mitarbeiter oder Beiratsmitglieder mit jüdischen Vorfahren oder Ehefrauen wurden aus der Kammer entfernt. Kentrup machte als Präsident der Karlsruher IHK einem jüdischen Chemiker die wirtschaftliche Existenz zunichte, indem er ihm die Bestallung als Handelschemiker entzog, obwohl der Mann noch unter einer schweren Kriegsverwundung zu leiden und eine Familie zu versorgen hatte[225]. Schließlich kündigte die Freiburger IHK zwei ihrer Beiräte, die mit einer »Halb«- und einer »Volljüdin« verheiratet waren, nachdem ein entsprechender Hinweis aus dem Reichswirtschaftsministerium erfolgt war[226]. Die Mitarbeit des Pforzheimer Geschäftsführers Christiansen war demzufolge eine absolute Ausnahme.

Die Kammern versuchten immer wieder, möglichen Einmischungen mit vorauseilendem Gehorsam vorzubeugen. Auf diese Art und Weise konnten die NS-Präsidenten auf ihre lupenreine ideologische Politik verweisen, während in der Kammer- und der Wirtschaftspolitik eine weitgehend unabhängige Arbeit möglich war. Dieses Vorgehen machte es möglich, eigenständige Positionen zu vertreten und auch Konflikte mit der Partei zu bestehen. Für ein Gesamturteil muß aber auch bedacht werden, daß die nationalsozialistische Herrschaft im Grunde gestärkt aus solchen Konflikten hervorging. Denn die traditionellen Eliten fanden sich auf dieser Basis bereit, mit ihr zu kooperieren. Letztlich führte das Verhalten der Kammervertreter deshalb zu einer Stärkung der Diktatur. Ein resistentes Verhalten können die IHKn deshalb nur in Einzelfällen für sich in Anspruch nehmen.

Unverzichtbar für ihr Beharrungsvermögen war allerdings der Rückhalt, den die Kammern beim badischen Ministerpräsidenten Köhler fanden. Walter Köhler hatte schon bei der konstituierenden Sitzung der badischen IHK im Juli 1933 darauf hingewiesen, daß nicht das »Parteibuch« zähle: »Uns ist jeder willkommen, der etwas leistet und seinen Mann

---

[222] WSA Stgt., IHK Schopf. 3, IHK an Fabrikant, Todtnau, 19.9.1933.

[223] Fliedner, Judenverfolgung in Mannheim, S. 217.

[224] Ebd., S. 80f.

[225] ZSA Potsdam, RWM 9591, IHK KA an RWM, 20.8.1935.

[226] ZSA Potsdam, RWM 9540, RWM an IHK Freiburg, 10.3.1942; Tscheulin an RWM, 16.4.1942; dass., 27.4.1942.

stellt[227].« Der Ministerpräsident hielt diese Politik auch durch: Die Kammern konnten sich bei ihren Entscheidungen auf Köhler berufen oder ihn auch um Unterstützung bitten. Köhler schaffte es 1935/36 auch, den Einfluß der badischen NSDAP auf die Wirtschaft zurückzudrängen, den der Gauleiter zuvor über die Person des IHK-Präsidenten Kentrup aufgebaut hatte. Bei der 1935 neugebildeten badischen Wirtschaftskammer[228] bestand Köhler gegenüber Reichswirtschaftsminister Schacht ausdrücklich darauf, selbst die Leitung zu übernehmen. Schacht stimmte zu, obwohl dieses Ansinnen seinem Bestreben widersprach, die Organisationen zur Selbstverwaltung der Wirtschaft ehrenamtlich führen zu lassen. Köhler begründete seinen Wunsch ausdrücklich damit, keine »geeignete« Persönlichkeit zu finden[229]. Nur wenn er selbst zur Verfügung stand, war es deshalb möglich, den absehbaren Anspruch Kentrups auf den Stuhl des Vorsitzenden abzuwehren. Schließlich war der IHK-Präsident noch im Jahr zuvor als »Führer der badischen Wirtschaft« zur Disposition gestanden[230]. Und nur so schaffte der Ministerpräsident es auch, Wagner von einem Einspruch abzuhalten, der bei einem dritten Kandidaten zu erwarten gewesen wäre. In den folgenden Jahren drängte das Reichswirtschaftsministerium zwar immer wieder darauf, die Leitung der Wirtschaftskammer anders zu besetzen. Köhler beharrte aber auf seiner Position[231].

Darüber hinaus bemühte sich der ehemalige stellvertretende Gauleiter auch darum, Kentrup völlig aus der Kammerverwaltung zu entfernen und an seiner Stelle einen Unternehmer zu ernennen[232]. Clemens Kentrup war ursprünglich von Wagner als Vorsitzender der Einheitskammer eingesetzt worden. Nach deren Auflösung wurde er 1935 Karlsruher IHK-Präsident in Personalunion mit dem Amt des Gauwirtschaftsberaters. Der ehemalige Dortmunder verquickte beide Positionen miteinander, organisierte sein Büro als Parteimann im Gebäude der IHK und führte laut seinem Nachfolger Wolff auch »beträchtliche Finanzmittel« an die Partei ab[233]. Auch Kentrups eigene Brieftasche profitierte offenbar unangemessen von seinen Funktionen. Unter welchen Prämissen Clemens Kentrup sein Präsidentenamt angegangen war, machte er selbst noch einmal bei seiner Verabschiedung deutlich. Nicht umsonst nannte er als ersten der beiden Grundsätze, von denen er sich seit 1933 habe leiten lassen, sein Ziel, für die »Verbreitung des nationalsozialistischen Gedankengutes in den Kreisen der Wirtschaft« zu sorgen. Erst als zweites ging es ihm darum, für eine »Beruhigung« der Wirtschaft zu sorgen, damit sie ihren Aufgaben gerecht werden könne. Der Widerspruch zwischen beiden Grundsätzen ließ den Nationalsozialisten schließlich scheitern[234].

---

227 Der Führer, Nr. 205, 27.7.1933.

228 Siehe unten.

229 GLA, 237/35706, Schacht an Köhler, 14.3.1935.

230 GLA, 233/26097, Köhler an den »Führer der deutschen Wirtschaft«, Philipp Keßler, 2.7.34.

231 ZSA Potsdam, RWM 9872, Bl. 173, Aktennotiz RWM, 28.4.1937; dass., Bl. 174, 2.12.1937; dass., Bl. 177, 23.9.1938.

232 GLA, 465a/51/68/713, Erklärung von Wilhelm Mühe, dem früheren Leiter der Wirtschaftsabteilung im Bad. Finanz- und Wirtschaftsministerium, 21.2.1948; Erklärung Karl Tröndle, 31.3.1947.

233 GLA, 465a/51/68/713, Verfahren Wolff, Bemerkungen Wolff zu Meldebogen, 4.10.1946 (Zitat); Erklärung Rechtsanwalt, 12.3.1947.

234 Der Führer, Nr. 100, 10.4.1936 (Zitate); ZSA Potsdam, RWM 9591, Bl. 22, Aktennotiz 21.1.1935.

Als der Karlsruher IHK-Präsident 1936 aus beruflichen Gründen als zweites Vorstandsmitglied der Badischen Kommunalen Landesbank nach Mannheim übersiedeln mußte, nutzte Köhler eine Satzungsvorschrift, wonach ein Mitglied der Kammer auch in ihrem Bereich zu wohnen hatte. Obwohl die Satzung Ausnahmemöglichkeiten zugelassen hätte, drängte der Ministerpräsident gegenüber dem Reichswirtschaftsministerium auf die Abberufung Kentrups. Der Sachbearbeiter des Ministeriums schloß sich Köhlers Vorhaben an, Kentrups »wiederholt(e)« Bitte um nochmalige Prüfung wurde abgewiesen[235]. Das Reichswirtschaftsministerium ernannte den von Köhler vorgeschlagenen Karlsruher Fabrikanten Fritz Rolf Wolff zum neuen Präsidenten[236].

Die Partei versuchte in den kommenden Jahren nur noch selten, auf die badische Wirtschaftsverwaltung Einfluß zu nehmen. Im Herbst 1937 scheiterte der gewichtigste Ansatz mit der Forderung der Schopfheimer und Konstanzer Kreisleiter, an Beiratssitzungen teilnehmen zu können. Sie hätten damit die Position der Kammern unterminieren können. Präsident Tscheulin unterstützte aber die als Außenstellen der Freiburger IHK firmierenden Vertretungen in ihrer ablehnenden Haltung und bezeichnete die Sitzungen als »interne Angelegenheit«[237]. Darüber hinaus wies die Freiburger IHK auch das Bestreben der Konstanzer NSDAP zurück, die interne Personalpolitik der Kammer bestimmen zu wollen. Auch hierdurch wäre die relative Unabhängigkeit stark angekratzt worden. Das Kreispersonalamt interpretierte im September 1938 einen Erlaß Wagners zur inneren Organisation der Parteistellen so um, daß bei der Einstellung eines Kammerangestellten seine Zustimmung erforderlich sei. Tscheulin sah darin einen »unzulässige(n) Eingriff« in die Organisation der gewerblichen Wirtschaft. Auf Nachfrage des Reichswirtschaftsministeriums mußte die Gauleitung einräumen, der Erlaß habe nur ausgesagt, Stellen in staatlichen oder öffentlichen Institutionen seien vorzugsweise mit »alten Parteigenossen« zu besetzen[238]. Da die Kammer auf diese Weise bei der Einstellung ihrer Mitarbeiter keinen äußeren Einflüssen unterlag, war es dem Freiburger Geschäftsführer Franz Kaiser auch möglich, Verfolgte einzustellen. Dazu gehörte unter anderem der ehemalige sozialdemokratische Landrat Böse[239].

Schließlich mußten die Kammern auch gegen Versuche angehen, ihre Kompetenzen zu beschneiden. So beanspruchte beispielsweise die DAF reichsweit die Lehrlingserfassung und -ausbildung. Die badischen Kammern betreuten das Bildungswesen traditionell, seit Sommer 1937 auch mit Billigung des Reichswirtschaftsministeriums[240]. Auch in Baden kam es zu Auseinandersetzungen. In Freiburg und Schopfheim verwahrten sich die Ge-

---

[235] ZSA Potsdam, RWM 9397, Bl. 53f., Köhler an RWM, 13.2.1936; Bl. 56, Aktennotiz RWM, 11.3.1936 (Zitat).

[236] ZSA Potsdam, RWM 9591, Bl. 80, Köhler an RWM, 27.3.1936; Bl. 81, RWM an Wolff, 6.4.1936.

[237] WSA Stgt., IHK Kon. 80, IHK Freiburg an die Bezirksstellen Konstanz und Schopfheim, 26.10.1937.

[238] ZSA Potsdam, RWM 9538, Bl. 101, IHK Freiburg an RWM, 20.9.1938; dass., 12.10. 1938, Anlagen: Erlaß Wagner vom 21.3.1938; Bl. 96ff., Erlaß Schuppel 13.4.1938; Bl. 163, GL Baden an RWM, 9.12.1938.

[239] GLA, 465b/898, Erklärung Kaiser im Spruchkammerverfahren, o.D.

[240] Vgl. Bauer, Die alten Jahrgänge, S. 40.

schäftsführer Franz Kaiser und Albert Maier gegen die Parteibestrebungen[241]. Mit Unterstützung des Ministeriums gelang es den Kammern aber, sich zu behaupten. Die Schopfheimer IHK wehrte sich im Dezember 1934 gegen Versuche der DAF, sie bei der Beschaffung von Rohstoffen als inkompetent hinzustellen, ebenso wie sie im November 1935 bei einer Boykottaktion des Säckinger Kreisleiters Fitterer gegen eine Schweizer Firma erfolgreich einschritt[242].

b) Reform der Reform: Die Einheitskammer wird aufgelöst

Die mit der ersten Reform gebildete Struktur des badischen Handelskammerwesens mit seinen sechs Vertretungen überdauerte im Prinzip bis 1945, obwohl es noch zweimal umorganisiert wurde. Doch auch die im Rahmen der zweiten Reform von 1935 neben den IHKn Mannheim, Karlsruhe, Pforzheim und Freiburg gegründeten Außenstellen Schopfheim und Konstanz der südbadischen Kammer behielten in bezirklichen Belangen eine so weitgehende Selbständigkeit, daß sie im Krieg kaum von den traditionellen Vertretungen zu unterscheiden waren. Der 1933 vorgenommenen Reduzierung der badischen Kammern von neun auf sechs ist deshalb ein gewisser Erfolg nicht abzusprechen, während die Übermantelung durch ein Einheitsgebilde scheiterte.

Es gab schon relativ früh Anzeichen dafür, daß die badische Einheitskammer nicht überdauern würde. Für Baden waren diese Hinweise deshalb besonders problematisch, da sie nicht nur mit institutionellen Veränderungen, sondern auch mit bestimmten regionalen Konstrukten verbunden waren, die als Vorentscheidung für die kommende Reichsreform angesehen werden konnten. Schon im Juni 1933, also noch vor der Gründung der Einheitskammer, berichtete der Badische Bevollmächtigte bei der Reichsregierung von Plänen, sieben »Wirtschaftsprovinzen« einzurichten. Die Baden betreffende Provinz erstreckte sich bis ins Rheinland und nach Bayern, bezog auf jeden Fall Württemberg und die Pfalz mit ein[243].

Solche weitreichenden Vorhaben waren zwar chancenlos, aber der wirtschaftliche Zusammenschluß Badens mit Württemberg zu einem »Wirtschaftsbezirk« ließ sich im Juli 1934 nicht mehr verhindern[244]. Köhlers seit April 1934 wiederholte Interventionen beim »Führer der Wirtschaft« und beim Reichswirtschaftsministerium[245] gegen eine wie auch immer geartete Zusammenfassung der beiden südwestdeutschen Gebiete schuf aber die Voraussetzung dafür, die tiefere Ausgestaltung des »Wirtschaftsbezirks« zu einer gemeinsamen Wirtschaftskammer zu durchkreuzen. Ein solcher Zusammenschluß hätte sich tiefgreifend auf die Kammerorganisation ausgewirkt, deren Führung angesichts der potenteren ökonomischen Kraft ohne Zweifel in Stuttgart angesiedelt worden wäre. Köhler

---

241 GLA, 465b/189978, DAF Lörrach, Beurteilung Maier, 21.2.1938; Politische Beurteilung, 21.2.1938; 465b/898, Erklärung Kaiser.

242 WSA Stgt., IHK Schopf. 102, Firma an IHK, 12.12.1934; IHK Schopf. 57, Aktennotiz, 22.11.1935.

243 GLA, 237/29815, Bad. Bevollmächtigter an das Staatsministerium, 7.6.1933.

244 GLA, 233/26097, Graf von der Goltz an Köhler, 31.7.1934.

245 Ebd., Köhler an RWM, 25.4.1934; dass., 16.5.1934; Köhler an den »Führer der Wirtschaft«, 26.6.1934; dass., 26.7.1934.

argumentierte in erster Linie mit den unterschiedlichen Interessen, die zwischen einer noch in der Krise steckenden Grenzlandwirtschaft, die dazu noch von »weiten Auftragsgebieten« ausgeschlossen sei, und einer sich im Aufschwung befindlichen Ökonomie existierten. Käme eine gemeinsame Kammer, empfinde Baden dies als »vernichtenden Schlag« gegen sein wirtschaftliches Leben. Dem Ministerpräsidenten ging es aber nicht nur um ökonomische Interessen: Entstünde eine gemeinsame Wirtschaftskammer, wäre damit ein »schwerwiegendes Präjudiz für die spätere Gaueinteilung geschaffen«, schrieb er an Wagner[246].

Köhler drang mit seiner Argumentation bei Reichswirtschaftsminister Schacht auch durch. Dessen Anordnung vom 14. März 1935 richtete zwar einen gemeinsamen Wirtschaftsbezirk Südwestdeutschland für Baden und Württemberg ein, sah aber getrennte Wirtschaftskammern vor[247]. Für die badischen Vertretungen von Industrie und Handel ergab sich aus dieser Verordnung nur wenig Neues, ein Wirtschaftsbezirk hatte für sie kaum Bedeutung. Anders sah es allerdings zunächst bei der Reichsgruppe Industrie aus. Ihre regionale Vertretung deckte entsprechend dem neuen Wirtschaftsbezirk nicht nur Baden und Württemberg zusammen ab, Schacht ernannte mit dem Esslinger Industriellen Kessler auch noch einen Württemberger zum Bezirksvorsitzenden.

Aber auch hier erreichte Köhler eine Lösung, die den badischen Interessen voll entsprach. Gegen württembergischen Widerstand — das dortige Wirtschaftsministerium hoffte offenbar auf eine gewisse Dominanz über die badische Industrie[248] — setzte der Ministerpräsident zusammen mit dem Mannheimer Industriellen Fritz Reuther Ergänzungen zu der Verordnung Schachts durch. In Mannheim wurde eine Zweigstelle der Bezirksgruppe Südwest gegründet, die das Recht hatte, Geschäftsstellen einzurichten sowie die Belange der badischen Industrie gegenüber den Zentralinstanzen selbständig zu vertreten[249]. Ein großer Unterschied zur Hauptstelle in Stuttgart selbst bestand damit nicht mehr. Außer den tatsächlich völlig anders gearteten Interessen mußte bei diesen Verhandlungen auch eine »starke Verstimmung« zwischen den Industriellen beider Länder in Betracht gezogen werden — ein psychologisches Moment, das vor allem angesichts der geringen Berücksichtigung Badens bei Wehrmachtaufträgen entstanden war[250].

Mit der Wirtschaftskammer errichtete das Reichswirtschaftsministerium ein eher repräsentatives Organ als Spitzenorganisation, in der die bezirklichen Vertretungen der industriellen Fachgruppen, die IHKn und die Handwerkskammern zusammengefaßt waren[251]. Diese Einrichtungen arbeiteten aber weiterhin selbständig. Die Wirtschaftskammer soll-

---

246 Ebd., Köhler an RWM, 7.12.1934, Anlage: Nachricht an den RSH.

247 Ebd., Dt. Reichsanzeiger, Nr. 64, 16.3.1935: Anordnung des RWM über die Abgrenzung von Wirtschaftsbezirken und die Bildung von Wirtschaftskammern.

248 Vgl. ebd., Köhler an die Außenstelle der Badischen Staatskanzlei in Berlin, 3.5.1935, mit einer Zusammenfassung der Verhandlungen mit Württemberg.

249 GLA, 237/35706, Reuther an Köhler, Protokoll über die Verhandlungen der Bezirksgruppe Südwestdeutschland der Reichsgruppe Industrie am 7.12.1935, 10.12.1935.

250 Ebd., Bad. Staatskanzlei, Außenstelle Berlin an Köhler, Besprechung mit dem Geschäftsführer der Reichsgruppe Industrie, 27.5.1935.

251 RGBl. 1934 I, S. 1194, 1. Verordnung zur Durchführung des Gesetzes zur Vorbereitung des organischen Aufbaus der deutschen Wirtschaft, 27.11.1934.

te das Verbindungsglied zwischen den verschiedenen Institutionen darstellen und dem Ausgleich der unterschiedlichen Interessen dienen. Sie entwickelte aber kaum eine praktische Bedeutung, der Schwerpunkt der Organisation lag weiterhin bei den örtlichen Vertretungen. Zur Zusammenarbeit zwischen den Industrie- und Handelskammern mit den Fachgruppen kam es kaum[252].

Der Gedanke des »Führerprinzips« wurde zwar mit der Installierung der Wirtschaftskammer nicht übergangen, das Berliner Ministerium setzte ihn aber mit einer Spitzenorganisation für die gesamte Wirtschaft eines Bezirks doch auf eine andere Art und Weise um, als dies in Baden erwartet worden war. Eine Zusammenlegung verschiedener IHKn wie in Baden wünschte das Reichswirtschaftsministerium ausdrücklich nicht, da damit innerhalb der Wirtschaftskammer deren Interessen schon rein zahlenmäßig zu kurz kämen. Die badische Einheitsinstitution hätte dann nur einen einzigen Vertreter in die Wirtschaftskammer entsandt. Als Konsequenz mußte die badische IHK aufgelöst werden, was in einem Artikel des »Führer« auch ausdrücklich einer »Anregung« des Ministeriums zugeschrieben wurde[253]. Im Hintergrund ging es also weniger um die Frage eines mit dem Aufbau des badischen Kammerwesens verbundenen Mißerfolgs — obwohl selbst das Badische Wirtschafts- und Finanzministerium das Scheitern eingestand[254] —, sondern organisationspolitische Belange führten zu dieser Entscheidung[255].

Um nicht ganz von dem 1933 vertretenen Gedanken abrücken zu müssen, wurde eine bei der Karlsruher IHK postierte Dachorganisation in lockerer Form organisiert, die gemeinsame Einrichtungen, wie zum Beispiel eine Zeitung, weiterhin aufrechterhielt[256]. Auch darüber hinaus ging es dem Badischen Finanz- und Wirtschaftsministerium darum, die 1933 erreichte Position nicht wieder völlig aufgeben zu müssen, schon allein, um den Gesichtsverlust in Grenzen zu halten. Die Wiedererrichtung der abgeschafften Kammern von Heidelberg, Lahr und Villingen schied deshalb bereits im Referentenentwurf von vornherein aus. Bei den beiden Außenstellen von Schopfheim und Konstanz kam das Papier noch einmal auf die Diskussion der Vorjahre zurück. Der »nächstliegende« Gedanke sei, sie zu vereinigen, um so mehr, als sie mit der Betreuung der Industrie an der Schweizer Grenze eine gemeinsame Aufgabe hätten. Doch die räumliche Entfernung sowie die im Wiesental konzentrierte Textilindustrie, die als »Sorgenkind« der badischen Wirtschaft einer besonderen Betreuung aus Schopfheim bedurfte, hielten das Ministerium davon ab. Der Referent optierte aber nicht für die Errichtung zweier selbständiger Kammern, beide sollten mit Freiburg vereinigt werden[257].

---

252 Vgl. Winkel, Geschichte der württembergischen IHKs, S. 125ff.

253 Der Führer, Nr. 110, 7.3.1935; vgl. GLA, 233/26097, Köhler an RSH, 7.12.1934; Aktennotiz FWM, 21.12.1934.

254 ZSA Potsdam, RWM 9397, Bericht zur Liquidation der Badischen IHK, 15.12.1937, Bl. 73ff.

255 In der Literatur wird immer wieder darauf verwiesen, die Kammer sei aufgelöst worden, da sie sich nicht bewährt habe. Vgl. z.B. Winkel, Geschichte der württembergischen IHK, S. 7.

256 Bad. Gesetz- und Verordnungsblatt, Nr. 6, 7.3.1935, Gesetz über die Änderung des Handelskammergesetzes vom 5.2.1935 und Ausführungsverordnung vom 4.3.1935; ZSA Potsdam, RWM 9872, Bl. 55ff., Satzung der Wirtschaftskammer Baden.

257 ZSA Potsdam, RWM 9397, Bl. 22ff., FWM an RWM, Referentenentwurf, 16.1.1935.

Die Industrie- und Handelskammern selbst wurden an der zweiten Reform in keiner Weise beteiligt. Sie erfuhren offiziell erst im Frühjahr 1935 von dem Vorhaben, für eine Einflußnahme war es damit zu spät. So hatte auch der Versuch der Konstanzer Vertretung, auf eine Aufwertung zu drängen, keinerlei Aussicht mehr auf Erfolg. Die Mitgliederversammlung der Kammer störte sich insbesondere daran, den Status einer »Bezirksstelle« der IHK Freiburg erhalten zu sollen. Dies werde »dem Ansehen und der wirksamen Betätigung [...] Abbruch tun«, da damit der Eindruck einer abhängigen Stelle entstehe. Insbesondere bei den Verhandlungen mit Vertretern der Schweiz erwüchsen daraus Nachteile, lautete das nachvollziehbare, aber wirkungslose Hauptargument[258]. Daß die Kammer mit ihrer Befürchtung richtig lag, zeigt ein Runderlaß der Schopfheimer Stelle an ihre Mitgliedsfirmen. Selbst Anfang 1937, also fast zwei Jahre nach der Reform, hatte sich bei den Unternehmen noch nicht herumgesprochen, daß die IHK bezirkliche Angelegenheiten selbständig bearbeitete. Die Schopfheimer Kammer mußte ihre Firmen deshalb dazu auffordern, die Schreiben direkt an ihre Adresse und nicht an die Freiburger Hauptkammer zu richten[259]. Ein Versuch zur Abhilfe, der aber auch einiges über die Stimmungslage bei den Außenstellen aussagt, scheiterte am Reichswirtschaftsministerium. Die Stellen hatten vorgeschlagen, sich nicht nur »Bezirksstellen« nennen zu müssen, sondern die Bezeichnung »IHK Konstanz (Schopfheim) der IHK Freiburg« tragen zu können. Der Referent des Ministeriums lehnte dies aber als unlogisch ab[260].

Die Selbständigkeit der Außenstellen blieb im Prinzip auf die Erledigung bezirklicher Aufgaben beschränkt, auch wenn das badische Finanz- und Wirtschaftsministerium im Gegensatz zu seinem württembergischen Pendant darauf verzichtet hatte, nähere Bestimmungen hierzu in der Satzung festzulegen[261]. Der Freiburger IHK-Präsident Fritz Tscheulin erklärte sich zwar bei einer Absprache mit Ministerialdirektor Wilhelm Mühe, dem Abteilungsleiter im badischen Ministerium für Finanzen und Wirtschaft, dazu bereit, auf eine »kleinliche Bevormundung« zu verzichten, aber Fragen grundsätzlicher Art, wie Handelsvertragsprobleme, Zoll, Verkehr, Bahntarife, Energiewirtschaft, sollten nur von Freiburg aus erledigt werden[262]. Tscheulin blieb in diesen Fragen hart, wenn auch die genaue Abgrenzung solcher Bereiche unterblieb. Einen Vorstoß des Schopfheimer Geschäftsführers Albert Maier, die Außenstellen sollten »dringende Angelegenheiten grundsätzlicher Art« im Namen der Hauptkammer erledigen können, lehnte er ab[263].

Allerdings hatten diese Bestimmungen in der praktischen Betreuungsarbeit mit den Firmen nur geringe Auswirkungen, zumal den Außenstellen nach wie vor der direkte Verkehr mit Reichsstellen erlaubt war, wenn Bezirksbelange geregelt werden mußten. Mit

---

258 WSA Stgt., IHK Schopf. 24, IHK Kon. an IHK Schopf., 16.3.1935, Anlage: Resolution des Beirats; IHK Kon. o.N. (Protokolle), Mitgliederversammlung der IHK Konstanz, 12.3.1935.

259 WSA Stgt., IHK Schopf. 1199, IHK an die Bezirksfirmen, 12.1.1937.

260 WSA Stgt., IHK Schopf. 24, Bad. Staatskanzlei, Außenstelle Berlin an FWM, 16.4.1935.

261 WSA Stgt., IHK Schopf. 24, Satzung der IHK Freiburg, 1.2.1935; Winkel, Geschichte der württ. IHKs, 68f.

262 GLA, 237/35692, Aktennotiz FWM, 11.4.1935.

263 WSA Stgt., IHK Kon. 328, Albert Maier, »Grundsätze über die Zusammenarbeit zwischen Bezirksstellen und Hauptkammer«, o.D. (1937); Tscheulin an die Bezirksstellen, 4.11.1937.

Kriegsbeginn verlor diese Frage zudem erheblich an Bedeutung, da jetzt das Bezirkswirtschaftsamt Karlsruhe als Zwischeninstanz fungierte und auch direkt mit den Außenstellen verkehrte. Da auch das Personal einer vollwertigen Stelle vorhanden und sie nur dem Freiburger Präsidenten direkt unterstellt waren, mußten an der seitherigen Situation nur wenige, allerdings gewichtige Abstriche gemacht werden.

c) »Ein Nebeneinander, Übereinander und Durcheinander«: Die Kammern als staatliche Kriegsorgane

Die staatlichen Aufgaben der Kammern hatten schon in der Vorkriegszeit immer mehr zugenommen, zum Beispiel in den Bereichen Arbeitsbeschaffung und Rohstoffverteilung. Am 20. August 1934 waren sie dem Reich unterstellt worden, die Landesregierung diente auch in diesem Bereich nur noch als Zwischenglied. Sowohl der Präsident wie auch die Beiratsmitglieder wurden in der Folge vom Reichswirtschaftsministerium ernannt[264]. Der Prozeß fand seinen Abschluß in der Reichsverordnung über die Wirtschaftsverwaltung vom 27. August 1939 und den dazu erlassenen Richtlinien. Der Erlaß unterstellte die Kammern den Bezirkswirtschaftsämtern direkt als Außenstellen, die ihre Aufgaben auf Anweisung der Ämter erledigten. Die Präsidenten der Kammern wurden zu Reichskommissaren ernannt[265]. In der Folge verdrängten die staatlichen Aufgaben der Kammern die traditionellen immer mehr. Die Vertretungen wurden in die Betreuung von Unternehmen sowie in die Bewirtschaftung von Rohstoffen und Kohle eingeschaltet. Sie wirkten mit bei der Dienstverpflichtung und der Einordung von Personen als »unabkömmlich«, bei den Stilllegungen, Verlagerungen und der Umwandlung von Firmen in Rüstungsbetriebe. Eine besondere Aufgabe war die Mitarbeit bei der Integration des Elsaß in die deutsche Wirtschaft. Die IHK-Präsidenten Wolff und Tscheulin bauten dafür in Straßburg und Colmar eine Kammerorganisation auf[266].

Obwohl die Mängel der bisherigen Organisation auf der Hand lagen, kam es erst in den Jahren 1942/43 zu einer Reform. Trotz der Anbindung an die Wirtschaftskammer arbeiteten die Fachgruppen immer noch neben den Vertretungen von Industrie und Handel her, und selbst in einer vergleichsweise kleinen Stadt wie Konstanz hatte neben der IHK noch eine Industrieabteilung der Wirtschaftskammer überlebt. Auch die verschiedenen staatlichen Organisationen für die zivile Ökonomie und die Rüstungswirtschaft dürfen nicht vergessen werden. Präsident Tscheulin beklagte sich 1940 in einem Schreiben an den Staatssekretär des Reichswirtschaftsministeriums, Landfried:

> »Das Nebeneinander, Übereinander und Durcheinander der verschiedenen Organisationsformen hat zum Teil solche Verwirrungen hervorgerufen, daß selbst mit dem besten Willen ausgerüstete und klardenkende Menschen sich nicht mehr zurechtfinden können[267].«

---

264 Bad. Gesetz- und Verordnungsblatt, Nr. 6, 7.3.1935, Gesetz über die Änderung des Handelskammergesetzes vom 5.2.1935 und Ausführungsverordnung vom 4.3.1935; ZSA Potsdam, RWM 9872, Bl. 55 ff., Satzung der Wirtschaftskammer Baden; Winkel, Geschichte der württembergischen IHKs, S. 63 f.

265 BA, R 7/4103, Verordnung des RWM über die Wirtschaftsverwaltung, 22.8.1939.

266 Der Führer, Nr. 27, 27.1.1942.

267 ZSA Potsdam, RWM 9539, Bl. 131 ff., Tscheulin an Landfried, 14.9.1940.

Die am 20. April 1942 von Reichswirtschaftsminister Funk erlassene Gauwirtschaftskammerverordnung[268] hatte die Aufgabe, diese »Zersplitterung der Organisationen« aufzuheben und »insbesondere in bezirklicher Hinsicht die notwendige Vereinheitlichung zu erreichen«[269]. Ein solches Ziel konnte aber nur angesteuert werden unter Mitarbeit der in der Mittelinstanz bestimmenden Gauleiter, worüber sich das Reichswirtschaftsministerium von vornherein im klaren war. Staatssekretär Landfried forderte deshalb die »engste Anlehnung an die politischen Stellen« und an den Gauleiter[270].

Die Verordnung überführte die Wirtschafts-, die Industrie- und Handels- sowie die Handwerkskammern und die industriellen Bezirksgruppen in die Gauwirtschaftskammer. Der Status der aufgelösten Institutionen als Körperschaften des öffentlichen Rechts wurde gestrichen. Als unmittelbarer Vorgesetzter fungierte der Reichswirtschaftsminister, der die Aufsicht an die Landeswirtschaftsämter delegierte. Mit der Errichtung verbunden war die Absicht, »den Staat in seiner Wirtschaftsführung zu unterstützen und dem Gauleiter bei der Durchführung seiner Aufgaben zur Verfügung zu stehen«[271]. Während die alte Wirtschaftskammer Baden noch laut ihrer Satzung als »Organ der Selbstverwaltung«[272] galt, zählte jetzt ein solcher Gedanke kaum mehr etwas. Die Kammern waren endgültig zu Außenstellen der Behörden, wenn auch etwas anderer Art, geworden[273].

Die badische Verwaltungsspitze unter Köhler stemmte sich anfangs gegen die Errichtung einer Gauwirtschaftskammer auf ihrem Gebiet, um alle organisatorischen Änderungen auf das Kriegsende zu verschieben[274]. Wagner war allerdings anderer Ansicht[275]. Eine solche Kammer stärkte seinen Einfluß auf wirtschaftlichem Gebiet, zumal er sie zur Durchsetzung seiner Aufgaben nutzen konnte, wie der aus der Präambel der Aufbauverordnung übernommene Passus in der Satzung aussagte. Trotz dieses Votums dauerte es noch fast ein Jahr und im Vergleich zu Württemberg drei Monate länger, bis Funk am 22. März 1943 den Aufbau der Gauwirtschaftskammer Oberrhein anordnen konnte[276]. Drei Schwierigkeiten mußten bei den Vorarbeiten überwunden werden: die staatsrechtliche Frage in Verbindung mit dem Elsaß, das Führungsproblem, das für den Einfluß der Partei auf die Kammer ausschlaggebend sein mußte und schließlich der Aufbau der inneren Organisation.

Gegen die Absicht Wagners, den Sitz der Kammer nach Straßburg zu verlegen, erhob das Reichswirtschaftsministerium staatsrechtliche Bedenken. Das Elsaß unterlag bis dahin

268 RGBl. I, Nr. 41, S. 189, 1. Verordnung zur Durchführung der Verordnung über die Vereinfachung und Vereinheitlichung der Organisationen der gewerblichen Wirtschaft (Gauwirtschaftskammer-Verordnung) vom 20.4.1942.

269 GLA, 233/26097, Runderlaß des RWM, 20.4.1942. Zur Vorgeschichte vgl. Boelcke, Deutsche Wirtschaft, S. 275ff.; Eichholtz, Kriegswirtschaft, Bd 2, S. 98ff.; Volkmann, Verhältnis, S. 96f.

270 BA, R 11/365, Bl. 103ff., Rede Landfrieds vor der Reichswirtschaftskammer, 1.6.1942.

271 WSA Stgt., IHK Kon. 311, Satzung der GWK Oberrhein, 21.7.1943.

272 ZSA Potsdam, RWM 9872, Bl. 55ff., Satzung der WSK Baden.

273 Vgl. Winkel, Geschichte der württembergischen IHKs, S. 132f.

274 WSA Stgt., IHK Kon. 306, Tagung der GWK am 10.6.1943, Rede Köhlers.

275 Ebd., Bl. 62ff., Krienen (IHK Karlsruhe) an RWK, 25.9.1942.

276 WSA Stgt., IHK Kon. 311, Deutscher Reichsanzeiger Nr. 72, 27.3.1942, Anordnung über den Aufbau der Gauwirtschaftskammer Oberrhein; Winkel, Geschichte der württembergischen IHKs, S. 136.

einem Sonderstatus, da es vom Reich noch nicht annektiert worden war, aber dem als Chef der Zivilverwaltung eingesetzten Robert Wagner unterstand[277]. Ende Januar 1943, also noch zwei Monate vor ihrer Gründung, war sogar noch offen, ob sich die Kammer überhaupt auf das elsässische Gebiet erstrecken sollte, da damit ein künftiger Gau Oberrhein vorgezeichnet worden wäre[278]. Die Bedenken des Ministeriums gegen Straßburg hatten auch mit der Frage zu tun, ob eine dort errichtete Behörde ihrem Weisungsrecht unterworfen sein würde[279]. Die Chefs der Zivilverwaltung spielten schließlich auf ihren Gebieten eine weitgehend autonome Rolle und fühlten sich nur Hitler selbst verantwortlich.

Wagner wiederum bestand auf Straßburg mit dem Argument, die Umsiedlung einiger Behörden von Karlsruhe in das elsässische Zentrum sei für die Zeit nach dem Krieg ohnehin geplant, um dort die neue Gauhauptstadt zu errichten. Nachdem Karlsruhe durch Luftangriffe beschädigt war, wollte er die Maßnahme schon jetzt in Angriff nehmen. Zum anderen strebte der Chef der Zivilverwaltung auch an, die Zahl der Deutschen im Elsaß zu erhöhen, um so die Integration des Gebietes in das Reich zu beschleunigen[280]. Staatssekretär Landfried vom Reichswirtschaftsministerium löste das Problem salomonisch. Er ordnete die Gauwirtschaftskammer den Städten Karlsruhe und Straßburg gemeinsam zu und ging so sowohl den staatsrechtlichen Problemen wie den Kompetenzfragen aus dem Weg[281]. Diesem Provisorium zum Trotz stand aber von vornherein fest, daß die neue Einrichtung nur in Straßburg installiert werden sollte, während Karlsruhe leer ausging[282].

Die Führungsfrage war für die badischen Verhältnisse besonders heikel. Präsident, Vizepräsident und die Beiratsmitglieder mußten aktive Unternehmer sein, selbst ein vermutlich aus der Mustervorlage übernommener Passus in der Satzung der Gauwirtschaftskammer schrieb dies vor[283]. Wie schon im Falle der Wirtschaftskammer ließ sich die badische Führung aber auch jetzt nicht davon abschrecken, mit einer anderen Lösung gegen den Daseinszweck der Einrichtung zu verstoßen, die schließlich trotz der staatlichen Aufgaben Industrie und Handel vertreten sollte. Erneut kam als Präsident der Gauwirtschaftskammer nur Walter Köhler in Frage. Gauleiter Robert Wagner macht sein Mitspracherecht geltend und berief den Ministerpräsidenten an ihre Spitze[284].

Dabei spielten mehrere Gründe eine Rolle: Zum ersten die Gewöhnung an die in badischen Wirtschaftsfragen dominierende Position des Ministerpräsidenten; zum zweiten mußte Wagner darauf abzielen, einen auch für das Elsaß akzeptablen Präsidenten aufzubieten, was bei einem badischen Unternehmer nicht unbedingt der Fall gewesen wäre,

---

277 Vgl. zu dieser Frage Kettenacker, NS-Volkstumspolitik.

278 WSA Stgt., IHK Kon. 14, Vortrag bei Schulungstagung der Kreiswirtschaftsberater, 28.1.1943.

279 BA, R 43 II/1334a, Bl. 140, Aktennotiz Lammers, 5.3.1943.

280 BA, R 43 II/1334a, Bl. 138f., Wagner an Reichskanzlei, 4.3.1943.

281 BA, R 43 II/1334a, Bl. 146, RWM an RK, 23.3.1943.

282 WSA Stgt., IHK Kon. 306, Tagung der GWK Oberrhein, 10.6.1943.

283 WSA Stgt., IHK Kon. GWK-Satzung, § 9; vgl. Winkel, Geschichte der württembergischen IHKs, S. 132.

284 BA, R 11/3365, Bl. 62ff., IHK Karlsruhe (Krienen) an RWK, 25.9.1942.

und zum dritten hätten auch nur sehr wenige Kandidaten aus der badischen Industrie zur Verfügung gestanden, da Wagner sich mit den wichtigeren, wie zum Beispiel mit Reuther, überworfen hatte. Auch der Präsident der Karlsruher IHK, Fritz Rolf Wolff, hatte das Vertrauen des Gauleiters verloren, da er sich als kommissarischer Präsident der Straßburger Kammer gegen die Ernennung eines nationalsozialistischen Geschäftsführers gewehrt hatte[285].

Seit der Einsetzung Wagners als Reichskommissar stand zu keiner Zeit ein Unternehmer an der Spitze der badischen Wirtschaft. Damit drückt sich ebenso die Vorliebe des Gauleiters für die symbolhafte Führung der Ökonomie durch eigene Vertraute aus wie sein Mißtrauen gegenüber der Wirtschaft. Die Berufung Köhlers war im Reich allerdings ein Kuriosum. Er dürfte der einzige Staatsbeamte auf diesem Posten gewesen sein.

Auch die Berufung des Hauptgeschäftsführers verlief nicht unproblematisch. Wagner hatte hierbei ebenfalls ein Mitspracherecht und verlangte einen Nationalsozialisten für diese Position. Den von Köhler vorgeschlagenen Karl Tröndle lehnte er im März 1943 ab. Tröndle war bereits 1941 auf Verlangen der Gauleitung als Syndikus der Straßburger Kammer abberufen worden. Da Wagner aber offenbar keinen geeigneten Ersatz präsentieren konnte, stellte der Ministerpräsident Tröndle auf Zeit ein, bis ein Nachfolger gefunden war. Das sollte aber nie der Fall sein. Der Syndikus erhielt einer späteren Aussage zufolge weder vom Berliner Wirtschaftsministerium noch von der Gauleitung jemals eine offizielle Bestätigung seiner Einstellung[286]. Auch in dieser Episode wird noch einmal die Distanz zwischen dem badischen Kammerwesen und der Gauleitung deutlich. Die Gründung der Gauwirtschaftskammer führte in Baden somit personell zu keinem größeren Einfluß der NSDAP. Das gilt, wie die Geschäftsordnung der Kammer offenbart, auch für die sachliche Zusammenarbeit mit der Partei. Während die des württembergischen Pendants die Zweig- und Geschäftsstellen anwies, die Kreisleiter über »wichtige Vorgänge« zu unterrichten, findet sich in der badischen nichts dergleichen[287]. Köhler empfahl zwar ein »enges Verhältnis« zwischen den Geschäftsführern und den politischen Stellen, schränkte aber ein:

»Das heißt aber nicht, daß die Geschäftsführer in ihrer Arbeit gegenüber den Parteistellen umfallen, ebenso wie auch die ehrenamtlichen Leiter für die sachliche Richtigkeit der Arbeit ihrer Stellen eintreten müssen, selbst wenn die Parteistellen anderer Meinung sind. Bei Schwierigkeiten muß der ehrenamtliche Leiter den Standpunkt der Organisation der gewerblichen Wirtschaft vertreten und eventuell die höheren Stellen unterrichten[288].«

Da sich auch an der praktischen Arbeit der Kammern kaum etwas änderte, hatte die Einführung der Gauwirtschaftskammer für Baden keine große Bedeutung: Sachliche

---

285 GLA, 465a/51/68/713, Erklärung des ehemaligen Regierungsrates im RWM, Friedrich Mayer, im Spruchkammerverfahren gegen Wolff. Mayer kannte den ehemaligen IHK-Präsidenten persönlich nicht.

286 GLA, 465a/51/b/11332, Aussage Tröndle, 5.8.1946; Aussage eines ehemaligen Regierungsdirektors im FWM, 10.5.1946.

287 WSA Stgt., IHK Kon. 297, Geschäftsordnung der GWK OR, 25.1.1944; Winkel, Geschichte der württembergischen IHKs, S. 141.

288 WSA Stgt., IHK Kon. 306, Tagung der GWK Oberrhein, 10.6.1943.

Gesichtspunkte blieben weiterhin ausschlaggebend gegenüber ideologisch-politischen. Das sollte sich vor allem in der Endphase des Krieges zeigen.

Beim organisatorischen Aufbau innerhalb der Gauwirtschaftskammer mußten die badischen Vertretungen von Industrie und Handel zum dritten Mal seit 1933 um ihre Existenz kämpfen. Obwohl sich bei der ersten Reform gezeigt hatte, daß eine Einheitskammer angesichts der widrigen geographischen Verhältnisse und der Entfernungen nur eine wenig erfolgversprechende Arbeit leisten konnte, stand erneut zur Diskussion, die Selbständigkeit der einzelnen Vertretungen aufzuheben und sie nur noch als Zweigstellen der Gauwirtschaftskammer zu führen. Insbesondere das Reichswirtschaftsministerium stellte sich im Sinne einer vorgeblichen organisatorischen Vereinfachung auf diesen Standpunkt, während es die selbständig agierenden Wirtschaftskammern nur ungern sah[289].

Das badische Wirtschafts- und Finanzministerium favorisierte zusammen mit Gauwirtschaftsberater Kentrup, bei dem offenbar seine Erfahrung als Präsident einer Einheitskammer nachwirkte, eine dezentrale Lösung mit der Errichtung von zwei Wirtschaftsvertretungen neben der Gauwirtschaftskammer als übergreifender Einrichtung[290]. Mannheim stand dabei von vornherein außer Diskussion, dagegen verhinderte das Reichswirtschaftsministerium die Errichtung einer Karlsruher Wirtschaftskammer. Das Gebiet sollte von Straßburg aus verwaltet und mit einer Zweigstelle abgespeist werden. Der Einspruch des IHK-Präsidenten Wolff, der noch im Juni bei Wagner für eine andere Lösung gekämpft hatte, da Karlsruhe als einzige frühere Wirtschaftskammer des Reiches nun keine Gauwirtschaftskammer erhalte, blieb ohne Wirkung[291]. Auch die Pforzheimer Kammer wurde aufgelöst und zur Zweigstelle der Gauwirtschaftskammer degradiert[292]. Dagegen war es der Freiburger Kammer möglich, ihren Status zu erhalten, wenn auch der erneute Versuch der Außenstelle Konstanz fehlschlug, endlich wieder aufgewertet zu werden[293]. So blieben von ehemals neun badischen Kammern nur noch zwei weitgehend selbständig.

Die beiden Wirtschaftskammern Mannheim und Freiburg waren zwar jetzt in Fragen grundsätzlicher Art an Weisungen der Gauvertretung gebunden, doch daraus ergaben sich kaum praktische Konsequenzen. Dagegen kamen auf die Freiburger Außenstellen weitere Einschränkungen zu. Ihnen untersagte Präsident Tscheulin in ausgesprochen ruppiger Art jeglichen Verkehr mit zentralen Dienststellen, der bis dahin noch im Bereich regionaler Fragen möglich gewesen war. Tscheulin begründete seine Anordnung damit, für

289 WSA Stgt., IHK Kon. 311, Aktennotiz, 6.2.1943.

290 WSA Stgt., IHK Kon. 311, IHK Freiburg an IHK Kon. 19.11.1942: Aktennotiz 6.2.1943; IHK Kon. 14, Vortrag bei Schulungstagung der Kreiswirtschaftsberater, 28.1.1943.

291 GLA, 233/26097, Außenstelle Berlin der Staatskanzlei an das FWM, Besprechung mit RWM-Ministerialdirektor Hassmann, 13.4.1943; SA Karlsruhe, H-Reg. 851, IHK Karlsruhe an Wagner, 2.6.1943.

292 ZSA Potsdam, RWM 9330, 2. Verordnung zur Durchführung der Verordnung über die Vereinfachung und Vereinheitlichung der Organisation der gewerblichen Wirtschaft vom 20.4.1942.

293 WSA Stgt., IHK Kon. 311, Mannebach (IHK Kon.) an Köhler, 11.2.1943; Deutscher Reichsanzeiger, Nr. 72, 27.3.1943, Anordnung des RWM über den Aufbau der Wirtschaftskammer Freiburg (Mannheim) im Bereich der GWK OR, 22.3.1943.

die »Schlagkraft« der Wirtschaftskammer etwas tun zu müssen[294]. Die bis dahin noch erhaltene relative Selbständigkeit der beiden Außenstellen war damit erheblich angegriffen. Drei Monate später schloß sich auch Köhler für die Zweigstellen Karlsruhe und Pforzheim der Anordnung an.

Die Einschränkung entsprach zwar dem Ziel der Gauwirtschaftskammerverordnung, der Zentralisierung, doch die Vereinfachung blieb damit auf der Strecke. Anfragen zentraler Organe über regionale Wirtschaftsangelegenheiten waren auf diese Art und Weise zwei Wochen länger unterwegs, als dies bei einem direkten Schreiben an die Zweigstellen der Fall gewesen wäre. Die Anfragen nahmen dabei den Weg über die Gauwirtschaftskammer und die Wirtschaftskammer, bis sie schließlich am Ziel landeten. Das Schreiben mußte schließlich wieder über die Wirtschaftskammer beantwortet werden[295]. Die Anordnungen Tscheulins und Köhlers steigerten so den bürokratischen Aufwand, ohne damit einen größeren Nutzen zu erreichen. Wie in den Vorjahren war die praktische Arbeit vor Ort ohne Bevormundung zwar weiterhin möglich; sie war jetzt aber in einigen wichtigen Fragen, etwa bei der für die Textilbranche fundamentalen Rohstoff- und Devisenbewirtschaftung, erschwert worden. Auch das Ziel, die fachlichen Gruppen in die Kammerarbeit einzubeziehen, wurde nur teilweise erreicht. So existierte in Konstanz neben der Zweigstelle der Freiburger Wirtschaftskammer weiterhin eine Geschäftsstelle der Industrieabteilung innerhalb der Gauwirtschaftskammer. In Mannheim, Karlsruhe und Freiburg war es immerhin gelungen, eine solche Stelle mit der bestehenden Kammerorganisation zu vereinen[296].

Die Zusammenarbeit gestaltete sich immer wieder ausgesprochen spannungsreich, da die Kompetenzen nie ausreichend geklärt wurden. Die Gaueinrichtung erstrebte deshalb eine Ausweitung ihrer Befugnisse auch auf die Wirtschaftskammern, gegen die sich insbesondere Tscheulin heftig zur Wehr setzte. Bei den Vorstandssitzungen der Freiburger Vertretung kamen immer wieder »sehr tiefgehende Differenzen« zwischen ihm und der regionalen Wirtschaftsführung zum Vorschein[297]. Tscheulin ließ es sich nicht nehmen, sie noch in den Wirren bei Kriegsende im Februar 1945 darauf hinzuweisen, daß Freiburg als selbständige Wirtschaftskammer fungiere und keineswegs als »Dienststelle« der Gauwirtschaftskammer[298].

Angesichts dieser Schwächen entwickelte die neue Organisation kaum mehr praktische Bedeutung, zumal die Zeit gegen sie arbeitete. Ab Mitte 1944 waren alle wichtigeren Firmen als Rüstungsbetriebe der Obhut der Kammern entzogen worden. Mit der Verschlechterung der Verkehrs- und Kommunikationsverbindungen ab Herbst 1944 verlor die Gauwirtschaftskammer wieder ihre Mittlerrolle zwischen den IHKs und den Berliner Stellen; schließlich mußte sie die Zentrale sogar bitten, Rohstoffzuweisungen an Baden ohne ihre Vermittlung direkt den Kammern und Zweigstellen zuzuteilen[299].

[294] WSA Stgt., IHK Kon. 311, Tscheulin an die Zweigstelle Konstanz, 27.4.1943.
[295] WSA Stgt., IHK Kon. 311, Sauter an Sachbearbeiter der RWK, 29.5.1943.
[296] WSA Stgt., IHK Kon. 311, Anordnung Köhlers, 11.7.1944.
[297] WSA Stgt., IHK Kon. 306, Vorstandssitzung der WSK Freiburg, 16.6.1943; dass., 7.2.1944 (Zitat); dass., 11.7.1944.
[298] GLA, 465d/1198, WSK Freiburg an GWK OR, 2.2.1945.
[299] GLA, 465d/1198, GWK an RWK, 8.2.1945.

Die mit der Gründung der Gauwirtschaftskammer angestrebten Ziele wurden in keinem Punkt erreicht. Es kam weder zu einer einfacheren Verwaltungsführung noch zu einem größeren Einfluß der Partei. Woran es in erster Linie haperte, macht ein Wort des Reutlinger IHK-Präsidenten deutlich, das so auch für die badischen Kammern stehen kann:

»(Die innere Entwicklung der Gauwirtschaftskammer) wurde jedoch weitgehend beeinflußt durch personelle und sachliche Bindung an das alte Kammerwesen und dessen Tradition, was zwar zweifellos nicht in der Absicht der geistigen Väter der Gauwirtschaftskammer lag, bei dem vorhandenen Zusammenhang zwischen Gauwirtschaftskammer und Handelskammer alter Prägung schlechterdings jedoch nicht zu vermeiden war[300].«

Dennoch ist die Bewertung der Gauwirtschaftskammer und der Wirtschaft insgesamt als »Eckpfeiler politischer Festigkeit«, die Köhler bei der konstituierenden Sitzung der Kammer am 10. März 1944 vornahm, sicher nicht falsch[301]. Es darf nicht übersehen werden, wie sehr gerade die effiziente Arbeit der ökonomischen Fachleute dafür mitverantwortlich war, daß sich die Diktatur des Nationalsozialismus so lange halten konnte. Der Eindruck, daß diese Experten sich »hochgradig dem System angepaßt haben«, der für die Wirtschaftsberater der Partei im Gau Westfalen-Süd besteht, trifft auch auf die badischen Repräsentanten von Industrie und Handel zu[302]. Sie haben zwar die überlebensnotwendigen Nischen in diesem System gefunden. Gerade dadurch haben sie es aber mit Leben gefüllt und es ihm letztlich ermöglicht, seine Verbrechen zu begehen.

4. Die Haltung der Industriellen zum Nationalsozialismus

Für die badische NSDAP war es bis 1933 schwierig, unter den Industriellen des Landes Fuß zu fassen. Vermutlich nur zwei der Betriebsdirektoren und Unternehmer größerer Firmen bekannten sich bis dahin öffentlich zu ihrer Mitgliedschaft in der Partei: Fritz Reuther von der Mannheimer Firma Bopp und Reuther[303] sowie Eduard Hofweber[304] vom Landmaschinenbauer Heinrich Lanz, dem größten badischen Betrieb in den dreißiger Jahren[305].

Da die Mitarbeit der Unternehmer zur Gesundung der Wirtschaft gebraucht wurde, blieb der badischen NSDAP nichts anderes übrig, als um ihr Vertrauen nachzusuchen. Dazu gehörte, revolutionäre Tendenzen innerhalb von SA und NSBO niederzuhalten und Eingriffe in Betriebe zu verhindern. Dazu gehörten aber auch propagandistische Auftritte, mit denen vor allem der Ministerpräsident um die Unternehmer warb. Köhler unterstrich vor mittelbadischen Unternehmern die Selbständigkeit der Firmen, gab Plänen

[300] Zit. nach Winkel, Geschichte der württembergischen IHKs, S. 147.
[301] Der Führer, Nr. 70, 11.3.1944.
[302] Kratzsch, Gauwirtschaftsberater, S. 206.
[303] GLA, 465a/56/S/323.
[304] GLA, 465a/56/SJ/70.
[305] Vgl. Grill, Movement, S. 154, der aber Hofweber nicht erwähnt. Auch das »Hakenkreuzbanner« sah für die Zeit vor 1933 nur wenige Industrielle, die sich zu Hitler bekannten (Nr. 324, 25.11.1934).

zur Errichtung einer autarken Wirtschaft eine Absage, propagierte den Betrieb als »Kampf- und Schicksalsgemeinschaft«, womit der Aufbau einer eigenständigen Gewerkschaft in Form der NSBO ausgeschlossen war, und lehnte unter Beifall die Subventionierung von Unternehmen ab[306].

Trotz mehrerer Auftritte und Appelle zur Mitarbeit[307] gelang es aber nur langsam, die Vorbehalte der Firmenchefs aufzubrechen. Zwar waren im Laufe des Jahres 1933 einige Unternehmer in die NSDAP eingetreten und die Verbände gleichgeschaltet worden, doch die Widerstände blieben stark. Köhler und der zum Vorsitzenden des Verbandes Badischer Industrieller ernannte Mannheimer Nationalsozialist Fritz Reuther erneuerten deshalb im Herbst 1933 noch einmal ihre propagandistischen Aktivitäten, um die Unternehmer an die Partei heranzubringen[308]. Dennoch mußte der Säckinger Kreisleiter im Mai 1934 eingestehen, es sei schwierig, »geeignete« Parteigenossen für die Mitarbeit in der IHK zu finden[309].

Die Etablierung der NSDAP als Staatspartei und der Beginn der Rüstungskonjunktur machten ein direktes ideologisches Bekenntnis der Industriellen zum Nationalsozialismus immer weniger wichtig. Es ging jetzt eher darum, die Unternehmer zur Mitarbeit zu veranlassen, um die Wirtschaft und damit die Aufrüstung weiter voranzubringen. Gleichzeitig veränderte sich die Stellung der Unternehmen im nationalsozialistischen Staat. Karl Schnetzler, Vorstandsvorsitzender des Mannheimer Konzerns Brown, Boveri und Co, der zum größten Rüstungskonzern in Baden aufgebaut wurde, bedauerte diese Entwicklung in der letzten Sitzung des Firmenaufsichtsrates vor dem Krieg:

> »Die Eigeninitiative, die früher die größte Kraft industrieller Werke war, wurde Schritt für Schritt eingeschränkt. Zwar möchte man grundsätzlich diese private Initiative erhalten, aber von einer wirklich freien Betätigungsmöglichkeit [...] ist längst nicht mehr die Rede. Früher haben wir unsere Aufgaben selbst herausgesucht, heute werden sie uns in der Mehrzahl der Fälle von außen gestellt.«

So sei zwar keine Verstaatlichung erfolgt, aber auch die alte Privatwirtschaft bestünde nicht mehr, sondern eine »merkwürdige [...] Zwitterform von Staats- und Privatwirtschaft.« Dabei drohe die Gefahr der Bürokratisierung[310].

Weitreichende Investitionslenkungen steuerten die Wirtschaft bis 1939 und hemmten die Konsumbereiche in ihrer Entwicklung. Insbesondere die kleineren und mittleren Unternehmen geboten bei Kriegsbeginn nur noch über ihr Eigentumsrecht an Produktionsmitteln, die Verfügung darüber war in die Hände der Behörden übergegangen. Auch auf dem Arbeitsmarkt verlor die Industrie einen Teil ihrer Selbstbestimmung. Die schon 1934 eingeführte Festsetzung der Löhne reduzierte die Möglichkeit, den Strom der Beschäftigten von den Marktgesetzen leiten zu lassen, wenn auch die Betriebe häufig versuchten, die Verordnung zu unterlaufen.

---

306 Der Führer, Nr. 150, 1.6.1933.

307 Unter anderem in Köhlers erster und einziger Regierungserklärung (Freiburger Zeitung, Nr. 154, 9.6.1933) sowie bei der konstituierenden Sitzung der badischen IHK (Der Führer, Nr. 205, 27.7.1933).

308 Der Führer, Nr. 295, 25.10.1933, Köhler vor dem Verband Badischer Industrieller; Hakenkreuzbanner, Nr. 324, 25.11.1933, Reuther vor dem Kampfbund der Architekten.

309 WSA Stgt., IHK Schopf. 70, Kreisleiter an IHK-Präsident Blank, 15.5.1934.

310 ZSA Potsdam, Dt. Bank, 15156, Protokoll der BBC-Aufsichtsratssitzung vom 7.6.1939, S. 3ff.

Von einer vollständigen Beherrschung der Unternehmen im Sinne einer »Wirtschaft unter Zwang«[311] zu reden, wäre aber trotz dieser Entwicklung verfehlt, zumal wenn der Blick auf den Rüstungsbranchen ruht. Die Kontrolle des Staates blieb beschränkt auf die ökonomischen Abläufe. Er beanspruchte die Lenkung der Wirtschaft, während die Ausführung der einzelnen Beschlüsse den privaten Unternehmern überlassen wurde. Das vom BBC-Vorstandsvorsitzenden Schnetzler gebrauchte Bild einer Zwitterform innerhalb der wirtschaftlichen Ordnungspolitik entsprach dieser Situation. Im Krieg schuf die staatliche Wirtschaftslenkung weitere Einschränkungen zumal für die Firmen außerhalb des Rüstungsbereichs, gleichzeitig erreichte aber die privatwirtschaftliche Mitarbeit in dem von Todt und Speer initiierten System der »industriellen Selbstverantwortung« ihren konsequenten Höhepunkt. Die oberste Entscheidung lag zwar hierbei weiterhin bei Hitler, Göring oder Speer — ein »Primat der Wirtschaft« ist deshalb nicht erkennbar —, aber die einem Entschluß zugrunde liegenden Vorschläge stammten in der Regel von den Ausschüssen und Ringen, die sich aus führenden Managern zusammensetzten. »In diesen Koordinations- und Planungsstäben halb staatlicher, halb privatwirtschaftlicher Natur verschmolz das der traditionellen Staatsorganisation aufoktroyierte führerstaatliche Prinzip mit den Führungs- und Koordinationsapparaten der Großindustrie zu einer kaum noch unterscheidbaren Einheit«, urteilte Martin Broszat[312]. Die Vertreter der Großwirtschaft stellten sich »bedingungslos« in den Dienst der nationalsozialistischen Kriegswirtschaft[313].

Die Ursachen für dieses Verhalten können nur exemplarisch an der Firmenpolitik bestimmter Unternehmen untersucht werden, wobei zu fragen ist, welche Absichten mit einer bestimmten Position verfolgt wurden und welche Rolle die Ideologie oder auch Vorgaben der NS-Führung dabei spielten. Die Spanne des Firmenverhaltens reichte von einer völligen Anpassung an das Regime bis zur Verweigerung der Mitarbeit.

Die badische Industrielandschaft wies allerdings nur 24 Unternehmen mit über 1000 Mitarbeitern auf, die allein schon wegen ihrer wirtschaftlichen Potenz auch über politischen Einfluß verfügten. Geprägt wurde die Struktur von den kleineren und mittleren Betrieben mit 20 bis 500 Mitarbeitern, die 1936 noch 68,3 Prozent aller industriellen Arbeitskräfte des Landes beschäftigten[314]. Die Chefs dieser Unternehmen mußten sich meist damit begnügen, über die Wirtschaftsverbände Gehör zu finden[315].

Das persönliche Verhalten der Großunternehmer und Direktoren allein könnte allerdings von Taktik bestimmt gewesen sein, ein Parteieintritt etwa. Erst der Gesamtkontext läßt

311 Kannapin, Wirtschaft unter Zwang.

312 Broszat, Der Staat Hitlers, S. 375.

313 Volkmann, Zum Verhältnis von Großwirtschaft und NS-Regime, S. 87f.; vgl. auch ders., Die NS-Wirtschaft in Vorbereitung des Krieges, S. 211. Schon Petzina, Die deutsche Wirtschaft, S. 140f., betonte die übereinstimmende Interessenlage zwischen dem Regime und dem »gewichtigsten und schließlich [...] stärksten und einflußreichsten Teil der Wirtschaft am Aufbau neuer, gewinnversprechender Industrien«.

314 Stat. Jahrbuch 1938, S. 140f.

315 Vgl. zu den möglichen Konfliktherden zwischen kleineren und mittleren Firmen sowie dem Staat: Blaich, Die bayerische Industrie, S. 239f. Über die Gleichschaltung und Politik der Kammern siehe das vorherige Unterkapitel.

deshalb eine Beurteilung der Firmenpolitik zu. Drei Bereiche bieten sich dabei für eine Untersuchung besonders an: der Inhalt der Betriebsordnungen, die Propagandaarbeit innerhalb der Firmen, schließlich die Mitarbeit der Inhaber und Direktoren bei den Verbänden und im Krieg bei den Organen der industriellen Selbstverantwortung. Auch der ökonomische Faktor[316] kann in die Betrachtung einbezogen werden, um die Ergebnisse noch schlüssiger zu machen. Die Frage lautet hierbei, inwiefern eine nationalsozialistische Firmenpolitik dazu führte, Umsätze und Gewinne zu erhöhen, und umgekehrt, ob unangepaßtes oder regimekritisches Auftreten den Betrieben letztlich schadete.

Die drei größten Firmen des Landes waren[317] und blieben bei einer veränderten Reihenfolge den Krieg hindurch: die Traktorenfabrik Heinrich Lanz AG, das Daimler-Benz Werk in Mannheim sowie die Brown, Boverie und Compagnie AG (BBC). Die in den beiden ersten Firmen betriebene Politik zeichnete sich durch eine ausgesprochene Nähe zum Nationalsozialismus aus. Der Direktor von Lanz, Eduard Hofweber, Parteimitglied seit 1930, galt einer Bewertung Gauleiter Wagners von 1938 zufolge in jeder Hinsicht als »einwandfreier Nationalsozialist [...], dessen politische Zuverlässigkeit keinem Zweifel« unterlag[318]. Hofweber unterhielt persönliche Verbindungen zu Hitler-Stellvertreter Rudolf Heß, einem Regimentskameraden. Seine Beziehungen gingen soweit, daß er sich bei Heß über das rüpelhafte Verhalten des DAF-Chefs Robert Ley in Heidelberg beklagen konnte[319]. Der Lanz-Direktor ließ diese persönliche Bekanntschaft offenbar auch spielen, um wirtschaftliche Vorteile zum Beispiel bei der Zuteilung von Arbeitskräften zu erlangen[320].

Hofweber engagierte sich entsprechend seiner Stellung auch in den wirtschaftlichen Organisationen des Reiches. Ab 1934 bis Kriegsende fungierte er als Leiter der Industrieabteilung zunächst der badischen, dann der Gauwirtschaftskammer. Er hatte damit das in Baden höchste Amt inne, das unterhalb der von Köhler eingenommenen Präsidentenstühle an Industrielle vergeben wurde. Folgerichtig ernannte ihn Speer 1943 nach Abstimmung mit Gauleiter Wagner auch zum Rüstungsobmann der Ausschüsse und Ringe, der zusammen mit der Inspektion den Ablauf der Kriegsfertigung zu überwachen hatte. Hofweber blieb damit, was er schon 1940 war: der »Verbindungsmann« Wagners zu Todt und Speer[321]. Diese Position Hofwebers ist deshalb besonders erstaunlich, da er eine Firma vertrat, die erst 1944 weitgehend in die Rüstung eingeschaltet wurde. Sie ist nur zu erklären mit Hofwebers nationalsozialistischer Weltanschauung. Das Beispiel des Lanz-Chefs zeigt, daß das Modell der »industriellen Selbstverantwortung« zwar auf der Arbeit pragmatisch denkender Industrieller basierte, es aber andererseits auch dadurch abgesichert war, daß zumindest ein Teil ihrer Vertreter den Nationalsozialismus unterstützte. Auf dieser

---

316 Herbst verlangt in seinem Aufsatz »Der Krieg und die Unternehmensstrategie« eine entsprechende Orientierung.

317 Badische Industrie, 1925, S. 21.

318 GLA, 465a/56/SJ/70, zit. nach Urteil der Spruchkammer Mannheim, 9.2.1948.

319 Akten der Parteikanzlei, 124/01494, Hofweber an Heß, 25.1.1935: »Lieber Heß!«.

320 GLA, 237/28847, Arbeitstagung der Prüfungskommission V, 17.6.1941.

321 GLA, 465a/56/SJ/70, Meldebogen Hofweber; Aussage Wagner, zit. nach Urteil der Spruchkammer Mannheim, 1.2.1948.

Basis gelang Hofwebers Arbeit so gut, daß sein Engagement für die Kriegswirtschaft mit dem Kriegsverdienstkreuz erster und zweiter Klasse honoriert wurde[322].
Die politische Grundeinstellung des Direktors wirkte sich auch direkt auf seine Firma aus, dem bei Kriegsbeginn größten Industriebetrieb in Baden. So zögerte Eduard Hofweber nicht, seine Weltanschauung in der Werkzeitschrift »Lanz-Turm« zu propagieren:

»Wir haben es unserem Führer, seiner großen Voraussicht und unserer herrlichen Wehrmacht zu verdanken, daß die Absichten unserer Feinde zum Scheitern verurteilt sind. Göttlicher Wille und göttliche Gerechtigkeit sind bei uns, denn die Kraft ist immer dort, wo das Recht ist [...] Die göttliche Gerechtigkeit [...] wird uns den Endsieg bringen[323].«

Die Betriebsordnung der Firma, die von jedem Unternehmen individuell verfaßt werden konnte, schrieb ihren Mitarbeitern »kameradschaftliches Verhalten [...] im Sinne der nationalsozialistischen Volksgemeinschaft« vor[324]. Politische Schulungsarbeit in Form von Appellen der DAF und des Kreisleiters vollendeten die Propagandaarbeit[325]. Die daraus für die Belegschaft und im Krieg insbesondere für die Zwangsarbeiter erwachsende betriebliche Atmosphäre der Gewalt ist ablesbar an der Einrichtung einer Firmenarrestzelle und an der Verschickung von Mitarbeitern in die KZ-ähnlichen Arbeitslager[326].
Für Lanz zahlte sich die Nähe des Betriebs zum Nationalsozialismus ohne Zweifel aus. Die auf Autarkie in der Landwirtschaft drängende Politik der Diktatur sorgte im Verbund mit der boomenden Wirtschaft dafür, daß Aufträge und Umsätze der Firma relativ schnell nach Antritt der neuen Regierung in die Höhe schossen. Ende Juni 1934 lagen die Auftragseingänge um 67 Prozent über denen vom Juni 1933. Die Hochphase von Lanz hielt bis Kriegsbeginn an, die Umsätze überschritten noch in der ersten Jahreshälfte 1939 die des Vorjahres um 45 Prozent[327]. Im Krieg allerdings mußte die Firma mit ihrer zunächst noch zivilen Fertigung erhebliche Einbußen hinnehmen, die auch durch die Produktion von Panzerteilen nicht gestoppt werden konnten. 1944 betrug ihr Umsatz gerade noch die Hälfte des Jahres 1939[328]. In dieser Phase trug das Engagement Hofwebers keine Früchte, vermutlich hoffte die Firma aber auf den riesigen europäischen Markt nach einem Sieg des Reiches.
Die ökonomischen Vorteile des neuen Systems hatte auch Daimler-Benz im Blickfeld. Die Maßnahmen Hitlers zur Ankurbelung der Kfz-Industrie brachten den Konzern wieder in die Gewinnzone, entsprechend groß war die Akzeptanz der NS-Regierung. Der Gaggenauer Werkschef Gerold von Jungenfeld, der auch zum Vorstand des Gesamtkonzerns zählte, begrüßte Gauleiter Wagner 1933 bei einem Werksbesuch mit einer Jubelarie auf Hitler:

---

322 Ebd., Bericht der Kripo Mannheim, 24.2.1947.
323 GLA, 465a/56/SJ/70, Lanz-Turm, Mai 1942, 4. Jg.
324 »Säumt keine Minute!«, Dokumente zur Arbeiterbewegung in Mannheim, S. 84f. Zu den Betriebsordnungen vgl. Zollitsch, Arbeiter, S. 166ff.; Spohn, Betriebsgemeinschaft, S. 165ff.
325 Ebd. und Lanz-Turm, Juli 1942.
326 GLA, 465a/56/SJ/70. Zu den Arbeitslagern siehe Kapitel IV,5.
327 ZSA Potsdam, Dt. Bank 17431, Firmenberichte Lanz.
328 Der Umsatz von 1939 betrug 117,9 Millionen RM, 1944: 67,2 Millionen (ZSA Potsdam, Dt. Bank 17431, Bericht Lanz; Fischer, Jahrhundert der Landtechnik). Zur wirtschaftlichen Entwicklung der Firma Lanz siehe Kapitel III,4.

»Wo aber nun immer Daimler-Benz-Männer zusammen sind, wird und darf man nicht vergessen, was unser großer Führer Adolf Hitler vom ersten Moment seiner Regierung an für die Automobilindustrie und für uns getan hat. [...] Wir wissen, daß da, wo man für uns eintritt, es Pflichten gibt und Pflichten gegenüber muß man Dank abstatten[329].«

Diese Pflicht geriet dem Konzern zur völligen Ausrichtung des Betriebs nach nationalsozialistischen Grundsätzen[330]. Das hieß zunächst, daß sich Daimler-Benz gegenüber Spendenanträgen aus den Reihen nationalsozialistischer Organisationen nachgiebig zeigte, obwohl der Vorstand zunächst beschlossen hatte, »Zurückhaltung« zu üben[331]. Diese Betriebszuschüsse waren zielgerichtet. So erhielt der SS-Abschnitt Karlsruhe 1937 »mit Rücksicht auf die Stellung des Werkes Gaggenau« eine Spende von 2000 Mark als Beitrag zu den Kosten für den Reichsparteitag, als die Verhandlungen über eine Belegung der Fabrik mit Wehrmachtaufträgen im Gange waren. Selbst der Kreisleiter von Rastatt konnte sich über eine Zuwendung von 2000 RM freuen[332].

Wesentlich folgenreicher war schon der Erlaß einer Betriebsordnung für die Gaggenauer Fabrik durch Werksleiter von Jungenfeld, die die Position des Unternehmens klar zum Ausdruck brachte:

»Bei Einstellung werden Frontkämpfer, alte und verdiente Angehörige der NSDAP, SA und SS, sowie Inhaber des Arbeitspasses bei gleicher Eignung besonders berücksichtigt. [...] Ohne Einhaltung einer Kündigungsfrist kann [...] das Arbeitsverhältnis gelöst werden: a. wegen nationaler Unzuverlässigkeit, bewiesen durch böswillige Äußerungen und Handlungen wider Volk und Staat, b. wegen grober Verstöße gegen die Pflichten der Sittlichkeit, der Kameradschaft und der Arbeitsgemeinschaft, [...] d. bei unentschuldigtem Fernbleiben von der Arbeit von mehr als einem Tage[333].«

Der letzte Passus gibt einen Hinweis darauf, daß der Konzern sich von seiner Annäherung an die Diktatur auch eine Stärkung der Arbeitsdisziplin versprach. Werksleiter von Jungenfeld war mit der Gaggenauer Betriebsordnung aber noch nicht zufrieden: Man müsse zu dem Resultat kommen, daß sie »noch nicht sehr viel von dem neuen Geist in sich hat«[334].

Die gezielte Aufnahme von Parteimitgliedern und die propagandistische Unterstützung der NSDAP hatten den Erfolg, daß sich 1940 über 1000 Beschäftigte des Gaggenauer Werks zum Nationalsozialismus bekannten, etwa 22 Prozent. Damit wies die südwestdeutsche Fabrik den höchsten Anteil an Parteimitgliedern unter den Konzernwerken auf[335]. Die sich ehedem als Gegner des Nationalsozialismus bekennende Belegschaft, die

---

329 Der Führer, Nr. 383, 19.12.1933.

330 Zur Politik des Konzerns im »Dritten Reich« vgl. die inhaltsreiche, aber in Teilen tendenziöse Abhandlung von Karl-Heinz Roth im Daimler-Benz-Buch (siehe dazu Kapitel III, 5) sowie die rein deskriptive Abhandlung von Hans Pohl, Die Daimler-Benz AG, die eine apologetische Tendenz verrät (siehe Kapitel III, 9).

331 Vorstandsprotokoll 17.4.1934, zit. nach Pohl, Daimler-Benz AG, S. 57.

332 DBA, Vorstandsprotokolle 24.9.1937 (Zitat); 1.12.1938; eine allerdings unvollständige Auflistung der Firmenspenden in: Pohl, Daimler-Benz AG, Dok. 29; vgl. auch ebd., S. 56ff.

333 DBA, Kissel XIII/2, Betriebsordnung Werk Gaggenau, gültig ab 1.10.1934.

334 DBA, Kissel XIII/2, v. Jungenfeld an DBAG-Vorstand, 20.9.1934.

335 DBA, »Goldene Fahne«, Leistungsbericht der DBAG, Bd 1, Einlage; Band 10, Werk Gaggenau, S. 10; Der Führer, 9.5.1933; die Sätze anderer Werke nennt Roth im Daimler-Benz-Buch, S. 236.

bei den Betriebsratswahlen vom März 1933 unter ihre elf Vertreter nur vier Parteimitglieder entsandt hatte[336], wurde so in den Folgejahren stark unterwandert.
Auch die propagandistische Verbreitung der NS-Ideologie war zur Konzernpolitik geworden. So erlaubten die Betriebsordnungen der Werke im Gegensatz zur Übung anderer badischer Firmen die bezahlte Teilnahme an Reichsparteitagen. Die Konzernleitung legte darüber hinaus größten Wert darauf, beim von der DAF organisierten »Leistungskampf der Betriebe« für die Gesamtfirma eine »Goldene Fahne« zu gewinnen, also die Auszeichnung als »nationalsozialistischer Musterbetrieb«. Daß hinter diesem »Wunsch«, für den der Konzernvorstand »besondere Anstrengungen« unternehmen wollte[337], auch die Aussicht steckte, bei der Vergabe öffentlicher Aufträge bevorzugt zu werden[338], liegt auf der Hand.
Der 1937 erstmals ausgetragene Wettbewerb hatte das Ziel, die Firmen »mit nationalsozialistischer Gesinnung« zu erfüllen, wie es der Reichsorganisationsleiter der DAF, Robert Ley, in einem Interview nannte. Für die Bewertung wandte die Organisation laut Ley drei Kriterien an: »den Geist der Betriebsgemeinschaft, die technischen Voraussetzungen, unter denen die Leistung zustande kommt und schließlich die wirtschaftlichen Ergebnisse«[339].
Seit dem Wettbewerb von 1938/39 gerieten zwar die sozialpolitischen gegenüber den wirtschaftlichen Maßnahmen in den Hintergrund. Der Kriterienkatalog von 1940/41 nannte aber weiterhin ausdrücklich den Punkt »Werkscharen« und damit die entsprechende Betriebspropaganda als Maßstab, neben den Bereichen Arbeitsdisziplin, Arbeits- und Betriebsorganisation, Berufsnachwuchslenkung und DAF-Zellenapparat[340]. Auch die von DAF-Gauobmann Reinhold Roth noch 1941 von den Betrieben geforderte Antwort auf die Frage: »Wie gelingt es, die nationalsozialistische Auffassung und Haltung der Gefolgschaft zu verwirklichen?« markiert den in Baden dominierenden ideologischen Hintergrund des Wettbewerbs. Die Auszeichnung sollte, so der »Führer«, eine »lobende Anerkennung für zielbewußte Aufbauarbeit an Unternehmen darstellen, deren Weg klar und eindeutig vom nationalsozialistischen Gemeinschafts- und Leistungswillen getragen ist«[341].
Um die Auszeichnung zu erhalten, initiierte die Firmenleitung ab 1940 in den Werken eine »unermüdliche Erziehungsarbeit«. Für den »politischen Stoßtrupp«, der sich aus allen Parteimitgliedern und DAF-Vertretern zusammensetzte, gab es in Gaggenau regelmäßige Schulungen; auch das Werk Mannheim richtete Lehrveranstaltungen für sein Führungspersonal ein[342]. Damit nicht genug. Dem badischen DAF-Gauobmann Roth, der bei der Auswahl der Betriebe auf einer »strenge(n) Auslese« bestand, waren selbst diese Anstrengungen der Firma in Gaggenau offenbar noch zu gering. Trotz der Versuche,

[336] Der Führer, Nr. 127, 9.5.1933.
[337] DBA, Vorstandsprotokoll 28.5.1941.
[338] Siegel, Leistung und Lohn, S. 110, Anm. 171.
[339] Hakenkreuzbanner, Nr. 422, 10.9.1936.
[340] Frese, »NS-Musterbetrieb«, S. 387.
[341] Der Führer, Nr. 150, 29.4.1941 (Zitat Roth); ebd., 2.6.1939 (Zitat 2); vgl. zu den Verleihungsgrundsätzen: Siegel, Leistung und Lohn, S. 110ff.
[342] DBA, Leistungsbericht der DBAG 1940, Bd 10, Werk Gaggenau, S. 10; Bd 7, Werk Mannheim, S. 14f.

über Gauleiter Wagner auf Roth einzuwirken, kritisierte er die »Menschenführung« im Werk[343]. Der Konzernvorstand ordnete deshalb im März 1941 an, die Schulung des Personals noch einmal auszuweiten[344]. Das »betriebliche Unterführerkorps«, zu dem auch die Arbeitsvorbereiter und Zeitstudienmänner gehörten, wurde zur Teilnahme an speziellen Schulungen verpflichtet, die ein Gauredner der NSDAP im Auftrag der Fabrikleitung abhielt. Wieviel dem Werk solche Lehrgänge wert waren, ist daran erkennbar, daß sich alle zwei Wochen rund 450 Mann die Vorträge während der Arbeitszeit anhören mußten oder durften. Darüber hinaus gewährte das Werk Gaggenau einen bezahlten Sonderurlaub für die Teilnahme an Lehrgängen der Partei. Erneut kam auch der Effekt für die Disziplin ins Spiel: Die weltanschauliche Haltung der betrieblichen Vorarbeiter floß in die Bewertung ihrer Arbeit und die Frage der Beförderung ein[345]. Im Werk Mannheim ging die Betriebspropaganda dazu über, außenpolitische Erfolge Hitlers und Siege der Wehrmacht mit Werksappellen zu feiern[346].

Die Firmenleitung nutzte den durch diese Methoden praktizierten Druck auf die Betriebsangehörigen, der in Mannheim mit einem System des Gruppenakkords noch verstärkt wurde, um hohe Leistungen durchzusetzen. 1944 hörten in Mannheim nach Angaben des Betriebsdirektors Paulus Überstunden und Sonntagsarbeit »nicht mehr auf«. Auch die ausländischen Zwangsarbeiter hatten darunter zu leiden, daß der Nationalsozialismus die Firmenpolitik stark beeinflußte, wie ihre Lebensumstände zeigen[347]. Trotz der Anstrengungen reichte es bei den Werken Gaggenau und Mannheim im Gegensatz zu Untertürkheim und der dortigen Zentrale des Gesamtkonzerns nicht zu einer Auszeichnung als »Musterbetrieb«. Beide wurden nur in die dritte Kategorie aufgenommen und erhielten eine »lobende Anerkennung«, die die badische DAF Gaggenau schon in den beiden Vorjahren verliehen hatte[348].

Die Chefs der beiden badischen Daimler-Benz-Werke zogen neben der politischen Gleichschaltung ihrer Fabriken auch persönliche Konsequenzen. Der Mannheimer Direktor Carl Werner und der Gaggenauer Direktor Arnold Gedult von Jungenfeld traten 1934 in die NSDAP ein. Um die offenbar dringend benötigte Mitgliedschaft zu bekommen, hatte letzterer seine Bekanntschaft zu Rudolf Heß bemüht, dessen Befürwortung die Aufnahmesperre der Partei überwand[349]. Von Jungenfeld betätigte sich schon seit 1933 im Nationalsozialistischen Kraftfahrkorps (NSKK) und wurde von dieser Organisation 1942 auch zum Standartenführer ernannt[350]. Werner konnte sogar eine offizielle Anerkennung Hitlers vorweisen, nachdem er der Partei schon vor 1933 Fahrzeuge zur Verfügung

343 Der Alemanne, Nr. 120, 1.5.1940; DBA, Vorstandsprotokolle 21/22.1.1941, 25/26.3.1941.

344 DBA, Vorstandsprotokoll 25/26.3.1941.

345 DBA, Ergänzungsbericht der DBAG, Werk Gaggenau, 1.7.1940 – 1.7.1941, S. 9ff. S. 23.

346 GLA, 465a/56/2/6894, Aussage des Betriebsrates; Daimler-Benz-Buch, S. 773.

347 GLA, 465a/59/3/7780, Aussage Paulus im Spruchkammerverfahren Decker; zu den Zwangsarbeitern siehe Kapitel V, 2. e).

348 DBA, Vorstandsprotokoll 29.5.1941; Hoppe 16, Fragebogen der franz. Militärregierung, Anl. 8, 29.9.1947.

349 BDC, Akten Werner und von Jungenfeld.

350 GLA, 465b/c 4/613, Gnadenakte von Jungenfeld; BDC Personalakte.

gestellt hatte und damit nach Meinung Hitlers »seine positive Einstellung zur Bewegung dokumentiert(e).« Dieser Umstand bewahrte dem Mannheimer Direktor die Stellung, da er mit einer Jüdin verheiratet war und an ihr festhielt. 1937 trat er deshalb, möglicherweise unter Druck, wieder aus der NSDAP aus. Hitler und Speer wehrten aber noch 1944 den Versuch der SS ab, Werner als Direktor abzusetzen[351]. Der Mannheimer Betriebsleiter ist damit ein Beispiel für die Bereitschaft der NSDAP, an Fachleuten festzuhalten. Carl Werner wurde für seine Verdienste um die Rüstung 1944 mit dem Kriegsverdienstkreuz mit Schwertern ausgezeichnet[352].

Erreichte der Daimler-Benz-Konzern mit der völligen Anpassung an die Kriterien des Nationalsozialismus sein Ziel in Form höherer Umsätze? Obwohl Gaggenau als Fabrik an der französischen Grenze zunächst von Aufträgen der Wehrmacht ausgeschlossen blieb, nahm der Umsatz des Werkes zwischen 1933 und 1939 um mehr als das dreieinhalbfache zu, der des Mannheimer Werkes um mehr als das vierfache. Der Gesamtkonzern war sogar in der Lage, seinen Umsatz mehr als zu verfünffachen[353].

Die Beurteilung für die Kriegszeit ist allerdings nicht so eindeutig, da die beiden badischen Werke unter kriegsbedingten Umstellungsmaßnahmen zu leiden hatten. Insbesondere die von Hitler befohlene Produktion der Opel-LKWs in Mannheim führte zu starken Umsatzeinbußen. Da der Konzern aber insgesamt gut abschnitt[354], ließ sich das verkraften. Daimler-Benz bietet so letztlich das Bild eines Konzerns, der durch Wohlverhalten seinen geschäftlichen Interessen diente. Die Antwort auf die Frage, ob ein alternatives Handeln möglich gewesen wäre, muß Spekulation bleiben. Art und Ausmaß der Anpassung rechtfertigen aber das Urteil, daß nicht nur Opportunismus hinter der Firmenpolitik steckte, sondern auch eine nationalsozialistische Überzeugung, derzufolge die Firmenchefs laut einer Mitteilung des Vorstandsvorsitzenden Wilhelm Kissel von 1942 »schon von [...] (sich) aus eifrig bemüht und bestrebt waren, dem Rufe des Führers treu zu folgen«[355].

Da andererseits der Konzern vor allem im Falle der Mannheimer Umstellung gezwungen wurde, gegen die eigenen Interessen zu handeln, läßt sich auch folgern, daß ein Handeln gemäß der Weltanschauung nicht vor Eingriffen des Staates in die Firmenpolitik schützte, wenn es die Rüstung erforderlich machte. Der Umkehrschluß lautet, daß die NS-Führung auch Firmen duldete und förderte, die sich zwar nicht ihrer Ideologie anschlossen, aber den Rüstungsinteressen dienten. Eine Anpassung an den Nationalsozialismus mußte demnach nicht notwendigerweise erfolgen, um den Firmenbelangen Genüge zu tun.

---

351 BA, R 3 1578, Speer an SS-Gruppenführer Fegelein, Führerhauptquartier, 5.11.1944.

352 Vorstandsprotokoll, 18.8.1944, zit. nach Pohl, Daimler-Benz AG, S. 95. Roth, Daimler-Benz-Buch, S. 139, qualifiziert den Vorgang dahingehend, der Vorrang der Konzernbelange sei »unerbittlich« durchgesetzt worden, um seine These eines Primats der Wirtschaft zu untermauern. Er übersieht dabei, daß Druck in diesem Fall gar nicht notwendig war, da es im Interesse der NSDAP und der Rüstung lag, Fachleute zu halten.

353 DBA, Ergänzungsbericht Werk Gaggenau, 1941, S. 93; Leistungsbericht DBAG, Bd 7., Werk Mannheim, S. 60; Daimler-Benz-Buch, Tab. 4, S. 333.

354 Siehe zur Entwicklung der badischen Daimler-Benz-Werke Kapitel III, 5. b.

355 DBA, Kissel Werk Mannheim, VI/16, Direktionsmitteilung 2.7.1942.

Ein Beispiel dafür ist der Mannheimer Konzern Brown, Boveri und Co. (BBC), der sich im Laufe des Krieges zur größten badischen Rüstungsschmiede entwickelte. Die Aktienmehrheit der Gesellschaft befand sich in den Händen der Schweizer Mutterfirma. Der Vorstandsvorsitzende Karl Schnetzler dankte zwar Gauleiter Wagner bei dessen Firmenbesuch im Juli 1934 für das politische »Werk« und insbesondere die »Beseitigung des Partikularismus«. Die Betriebsleitung war dennoch politisch ungern gesehen. Schnetzler und sein Stellvertreter Hans Hammerbacher hatten jüdische Ehefrauen, und zumindest Hammerbacher gehörte der NSDAP nicht an. Deshalb kam es 1937 auch zu einem Antrag des BBC-Vertrauensrates, beide Vorstandsmitglieder abzusetzen. Er scheiterte aber ebenso am Veto von Ministerpräsident Köhler wie eine entsprechende Aufforderung des Rüstungsministeriums an die Rüstungskommission Oberrhein vom August 1944[356]. Hammerbacher wurde zudem im Januar 1944 von der Gestapo wegen des Verdachts auf Beihilfe zum Hochverrat verhaftet und mußte sich im Gefängnis des Reichssicherheitshauptamtes in Berlin zwei Wochen lang Verhören stellen. Der Konzern unterlag im Krieg einer vergleichsweise geringen nationalsozialistischen Beeinflussung, wie der Betriebsrat 1946 bestätigte. Die Verleihung einer Kriegsauszeichnung an BBC zum 1. Januar 1943 widerspricht dieser Beurteilung nicht, da sich solche Ernennungen wie bei denen zum »Kriegsmusterbetrieb« nur auf die Produktionsleistungen bezogen[357].

Die offenbar regimekritische Haltung Hammerbachers wirkte sich auf seine ökonomischen Positionen aber wenig aus. Der BBC-Direktor, der Anfang 1943 zum Leiter der deutschen BBC-Gruppe berufen wurde, engagierte sich ebenso stark wie Hofweber in den Wirtschaftsorganisationen auf südwestdeutscher und Reichsebene. 1937 wurde er zum badischen Bezirksobmann der Wirtschaftsgruppe Elektroindustrie ernannt, 1942 entsprechend zum Bezirksbeauftragten des Hauptausschusses Elektrotechnik. 1943 übernahm er einen Sitz als Präsidialmitglied der Wirtschaftsgruppe, 1944 den eines Beiratsmitglieds der Gauwirtschaftskammer. Dieses Engagement schlug sich bereits 1940 nieder in der Ernennung zum Wehrwirtschaftsführer durch das OKW und in der Verleihung des Kriegsverdienstkreuzes, allerdings nur zweiter Klasse. Die Verweigerung der ersten Klasse mag zurückzuführen sein auf Hammerbachers politische Haltung als Nichtmitglied der NSDAP[358].

Die Haltung des Direktors läßt sich verstehen als Beispiel für die Arbeit von, oberflächlich gesehen, unpolitischen Fachleuten, die trotz ihrer individuellen Gegnerschaft durch ihr Engagement im wirtschaftlichen Bereich aus Firmen- oder Nationalinteresse das NS-Regime indirekt stützten. Hammerbacher und die BBC fuhren mit dieser Position nicht schlecht, da sich der Umsatz des Elektro- und Maschinenbaukonzerns im Krieg vervielfachte[359]. Der Konzernvorstand war sich dabei über die Hintergründe der NS-Wirtschaftspolitik durchaus im klaren. Als im November 1938 der politische Druck auf

---

356 GLA, 465a/51/68/902, Aussage Hammerbacher im Spruchkammerverfahren gegen Köhler, 12.7.1948.

357 GLA, 465a/59/2/2052, Verfahren gegen Hammerbacher; BA-MA, RW 20–5/35, DAF Baden an RüIn OR, Ausgezeichnete Betriebe, 10.6.1944; Siegel, Leistung und Lohn, S. 115f.

358 GLA, 465a/59/2/2052; Hammerbacher wurde von der Spruchkammer als »nicht betroffen« eingestuft.

359 Zur rüstungswirtschaftlichen Entwicklung von BBC siehe Kapitel III, 5. a.

die Firmen zunahm, mehr Mitarbeiter zu Fachkräften auszubilden, hieß es im BBC-Vorstand: Die größere Zahl von Spezialisten solle der Wehrmacht im Kriegsfall zugute kommen[360].

Daß für die Unternehmer und Firmen eine Wahl bestand und ein weniger angepaßtes Handeln möglich gewesen wäre, zeigt das Beispiel der Weinheimer Lederfabrik Richard Freudenberg, die vor dem Krieg ebenfalls zu den größten badischen Firmen zählte. Direktor Freudenberg gehörte vor der Machtübernahme dem Reichsvorstand der DDP an, später auch ihrer Nachfolgerin, der Staatspartei. Der Unternehmer war in Parteikreisen als Gegner bekannt, 1942 strengte der SD ein Verfahren gegen ihn an. Offenbar aus taktischen Gründen trat Freudenberg 1943 der NSDAP bei. Das politische Mißtrauen gegen den Weinheimer Firmenchef verhinderte mehrfach die Ernennung Freudenbergs in eine leitende Position innerhalb der Organisation der Wirtschaft. Wie die Aussagen des Mannheimer Rüstungskommandeurs Rudolf Engelhorn und seines Vorgesetzten, des Rüstungsinspekteurs Ernst Streicher, nach dem Krieg ergaben, schaffte es Freudenberg trotz ihrer mehrfachen Bemühungen, die Verlagerung einer reinen Rüstungsproduktion in seinen Betrieb zu verhindern. Zwar wäre die Fabrik angesichts der Werksgröße und der günstigen Verkehrsanbindung gut dafür geeignet gewesen, aber der Direktor stemmte sich auch im eigenen Interesse dagegen, die traditionelle Produktion wie die meisten anderen Branchenfirmen aufgeben zu müssen[361]. Um Kriegswaren wie Wehrmachtstiefel und -uniformen handelte es sich allerdings auch hierbei. Darüber hinaus scheiterte der Versuch einer Mannheimer Rüstungsfabrik, in Weinheim eine unterirdische Verlagerungsstätte aufzuziehen, ebenfalls am Einspruch Freudenbergs. Auch Hubert Sternberg, Vorstandsvorsitzender der Heidelberger Schnellpressen AG, konnte sich dem Ansinnen, in seinem Betrieb eine Rüstungsproduktion aufzunehmen, längere Zeit widersetzen[362].

Bei Konflikten zwischen einer Firma und der Partei war es also durchaus möglich, daß das Unternehmen sich durchsetzte. Natürlich konnte es aber auch umgekehrt laufen, wie im Fall der Singener Fittingwerke. Der nach einer Anzeige aus den Reihen der Beschäftigten festgenommene Schweizer Firmendirektor mußte zwar nach mehreren Monaten Haft wieder als Betriebschef eingesetzt werden, das Unternehmen kündigte vier Denunzianten. Doch als Folge erhielten die Fittingwerke Ende 1937 keine Aufträge des Heeres mehr, obwohl sie in der entsprechenden Abteilung größere Summen investiert hatten. Der Betriebsleitung blieb deshalb offenbar nichts anderes mehr übrig, als sich mit der NSDAP wieder auf guten Fuß zu stellen. Parteimitglieder wurden danach bevorzugt befördert[363].

Wie stark badische Industrielle in den Nationalsozialismus verstrickt sein konnten, zeigt das Beispiel der Mannheimer Pumpenfabrik Adolf Neidig. Die Firma ging in ihrer Betriebsordnung über den Passus von Daimler-Benz oder auch der Radolfzeller Pumpenfabrik Allweiler hinaus, die Parteimitglieder bei der Einstellung bevorzugten oder

[360] ZSA Potsdam, Dt. Bank 151156, BBC-Aufsichtsratssitzung vom 17.11.1938.
[361] GLA, 465a/58/1/16662.
[362] GLA, 465a/59/3/8439.
[363] Sopade-Berichte, Juni 1937, S. 829; Dezember 1937, S. 1708; vgl. Stender, Arbeiter, S. 62.

Mitarbeiter wegen politischer Unzuverlässigkeit entließen. Neidig sah sogar schon darin einen Kündigungsgrund, wenn ein Beschäftigter oder dessen Familienmitglieder mit Juden »geschäftlich oder privat« verkehrten oder aus der Partei ausgeschlossen wurden[364].
Die Beispiele machen deutlich, daß die Anpassung der Großbetriebe nicht unbedingt auf einer NS-Gefolgschaft basieren mußte, sondern daß als Hauptfaktor das Eigeninteresse der Unternehmen ausschlaggebend war. Es brachte auch dem Nationalsozialismus feindlich gegenüberstehende Industrielle dazu, sich in einer Wirtschaftsorganisation zu engagieren, um damit das Wohl der eigenen Firma zu fördern. Damit stärkten sie aber letztlich wiederum den Nationalsozialismus. Konsequenter waren freilich Firmen wie Lanz und Daimler-Benz, die sich der nationalsozialistischen Weltanschauung vollkommen verschrieben haben. Ihr Motiv lag nicht nur darin, über Staatsaufträge den Umsatz zu steigern, sondern die Maßnahmen der Diktatur sollten auch disziplinarische Maßnahmen gegen die eigene Belegschaft unterstützen. Ordnungspolitisch ging es damit letztlich darum, das Grundprinzip des kapitalistischen Wirtschaftssystems, den Standpunkt des »Herrn im Haus«, in der Gesellschaft fest verankert zu wissen.
Drei Maßnahmen der badischen NSDAP erlauben einen allgemeinen Blick auf das Verhalten der Unternehmer gegenüber den Wünschen der Partei: die Einstellung von »alten Kämpfern«, die Abstellung von Beschäftigten zu Parteiveranstaltungen sowie die Teilnahme am DAF-Leistungskampf der Betriebe. Alle drei Punkte verdeutlichen, daß die nationalsozialistische Ausrichtung der badischen Firmen nicht sehr ausgeprägt war. Auch hier zählte letztlich das Eigeninteresse der Betriebe, das in diesen Fällen meist gegen Parteimaßnahmen verteidigt wurde.
In Baden startete die NSDAP im Mai 1933 eine Sonderaktion Wagners mit dem Ziel, den »alten Kämpfern« mit einer Mitgliedsnummer von unter 100000 einen Arbeitsplatz zu verschaffen[365]. Zwar stellten die neuen nationalsozialistischen Stadtverwaltungen so viele Parteimitglieder ein, daß die Stellenzahl der öffentlichen Bediensteten zum Beispiel in Mannheim »geradezu übersetzt« (sic!) war, wie Oberbürgermeister Renninger der Kreisleitung schrieb[366]. Doch gemessen an der Zahl arbeitsloser »alter Kämpfer« gab es immer noch zu wenig Einstellungen, da die Unternehmen der Aufforderung zur Aufnahme der oft schlecht ausgebildeten oder lange arbeitslos gemeldeten Parteigenossen nur schleppend nachkamen. Aktionen wie die des Mannheimer Arbeitsamtes, die Qualifikation über Steno- und Schreibmaschinenkurse zu heben, erzielten kaum eine Wirkung[367].
Die Partei setzte deshalb Firmenchefs unter Druck, um Erfolge zu erzielen. In Pforzheim etwa sprachen rund 100 politische Leiter und SA-Männer bei 531 Firmen der Stadt vor und erreichten, daß 38 Männer sofort eingestellt wurden[368]. Dennoch war der Gesamterfolg gering, zumal viele eingestellte »alte Kämpfer« alsbald wieder entlassen wurden. Der Gaureferent für die Arbeitsbeschaffung, Hermann Nickles, wies deshalb Ende 1934

---

364 GLA, 465a/56/47/244, Spruchkammerverfahren; Betriebsordnung der Pumpenfabrik Allweiler, Radolfzell. Vgl. zu Neidig auch Peters, Mannheim 1945, S. 32f.

365 Der Führer, Nr. 14, 25.5.1933.

366 GLA, 465c/55, 26.5.1936.

367 Hakenkreuzbanner, Nr. 272, 21.10.1933.

368 Der Führer, Nr. 240, 1.9.1934.

die Kreisleiter an, »mit Nachdruck« darauf hinzuwirken, daß Entlassungen unterblieben. Nickles ordnete an, den Druck besonders auf Firmen mit Staatsaufträgen zu erhöhen:

»Es besteht immer noch der Eindruck, daß verschiedene Behörden und Betriebe in keiner Weise ihrer Verpflichtung gegenüber den Angehörigen der Sonderaktion so nachgekommen sind, wie dies im Verhältnis zu der Zahl der Neueingestellten hätte erwartet werden dürfen.«

Wenn nur jeder zehnte Neueingestellte aus der Sonderaktion gekommen wäre, schrieb Nickles, gebe es schon längst keine arbeitslosen alten Parteigenossen mehr[369].

Der Einsatz der Kreisleiter fruchtete aber offenbar immer noch so wenig, daß Gauleiter Wagner im Juli 1935 in einer Kabinettssitzung mehr Engagement in dieser Frage verlangte. Die badische NSDAP startete eine zweite Sonderaktion, wobei aus propagandistischen Gründen zur Einstellung »alter Kämpfer« bis zur Nummer 500000 aufgerufen wurde, wobei aber nicht bekannt ist, wieviele von ihnen in Baden lebten[370]. Groß konnte der Erfolg aber nicht gewesen sein: Noch im Oktober 1936 führten die Arbeitsämter am Oberrhein 260 alte Parteimitglieder ohne Stelle, ihre Zahl war sogar im Vergleich zum Vormonat gestiegen. Das Landesarbeitsamt Südwest wies deshalb am 1. Dezember 1936 seine Ämter an, für die gemeldeten offenen Stellen »soweit als möglich nur Angehörige der Sonderaktion« vorzuschlagen[371].

Diese Aktion ließ sich ebensowenig gegen das Eigeninteresse der Firmen durchsetzen wie die Forderung, Parteimitgliedern für Schulungen oder Reichsparteitage einen bezahlten Urlaub zu gewähren. Daimler-Benz war eine der wenigen Firmen, die sich dazu bereit erklärt hatten. Selbst Lanz lehnte ein solches Ansinnen ab[372]. Die daraus für die Gauleitung entstehenden Probleme wurden so groß, daß sich Wagner mit einem Appell an die Firmen wandte. Um den offenbar starken Widerstand zu überwinden, verband er die bezahlte Abstellung mit den beim »Leistungskampf der Betriebe« geltenden Kriterien[373].

Die in beiden Bereichen schwierige Situation für die badische NSDAP basierte nur zu einem Teil auf einer grundsätzlichen Abneigung der Unternehmen gegen die Partei. Nicht übersehen werden darf die Firmenstruktur der badischen Industrie mit ihrer Majorität an Klein- und Mittelbetrieben, die es sich nicht leisten konnten, unqualifizierte Mitarbeiter ein- oder Beschäftigte für Parteiveranstaltungen abzustellen. Das Beispiel Lanz zeigt aber auch, daß die Firmen Propaganda auf ihre Kosten nicht mittragen wollten, wenn sie nicht selbst unmittelbar davon profitierten. Die Firma Lanz hatte bei der badischen NSDAP schon ein zu gutes Ansehen, als daß sie unbedingt nachgeben mußte.

Das geringe Interesse eines Großteils der badischen Firmen an der politischen Mitarbeit bereitete der NSDAP so große Probleme, daß sie Mühe hatte, eine besondere propagandistische Niederlage zu vertuschen. Bis 1939 konnte es mit der in Baden beim »Leistungskampf der Betriebe« überprüften weltanschaulichen Standfestigkeit nicht weit her gewesen sein. Die Zahl der teilnehmenden Unternehmen erhöhte sich zwar schnell von 2329

---

[369] GLA, 460/202, Gauleitung Baden, Gaureferent Nickles an die Kreisleiter, 19.12.1934.

[370] GLA, 233/24318, Sitzung des Staatsministeriums vom 12.7.1935; Der Führer, Nr. 214, 6.8.1935.

[371] GLA, 460/179, Runderlaß LAA, 12.11.1936; Aktennotiz AA Karlsruhe, 22.12.1936.

[372] GLA, 465c/55.

[373] Der Führer, Nr. 345, 15.12.1938.

zu Beginn 1937 auf 9450 im folgenden Jahr. 6825 von ihnen zählten zu den kleineren Firmen[374]. Das war wegen der enormen Steigerung noch akzeptabel, wenn auch die Zahl, gemessen am Anspruch Leys, alle Betriebe zu erfassen, bei weitem nicht ausreichte. Problematisch war vor allem das qualitative Ergebnis, das weit hinter den Erwartungen lag, nachdem bei den ersten beiden Leistungskämpfen erst 66 Firmen mit einem »Gaudiplom für hervorragende Leistungen« bedacht und nur zwei die Spitze erklommen und zum »NS-Musterbetrieb« ernannt worden waren[375]. Gauleiter Wagner konnte damit gerade sieben Prozent der teilnehmenden badischen Firmen auszeichnen.

Die Arbeitsfront versuchte, die Scharte auszuwetzen. DAF-Gauobmann Reinhold Roth forderte 1939 »alle bisher abseits stehenden« Betriebe zur Teilnahme auf, wobei besonders die kleineren Firmen angesprochen wurden. Sie hatten zwar 1938/39 zwei Drittel der beteiligten Unternehmen gestellt, doch insgesamt war nur jede zehnte Firma dieser Kategorie vertreten, unter den Betrieben mit fünf und mehr Beschäftigten immerhin etwa jede Dritte[376]. Reichsweit führte die DAF zur besseren Motivation eine spezielle Auszeichnung für die Kleinbetriebe in Handwerk und Handel ein: das »vorbildliche Kleinunternehmen«. Diese Qualifikation sollte die Zahl der in diesem Wettbewerb erfolgreichen Betriebe ebenso erhöhen wie die gleichzeitig offenbar nur in Baden geschaffene dritte Stufe der Auszeichnungen für alle Betriebe, die einen »zielbewußten nationalsozialistischen Aufbau erkennen« ließen: die »lobende Anerkennung«[377]. Der propagandistische Erfolg der Maßnahmen war erheblich. 1940 beteiligten sich mit 14776 wesentlich mehr Betriebe an dem Wettbewerb als 1937/38 mit 2329. Die Steigerungsrate in dieser Zeit lag damit in Baden um einiges höher als im Reich, wo sich die Zahl gerade verdreifachte[378].

Zu diesem Erfolg mag auch beigetragen haben, daß nach einer Einigung zwischen Reichswirtschaftsministerium und der DAF seit dem Wettbewerb 1937/38 auch die Industrie- und Handelskammern an der Entscheidung über die Verleihungen beteiligt wurden[379]. Allerdings schweigen die Quellen über eine Mitarbeit badischer Kammern. Die Zahl der Auszeichnungen ließ sich mit diesen Maßnahmen nach außen hin als Erfolg verkaufen. Zu den bisherigen Trägern des Gaudiploms kamen 1940 zwar erneut nur 38 weitere Firmen hinzu, insgesamt wurde die Zahl 100 überschritten. Die Stufe der »lobenden Anerkennung« ging dafür aber an 425 Betriebe, ein Jahr darauf sogar an 1380[380].

Auch bei der höchsten Auszeichnung, der »Goldenen Fahne« als »Musterbetrieb«, wird deutlich, daß sich das nationalsozialistische Bewußtsein in den badischen Firmen noch nicht so durchgesetzt hatte, wie es sich die Gauleitung vorstellte. Bis 1942 wurde in Baden elf Firmen eine solche Urkunde zuteil. Das Land lag damit überproportional weit zurück: Vor immerhin 431 Firmen im gesamten Reich wehte bis dahin eine »Goldene Fah-

[374] Der Führer, Nr. 214, 6.8.1937; ders., Nr. 248, 6.9.1938.
[375] Der Führer, Nr. 186, 9.7.1938; ders., Nr. 101, 12.4.1939.
[376] Der Führer, Nr. 150, 2.6.1939; Stat. Jahrbuch 1938, S. 132.
[377] Der Führer, Nr. 101, 12.4.1939; vgl. Frese, »NS-Musterbetrieb«, S. 387.
[378] Siegel, Leistung und Lohn, S. 113.
[379] Frese, »NS-Musterbetrieb«, S. 86.
[380] Der Alemanne, Nr. 120, 1.5.1940; Der Führer, Nr. 117, 29.4.1941.

ne«[381]. Die badische DAF und der Gauleiter konnten dabei die Zahl der Ernennungen nicht einfach erhöhen, um gegenüber Berlin besser dazustehen, wollten sie die politische und soziale Zielsetzung des Wettbewerbs nicht gefährden. Verleihungen ohne dementsprechende Hintergründe hätten die Firmen veranlassen können, ihre hohen Aufwendungen sowohl für ideologische Schulungen als auch soziale Maßnahmen zu kürzen. Das Ansehen der DAF wäre damit beschädigt worden[382].

Bei der Analyse von zehn der bis 1942 elf ernannten »Musterbetriebe« — für die Zeit danach wurden weder Namen noch Zahl bekanntgegeben — fällt auf, daß die Auszeichnung in erster Linie an kleinere und mittlere Firmen verliehen wurde. Aus dem Rahmen fallen dabei nur das Karlsruher Schaerer-Werk, das sich seit 1. Mai 1938 als eines der ersten badischen Betriebe Musterunternehmen nennen konnte, die Konstanzer Trikotfabrik Schießer (1940) sowie vor allem die Singener Maggi (1. Mai 1940). Außer bei der Fabrik für Zahnwareneinrichtungen Emil Huber in Karlsruhe (1939) konzentrierten sich die Auszeichnungen ansonsten nur noch auf Handelsbetriebe wie die Milchzentralen in Freiburg (1939) und Offenburg (1940), auf Kraftwerke wie das Karlsruher Kraftpostwerk (1939) und das Karlsruher Staatliche Fernheizwerk (1940) sowie auf Dienstleistungsfirmen wie die Karlsruher Lebensversicherungs-AG (1941)[383]. Wichtige Rüstungswerke befanden sich unter den Musterbetrieben keine, auf der Liste der Unternehmen mit Gaudiplom nur wenige. Zu letzteren gehörten die Firmen Bäuerle und Söhne in Triberg (1938), die Mannheimer Hommelwerke (1939), die Süddeutschen Kabelwerke Mannheim, Lonza in Waldshut sowie Degussa und die IG Farben in Rheinfelden (1941)[384].

Größere Firmen vor allem aus dem Mannheimer Raum legten, mit Ausnahme von Daimler-Benz, entweder weniger Wert auf die Auszeichnung, oder die badische DAF forderte eine stärkere nationalsozialistische Ausrichtung des Betriebs, als die Firmen zugestehen wollten. Letzteres traf vermutlich auf das Wutöschinger Aluminiumwerk zu, dem Wagner 1939 und noch mindestens einmal danach das Gaudiplom verlieh[385]. Die Forderung von DAF-Gauobmann Reinhold Roth an die Unternehmensleitung, mehr Betriebsappelle und Gemeinschaftsempfänge abzuhalten, wurde abgelehnt, da die Firma während der Arbeit keine weiteren Zeitverluste in Kauf nehmen wollte[386]. Demnach verlockte die Bevorzugung bei der Vergabe öffentlicher Aufträge die größeren badischen Betriebe nur bedingt zur engagierten Teilnahme an dem Wettbewerb, zumal die Rüstungsfabriken nach der Übergangsphase der ersten Kriegsjahre nicht mehr unter ausbleibenden Bestellungen zu leiden hatten. Nur Konzerne mit überregionalen Interessen und

---

381 Der Führer, Nr. 117, 29.4.1941; Der Alemanne, Nr. 121, 2.5.1942; Siegel, Leistung und Lohn, S. 113, Anm. 180.

382 Vgl. Frese, »NS-Musterbetrieb«, S. 387.

383 Angaben entnommen aus: Der Führer, Nr. 352, 22.12.1938; ders., Nr. 119, 30.4.1939; ders., Nr. 120, 2.5.1941; Der Alemanne, Nr. 120, 1.5.1940.

384 Der Führer, Nr. 116, 29.4.1938; ders., Nr., 117, 28.4.1939; ders., Nr. 117, 29.4.1941; Der Alemanne, Nr. 119, 30.4.1940.

385 Der Führer, Nr. 117, 28.4.1940; Der Alemanne, Nr. 119, 30.4.1940; vgl. Frese, »NS-Musterbetrieb«, S. 384f.

386 GLA, 465b/181009. Die Aussage beruht nur auf der Erklärung des Firmendirektors in seinem Spruchkammerverfahren.

dem Bestreben nach Expansion wie Daimler-Benz beteiligten sich bis 1942 stark an dem Wettbewerb.

Einem weiteren Kriterium, das zu den Bindungen der badischen Wirtschaft zum Nationalsozialismus befragt werden könnte, fehlt eine deutliche Aussagekraft: die Ernennung einzelner Unternehmer und leitender Betriebsangestellter zum »Wehrwirtschaftsführer«. Ein vermutlich aus den Reihen der Wehrmacht stammendes Memorandum von etwa 1938 über das »Wehrwirtschaft-Führer-Korps« ließ den Wehrwirtschafts- und späteren Rüstungsinspekteuren bei ihrer Auswahl völlig freie Hand. In Frage kamen Betriebsführer ohne jegliche Einschränkung, leitende Angestellte der Rüstungsfirmen, Persönlichkeiten aus der Wirtschaft, die sich um den militärischen Aufbau der Wehrmacht verdient gemacht hatten, sowie schließlich »wirtschaftlich wichtige Personen«, die die Inspektion zu ihrer Unterstützung heranziehen wollte. Ausgesprochen wurde die Ernennung durch die drei Wehrmachtteile Heer, Luftwaffe und Marine. Der Unternehmer war damit für den Kriegsdienst unabkömmlich gestellt. Dem Memorandum zufolge sollte die Ehrung bewirken, daß das »gesamte Geschäftsgebaren« der Firmenchefs sich »im Sinne ihrer nationalen Verpflichtung« vollzog, im Sinne von Wehrmacht und Rüstungspolitik also[387]. Parteieinflüsse sind aber nicht erkennbar.

1939 erreichten die Gauleiter, daß auch Reichswirtschaftsminister Funk das Ernennungsrecht erhielt. Damit sei die Institution in das Fahrwasser der NSDAP geraten und den Parteibestimmungen unterworfen worden, behauptet jedenfalls General Georg Thomas, der frühere Leiter des Wehrwirtschafts- und Rüstungsamtes im OKW, in einer Darstellung vom Oktober 1945[388]. Für Baden traf diese Einschätzung aber offensichtlich nicht zu. Schon die Ernennungsvorschrift Funks, daß Wehrwirtschaftsführer »in persönlicher und charakterlicher Beziehung den Anforderungen des nationalsozialistischen Staates entsprechen« müßten, war weit gefaßt. Das badische Bezirkswirtschaftsamt konnte damit immer noch die Kammern als Organe des Ministeriums anweisen, bei der Auswahl von Vorschlägen »keine weiteren Kreise zu beteiligen«[389]. Sprich: Die Partei sollte außen vor gelassen werden. Es ist angesichts dieser Haltung zu vermuten, daß auch den später vorhandenen Bewertungen der Kreisleiter[390] nur eine geringe Bedeutung beigemessen wurde. Für den militärischen Bereich bezeichnete der Stuttgarter Rüstungsinspekteur Rudolf Klett eventuelle Einwände der Partei in einer allerdings apologetischen Schrift 1947 als für ihn völlig gleichgültig. Nur auf die Leistung des Betreffenden sei es angekommen[391].

Kletts Behauptung mag stimmen, ansonsten wäre die Ernennung bestimmter Personen nicht erklärbar. Der ideologisch und politisch für die NSDAP nicht akzeptable BBC-Chef Hans Hammerbacher etwa wurde am 20. April 1940 zum Wehrwirtschaftsführer ernannt, der gleichfalls politisch umstrittene Richard Freudenberger sogar schon 1938[392].

---

387 Memorandum »Das Wehrwirtschafts-Führer-Korps«, o. J. und Autor, das etwa 1938 entstanden sein dürfte (BA, R 25/195).

388 GLA, 465b/162521, General Thomas, Die Wehrwirtschaftsführer, 12.10.1945.

389 GLA, 237/24355, Runderlaß des BWA, 18.11.1940.

390 Ein Beispiel in: GLA, 465b/162521.

391 GLA, 465b/162521, Rudolf Klett, Äußerung zur Frage der Wehrwirtschaftsführer, 9.6.1947.

392 GLA, 465a/59/2/2052; 465a/58/1/16662.

In Baden gab es bis Ende 1940 mindestens zwölf Unternehmer mit dem Abzeichen des Korps. Unter ihnen befanden sich auch Repräsentanten aus den der NSDAP nahestehenden Wirtschaftskreisen wie Fritz Reuther, Emil Tscheulin und Eduard Hofweber[393], Großindustrielle wie Arnold Gerolt von Jungenfeld, Fritz Loos (Motorenwerke Mannheim)[394], Willy Knauerhase (Aluminiumwerke Wutöschingen)[395] oder Hans Paulssen (Aluminiumwerke Singen)[396]. Selbst auf Repräsentanten der Wirtschaftsorganisationen wie den Karlsruher IHK-Präsidenten Fritz Rolf Wolff wurde schon 1938 zurückgegriffen[397]. Bis 1944 gab es in den Reihen der badischen Wirtschaft 33 Personen, die den Titel des »Wehrwirtschaftsführers« trugen.

Die Kriterien für ihre Ernennung unterlagen angesichts der unterschiedlichen politischen Positionen dieser Männer offensichtlich nicht oder nur in geringem Maße dem Parteieinfluß. Für Rudolf Kletts Erklärung, es sei darum gegangen, 1938 bis 1940 die »erste« und später die »zweite Garnitur« unter den Firmenschefs auszuzeichnen, spricht deshalb sehr viel. Daß mit dem »aufgebauschten Titel« (Klett) auch die Stellung dieser Firmenchefs gegenüber der NSDAP gestärkt werden sollte[398], ist denkbar, aber nicht völlig nachzuweisen.

Insgesamt ergibt sich ein differenziertes Bild bei der Frage, in welchem Ausmaße sich die badischen Unternehmer dem Nationalsozialismus verschrieben haben. Der ›Hang zum Unpolitischen‹ verkörperte sicherlich die Haltung der Mehrheit. Interessiert aber, inwiefern die badischen Industriellen aus den Bereichen der Rüstung mit ihrer Arbeit dazu beigetragen haben, das Überleben des Nationalsozialismus zu sichern, ist der Schluß über die politischen Folgen eher einheitlich: Das Eigeninteresse der Firmen an Umsatz und Gewinn brachte viele Industrielle dazu, eventuelle Bedenken ad acta zu legen, ihre Betriebe an Rüstungsboom und Kriegsaufträgen teilhaben zu lassen und schließlich sich auch persönlich in die Organisation der Kriegswirtschaft einzubringen. Daß bei dem letzten Punkt Alternativen bestanden hätten, liegt auf der Hand. Verschiedene Beispiele zeigen, daß ein Gegensteuern auch bei der Kriegsproduktion oder wenigstens der Versuch, die Ausweitung der Rüstung nicht aktiv zu fördern, möglich gewesen wäre. Hierbei muß man einzelnen Unternehmern sicherich auch zugestehen, in einem Dilemma gestanden zu haben. Das trifft etwa auf Textilunternehmer zu, wenn sich ihnen die Alternative stellte, eine Rüstungsproduktion aufzubauen oder ihre Beschäftigten an die Front zu schicken.

---

393 GLA, Spruchkammerakten.
394 GLA, 465a/56/2/2268.
395 GLA, 465b/181009.
396 GLA, Spruchkammerentscheid, o. N.
397 GLA, 465a/51/68/713.
398 GLA, 465a/59/3/8439; vgl. auch: 465b/Spruchkammerentscheid Kienzle.

III. Die Dynamik der Rüstungswirtschaft

1. Das Grenzland im Windschatten des Rüstungsbooms: Die badische Wirtschaft in den Friedensjahren des »Dritten Reiches«

Die nationalsozialistische Wirtschaftspolitik von 1933 bis 1939 bestimmte maßgeblich die Ausgangsposition der badischen Industrie zu Kriegsbeginn. Da die ökonomische Entwicklung dieser Zeit vor allem der Aufrüstung der Wehrmacht diente, kam für die badische Wirtschaft erneut ein Faktor zum Tragen, der ihre Entwicklung schon seit Ende des Ersten Weltkrieges wesentlich beeinflußt hatte: die geopolitische Situation der Region. Die Ausgangslage als Grenzland und letztlich als »Glacis«[1] verhinderte bis in die letzten Jahre vor Kriegsbeginn eine wesentliche Beteiligung der badischen Wirtschaft an den Rüstungsaufträgen.

Die Reichswehr- und spätere Wehrmachtführung, deren Heereswaffenamt Baden mit seinem Anteil von 3,62 Prozent an der Reichsbevölkerung nach 1933 mit rund 6 Prozent der Aufträge ausgesprochen gut bedacht hatte[2], zog in den folgenden Jahren die Konsequenz aus der geographischen Lage des Landes. Rüstungsaufträge im engeren Sinne, also für Waffen, Munition und Spezialgeräte, wurden in erster Linie nach Mitteldeutschland und Berlin vergeben — 1937 etwa bis zu einem Drittel[3] — während für die Peripherie nur wenig übrig blieb. Die für die Grenzgebiete bestimmten Bestellungen an sogenannten handelsüblichen Erzeugnissen, also vor allem von Textilprodukten, sowie die Aufträge von Bahn und Post brachten den Betrieben nur einen geringen Ersatz. Daran konnte auch die im Juni 1934 gegründete Ausgleichsstelle für öffentliche Aufträge im Reichswirtschaftsministerium[4], die diese staatlichen Bestellungen gerechter verteilen sollte, nichts ändern.

Der Einmarsch der Wehrmacht in die entmilitarisierte Zone am 7. März 1936 schuf zwar eine neue Ausgangslage, er vermochte aber die bisherige Haltung der Generalität kaum zu korrigieren. Die Reichskanzlei erreichte mit ihrer Anordnung vom 11. Juli 1936, die Ministerien sollten versuchen, die wirtschaftliche Situation in der ehemaligen Zone »in jeder geeigneten Weise« zu verbessern, nur wenig[5]. Sie zog deshalb im April 1937 mit einem neuen Erlaß nach. Diesmal wies etwa das Heeresoberkommando am 17. Juni 1937 auch tatsächlich sein Beschaffungsamt an, die Grenzgebiete »mehr als bisher« an den

[1] So lautete die Einschätzung des (süd-)badischen Wirtschaftsministers der Nachkriegszeit und früheren IHK-Geschäftsführers Eduard Lais, Oberrhein als Glacis, Grenzlandwirtschaft zwischen zwei Weltkriegen.

[2] BA-MA, Wi/IF 5.14, Aktennotiz des Leiters des Beschaffungsamtes im Heereswaffenamt, 18. 11. 1934.

[3] BA-MA, RW 19/1743, Reichskriegsminister an die Wehrmachtteile, 24. 12. 1937.

[4] GLA, 233/26140, Runderlaß des RWM, 14. 6. 1934.

[5] BA-MA, RW 19/1744, Chef der Reichskanzlei an das RWM, 11. 7. 1936.

Aufträgen zu beteiligen[6]. Daß das aber nicht heißen sollte, die Peripherie des Reiches gleichberechtigt an den Rüstungsbestellungen teilhaben zu lassen, unterstrich der Chef des Heereswaffenamtes am selben Tag in einem Schreiben an Staatssekretär Posse vom Reichswirtschaftsministerium:

»Die Aufträge der Wehrmacht im Frieden sind das Mittel, durch das die Wehrmacht sich im Hinblick auf den Krieg die Kapazitäten schafft, die ihren Nachschubbedarf an Kriegsgerät im Kriegsfall herstellen. Derartige Werke müssen zur Aufrechterhaltung der Wehrmacht sich möglichst in Gebieten befinden, die zum mindesten dem feindlichen Zugriff im Endkrieg entzogen sind [...] Ich kann keinen Zweifel darüber lassen, daß unmittelbare Grenznähe auch in Zukunft für Rüstungsbetriebe als nicht erträglich angesehen werden muß[7].«

Der badischen Wirtschaft half es trotz der weiter bestehenden Restriktionen aber ohne Zweifel erheblich, daß die Randgebiete verstärkt zu den Aufträgen der Wehrmacht zugelassen wurden, die nach 1935 in der Regel vier Fünftel der staatlichen Bestellungen ausmachten[8]. Nachdem die Aufträge sich bereits von 1935 auf 1936 von 15,5 Millionen Mark auf 75 Millionen verfünffacht hatten, verdoppelte sich die Auftragshöhe bis 1938 noch einmal annähernd auf 133,2 Millionen. Der Anteil der Wehrmacht an den öffentlichen Aufträgen lag 1938 immer noch bei 77,4 Prozent und bestimmte so weitgehend die von ihnen ausgehenden Tendenzen[9].

Doch trotz dieser exorbitanten Steigerung — immerhin verachtfachten sich die öffentlichen Aufträge an die badische Industrie innerhalb von vier Jahren — konnte von einer Trendwende keine Rede sein, wie ein genauerer Blick auf diese Bestellungen aufzeigt (Tabelle 1)[10]. Der badische Anteil daran lag 1938 bei gerade zwei Prozent aller Wirtschaftsgebiete, also wesentlich unterhalb des Bevölkerungsanteils, und war im Vergleich zum zweiten Halbjahr 1936 nur minimal um einen zehntel Punkt gestiegen. Unter den 19 Regionen befand sich Baden mit dieser Quote an fünftletzter Stelle, nur Gebiete mit einer überwiegend landwirtschaftlichen Bevölkerung wie Ostpreußen und Pommern sowie Notregionen wie die Saarpfalz und Bremen waren noch schlechter dran. Die Folge verdeutlicht die Verteilung der Anteile auf die Arbeitskräfte in 17 Hauptgewerbegruppen. Danach entfiel auf einen badischen Beschäftigten 1936 wie 1938 gerade die Hälfte der Summe, die in allen Wirtschaftsregionen durchschnittlich pro Kopf vergeben wurde. Eine noch geringere Berücksichtigung war für ein Industriegebiet wie Baden kaum mehr möglich.

Der Wegfall der entmilitarisierten Zone hatte damit nur wenig geändert: Nach wie vor konzentrierte die Wehrmacht ihre Bestellungen in starkem Maße auf die innerdeutschen Gebiete, selbst die württembergische Beteiligung befand sich unter »ferner liefen«. Der starke Anstieg der Wehrmachtaufträge in Baden ergab sich deshalb nur durch den nach 1936 allgemeinen Zuwachs dieser Bestellungen. Selbst mit dem Bau des »Westwalls« blie-

[6] BA-MA, RW 19/1745, Reichskanzlei an die Ministerien, 5.4.1937; RW 19/1743, OKH an Beschaffungsamt, 17.6.1937 (Zitat).

[7] BA-MA, RW 19/1743, Chef des Waffenamtes an Posse, 17.6.1937.

[8] WSA STgt., IHK Schopf. 295, WSK Baden an IHK Schopf., 2.6.1937.

[9] WSA Stgt., IHK Schopf. 295, WSK Baden an IHK Schopf., 2.6.1937. Quellenangabe für 1938 siehe Tabelle 4.

[10] Vgl. Blaich, Grenzlandpolitik, S. 117f.

ben die Vorbehalte bestehen. Das OKW erklärte zwar Ende 1938 das Gebiet östlich einer Linie Heidelberg, Wolfach, Villingen bis Säckingen inklusive dieser Landkreise für uneingeschränkt nutzbar, der Bereich westlich davon und damit auch Mannheim unterlagen aber weiterhin besonderen Bestimmungen — ganz zu schweigen von Karlsruhe, das als Stadt im Grenzgebiet innerhalb der »roten Zone« von den direkten Rüstungsaufträgen kaum profitieren konnte[11]. Die sich aus dieser Politik ergebenden Einflüsse auf die wirtschaftliche Entwicklung der Regionen liegen bei der Höhe der Bestellungen auf der Hand.

Tabelle 1

Der badische Anteil an den Aufträgen der Reichsbehörden und der Wehrmacht

	Gesamt in Mio. RM			Pro Kopf der Ak in RM		
	1936	1937	1938	1936	1937	1938
Baden	23,47	86,14	135,18	103,14	378,60	585,28
Württ.	67,94	235,61	338,32	175,24	607,78	872,66
Hessen	61,70	237,29	342,41		629,18	1065,27
Düsseld.	429,39	795,59			7958,40	14742,32
Saar	19,53	50,37	76,26	88,06	227,	22343,90
Reich				206,80	791,00	1079,20

Die Angaben für 1936 beziehen sich auf die Monate August bis Dezember; pro Kopf der Arbeitskräfte (Ak) meint die Aufträge pro Kopf derjenigen Beschäftigten, die 1933 in 17 (rüstungswichtigen) Gewerbegruppen tätig waren. Diese Gruppen umfaßten in Baden rund 230000 Mitarbeiter, etwa 40 Prozent aller Industriebeschäftigten. Alle Angaben für 1938 sowie die Pro-Kopf-Zahlen für 1937 aus: BA-MA, RW 19/1745; für 1936 und 1937: RW 19/1743 und 1377. Pro-Kopf-Angaben für 1936 eigene Berechnung.

Die badischen Unternehmen bekamen diese Haltung der Wehrmachtführung immer wieder direkt zu spüren. So wies das Heereswaffenamt 1937 die neu errichteten Sprengstoff- und Pulverfabriken der Firma Dynamit Nobel AG an, für die bisher vom Mannheimer Konzern BBC gelieferten Motoren und Generatoren sofort Ersatz bei der Firma Siemens zu beschaffen. Dynamit-Nobel bestellte deshalb seine elektrischen Anlagen in der Folge bei den innerdeutschen Betrieben Siemens oder AEG. Zwar stammten die BBC-Geräte aus dem Werk Saarbrücken, doch auch die Mannheimer Zentrale war von dem Auftragsstopp betroffen[12].

Besonders die badischen Werke von Daimler-Benz fanden sich im Windschatten des Rüstungsbooms wieder. Spätestens Ende 1934 machte die Reichswehr dem Konzern klar, daß sie die innerdeutschen Produktionsstätten besonders fördern wolle. Die süddeut-

[11] BA-MA, RW 19/1745, OKW-Erlaß, 9.12.1938.

[12] BA-MA, RW 19/1744, Aktennotiz der rüstungswirtschaftlichen Abteilung des OKW-Wehrwirtschaftsstabes, 23.6.1937.

schen Werke lägen dagegen, wie die Reichswehr wiederholt wissen ließ, »geographisch ungünstig [...] und (sollen) deshalb weiterhin wahrscheinlich überhaupt nicht mehr oder nur noch sehr beschränkt zu Lieferungen herangezogen werden«, notierte Wilhelm Kissel, Vorstandsvorsitzender des Konzerns. Kissel befürchtete letztlich, der Konzern werde wegen seiner geographischen Lage aus der weiteren Fahrzeugentwicklung überhaupt ausgeschlossen[13]. Während das Werk Mannheim nach einer Intervention bei Staatssekretär Milch vom Reichsluftfahrtministerium spätestens ab 1939 Großaufträge der Wehrmacht erhielt, gab es für Gaggenau nur eine Zahl kleinerer Bestellungen, die im Rahmen von Gesamtaufträgen des Konzerns abgewickelt wurden[14]. Noch Anfang 1939 vermerkte Kissel die bei der Heeresleitung bestehenden Bedenken wegen der »militärgeographischen Lage« der Fabrik[15]. Diese Zurückhaltung konnte die Existenz des Zweigwerks gefährden, obwohl Gaggenau mit Inlands- und Exportaufträgen seinen Umsatz zwischen 1932 und 1937 auf 90 Millionen Mark verneunfacht hatte und die vorhandenen Bestellungen seine Kapazitäten weit überschritten. Diese Auslastung verhinderte aber im Herbst 1938 nicht die Planungen der Wehrmacht, 4000 Beschäftigte des Werkes in Berliner Betriebe zu transferieren. Zu Kriegsbeginn machte die Arbeitseinsatzverwaltung dieses Vorhaben tatsächlich wahr und zog einen Teil der Arbeitskräfte ab[16].

Die badische Landesregierung und auch Reichsstatthalter Robert Wagner hatten bei dieser Ausgangslage nur wenig Aussichten, die Beteiligung der badischen Wirtschaft am Rüstungsboom des Reiches zu erhöhen. Denkschriften Wagners und der badischen IHK[17] über die badische »Grenzlandnot«, die schon kurz nach dem nationalsozialistischen Regierungsantritt in Baden bei Hitler eingingen, sorgten zwar zunächst für eine höhere Beteiligung des Landes an Reichsaufträgen, doch mit dem von der Landesausgleichsstelle auf Mitte 1934 taxierten Umschwung der Aufträge auf die Rüstung blieb Baden weit zurück[18]. Weitere Interventionen von 1934 und 1935 bei Reichsstellen und vor allem beim Reichskriegsministerium mit dem ausdrücklichen Hinweis auf die »besonders schwierige Lage« der badischen Maschinen- und Apparateindustrie führten nur selten zu Erfolgen[19]. Wagner versuchte deshalb, der aufkommenden negativen politischen Stimmung wenigstens mit propagandistischen Mitteln entgegenzutreten. Auf seinen Vorschlag hin ordnete Hitler an, Formationen des Reichsarbeitsdienstes und der Polizei nach Baden zu verlegen[20]. Die Sorge der Industrie, die ihren Auftragsstand mit dem ihrer Kollegen anderer Regionen vergleichen konnte, ließ sich damit natürlich nicht beheben. Wie schlecht die

[13] DBA, Kissel IX/1, Aktennotiz Besprechung bei General Lutz, 3.12.1934; Kissel IX/5, Kissel an v. Hentig (Vorstandsmitglied der DBAG), 8.12.1936 (Zitat).

[14] DBA, Kissel VI/13, Abtlg. Verkauf, Zusammenstellung der Aufträge, 30.3.1939; Kissel IX/5, Kissel an die Behördenabtlg. der DBAG, 13.2.1939; Kissel IX/6, v. Hentig an Kissel, 16.6.1939.

[15] DBA, Kissel Techn. Protokoll, 24.1.1939.

[16] DBA, Vorstandsprotokoll 14.9.1938; Kissel VI/9, v. Jungenfeld (Werksleiter Gaggenau) an Kissel, 31.3.1938. Zur Lage bei Kriegsbeginn siehe Kapitel III,2.

[17] GLA, 233/25543, Wagner an Hitler, 27.3.1933; IHK Baden an Hitler, 11.9.1933.

[18] WSA Stgt., IHK Schopf. 295, WSK Baden an IHK Schopf., 2.6.1937.

[19] BA-MA, Wi/IF 5.14, Köhler an Reichswehrminister, 24.10.34; dass., 3.5.1935 (Zitat).

[20] BA, R 43 II/1313, Bl. 100f., Wagner an Hitler, 19.7.1935; Bl. 102f., Lammers an die Reichsministerien, 2.8.1935; Aktennotiz Lammers, 11.11.1935.

Stimmung war, verdeutlicht eine Mitteilung der Schopfheimer IHK vom November 1935 über Gerüchte, die von Personen »größeren Ansehens« stammten. Danach falle der Grenzbezirk aus militärischen Gründen aus den Förderungsmaßnahmen heraus und sei »in wirtschaftlicher Hinsicht aufgegeben«[21]. Köhler schilderte in einem Schreiben an Reichswirtschaftsminister Schacht die in Wirtschaftskreisen herrschende »Unruhe«: Das »Gespenst der Verödung« gehe um[22].

Daß damit die tatsächliche Stimmung zur Sprache kam, offenbaren auch Meldungen der badischen Gestapo, die ab Herbst 1935 zunehmende Kritik aus den Reihen von Unternehmern und Beschäftigten registrierte[23]. Sie dauerte in der gesamten Vorkriegszeit an. Noch im September 1938 beschwerte sich die Freiburger IHK darüber, daß Baden bei der Auftragsvergabe »ungenügend berücksichtigt« werde[24]. Ministerpräsident Köhler blieb schließlich nur die Flucht nach vorne, um den Unmut aufzufangen. Bei der Eröffnung der oberrheinischen Messe in Karlsruhe 1937 betonte er:

»Ich möchte sagen, daß wir nicht daran denken, irgendeine Bevorzugung für unser Gebiet zu verlangen. Was wir wünschen ist lediglich die Gleichstellung mit anderen Wirtschaftsgebieten[25].«

Welche gravierende Auswirkungen es im Ernstfall haben konnte, daß die Militärs Baden mit ihren Aufträgen weitgehend links liegen ließen, wurde bereits vor dem Krieg deutlich. Im Frühjahr 1939 verfügte das Land über gerade 580 als »kriegs- und lebenswichtig« eingestufte Betriebe, während die Wehrmacht in Württemberg mit 1500 fast dreimal soviele ausmachte. Diese Firmen sollten im Kriegsfall mit der Zuteilung von Rohstoffen und der Freistellung von Beschäftigten bevorzugt werden und verfügten deshalb über eine existenzielle Bedeutung für die Wirtschaft einer Region. Im April 1939 startete die Wehrmacht trotz der vergleichsweise geringen Zahl sogar noch den Versuch, einen Großteil dieser. Betriebe aus dem wichtigen Status zu entlassen und ihre Zahl auf etwa ein Viertel herunterzuschrauben. Wichtige Firmen wie etwa die Mannheimer Zellstoffwerke sollten von der Liste gestrichen werden. Reichsstatthalter Wagner intervenierte deshalb bei Reichswirtschaftsminister Funk:

»Die Grenzlandlage (birgt) auch heute noch oder heute wieder verstärkt Gefahren in sich [...], vor denen vor allem die im Grenzgau für die politische und wirtschaftliche Entwicklung Verantwortlichen die Augen nicht verschliessen dürfen [...] Das Grenzland darf aber nicht Glacis werden.«

Der Gauleiter verlangte großzügigere Regelungen, aber auch wirtschaftliche Aufbauleistungen, wie etwa die Schaffung von Garnisonen, die Einrichtung neuer Industrien und den Ausbau der Autobahn bis Basel[26]. Wie richtig Robert Wagner mit seinen Befürchtungen lag, sollte sich schon ein halbes Jahr später zeigen.

---

21 WSA Stgt., IHK Schopf. 1653, IHK Schopf. an RSH Wagner, 22.11.1935.

22 GLA, 237/35706, Köhler an Schacht, 3.2.1936.

23 Die von der Gestapo verzeichnete Kritik badischer Industrieller findet sich in: Verfolgung und Widerstand. Lageberichte der Gestapo und des Generalstaatsanwaltes 1933 bis 1940, für Nov./Dez. 1935, S. 167; Jan./Feb. 1936, S. 182; Feb.–April 1936, S. 186. Kritik der Arbeiter aus demselben Zeitraum, S. 166f. und 182.

24 BA-MA, RW 19/39, Lagebericht des Wehrwirtschaftsinspekteurs (WWI) V, 3.9.1938.

25 Oberrheingebiet als Wirtschaftsfaktor, S. 193.

26 BA-MA, RW 19/1747, Wagner an Funk, 21.4.1939. Ministerpräsident Köhler hatte schon im Vorjahr verfrüht die Zusage bekanntgegeben, daß die Autobahn von Baden-Baden bis Basel verlängert werde. (Der Führer, Nr. 67, 9.3.1938).

Die Politik der Aufrüstung beeinflußte allerdings nicht nur die Auftragslage der Unternehmen, notwendigerweise hing die gesamte wirtschaftliche Entwicklung von ihr ab. Schon am 4. Oktober 1935 ordnete das Reichswirtschaftsministerium an, in den Räumungsgebieten Neuerrichtungen und Erweiterungen »kriegswirtschaftlich wichtige(r) Betriebe [...] zu verhindern«[27]. Wichtige Industriefirmen sollten im Kriegsfall aus diesem Raum, der zwei Drittel des badischen Gebietes bedeckte, evakuiert werden. Mit dem Vierjahresplan vom 9. September 1936, der die Wirtschaft auf den Krieg vorbereiten sollte, bestimmten staatliche Behörden und insbesondere der Wehrwirtschaftsstab des OKW den Standort neu aufzubauender Betriebe nach militärischen Gesichtspunkten. Der Anteil Mitteldeutschlands an der industriellen Gesamtproduktion wurde auf diese Art und Weise zwischen 1936 und 1939 von 24,6 um zwei Prozentpunkte angehoben[28]. Das Erweiterungsverbot wirkte sich vor allem nach 1938 ungünstig für die wirtschaftliche Entwicklung aus[29]. Allerdings hielt sich die immer wieder befürchtete Abwanderung von Betrieben in Grenzen. Bekannt ist nur der Verlust von 14 Betrieben mit etwa 800 Beschäftigten, den die Konstanzer Region in den Jahren 1932 bis 1937 erlitt[30].

Im Gefolge dieser Politik fiel keine der im Rahmen des Vierjahresplanes neu aufgebauten industriellen Produktionsstätten an Baden[31]. Die vielfältigen Bemühungen einiger Stadtverwaltungen, an der Errichtung neuer Firmen beteiligt zu werden, scheiterten wie im Falle Heidelbergs[32] und von Konstanz[33] an den Einsprüchen des Reichskriegsministeriums. Das aussichtsreichste Projekt, die Errichtung einer Zellwollanlage im südbadischen Murg, wurde von der Schopfheimer Handelskammer nach Verkündung des Vierjahresplanes im Oktober 1936 beantragt. Finanziell sollte es von den Wiesentaler Textilfirmen getragen werden, aber die Vierjahresplan-Behörde Görings zögerte das Vorhaben zwei Jahre lang hinaus. Im Juli 1939 kam schließlich die Genehmigung, die erste Zellwolle aus diesem Werk sollte im Spätjahr 1940 zur Verfügung stehen[34]. Jetzt aber war es für einen Baubeginn zu spät.

Die Haltung des Reichskriegsministeriums, aber auch die personelle Konstellation an der badischen Partei- und Regierungsspitze[35] verhinderten ein stärkeres Engagement für den Aufbau einer eigenen Rüstungsindustrie. Welche Möglichkeiten hierbei bestanden, zeigt das Beispiel Thüringen. Dort trieb Gauleiter Sauckel die Entwicklung einer Rüstungsökonomie wesentlich voran, gründete im Mai 1936 nach der Enteignung einer sich in jüdischem Besitz befindlichen Suhler Rüstungsfabrik dafür die Wilhelm-Gustloff-

27 Der Erlaß liegt nicht vor, zit. nach GLA, 237/35706, Ministerpräsident Köhler an Schacht, 3.2.1936.

28 Bagel-Bohlen, Kriegsvorbereitung, S. 76ff. Vgl. zum Vierjahresplan: Petzina, Deutsche Wirtschaft, S. 128ff.; Hans-Erich Volkmann, NS-Wirtschaft, S. 268ff.

29 WSA Stgt., IHK Kon. 324, Sitzung des Steuerausschusses der WSK Baden, 2.6.1939.

30 WSA Stgt., IHK Kon. 13, IHK-BS. Konstanz an GWK, 10.5.44.

31 BA-MA, RW 19/39, Lagebericht des WWI V, 19.11.1937. Vgl. Blaich, Grenzlandpolitik, S. 117f.

32 SA Heidelberg, AA 199u/13 und 14, Berichte über die Industrieförderung für Heidelberg, 1937 bis 1939. Vgl. Ursula Keller, Industrie in Heidelberg, S. 57ff., die aber unverständlicherweise die Hemmungen durch die Grenzlandlage nicht erwähnt.

33 SA Konstanz, S II/5288. Vgl. Schott/Trapp, Konstanz, S. 93f.

34 Vorgang in: WSA Stgt., IHK Schopf. 304.

35 Siehe Kapitel II, 1.

Stiftung und übernahm selbst den Vorsitz[36]. Im Gegensatz zu Baden gelang es Sauckel auch, den Bau einer Zellwollefabrik in Thüringen durchzudrücken, die sich schließlich zu einem vertikal gegliederten Konzern entwickelte. Das Reich trug dabei zwei Drittel der Kosten, der thüringische Finanzminister zusätzliche fünf Millionen Mark. Die Leitung des Werks blieb über den Gauwirtschaftsberater in den Händen der Partei, während das im Wiesental geplante Werk über Textilfirmen finanziert und von ihnen geleitet werden sollte. Daß diese Unterschiede über die Baugenehmigung entschieden, ist zwar anzunehmen, läßt sich aber nicht belegen. Über verschiedene personelle Verbindungen und Kapitalverflechtungen kontrollierte die thüringische NSDAP den wichtigsten Teil der Rüstungswirtschaft und sorgte für einen erheblichen Strukturwandel der regionalen Ökonomie[37]. Ob die thüringische Entwicklung zu den absoluten Ausnahmen regionaler Wirtschaftspolitik gehörte, müssen weitere Studien zeigen. Die braunschweigische Regierung etwa unterließ wie die badische direkte Eingriffe in die Unternehmen und blieb der traditionellen Wirtschaftsführung verhaftet, obwohl das Land wie Thüringen stark vom Rüstungsboom profitierte[38].

Wenn es tatsächlich gelang, neue Projekte in Baden aufzuziehen, waren Voraussetzungen notwendig, die in anderen Gauen nicht vorliegen konnten, etwa Schweizer Kapital oder die Bodenschätze des Schwarzwaldes. Am 17. November 1934, also noch vor dem Vierjahresplan, gründeten die Schweizer und Waldshuter Lonza-Werke im südbadischen Säckingen die Lonzana AG zur Produktion von Acetat-Produkten (Kunstseide). Die Lonza hielt dabei drei Viertel des Betriebskapitals, das Reich erteilte nach einer Einigung mit Wilhelm Keppler, dem »Beauftragten des Führers für Wirtschaftsfragen«, ein Darlehen über den Rest in Höhe von 2,4 Millionen Mark[39]. Die Rückzahlung des Kredits wurde 1938 bis auf die Zeit nach 1945 verschoben, um die Einflußnahme des Reiches zu sichern[40].

Das wichtigste Wirtschaftsprojekt, das in Baden unter staatlicher Mitwirkung entstand, war der 1936 begonnene Abbau der Doggererze in Zollhaus-Blumberg bei Donaueschingen. Die Initiative dafür war 1934 von dem saarländischen Industriellen Hermann Röchling ausgegangen. Staatlicher Druck führte im August 1936 zur Gründung einer GmbH durch vier saarländische Stahlfirmen, eine direkte Reichsbeteiligung kam erst 1940 hinzu[41]. Unter privatwirtschaftlichen Gesichtspunkten hätte das Projekt allerdings von

[36] John, Faschistische Rüstungswirtschaft und regionale Industrie, S. 17 (Zitat) und 289; vgl. ders., Rüstungsindustrie und NSDAP in Thüringen, in: ZfG, 1974, S. 412ff. Angesichts seines ideologischen Ansatzes — John analysiert die »regionale Funktion des staatsmonopolistischen Kapitalismus« aus sozialistischer Blickrichtung — wäre eine neue Untersuchung der regionalen Wirtschaftsentwicklung Thüringens notwendig. Eine Manipulation scheint aber angesichts der auf Quellen basierenden Arbeit nicht vorzuliegen. John kann für sich in Anspruch nehmen, eine der ersten Forschungen über die wirtschaftspolitische Entwicklung einer Region während der NS-Diktatur vorgelegt zu haben.

[37] Ebd., S. 134ff., sowie John, Rüstungsindustrie, S. 415ff.

[38] Pohlmann/Ludewig, NS-Wirtschaftspolitik im Lande Braunschweig.

[39] BA, R 2/15301, Bl. 8ff., Aktennotiz RFM, 11.4.1935; Bl. 2ff., Vertragsentwurf Keppler, 5.4. 1935.

[40] Ebd., Bl. 47f., Aktennotiz RFM, 22.9.1938.

[41] StA Freiburg, DAG IV, Bericht der Dt. Revisions- und Treuhandgesellschaft zur Prüfung der Eröffnungsbilanz zum 1.2.1936; DAG IV, Bilanz 1940, 14.5.1942. Vgl. dazu: Peter, Wie die Nazis; Walcz, Doggererz in Blumberg; Albiez, Eisenerz-Bergbau in Blumberg.

vornherein keine Chance gehabt: zu minderwertig waren die Erze mit ihrem Eisengehalt von gerade 20 Prozent , während etwa die lothringischen Minette 35 Prozent aufwiesen. Im Rahmen des Vierjahresplanes spielte das aber keine Rolle. Das Reichswirtschaftsministerium bezahlte für jede Tonne vier Mark als Förderprämie. Obwohl der Steuerzahler damit bis Herbst 1941 mindestens 13 Millionen Mark zuschoß, gelang es nicht einmal, die Gestehungskosten zu decken[42].

Für das Vorhaben bestanden Pläne, die dörfliche Gemeinde Blumberg von etwa 700 Einwohnern zu einer Stadt mit etwa 15000 Einwohnern auszubauen, die größtenteils in der Grube arbeiten sollten. Dazu kam es zwar nicht, doch 1941 lebten immerhin etwa 7000 Menschen in Blumberg[43]. Am 23. März 1942 ordnete Speer die sofortige Schließung der Grube an, da genügend Minette zur Verfügung standen und der Abbau überflüssig wurde. Darüber hinaus sollten die noch in Zollhaus-Blumberg vorhandenen Bergleute in ein dringenderes Vorhaben umgesetzt werden[44]. Auch der inzwischen in Kehl angelaufene Bau eines Werkes zur Verhüttung der Doggererze wurde damit trotz der dort schon verbauten Investitionen von knapp drei Millionen Mark gestoppt[45].

Schließlich förderte das Reich in Baden mit Schweizer Kapital auch den direkten Ausbau einer rüstungswichtigen Produktion. Auf Anregung der Geschäftsgruppe Rohstoffverteilung in Görings Vierjahresplanbehörde erhöhte der Schweizer Konzern Aluminium-Industrie AG die Aluminiumproduktion in seinem südbadischen Werk Rheinhausen um die Hälfte auf 21000 Tonnen pro Jahr. Der Konzern nutzte dabei den deutschen Rohstoffbedarf zu seinen Gunsten aus und machte die Erweiterung davon abhängig, daß zuvor die gesamten schwebenden Steuer- und Devisenfragen seiner deutschen Betriebsstätten abgewickelt sein mußten. Die AG wollte damit erreichen, daß 2,7 Millionen Mark an Betriebsgewinnen in die Schweiz transferiert werden konnten. Im Reichswirtschaftsministerium wurde diese Forderung wegen der Devisenprobleme des Reiches zwar abgelehnt. Auf Vermittlung von Ministerialdirektor Mühe vom badischen Finanz- und Wirtschaftsministerium stimmte es dafür aber zu, dem Unternehmen eine Steuernachforderung von einer halben Million Mark zu erlassen, damit die »im Interesse der Rohstoffversorgung dringend erwünschte Erweiterung [...] sofort in Angriff genommen werden kann«[46]. Letztlich wurde die Steuerschuld sogar um 1,1 Millionen auf eine Pauschalzahlung von 600000 Mark reduziert[47].

Die badischen Unternehmen mußten aber nicht nur damit fertig werden, daß die NS-Wirtschaftspolitik den Ausbau kriegswichtiger Produktionen auf wenige Ausnahmen

---

[42] StA Freiburg, DAG I/12, Schreiben des Kaufm. Direktors, 7.7.1941; DAG IV, Bilanz 1940, 14.5.1942; Bilanzprüfungen 1942 bis 1945; Peter, Wie die Nazis.

[43] StA Freiburg, LA Donauesch., Spez. Blumberg 1979/15—216, MdI an Landrat, 20.6.1939; ebd. 215, BM Blumberg an RSH Wagner, 16.4.1941; Peter, Wie die Nazis. Vgl. dazu die Propagandaberichte in: Der Alemanne, Nr. 309, 10.11.1937 und Nr. 299, 29/30.10.1938.

[44] BA, R 22/1718, Bl. 9, Speer an den GB für die Eisen- und Stahlbewirtschaftung, 23.3.1942; R 2/17849, Aktennotiz RFM, 27.3.1942.

[45] BA, R 22/1718, Bl. 18f., Rechtsgutachten, 2.1.1944.

[46] ZSA Potsdam, RWM 17910, Bl. 5ff., RWM (Posse) an RFM, 22.3.1937.

[47] Ebd., Aktennotiz RWM, 7.4.1937.

beschränkte, die Berliner Führung setzte auch noch der Entwicklung der Konsumbranchen enge Grenzen. Der Bedarf an Investitionen und Rohstoffen für die Rüstung war so groß, daß der deutschen Handelsbilanz durch die Konkurrenz der zivilen Industrien ein tiefes und andauerndes Minus drohte. Die Berliner Führung untersagte deshalb, die Produktionskapazität bestimmter Konsumzweige zu vergrößern. Ein umfassendes Investitionsverbot traf zuerst die Textilbranche. Die »Faserstoffverordnung« vom 19. Juli 1934 verbot die Errichtung neuer und die Erweiterung bestehender Betriebe. Zusätzlich kürzte die Verordnung die Arbeitszeit um 30 Prozent[48]. Im Gefolge des Vierjahresplans wurden die Investitionen gezielt in den Dienst der Rüstung gestellt[49]. Darüber hinaus erweiterte der Reichswirtschaftsminister die schon die Textilbranche betreffenden Verbote teilweise befristet auf die Tabak-, Edelstein-, Uhren-, Papier- und Zellstoff-, Kraftfahrzubehör- und schließlich auf die Holzindustrie[50]. Dementsprechend erreichten die Investitionen der Konsumgüterindustrie reichsweit erst 1938 den Stand von 1928, während sie sich bei den Produktionsgüterbranchen in diesem Zeitraum bereits verdoppelt hatten[51].

Der direkten Unterstützung der Handelsbilanz diente die 1934 über ein neues Außenhandelssystem initiierte Einfuhrkontrolle. Am 19. September 1934 führte Wirtschaftsminister Schacht mit seinem »Neuen Plan« den bilateralen Handels- und Zahlungsverkehr ein. Die deutschen Unternehmer hatten danach den Export im Rahmen von Kompensationsgeschäften abzuwickeln. 25 Überwachungsstellen erfaßten und lenkten den gesamten wirtschaftlichen Verkehr des Reiches mit dem Ausland. Da damit auch die Verteilung der Rohstoffe verbunden war, entschieden sie so über die weitere Entwicklung der Konsumgewerbe[52].

Die Ämter setzten Höchstmengen für den Einkauf fest, erteilten Einfuhrgenehmigungen und Devisenbescheinigungen. Führte bereits diese Maßnahme insbesondere in den Textilindustrien zu Rohstoffmangel, lief das »Spinnstoffgesetz« vom 6. November 1935 auf weitere Kürzungen der Zuteilungen hinaus. Es setzte die Rohstoffmengen für ein Unternehmen entsprechend einem Vergleichszeitraum im Jahre 1934 fest. Da die wirtschaftliche Erholung in Baden erst später einsetzte, ergaben sich dadurch erneute Nachteile[53]. Der »Neue Plan« Schachts hatte eine weitere Konsequenz für den Export selbst, da er zusätzlich darauf abzielte, den Außenhandel vorwiegend auf Südosteuropa umzuschichten und die traditionellen Partner in den USA und Großbritannien zu umgehen[54]. Auf diese Weise sank der gesamte Exportumfang erheblich.

Wie beabsichtigt, trafen die Investitionsverbote, der Rohstoffmangel und die Exportbehinderungen die Konsumfirmen außerordentlich schwer. Das zeigte sich gerade in Baden,

48 RGBL. I, 19.7.1934; vgl. Gisela Müller, Wiesentäler Textilindustrie, S. 113ff.

49 Bagel-Bohlen, Kriegsvorbereitung, S. 72ff.

50 Kollmer, Tendenzen, S. 208.

51 Petzina, Deutsche Wirtschaft, S. 135.

52 Vgl. Blaich, Wirtschaft und Rüstung, S. 26f.; Gisela Müller, Wiesentäler Textilindustrie, S. 113.

53 Gisela Müller, Wiesentäler Textilindustrie, S. 118f.; WSA Stgt., IHK Kon. 364, WSK Baden, Bericht für Aug./Sept. 1937.

54 Kollmer, Tendenzen, S. 214f.

dessen Ökonomie weitgehend auf diesen Branchen aufgebaut war (Tabelle 2). Zwar arbeitete 1938 immer noch die Mehrheit der Industriebeschäftigten in den größeren Betrieben mit über 20 Arbeitskräften im Konsumbereich. Doch der Anteil dieser Firmen vor allem des Nahrungsmittel- und Genußgewerbes, der Textil-, Papier, Leder- und Gummisowie der Bekleidungsbranchen war seit 1933 von fast zwei Dritteln auf unter die Hälfte gefallen: von 63 auf 49,7 Prozent. Damit verdiente im letzten Friedensjahr aber immer noch jeder zweite badische Mitarbeiter eines Industriebetriebes sein Geld in einer Firma, die nicht für die reine Kriegsproduktion eingerichtet war. Dagegen verhalf die NS-Wirtschaftspolitik den Betrieben der rüstungswichtigen Metall- und Maschinenindustrie zu einem rasanten Anstieg. Sie beschäftigten 1938 mit 39,6 Prozent über zehn Prozent mehr Männer und Frauen als noch fünf Jahre zuvor. Diese Unternehmen verzeichneten in diesem Zeitraum eine genau doppelt so hohe Zuwachsrate an Beschäftigten wie die badische Industrie im Schnitt.

Der Anstieg in der Industrie der Steine und Erden sowie im Holzgewerbe ist ebenfalls der Aufrüstung zu verdanken, die einen Boom beim Bau auslöste. Einen hohen Zuwachs verzeichnete im Gefolge des Vierjahresplans auch die Chemiebranche, die aber in erster Linie auf dem vorhandenen Stamm an Betrieben aufbaute.

Tabelle 2

Die industrielle Entwicklung Badens in den wichtigsten Branchen und in den Großbetrieben mit über 20 Beschäftigten

	Arbeitskräfte		Zunahme	Betriebe		Zunahme
Gewerbe	1933	1938	in %	1933	1938	in %
Metall und Maschinen	42943	103498	141,0	401	651	62,3
davon Schmuck	10191	14844	45,6	130	164	26,2
Textil	26667	36884	38,3	130	140	7,7
Papier	9654	12169	26,0	77	81	5,2
Leder und Gummi	6112	6963	13,9	21	25	19,0
Holz	6710	15889	136,8	120	237	97,5
Nahrungsm. und Genuß	41879	49895	19,1	451	582	29,0
davon Tabak	34381	39596	15,2	365	460	26,0
Bekleid. und Reinig.	5291	7947	50,2	62	88	41,9
Steine und Erden	7072	16641	135,3	126	211	67,5
Chemie	6560	11046	68,4	39	45	15,4
Gesamt	152888	260931	70,6	1427	2060	44,3

Angaben für 1933: Stat. JB 1938, S. 138f.; für 1938: Stat. Mitteilungen über Baden, Nr. 4/1938, S. 17.

Kein einziger Zweig der Konsumwirtschaft erreichte 1938 den Beschäftigtenstand, den er 1929 vor Ausbruch der Weltwirtschaftskrise eingenommen hatte[55]. Die Tabakbranche kam trotz ihrer Stellung als zweitstärkster badischer Industriebereich fast am wenigsten über die nach der Krise vorhandene Ausgangsposition hinaus. Sie mußte ihren Import ausländischer Rohstoffe beschränken und auf die wesentlich teureren deutschen Tabake umsteigen. Noch im August 1936 kam die Zigarrenindustrie laut einem Bericht des Arbeitsamtes im Raum Bruchsal »völlig (zum) Erliegen«[56].

Die ungewöhnlich geringe Zunahme der Textilbetriebe läßt sich ebenfalls in erster Linie auf den Rohstoffmangel zurückführen, erst nach 1937 wurden die Auswirkungen des Investitionsverbotes spürbar[57]. Mitte 1937 arbeiteten etwa die Beschäftigten in der Baumwollindustrie, die zwei Drittel aller Arbeitskräfte der Branche umfaßte, mit 36 statt 48 Wochenstunden kurz, und zum Ende dieses Jahres gab es noch immer badische Textilbetriebe, die die Arbeitszeit ihrer Beschäftigten nicht voll in Anspruch nahmen[58]. Obwohl sich die Unternehmen auf Zellwolle umstellten, litten sie bis Kriegsbeginn an Rohstoffmangel[59]. Selbst bei den zugeteilten Rohstoffen stellte die Überwachungsstelle den Textilfirmen die Bedingung, sie »in erheblichem Umfange« nicht für die Bestellungen des Handels, sondern für Aufträge der Wehrmacht zu verwenden[60].

Auch die Exportfirmen blieben durch die Umstellung nicht ungeschoren. Die badische Wirtschaft beteiligte sich insgesamt stark an der deutschen Ausfuhr: 1935 verzeichneten die Firmen des Oberfinanzbezirks Karlsruhe bei ihrem Gesamtumsatz einen Exportanteil von 5,6 Prozent gegenüber 4,5 Prozent im Reichsdurchschnitt. Karlsruhe lag unter 23 Bezirken an sechster Stelle und damit auch vor Württemberg. Einzelne Branchen wiesen noch weit höhere Ausfuhrraten auf. Die Metallwarenhersteller etwa, bei denen die Schmuckproduktion zu Buche schlug, setzten jede vierte Mark im Ausland um, die Lederindustrie blieb mit 24,1 Prozent nur knapp darunter[61]. Gerade die Pforzheimer Bijouteriehersteller wurden sowohl vom Exportrückgang wie von den Rohstoffkürzungen hart getroffen. 1937 führten sie gerade noch Waren für 31 Millionen Mark aus, gegenüber fast 77 Millionen 1929. Der Exportanteil am Umsatz, der vor der Weltwirtschaftskrise etwa die Hälfte betragen hatte, sank auf rund ein Viertel der Gesamtver-

---

[55] Beschäftigte 1929 in der Textilind.: 39222 und im Tabakgewerbe: 41686 (Stat. JB 1938, S. 138f.). Vgl. zu den Entwicklungen auch die nur noch im WSA Stgt. vorhandenen, vertraulichen zweimonatlichen Konjunkturberichte der Wirtschaftskammer Baden für die Zeit von 1936 bis Juni 1939 (IHK Kon. 364 bis 367).

[56] WSA Stgt., IHK Schopf., 295, WSK Baden an IHK Schopf., 2.6.1937; GLA, 460/1, AA Bruchsal, Bericht 7.8.1936.

[57] Vgl. Gisela Müller, Wiesentäler Textilindustrie, S. 134ff.

[58] WSA Stgt., IHK Schopf. 295, WSK Baden an IHK Schopf., 2.6.1937; GLA, 237/5451, Besprechung des Reichstreuhänders der Arbeit mit Unternehmern, 2.12.1937. Vgl. Gisela Müller, Wiesentäler Textilindustrie, S. 128ff.

[59] Gegen Gisela Müller, Wiesentäler Textilindustrie, S. 119ff.; Quellen: Sopade-Bericht, Juni 1938, S. 623, verschiedene Meldungen aus Südbaden; WSA Stgt., IHK Kon. 367, Bericht der WSK Baden über die Wirtschaftslage April bis Juni 1939.

[60] WSA Stgt., IHK Kon. 364, Bericht der WSK Baden über die Wirtschaftslage im Juni/Juli 1937.

[61] Stat. Mitteilungen über Baden, Nr. 4/1938, S. 17.

käufe[62]. Rohstoffe wie Gold und Silber fehlten den Bijouteriefirmen »an allen Ecken und Enden«, berichtete die Handelskammer[63]. Ähnliches galt auch für die badische Lederindustrie, deren Firmen vor der Krise teilweise drei Viertel ihrer Produktion exportiert hatten, während umgekehrt das Rohmaterial bis zur Hälfte aus dem Ausland bezogen worden war[64].

Die verschiedenen konjunkturellen Daten machen deutlich, daß die nationalsozialistische Wirtschafts- und Aufrüstungspolitik die Entwicklung der badischen Ökonomie entscheidend hemmte. Ihre Konsum- wie Metallbranchen erlitten im Vergleich zu ihren Pendants auf Reichsebene wesentliche Nachteile, wenn es die meisten Produktionsgüterzweige auch geschafft hatten, im Gefolge des Booms im Reichsinneren in geringem Unfang am Aufschwung teilzuhaben[65]. Der umfassendste Indikator zur Messung wirtschaftlicher Aktivität, die Entwicklung des Volkseinkommens, verdeutlicht den Rückschritt der badischen Wirtschaft gegenüber der allgemeinen Entwicklung. Noch während der Weltwirtschaftskrise, im Jahre 1932, lag das Land mit 98,5 Prozent des Reichswertes pro Kopf nur knapp unter dem Schnitt. Bis 1936 vergrößerte sich der Abstand auf fünf Prozent[66]. Einer, allerdings inoffiziellen Schätzung zufolge, kam Baden 1939 schließlich nur noch auf einen Anteil von 91,5 Prozent des Reichswertes[67].

Die Steigerungsraten seit 1932 verdeutlichen, daß Baden nicht nur weit schneller in die Krise hineinrutschte[68], sondern daß es auch erheblich länger als die Reichswirtschaft brauchte, um sich wieder zu erholen. Das Reich verzeichnete beim Pro-Kopf-Einkommen zwischen 1932 und 1936 einen Anstieg von 38,5, Baden aber nur von 34,6 Prozent[69]. Mit Ausnahme Hessens, das knapp hinter Baden lag, kamen nur überwiegend agrarisch strukturierte Gebiete auf eine derart geringe Zunahme, etwa die Mark Brandenburg und Ostpreußen.

Sprechen schon diese Angaben eine deutliche Sprache, werden sie von der Entwicklung bei den Gesamtumsätzen untermauert (Tabelle 3). Danach schaffte es Baden erst 1938, den Stand von 1928 zu übertreffen, also ein Jahr später als das Reich. Demzufolge zeichnete sich nach der Aufhebung der entmilitarisierten Zone im März 1936 und der darauf folgenden Einrichtung neuer Garnisonen nur sehr langsam eine positivere Tendenz ab.

---

62 ZSA Potsdam, RWM 9692, Bl. 291ff., IHK Pf. an RWM, 26.11.1940.

63 WSA Stgt., IHK Kon. 364, Bericht der WSK Baden, August/September 1937, S. 18. Vgl. Maschke, Pforzheimer Schmuck- und Uhrenindustrie, S. 286f.

64 WSA Stgt., IHK Schopf. 295, WSK Baden an IHK Schopf., 2.6.1937.

65 Vgl. Boelcke, Wirtschaftsgeschichte Baden-Württembergs, S. 351f.

66 Wirtschaft und Statistik, Nr. 14, 1939, S. 565. Die Prokopfzahlen lauten: 1932: 696 (Reich) und 683 (Baden) RM, 1934: 804 (R) und 778 (B); 1936: 967 (R) und 919 (B) RM. Baden erreichte damit eine Höhe des Reichswertes von: 1932: 98,5; 1934: 96,8 und 1936: 95,0 Prozent.

67 Griesmeier, Stat. Überblick, S. 166.

68 Allgeier, Grenzland, S. 165.

69 Wirtschaft und Statistik, Nr. 14, 1939, S. 565.

Tabelle 3

Die Umsatzentwicklung in Baden und im Reichsgebiet

	Gesamtumsatz (1928 = 100)		Veränderungen gegenüber 1928 und den Vorjahren in Prozentpunkten	
	Baden	Reich	Baden	Reich
1932	46,7	51,5	- 51,7	- 41,4
1933	52,7	57,2	+ 6,0	+ 5,7
1934	64,2	70,5	11,5	13,3
1935	71,8	76,7	7,6	6,2
1936	81,6	91,1	9,8	14,4
1937	93,9	105,6	12,3	14,5
1938	110,6	120,7	16,7	15,1

Gaedicke, Umsätze.

Die Arbeitslosenrate (Tabelle 4) sieht zwar auf den ersten Blick für Baden im Reichsvergleich sehr positiv aus: Das Land wies während der Weltwirtschaftskrise und auch in den folgenden Jahren eine geringere Rate aus. Der Rückgang der Quote war eklatant; 1936 betrug sie in Baden gegenüber dem Höhepunkt der Krise von 1932 nur noch etwa ein Viertel. Der Oberrhein profitierte demnach trotz seines Rückstandes ebenfalls von der wirtschaftlichen Entwicklung, die vom Rüstungsboom im Reichsinneren ausging. Die positiven Angaben sind aber, wie die Statistik der nordbadischen Arbeitsämter klarmacht, den süd- und mittelbadischen Verhältnissen zu verdanken. Dort bestand eine enge Verknüpfung der Landwirtschaft mit der Industrie, die es arbeitslosen Männern und Frauen ermöglichte, in Notlagen ihr Dasein aus dem Ertrag der eigenen Scholle zu fristen[70]. Darüber hinaus herrschten in Süd- und Mittelbaden Konsumgewerbe vor, die von der Weltwirtschaftskrise weniger hart getroffen wurden als die Produktionsgüterindustrien des badischen Nordens[71] (Karte 3). So waren 114 der 140 insgesamt in Baden existierenden Textilfabriken im oberbadischen Raum angesiedelt, allein 35 von ihnen im Wiesental[72]. Ähnlich wie in Nordbaden um Mannheim und Heidelberg hatte sich in der Rheinebene zwischen Offenburg und dem Kaiserstuhl ein Schwerpunkt der Tabakindu-

[70] WSA Stgt., IHK Kon. 13, Wirtschaftsgeographische Lage und wirtschaftliche Struktur des Kammerbezirks Konstanz, o.D. (um 1940). Vgl. Müller, Wiesentäler Textilindustrie, S. 107ff.

[71] Am 31. Juli 1932 herrschte die höchste badische Arbeitslosenrate in der Metall- und Maschinenindustrie, der Elektrotechnik und der Feinmechanik (Stat. JB 1938, S. 214). Vgl. Allgeier, Grenzland, S. 178.

[72] Stat. Mitteilungen über Baden, Nr. 4/1938, S. 17ff.; Stat. JB 1938, S. 138f. Vgl. zur Textilindustrie dieses Raumes: Gisela Müller, Wiesentäler Textilindustrie.

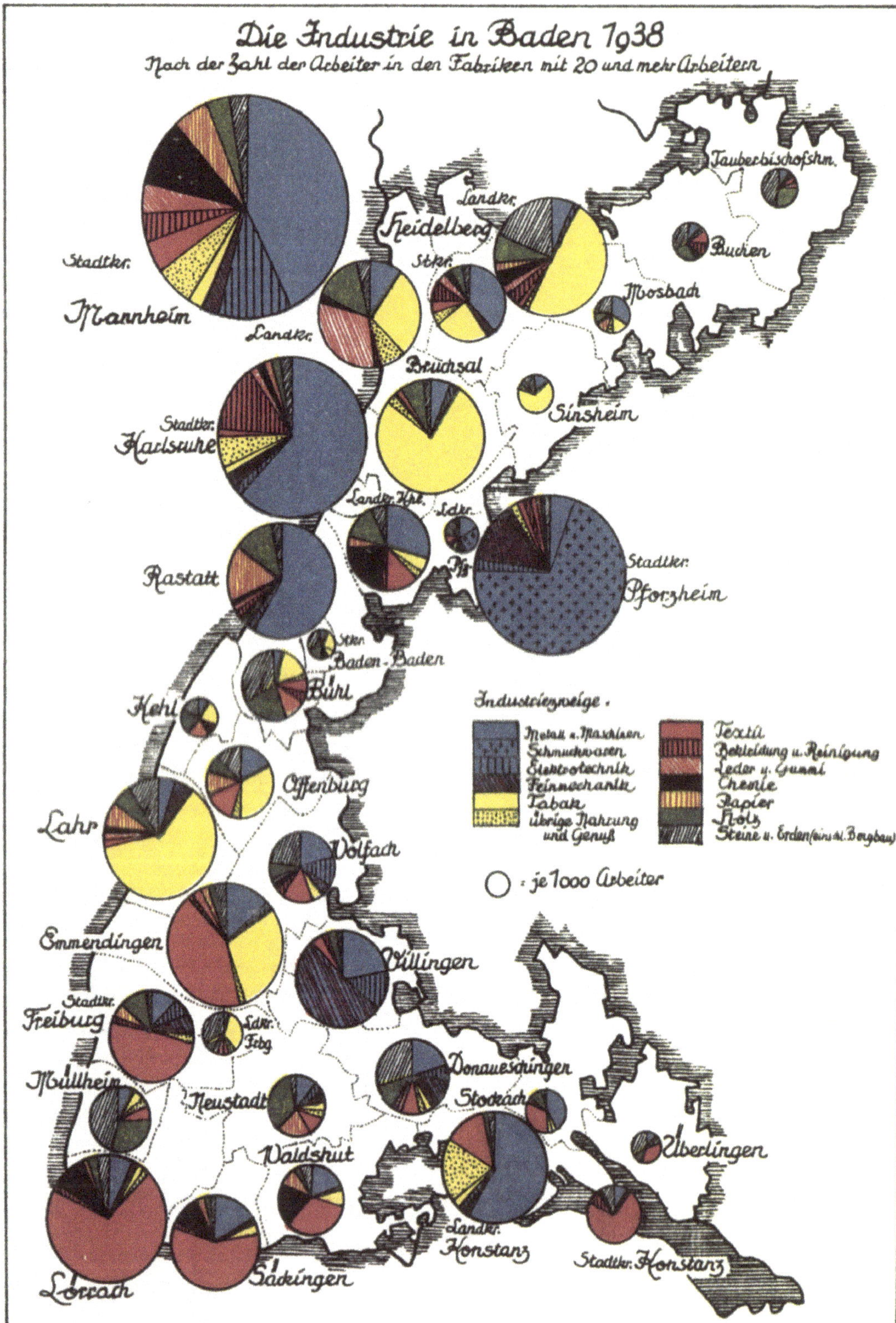

Dargestellt vom Bad. Statistischen Landesamt

strie etabliert, der in den Landkreisen Emmendingen, Lahr und Offenburg in 169 Fabriken etwa 13000 Männer und vor allem Frauen beschäftigte[73].

Tabelle 4

Die Entwicklung der Arbeitslosigkeit je 1000 Einwohner

	Reich	Württ.	Baden	Bez. MA	KA	Pf
1932	87,4	47,6	73,3	74,0	94,9	89,2
1935	38,0	10,4	33,5	50,4	39,2	39,3
1936	22,4	3,2	19,0	38,2	31,4	22,5
1937	15,1	2,1	11,4	21,3	13,6	8,9

Das Wirtschaftsjahr 1937, S. 6; Stat. Mitteilungen über das Land Baden, Nr. 1 und 4, 1938; Stat. Jahrbuch 1938, S, 213. Angaben jeweils für 31.12., Angaben für die Bezirke Mannheim (MA), Karlsruhe (KA) und Pforzheim (Pf) bis 1936 Jahresdurchschnitt.

Die Arbeitslosenquoten aus Mannheim, Karlsruhe und Pforzheim lagen nach 1932 in jedem Jahr über dem Reichsschnitt. In diesen Städten drückten die Metallbranchen die Arbeitslosenziffern nach oben. Mannheim beherbergte als wirtschaftlicher Schwerpunkt des Landes 1936 mit knapp 40000 Beschäftigten in 180 Industriebetrieben mehr als jeden fünften der Männer und Frauen, die in badischen Fabriken mit über 20 Arbeitskräften ihr Geld verdienten[74]. Allein 50 Fabriken, darunter die Heinrich Lanz AG als größter badischer Betrieb mit etwa 8000 Mitarbeitern, gehörten zur Metall- und Maschinenindustrien. Sie beschäftigten mit insgesamt 20000 Männern und Frauen etwa jede dritte badische Arbeitskraft dieses Gewerbes. Im Bereich der Elektrotechnik entfielen 1938 fast zwei Drittel der badischen Beschäftigten auf Mannheim und hier insbesondere auf die Firma Brown, Boveri und Co.[75]. Auch Pforzheim fußte als zweites industrielles Zentrum des Landes auf dem Metallbereich. Allerdings zeichnete sich die Ökonomie der Stadt vor allem durch Klein- und Mittelbetriebe aus. 219 Fabriken mit über 20 Beschäftigten befanden sich 1936 in der Stadt, also erheblich mehr als in Mannheim. In diesen Firmen verdienten aber mit rund 18000 Mitarbeitern nicht einmal halb soviel Beschäftigte ihr Geld wie in der nordbadischen Großstadt[76]. Nach 1933 gelang es, die vorherige wirtschaftliche Monokultur Pforzheims, die sich allein auf Schmuckfirmen stützte, mit dem Aufbau einer Armbanduhrenfabrikation aufzulockern. Das neue Gewerbe umfaßte 1936

[73] Stat. Mitteilungen über Baden, Nr. 4/1938, S. 17ff.; Stat. JB 1938, S. 138f. Vgl. auch: Die Industrie am Oberrhein, Bd 3.

[74] Stat. JB 1938, S. 138f. Vgl. zur Mannheimer Industrie auch: Becker-Bender, Querschnitt durch die Mannheimer Industrie, 1939; Hakenkreuzbanner, 29.6.1936, Mannheim und der Wirtschaftsraum Nordbaden.

[75] Stat. Mitteilungen über Baden, Nr. 4/1938, S. 17ff.

[76] Stat. JB 1938, S. 138f.

immerhin ein Fünftel der cirka 12800 Bijouteriebeschäftigten, 1939 sogar schon ein Drittel[77]. In Karlsruhe waren ebenfalls in erster Linie Industrien des Metall- und Maschinenbereichs angesiedelt: 35 der 87 Fabriken mit über 20 Mitarbeitern zählten 1938 zu diesen Branchen, darunter auch die kriegswichtigen Deutschen Waffen- und Munitionsfabriken (DWM).

Die steigende Nachfrage nach Beschäftigten wirkte sich in diesen Städten nur langsam aus, da zunächst in erster Linie Fachkräfte gesucht wurden. Während in Württemberg schon 1936 Vollbeschäftigung herrschte, erreichte Baden dieses Niveau erst 1938. Der ökonomische Rückstand wirkte sich bei der Entwicklung der Bevölkerungszahl besonders eklatant aus. Sie führte in Baden zwischen Machtübernahme 1933 und Kriegsausbruch 1939 zu einem Minus von rund 13700 Menschen, in Württemberg dagegen zu einem Wanderungsgewinn von über 75000[78]. Dahinter verbirgt sich auch die für die badische Wirtschaft negativste Tendenz der nationalsozialistischen Politik: die Abwanderung der Beschäftigten. Während sich die Zahl der männlichen Arbeitskräfte im Reich zwischen 1933 und 1938 um 12,1 Prozent erhöhte und in Württemberg gar mit 46,2 Prozent fast verdoppelte, ging sie in Baden um 0,3 Prozent zurück[79].

Besonders problematisch war, daß diese Tendenz auch die Fachkräfte und damit das wichtigste Potential einer Ökonomie betraf. Zwischen 1933 und 1939 verlor die badische Industrie etwa 15000 ausgebildete Beschäftigte. In den ersten beiden Jahren, als die Umzüge noch von der Landesregierung und den Arbeitsämtern gefördert wurden, um die Arbeitslosigkeit zu bekämpfen, wanderten zwischen 7000 und 8000 Männer und Frauen ab. Nach dem Oktober 1935 zogen es etwa 6850 Fachkräfte aus der Metallindustrie vor, sich einen Arbeitsplatz in anderen Reichsregionen zu suchen, 4750 von ihnen gingen nach Württemberg[80]. Die Ursache ist hauptsächlich bei den in den anderen Regionen vorhandenen höheren Löhnen zu suchen, mit denen die oberrheinischen Metallbetriebe nicht mithalten konnten. Im September 1938 verdienten die badischen Fachkräfte der metallverarbeitenden Industrie einen Bruttostundenlohn von 1,09 RM. Sie lagen damit nur unwesentlich über dem Reichsschnitt dieser Beschäftigten, die zu dieser Zeit 1,05 RM nach Hause brachten. In einigen Regionen waren die Facharbeiter also wesentlich besser gestellt. Die Situation bei den angelernten Metallarbeitern war noch schlechter. Während die badischen Betriebe 93,5 Pfennige in der Stunde bezahlten, erhielten sie im Reich durchschnittlich sogar 96 Pfennige[81].

Die badische Industrie bezahlte einen hohen Preis für die von der Wehrmacht und der Reichsführung vorangetriebene Wirtschaftspolitik. Sie konnte mit den Firmen der prosperierenden Reichsgebiete und vor allem Württembergs nicht mehr mithalten, woraus sich die entsprechenden sozialen Folgen ergaben. Insbesondere verloren die Metall-

---

[77] ZSA Potsdam, RWM 9692, Bl. 291ff., IHK Pf. an RWM, 26.11.1940.

[78] Wirtschaft und Statistik, Nr. 17, 1940, S. 380ff.

[79] BA-MA, RW 19/1747, Wagner an Funk, 21.4.1939.

[80] WSA Stgt., IHK Kon. 367, Bericht der WSK Baden über die Wirtschaftslage, April bis Juni 1939, S. 3.

[81] ZSA Potsdam, Stat. RA 3454, Lohnerhebungen für den Gau Baden für Sept. 1938, Bl. 21; Stat. Handbuch von Deutschland, 1928 bis 1944, S. 213.

firmen mit ihren Fachleuten einen wichtigen Teil des Know-hows und damit ihres Zukunftspotentials. Bei Kriegsbeginn zeigte sich allerdings, daß der relativ geringe Aufbau einer badischen Rüstungswirtschaft noch weit nachteiligere Folgen für das Land zeitigen sollte.

2. Die erste Kriegsphase 1939/40

Zu Kriegsbeginn bekam die badische Wirtschaft die Nachteile ihrer Grenzlandlage erneut zu spüren: Der reichsweite Kriegsboom vom Oktober/November 1939 verzögerte sich im Südwesten bis Mitte 1940 und erst nach dem Ende des Westfeldzuges kam es hier zur Zäsur. »Psychologische Widerstände«, die sich laut dem Sicherheitsdienst der SS in der Wehrmacht gegen Kriegsbestellungen an badische Firmen zeigten[82], trugen allerdings nicht allein die Schuld an dieser Verzögerung: Auch ein politischer Konflikt kam ins Spiel. Vor allem General Georg Thomas, Chef des Wehrwirtschaftsstabes und späteren Wehrwirtschafts- und Rüstungsamtes des OKW, wollte die wirtschaftlichen Kräfte auf die Rüstung und dabei auf die vermeintlich leistungsfähigsten Betriebe konzentrieren. Diese Planung hätte eine umfassende Verschickung von Industriearbeitern sowie die Stillegung eines Großteils der zivilen Unternehmen mit sich gebracht, aber eine »starke Verzettelung und ungenügende Ausnutzung der Betriebskapazitäten« verhindert, was der Stuttgarter Rüstungsinspekteur Rudolf Klett zurecht betonte[83].
Von den Kontrahenten aus dem Reichswirtschaftsministerium wurde zugegeben, daß die Argumentation kriegswirtschaftlich richtig liege. Aus politischen und sozialen Gründen sei es jedoch wichtiger, eine möglichst große Zahl von Unternehmen am Leben zu erhalten. Der Generalbevollmächtigte der Wirtschaft und Reichswirtschaftsminister Walther Funk, der von den regionalen Führungsspitzen der NSDAP, der DAF sowie von der Reichsgruppe Industrie unterstützt wurde, befürchtete eine hohe Arbeitslosigkeit, die politische Probleme bereiten und an das nationalsozialistische Trauma der Novemberrevolution hätte erinnern können[84]. Mit der Unterstützung Hitlers und der NS-Spitze setzte sich die zivile ökonomische Führung durch. Am 4. Oktober 1939 erreichte Staatssekretär Posse vom Reichswirtschaftsministerium in einer Besprechung mit Georg Thomas, daß die als »Übergangsmaßnahme« eingeführte Streuung der Aufträge beibehalten wurde[85].

82 GLA, 465d/1364, Die wirtschaftliche Struktur Nordbadens und die daraus entstehenden wichtigsten SD-Probleme, o.D. und Autor (1942/43).

83 BA-MA, RW 20—5/6, Lagebericht der RüIn V, 5.12.1939. Der Wehrwirtschaftsstab und sein Nachfolger waren für die Planung der Kriegswirtschaft zuständig. Siehe dazu Kapitel II,2.

84 Müller, Mobilisierung, S. 385; vgl. Kroener, Die personellen Ressourcen des Dritten Reiches, S. 765f.

85 BA-MA, RW 19/560, Aktennotiz des Wirtschafts- und Rüstungsamtes vom 4.10.1939. Vgl. Müller, Mobilisierung, S. 385; Kroener, Personelle Ressourcen, S. 703f.; Recker, NS-Sozialpolitik, S. 122f.; Boelcke, Deutsche Wirtschaft, S. 247f. Ein Exkurs zum Thema »Blitzkrieg« erscheint im Kontext dieser Arbeit weniger wichtig. Vgl. zum Forschungsstand: Kroener, Personelle Ressourcen, S. 693ff.; Müller, Mobilisierung, S. 479ff.; Overy, »Blitzkriegswirtschaft«?, S. 379—436.

Diese Auseinandersetzung hatte für die badische Wirtschaft in doppelter Hinsicht größte Bedeutung. Zum einen waren die wichtigsten badischen Betriebe in Gefahr geraten, ins Innere des Reiches verlagert zu werden; zum zweiten standen die Betriebe nach dem Konzept von Thomas ohne Aufträge da.

a) Auseinandersetzungen um Firmenverlagerungen

Als Ergebnis der Wirtschaftspolitik der vorherigen Jahre befanden sich die wichtigen Rüstungszentren des Reiches bei Kriegsbeginn konzentriert im mitteldeutschen Raum. Eine Politik entsprechend den Ambitionen von Georg Thomas und seinem Wehrwirtschaftsstab hätte deshalb fatale Folgen für die Randgebiete gebracht: Deren Metallindustrien und Fachkräfte wären verloren gegangen, die meist dominierenden Konsumindustrien stillgelegt worden. Das hätte zu enormen Binnenwanderungen im Reich geführt, bei denen Randgebiete wie Baden ihrer wirtschaftlichen Ressourcen beraubt worden wären und als späte Konsequenz der Aufrüstungspolitik in den 30er Jahren auf den Status industriell unterentwickelter Gebiete hätten zurückfallen können. Planungen für ein solches Szenario existierten bereits. Die Stillegungen der für Baden besonders wichtigen Konsumgewerbe wurde unter anderem in Kreisen der Textilindustrie befürchtet[86]. Und das Karlsruher Arbeitsamt rechnete damit, daß die Kriegsindustrie aus der Stadt heraus verlagert werden würde[87]. Die badische Führung unter Reichsstatthalter Wagner und Ministerpräsident Köhler versuchte, die Interessen des Grenzlandes gegen Widerstände aus Berlin und Stuttgart so lange zu vertreten, bis das Konzept von Thomas endgültig ad acta gelegt sein würde. Mehr noch als in der Vorkriegszeit geriet ihre Politik in den ersten Kriegsmonaten in die Defensive, ging es doch nicht mehr allein darum, die Benachteiligung des Landes aufzuheben, als vielmehr seine wirtschaftlichen Ressourcen zu verteidigen: Facharbeiter, Maschinen und Rohstoffe.

Schon kurz nach Kriegsbeginn vertrat Rüstungsinspekteur Oberstleutnant Rudolf Klett gegenüber Köhler die Ansicht, möglichst viele Betriebe müßten verlagert oder stillgelegt und Heeresspezialgeräte dürften in der Grenzzone nicht hergestellt werden[88]. Klett orientierte sich dabei immer noch an den »Richtlinien für die Räumung feindbedrohten Reichsgebietes« von 1936, die die Evakuierung von Unternehmen und Beschäftigten vorsahen, aber ein Vierteljahr vor Kriegsbeginn aufgehoben worden waren. Neue Richtlinien des OKW und des Reichswirtschaftsministeriums »für die Freimachung des Kampfgebietes im Westen« schrieben jetzt aber vor, primär die Evakuierung der Bevölkerung zu sichern und die Rückführung wirtschaftlicher Sachwerte »weitestgehend« zu beschränken[89]. Im Herbst 1939 evakuierten Parteivertreter als Verantwortliche für die Aktion rund 200000 Menschen aus 121 Gemeinden, davon 120000 aus Karlsruhe. Nur Kehl

---

[86] WSA Stgt., IHK Konstanz o.N. (Protokolle), Protokoll der IHK-Beiratssitzung vom 24.11.1939.

[87] GLA, 460/82, Aktennotiz vom 9.10.1939.

[88] WSA Stgt. IHK Konstanz o.N. (Protokolle), Protokoll der Wirtschaftskammer-Sitzung vom 3.11.1939, Vortrag Köhler.

[89] BA-MA, RW 20–5/4, S. 93, Geschichte der RüIn V, 1.9.1939 bis 30.9.1940; BA, R 7/2213, Richtlinien für die Freimachung des Kampfgebietes im Westen, 6.6.1939 (Zitate).

wurde bis Mitte 1949 völlig geräumt. Vor dem deutschen Angriff über den Rhein im Juni 1940 erhielten knapp 96000 Einwohner aus 80 Gemeinden erneut den Transportbefehl nach Osten[90]. Diese Maßnahme war wegen der großen Zahl »rückgeführter« Menschen in den Schwarzwald und bis nach Bayern anfangs quantitativ erfolgreich. Sie schränkte den Abtransport von Gütern und Maschinen aber so weit ein, »daß von einer wirtschaftlichen Räumung im seitherigen Sinne überhaupt nicht mehr gesprochen werden konnte«, so die Stuttgarter Inspektion[91].

Die Änderung der Evakuierungspolitik führte dazu, daß in Baden im wesentlichen nur Betriebe geräumt wurden, die sich innerhalb der sogenannten »roten Zone« befanden, also in einem etwa fünf Kilometer breiten Streifen am Rhein entlang. Das betraf außer den Zellstoffwerken in Kehl nur südbadische Unternehmen[92] — mit Ausnahme dreier Karlsruher Firmen: die Badisch-Pfälzische Flugzeugreparaturwerft, die Deutsche Waffen- und Munitionsfabriken (DWM) sowie die Feuerwehrgerätefabrik Metz. Versuche von Unternehmen, ihren Betrieb ohne Genehmigung, also »wild«, zu verlagern, wurden rückgängig gemacht[93].

Welche langfristigen Folgen die Rückführung für die Firmen mit sich brachten, zeigt das Beispiel der Feuerwehrgerätefabrik Carl Metz. Das in ihrem Fall maßgebliche Reichsluftfahrtministerium ordnete bei Kriegsbeginn an, einen Teil des Betriebs zur Firma Klöckner nach Ulm zu verlagern. Offenbar unter Druck gründeten dort beide Unternehmen die Firma Magirus-Metz Feuerwehrgeräte GmbH mit der Auflage, die Produktion in Karlsruhe auf höchstens fünf Modelle zu begrenzen. Erst nach Einschaltung des badischen Wirtschafts- und Finanzministeriums erhielt Metz seine Selbständigkeit zurück[94].

Für »eine erhebliche Unruhe«[95] in Baden sorgte die Verlagerung des größten Teils der Deutschen Waffen- und Munitionsfabriken (DWM) aus Karlsruhe, eines der wichtigsten badischen Industrieunternehmen. Vermutlich war dieser Fall der letzte Auslöser für die Gau- und Verwaltungsspitze, sich gegen weitere Evakuierungen von Unternehmen zu

[90] BA-MA, RW 20—5/4, S. 97, Geschichte der RüIn V, 1.9.1939 bis 30.9.1940. ZSA Potsdam, RWM 9593, »Die wirtschaftsgeographische Lage und die wirtschaftliche Struktur des Bezirks der IHK Karlsruhe«, 27.12.1940. Die an Fehlmaßnahmen und Kompetenzstreitigkeiten reiche Geschichte dieser Evakuierungen ist trotz vielfältigen Materials (GLA) noch nicht geschrieben. Vgl. hierzu die Arbeit von Bernhard Hall und Dieter Schonebohm, ›Westwallzigeuner‹ — die Evakuierung von Weisweil und Wyhl: 1939, 1940 und 1944/45.

[91] BA-MA, RW 20—5/4, S. 93, Geschichte der RüIn V, 1.9.1939 bis 30.9.1940.

[92] Aus Weil: die Färberei und Appretur Schusterinsel (WSA Stgt., IHK Schopfh. 8, Bescheinigung 5.7.1940) sowie die Färberei Schetty, die Schraubenfabrik Fahr (StA Freiburg, LA Lörrach 785, Bürgermeister an Landrat, 14.9.1940) und die kriegstechnische Abteilung der Lonza Werke (BA, R 11/85, Kurzbericht der WSK Baden, 18.10.1939) sowie weitere Unternehmen aus Muggendorf nach Pforzheim und aus Emmendingen (Abteilungen der Ersten Dt. Ramie) nach Bonndorf (ebd. sowie BA-MA, RW 19/55, Lagebericht der WWS-IN V, 9.9.1939).

[93] BA-MA, RW 20—5/4, S. 96, Geschichte der RüIn V, 1.9.1939 bis 30.9.1940; BA, R 7/2215, S. 93ff., Entwurf des RWM, »Stand der Freimachung am 15.10.1939«.

[94] GLA, 237/28847, Firma Metz an LWA, 8.5.1941.

[95] BA-MA, RW 20—5/4, S. 95f., Geschichte der RüIn V, 1.9.1939 bis 30.9.1940.

sträuben. Paradoxerweise zogen dabei die Landesspitze und die Inspektion an einem Strang. Der Widerstand der militärischen Dienststelle, die ansonsten die Verlagerungen unterstützte, war vor allem auf die unklare Kompetenzverteilung und Räumungsplanung innerhalb der Wehrmacht zurückzuführen. Sie spiegelten die Konfusion wider, die bei den zuständigen Behörden der Wehrmacht zu Kriegsbeginn geherrscht haben muß: Die linke Hand wußte nicht, was die rechte tat.

Bereits am 26. August hatte das OKH vorsorglich die Inspektion angewiesen, die Flammenwerfer-Abteilung der DWM zu verlegen. Da sich der neue Produktionsort Bretten nur wenige Kilometer von Karlsruhe entfernt befand, lief die Fertigung schon zwei Wochen darauf wieder an. Diese Verlagerung hatte keinerlei Probleme hervorgerufen, wegen der weiterhin geringen Entfernung zur Grenze war sie allerdings auch sinnlos. In den ersten Septembertagen ordnete das Heereswaffenamt über das für den Südwesten zuständige Armeeoberkommando 7 an, den Rest der Firma »schleunigst« zu räumen. Dagegen widersetzte sich aber diesmal die Leitung des Unternehmens wegen der an der Front herrschenden ruhigen Lage, Robert Wagner protestierte »schärfstens«. Von der Inspektion kam ein förmliches Verbot, da der für eine Räumung notwendige Befehl einer völligen Evakuierung Karlsruhes ebenso fehlte wie eine Anordnung des Wehrwirtschaftsstabes des OKW. Erst nachdem der Wehrwirtschaftsstab den Befehl des Heereswaffenamtes am 8. des Monats bestätigt hatte, nahm die Inspektion ihr nochmals unterstrichenes Verbot einer weiteren Evakuierung zurück. Ab 9. September wurden mehrere Abteilungen geräumt, die Maschinen für Pistolenmunition kamen nach Borsigwalde, diejenigen für Infanteriemunition nach Lübeck, eine weitere nach Posen[96].

Die Aktion hatte eine Woche Leerlauf zwischen den beteiligten Dienststellen hervorgebracht. Wie »planlos« sie verlief, wie es das Reichswirtschaftsministerium zurecht einschätzte, läßt sich schon daran ermessen, daß die DWM-Maschinen danach »unbenutzt und verstreut«[97] eingelagert wurden. Wann sie nach Karlsruhe zurückkamen, ist unklar, Gauleiter Wagner sprach noch im Juni 1940 davon, daß Baden die Firma verloren habe[98]. Darüber hinaus mußte die Stadt zunächst auch einen großen Teil der insgesamt 6000 Arbeiter und ihrer Familien abschreiben, die dem Unternehmen folgen mußten[99]. Wann DWM zurückkam oder ob die später wieder voll ausgenutzte Fabrik in Karlsruhe auf einer Erweiterung der zurückgebliebenen Abteilungen beruhte, läßt sich nicht nachvollziehen.

Die Kosten der Verlagerung wurden zwar vom Reich übernommen[100], dennoch erlitten die evakuierten Unternehmen meist Nachteile. Die Räumung wurde entweder aus-

---

[96] BA-MA, RW 20—5/4, S. 18f. und 95, Geschichte der RüIn V, 1.9.1939 bis 30.9.1940; RW 19/1768, Aktennotiz des Wehrwirtschaftsstabes des OKW vom 21.9.1939 über die »vielen sich widersprechenden Befehle« dieses Falles.

[97] BA, R 7/2215, Entwurf im Reichswirtschaftsministerium, »Stand der Freimachung am 15.10. 1939«.

[98] BA, R 43 II/1334a, Bl. 40ff., Schreiben an den Staatssekretär im Reichsinnenministerium, Stuckart, vom 21.6.1940.

[99] SA Karlsruhe, H-Reg. 851, Stadtverwaltung Karlsruhe an RSH Wagner, 21.6.1940.

[100] BA, R 7/2215, Bl. 160ff., Aktennotiz ohne Datum (Oktober 1939).

genutzt, um eine Stillegung zu erreichen, wie im Fall der Weiler Färberei Schetty[101], oder die Firmen kamen erst Jahre später oder gar nicht mehr zurück[102]. Eine Ausnahme bildete die Badisch-Pfälzische Flugzeugreparaturwerft, die von Karlsruhe nach Kirchheim/Teck verlagert worden war. Die Inspektion organisierte kurz nach dem Westfeldzug Anfang August 1940 ihren Rücktransport. Die Beschäftigten der Firma hatten bereits seit langem darauf gedrängt und es sogar gewagt, ihren Protest mit einer Art Demonstration auf dem Bahnhof der Stadt öffentlich zu machen. Das läßt ermessen, welcher sozialpolitische Sprengstoff sich hinter den sogenannten wirtschaftlichen Verlagerungen verbarg[103].

Die Pläne, weitere badische Unternehmen außer Landes zu bringen, scheiterten an der Gauspitze oder wurden aufgegeben. Die Aversion in Baden gegen die Verlagerungen ging so weit, daß sich Ministerpräsident Köhler in einem Presseinterview »mit Nachdruck« rühmte, die Massenabwanderung von Betrieben verhindert zu haben[104]. So ging Wagner erfolgreich gegen die Absicht vor, die Abteilung Zahnradschneidräder der Ettlinger Firma Lorenz nach Lauta bei Würzburg zu verlagern[105]. Köhler erließ als Finanz- und Wirtschaftsminister im Oktober einen Geheimerlaß gegen Versuche »württembergischer Stellen, badische Industrien der bunten Zone nach Württemberg zu ziehen«[106], womit sowohl Betriebe der roten Zone direkt an der Grenze wie der grünen dahinter gemeint waren. Weiter organisierte das Ministerium für die wichtigsten Betriebe eigene Verlagerungsorte innerhalb Badens — ungeachtet der Tatsache, daß wegen der geographischen Struktur des Landes nur wenige Gebietsteile zur Verfügung standen, wie die Rüstungsinspektion süffisant bemerkte, da sich die zweite grüne Freimachungszone etwa fünf Kilometer ostwärts des Rheins bis zum Schwarzwald erstreckte.

Noch im November 1939 wurde im Zusammenhang mit den Aluminium-Walzwerken Singen »wieder« eine Räumung diskutiert[107], obwohl Hitler schon Mitte Oktober befohlen hatte, die nicht nur im Falle der Karlsruher DWM chaotisch verlaufenden Räumungen bis auf die notwendigsten Fälle in den Zonen aufzugeben. Die Kritik der obersten

---

101 Siehe dazu das Kapitel IV,3.

102 StA Freiburg, LA Lörrach 785, 14.9.1940, Bürgermeister von Weil an Landrat; BA-MA, RW 20—5/53, Bericht Gruppe Ia der RüIn vom 17.10.1942 über die geplante Zurückverlagerung der Fahr AG nach Weil.

103 BA-MA, RW 20—5/6, Lagebericht der Rüstungsinspektion Stgt., 9.1.1940; RW 20—5/7, Halbjahresbericht der Inspektion, 14.8.1940.

104 Der Alemanne, Nr. 1, 31.12.1939/1.1.1940.

105 BA-MA, RW 19/1768, Schreiben der Inspektion an die Rüstungswirtschaftliche Abteilung des Wehrwirtschaftsstabes in Berlin, 11.9.1939.

106 WSA Stgt. IHK Kon. 380, Brief von Präsident Mannebach, 14.10.1939, in dem der Geheimerlaß des badischen Finanz- und Wirtschaftsministeriums vom 10. Oktober 1939 erwähnt wird. Er liegt nicht im Wortlaut vor.

107 WSA Stgt., IHK Konstanz o.N. (Protokolle), Beiratssitzung der IHK am 24.11.1939. Geschäftsführer Sauter: »Bedauerlich sei, daß von gewissen auftragsvergebenden Stellen wieder die Verlegung der Erzeugungsstätten (der Alu Singen, R.P.) außerhalb unseres Bezirkes verlangt worden ist. Es seien schon Schritte in Karlsruhe und Berlin gegen derartige Zumutungen eingeleitet worden.«

Führung an den Maßnahmen führte dazu, daß auch die Stuttgarter Inspektion ihre Ansicht änderte[108].

b) Die Wirtschaft in der Krise

Die Auseinandersetzung um die Streuung der Aufträge spielte eine entscheidende Rolle für die Situation der badischen Wirtschaft im ersten Halbjahr nach Kriegsbeginn. General Georg Thomas hatte als Chef des damaligen Wehrwirtschaftsstabes am 3. September, als noch der harte Kurs die Kriegswirtschaftspolitik bestimmte, die Beschaffungsstellen der Wehrmachtteile angewiesen, bei der Vergabe von Aufträgen insbesondere »die jetzt notleidenden Betriebe des westlichen Grenzgebietes (zwischen Rhein und Mosel außerhalb der grünen Zone) heranzuziehen«[109]. Diese Gebietsbeschreibung war so ungenau, daß alle in der grünen Zone liegenden Betriebe von den Aufträgen ausgeschlossen werden konnten[110]. Der Chef des Stabes von General Thomas, Oberst Rudolf Hünermann, interpretierte den Erlaß sogar als Befehl, diesen Unternehmen die Bestellungen zu versagen, darunter ausdrücklich den in der grünen Zone liegenden Karlsruher Betrieben[111].

Die Stuttgarter Inspektion verhielt sich entsprechend dieser Politik, wobei ihr Chef, Oberstleutnant Klett, das Prinzip der Konzentration persönlich befürwortete. Wie schon zitiert, wollte er »möglichst viele Betriebe aus der bunten Zone« verlagern oder stillegen[112]. Daß dies nicht unbedingt mit seinem Amt zusammenhing, zeigt sich an seinem Wiesbadener Kollegen, der die Politik der Streuung begrüßte und auch danach handelte[113]. In den ersten Kriegsmonaten betrieb die südwestdeutsche Inspektion entsprechend Opposition gegen die Bemühungen badischer Ämter, den Betrieben Bestellungen zu verschaffen und beklagte,

> »daß eine ganze Anzahl Stellen Kirchturmspolitik betreiben und sogar der Auffassung sind, daß in die Freimachungszone noch Wehrmachtsaufträge gelegt werden können«[114].

Obwohl im Oktober das Pendel in der Berliner Politik zugunsten der Politik der Streuung ausschlug, erließ Thomas keinen neuen Erlaß. Das änderte sich zunächst auch nicht

---

[108] BA-MA, RW 19/172, Bericht über die Sitzung des Ministerrates für die Reichsverteidigung am 23.10.1939. Darin heftige Kritik Görings an der Durchführung der Räumungen (nach Müller, Mobilisierung, S. 369, Anm. 16); BA-MA, RW 20—5/4, S. 95f., Geschichte der RüIn V, 28.8.1939 bis 30.9.1940.

[109] BA, R 11/72, Erlaß vom 3.9.1939.

[110] BA, R 11/72, Grenzwirtschaftsausschuß an Reichswirtschaftsministerium, 24.11.1939. GLA, 237/24394, Bericht der Bezirksausgleichsstelle für öffentliche Aufträge in der WSK Baden, 14.10.1939.

[111] BA-MA, RW 19/560, Aktennotiz der rüstungswirtschaftlichen Abteilung des Wehrwirtschaftsstabes, 29.9.1939.

[112] WSA Stgt. IHK Konstanz o.N. (Protokolle), Sitzung der Wirtschaftskammer Baden am 3.11.1939, Vortrag Köhler; BA-MA, RW 20—5/6, Lagebericht der RüIn V, 5.12.1939.

[113] BA-MA, RW 20—12/16, S. 56, Geschichte der RüIn XII, 26.8.1939 bis 30.9.1940. Beispielsweise bei der Unterstützung der Firma Freudenberg in Weinheim.

[114] BA-MA, RW 19/55, WWI V an WStab OKW, 19.9.1939; RW 19/55, Bl. 91ff., Lagebericht der Wehrwirtschaftsinspektion V, 1.9.1939.

nach Verhandlungen mit dem badischen Ministerpräsidenten Ende Oktober, obwohl der Chef des Wehrwirtschaftsstabes zusicherte, die Betriebe in der grünen Zone weiterzubeschäftigen[115].

Die Folgen der wirtschaftspolitischen Auseinandersetzungen zeigten sich schnell. Die badischen Unternehmen erhielten bis Anfang 1940 nur wenige öffentliche Aufträge, die Bestellungen insbesondere der Wehrmacht kamen in der roten und grünen Zone im Westen des Reiches »völlig ins Stocken«, wie es bei einer Sitzung des Grenzwirtschaftsausschusses der Reichswirtschaftskammer in Karlsruhe hieß[116]. Der Vorstandsvorsitzende von Daimler-Benz, Wilhelm Kissel, dessen Gaggenauer Werk sich ebenfalls in der grünen Zone befand, sah noch Mitte Dezember

»die gesamte, (am Rhein bis Basel) befindliche Industrie gelähmt, weil die auftraggebenden Wehrmachtbehörden anscheinend nicht wissen, ob und in welchem Umfang sie dorthin noch Aufträge legen können. Eine baldige Entscheidung ist notwendig, damit die Unternehmen wissen, woran sie sind[117].«

Vor allem die badische Ausgleichsstelle für öffentliche Aufträge innerhalb der Wirtschaftskammer zog gegen den De-facto-Ausschluß zumindest der Unternehmen in der grünen Zone zu Felde und versuchte, Aufträge für Baden zu bekommen. Die Stelle berichtete,

»daß die Mob-Belegung von Unternehmen in jedem Einzelfall nur nach langwierigen persönlichen Kämpfen in Berlin durchgesetzt werden müsse, eine wirksame Unterstützung des badischen Grenzlandes seitens der Berliner Stellen könne immer noch nicht festgestellt werden[118].«

Der Ausschluß der badischen Unternehmen ging so weit, daß bereits erteilte Aufträge von Behörden und Betrieben nach Kriegsbeginn wieder rückgängig gemacht wurden[119]. Da sich Privatbetriebe der Haltung der öffentlichen Hand anschlossen, verschärfte sich die Lage für die badische Wirtschaft. Die Unternehmen scheuten sich lange davor, Unteraufträge nach Baden zu vergeben, oder sie stellten harte Bedingungen, wie zum Beispiel die Vorauszahlung des Kaufpreises. Vereinzelt versuchten Betriebe des Binnenlandes sogar, ihre Lieferverbindlichkeiten unter Hinweis auf die militärisch gefährdete Lage der Grenzzone zu stoppen[120].

Diese Situation war nicht nur auf die Betriebe der bunten Zone beschränkt. Beschaffungsstellen der Wehrmacht entzogen selbst dem weit entfernt liegenden Lederwerk Freudenberg in Weinheim Kriegsaufträge, die der Betrieb allerdings mit Unterstützung der Wiesbadener Inspektion teilweise zurückgewinnen konnte[121]. Auch das ebenfalls weit

---

[115] WSA Stgt. IHK Konstanz o. N. (Protokolle), Sitzung der Wirtschaftskammer Baden am 3. 11. 1939, Vortrag Köhler.

[116] BA, R 11/72, Grenzwirtschaftsausschuß an General Thomas, 24. 10. 1939.

[117] BA-MA, RW 19/560, Aktennotiz des WiRüAmtes vom 19. 12. 1939 über die Besprechung von General Thomas am 18. 12. mit Führern der gewerblichen Wirtschaft.

[118] BA, R 11/85, Lagebericht der Wirtschaftskammer Baden, 11. 10. 1939.

[119] DBA, Kissel IX/1, M-Beauftragter Gauleitung Baden, 13. 10. 1939: Hinweis auf Erlaß von Reichsverteidigungskommissar Murr für den Wehrkreis V vom 25. 9. 1939.

[120] GLA, 237/24380, Lagebericht des Führungsstabes der Wirtschaft beim Badischen Wirtschafts- und Finanzministerium, 8. 1. 1940; BA, R 11/85, Bl. 91 ff., Wöchentlicher Kurzbericht der Wirtschaftskammer Baden, 18. 10. 1939.

[121] BA-MA, RW 20—12/16, S. 56, Geschichte der Rüstungsinspektion Wiesbaden, 26. 8. 1939 bis 30. 9. 1940.

entfernt liegende Mannheim bekam noch die Auswirkungen zu spüren. So erhielt Johann Wendel, Chef der Schiffs- und Maschinenbau AG, im für die Vergabe von Marineaufträgen zuständigen Allgemeinen Marineamt die Mitteilung, »daß das Oberkommando der Marine keine Ausweitung des für sein Werk vorgesehenen Bauprogrammes beabsichtige, da Mannheim zu nahe an der Grenze liege«[122].

Die wirtschaftlichen Auswirkungen der Konflikte um die Auftragsverteilung waren für die badische Wirtschaft gravierend; sie hatte »mit den größten Schwierigkeiten«[123] zu kämpfen. Im südbadischen Textilgebiet schnellte die Zahl der Kurzarbeiter nach Kriegsbeginn schnell auf 10000 hoch, die bis Mitte November erst auf knapp 6300 abgebaut waren. Die Auslastung der Textilbetriebe sank ohne staatliche und bei ausbleibenden privaten Aufträgen ebenso wie die der Schuhindustrie auf durchschnittlich 50 Prozent[124]. Noch Ende Oktober 1939 verfügte zum Beispiel die Trikotwarenfabrik Schiesser AG in Radolfzell, die vor dem Krieg kontinuierliche Bestellungen der Wehrmacht ausgeführt hatte, nur noch über Kriegsaufträge für eine Kapazität von 250 ihrer 1060 Beschäftigten[125]. Auch andere Konsumgewerbe wie die Tabak- und die oberbadische Bürstenindustrie litten erheblich unter den Autragseinbußen[126]. Selbst für das Handwerk kam es durch das Ausbleiben öffentlicher Aufträge im Verein mit dem Umsatzrückgang durch die Evakuierungen zu großen Einbußen. Der Landeshandwerksmeister stellte bei einer Untersuchung von 172 Betrieben fest, daß die Verkäufe zwischen 1938 und 1939 um 55,1 Prozent zurückgegangen waren[127].

In diesen Gewerben zeigte sich, daß die Befürchtungen vor einem Anstieg der Arbeitslosigkeit im Zusammenhang mit der Umstellung durchaus berechtigt waren. In der Forschung werden die Sorgen vor den sozialpolitischen Folgen als übertrieben eingeschätzt, da die Arbeitslosen den Planern als Reservearmee für die Rüstung galten[128]. Dies hätte aber wiederum den schnellen Aufbau einer Rüstungsproduktion an Orten mit hohen oder ausschließlichen Anteilen an einer Konsumindustrie vorausgesetzt. Je länger aber dieser Aufbau auf sich warten ließ, desto stärker mußte der sozialpolitische Sprengsatz sein, zumal die hohe Arbeitslosigkeit zu Beginn des Ersten Weltkrieges in Baden[129] noch gut im Gedächtnis war. Für ein Urteil über die unzweifelhaft reichsweit geringe Arbeitslosigkeit nach Kriegsbeginn 1939[130] müssen deshalb auch regionale Komponenten einbe-

---

122 BA-MA, RW 20—12/17, Lagebericht RüIn XII, Wiesbaden, 25.10.1939.

123 So Ministerialdirektor Wilhelm Mühe vom badischen Finanz- und Wirtschaftsministerium in einem Schreiben an den Generalbevollmächtigten für die Wirtschaft, 5.12.1939 (GLA, 237/39050).

124 GLA, 237/24380, Lagebericht Führungsstab Wirtschaft beim Badischen Wirtschafts- und Finanzministerium vom 8.1.1940; 237/28857, Bericht Arbeitsamt Lörrach Juli 1940; WSA Stgt., IHK Konstanz o.N. (Protokolle), Protokoll der IHK-Beiratssitzung vom 24.11.1939.

125 BA-MA, RW 20—5/6, Lagebericht der RüIn V, 25.10.1939.

126 Berichte in GLA, 237/24332, IHK Freiburg 24.10.1939 (Tabak); 237/24399 IHK-Bezirksstelle Schopfheim 17.1.1940 (Bürsten).

127 GLA, 237/33763, Schreiben an das BWA Vb, 26.9.1940. 95 der 172 Betriebe kamen aus Karlsruhe. Die stärksten Einbußen erlitten 15 Unternehmen aus Rastatt, die fast drei Viertel ihres Umsatzes einbüßten.

128 Müller, Mobilisierung, S. 382.

129 Schäfer, Regionale Wirtschaftspolitik, S. 33ff.

130 Müller, Mobilisierung, S. 381.

zogen werden, die die spezifischen Auswirkungen vor Ort wiedergeben. Eine allgemeine Statistik kann leicht zu falschen Schlüssen führen.

Der Nachteil einer Grenzlandwirtschaft zeigt sich auch daran, daß in den ersten Kriegsmonaten neben den Konsumgewerben selbst die an sich kriegswichtigen Metallindustrien stark unter Druck gerieten. In der nordbadischen Industrie verzeichnete der Sicherheitsdienst der SS erst nach einiger Zeit »eine systematische Ausnutzung aller Kapazitäten«[131]. Besonders deutlich wird die schlechte Konjunktur am Umsatz der Karlsruher Metallunternehmen. Deren wichtigster Teil, der Maschinen- und Apparatebau, verlor zwischen Juli 1939 und Januar 1940 über 1,4 Millionen RM seines Gesamtumsatzes von 6,3 Millionen, mithin also fast ein Viertel. Der Wehrmachtanteil daran stieg in diesem Zeitraum nur um 140000 RM auf rund eine halbe Million und erreichte damit gerade die Höhe des Exports[132].

Eine Zeitlang war es den nicht mit Rüstungsaufträgen versorgten Betrieben möglich, den Ausfall ziviler Bestellungen durch einen verstärkten Export zu begrenzen. Die Pforzheimer Schmuck- und Uhrenindustrie erreichte Ende 1939 Exportanteile von bis zu 70 Prozent, die Villinger Uhrenindustrie bis zur Hälfte ihrer Fertigung[133]. Allerdings schützte dies die Betriebe, trotz der Bedeutung des Exports für die deutsche Kriegswirtschaft, weder vor dem Abzug von Beschäftigten noch von Rohstoffen, weshalb der Exportanteil immer kleiner wurde[134].

Für die badische Wirtschaft ging es bei dem Kampf um Wehrmachtaufträge nicht nur darum, die Kapazität der Firmen auszulasten. Mit den Bestellungen verbunden war auch die Ernennung der entsprechenden Unternehmen zu »Wehrwirtschafts-Betrieben« (W-Betriebe). Sie stellte die wichtigsten Beschäftigten als »unabkömmlich« (»uk«) vom Wehrdienst frei und sicherte die Zuteilung der Rohstoffe. In Baden erfolgte die Erklärung zu W-Betrieben »in viel sparsamerem Maße« als im Reichsgebiet, so der Führungsstab der Wirtschaft, ohne genaue Zahlen zu nennen[135].

Ohne Rüstungsaufträge konnten Wehrmacht und Reichsarbeitsministerium Baden als »Reservoir an Arbeitskräften«[136] und Soldaten nutzen — zum Vorteil der Rüstungszentren im Reichsinneren. Die »Freimachung«, bei der Facharbeiter aus dem Land ins Reich umgesetzt wurden, stieß zwar »bei den badischen Behörden vielfach auf Widerstand«, wie es im Oktoberbericht der Inspektion hieß[137]. Sie konnten aber nicht verhindern, daß die Arbeitsämter bis Ende 1940 allein aus Mittel- und Südbaden 10000 bis 11000 Männer für auswärtige Regionen verpflichteten[138]. Auch die Einberufungen lagen im

---

131 GLA, 465d/1364, »Die wirtschaftliche Struktur Nordbadens und die daraus entstehenden wichtigsten SD-Probleme«, ohne Datum (um 1942/43) und Autor.

132 GLA, 460//67, Meldungen des AA Karlsruhe vom 20. Mai 1940.

133 GLA, 237/24380, Lagebericht des badischen Führungsstabes der Wirtschaft, 8.1.1940.

134 BA, R 11/82, Lagebericht der Wirtschaftsgruppe Metallwaren und verwandte Industriezweige, 2. Quartal 1940, Pforzheim 12.7.1940.

135 GLA, 237/24380, Lagebericht des Führungsstabes der Wirtschaft beim Badischen Wirtschafts- und Finanzministerium, 8.1.1940.

136 BA-MA, RW 20—5/4, S. 6, Geschichte der RüIn V, 1.9.1939 bis 30.9.1940.

137 BA-MA, RW 20—5/6, Lagebericht der RüIn V, 11.10.1939.

138 Siehe Kapitel IV,2. Dort auch die Quellenangaben.

Südwesten wesentlich höher. Der Reichsdurchschnitt erreichte zu Kriegsbeginn etwa 23 Prozent der Männer, im Wehrkreis V aber 28. In den Arbeitsamtsbezirken Konstanz, Freiburg und Karlsruhe mußten gar 26 bis 31 Prozent der Männer zur Wehrmacht.

Für die badische Wirtschaft hatten beide Maßnahmen katastrophale Folgen. Viele Unternehmen waren nahe daran, »zugrunde gerichtet« zu werden, so der Sicherheitsdienst (SD) der SS[139]. Während die Industrie auf dem Gebiet des Altreichs zwischen dem 31. Mai 1939 und demselben Datum 1940 mit 10,8 Prozent gerade jeden zehnten männlichen Beschäftigten verlor, mußte die badische Industrie mit 22,6 Prozent auf fast jeden vierten ihrer Arbeiter und Angestellten verzichten[140]. Die Betriebe des Landes verfügten damit über knapp 60.000 Männer weniger, von denen ein großer Teil zu den Facharbeitern gehörte, da auch die Wehrmacht ausgebildete Kräfte benötigte. Diese Dimension führt vor Augen, in welchem Maße der Zusammenhang zwischen der Grenzlandproblematik und der Politik der Konzentration die badische Ökonomie schwächte.

Die NS-Landesspitze erreichte mit ihrer Politik im Grunde nur eine abschwächende Wirkung. Dies gilt auch für den Versuch, den Abtransport von Werkzeugmaschinen zu vereiteln. Die Inspektion sollte die Maschinen erfassen, um sie bei Notlagen besonders dringender Rüstungsprogramme beschlagnahmen zu können. Dies scheiterte zunächst, wie die Dienststelle berichtete:

»Bei der Erfassung der Maschinen erwuchs ein erheblicher Widerstand in badischen Teilen des RüIn-Bereiches. Die dortigen zivilen Stellen versuchten, soweit es in ihrer Möglichkeit stand, ein allzu große ›Zerstörung‹ bzw. ›Ausplünderung‹ — wie sie es nannten — zu verhindern mit der Begründung, daß eine derartige Maßnahme zum völligen Zusammenbruch der für Baden als Grenzland sowieso schon überaus schwierigen Lage führen müßte[141].«

Dieser Widerstand währte allerdings nicht lange, da jetzt das Bezirkswirtschaftsamt vom Reichswirtschaftsministerium angewiesen wurde, die Erkundigungen selbst einzuziehen. Daß die Befürchtungen berechtigt waren, lassen die Ergebnisse der Zählung zwischen Januar und September 1940 erkennen. Von 150 nachgewiesenen Drehbänken im Bereich der Inspektion, davon 30 im badischen Teil ohne Mannheim, wurden 105 beschlagnahmt. 36 verließen den Inspektionsbereich, von den anderen wurde vermutlich der größte Teil nach oder innerhalb Württembergs umgesetzt. Bei den Fräsmaschinen kam es noch krasser: Von 23 nachgewiesenen (sechs im badischen Teil), beschlagnahmte die Inspektion 22, nur 6 von ihnen blieben im Südwesten[142].

Bis Ende November 1939 wurden die Auswirkungen des September-Erlasses von General Thomas immer deutlicher, dementsprechend nahm auch der Druck auf das Wirtschafts- und Rüstungsamt im OKW zu, die Bestimmungen entsprechend der Politik der Streuung zu ändern[143]. Am 14. Dezember gab Thomas neue Richtlinien zur Beschaffung heraus, wonach Rüstungsaufträge in das Gebiet östlich des Rheins in der grünen

[139] Meldungen aus dem Reich, Bd 3, S. 544, 6.12.1939.

[140] Eigene Berechnungen nach: Wagenführ, Die deutsche Industrie, Tab. 3b; GLA, 237/24357.

[141] BA-MA, RW 20—5/4, S. 12ff., Die Geschichte der RüIn V vom 1.9.1939 bis 30.9.1940.

[142] Ebd.

[143] BA, R 11/72, Schreiben des Grenzwirtschaftsausschusses an Thomas vom 22.11.1939 und an das RWM vom 24.11.1939; BA-MA, RW 19/1768, Schreiben des RWM an das OKW vom 1.12.1939.

Zone weitestgehend, in der roten nach Zustimmung des Armeeoberkommandos 7 vergeben werden durften[144].

Am 17. Januar 1940 folgte eine entsprechende Anordnung des Reichswirtschaftsministers mit einer allerdings geringeren Bedeutung gegenüber dem OKW-Erlaß, da die Aufträge der Wehrmachtteile die übrigen Bestellungen der öffentlichen Hand weit überwogen. Vermutlich sollte diese Anordnung die Position der Grenzzone noch einmal unterstützen, nachdem Berichte der dortigen Behörden deutlich gemacht hatten, wie weit diese Gebiete »ins Hintertreffen geraten« waren[145]. Die Januar-Anordnung betonte, die westlichen Gebiete seien überdurchschnittlich vom Abzug von Beschäftigten betroffen gewesen, »so daß die rückläufige Entwicklung dort wesentlich über die bei der Kriegsumstellung im allgemeinen aufgetretenen Schwierigkeiten« hinausgehe. Der Erlaß machte das gesamte linksrheinische Gebiet, die Kreise an der holländischen Grenze sowie in Baden einen Streifen von etwa 50 Kilometern Breite entlang der französischen Grenze zu »besonders auftragsbedürftige(n) Gebiet(en)«. Dies galt vor allem auch für die Unteraufträge, die wegen der Bedeutung der Feinmechanik für Baden besonders wichtig waren. Die Betriebe sollten darauf hingewiesen werden, daß eine weitgehende Vergabe der Vor- und Zulieferungen an Unternehmen dieser Gebiete »erwünscht erscheint«. Zusätzlich sagte Staatssekretär Landfried in dem Erlaß zu, die Probleme im Rohstoffbereich zu mildern[146].

Für Baden brachte die Verordnung allerdings auch einen Nachteil mit sich. Sie bezog sich de facto nur auf die ehemalige entmilitarisierte Zone, ließ also die Mannheimer und Konstanzer Gebiete außer acht. Während die Konstanzer Kammer dies noch im Januar zunächst als »nicht besonders tragisch« empfand, da nach den bisherigen Erfahrungen von solchen Verordnungen »nicht allzu viel zu erwarten sein« werde[147], sah es ein Vierteljahr später ganz anders aus. Es hatte sich herausgestellt, daß der Zugang badischer Betriebe zu Ausschreibungen und Lieferungen mitteldeutscher Stellen »erfreulich« angestiegen war[148]. Der Vorstoß von Ministerpräsident Köhler und IHK-Präsident Mannebach, Konstanz in die Liste der besonderen Gebiete aufnehmen zu lassen, scheiterte aber[149]. Gleiches galt auch für Mannheim, obwohl hier die Ausgangsposition besser war, da der Erlaß auch die Nachbarstadt Ludwigshafen einbezog.

Die Eingliederung besetzter Teile des früheren Polens in den Kreis der besonders zu berücksichtigenden Gebiete führte dazu, daß ungefähr die Hälfte des Reiches als förderungswürdig anerkannt wurde. Das Reichswirtschaftsministerium ging deshalb Ende 1940 daran, die Zahl zu drücken und Rangstufen einzuführen. Trotz der Gegenwehr von Ministerialdirektor Sauer, der Baden in Berlin vertrat, fiel auch das Grenzland heraus. Es hatte sich in der Zwischenzeit ökonomisch soweit erholt, daß eine weiter bestehende Benach-

---

144 BA, R 11/72, Bl. 74.

145 Zum Beispiel der Bericht des badischen Führungsstabes der Wirtschaft vom 8.1.1940 (GLA, 237/24380).

146 BA-MA, RW 19/1747.

147 WSA Stgt., IHK Konstanz 380, Schreiben an Mannebach vom 25.1.1940.

148 GLA, 237/24351, WSK Baden an RWM, 12.3.1940.

149 WSA Stgt., IHK Konstanz 380, Protokoll der Besprechung Köhlers mit den Präsidenten der badischen IHKs am 18.4.1940.

teiligung nicht mehr nachweisbar war[150]. Die badische Wirtschaft war spätestens nach der erfolgreichen Invasion Frankreichs im Juli 1940 voll in die Rüstungswirtschaft integriert worden, die jetzt auf alle ökonomischen Ressourcen zurückgreifen mußte. Erst damit hatte sich das Prinzip der Streuung von Aufträgen im ganzen Reich voll durchgesetzt.

3. Die industrielle Entwicklung bis Kriegsende

a) Rüstungsaufträge »in großem Rahmen« nach Baden

Die an die badischen Rüstungsfirmen vergebenen Aufträge hingen von Programmen ab, die von der Wehrmachtführung eingeleitet wurden. Der erste für Baden maßgebliche Produktionsplan betraf im Frühjahr 1940 die Munition, nachdem kurz vor dem Westfeldzug akute Engpässe auf diesem Gebiet deutlich geworden waren. Die am 17. März 1940 erfolgte Ernennung Fritz Todts zum Minister für Bewaffnung und Munition sollte die schleppende Umstellung der Unternehmen auf Wehrmachtproduktion beschleunigen und vor allem den Ausstoß an Munition erhöhen[151].
Fritz Todt verfolgte die Absicht, Vertreter der Industrie verstärkt an der wirtschaftlichen Planung zu beteiligen. Todt richtete Ausschüsse der Unternehmer ein, die die staatlichen Aufträge mit der industriellen Kapazität abstimmen sollten. Dabei waren die Unternehmen eines gleichartigen Produktionsbereichs in einer Arbeitsgemeinschaft vertreten, die zum einen die Bestellungen auf die Firmen verteilte und zum anderen bei Engpässen an Werkzeug oder Material einsprang. Regional bildeten die Vorsitzenden aller Arbeitsgemeinschaften den Munitionsausschuß ihres Wehrkreises. Damit war der Anfang für die späteren Organe der »industriellen Selbstverantwortung« gemacht, die sich ab 1942 über die gesamte Industrie verteilten[152].
Bei diesem Organisationsaufbau machte sich die Aufteilung der Wirtschaftsverwaltung in Baden entsprechend den verschiedenen Wehrkeisen nachteilig bemerkbar. Die am Programm beteiligte Industrie des Landes zerfiel in zwei verschiedene Arbeitsgruppen für Süd- und Nordbaden, wobei sich das letztgenannte Gremium mit der Saarpfalz und dem wirtschaftsstarken Rhein-Main-Gebiet absprechen mußte. Der Mannheimer IHK-Hauptgeschäftsführer Otto Ulm setzte durch, daß der Leiter der Mannheimer Industrieabteilung und Firmenchef bei Lanz, Eduard Hofweber, zu einem der Vorsitzenden der Arbeitsgemeinschaften ernannt wurde. Ulm und die badische Wirtschaft insgesamt hatten nur deshalb von der Bildung dieser Gremien erfahren, weil der Hauptgeschäftsführer in Personalunion auch für die Mannheimer Dienststelle der Reichsgruppe Industrie zuständig war. Dies macht den niederen Stellenwert der Ökonomie im äußersten Südwesten deut-

[150] Vorgang in: GLA, 237/35709, Schreiben des RWM an die RWK vom 3.12.1940; Schreiben Sauers an das BWA vom 13.12.1940 und vom 21.1.1941.
[151] Müller, Mobilisierung, S. 467ff.; Boelcke, Deutsche Wirtschaft, S. 238f.
[152] Vgl. Volkmann, Zum Verhältnis von Großwirtschaft und NS-Regime, S. 484f.

lich. Ministerpräsident Köhler, der von Ulm in der April-Sitzung der badischen Wirtschaftskammer zu mehr Engagement in dieser Frage aufgefordert wurde, verkannte die Bedeutung der neuen Einrichtung[153].

Die badischen Unternehmen wurden zwar seit den Erlassen des OKW und des Reichswirtschaftsministeriums verstärkt mit Aufträgen versehen, die Firmen profitierten davon aber erst nach und nach. Um den Prozeß zu fördern, veranstaltete Ende März 1940 das Landesgewerbeamt in Karlsruhe eine »Auftragsbörse«. Weit über 100 Unternehmer beteiligten sich daran[154]. Die in das Munitionsprogramm einbezogenen metallverarbeitenden Unternehmen schafften die Umstellung auf Kriegsfertigung relativ rasch, zumal ihnen das Mannheimer Rüstungskommando klar gemacht hatte, daß die zivile Produktion »rücksichtslos« gedrosselt werden würde. Im Bereich des Kommandos Mannheim beschäftigte sich im zweiten Quartal 1940 ein Drittel der mit Rüstungsaufträgen versehenen 188 Betrieben mit der Munitionserzeugung[155].

Allerdings hatten die für Baden zuständigen Kommandos in Mannheim und Villingen mit zwei Problemen fertig zu werden: Zum einen hatten die Kompetenzkonflikte in der Frage der Firmenbetreuung[156] dazu geführt, daß die Zulieferfirmen für Halbzeug und Halbfabrikate bei Kriegsausbruch nur unzureichend vor einem Abzug ihrer Beschäftigten und der Beschlagnahme ihrer Vorräte geschützt worden waren. Zahlreiche Firmen dieser Art wurden mehr oder weniger »zerschlagen«, für die Produktion ergaben sich langfristige Lieferverzögerungen[157]. Zum zweiten sorgte eine Strukturschwäche des Landes und des Südwestens insgesamt bereits jetzt für »fast unüberwindliche Schwierigkeiten«[158], da die für die Produktion benötigten Stahlgußrohlinge in Baden hauptsächlich von nur vier Firmen kamen: dem Stahlwerk und der Dillinger Hütte in Mannheim, dem Eisen- und Stahlwerk in Singen sowie den Rieter-Werken in Konstanz[159]. Die Abhängigkeit von auswärtigen Anlieferungen der Rohlinge erwies sich während des gesamten Krieges als schwerwiegendes Hemmnis für die Munitionsfirmen.

Nach dem Sieg über Frankreich in Juni 1940 wollte die Wehrmachtführung in Unkenntnis der weiteren Pläne Hitlers den aktuellen Rüstungsstand halten. Die meisten Verantwortlichen in Wirtschaft und Bevölkerung sahen den Krieg bereits seinem Ende entgegen gehen. Für die Kriegswirtschaft fehlten eindeutige Zielsetzungen[160]. Rüstungsaufträge wurden annuliert, im Wehrkreis V sank der Bedarf an Arbeitskräften um 16 Prozent.

---

[153] GLA, 237/24394, Bericht über Sitzung der Reichsgruppe Industrie, 12. April 1940; WSA Stgt., IHK Konstanz 380, Protokoll der Präsidenten-Besprechung bei Köhler am 18.4.1940; vgl. Müller, Mobilisierung, S. 474. Die Aktivität und Bedeutung der Arbeitsgruppen in Baden bleibt wegen des geringen Quellenmaterials im dunkeln.

[154] GLA, 465d/1262, Gau-Sonderdienst »Die innere Front«, Nr. 72/40.

[155] BA-MA, RW 21—44/2, KTB Rüko Mannheim, 1. Q. 1940, S. 21; dass., 2. Q. 1940, S. 52.

[156] Siehe Kapitel II, 2.

[157] BA-MA, RW 20—5/7, Halbjahresbericht RüIn V, 26.3.1940.

[158] BA-MA, RW 20—5/4, S. 24, »Geschichte der Rüstungsinspektion V«, 1.9.1939 bis 30.9.1940.

[159] BA-MA, RW 20—5/56, Bericht über den gegenwärtigen Stand der Produktion, Abtlg. Heer der RüIn OR, 1.4.1944.

[160] Müller, Mobilisierung, S. 490f.; Eichholtz, Kriegswirtschaft Bd 1, S. 212f.; Recker, NS-Sozialpolitik, S. 80f.

Die Wirtschaftskammer Karlsruhe sah sich bereits dazu veranlaßt, vor Entlassungen zu warnen[161]. Die von Hitler Anfang Juli befohlene Umsteuerung der Wirtschaft auf drei neue Schwerpunktprogramme wurde von der älteren Geschichtsschreibung als Indiz für einen planmäßigen Kräfteeinsatz gewertet, der die Blitzkriege erst möglich gemacht habe. Rolf-Dieter Müller beurteilt sie aber zutreffender als »mühselig kaschierte(n) Kompromiß in den ständigen Kompetenzkämpfen einer führungslosen Wirtschaftsverwaltung«[162]. Die Schwerpunktbereiche Luftwaffe, U-Boote und Kampfwagen, die den Krieg mit England vorbereiten sollten, lösten das Munitionsprogramm am 9. Juli 1940 ab[163]. Die Stornierung der Aufträge an badische Unternehmen wurde daraufhin zum Teil wieder rückgängig gemacht und die Kapazitäten anders verteilt. Die Inspektion baute in der Folge die Produktion des Zeitzünders S 30 für die 8,8 cm Flakgranate in ihrem Gebiet »in ganz großem Maßstab« aus, bei der die Ausbringung unter Führung der Schramberger Gebrüder Junghans AG bis Ende 1941 auf 570000 Stück pro Monat gesteigert wurde. Unter Beteiligung des aus Pforzheim stammenden Munitionsministers Todt schaltete die Inspektion vor allem die ehemalige Schmuck- und Uhrenwarenindustrie der Stadt in diese Fertigung ein und koppelte viele Dutzend Unternehmen aller Größen zu Produktionsgruppen zusammen[164].

Nach Südwestdeutschland legte die Wehrmacht im Rahmen der neuen Programme aber vor allem viele Aufträge für die Luftwaffe, die die vorgesehene Verdoppelung der Flugzeug-Produktion ermöglichen sollten. Um die Bestellungen rechtzeitig zu erfüllen, mußte jedoch eine Schwierigkeit überwunden werden, die im ersten Kriegsjahr noch im Schatten der Rohstoffproblematik gestanden hatte: der Arbeitskräftemangel. Die von Todt eingesetzte Prüfungskommission setzte zwar Beschäftigte aus Unternehmen mit einer unbedeutenderen Kriegsproduktion in solche mit wichtigen Aufträgen um, doch dies erwies sich als unzureichend[165].

Die Zuteilung von Beschäftigten und Rohstoffen sollte über eine Liste vorgeschrieben werden, die die Dringlichkeit der einzelnen Produktionen im Rahmen der Schwerpunktprogramme festlegte. Nach einem Erlaß Görings als Vorsitzendem des Reichsverteidigungsrates vom 18. Juli 1940 waren zwei Dringlichkeitsstufen vorgesehen, denen Hitler aber schon am 20. August 1940 noch eine sogenannte Sonderstufe vorsetzte[166]. Diejenigen Industrieunternehmen, die über Aufträge im Rahmen dieser Sonderstufe verfügten, besaßen damit absolute Priorität — zumindest in der Theorie. In der Praxis hatten viele Unternehmen keine Ahnung von der bürokratischen Einteilung ihrer Fertigung.

---

[161] BA-MA, RW 20—5/7, KTB RüIn V, 13.7.1940; BA, R 11/83, S. 235, Lagebericht WSK Baden, 3.8.1940.

[162] Milward, Deutsche Kriegswirtschaft, S. 34; Müller, Mobilisierung, S. 540.

[163] GLA, 237/24394, Erlaß des RWM vom 23.7.1940; vgl. Thomas, Deutsche Wehr- und Rüstungswirtschaft, S. 233ff.

[164] BA-MA, RW 20—5/5, S. 52, »Geschichte der Rüstungsinspektion V«, 1.10.1940 bis 31.12.1941 (Zitat); BA, R 11/86, Lagebericht der Wirtschaftskammer Baden, 5.11.1940. Zu Pforzheim siehe Kapitel IV,3.e.

[165] BA-MA, S. 53, RW 21—21/1, KTB Rüko Villingen, 28.7.1940ff.

[166] GLA, 237/24394, RüIn V an BWA Vb, 1.10.1940; Thomas, Deutsche Wehr- und Rüstungswirtschaft, S. 234f. mit einem Abdruck der Erlasse.

Wer sich allerdings auskannte, akzeptierte meist nur noch Aufträge der Sonderstufe, um sich so seine Beschäftigten und die Zuteilung von Rohstoffen zu sichern. Trotz ihrer Bedeutung hatten insbesondere die Zu- und Unterlieferanten das Nachsehen: Da ihre Produktionen häufig nicht zu den erstrangigen zählten, wurden ihre Bestellungen immer wieder auf die lange Bank geschoben[167].

Mit der Vorbereitung auf den Fall »Barbarossa«, dem Angriff auf die Sowjetunion, stieg 1941 die Anspannung aller Ressourcen[168]. Die Wehrmacht schraubte ihre Anforderungen an die einzelnen Betriebe immer mehr in die Höhe, weitere Betriebe wurden in die Rüstungsproduktion einbezogen, die Kriegsfertigung benötigte immer mehr Beschäftigte. Allein für die Sonderstufe der wichtigsten Kriegsprogramme fehlten im Wehrkreis V im Frühjahr 1941 zwischen 9000 und 10000 Arbeitskräfte. »Der Kampf um den Menschen ist in vollem Gange«, umschrieb die Inspektion die Lage[169].

Die sich anhäufenden Bestellungen hatten die Kapazität der mitteldeutschen Unternehmen vor allem hinsichtlich ihrer Arbeitskräfte derart überlastet, daß Anfang 1941 vom Reichswirtschaftsministerium, dem Ministerium für Bewaffnung und Munition sowie dem OKW eine Auftragsverlagerung nach Südwestdeutschland »in großem Rahmen« geplant wurde, um die hier noch vermuteten Produktionsreserven für die Rüstung zu nutzen. Das badische Bezirkswirtschaftsamt legte Wert darauf, daß das Vorhaben gelang, um einer erneuten Existenzkrise der Landesökonomie vorzubeugen. Schließlich standen als Alternative »umfangreiche« Dienstverpflichtungen ins Haus. Um dies zu vermeiden, drohte das BWA damit, jede nicht-kriegswichtige Produktion ihrer Arbeitskräfte zu berauben. Die badischen IHKs sollten um jeden Preis mögliche Produktionsstätten für die Rüstung ausfindig machen, wobei auch an Stillegungen gedacht war[170]. Es gelang dem Amt zwar nicht, weitere Verpflichtungen zu verhindern[171], doch damit wurde ein wichtiger Prozeß in Gang gesetzt. Ende 1941 meldete die Stuttgarter Inspektion »sehr gute Erfahrungen« mit der Verlagerung von Arbeiten in die Textilindustrie, die Einzelteile für elektrische Luftwaffen-Geräte produzierte. Sie wurden von den Stammfirmen angeliefert und von den Textilarbeitern zusammengesetzt[172].

Die nach Baden vergebenen Aufträge nahmen einen solchen Umfang an, daß die im Juli und November 1941 in Karlsruhe stattfindenden Auftragsbörsen der Wirtschaftskammer nur noch wenig Anklang fanden. Die Zahl aufnahmebereiter Betriebe reduzierte sich von den 100 des Vorjahres auf weit weniger als die Hälfte[173]. Mit Beginn des Rußland-Feldzugs am 22. Juni 1941 wurden die vorhandenen Ressourcen schließlich in einem solchen Maße überspannt, daß sich zunehmende Verknappungserscheinungen auf allen

---

[167] GLA 237/24394, Runderlaß BWA, 13.11.1940; BA-MA, RW 20—5/5, S. 10ff., »Geschichte der Rüstungsinspektion V«, 1.10.1940 bis 31.12.1940.

[168] Vgl. Müller, Mobilisierung, S. 550.

[169] BA-MA, RW 20—5/8, S. 14, Lagebericht der RüIn V zum 14.2.1941; RW 20—5/9, S. 16, dass. zum 14.3.1941 und zum 12.4.1941, S. 14f. (Zitat).

[170] GLA, 237/24360, BWA-Runderlasse 14.1.1941 und 20.1.1941; zu den Hintergründen in der Reichsbürokratie vgl. Müller, Mobilisierung, S. 541f.

[171] Siehe Kapitel IV, 3.b.

[172] BA-MA, RW 20—5/5, S. 25, »Geschichte der Rüstungsinspektion V«, 1.10.1940 bis 31.12.1941.

[173] BA-MA,, RW 21—44/3, S. 93, KTB Rüko Mannheim, 22.7.1941; S. 125/2, dass., 15.11.1941.

Gebieten bemerkbar machten. Angeordnete Produktionssteigerungen beispielsweise für Luftwaffengeräte, die Panzer- und die Zünderproduktion überschnitten sich gegenseitig und verhinderten, daß sich »die in Aussicht gestellte« Drosselung anderer Rüstungsproduktionen auswirken konnte. Der Kreis der bevorzugten Wehrmachtgeräte nahm im Gegenteil immer mehr zu, wodurch im Wehrkreis V im August 1941 allein für die Erfüllung der wichtigsten Programme 11200 Beschäftigte fehlten[174]. Die Unternehmen beschränkten sich schließlich nur noch auf die Ausführung der in den Dringlichkeitslisten erscheinenden Bestellungen. Da die Beschäftigten ansonsten von den Arbeitsämtern abgezogen wurden, blieb die als weniger wichtig ausgewiesene Fertigung liegen. Gegen Ende des Jahres erreichten viele Betriebe die Sättigungsgrenze, selbst wichtigste Produktionen waren immer weniger ausführbar[175].

Diese Schwierigkeiten veranlaßten die Rüstungsdienststellen im Herbst und Winter 1941 zu einer harschen Kritik am status quo, die auch vor der Auftragsorganisation der Wehrmacht nicht haltmachte. Die für Mannheim zuständige Wiesbadener Inspektion formulierte im September ihren Eindruck, daß die Programme der drei Wehrmachtteile nicht genügend miteinander abgestimmt worden seien. Der Wiesbadener Inspekteur forderte wie sein Stuttgarter Kollege im Dezember 1941 eine zentrale Entscheidungsgewalt für die gesamte Wirtschaft. Oberstleutnant Klett vom Wehrkreis V ließ es dabei nicht bewenden und empfahl die Inspektionen als ausführende Mittelinstanzen einer solchen Zentralgewalt[176].

b) Die Kriegsproduktion erfaßt alle Wirtschaftsbereiche

In Berlin gingen die Uhren anders. Das Scheitern der Wehrmachtoffensive Ende November 1941 vor Moskau bildete den letzten Anlaß zu einer Umstrukturierung der Wirtschaft und ihrer Verwaltung. Nicht mehr die gescheiterte Kommandoökonomie nach den Vorstellungen der Militärs sollte den Ton angeben, sondern die Selbstverantwortung der Industrie. Das System der Arbeitsgemeinschaften, die schon Mitte 1940 reichsweit in den Sonderausschüssen zusammengefaßt wurden, übertrug Todt am 22. Dezember 1941 auf die neu eingerichteten »Hauptausschüsse« für Munition, Waffen, Panzerwagen, Allgemeines Wehrmachtgerät und Maschinen. Ihre Aufgaben: die beschleunigte Umstellung der Produktion auf devisenfreie Rohstoffe, der Austausch rationeller Fertigungsverfahren sowie die Beratung bei der Auftragslenkung. Da die großen Rüstungskonzerne ihre Vertreter in die Ausschüsse entsandt hatten, erhielten sie so einen maßgeblichen Einfluß auf die Entwicklung der Wirtschaft[177]. Unter Todts Nachfolger Speer wurde dieses System schließlich noch einmal erweitert[178].

---

[174] BA-MA, RW 21—44/3, S. 109, KTB Rüko Mannheim, 3. Q. 1941; GLA, 237/28847, Tagung der Prüfungskommission V, 30.8.1941.

[175] BA-MA, RW 21—44/3, S. 122, KTB Rüko MA, 4. Q. 1941; RW 20—5/10, Bl. 3, Lagebericht der Rüln V, 13.12.1941.

[176] BA-MA, RW 20—5/10, Bl. 3, Lagebericht der Rüln V, 13.12.1941; RW 20—12/21, Bl. 18, Lagebericht Rüln XII, 13.9.1941.

[177] Vgl. Müller, Mobilisierung, S. 639ff.; Eichholtz, Kriegswirtschaft 2, S. 48ff. Siehe Kapitel II,4.

[178] Siehe Kapitel II,2.

Verbunden mit diesem politischen Lösungsversuch der Rüstungskrise erließ Hitler am 3. Dezember 1941 den »Führerbefehl« zur Rationalisierung in der Kriegswirtschaft. Der Erlaß forderte die Typisierung und Normierung der Produktion und ihre Ausrichtung an den Bestbetrieben, um auf diese Weise Arbeitskräfte und Rohstoffe einzusparen. Die Rüstungsfertigung sollte in großem Umfang zur Massenproduktion übergehen. Letztlich lief auch diese Anordnung auf eine Stärkung der Großunternehmen hinaus, die eher dazu in der Lage waren, ihre Produktion durch innerbetriebliche Maßnahmen und den Bau von Vorrichtungen zu vereinfachen und zu normieren[179]. Die Maßnahme erwies sich im Südwesten durchaus als erfolgreich, das Rüstungskommando Freiburg etwa ermittelte bei den meisten der von ihm betreuten Firmen Einsparungen von Arbeitskräften, Material und Hilfsstoffen. Die positiven Auswirkungen für die Rüstung wurden aber dadurch gehemmt, daß die für eine Rationalisierung notwendigen Hilfsmittel wie Baumaterial, Maschinen, Förder- und Transportanlagen häufig nicht zu beschaffen waren[180].

Am 10. Januar 1942 legte ein neuer Befehl Hitlers einen erneuten Wechsel der Rüstungsschwerpunkte fest, die sich wieder auf das Heer konzentrieren sollten, um die Verluste im Osten zu kompensieren[181]. Allerdings zeigte sich erneut, daß eine bürokratische Anordnung noch lange nicht bedeutete, daß sie reibungslos umgesetzt werden konnte. Die in der zweiten Jahreshälfte 1941 angeordneten Einschränkungen in der Heeresproduktion zugunsten der Luftwaffe wurden zwar gestrichen, aber wie schon 1940 beim Übergang vom Munitions- in andere Programme erwies sich, daß die Betriebe ihre Produktion nicht so schnell umstellen konnten. Sie hatten, um mit ihrer Planung nicht ins Hintertreffen zu geraten, eine Vielzahl vorgefertigter Halbzeuge auf Halde produzieren müssen. Eine Umstellung war erst möglich nach deren Verbrauch, sollten nicht große betriebs- und volkswirtschaftliche Verluste entstehen[182]. Solange die Firmen mit ihren bestehenden Programmen ausgelastet waren, überschritten neue Anforderungen ihre Kapazität. Der Stuttgarter Inspekteur forderte deshalb in einem Schreiben an das Heereswaffenamt, Aufträge einzuschränken[183]. Schließlich machte sich beim Ausbau des Munitionsprogrammes im Südwesten der Mangel an Rohlingen erneut als Hemmschuh bemerkbar. Mit Hilfe der Auftragsverlagerung in die Konsumbereiche gelang es den Rüstungsstellen zwar immer wieder, auftretende Engpässe zu überwinden. 135 Textilunternehmen wurden schon in den ersten fünf Monaten des Jahres 1942 in die Rüstungsproduktion im Wehrkreis V eingeschaltet[184].

Doch diese Maßnahme reichte nicht aus. Mitte 1942 konstatierte die inzwischen für Baden und das Elsaß neu eingerichtete Rüstungsinspektion Oberrhein, die Soll-Zahlen der Pro-

---

179 GLA, 237/24360, Rundschreiben des LWA XII vom 4.3.1942, das vom LWA Vb übernommen wurde. Vgl. Milward, Deutsche Kriegswirtschaft, S. 61 f.; Eichholtz, Kriegswirtschaft 2, S. 50 f.; Müller, Mobilisierung, S. 642 ff.

180 BA-MA, RW 21—21/5, S. 34, KTB Rüko Freiburg, 1. Q. 1943. Siehe zur Rationalisierung Kapitel IV, 4. b.

181 Führererlaß über die Rüstung vom 10. 1. 1942, in: Thomas, Wehr- und Rüstungswirtschaft, S. 483 ff.

182 Vgl. die Situation im Sommer 1940, BA-MA, RW 20—5/7, Lagebericht der RüIn V, 14.8.1940.

183 BA-MA, Wi/IF 5.900, T.2, Schreiben vom 5. 1. 1942. Das Amt hatte bereits vor dem Erlaß Hitlers von den Inspekteuren eine stärkere Berücksichtigung der Heeresproduktion verlangt.

184 BA-MA, RW 20—5/5, S. 16 f., Geschichte der Rüstungsinspektion V, 1. 1.—31. 5. 1942.

duktion seien kaum mehr zu erreichen. Als Hauptgründe nannte die Dienststelle die ständigen Einberufungen — im September 1942 fehlten im Wehrkreis V insgesamt 77000 Kräfte, 34000 davon für die engere Rüstung[185] —, den Mangel an Fachkräften, an Rohstoffen und Werkzeugen sowie Schwierigkeiten, Produzenten für Zu- und Unterlieferungen zu finden, und schließlich der einem Luftangriff auf Karlsruhe folgende Produktionsausfall.

In den Schwerpunktprogrammen gelang es der badischen Wirtschaft dagegen, 1943 die ständig steigenden Aufträge zu erfüllen. In Nordbaden wurde die Munitionsproduktion teilweise verdoppelt. Auch das im Vordergrund der Heeresproduktion stehende »Adolf-Hitler-Panzerprogramm«, in das im Bezirk der Rüstungsinspektion Oberrhein 117 Unternehmen mit 7800 Beschäftigten eingeschaltet wurden, lief planmäßig. Allein 63 der dazugehörigen Betriebe stammten aus Südbaden. Die Schwarzwälder Apparatebaufirma Saba, die mit 875 ihrer 925 Beschäftigten Nachrichtengerät produzierte, war auf diesem Gebiet die größte. Schondelmaier aus Hornberg fertigte Zündschrauben, die Radolfzeller Pumpenfabrik Allweiler goß Motorenteile, die Beschäftigten der Singener AG der Eisen- und Stahlwerke produzierten Motorengehäuse und Auspuffrohre. Die für die Luftwaffe arbeitenden Betriebe steigerten ihre Fertigung darüber hinaus »ganz bedeutend«, und auch die Produktion für die Marine, insbesondere das U-Boot-Programm, lief termingerecht[186].

Hinter dieser positiven Entwicklung für die Rüstungswirtschaft standen zwei Maßnahmen: die Rationalisierung, die die Fertigungsvorgänge in den Betrieben erleichterte und auch Einberufungen ausglich, sowie die Auftragsverlagerungen in die ehemaligen Konsumbetriebe der früheren roten Zone, vor allem der Textilwirtschaft, die durch Kürzungen der Rohstoffe ihrer eigentlichen Produktion immer weniger nachgehen konnte[187]. Beide Maßnahmen hingen in gewisser Weise zusammen, da die Produktionsausgliederung das Vorhaben erleichterte, die Fertigung bestimmter Artikel in den eigentlichen Rüstungsbetrieben einzuschränken, womit das Fließband besser anwendbar wurde[188].

Dieses scheinbar positive Bild hatte aber seine Tücken: An allen Ecken und Enden der Rüstungswirtschaft in Baden taten sich Lücken oder gar Zerfallserscheinungen auf, die Wirtschaft lebte immer mehr von ihrer Substanz. Innerhalb der Programme zeigte sich mehr denn je die Tendenz, Kapazitäten von vorübergehend weniger dringlichen Programmen herauszuziehen, um zumindest die wichtigsten Projekte zu erfüllen. Da davon in der Regel die Zu- und Unterlieferer sowie die Konsumbereiche betroffen waren, wurde das wirtschaftliche Gleichgewicht immer stärker gestört. Speer hatte zwar im Oktober 1942 angeordnet, die Zu- und Unterlieferer den Rüstungsinspektionen zu übertragen, doch davon profitierten nur die diejenigen der wichtigsten Rüstungsbetriebe[189].

---

185 GLA, 237/28836, LWA-Runderlaß B 949/42 vom 8.10.1942 mit einem Schreiben des LWA an das Reichswirtschaftsministerium.

186 BA-MA, RW 20—5/13 und 14, jeweils S. 18, KTB RüIn OR, 1. und 2. Q. 1943; RW 21—21/5, S. 54ff., KTB Rüko Freiburg, 1. Q. 1943.

187 BA-MA, RW 21—21/6, S. 16f., KTB Rüko Freiburg, 2. Q. 1943; RW 21—44/5, S. 12, KTB Rüko Mannheim, 1. Q. 1943; S. 37/2f., dass., 3. Q. 1943; GLA, 237/24379, Tagung der Rükom, 25.3.1943.

188 BA-MA, RW 20—5/11 und 12, jeweils S. 8ff., KTB RüIn OR, 3. und 4. Q. 1942.

189 BA-MA, RW 20—5/12, 1. Durchführungsanordnung zum Erlaß des Reichsmarschalls [...] über die Zusammensetzung der Dienststellen und der Selbstverantwortungsorgane der Rüstungswirtschaft in der Mittelinstanz vom 17.9.1942, 10.10.1942.

Die Produktion selbst lief in einem immer größeren Maße auf Kosten der Maschinen, vor allem der Werkzeugproduzenten, die zudem noch einen von der immer geringer werdenden Qualität der Schmieröle verursachten Verschleiß auszuhalten hatten[190]. Verschiedene Aktionen der Wehrmacht, sogenannte »Sondereinziehungen« (SE), bei denen den Unternehmen auch unentbehrliche Spezialisten verloren gingen, nagten den Bestand der Fachkräfte in der Wirtschaft bis auf das »Skelett« herunter, wie die Straßburger Rüstungsinspektion bemerkte. Im Schnitt fehlten in der ersten Jahreshälfte 1943 in Baden und Elsaß monatlich 18000 Arbeitskräfte[191]. Der Versuch vom 13. Januar 1943, diese Lücke in einem ersten Aufruf zum »totalen Krieg« mit dem Erlaß Hitlers »über den umfassenden Einsatz von Männern und Frauen für Aufgaben der Reichsverteidigung« zu schließen, bisher abseits stehende Bevölkerungskreise zu erfassen und kriegsunwichtige Betriebe stillzulegen, scheiterte in Baden wie im Reich[192]. Da die Diktatur sich aus innenpolitischen Rücksichtnahmen nicht dazu bereit fand, deutsche Frauen und Männer stärker als bisher zur Rüstungsproduktion heranzuziehen, konnten die Arbeitsämter die sich immer schneller drehenden Einziehungsaktionen nur mit ausländischen Zwangsarbeitern ausgleichen. In den übrigen Industriezweigen nahm der Mangel von Monat zu Monat zu, obwohl deren Bedeutung für die Kriegswirtschaft offen zu Tage lag: bei den Zu- und Unterlieferern, dem Handwerk, den Herstellern landwirtschaftlicher Maschinen sowie schließlich den Konsumzweigen[193].

Bis Ende 1943 verschärfte sich die Lage. Die schwierige Situation der Wehrmacht an der Ostfront sowie die fortwährenden Luftangriffe auf die Produktionszentren ließen die Aufträge für badische Firmen in die Höhe schnellen. Auf fast allen Gebieten der Wirtschaft überstiegen die Bestellungen die Kapazitäten. Die Produktion in den Sonderprogrammen wurde weiterhin gehalten und sogar gesteigert, wobei sich Eingriffe in andere Rüstungsfertigungen häuften. Der Mangel an Fachkräften und Material wirkte sich aber entscheidend aus. So scheiterte die vom OKH geforderte Dreischichtenarbeit für die Artilleriemunition daran, daß die vorhandenen Rohlinge nicht einmal für eine Schicht ausreichten[194].

Der Mangel an Maschinen machte sich insbesondere im Werkzeugbereich immer mehr bemerkbar, da die Anforderungen auch durch die zunehmenden Verlagerungen anstiegen. Die Betriebe in Baden und Elsaß orderten allein im vierten Quartal 1943 rund 700 Werkzeugmaschinen, von denen die zuständige Rüstungsinspektion aber nur etwa 400 liefern konnte. Auch diese Menge stand nur deshalb zur Verfügung, da aus einem für den Reichsausgleich reservierten Straßburger Lager eine größere Anzahl abgegeben wurde. Die Betriebe meldeten verständlicherweise keine freien Maschinen mehr. Auch Zwangsmaßnahmen wie in dem »besonders krassen Fall« der St. Georgener Firma Stockburger,

---

190 BA-MA, RW 20—5/14, S. 18f., KTB RüIn OR, 2. Q. 1943; RW 21—44/7, S. 37/2, KTB Rüko MA, 3. Q. 1943.

191 BA-MA, RW 20—5/13, S. 18, KTB RüIn OR, 1. Q. 1943.

192 Siehe Kapitel V, 1.

193 GLA, 237/28814, Schreiben des LWA an die Rükom vom 1.6.1943.

194 BA-MA, RW 20—5/21, Aktennotiz der RüIn OR, »Stand und Ablauf der Rüstung«, 10.10.1943; GLA, 237/24381, LWA-Lagebericht, 4.11.1943.

die von der Maschinenhauptkommission eine Strafe von 20000 RM auferlegt bekam, wirkten kaum abschreckend[195].

Wie eng es in der Rüstungswirtschaft inzwischen zuging und wie notwendig die Wehrmacht neues Gerät brauchte, wird daran deutlich, daß Mannheim nach den schweren Luftangriffen vom Herbst 1943 weder bei den Bestellungen noch bei den Einziehungen von Beschäftigten geschont wurde. Trotz der Zerstörungen und der Aufbauarbeiten erhielten die Betriebe nach wie vor Aufträge der höchsten Dringlichkeitsstufe mit kürzesten Lieferfristen. Die von der Wirtschaftskammer betreuten Firmen wurden von den Einziehungen besonders stark betroffen, obwohl sie als Zulieferer für die eigentliche Rüstung oder als für die zivile Versorgung wichtige Unternehmen wie die Lanz AG oder die Zellstoff Waldhof »absolut kriegsentscheidende Bedeutung« besaßen[196]. Hinzu kam, daß die badische Rüstungsindustrie durch Betriebe aus anderen Reichsgebieten verstärkt wurde, die im Südwesten Schutz vor Luftangriffen suchten, aber häufig zu wenig Beschäftigte mitbrachten oder ihre Produktion noch erweiterten.

In der ersten Hälfte des fünften Kriegsjahrs 1944 gelang es den Kriegsfirmen trotz aller Schwierigkeiten, die Produktion in den Schwerpunktprogrammen weiterhin zu steigern und die Pläne mit Ausnahme der zerstörten Betriebe »im großen und ganzen« zu erfüllen. Die Firmen arbeiteten in erster Linie an Programmen in den Bereichen Munition, U-Boote, Jäger und Zerstörerflugzeuge. Im März 1944 setzte ein Erlaß Görings die Jägerproduktion an die vorderste Stelle der vordringlichen Fertigung, um den Ausstoß an Jagdflugzeugen zur Bekämpfung der feindlichen Bomber zu erhöhen. Drei von vier badischen Unternehmen, die für die Luftwaffe arbeiteten, waren in der Folge am Jägerprogramm beteiligt und erzielten dabei eine »wesentliche Steigerung« ihrer Produktion von bis zu einem Viertel. Da die Wehrmacht auch die Bestellung von Geschützteilen und Nachrichtengeräten stark erhöhte, war die Kapazität der Rüstung allein durch vordringliche Aufträge bis an die Grenze ausgebucht. Es fehlte an Beschäftigten, um die maschinelle Kapazität mit der Einführung einer weiteren Schicht noch mehr auszunutzen[197].

Wie ist es zu erklären, daß die badische Industrie trotz aller schwerwiegenden Probleme auf Hochtouren fabrizieren konnte und sogar immer noch mehr Leistung aus ihren Maschinen und Arbeitskräften herausholte? Dazu beigetragen hat neben der kontinuierlichen technischen Rationalisierung die von Speer angeordnete Einführung der 72-Stundenwoche für Arbeiter in den Firmen mit Jägerproduktion[198]. Zudem hatten sich die Arbeiter in den Betrieben mit einer sogenannten »artfremden Fertigung« inzwischen mit den modernen Produktionsmethoden vertraut gemacht.

Aber auch eine seit längerem in der wirtschaftlichen Entwicklung angelegte Tendenz spielte eine Rolle: die Flucht in höherwertigere Aufträge. Das führte dazu, daß vor allem die Großunternehmen mehr dringendste Bestellungen annahmen, als sie überhaupt aus-

195 BA-MA, RW 20—5/51, Bericht Abtlg. TB der RüIn OR zum 4. Q. 1943, 26.1.1944.

196 GLA, 237/28814, WSK MA an Rüko MA, 4.12.1943.

197 BA-MA, RW 20—5/4, Kurzbericht der RüIn OR an das Rüstungsamt vom 6.4.1944; RW 20—5/29, Monatsbericht der Rüko MA für Februar, 25.2.1944; RW 20—5/51, KTB RüIn OR, 1. und 2. Q. 1944; DBA, Haspel 8/82, Erlaß Göring vom 4.3.1944.

198 BA-MA, RW 21—21/10, S. 17, KTB Rüko Freiburg, 2. Q. 1944.

führen konnten, während die bereits vorliegenden, ebenfalls wichtigen Aufträge hinausgeschoben und nicht mehr bearbeitet wurden. »Spekuliert wird hierbei auf eine zusätzliche Zuteilung von Arbeitskräften und Maschinen«, schreibt die Gauwirtschaftskammer in ihrem Lagebericht. Da keine bezirklichen Auftragsstellen vorhanden waren, gab es keine Möglichkeit der Kontrolle über solche Aktivitäten, die auch sozialpolitisch von Bedeutung waren: Die den Aufträgen folgende Umsetzung von Beschäftigten und Produktionsmitteln führte letztlich zu einer stärkeren Position des Großbetriebs gegenüber den kleineren und mittleren Unternehmen[199]. Der Arbeitseinsatz entwickelte sich mehr denn je zum Schwachpunkt der Rüstung, wenn auch 1944 weitere negative Posten hinzukamen, deren Auswirkungen immer spürbarer wurden. Da die Deportation ausländischer Zwangsarbeiter weitgehend gestoppt war und auch die früher zivilen Gewerbe entweder stillgelegt worden waren oder für die Rüstung arbeiteten, standen keine nennenswerten Reserven mehr zur Verfügung. Gleichzeitig ließen die Rufe nach noch mehr Waffen den Bedarf weiter ansteigen. Die Beschäftigten wurden dementsprechend von wichtigen Produktionen zu noch wichtigeren und von dort zu den sogenannten wichtigsten verschoben. »Die Befriedigung des dringendsten Arbeitskräftebedarfs zeitigte in den meisten Fällen das Aufreißen neuer Lücken, die dann raschestens zu schließen immer wieder versucht werden mußte«, resümierte die Personalabteilung der Inspektion[200].
Schließlich war es in Baden und Elsaß nicht einmal möglich, die Anforderungen für die wichtigsten Produktionen termingerecht zu erfüllen. Die Inspektion versuchte, sich in erster Linie mit Betriebsumsetzungen zu behelfen, also ganze Belegschaften in wichtigere Unternehmen zu übertragen, sowie weitere Auftragsverlagerungen in den Konsum- und vor allem den Tabakbereich in Nordbaden einzuleiten[201]. Industriezweige, die nicht direkt in die Rüstung einbezogen werden konnten, verloren weitere Beschäftigte und Rohstoffe: Ihr Produktionsrückgang war unausweichlich, auch wenn sie noch so wichtig waren. Das betraf selbst so bedeutende Branchen wie die chemische Industrie Badens, die nicht in die vordringlichen Sonderprogramme einbezogen war[202].

Neben den fehlenden Beschäftigten hemmten zwei weitere Entwicklungen die Produktion: die Luftangriffe und der Mangel an Rohstoffen. Die Angriffe wirkten sich in mehrfacher Weise negativ aus, wobei die angerichteten Schäden in den Betrieben bis Mitte 1944 immer wieder wenigstens provisorisch behoben werden konnten. Indirekt getroffen wurde die Industrie besonders durch den Ausfall an Arbeitszeit, den die sich häufenden Alarme mit sich brachten. 5,4 Prozent aller Arbeitsstunden gingen der Rüstungsindustrie Nordbadens im ersten Quartal 1944 verloren[203]. Darüber hinaus wurde die Pro-

---

[199] BA-MA, RW 20—5/29, Monatsbericht der Rüko MA für Februar, 25.2.1944; GLA, 237/24381, Lagebericht der GWK, November 1943 bis Januar 1944, 24.1.1944 (Zitat); Lagebericht der WSK MA, Februar bis April 1944, 20.4.1944; 237/24382, Lagebericht der WSK MA, Mai bis Juli 1944, 27.7.1944.

[200] BA-MA, RW 20—5/51, Bericht der Rüln-Gruppe Ib pers. zum 2. Q. 1944, 24.7.1944.

[201] BA-MA, RW 20—5/51, KTB Rüln OR, 2. Q. 1944; GLA, 237/24381, Lagebericht der WSK MA für Februar bis April 1944, 20.4.1944; siehe Kapitel IV,3.f.

[202] GLA, 237/24381, Lagebericht GWK, November 1943 bis Januar 1944, 24.1.1944; WSK MA, Lagebericht Februar bis April 1944, 20.4.1944 (Zitat).

[203] GLA, 237/24352, Allgemeine Übersicht über die Beschäftigtenmeldungen, 1. Quartal 1944. Siehe zu den Angriffen Kapitel III,7.

duktion durch die Zerstörung von Transportwegen behindert, die die Zu- und Abfuhr von Rüstungsgütern erschwerte. Nach schweren Schäden an den Güterbahnhöfen von Mannheim, Karlsruhe und Straßburg schafften es die Behörden erst durch einen Großeinsatz von Betriebsangehörigen, die Schienen wieder befahrbar zu machen[204]. Die Rückwirkungen der Schäden im Transportbereich machten sich vor allem bei der Zufuhr von Rohstoffen und in erster Linie der Kohle bemerkbar, deren Ausbleiben Produktionsausfälle nach sich zogen[205].

c) Der »totale Krieg« als letzter Ausweg 1944

Nach den katastrophalen Niederlagen im Osten und Westen versuchte die NS-Führung noch einmal mit letzten Anstrengungen, die Produktion der Rüstungsindustrie zu erhöhen. Mit dem am 25. Juli 1944 proklamierten »totalen Krieg« sollte Goebbels als »Reichsbevollmächtigter« die letzten Reserven aktivieren. Da er sich dabei auf die Partei stützte, erreichten die schon bisher schwelenden Konflikte zwischen Rüstungsbürokratie und NSDAP auch in Baden ihren Höhepunkt.

Bis Frühjahr 1945 kam es zu immer neuen Abzügen von Beschäftigten für Schanzarbeiten im Elsaß oder den »Volkssturm«, die die Betriebe zusätzlich zu den regulären Einziehungen belasteten und ihnen die letzten jüngeren Fachleute wegnahmen[206]. Sie fehlten, als es darum ging, die neu mobilisierten Kräfte aus den Verwaltungen und den letzten weniger kriegswichtigen Produktionen anzulernen, die den Bedarf nur quantitativ erfüllen konnten. Besonders verhängnisvoll und schon auf mittlere Sicht verheerend mußte es sich auswirken, daß auch die Zu- und Unterliefereraufträge in der badischen Wirtschaft kaum mehr unterzubringen waren[207]. Zusätzliche Schwierigkeiten ergaben sich im Reparaturbereich, da die überalteten und überlasteten Maschinen immer störanfälliger wurden, der Fachkräftemangel aber notwendige Arbeiten verhinderte. Das hatte wiederum Auswirkungen auf die Möglichkeiten der Rationalisierung, ein Leistungsanstieg war ab Jahresmitte 1944 kaum mehr zu erwarten[208]. Insbesondere Unternehmen der chemischen, der papierverarbeitenden, der Textil-, der Leder- sowie der Zellstoffindustrie standen vor starken Produktionsproblemen, die sich bei den kleineren und mittleren Betrieben existenzgefährdend auswirkten. Für die Bevölkerung wurde die Situation dadurch immer belastender, zumal die Konsumgüterproduktion schon in den Vorjahren einen Großteil ihrer Produktionskapazitäten verloren hatte. Auch das Handwerk wurde im Sommer 1944 stark in die Rüstung eingeschaltet, der Metallbereich praktisch ganz. In Pforzheim beispielsweise arbeiteten bis auf drei oder vier alle anderen der noch bestehenden 40 Klempnerbetriebe für die Rüstung[209].

---

204 BA-MA, RW 20–5/51, KTB RüIn, 2. Q. 1944, S. 3197.

205 Siehe dazu Kapitel III, 6.

206 Siehe Kapitel IV, 6.

207 BA-MA, RW 20–5/24, Kurzberichte der RüIn OR, 7.7.1944; 5.8.1944; 5.9.1944; RW 20–5/31, Monatsbericht Rüko Mannheim, 27.9.1944.

208 BA-MA, RW 20–5/31, Monatsbericht der Rüko Mannheim, 27.6.1944.

209 GLA, 237/24382, Lageberichte: LWA, 9.8.1944; WSK Mannheim, 27.7.1944; GauHWK, 1.8.1944.

Die Erfolge im Bereich der Sonderprogramme kennzeichneten angesichts dieser Situation nicht die tatsächliche Lage, in der sich die Rüstungswirtschaft befand. Die besonders aufmerksam beobachteten vordringlichen Programme liefen bis September 1944 »recht befriedigend« und konnten ihr Soll noch erfüllen. Der Ausstoß an Munition und Gerät verlief im Heeresbereich planmäßig, auch die Produktion für das Jägerprogramm erreichte ihre Vorgaben. Probleme gab es allerdings bei der Marinefertigung, nachdem die Mannheimer Firma BBC und weitere Betriebe im U-Boot-Bereich schwer beschädigt worden waren. Erst mit dem Herannahen der Front kehrte sich die Entwicklung um. Vier Faktoren ließen den Ausstoß sinken: der Zwang zur Verlagerung, da neue Gebiete in Frontnähe rückten; die Zerstörungen durch Luftangriffe mit der anschließenden Flucht von Beschäftigten; schließlich Transportprobleme sowie der Mangel an Energie, vor allem an Kohle und Strom. Allerdings gilt diese Aussage nicht für alle Bereiche der Rüstung, wie es auch im Reich der Fall war: Jeder Wirtschaftssektor reagierte anders[210]. So treffen diese Punkte hauptsächlich auf den materialintensiven Bereich der Zuliefererindustrie zu, der im vierten Quartal 1944 wegen des Rohstoff- und Energiemangels stark nachließ. Der arbeitsintensive Teil dieser Rüstungszweige kam dagegen noch bis Januar auf sein Soll. Der Ausstoß an Munition erreichte den Plan bis Ende Dezember: Erst ausbleibende Rohlinge und Zuliefererteile führten zum Zusammenbruch. Bei der Produktion für die Luftwaffe wurden die wichtigsten Fertigungen verlagert, ihr Ende dadurch hinausgezögert[211].

Die Pforzheimer Firmen arbeiteten bis zur völligen Zerstörung der Stadt im Februar 1945 noch weitgehend regulär. 80 bis 90 Prozent der dortigen Industrie waren in Programme für Flakmunition- und Hochleistungsflugzeuge eingeschaltet[212]. Die Mannheimer Industrie verzeichnete dagegen seit Anfang 1945 Stillegungen wegen Kohlenmangels, wichtige Unternehmen wie Daimler-Benz hatten ihr Produktionsmaterial verlagert. Mitte März sollte die Stadt von nicht benötigten Lebensmitteln, Produktionsgütern und wertvollem Halbzeug geräumt werden. Zu dieser Zeit hatten schon viele Beschäftigte die Stadt verlassen, nachdem die nicht erwerbstätige Bevölkerung dazu aufgefordert worden war[213].

Die im ersten Vierteljahr 1945 noch produzierenden badischen Unternehmen arbeiteten direkt für Wehrmacht und Volkssturm sowie in großem Maße für das Notprogramm. Mit diesem Programm, das Hitler am 23. Januar 1945 aufgelegt hatte, sollten 13 Projekte einschließlich ihrer Zulieferungen »mit unbedingtem Vorrang« gegenüber allen anderen Rüstungsfertigungen durchgezogen werden, falls nötig auch unter Abschaltung der letzteren. Dies betraf auch die Beschäftigten: »Die Produktion derjenigen Waffen, die

---

210 Milward, Deutsche Kriegswirtschaft, S. 142ff.

211 BA-MA, RW 20—5/56, Aktennotiz der RüIn OR: »Übersicht über den Ablauf der Rüstung, August 1944 bis Januar 1945,« o.D. (Zitat).

212 Ebd., Schreiben der RüIn OR an die Gauleitung, 22.1.1945; Aktennotiz der RüIn vom 6.2.1945, Besprechung mit dem Gauleiter.

213 BA-MA, RW 20—5/56, Protokoll der Besprechung beim Rüko MA unter Leitung von Köhler, 20.3.1945; handschriftliche Aktennotiz o.D., »Bestand an Arbeitskräften« vom Juli 1944 mit Bemerkung zum März/April 1945.

im Notprogramm von mir festgelegt worden sind, ist derzeit wichtiger als Einziehungen daraus zur Wehrmacht, zum Volkssturm, Volksaufgebot oder zu anderen Zwecken«, bestimmte Hitler kurz darauf[214]. Das Programm umfaßte alle hochwertigen Rüstungsgüter wie Granaten, Panzer, LKW und Schlepper, Generatoren, Tornisterfunkgeräte, Hochleistungsflugzeuge sowie U-Boot- und Schiffsreparaturen. Die noch bestehende badische Industrie fertigte zu 80 Prozent Güter für dieses Programm, womit noch einmal ihre Bedeutung bestätigt wurde[215]. Trotz der Vorgaben Hitlers hatte diese Produktion häufig unter denselben Schwierigkeiten zu kämpfen wie die restliche Industrie[216]. Das zeigte sich in Baden bei der Fertigung von 100000 Gewehren für den Volkssturm und von 270000 Behelfsminen, Feldküchen und Gerät für die Wehrmacht, die sich teilweise in diesem Programm befanden. Bis Ende Februar erreichten die badischen Betriebe 75 Prozent des Ausbringungssolls[217]. Danach führte der Mangel an Kohle, Energie und Rohstoffen endgültig zum Ende der badischen Rüstungsindustrie.

4. Die Rüstungsindustrie und ihre Struktur

a) Die großen Rüstungsschmieden fehlen: Region der Zu- und Unterlieferbetriebe

Im Juni 1944 verwalteten die beiden badischen Rüstungskommandos in Mannheim und Freiburg 411 Betriebe mit zusammen über 142000 Arbeitskräften, das Landeswirtschaftsamt kümmerte sich um 2549 Unternehmen, die etwa genausoviele Menschen beschäftigten: knapp 150000[218]. Diese Aufteilung verdeutlicht die traditionelle Struktur der badischen Wirtschaft, die in erster Linie auf mittelständischen Betrieben beruhte. Zwar betreute das Landeswirtschaftsamt mit seiner Vielzahl von Betrieben in der Hauptsache Firmen mit relativ wenigen Beschäftigten, doch auch die Kriegsindustrie bestand im wesentlichen aus kleineren und mittleren Betrieben. In Baden befanden sich nur 31 Unternehmen mit über 1000 Beschäftigten, von denen 29 im Bereich der Kommandos angesiedelt waren[219]. Diese Großbetriebe machten im Juni 1944 gerade 6,6 Prozent der industriellen Arbeitsplätze aus, während jeder fünfte Beschäftigte sein Geld in einer kleineren Firma mit bis zu 50 Kollegen verdiente (Tabelle 5).

Eine auf den gesamten badischen Raum bezogene Größenstatistik täuscht jedoch: Zwischen Nord und Süd bestanden erhebliche Unterschiede. 17 der 31 Betriebe mit einer Beschäftigtenzahl von 1000 bis 5000 Arbeitskräften befanden sich im Raum Mannheim und Karlsruhe, ebenso alle vier Fabriken mit über 5000 Arbeitskräften. Ein Unternehmen

214 DBA, Haspel, 8/80, Erlaß vom 23.1.1945; Fernschreiben vom 31.1.1945 (Zitat).

215 DBA, Haspel, 8/80, Erlaß vom 23.1.1945; BA-MA, RW 20—5/56, Protokoll der Besprechung mit Rüstungsminister Speer am 21.2.1945 in Heidelberg.

216 BA-MA, RW 20—5/56, Aktennotiz der RüIn, Besprechung mit Speer am 21.2.1945 in Heidelberg.

217 Ebd., Aktennotiz des Gaurüstungskommandos Baden, 14.4.1945; Aktennotiz über Besprechung am 21.2.1945 mit Speer in Heidelberg, 26.2.1945; Gaurüstungskommando an Gauleiter, 12.4.1945.

218 BA-MA, RW 20—5/18, KTB der RüIn OR, 2. Q. 1944, Anlage 4.

219 Ausnahmen waren die Mannheimer Betriebe Zellstoff Waldhof und Heinrich Lanz AG.

Tabelle 5

Die Zusammensetzung der badischen Rüstungsfirmen nach der Zahl der Beschäftigten am 30. Juli 1944 in Prozent

1-50	51-100	101-250	251-1000	1001-5000	über 5000
21,8	20,8	25,2	25,5	6,0	0,6

BA-MA, RW 20-5/36, 39 und 57 (Berechnungen des Autors, Angaben gerundet).

beschäftigte hier im Schnitt 417,4 Mitarbeiter, im Süden nur 263,8. Allein in Mannheim arbeitete mit knapp 33000 Arbeitskräften fast ein Viertel aller Männer und Frauen, die für die badische Rüstungsindustrie an den Werkbänken standen. Knapp hinter Karlsruhe mit rund 20400 Beschäftigten rangierte Pforzheim — eine Stadt, die nach der Zahl ihrer Rüstungsbetriebe als das badische Zentrum gelten konnte. Mit 94 für die Wehrmacht produzierenden Unternehmen hatte fast jeder vierte badische Rüstungsbetrieb seinen Standort in der ehemaligen Schmuck-und Bijouteriestadt; Mannheim kam mit 31 Firmen gerade auf ein Drittel, von Karlsruhe mit 16 Betrieben nicht zu reden. Als größere Zentren des Südens lag trotz der wesentlich geringeren Einwohnerzahl[220] Villingen nach dem Stand der Rüstungsbeschäftigten mit rund 4800 noch vor Freiburg mit knapp 3850; Freiburg hatte allerdings mit 24 mehr als doppelt soviele Betriebe wie Villingen mit 11[221].

Bei einem genaueren Blick auf die Betriebe, die von den Kommandos Mannheim und Freiburg betreut wurden, wird die große Rolle der Metallwarenbranchen für die badische Rüstungsindustrie deutlich. Schon von den 261 Kriegsfirmen vom Dezember 1942 gehörte fast jeder zweite dieser Wirtschaftsgruppe an. 32 und damit rund 12 Prozent dieser Unternehmen arbeiteten im Maschinenbau, 16 im Elektrobereich. Alle anderen Firmen verteilten sich auf eine Vielzahl verschiedener Wirtschaftsgruppen[222]. An der Spitzenstellung der Metallwarenbranche änderte sich bis Kriegsende nur wenig.

Auch der Anteil badischer Industriezweige an den Gesamtbeschäftigten verschiedener Wirtschaftsgruppen im Reich (Tabelle 6) gibt für Mai 1944 diese Einschätzung wieder. Danach hatte das Metallwarengewerbe die weitaus größte reichsweite Bedeutung unter den Branchen der Grundstoff- und Produktionsgüterindustrien des Landes. Baden stellte fast 15 Prozent aller reichsweiten Arbeitskräfte dieser Gewerbe. Vor allem das Schwarzwälder Gebiet um Villingen und Triberg mit der Produktion von Metallteilen, also etwa Schrauben, Muttern, Stiften oder Drehteilen, in höchster Präzision für Geräte von Sie-

220 Nach der Volkszählung vom 17.5.1939 kam die ständige Bevölkerung in Villingen auf 52530, in Freiburg auf 108487 (Badische Gemeindestatistik, S. 116f.).

221 BA-MA, RW 20—5/57. Betriebe unter der Betreuung der Kommandos. Angaben nach Berechnungen des Autors.

222 GLA, 237/28850, LWA an den Finanz- und Wirtschaftsminister, 31.12.1942.

Tabelle 6

Der Anteil der Gaue Baden und Württemberg an den Gesamtbeschäftigten der Wirtschaftsgruppen im Reich im Mai 1944

	Württemberg		Baden	
	absolut	in Prozent	absolut	in Prozent
Metallverarb.	6325	3,89	6212	3,82
Gießerei	9540	3,27	8621	2,95
Stahl- und Eisenbau	3800	1,93	4311	2,19
Maschinenbau	75887	6,24	45611	3,75
Fahrzeugbau	64951	14,7	13739	3,2
Luftfahrt	48944	5,12	3859	0,4
Elektro	16250	2,34	23030	3,31
Feinmechanik	12157	7,25	3337	1,99
Eisen, Stahl, Blech	38735	5,35	16935	2,34
Metallwaren	28459	12,58	33617	14,83
Chemie	12240	1,49	20169	2,45
Industrie gesamt	486879	4,02	306514	2,53

BA, R 12 I/93. Gau Baden ohne das Elsaß.

mens, Junkers und AEG schlägt hier zu Buche, teilweise auch die starke badische Produktion im Bereich Aluminium[223].

Die Produktionsgüterindustrien waren innerhalb der reichsweiten Rüstung recht gut vertreten, insbesondere im Maschinen- und Fahrzeugbau sowie in der Elektrobranche. Ihr Anteil lag beträchtlich über dem badischen Durchschnitt aller Wirtschaftsgruppen. Die ab Mitte 1940 einsetzende Integration der badischen Wirtschaft in die reichsweite Rüstung gelang bei diesen wichtigen Branchen damit weitgehend, wenn auch der seit 1933 forcierte Vorsprung der württembergischen Industrie nicht aufzuholen war. Beim Maschinenbau machten sich die bedeutenden nordbadischen Werke wie die Mannheimer Firmen Lanz, Hommel, Schiffs- und Maschinenbau oder die Karlsruher Betriebe Gritzner-Kayser und die Deutsche Waffen- und Munitionsfabriken bemerkbar. Für die badische Industrie war die Bedeutung der Branche kaum zu überschätzen, zumal sie im Mai 1944 als ihr größter Zweig knapp 15 Prozent aller industriellen Arbeitsplätze des Landes zur Verfügung stellte. Wenn man bedenkt, daß reichsweit dagegen nur jeder zehnte Industriearbeiter sein Geld im Maschinenbau verdiente[224], offenbart sich noch einmal, welche Stellung diese Branche innerhalb der der badischen Wirtschaft einnahm. Der Vergleich mit Württemberg macht aber auch deutlich, daß die badische Industrie in ihrem quanti-

[223] GLA, 237/28814, WSK Freiburg, Bericht über die Auswirkungen der SE III-Aktion, o.D.
[224] BA, R 12 I/94.

tativ bedeutendsten Teil mit den Spitzenzentren der Reichsrüstung nicht mithalten konnte. Der Maschinenbau stellte dort 6,24 Prozent der reichsweiten Branchenmitarbeiter, in Baden aber nur 3,75 Prozent. Wie sich das Grenzlandsyndrom beim Aufbau der Rüstungsindustrien auswirkte, zeigt der Anteil im Bereich Luftfahrt, der in Baden eine minimale Rolle spielte und sich nur auf drei Reparaturwerke in Mannheim, Karlsruhe und Konstanz erstreckte[225].

Die geringe Bedeutung der Luftfahrtindustrie macht sich besonders bemerkbar, wenn die Entwicklung der Rüstungsindustrie seit 1939 ins Blickfeld gerät (Tabelle 7). Zwar arbeitete 1944 etwa jeder fünfte Beschäftigte des Landes für den Maschinen-, Stahl- und Fahrzeugbau. Im mit knapp 27 Prozent aber wesentlich höheren Anteil des Reiches schlug die Luftfahrtindustrie stark zu Buche, ohne die der Reichsanteil 1944 bei 18,66 Prozent gelegen hätte. So gerechnet ergibt sich ein Vorsprung der badischen Industrie von rund vier Prozent, der sich gegenüber 1943 sogar verdoppelte[226]. Die Produktion von Metallwaren nahm trotz ihrer überragenden reichsweiten Stellung innerhalb der Landesökonomie 1944 nur den zweiten Platz ein. Hierfür ist die relativ geringe Gesamtzahl industrieller Arbeitsplätze dieser Branche verantwortlich, während der Maschinen- und Fahrzeugbau sich in der Regel auf Großproduktionen stützte.

Tabelle 7

Der Anteil der Rüstungsbranchen an der Gesamtzahl der Industriebeschäftigten in Baden und im Reich 1939 bis 1944 in Prozent

	1939		1940		1942		1944	
	Baden	Reich	Baden	Reich	Baden	Reich	Baden	Reich
Maschinen-, Stahl- und Fahrzeugbau	14,9	18,7	17,5	21,6	21,1	25,2	22,5	26,8
Elektro	3,6	4,7	3,7	5,0	4,7	5,8	7,3	5,8
Feinmech. und Optik	0,5	1,0	0,5	1,2	0,6	1,5	1,0	1,6
Eisen, Stahl, Blech	2,2	4,3	2,7	5,2	3,8	5,5	5,2	6,4
Metallwaren	10,1	2,0	10,5	1,9	9,8	1,8	10,8	2,0
Chemie	4,6	5,4	5,3	5,9	6,2	6,3	6,6	7,4

Angaben für Baden: GLA, 237/24357, 1939 bis 1942 jeweils 31. Mai, 1944: März. Angaben für das Reich, bezogen auf das Altreichgebiet von 1937, sind entnommen aus: Wagenführ, Die deutsche Industrie im Kriege, S. 148ff., Tab. 3a und b. Stand jeweils 31. Mai. Die Anteile für beide Gebiete beruhen auf eigenen Berechnungen. Absolute Zahlen für Baden siehe Anhang.

225 Hier zeigt sich im übrigen eine gewisse Fragwürdigkeit dieser statistischen Einteilung, da die Vielzahl der badischen Zulieferer für die Luftfahrt den Wirtschaftsgruppen Elektro oder Metallwaren zugeordnet waren.

226 Im Mai 1943 beschäftigte der badische Maschinen-, Stahl- und Fahrzeugbau 22,5 Prozent aller industriellen Arbeitskräfte, die Reichsquote lag bei 20,4. Eine Aufschlüsselung aus den Vorjahren ist wegen fehlender reichsweiter Statistiken nicht möglich. (Quellen BA, R 12 I/94)

Für das größte Wachstum in der badischen Rüstungswirtschaft konnten sich die Elektrotechnik sowie die Eisen-, Stahl- und Blechwarenindustrie feiern lassen, die ihren Anteil an den Industriebeschäftigten seit 1939 mehr als verdoppelten. Erstere, die unter anderem Mannheimer Firmen wie BBC, Stotz-Kontakt und Stotz-Apparate, Schaub in Pforzheim und Saba in Villingen umfaßte, zeigte nach 1943 ein so exorbitantes Wachstum, daß sie erstmals den Reichsschnitt weit hinter sich ließ. Dabei spielte das Jägerprogramm ab Anfang 1944 eine Rolle, also die Produktion von Jagdflugzeugen, für die die badischen Zulieferer in starkem Maße elektrische Teile herstellten. Die Eisen-, Stahl- und Blechwarenindustrie, die von 8500 auf 16000 Beschäftigte anstieg, steht für die Produktion von Munition, Geschossen, Zündern und Waffen, die in Baden mit der Einbeziehung der Pforzheimer Schmuckwarenindustrie sehr forciert wurde.

Insgesamt beschäftigten die Firmen der Eisen- und Metallverarbeitung, die weitgehend mit den Hauptrüstungszweigen gleichzusetzen war, 1944 mit 28500 über 22 Prozent mehr Arbeitskräfte als noch 1939. Wie stark diese Dynamik der Kriegsbranchen die badische Industrie beherrschte, wird besonders daran deutlich, daß demgegenüber die Gesamtzahl aller Industriebeschäftigten im Krieg um fast 65000 auf 307500 sank. Der Kreis der Arbeitskräfte reduzierte sich hauptsächlich durch Einberufungen insgesamt um über 17 Prozent[227]. Weder die Deportation von Zwangsarbeitern noch die Mobilisierung von Arbeitskräften innerhalb Badens vermochten diesen Rückgang aufzuhalten. Die Rüstungsindustrien haben sich ihre zusätzlichen Beschäftigten also auf Kosten anderer Industrien geholt, die unter staatlichem Zwang verpflichtet, oder in geringerem Maße mit höheren Löhnen angelockt wurden. Vor allem die traditionsreichen badischen Textil- und Tabakindustrien wurden die Opfer dieser enormen Binnenwanderung innerhalb der badischen Wirtschaft.

Die badischen Produktionsgüterindustrien nahmen während des Krieges innerhalb der Reichsökonomie eine zum Teil überdurchschnittliche Position ein. Dazu trugen spezifische Fertigungen bei, die hier kurz zusammengefaßt werden, auf deren wichtigste Besonderheiten aber in der Folge ausführlich eingegangen wird. Nur wenige Betriebe zählten ausschließlich einen einzigen Wehrmachtteil zu ihren Kunden, die meisten wurden von den Rüstungskommandos zur vollen Ausnutzung ihrer Kapazität mit einer Mischung an Aufträgen ausgestattet. Die Firma des langjährigen Mannheimer Handelskammerpräsidenten Fritz Reuther, Bopp und Reuther etwa, produzierte so unterschiedliche Artikel wie Material für den U-Boot- und Panzerbau, dazu Geschosse, Munition und Zünder[228]. Diese Auftragsverteilung lag vor allem daran, daß in der gesamten badischen Kriegswirtschaft nur wenige sogenannte Endfertiger vorhanden waren, die fertige Rüstungsprodukte wie Panzer oder Flugzeuge zur Verfügung stellten. Sie beschränkten sich hauptsächlich auf die LKW-Firma Daimler-Benz, wobei allerdings beide Konzern-Werke in Mannheim und Gaggenau auch für die Produktion anderer Kriegsartikel (Munition, Torpedo- und Panzerteile) herangezogen wurden[229].

---

227 GLA, 237/24357. Siehe Tabelle 30 im Anhang.

228 BA, R 3/2016, Reichsbetriebskartei.

229 Ebd.; BA-MA, RW 20—5/56, 6. 1. 1944, Bericht über den Stand der Produktion, Abtlg. Heer, RüIn OR.

Darüber hinaus lieferten die badischen Rüstungsbetriebe Vorprodukte wichtigster Art. Ihre bedeutendsten Vertreter waren etwa im Bereich der Marine Mannheimer Firmen wie die Brown, Boverie und Compagnie, die Motorenwerke sowie die Schiffs- und Maschinenbau AG mit dem Bau von U-Boot- und Schiffsmotoren[230]. Am Bau von Vorprodukten für den Panzerbau beteiligten sich insbesondere die Karlsruher Firma Argus (Bremsen und Kupplungen) sowie Landmaschinenproduzenten wie Fahr in Stockach und Gutmadingen und in den letzten Kriegsjahren Heinrich Lanz in Mannheim[231].

Der insbesondere für die Luftwaffe wichtige Elektrobereich wurde schon angesprochen. Neben der Lieferung von Kleinteilen für die Flugzeugfertigung selbst etablierte sich die badische Industrie vor allem im Bereich der Nachrichtentechnik. Stotz-Apparate in Eberbach fertigte komplette Bordfunkgeräte und die erst in den dreißiger Jahren in Pforzheim gegründete Firma Schaub belieferte den Lorenz-Konzern in Berlin, baute dabei aber selbst auf die Vorarbeit von 25 kleineren Pforzheimer Zulieferfirmen auf[232]. Die Produktion von Schaub umfaßte bei einigen Teilen der Bordfunkgeräte bis zu 50 Prozent der Reichskapazität[233]. Insbesondere die Region Villingen, in der selbst die kleinsten Metallbetriebe in die Kriegsfertigung eingespannt waren, arbeitete sich zu einem wichtigen Rüstungslieferanten für die Luftfahrt empor. Die dortigen Unternehmen belieferten in erster Linie Luftwaffen-Fabriken wie Junkers und Messerschmitt mit feinmechanischen und elektrischen Produkten, fertigten aber auch Munition, Zünder und Geschosse an[234]. Die Produktion von Perpetuum-Ebner aus St. Georgen etwa erreichte 40 Prozent und mehr der Reichskapazität an elektrischen Maschinenteilen für Flugzeuge; Saba war in einigen Bereichen der Bodenfunkgeräte für 70 Prozent der Reichskapazität gut, die St. Georgener Firma Jäckle stellte für diese Geräte einige Teile zeitweise sogar als einzige deutsche Firma her[235].

Die Region Villingen/Furtwangen beherbergte auch 18 der 50 südbadischen Firmen, die sich 1944 am sogenannten A 4-Programm beteiligten. Mit dieser Chiffre umschrieb die Wehrmacht den Bau ihrer letzten »Vergeltungswaffe«, der Rakete V 2[236]. Für die Luftwaffe produzierte die badische Aluminiumindustrie Halbzeuge für den Flugzeugbau. Besonders wichtig war für die Luftwaffe auch die nach der Aufgabe des Erzabbaus in Zollhaus-Blumberg dorthin verlagerte ehemalige Hamburger Firma Kopperschmidt, die als eine der wenigen Firmen im Reich Plexiglas für Flugzeugkanzeln herstellte[237].

Die Palette der wichtigsten badischen Rüstungsprodukte wird schließlich ergänzt durch die Munitions- und Zünderlieferanten. Die bedeutendsten Munitionsbetriebe in Baden waren die Gustav Genschow + Co. AG in Karlsruhe, die Anfang 1944 einen Ausstoß von monatlich zehn Millionen Stück erreichte, sowie das Karlsruhe-Grötzinger Werk der Deutschen

---

230 Ebd.; BA-MA, RW 20—5/56, 7.1.1944, Referat Abtlg. Marine der Rüln OR.
231 BA-MA, RW 20—5/56, Referate für Kommandeursbesprechung, 7.1.1944.
232 BA-MA, RW 20—5/11, KTB Rüln OR, 3. Q. 1942, Anl. 11.
233 BA, R 3/276, Bericht des Beauftragten für die Verlagerung der Elektroindustrie, 23.10.1944.
234 BA-MA, RW 20—5/49, 30.6.1943, Rüko Freiburg, »Entwicklung und Stand der Rü-Wirtschaft«.
235 BA, R 3/276, Bericht des Beauftragten für die Verlagerung der Elektroindustrie, 23.10.1944.
236 BA-MA, RW 21—21/9, S. 52f., KTB Rüko Freiburg, 1. Q. 1944.
237 BA-MA, RW 20—5/11, KTB Rüln OR, 3. Q. 1942, Anl. 11.

Waffen- und Munitionsfabriken (DWM) mit einer Produktion von 2,5 Millionen Patronen pro Monat. Auch in Südbaden entstanden bedeutende Produktionsstätten von Munition und Geschossen, so die Landmaschinenfabrik Fahr in Gottmadingen, die Pumpenfabrik Allweiler in Radolfzell sowie mit Kramer in Gutmadingen erneut ein Landmaschinenbetrieb, der Munition für französische Beutegeschosse produzierte, da es an Rohlingen für entsprechende deutsche mangelte. Auf die Zünderproduktion S 30 entfielen badische Standorte unter anderem in Pforzheim[238] sowie bei Gritzner-Kayser in Karlsruhe[239].

In Friedenszeiten gehörte ein Großteil der nordbadischen Metallindustrie zu den Hauptlieferanten von Spezialprodukten, die einen hochentwickelten Facharbeiterstamm voraussetzten. Diese Beschäftigten lieferten die Hauptvoraussetzung dafür, daß sich die badische Industrie neben dem Maschinenbau eine Domäne im Bereich der Zu- und Unterlieferanten mit der Fertigung von Vorprodukten, Kleinteilen und Halbzeug schaffen sowie Großproduzenten von Zündern, Geschossen und Munition in ihren Reihen aufbauen konnte. Es entstand eine hochspezialisierte Kriegsökonomie, der aber wegen ihrer Grenzlandlage bedeutende Rüstungsschmieden fehlten, die eine Vielzahl von Betrieben als Zu- oder Unterlieferer an sich hätten binden können. Dies stellt sich als wichtiger Unterschied zu der von Jeffrey Fear untersuchten Region Schwaben heraus, in der zwar auch die meisten der metallverarbeitenden Betriebe als Zulieferer arbeiteten. Hier entwickelte sich jedoch mit der Augsburger Luftwaffenfirma Messerschmitt AG ein die Region dominierendes Unternehmen, das die Zulieferbetriebe in ein ökonomisches Netz einband[240]. Die im wirtschafts- und gesamtpolitischen Raum liegenden Folgen eines solchen Unterschieds können kaum überschätzt werden.

b) Aufschwung im Zeichen der Rüstung: Der Maschinenbau

Die Bedeutung des badischen Maschinenbaus bestätigte sich im Hinblick auf seine Beschäftigten. Doch auch was den Umsatz angeht, verzeichneten wichtige Zweige dieser Industrie einen positiven Trend. Auf den ersten Blick mag sich hierbei Widerspruch melden, da der Anteil Badens am Reichsumsatz zwischen 1938 und 1944 leicht zurückging, der Württembergs dafür um die Hälfte anstieg (Tabelle 8). Dies hängt aber in erster Linie zusammen mit dem enormen Rückgang des Landmaschinenbaus, der in den beiden bedeutendsten badischen Werken Heinrich Lanz in Mannheim und Fahr in Gottmadingen kriegsbedingt eingeschränkt wurde.

Kommt aber der Umsatz-Anteil der drei Bereiche in den Blick, die hinter dem Landmaschinenbau liegen, ändert sich die Tendenz erheblich. Die Produzenten von Motoren und Turbinen, von Maschinen- und Präzisionswerkzeugen sowie am stärksten diejenigen von Armaturen und Maschinenteilen erreichten 1944 einen wesentlich höheren Anteil an den Verkäufen als 1938. Die Armaturenfirmen schafften es sogar, den Prozentsatz zu vervierfachen und reichsweit knapp an den Spitzenreiter Landmaschinenbau heran-

---

[238] Siehe Kapitel IV, 3. e.

[239] BA-MA, RW 20–5/56, 6. 1. 1944, Bericht über den Stand der Produktion, Abtlg. Heer, Rüln OR.

[240] Fear, Rüstungsindustrie im Gau Schwaben.

Tabelle 8

Der Anteil der badischen und württembergischen Maschinenbauindustrie am deutschen Fachgruppen-Umsatz in Prozent

	Baden		Württemberg	
	1938	1944	1938	1944
Werkzeugmaschinen	3,5	2,6	13,0	15,7
Maschinen- und Präzisionswerkzeuge	4,6	6,2	15,8	20,3
Motoren und Turbinen	28,6	8,1	90,1	14,6
Druckluftindustrie	3,5	5,3	3,9	3,8
Apparatebau	2,9	3,8	2,3	1,2
Armaturen und Maschinenteile	3,8	14,2	7,1	19,2
Landmaschinen	25,8	15,0	6,6	10,1
Nähmaschinen	9,1	3,6	2,6	2,4
Maschinenbau gesamt	5,8	5,3	8,2	12,1

BA, R 7 (MCC)/199.

Tabelle 9

Der Anteil der Fachgruppen am Maschinenbau-Umsatz in Baden, Württemberg und im Reichsdurchschnitt in Prozent

	Baden		Württemberg		Reich	
	1938	1944	1938	1944	1938	1944
Werkzeugmaschinen	8,2	7,4	21,1	19,7	13,3	15,1
Maschinen- und Präzisionswerkzeuge	3,4	7,9	8,2	11,4	4,3	6,8
Motoren und Turbinen	9,9	12,5	6,7	10,0	5,8	8,3
Druckluftindustrie	4,3	8,9	3,4	2,9	7,2	9,1
Apparatebau	2,8	2,7	1,6	0,4	5,6	3,8
Armaturen und Maschinenteile	3,8	23,5	5,0	14,1	5,8	8,8
Landmaschinen	42,3	15,8	7,7	4,7	9,5	5,6
Nähmaschinen	3,1	0,4	4,6	0,6	2,0	0,6

BA, R 7 (MCC)/199.

zukommen. Ihr hoher Stellenwert für die badische Wirtschaft wird auch dadurch unterstrichen, daß dieser Bereich 1944 innerhalb des Maschinenbaus fast jede vierte Mark umsetzte (Tabelle 9). Reichsweit kam der Umsatzanteil der Armaturenfirmen innerhalb des Maschinenbaus gerade auf etwa neun Prozent. Diese Betriebe verdeutlichen ebenso wie die Unternehmen der Gruppe Maschinen- und Präzisionswerkzeuge, daß die badischen Rüstungsfirmen als Produzenten von Spezialprodukten innerhalb der deutschen Kriegswirtschaft auf eine große Resonanz stießen.

Am starken Bedeutungsverlust der Motoren- und Turbinenbauer, die reichsweit bis 1944 auf weniger als ein Drittel Ihres Umsatzanteils zurückfielen, wird vermutlich der Einfluß des Flugmotorenbaus spürbar, der in Baden praktisch nicht betrieben wurde. Der Anstieg des sonstigen Motorenbaus konnte dieses Absacken nicht verhindern. Für den Umsatzrückgang bei den Werkzeugmaschinen gibt es vor allem einen Grund, wie es sich bei der Deutschen Waffen- und Munitionsfabrik (DWM) in Karlsruhe zeigte. Die Ausrüstung dieser Firmen eignete sich offenbar hervorragend für die Herstellung von Munition, Artilleriegeschossen, Handgranaten sowie Zündschrauben. Diese Fertigung war den Auschüssen der Industrie bei der Auftragsverteilung offensichtlich wichtiger als die Produktion der Werkzeugmaschinen, obwohl die Maschinen nicht nur für die Rationalisierung sehr benötigt wurden. Albert Speer selbst gestand nach dem Krieg ein, mit dieser Vernachlässigung ein schweres Versäumnis begangen zu haben[241]. So sank der Wert der von der DWM produzierten Werkzeugmaschinen zwischen 1938 und 1944 von 7,3 erheblich auf 1,03 Millionen herab, während die Firma dafür im vorletzten Kriegsjahr vorwiegend die genannten Kriegsartikel herstellte[242].

Zum Schaden gereichte dem Unternehmen, das sich mit rund 7300 Beschäftigten im Juli 1944 in der Spitzengruppe der badischen Firmen befand, die Umstellung allerdings nicht. Es steigerte seinen Umsatz im Maschinenbau von einem Monatsschnitt von 1,09 Millionen 1938 auf 7,8 Millionen im Juli 1944. In den drei Wirtschaftsgruppen Maschinenbau, Eisen-, Stahl- und Blechindustrie sowie Chemie verkaufte die DWM im November 1944 bei einem Gesamtumsatz von rund zehn Millionen Mark Munition, Geschosse, Hülsen und selbst Chemieprodukte für cirka acht Millionen Mark an die Wehrmacht[243].

Trotz dieses erheblichen Anstiegs konnte die DWM allerdings nicht mit den Armaturenbauern mithalten, was angesichts des geschilderten Booms dieser Firmen auch nicht erstaunlich ist. Die Mannheimer Armaturenfirma Bopp und Reuther etwa, die der Wehrmacht neben ihrer Palette an Panzern- und U-Boot-Teilen auch Munition und Geschosse anbot, verelffachte ihren Umsatz von einem Monatsschnitt von 0,65 Millionen 1938 auf 7,26 Millionen im Juli 1944[244]. Die Süddeutschen Arguswerke in Karlsruhe, die in großem Maßstab ebenfalls Spezialarmaturen für den Flugzeug- und insbesondere den

---

241 Blaich, Wirtschaft und Rüstung, S. 48.

242 BA, R 7 (MCC)/199, Werkzeugmaschinenfabriken und ihre Produktion; R 3/2016, Reichsbetriebskartei.

243 BA, R 11/75, Industrieberichte der Wirtschaftsgruppen zum 31.7. und 30.11.1944; R 13 III/335, Umsatz der wichtigsten badischen Maschinenbauunternehmen 1938. RBN DWM: 0/0721/0031.

244 BA, R 13 III/335, Umsatz 1938 bei den wichtigsten Maschinenbaufirmen in Baden; R 11/75, S. 9ff., Umsatz im Maschinenbau, 31.7.1944; RBN: 0/0667/0001.

Panzerbau lieferten, erreichten im Juli 1944 einen Umsatz von knapp 13 Millionen RM. Drei Jahre zuvor hatte die Firma im Monatsschnitt gerade ein Viertel davon geschafft: 3,6 Millionen[245].

In der Gruppe der Präzisionswerkzeuge kamen vor allem kleine Spezialfirmen zum Zuge, die der Rüstungsindustrie unentbehrliche, aber schwer herzustellende Werkzeuge zur Verfügung stellten und damit zum Teil exorbitante Steigerungen ihres Umsatzes zu Wege brachten. Ein Beispiel ist die Zell-Harmersbacher Firma Prototyp-Werke GmbH. Ihr monatlicher Umsatz belief sich 1940 im Schnitt noch auf gerade 32000 Reichsmark. Im Juli 1944 schaffte sich die Rüstungsindustrie bei der Firma Hochleistungswerkzeuge für 1,11 Millionen Mark an[246].

Noch vor dem Krieg wurde die badische Maschinenindustrie allerdings entsprechend ihrer konsumorientierten Ausrichtung vom Landmaschinenbau geprägt. Wertmäßig entstand jeder vierte der 1938 im Reich verkauften Traktoren, Schlepper oder Erntemaschinen in einer badischen Firma (Tabelle 8). Diese starke Position war im wesentlichen zwei Unternehmen zu verdanken: der Heinrich Lanz AG in Mannheim und der Maschinenfabrik Fahr in Gottmadingen, die 1938 innerhalb des gesamten badischen Maschinenbaus nach dem Umsätzen Platz eins und drei belegten. Lanz alleine war in diesem Jahr mit rund 92 Millionen Mark zu einem Drittel an den gesamten, im badischen Maschinenbau erwirtschafteten Umsätzen beteiligt. Doch die Fertigung von Landmaschinen gehörte zu den wenigen Zweigen innerhalb des Maschinenbaus, die mit der Annahme von Kriegsaufträgen gezwungen waren, ihre Produktion auf branchenfremde Artikel umzustellen. Damit büßte dieser wichtigste Zweig des badischen Maschinenbaus fast die Hälfte seines Reichsanteils ein, im Lande selbst noch weitaus mehr.

Die Firma Lanz schaffte es vermutlich bis Anfang 1943, sich aus den direkten Rüstungsprogrammen herauszuhalten, obwohl das OKH dem Unternehmen schon Anfang März 1940 im Rahmen des Munitionsprogrammes den Auftrag zur Entwicklung von Perlitgußgranaten erteilt hatte. Der Hinweis auf die für die Landwirtschaft und damit für die Ernährung wichtige Produktionspalette half der Firmenleitung, sich mit Unterstützung des Landeswirtschaftsamtes aus dem Auftrag zurückzuziehen. Damit ersparte sich die Firma zunächst erhebliche Unkosten, die mit der Umstellung der Produktion verbunden gewesen wären[247]. Durch die mit der Kürzung von Rohstoffen verbundene Einschränkung der Friedensproduktion kam es 1942 zum Einbruch bei den Schleppern. Deshalb mußte die Firma ab diesem Jahr mit einem erheblichen Umsatzeinbruch fertig werden. Lanz stellte zwar immer noch 70,6 Prozent der Schlepper her, die reichsweit aus den Fabrikhallen rollten, doch deren Zahl war gegenüber dem Vorkriegsstand um über ein Viertel auf knapp 9600 gesunken[248]. Insgesamt mußte die Firma bei ihren Aufträgen für landwirtschaftliche Maschinen sogar einen Rückgang von über einem Drittel

[245] BA, R 13 III/333, Hf. 202; R 11/75, S. 9ff., Umsatz im Maschinenbau, 31.7.1944; RBN: 0/0721/0093.

[246] BA, R 13 III/333, Hf. 206; R 11/75, S. 9ff., Umsatz im Maschinenbau, 31.7.1944; RBN: 0/0735/0017.

[247] BA-MA, RW 21—44/2, S. 13, KTB Rüko MA, 8.3.1940; RW 20—12/16, S. 57f., Geschichte der RüIn XII, 26.8.1939 bis 30.9.1940.

[248] Fischer, Jahrhundert der Landtechnik, S. 299.

hinnehmen[249]. Der Rückgriff auf eine Kriegsproduktion, die Fertigung von Panzerteilen, schraubte Anfang 1943 den Stand der Beschäftigten auf die neue Rekordhöhe von knapp 11000 hoch — Lanz blieb damit weiterhin die größte Einzelfabrik in Baden —, doch die Firma konnte den Umsatzeinbruch von 1942 nicht mehr wettmachen[250]. Die Tätigkeit des Lanz-Verkaufsdirektors, Eduard Hofweber, der 1943 zum Rüstungsobmann bei der badischen Gauwirtschaftskammer avancierte[251], ließ den Rüstungsanteil in den folgenden Jahren auf rund 13,4 Millionen im Juli 1944 anschwellen. Doch insgesamt verkaufte die Firma nach zahlreichen Einbußen durch Luftangriffe und wegen Materialmangels jetzt nur noch Produkte für rund 67 Millionen Mark — 43 Prozent weniger als 1939[252].

Bei der schon 1937 zum Wehrwirtschaftsunternehmen erklärten Maschinenfabrik Fahr mit Werken in Gottmadingen und Stockach sah die Entwicklung ähnlich aus, obwohl Munitionsaufträge bei Fahr bereits zum 1. Januar 1940 bis zu 10 Prozent der Produktion umfaßten[253]. Bis 1944 kam die Fertigung von Teilen für Panzer und selbst für Kriegsschiffe hinzu, die den Rüstungsanteil am Umsatz auf über ein Viertel anhoben[254]. Fahr steigerte seinen Nettogewinn von 1941/42 auf 1942/43 »im Rahmen der durch die Kriegswirtschaft gestellten Aufgaben«, wie es hieß, von 385000 auf rund 397000 Mark[255]. Wie gering die Aussagekraft solcher Bilanzgewinne aber ist, belegt eine Aktennotiz der Deutschen Bank über einen Besuch Hofwebers Anfang 1942. Danach hoffte der Lanz-Chef darauf, eine Abschöpfung der Firmengewinne vermeiden zu können. Falls die Behörden einen strengen Maßstab anlegten, hätte das Unternehmen für die Zeit seit 1939 sechs bis sieben Millionen Mark an den Fiskus bezahlen müssen. Um dies zu vermeiden und »um keine zu große Bar-Liquidität zu zeigen«, kaufte Lanz »noch einmal« Reichsschatzanweisungen für 3,5 Millionen Mark und leistete »alle nur möglichen« Zahlungen[256].

c) Rüstung im ländlichen Raum: Der Bezirk Villingen

Die Quellenlage ermöglicht es nur für den Bereich Maschinenbau, die Umsatzentwicklung im Verhältnis zu den Reichsindustrien und so die Bedeutung dieses badischen Industriezweiges für die Rüstung herauszuarbeiten. Wie gezeigt, gewann die Landesökonomie ihre Stärke wesentlich durch ihre Stellung als Zuliefererindustrie, die es ihr erlaubte,

[249] ZSA Potsdam, Deutsche Bank 17433, Tagesbericht zum 2.3.1942.

[250] Umsätze in Mill. RM: 1939: 117,9; 1940: 105,1; 1941: 109,3; 1942: 108,1; 1943: 98,0; 1944: 67,2. Angaben zu 1939 bis 1942 entnommen aus: ZSA Potsdam, Dt. Bank 17431, Tagesberichte Lanz; für 1943 und 1944 aus: Fischer, Ein Jahrhundert der Landtechnik. Die Geschichte des Hauses Heinrich Lanz, S. 298.

[251] GLA, 465a/56/SJ/70. Siehe dazu Kapitel II,4.

[252] ZSA Potsdam, Deutsche Bank 17433, Monatsbericht zum 31.7.1944. GLA, 465d/1364, »Die wirtschaftliche Struktur Nordbadens und die daraus entstehenden wichtigsten SD-Probleme«, o.O., o.J. (1943).

[253] GLA, 237/24351, IHK Konstanz an LWA, 30.10.1941.

[254] BA, R 13 III/321, Hf. 14; R 3/2016, Reichsbetriebskartei, Firma Fahr, Nr. 0/0766/0006.

[255] WSA Stgt., IHK Konstanz 272, Bilanz Fahr 1941/42; Geschäftsbericht 1942/43 (Zitat).

[256] ZSA Potsdam, Dt. Bank 17433, S. 9f., Aktennotiz 14.1.1942; vgl. zu den Möglichkeiten der Firmen, ihre Bilanzgewinne zu vertuschen, Eichholtz, Kriegswirtschaft Bd 2, S. 560ff.

trotz der geringen Rolle für die Aufrüstung der Vorkriegszeit die zu Zeiten der Grenzlandlage entwickelten Fertigkeiten und Industrien für die Rüstung optimal einzusetzen und daraus Kapital zu schlagen. Eine Region, für die das besonders galt, war der Raum Villingen. Wegen das know-hows ihrer Firmen, aber auch wegen ihrer geographischen Abgeschiedenheit im Hochschwarzwald, die gut gegen Luftangriff schützte, wurde sie von den auftraggebenden Stellen im Zweiten Weltkrieg gern als Partner akzeptiert. Auch hierbei wird deutlich, wie stark die geographische Lage die Entwicklung der badischen Industrielandschaft mitbestimmte.

Die Metall- und Maschinenbranche und hier wiederum die Uhrenindustrie prägten die Struktur des Kreises Villingen. Sie beschäftigte 1936 unter den 50 Betrieben mit 20 und mehr Mitarbeitern rund 3400 der insgesamt cirka 6150 Fabrikarbeiter. Auch das zweitgrößte Gewerbe, die elektrotechnische und feinmechanische Industrie, gehörte zum Metallbereich[257]. Beide Gewerbe suchten die relativ einfachen Möglichkeiten zur Umstellung ihrer Produktion auf die Bedürfnisse einer Kriegswirtschaft zu nutzen und so auch dem drohenden Abzug ihrer Beschäftigten zu entgehen. So bemühten sich die mit Kriegsbeginn noch nicht in die Wehrmacht-Fertigung eingeschalteten Firmen der Uhrenbranche bis Ende 1940 um Rüstungsaufträge. Bis Oktober 1941 umfaßte die Rüstungsindustrie im Bezirk des Arbeitsamtes Villingen rund 8510 Arbeitskräfte[258]. Das Gebiet des Amtes ging zwar über den Kreis Villingen hinaus, dennoch zeigt diese Angabe, wie stark die kleineren und mittleren Firmen der Region schon zu dieser Zeit in die Rüstung einbezogen waren.

Die IHK Villingen legte Karteikarten an, die die größten Unternehmen ihres Bezirks und deren Entwicklung von 1938 bis 1944 verzeichnete. Danach steigerten 155 von 314 Unternehmen ihren Umsatz teilweise beträchtlich, während unter den konsumorientierten Firmen auch Stillegungen zu verzeichnen waren[259]. Unter den 22 größten Unternehmen im Metallbereich befanden sich nur einige wenige, deren Umsatz und Beschäftigte sich in dieser Zeit rückläufig entwickelten. Das größte Unternehmen im Bezirk blieb während des Krieges die Schwarzwälder Apparatebauanstalt (Saba) in Villingen, die mit der Produktion von Telefonapparaten, Nachrichtengerät, aber auch Landminen und Panzerteilen ihren Umsatz von 17,3 Millionen 1938 auf 19,3 Millionen Mark 1944 steigerte. Die schon seit Anfang 1937 vom Wehrwirtschaftskommando Villingen betreute Firma war bereits zu Kriegsbeginn mit Aufträgen derart voll belegt, daß das Oberkommando des Heers einen Erweiterungsbau als »außerordentlich vordringlich« bezeichnete. Eineinhalb Jahre später war die nächste Erweiterung fällig. Als Indiz für den Rang der Firma und ihrer Produktion kann auch die schon 1941 getroffene Entscheidung der von Munitionsminister Todt eingesetzten Prüfungskommission für den Wehrkreis V gelten, Abteilungen der Firma in Textilbetriebe zu verlagern, um auf diese Weise weitere Arbeits-

---

257 Stat. Jahrbuch 1938, S. 138f.; vgl. Eitel, Die Industriegebiete des südlichen Baden, S. 40ff. Die wirtschaftsgeschichtlichen Hintergründe schildert: Boelcke, Industrialisierung im Kammerbezirk Schwarzwald — Baar — Heuberg.

258 BA-MA, RW 21—21/1, S. 21, KTB Rüko Villingen, 21.11. bis 30.11.1940; GLA,, 237/28848, Überprüfung der Firmen durch die Prüfungskommission V am 22.11.1941.

259 WSA Stgt., IHK Villingen 13ff.; Boelcke, Industrialisierung, S. 302f.

kräfte zu gewinnen[260]. Saba vermochte ihre Bedeutung während des Krieges so zu steigern, daß die Firma 1944 bei Teilen von Bodenfunkgeräten für Panzer und Fernsprecher 70 Prozent der Reichsproduktion herstellte[261].

Die Beschäftigten, deren Anzahl von 1075 im Krieg auf 1234 angestiegen war, mußten vor allem im vorletzten Kriegsjahr unter äußerst harten Bedingungen arbeiten, da Saba zusammen mit mindestens neun weiteren Unternehmen des Bezirks in das Jägerprogramm einbezogen wurde. Entsprechend arbeiteten die Männer ab Mai 1944 pro Woche knapp 65, die Frauen 61 Stunden. Im November ließ sich die Firma vom Gewerbeaufsichtsamt eine Wochenarbeitszeit von 60 Stunden auch für Jugendliche absegnen, die das Amt jedoch auf über 16jährige beschränkte[262].

Ausgerechnet dieses größte Unternehmen des Bezirks widerspricht im übrigen der insgesamt richtigen These, die Industriefirmen des Schwarzwaldes hätten es geschafft, ihre innerbetriebliche Rationalisierung so voranzutreiben, daß die Pro-Kopf-Leistung der Beschäftigten angestiegen sei[263]. Als Maßstab wurde dabei die Umsatzsteigerung genommen. Während sich die Zahl der Beschäftigten bei Saba um fast 15 Prozent erhöhte, blieben die Umsätze bei einem Plus von 10,6 Prozent dahinter zurück. Es wäre zu einfach, dieses Phänomen den Zwangsarbeitern zuzuschreiben, die Saba in der Tat in einem hohen Anteil beschäftigte. Ihre Zahl stieg an von 136 im November 1942 auf 246 Anfang 1944, womit jeder fünfte Saba-Mitarbeiter zur Arbeit gezwungen wurde.

Schließlich zeigte sich beim zweitgrößten Unternehmen des Bezirks, der Kienzle-Apparatebau GmbH in Villingen, das gegenteilige Phänomen. Mit 425 Zwangsarbeitern war Anfang 1944 über ein Drittel der Firmenbeschäftigten aus dem Ausland nach Villingen deportiert worden, also noch mehr als bei Saba. Kienzle wies im Bezirk die größte Zahl an Kriegsgefangenen und Ostarbeitern auf[264]. Damit schaffte es das Unternehmen, mit seiner Produktion von Fahrzeug- und Flugmotoren-Teilen sowie Geräten für U-Boote die Zahl der Beschäftigten von 1938 bis 1944 um über 125 Prozent zu steigern. Doch gleichzeitig nahmen die Verkäufe um über 183 Prozent zu[265]. Trotz des hohen Anteils ausländischer Beschäftigter gelang es dem Unternehmen infolgedessen, seine Produktion umfassend zu rationalisieren. Erfolge in diesem Bereich lassen sich vermutlich in erster Linie auf innerbetriebliche Umstände zurückführen.

Die Firma Kienzle Apparate ist mit diesen Steigerungen ein Beispiel dafür, welche Vorteile Betriebe haben konnten, wenn sie sich im Krieg auf die Rüstung einließen. Die Firma gehörte seit 1938 zu den von der Wehrmacht betreuten Unternehmen. Bereits im Januar 1940 gelangten 80 Prozent ihrer Produktion in die Rüstung, der Rest landete im Ausland. Schon zu dieser Zeit verzeichnete das Unternehmen einen erheblichen Personal-

---

260 StA Freiburg, GAA 962 (Zitat); GLA, 237/28848, Überprüfung der Firma durch die Kommission am 22.11.1941.

261 BA, R 3/276, Bericht des Beauftragten für die Verlagerung der Elektroindustrie, 23.10.1944.

262 WSA Stgt., IHK Villingen 13ff.; StA Freiburg, GAA 962f.; BA, R 3/2016 (Reichsbetriebskartei).

263 Boelcke, Industrialisierung, S. 303.

264 BA-MA, RW 20–5/36, 39, 57, Beschäftigte bei den Unternehmen nach Meldungen der Rüstungskommandos von 1942 bis 1944.

265 WSA Stgt., IHK Villingen 13f.; BA, 3/2016 (Reichsbetriebskartei).

mangel. Da im Bezirk Villingen viele Metallbetriebe vorhanden waren, die für die Rüstung arbeiteten, scheiterte der Versuch, über Dienstverpflichtungen an mehr Beschäftigte heranzukommen. Görings Reichsluftfahrtministerium schrieb Kienzle bereits im Februar 1940 vor, die Produktion auf zwei Schichten zu verteilen, um die Ergebnisse zu erhöhen. Das Gewerbeaufsichtsamt vereitelte aber zu dieser Zeit noch das Vorhaben des Unternehmens, Frauen in der Nachtschicht elf Stunden arbeiten zu lassen. Allerdings brachte seine Lösung einer Arbeitszeit von 14 bis 1.30 Uhr und von 4 bis 14 Uhr den weiblichen Beschäftigten auch nur eine unwesentliche Erleichterung. Auch Kienzle erhielt wegen seiner Produktion in den höchsten Dringlichkeitsstufen Aufträge im Jägerprogramm. Dies führte dazu, daß die Firma nach einer Anweisung des Rüstungsministeriums 1944 eine Arbeitszeit von netto 65 Wochenstunden für Männer und Frauen einrichtete[266]. Um weitere Kapazitäten für die Produktion der Firma und vor allem Arbeitskräfte zu erlangen, ging die Rüstungskommission Mitte Juni 1944 so weit, das Unternehmen zur Verlagerung von Aufträgen in andere Villinger Betriebe zu zwingen, ohne die dort liegenden, ebenfalls vordringlichen Produktionen zu berücksichtigen[267].

Die vier Firmen mit den höchsten Umsatzsteigerungen wiesen ebenfalls bedeutende Erfolge bei der Rationalisierung auf: Heine und Söhne KG, Vöhrenbach; Fichter und Hackenjos KG, Villingen; Perpetuum-Ebner (Dual) sowie Gebrüder Staiger, beide St. Georgen. Die vier Firmen präsentierten mit ihrer feinmechanischen (Heine und Söhne, Fichter und Hackenjos) sowie nachrichtentechnischen Produktion die typische Kriegspalette der Bezirksindustrie.

Welche Möglichkeiten zur Rationalisierung hinter solchen Fertigungen steckten, verdeutlicht das Beispiel der Firma Fichter und Hackenjos, die es schaffte, ihren Umsatz pro Beschäftigten zwischen 1938 und 1944 von 3225 auf 15105 RM fast zu verfünffachen. Da der Umsatz pro Arbeitskraft in der deutschen Industrie 1936 durchschnittlich etwa

Tabelle 10

Die Beschäftigten und der Umsatz bei vier ausgewählten Betrieben des Handelskammerbezirks Villingen

	Beschäftigte			Umsatz (in Mill. RM)		
	1938	1944	+ in %	1938	1944	+ in %
Fichter und Hackenjos KG	310	331	6,7	1,0	5,0	400
Gebrüder Staiger	150	230	53,3	0,9	4,3	378
Perpetuum-Ebner	301	498	65,4	1,7	6,3	271
Heine und Söhne	182	468	157,1	0,9	5,9	556

WSA Stgt., IHK Villingen 13ff.

266 StA Freiburg, GAA 703.

267 GLA, 237/24379, Sitzung des Arbeitsausschusses der Rükom, 8. Juni 1944.

8000 RM erreicht hatte[268], lagen Fichter und Hackenjos ebenso wie die drei anderen Betriebe zu dieser Zeit weit zurück. Bis 1944 änderte sich das entscheidend.
Insofern ist der Schlußfolgerung Boelckes: »Die Schwarzwälder Industrie (lernte) unter dem Diktat der erzwungenen Kriegswirtschaft, noch mehr innerbetriebliche Rationalisierungsreserven zu mobilisieren (und) mit fallenden Stückkosten zu kalkulieren[269],« hinzuzufügen: Die Firmenleitungen der Schwarzwälder Metallindustrie nützten die mit der Rüstungsproduktion gebotene Chance, den produktionstechnischen Rückstand aufzuholen. Dabei kamen allerdings zwei Faktoren zusammen, ohne die ein solches Ergebnis nicht möglich gewesen und die Unterstützung der Rüstungsbürokratie ausgeblieben wäre: die geographische Abgeschiedenheit und das in den Firmen versammelte bedeutende Know-how.

d) Im Krieg zum Boom: Die Aluminiumindustrie

Zu den wenigen Zweigen der badischen Zulieferer, die bereits in den dreißiger Jahren von den Militärs im großen Maßstab in die Aufrüstung eingeschaltet worden waren, gehörte die Aluminiumindustrie. Fünf Firmen waen in Südbaden vorhanden: das Aluminiumwalzwerk Wutöschingen, die Aluminium-Gießerei Villingen, die Aluminiumhütte Rheinfelden und die größte, die Aluminiumwalzwerke Singen (AWS), der das Breisgau-Walzwerk Tscheulin in Teningen[270] in Interessengemeinschaft verbunden war. Die Schweizer Aluminiumindustrie Neuhausen besaß Beteiligungen an den Fabriken in Singen, Villingen und Rheinfelden, während beim Wutöschinger Werk italienische Interessen eine Rolle spielten[271]. Die Bedeutung der badischen Aluminiumindustrie läßt sich daran erkennen, daß etwa die AWS 1937 der wichtigste, auf Aluminiumverarbeitung basierende Betrieb des Reiches und das größte Walzwerk Europas waren. Die Walzwerke Wutöschingen wiederum lagen bis Kriegsbeginn bei der Produktion von Reinaluminiumbändern für die Folienindustrie an der Spitze, ehe die Fertigung von Legierungsblechen für die Luftfahrt das Verhältnis innerhalb der Fabrik veränderte[272].
Der Krieg ging über den Aufschwung der dreißiger Jahre hinaus und führte die Betriebe zu einen enormen Boom, in dessen Verlauf sich die Zahl der Beschäftigten von vier Fabriken (ohne Tscheulin) von 1939 bis 1944 um drei Viertel auf fast 6500 erhöhte[273]. Die Bedeutung der badischen Aluminiumproduktion wuchs bis 1944 derart, daß zum Bei-

---

[268] Boelcke, Industrialisierung, S. 303.
[269] Ebd.
[270] Leider untersagte die Firmenleitung dem Autor, ihr bei der Freiburger IHK lagerndes Archiv einzusehen.
[271] Die Industrie am Oberrhein, Nr. 8, 1930, S. 22ff.; Boelcke, Wirtschaftsgeschichte, S. 393; GLA, 465b/181.009, Exposé über das Alu.walzwerk Wutöschingen, 3. 11. 47.
[272] Stender, Arbeiter zweier Großbetriebe der Singener Metallindustrie, S. 393; GLA, 465b/181.009, Exposé über das Alu.walzwerk Wutöschingen, 3. 11. 47.
[273] Angaben zu Alu Singen: WSA Stgt., IHK Kon. 209 (1939: 1500 Beschäftigte); BA, R 3/2016, RBN 0/0766/0002 (1944: 2277); Alu Villingen: WSA Stgt., IHK Vill. 17, (1938: 176, 1944: 415); Alu Wutöschingen: GLA, 465b/181.009, Exposé über das Alu.walzwerk Wutöschingen, 3. 11. 47 (1939: 751, 1944: 1742); Alu Rheinfelden: BA-MA, RW 20—5/57 (1939: 1281, 1944: 2067).

spiel die Teninger Fabrik 1944 bei Aluminiumfolien für Kondensatoren 60 Prozent der Reichsproduktion herstellte[274].

Die Rüstungsproduktion veranlaßte die Gesellschafter des Wutöschinger Walzwerk 1940 dazu, das Unternehmenskapital auf drei Millionen Mark zu verfünffachen, um Mittel für weitere Investitionen zur Verfügung zu haben. Die Bedeutung der Firmenproduktion bot allerdings auch ihre Gefahren. Um seine Belange noch besser zu vertreten, hatte das Reichsluftfahrtministerium 1941 die Absicht, sich über eine Kapitalerhöhung an dem Unternehmen zu beteiligen. Die Gesellschafter bogen dies aber ab und besorgten sich das benötigte Kapital von acht Millionen Mark bei der Schweizer Aero-Bank. Die seit 1932 erneuerte maschinelle Ausrüstung erlaubte es der Firma während des Krieges, ihren Ausstoß an Legierungs- und Reinaluminiumblechen von 1939 bis 1944 auf cirka 14800 Tonnen zu verdoppeln, die im wesentlichen den Flugzeugwerken zuflossen. Der Produktionsanstieg ermöglichte eine Zunahme des Umsatzes zwischen 1939 und 1943 um rund 30 Prozent auf 24,03 Millionen RM, wobei die Verkäufe 1944 sicherlich noch einmal stark anzogen[275].

Das Walzwerk erreichte damit aber bei weitem nicht die Umsätze der Villinger Aluminium-Gießereien. Die Firma schaffte es, mit dem Guß von Teilen für Flugmotoren (Ju 88), Panzer und U-Boote ihren Umsatz von 1938 bis 1944 auf fünf Millionen Mark zu verfünffachen[276]. Auch hieran offenbart sich, daß der Status als Zulieferer den Unternehmen durchaus dazu verhalf, im Krieg gut abzuschneiden.

5. Die größten Rüstungskonzerne in Baden

a) Die Brown, Boveri und Compagnie AG (BBC)

Auch der nach der Zahl der Beschäftigten und Betriebe größte Konzern in Baden, die Mannheimer Brown, Boveri und Cie. AG (BBC), trug den für die badische Rüstung typischen Charakter eines Vor- und Zulieferers. Die Aktienmehrheit der BBC befand sich in den Händen der Muttergesellschaft des Konzerns, der Brown, Boveri und Cie. AG Baden/Schweiz. Der BBC waren in Nordbaden fünf weitere Unternehmen angeschlossen: Stotz-Apparatebau in Eberbach mit im Juli 1944 rund 1200 Beschäftigten, Stotz-Kontakt in Heidelberg mit 1054 Arbeitskräften sowie in Mannheim die Firmen Isolation AG (732 Beschäftigte), Rheinkabel und Gleichrichterbau. Die BBC, die neben dem Maschinenbau vorwiegend, und ihre Töchter, die fast ausschließlich im Bereich der Elektroindustrie arbeiteten, trugen einen Großteil dazu bei, daß die Elektroindustrie im Mai 1944 in Baden einen wesentlich höheren Anteil an den Industriebeschäftigten verzeichnete als der Schnitt der Reichsgebiete[277]. Die BBC ist das typische Beispiel einer Fir-

[274] BA, R 3/276, Bericht des Beauftragten für die Verlagerung der Elektroindustrie, 23.10.1944.

[275] GLA, 465b/181.009, Exposé über das Alu.walzwerk Wutöschingen, 3.11.47.

[276] BA, R 3/2016, Reichsbetriebskartei; WSA Stgt., Villingen 17.

[277] BA, R 12 I/94, Der Anteil der Wirtschaftsgruppe Elektro an den Industriebeschäftigten der jeweiligen Gebiete im Mai 1944 in Prozent: Baden: 7,51; Württemberg: 3,34; Reich: 5,73.

ma, die sich bei Kriegsbeginn kaum umzustellen brauchte und mit ihrer alten Produktion fortfahren konnte, »weil wir uns schon frühzeitig auf die Konstruktion und Herstellung heereswichtiger Erzeugnisse eingestellt haben, ohne unser Fabrikationsprogramm zu verlassen«, wie der Vorstandsvorsitzende Karl Schnetzler vor dem BBC-Aufsichtsrat bei dessen erster Kriegssitzung betonte[278].

Im September 1939 war das Unternehmen bereits durch die lange vorher angelaufene Rüstungskonjunktur so stark beschäftigt, daß die Käufer im Großmaschinenbau mit Lieferfristen von zwei Jahren und mehr rechnen mußten. Mitbedingt durch den Krieg stiegen die Bestellungen 1939 um 14 Prozent gegenüber dem Vorjahr an. Zu Kriegsbeginn übernahm BBC die Produktion von U-Bootausrüstungen, elektrischen Öfen für die Fertigung von Munition, von Bord- und Bodengerät für Flugzeuge und -plätze (Stotz-Kontakt). Darunter befanden sich auch Höhenprüfstände für Flugmotoren, die BBC als einziges deutsches Unternehmen produzierte und den Flugmotorenfirmen BMW, Daimler-Benz und Junkers verkaufte. Die Prüfstände »haben mit dazu beigetragen, die Überlegenheit unserer Luftwaffe sicherzustellen«, bemerkte ein Vorstandsmitglied in der Sitzung des BBC-Aufsichtsrates im Mai 1940[279]. Weitere Aufträge an BBC dienten vor allem der Stromerzeugung für die Industrie. Der größte Anteil an den Wehrmachtbestellungen entfiel auf die U-Boot-Ausrüstungen, vor allem Motoren, für deren Fertigung neben Mannheim-Käfertal auch die Werke Groß-Auheim, Wien und Dortmund herangezogen werden mußten. Auf Geheiß des OKW blieb BBC nichts anderes übrig, als die Lizenz für die Ausrüstungen auch anderen Firmen zu überlassen, wie zum Beispiel der AEG.

Das deutsch-russische Wirtschaftsabkommen ermöglichte in den ersten Kriegsjahren noch bedeutende Exporterfolge. BBC war daran 1940 mit einem Volumen von 8,5 Millionen Mark mit Höhenprüfständen und Dampfturbogruppen beteiligt[280]. Die Reichsbehörden schätzten diesen Auftrag im Interesse der russischen Rohstoff-Lieferungen als so wichtig ein, daß sie eigene Bestellungen zu deren Gunsten zurückstellten[281]. Spätestens ab Mitte 1941 fertigten die BBC-Mitarbeiter keine Friedensware mehr an, das Unternehmen ließ sich mit seiner Produktionspalette voll auf die Rüstungsaufträge ein. Dabei kann keine Rede davon sein, daß die BBC zur Ausführung der Aufträge hätte gezwungen werden müssen, im Gegenteil: Der »Kampf der großen Unternehmen um technisch wertvolle Aufträge« sei »weiter heftig«, bilanzierte ein Vorstandsmitglied im Mai 1940 die Lage.

Entsprechend der, so der stellvertretende Vorstandsvorsitzende Hans Hammerbacher 1941, »glänzenden« Lage des von den Rüstungsaufträgen überaus gut profitierenden Schweizer Betriebs entwickelten sich auch die Zahl der Beschäftigten und die Umsätze. Bis zum 31. Juli 1944 verfügte BBC in Mannheim über fast 7900 Mitarbeiter gegenüber rund 7100 Ende 1942[282]. Die Umsätze der Firma und ihrer Tochterunternehmen stiegen zwischen

---

278 ZSA Potsdam, Deutsche Bank 15156, Sitzung des Aufsichtsrates am 30.11.1939.

279 ZSA Potsdam, Deutsche Bank 15156, BBC-Aufsichtsratsprotokolle vom 30.5.1940 (Zitat); 17.6.1941.

280 Ebd.

281 BA-MA, RW 20–22/19, Lagebericht RüIn XII, 13.7.1940, Anlage 10.

282 ZSA Potsdam, Deutsche Bank 15156, BBC-Aufsichtsratsprotokolle vom 30.5.1940 und 17.6.1941 (Zitate); BA-MA, RW 20–5/36; RW 20–5/57, S. 118ff.

1939 und 1943 von 137 auf 177,8 Millionen Mark an[283]. Dabei profitierten einzelne Abteilungen besonders stark von dem Rüstungsboom. Im Maschinenbau, im dem die BBC 1938 als zweitgrößtes badisches Unternehmen im Monatsschnitt 1,84 Millionen umsetzte, vervielfachten sich die Verkäufe auf 9,3 Millionen Reichsmark im Juli 1944[284]. Der Nettogewinn verdoppelte sich zwischen 1937 und 1940 auf 2,8 Millionen. In den folgenden Jahren sank er vermutlich infolge der erhöhten Investitionen auf 1,8 und 1,4 Millionen RM. Für 1944 wies das Jahresergebnis keinen Gewinn aus, obwohl ein Vorstandsmitglied eine »recht befriedigende Bilanz« konstatierte[285].

Die Bestellflut durch die Wehrmacht veranlaßte BBC zu größeren Investitionen. Allerdings war die Firma dabei auch dem Druck des OKW ausgesetzt, das zu Kriegsbeginn verhindern wollte, bei hochwertigen Konstruktionen nur von einem Werk abhängig zu sein. BBC pachtete deshalb im November 1939 für ihr Tochterunternehmen Stotz-Kontakt ein größeres Werk in Eberbach bei Heidelberg, das als Stotz-Apparatebau Produktionsteile aus Mannheim-Käfertal aufnahm. Die Marine bezahlte dabei der Firma die Ausbaukosten, bis Mai 1940 lief die Fertigung in Eberbach an.

Indirekt profitierte die gesamte nordbadische Region vom Rüstungsboom bei BBC und den anderen Mannheimer Unternehmen; die ständigen Luftangriffe machten allerdings auch den hohen Preis dafür deutlich. Das Schweizer Unternehmen stellte ebenso wie die Motorenwerke pünktlich zu Kriegsbeginn neue große Produktionsanlagen in Mannheim fertig. Dies war für BBC nur der Anfang einer Investitionswelle, die vor allem durch die Aufträge für U-Boot-Motoren ausgelöst wurde. Schon im Juli 1940 erwarb das Unternehmen weitere Anwesen zur Erweiterung der Kapazitäten. Mitte 1942 kaufte die Firma erneut 45600 qm, einen zusätzlichen Bedarf von 150000 qm hatte die Unternehmensleitung bereits im Vorjahr angekündigt[286].

Obwohl die Hochkonjunktur von Firmen wie BBC aus einem Kriegsboom hervorging und damit vom Staat finanziert wurde, mußte der Steuerzahler bei diesen Investitionen ein zweites Mal in die Tasche greifen. Die Rüstungsbetriebe spielten die Städte dabei gegeneinander aus, um sich ihren Vorteil zu sichern. Dieses Manöver war gerade in einer Region wie Baden besonders gut möglich, da sich die Konjunktur vor allem auf die Zentren erstreckte, während die ländlichen Gegenden wenige Vorteile hatten und in den ersten Kriegsjahren an Zuzügen sehr interessiert waren. Kommunale Behörden boten trotz des Einspruchs der Inspektion den Unternehmen einen Standort zu günstigen Bedingungen an. So versuchte der Konstanzer Bürgermeister 1941, die Berliner Firma Julius Pintsch KG dazu zu bringen, in seiner Stadt eine Filiale aufzumachen[287].

---

283 BA-MA, RW 20—12/19, Lagebericht RüIn XII, 13.7.1940, Anlage 2; ZSA Potsdam, Deutsche Bank 15156, Aufsichtsratssitzung vom 21.6.1943.

284 BA, R 13 III/ 335, Umsatz der wichtigsten badischen Maschinenbauer; R 11/75, Umsätze Wirtschaftsgruppe Maschinenbau, 31.7.1944, RBN BBC: 0/0667/0002.

285 WSA Stgt., Bilanzen BBC; ZSA Potsdam, Deutsche Bank 15156, Aufsichtsratssitzung 9.6.1943; Dt. Bank 15161, Schreiben BBC an Dt. Bank, 30.1.1945 (Zitat). Über die Fragwürdigkeit der ausgewiesenen Bilanzgewinne siehe oben, Kapitel III, 4.b).

286 SA Mannheim, Stadtratsprotokolle 15.12.1939; 31.7.1940; 21.10.1940; 25.7.1941; 30.9.1942.

287 BA-MA, RW 20—5/10, S. 27, Lagebericht RüIn V, 13.12.1941.

Die Betriebe hatten durch die verschiedenen Offerten die Möglichkeit, für sich die besten Konditionen herauszuschlagen, also den Kaufpreis zu drücken oder Moratorien bei der Steuer auszuhandeln. So gelang es der Maschinenfabrik Mohr und Federhaff 1942, rund 27000 qm zu einem Preis von 1.20 RM auf der Gemarkung Brühl zu erwerben, die nach Mannheim eingemeindet werden sollte, um der Stadt neues Industriegelände zu sichern. Bis dahin hatte der niedrigste Preis bei zwei RM gelegen. Die Firma Mohr und Federhaff nutzte dabei ein Angebot der nahe gelegenen Kommune Ladenburg aus, um den Preis zu drücken. Ladenburg forderte nur »50 oder 80 Pfennige« pro Quadratmeter, hatte aber keine städtische Infrastruktur zu bieten[288]. Ob Mohr und Federhaff die Verhandlungen mit der Gemeinde ernsthaft führte, ist deshalb zweifelhaft. Kurz darauf begannen die starken Luftangriffe auf Mannheim und in der Folge die Verlagerungen, die die Leitung des Unternehmens vermutlich wünschen ließen, sie hätte das Ladenburger Angebot vorgezogen.

Auch die BBC-Tochter Stotz-Kontakt profitierte davon, die Städte gegenseitig auszuspielen, allerdings zog in ihrem Fall Mannheim den kürzeren. Die Firma, die feinmechanische Artikel für die Luftwaffe produzierte und darin einen Auftragsbestand für mehrere Jahre vorweisen konnte, erwarb Ende 1940 in Mannheim rund 20000 qm. Dies nützte ihr allerdings nicht viel, da die Reichsbahn im folgenden Jahr die Hand auf das Gelände in der Nähe des Bahnhofes legte. Als Ersatz wählte der badische Ministerpräsident Köhler, der vermutlich von dem Unternehmen aus Protest eingeschaltet worden war, ein Gelände in Heidelberg aus.

Köhler schlug damit zwei Fliegen mit einer Klappe: Für das Unternehmen stand Ersatz bereit, und dem ständigen Drängen des Heidelberger Oberbürgermeisters Carl Neinhaus nach einer Beteiligung der Stadt am Rüstungsboom wurde endlich Rechnung getragen. Neinhaus hatte diese Forderung seit 1933 immer wieder vorgetragen, da Heidelberg auch von der Hochkonjunktur der Vorkriegszeit kaum profitiert hatte. Die Stadt mußte allerdings für den Umzug der Firma tief in die Tasche greifen, zumal der Konkurrent »den größten Wert darauf legt(e), die Firma Stotz [...] zu halten«, so Oberbürgermeister Renninger vor dem Mannheimer Stadtrat. Heidelberg blieb deshalb nichts anderes übrig, als den eigenen Gewerbesteuersatz dem Mannheimer anzupassen und ihn so um 100 auf 260 Punkte zu ermäßigen. Neinhaus konnte den Satz nicht wie beabsichtigt auf fünf Jahre begrenzen, sondern mußte ihn auf zehn Jahre zugestehen. Carl Neinhaus: »Es ist nun einmal so, daß bei einem Konkurrenzkampf zwischen zwei Städten etwas getan werden muß.« Heidelberg verpflichtete sich, für die notwendige Infrastruktur zu sorgen und ein Gelände zum Bau von Arbeiterwohnungen zur Verfügung zu stellen. Den in Heidelberg üblichen Preis von 2.30 RM pro Quadratmeter für die anvisierten 100000 qm senkte der Oberbürgermeister auf 1.75 RM.

Allerdings hatte die Stadtverwaltung gute Gründe für diese Generosität. Sie rechnete zum einen auf lange Sicht mit Mehreinnahmen von 150000 RM bei der Gewerbesteuer. Wich-

[288] SA Mannheim, Stadtrats-Protokolle vom 19.12.1940 und 30.9.1942. Die Gemeinde Brühl selbst hatte die Eingemeindung vorgeschlagen, der auch Gauleiter Wagner zustimmte (Protokoll vom 11.12.1941).

tiger war für Neinhaus jedoch, den Bann zu durchbrechen und zu hoffen, »daß der erfolgte Durchbruch der Zurückhaltung der Industrie vor Heidelberg ähnliche Firmen mehr als bisher an eine Ansiedlung in Heidelberg wird denkenlassen«[289]. Angesichts der zunehmenden Luftangriffe änderte sich die Haltung aber in den folgenden Jahren. Die Heidelberger Stadtverwaltung wandte sich jetzt aus Furcht vor Angriffen gegen Industrieverlagerungen in ihre Stadt — der Preis für den Wohlstand wurde zu teuer. Ihn mußten allerdings kaum die Unternehmen bezahlen. Trotz der erheblichen Schäden, die BBC ab 1943 erleiden mußte, blieben die Jahresergebnisse wie das von 1944 »recht befriedigend«. Die Erträge lagen weiterhin hoch, zumal das Unternehmen mit Hilfe Köhlers eine Entschädigung durchsetzen konnte, obwohl sich das Reichsinnenministerium wegen der Schweizer Eigentümer dagegen verwahrt hatte[290].

b) Die Daimler-Benz-Werke in Mannheim und Gaggenau

Der einzige reine Endfertiger in der badischen Wirtschaft gehörte zur Sparte Fahrzeugbau: die Daimler-Benz AG mit Fabriken in Mannheim und Gaggenau. Der Konzern bietet bei der gegensätzlichen Entwicklung, die die beiden badischen Werke zunächst nahmen, ein gutes Beispiel für den Einfluß, die die Grenzlandlage auf die badische Wirtschaft bis ins erste Kriegsjahr hinein ausübte. An beiden Betrieben läßt sich ablesen, in welchem Maße die Wirtschaft von politischen Entscheidungen beeinflußt wurde.

Die Gaggenauer Fabrik hatte seit Anlauf der Rüstungsprogramme des »Dritten Reiches« unter ihrer geographischen Situation zu leiden gehabt. Allen Bemühungen der Untertürkheimer Konzernleitung zum Trotz war es bis Kriegsbeginn nicht möglich gewesen, für das Werk Wehrmachtaufträge zu erhalten. Das Problem potenzierte sich nach dem deutschen Überfall auf Polen. Gaggenau fiel in die über einen badischen Grenzstreifen verhängte grüne Zone und mußte zeitweise sogar eine Evakuierung von Maschinen und Beschäftigten befürchten[291]. Besonders prekär wurde die Lage dadurch, daß die Materialzulieferungen für den Gaggenauer Lastwagenbau wegen der Grenzlage mit Kriegsbeginn gestoppt wurden. Gleichzeitig reichten die Aufträge im Oktober 1939 nur noch bis Ende dieses Jahres.

Da kriegswirtschaftliche Aufträge nicht zur Verfügung standen, blieb nur der Ausweg, den Export an Lastkraftwagen zu erhöhen. Wie kritisch die Lage war, zeigen Überlegungen des Vorstandsvorsitzenden Wilhelm Kissel, das für die Ausfuhr genehmigte Material für Wehrmacht-Fahrzeuge zu verwenden, falls es nicht möglich sein sollte, den Export zu erhöhen[292]. Das wäre auf eine Täuschung der Behörden hinausgelaufen, der Konzern

---

[289] SA Heidelberg, Stadtratsprotokoll 22.4.1941; SA Mannheim, Stadtratsprotokoll 16.5.1941.

[290] ZSA Potsdam, Deutsche Bank 15161, BBC an Dt. Bank, 30.1.1945; GLA, 465a/51/68/902, Aussage Hammerbacher im Spruchkammerverfahren gegen Köhler.

[291] BA-MA, RW 19/1768, Aktennotiz des WiRüAmtes vom 21.9.1939. Nach einer Entscheidung des Generalbevollmächtigten für das KfZ-Wesen sollte das Werk solange weiterarbeiten wie möglich. Auch der DBAG-Vorstand war dieser Ansicht (DBA, I/12, Protokoll der Vorstandssitzung vom 14.10.1939). Die Verlagerung hätte die wichtigsten Betriebsabteilungen Getriebe und Kurbelwelle betroffen.

[292] DBA, I/12, Vorstandsprotokoll vom 12.10.1939.

hätte sich in ein gefährliches Fahrwasser begeben. Kissel war schließlich doch nicht bereit, das Risiko einzugehen, zumal sich die Lage des Gaggenauer Werkes im Februar 1940 mit der Materialzuteilung für Exportaufträge etwas besserte. Er warnte die Gaggenauer Werksleitung davor, seinen Vorschlag umzusetzen, da bei einem Mißverhältnis der zugeteilten Mengen zum Export schnell mit einem Eingriff zu rechnen sei[293]. In der Folge wurde ein Auftrag aus der Mandschurei über 1400 LKWs, der noch aus der Vorkriegszeit vorlag, forciert angegangen[294]. 1939 verhalf der Ausfuhrumsatz dem Werk Gaggenau deshalb dazu, den Umsatzrückgang insgesamt etwas aufzuhalten, obwohl die Exporte im Vergleich zum Vorjahr um rund zwei Millionen Mark zurückgingen[295].

Die Auftrags- und Materiallage brachte für das Gaggenauer Daimler-Benz-Werk zwei Auswirkungen mit sich. Zum einen fiel der Gesamtumsatz von 1938 bis 1939 von 191,04 auf 114,73 Millionen Mark, also um 40 Prozent. Kissel verlangte deshalb schon im Oktober 1939 Konsequenzen: »Es muß vorbereitet werden, Betrieb und Verwaltung entsprechend zusammenzudrücken[296].« Zum zweiten verloren wegen dieser Situation Wehrmacht, Landesarbeitsamt wie auch der Konzern selbst alle Hemmungen, Beschäftigte des Gaggenauer Werks für ihre Zwecke zu nutzen. 1500 Männer kamen zur Wehrmacht, 250 Fachkräfte wurden allein 1939 zum Flugmotorenwerk des Konzerns in Genshagen bei Berlin abgezogen[297]. Zwischen Dezember 1939 und März 1940 verlor das Werk vermutlich weitere 400 bis 500 Arbeiter an die Konzernwerke in Genshagen, Untertürkheim und an Krupp. Die verstärkte Einstellung von Frauen sollte dem Gaggenauer Werk wenigstens einen quantitativen Ersatz bieten[298]. Dies blieb freilich nur graue Theorie: Zwischen 1939 und 1940 schaffte es die Gaggenauer Firmenleitung gerade, 85 weibliche Beschäftigte mehr für ihr Werk einzustellen[299]. Die Einziehungen, Dienstverpflichtungen und Umsetzungen führten schließlich dazu, daß sich die Belegschaft des Werkes von 1938 bis 1940 von 6378 auf 4562 verringerte, also um fast 30 Prozent[300].

Die Anordnung des Chefs des Wirtschafts- und Rüstungsamtes im OKW, General Thomas, vom 14. Dezember 1939, die grüne Zone mit Aufträgen zu versorgen, brachte die Wende für Gaggenau — allerdings nicht im originären Bereich des Werkes, im LKW-Bau. Die Lage hatte sich im Hinblick auf Umsatz und Auslastung so verschlechtert, daß die Konzernleitung dazu bereit war, jeden nur möglichen Strohhalm zu ergreifen. Zudem stellte sich die Materialversorgung für den LKW-Bau außerhalb der Kriegsaufträge auch für das zweite Quartal 1940 als sehr unsicher heraus. »(Wir) halten [...] es für zweckmäßig«, schrieb Wilhelm Kissel im Januar 1940 an die Gaggenauer Leitung, »wenn Sie sich

[293] DBA, Kissel VI/4, Kissel an Leitung Gaggenau, 17.2.1940.
[294] DBA, Leistungsbericht der DBAG 1940, Bd 10 (Werk Gaggenau), S. 45f.
[295] Ebd., S. 47.
[296] DBA, I/12, Vorstandsprotokoll vom 12.10.1939.
[297] DBA, I/12, Vorstandsprotokoll vom 13.12.1939.
[298] DBA, Kissel, Werk Gagg., VI/4, Kissel an Werksleitung, 19.1.1940; Werk Gagg. an Vorstands-Mitglied Hoppe, 8.3.1940; I/13, Vorstandsprotokoll 9.4.1940.
[299] DBA, DBAG 31, Sonderbericht 22.11.1945, Zahl der Arbeitskräfte in den Werken 1939 bis 1944.
[300] DBA, Leistungsbericht der DBAG 1940, Bd 10 (Gagg.), S. 14; DBAG 31, Sonderbericht 22.11.1945, Zahl der Arbeitskräfte in den Werken 1939 bis 1944.

um solche Rüstungsaufträge, die gerade zur Zeit verteilt werden, bemühen[301].« Die Anordnung bezog sich auf Munitionsprogramme, die dem Werk dazu verhelfen sollten, in die kriegswichtige Dringlichkeitsstufe I eingeordnet und damit vor dem Abzug von Arbeitskräften geschützt zu werden. Der Konzern kam mit seiner Absicht auch dem Bestreben der Rüstungsinspektion V entgegen, die bemüht war, freie Kapazitäten für das Munitionsprogramm einzuspannen. Die Produktion lief im Mai 1940 an und umfaßte 300 bis 500 Arbeitskräfte, also rund zehn Prozent der Beschäftigten, wobei die Konzernleitung sich auch dazu bereit zeigte, die Munitionsproduktion in Gaggenau noch auszuweiten[302]. Dazu kam es nicht mehr, da in der Zwischenzeit ein Kriegsprogramm für die LKW-Produktion aufgelegt wurde.

Das Kalkül der Konzernleitung ging aber nicht völlig auf. Die Beteiligung Gaggenaus am Munitionsprogramm verhalf dem Werk nicht zu einem vollständigen Schutz seiner Beschäftigten. Im April 1940 hatte der Vorstandsvorsitzende Kissel noch gefordert:

»Es ist gelungen, das Werk Gaggenau in die Kriegsprogramme hineinzubringen und Kontingente zu beschaffen. Damit ist das Werk Gaggenau endlich auf eine Produktionsmöglichkeit gestellt und muß daher in Arbeiterfragen endlich zur Ruhe kommen[303].«

Im Mai 1940 verlangte das Landesarbeitsamt eine weitere Abgabe von 20 Fachkräften, die über den Reichsausgleich in Betriebe anderer Regionen umgesetzt werden sollten. Beschwerden beim Amt und beim Rüstungskommando wurden unter Hinweis auf die Anweisung von »höchster Stelle«, alle Beschäftigten außerhalb der Dringlichkeitsstufe I abzuziehen, abgelehnt. Der Konzernvorstand ließ es damit aber nicht bewenden und besann sich auf seine Beziehungen. Kissel wandte sich über das Daimler-Benz-Vorstandsmitglied Jakob Werlin, den späteren »Generalinspektor des Führers für das Kraftfahrwesen«, an Reichsarbeitsminister Seldte. Ob etwas dabei herauskam, ist nicht bekannt[304]. Das Gaggenauer Daimler-Benz-Werk erhielt für das vierte Quartal 1940 erstmals einen Wehrmachtauftrag zur Kriegsproduktion von Lastwagen, der allerdings außerhalb der höchsten Dringlichkeitsstufen lag. Die ursprünglich fünf im Werk produzierten LKW-Typen wurden auf zwei reduziert, den 3-Tonner L 3000 und den 4,5-Tonner. Zusammen mit den Exportaufträgen — der Gaggenauer Betriebsleiter Gedult von Jungenfeld rechnete mit 800 Fahrzeugen für Spanien und Italien — sah das Werk die Materialfrage als gesichert an[305].

Allerdings schaffte es Gaggenau in der Folge ebensowenig wie die anderen süddeutschen Werke des Konzerns, die Bestellungen der Wehrmacht vollständig zu erfüllen. Dabei gab es vor allem technische Probleme mit der Umstellung von den alten zu den neuen LKW-Typen, da die neue 3- und 4,5-Tonner-Baureihe unausgereift in Serie ging. Auch die

301 DBA, Kissel VI/4, Werk Gagg., Kissel an Werksleitung, 19. 1. 1940. Zum Kampf um Aufträge für die Zone siehe Kapitel III, 2.

302 DBA, I/13, Vorstandsprotokoll 9. 4. 1940; VI/4 Kissel, Werk Gagg., Kissel an Werksleitung, 17. 2. 1940. Zu den Dringlichkeitsstufen siehe Kapitel III, 3.

303 DBA, I/13, Vorstandsprotokoll, 9. 4. 1940.

304 DBA, Kissel XIII/3, Werk Gaggenau an das Rüko Stgt., 18. 5. 1940; dass. an das LAA Südwest, 20. 5. 1940; Aktennotiz Anruf des Rüko, 21. 5. 1940; Kissel an Werlin, 14. 6. 1940.

305 DBA, I/13, Vorstandsprotokoll vom 4. 9. 1940.

Materialbeschaffung blieb trotz den Erwartungen von Jungenfelds ein Sorgenkind[306]. Dennoch wirkte sich 1941 die Kriegsproduktion erstmals positiv auf Umsätze und Beschäftigte des Gaggenauer Werkes aus, deren Höhe und Zahl gegenüber 1940 wieder zunahmen[307].

Da die LKW-Programme innerhalb der Kriegsproduktion lange keine höchste Priorität hatten, blieb trotz der Wehrmachtaufträge für Gaggenau weiterhin die Gefahr bestehen, daß das Landesarbeitsamt Beschäftigte für andere Unternehmen wegverpflichtete. Im Herbst 1940 war das Munitionsprogramm heruntergeschraubt worden, Anfang 1941 arbeiteten deshalb nur noch rund 8 Prozent der Gaggenauer Beschäftigten für geschützte Produktionen, während über 70 Prozent bei der LKW-Fertigung und 20 Prozent für den Export eingesetzt waren[308]. Der Konzern-Vorstand, alarmiert durch einen Brief des Reichsministers für Bewaffnung und Munition, Fritz Todt, vom 19. März, teilte dem Werk Gaggenau schon fünf Tage später mit, daß die kriegswichtigen Aufgaben »jedes Material und jeden Menschen« beanspruchten[309]. Das hieß im Klartext, daß jede Produktion außerhalb der Wehrmachtaufträge und selbst der Export gestrichen werden mußte. Ansonsten drohte Gaggenau erneut der Abzug von Beschäftigten.

Der Daimler-Benz-Konzern hatte aber seit den Abzügen im Jahr zuvor gelernt, mit den Behörden umzugehen, zumal Gaggenau jetzt auch in keiner störenden Zone mehr lag. Die Lösung lautete, die Produktion innerhalb des Konzerns so umzuschichten, daß die gefährdeten Werke mit kriegswichtigen Fertigungen aufwarten konnten. Möglich war ein solches Manöver allerdings nur einer Rüstungsschmiede, die über einen reichen Fundus an Aufträgen verfügte und sie nach Belieben unter ihren verschiedenen Werken aufteilen konnte. Im Notfall ging das sehr schnell: Noch Ende März 1941 erhielt Gaggenau auf Kosten der LKW-Fertigung einen Auftrag, der im Rahmen der Sonderstufen lag, der wichtigsten Rüstungsprogramme des Reiches also. Deren Produktionen waren gegen den Abzug von Arbeitskräften geschützt. Ab Juni/Juli 1941 stellten die Gaggenauer Beschäftigten Motorenteile für die Marine sowie für Flugzeuge her[310].

Verglichen mit dieser Professionalität wirkte die Arbeit der von Minister Todt im Wehrkreis V eingesetzten Prüfungskommission V dilettantisch. Die Kommission wollte nach einer Überprüfung im April 1941 vor Anlauf der Programme dem Gaggenauer Werk 50 Facharbeiter entziehen, für die 200 Anzulernende, vermutlich Zwangsarbeiter, zugewiesen werden sollten. Ein solcher Abzug kam aber für den Vorstandsvorsitzenden Kissel »keinesfalls in Frage«[311]. Die Firma setzte sich vermutlich mit ihrem Einspruch durch, obwohl der Vorstandsvorsitzende mit der Situation in Gaggenau selbst unzufrieden war und dort mit einer neuen Leitung »zugreifen« wollte[312].

---

306 DBA, I/13, Vorstands-Protokolle 28.3.1941 und 12.8.1941.

307 DBA, DBAG 31, Sonderbericht 22.11.1945, Arbeitskräfte und Umsätze in den Werken 1939 bis 1944.

308 DBA, Kissel Werk Gagg., XIII/3, Zentrale an Werk, 6.2.1941.

309 DBA, Kissel, Werk Gagg., VI/5, Kissel an Werk, 24.3.1941; Kissel an v. Jungenfeld, 4.4.1941.

310 DBA, I/13, Vorstandsprotokolle 28.3. und 29.5.1941. Zu den Sonderstufen siehe Kapitel III,3.b.

311 DBA, Kissel, Werk Gagg., XIII/3, Kissel an Werksleitung, 28.4.1941 (Zitat); VI/5, Kissel an Werksleitung, 17.5.1941. Zu den Kommissionen siehe Kapitel IV,3.b.

312 DBA, Kissel, Werk Gagg., XIII/3, Kissel an Paulus, 17.5.1941.

Das Mannheimer Werk wurde von vornherein in das Kriegsprogramm einbezogen, da sich dort seit Anfang 1939 die Produktion einer geländefähigen Version des 3-Tonner-LKWs in der Planung befand. Die Konzernleitung verlagerte bei Kriegsbeginn die traditionelle PKW-Fertigung des Werkes nach Sindelfingen, um für den 3-Tonner mehr Kapazitäten freizuhaben. Die Wehrmacht übernahm diesen Fahrzeugtyp bei Kriegsbeginn zunächst als einzigen kriegswichtigen Lastwagen der Firma in ihr Kriegsprogramm[313]. Obwohl die Produktion schon bald wegen des Ausfalls von Zulieferern ins Hintertreffen geriet, verdoppelte das Werk seinen Umsatz bei der LKW-Kriegsproduktion 1940 gegenüber dem Vorjahr auf rund 66 Millionen RM, obwohl erst 1939 die Spitzenleistung seit der Weltwirtschaftskrise erreicht worden war. Der Konzernvorstand sparte gegenüber der Mannheimer Leitung denn auch nicht mit »Dank und Anerkennung für die Aufbauarbeit«[314]. 1941 verhinderte selbst ein verheerender Luftangriff nicht die weitere Steigerung des Gesamtumsatzes auf 78,8 Millionen Mark, wovon wiederum 69 Millionen auf den LKW-Bau entfielen.

Angesichts dieser Entwicklung stellte sich der Konzern auf weitere größere Investionen ein und verfolgte Mitte 1941 sogar das Ziel, sein Mannheimer Werksgelände mit einem Plus von 300000 Quadratmeter zu verdoppeln[315]. Im März 1942 genehmigte der Vorstand 1,14 Millionen Mark für den Grundstückskauf in Mannheim[316]. Auch bei den Beschäftigten sah es anders aus als beim Gaggenauer Werk: Obwohl ebenfalls Arbeitskräfte eingezogen wurden, nahm die Mannheimer Filiale 1940 im Jahresschnitt um rund zehn Prozent zu und stieg auf 3653 an[317].

Mitte 1942 sollte sich die Lage entscheidend ändern. Schon im Vorjahr hatte die Wirtschaftsgruppe Fahrzeugindustrie, ein Gremium des Reichsverbandes der Industrie, die LKW-Aufträge für Daimler-Benz zugunsten von Ford und Opel wesentlich reduziert, um Kapazitäten freizumachen. Die Auftragskürzung traf auch das Mannheimer Werk, das deshalb Anfang 1942 in die Produktion von LKW-Getrieben sowie Aggregaten und Teilen für die Panzerfertigung im Benz-Werk Berlin-Marienfeld eingeschaltet wurde[318]. Diese Entscheidung der Wirtschaftsgruppe zugunsten anderer Unternehmen war für den Konzern und insbesondere für das Daimler-Benz Werk Mannheim ein Vorgeschmack auf eine weit bitterere Pille.

Nach dem Mißerfolg der Wehrmacht in der Winterschlacht vor Moskau Ende 1941 forderte Hitler am 3. Dezember 1941 im einem sogenannten »Führer-Erlaß« zur »Vereinfachung und Leistungssteigerung unserer Rüstungsproduktion« die umfassende Rationalisierung der Industrie. Die Fertigung sollte weitgehend typisiert und normiert werden, um so ihren Übergang zur Massenherstellung zu ermöglichen, die sich auf die Unter-

---

313 DBA, Kissel Werk MA, VI/13, Kissel an von Schell, 25.4.1939; I/12, Vorstandsprotokoll 1.10.1939.

314 DBA, Kissel Werk MA VI/14, Vorstand an Werksleitung, 28.12.1940.

315 SA Mannheim, Protokoll der Stadtratssitzung vom 25.7.1941.

316 DBA, I/15, Vorstandsprotokoll 23./24.3.1942.

317 DBA, Sonderbericht 22.11.1945 zu Umsatz etc.; Kissel Werk MA VI/14, Abtlg. Verkauf 2.7.1940.

318 DBA, I/14, Vorstandsprotokolle 12.8.1941 und 23.10.1941; Kissel IX/5, DBAG an die WSG Fahrzeugbau, 30.7.1941; Kissel Werk MA, VI/15, Aktennotiz Mannheim, 13.12.1941; DBAG MA an Reichsstelle für Eisen und Stahl, 16.12.1941.

nehmen mit den besten Betriebsergebnissen konzentrierte[319]. In der LKW-Produktion steckte die Rationalisierung bis 1942 noch weitgehend in den Kinderschuhen. Rüstungsminister Speer und, für den Konzern enttäuschenderweise, das Benz-Vorstandsmitglied Jacob Werlin, der zum Generalinspektor für das KfZ-Wesen aufgestiegen war, betrieben im Sinne des Erlasses die Reduzierung der Typenzahl. Nur noch die drei LKW-Bauarten 1,5-, 3- und 4,5-Tonner und davon nur jeweils ein Fahrzeug-Typ sollten produziert werden dürfen — die Frage war nur, welcher. Im 3-Tonner-Bereich, in dem bis dahin immerhin noch fünf Typen hergestellt wurden, hatten sich schwerwiegende Nachteile des in Mannheim und Gaggenau produzierten Daimler-Benz-LKWs ergeben: Im Vergleich zu seinem Hauptkonkurrenten, dem »Opel-Blitz«, erwies er sich als 1000 Kilogramm schwerer und wesentlich teurer[320].

Als aus dem Hause Opel AG im Frühjahr 1942 ein Memorandum vorgelegt wurde, wonach der Ausstoß von monatlich 2500 auf 6000 Lastwagen erhöht werden könnte, waren die Würfel gefallen. Werlin legte Hitler das Papier vor und ließ sich die Entscheidung für den Opel-Blitz absegnen[321]. Der Generalinspektor stand auch hinter der Idee des Opel-Produktionsleiters Heinrich Wagner, das Mannheimer Daimler-Benz-Werk als zusätzliche Produktionsstätte für den Lastwagen der Konkurrenz zu nutzen. Dadurch könnten die Zubehörteile in größeren Massen und damit billiger bezogen werden, argumentierte Werlin bei der entscheidenden Vorstandssitzung in Untertürkheim[322].

Ohne Kenntnis des Konzern-Vorstandes ließ Speer den ehemaligen Opel-Manager und nunmehrigen Direktor des Mannheimer Benz-Werkes, Gottlieb Paulus, im Frühsommer 1942 prüfen, ob die Umstellung möglich sei[323]. Speer und Werlin verzichteten also bei der Entscheidung auf eine Mitwirkung des Daimler-Benz-Führungskreises — vermutlich in der richtigen Einschätzung, daß dessen Gegnerschaft zu einem solchen Projekt sowieso feststand. Ein Primat der Wirtschaft, das Roths Studie beweisen will, läßt sich angesichts einer solchen Tatsache kaum belegen[324].

Hitlers Generalbevollmächtigter Jakob Werlin informierte den Daimler-Benz-Vorstand erst auf seiner Sitzung am 3. Juni 1942 über den Prüfungsauftrag für Paulus. Der Vorstandsvorsitzende Kissel war darüber so verärgert, daß er auf die kommende Sitzung des Hauptausschusses Kraftfahrzeuge verzichten wollte und die Pläne zunächst ablehnte:

»Die Folgen eines Überganges auf die Fabrikation des Opel-Wagens seien völlig unübersehbar, und er könne auch nicht verstehen, daß man so leicht auf Opel übergehen wolle[325].«

---

[319] Siehe Kapitel III, 3.

[320] DBA, I/12, Vorstandsprotokolle, 4.4.1939 und 3.6.1942; vgl. Roth, Der Weg zum guten Stern, S. 283 ff.

[321] DBA, I/15, Vorstandsprotokoll der Sitzung vom 3.6.1942; Kugler, die Behandlung des feindlichen Vermögens, S. 65 ff.

[322] DBA, I/15, Vorstandsprotokoll der Sitzung vom 3.6.1942; Kugler, Die Behandlung des feindlichen Vermögens, S. 68. Roth, der Weg zum guten Stern, S. 284 und Pohl, Die Daimler-Benz AG, S. 94, schreiben den Vorschlag fälschlicherweise Werlin zu.

[323] DBA, I/15 Vorstandsprotokoll der Sitzung vom 3.6.1942.

[324] Laut Vorwort zum Beitrag Roths, Der Weg zum guten Stern, im Daimler-Benz-Buch, S. 8, beweise die Studie, daß die Wirtschaft die Politik Hitlers bestimmte. Vgl. Hentschel, Daimler-Benz, S. 85 f.

[325] DBA, I/15, Vorstandsprotokoll der Sitzung vom 3.6.1942. Von einem direkten Angriff Kissels auf Speer wegen eines »empörenden Eingriff(s) in seine Entscheidungskompetenzen«, den Roth gefun-

Da seine Vorstandskollegen und insbesondere sein späterer Nachfolger, Wilhelm Haspel, die Gefahr sahen, daß die Firma sich bei einem gegenteiligen Beschluß aus der 3-Tonner-Produktion verabschiedete und möglicherweise auch nach Kriegsende nicht mehr daran anknüpfen könnte, blieb Kissel nichts anderes übrig, als umzuschwenken. Er hoffte dabei darauf, daß Daimler-Benz wenigstens den Zuschlag für die Produktion des 4,5-Tonners erhielt, bei dem der Konzern mit der Firma Büssing konkurrierte[326]. Schon am Tag nach dem Vorstandsbeschluß ordnete Hitler an, die Umstellung des Mannheimer Werkes »sofort in Angriff zu nehmen«[327]. Diese kurze Entscheidungsfrist deutet darauf hin, daß das Prüfungsergebnis bereits feststand und Speer auf eine schnelle Realisierung drängte. Die Zustimmung des Konzerns wurde vermutlich nur noch als notwendig erachtet, um die Formen zu wahren und die Industriellen nicht völlig zu verprellen.

Die Verhandlungen mit Opel kamen schnell zum Abschluß, wobei das Ergebnis für Daimler-Benz äußerst günstig ausfiel. Die Firma hatte nur eine Lizenzgebühr von 800000 Mark sowie eine Vergütung von 120 Mark pro Fahrzeug zu bezahlen. Da letzteres bei Lieferungen an die Wehrmacht entfiel, war dieser Passus ohne Bedeutung[328]. Die Geschwindigkeit beim Abschluß des Vertrages mit der Adam Opel-AG hatte allerdings nicht viel zu sagen, denn bis die Produktion des Opel-Blitz in Mannheim endgültig anlief, sollten noch Jahre vergehen. Die Umstellung wurde laut dem zuständigen Ausschußvorsitzenden, dem Opel-Direktor Heinz Nordhoff in einer Aussage nach dem Krieg, »zu einer einzigen Kette von Schwierigkeiten, Unzuträglichkeiten und Sorgen«[329]. Der erste Opel-Blitz lief deshalb in Mannheim statt wie beabsichtigt im Juli 1943, erst im August 1944 vom Band. Für die Beschäftigten des Werkes entwickelte sich diese Phase zu einer Tortur: Überstunden und Sonntagsarbeit »haben nicht mehr aufgehört«[330].

Für die Umstellung mußten rund 2500 Werkzeugmaschinen angepaßt, cirka 5000 große Vorrichtungen und annähernd 35000 Spezialwerkzeuge besorgt werden[331]. Die Beschaffung der dafür notwendigen Produktionsmittel stellte sich als so schwierig und langwierig heraus, daß der Anlauf der neuen Lastwagenfertigung mehrmals verschoben werden mußte[332]. Insbesondere die Werkzeugmaschinen entwickelten sich zum Problem. So

---

den haben will (Der Weg zum guten Stern, S. 284), ist im Vorstandsprotokoll keine Rede. Diese Tatsache untermauert die vernichtende Kritik Volker Hentschels an der Arbeitsweise Roths, er unterlege »Behauptungen mit Quellen- und Literaturhinweisen, die die Behauptungen nicht tragen« (Daimler-Benz im Dritten Reich, S. 87). Hentschel warf Roth »sachliche Inkompetenz und methodische Skrupellosigkeit« vor (S. 95).

326 Ebd.

327 Deutschlands Rüstung, S. 133, Führer-Protokoll Speers vom 4. Juni 42.

328 DBA, I/15, Vorstandsprotokoll vom 14.8.1942; der Vertrag ist abgedruckt in: Die Daimler-Benz AG, Schlüsseldokumente zur Konzerngeschichte, S. 255ff.

329 So die Erklärung Nordhoffs im Spruchkammer-Verfahren gegen den ehemaligen Technischen Direkter des Mannheimer Werkes, Ernst Decker (GLA, 465a/59/3/7780).

330 Angaben des Daimler-Benz-Direktors Paulus, ebenfalls im Prozeß gegen Decker (ebd.).

331 Ebd.

332 Von Juli auf September 1943 und erneut auf August 1944 (DBA, I/15, Vorstandsprotokolle, 9.8.1942). Zwischen den beiden letzten Daten dürfte der Termin mindestens noch einmal verschoben worden sein.

fehlten schon Ende November 1942 unumgängliche 127 Werkzeugmaschinen. Im Sommer 1943 fielen schließlich einige dafür notwendige Spezialwerkstätten Luftangriffen zum Opfer und bei den Vorrichtungslieferanten ergaben sich Kapazitätsprobleme[333]. Opel selbst kam mit der Lieferung einiger Vorprodukte in Rückstand[334]. Die Beschaffungsprobleme vergrößerten sich noch dadurch, daß das Projekt trotz des großen Interesses von Rüstungsminister Speer nicht die höchste Dringlichkeitsstufe erhielt[335]. Zu den Ursachen der verzögerten Produktion zählt aber auch die Beziehung zwischen den beiden Firmen Daimler-Benz und Opel, zwischen denen laut Nordhoff ein »ganz ausgesprochen scharfes Konkurrenzverhältnis bestand, das auf beiden Seiten die Bereitwilligkeit zur Zusammenarbeit schwer belastete«[336].

Zwar entstand im Werk Mannheim keine Produktionslücke, da der Konzernvorstand es schaffte, mit immer weiteren Anschlußaufträgen den eigenen »LGF 3000« bis April 1944 weiterbauen zu lassen, während die Produktion von Panzerteilen aus Mannheim schon 1942 herausgenommen worden war. Doch der Umsatz des Werkes, der der Entwicklung bei der LKW-Produktion folgte, ließ schwere Probleme erkennen. Schon 1942 war er im Vergleich zum Vorjahr in Folge eines Luftangriffs, aber vermutlich auch wegen der beginnenden Umstellung, um über ein Drittel gefallen. 1943 erholte er sich nur schwach[337]. Wilhelm Haspel, seit Juli 1942 Nachfolger Hapels, wollte deshalb schon im Herbst 1942 bei einem Gespräch mit Speer erreichen, daß der Konzern wenigstens für die Umbaukosten von zehn Millionen Mark entschädigt wurde[338].

Angesichts der bei der Umstellung auftauchenden Schwierigkeiten zeichnete sich schon im Herbst 1943 ab, daß der für Februar 1944 geplante Anlauf erneut fraglich werden würde; mit den vorhandenen Maschinen ließ sich zudem nur eine kleine Stückzahl an Opel-Fahrzeugen fabrizieren[339]. Dennoch scheiterte der Vorstandsvorsitzende zu dieser Zeit mit seinem Versuch, Speer von dem Vorhaben abzubringen, da angesichts der Luftgefahr für das Brandenburger Opel-Werk weitere Kapazitäten aufgebaut werden sollten[340]. Nach der tatsächlich eingetretenen Verzögerung des Produktionsanlaufs wandte sich Haspel schließlich im April 1944 an den Chef des Technischen Amtes im Rüstungsministerium, Karl-Otto Saur, um endlich die Einordnung des Opel-Nachbaus in die höchste Dringlichkeitsstufe zu erreichen. Saur gab immer noch keine konkrete Zusage, setzte dafür aber den Daimler-Benz-Konzern unter schweren Druck und verlangte als »Gewalt-

---

[333] Ebd; DBA, Vorstandsprotokolle 4./5.11.1942 und 14./15.9.1943.

[334] DBA, Vorstandsprotokolle 4./5.11.1942 und 14./15.9.1943.

[335] DBA, Vorstandsprotokoll 14/15.9.1943; GLA, 465a/59/3/7780, Schreiben Haspels aus dem Prozeß gegen Decker.

[336] Ebd., Schreiben Nordhoffs im Decker-Prozeß.

[337] Ebd., Schreiben Haspel; DBA, Kissel Werk MA, VI/16, Direktionsmitteilung 2.7.1942; DBAG 31, Sonderbericht der DBAG, 22.11.1945, Umsätze und Produktion. Die Umsatzzahlen für Mannheim lauten in Millionen RM: 1941: 78,8; 1942: 50,9; 1943: 52,4. Die LKW-Produktion: 1941: 7034; 1942: 4402; 1943: 4607.

[338] DBA, Vorstandsprotokoll I/15, 9.8.1942.

[339] DBA, Vorstandsprotokoll 14./15.9.1943.

[340] GLA, 465a/59/3/7780, Schreiben Haspels aus dem Prozeß gegen Decker; DBA, Vorstandsprotokoll 14./15.9.1943.

aktion« die Einführung der 72-Stunden-Woche, um die Arbeiten zu Ende zu bringen[341]. Ein drohendes Sanktionsmittel stand schon seit Herbst 1943 im Hintergrund, falls die Umstellung nicht glücken sollte: die Verlagerung des Mannheimer Maschinenmaterials und der Beschäftigten zum Opel-Werk nach Brandenburg. Diese Maßnahme stand »wiederholt« zur Debatte, versicherte Haspel im Spruchkammerverfahren gegen den Mannheimer Direktor Decker glaubwürdig[342]. Dies hätte nicht nur »schwere Nachteile für den Einzelnen« bedeutet, wie er hervorhob[343], sondern der Konzern hätte eines seiner wichtigsten Werke verloren.

Karl-Heinz Roth geht in seiner Argumentation von einer »Doppelstrategie« aus: Der Konzern soll danach den Produktionsanlauf verzögert haben, indem er eine »Reihe von ›Sachzwängen‹ [...] schuf«, um in der Zwischenzeit eine eigene, konkurrenzfähigere Version des 3-Tonners zu entwickeln[344]. Hinter dieser mit keiner Quelle belegten Aussage steckt die Absicht, die im Daimler-Benz-Buch vertretene Prämisse des Primats der Wirtschaft zu verteidigen. Doch die in den Vorstandssitzungen wiedergegebenen Gründe für die Verzögerung waren so glaubhaft, daß auch Generalinspektor Jakob Werlin im September 1943 die Argumentation akzeptierte und damit einverstanden war, die Umstellungsaktion zu beenden[345]. Roth erwähnt diese Meinungsänderung Werlins mit keinem Wort, obwohl er den Generalinspektor fälschlicherweise als »Vater des ganzen Gedankens« bezeichnet[346].

2500 »Opel-Blitz« hätte Daimler-Benz seit September/Oktober 1943 pro Monat an die Wehrmacht liefern sollen, hieß es in der ursprünglichen Planung. Doch die Produktion begann erst im August 1944 mit bescheidenen 65 bei einem Soll von 400[347]. Erst in diesem Monat teilte das Rüstungsministerium das Werk in die oberste Dringlichkeitsstufe ein, nachdem das Brandenburger Opel-Werk bei einem amerikanischen Luftangriff in Trümmern gegangen war. Der Maschinenpark wurde erweitert, und das SS-Wirtschafts-Verwaltungshauptamt sagte die Versorgung mit Zwangsarbeitern der »erste(n) Wahl« aus Konzentrationslagern zu[348]. In der Folge erhöhte sich die Zahl der Beschäftigten in Mannheim tatsächlich um über 1100 bis September, 1060 von ihnen waren KZ-Häftlin-

341 DBA, Vorstandsprotokoll 15./16.4.1944 (nach Pohl, Daimler-Benz AG, S. 95; Roth, Der Weg zum guten Stern, S. 287).

342 DBA, Vorstandsprotokoll 14./15.9.1943; GLA, 465a/59/3/7780, Schreiben Wilhelm Haspels im Decker-Prozeß. Diese Angabe stimmte mit Deckers Aussage überein. Natürlich hatten beide ein Interesse daran, die Verdienste des ehemaligen Daimler-Benz-Direktors in dem Prozeß hervorzuheben. Daß die Behauptung aber zutrifft, belegt auch das Schreiben des Opel-Direktors Nordhoff, dem ein ähnliches Interesse fehlte und der als Leiter des Sonderausschusses 3-to-LKW davon wissen mußte.

343 GLA, 465a/59/3/7780, Schreiben Wilhelm Haspels im Decker-Prozeß. Daß die Firma dies gekümmert hätte, ist angesichts der Versetzungsaktionen im Werk Gaggenau zu Kriegsbeginn unglaubwürdig.

344 Roth, Der Weg zum guten Stern, S. 285.

345 DBA, Vorstandsprotokoll 14./15.9.1943.

346 Schreiben Oberbaurat Schmidt (Daimler-Benz) an Haspel, 22.12.1942, zit. nach Roth, Der Weg zum guten Stern, S. 285. Die angebliche Verzögerungstaktik wurde auch im Prozeß gegen Direktor Decker nicht angesprochen, obwohl er damit sicherlich Punkte gemacht hätte.

347 DBA, I/15, Vorstandsprotokoll vom 4/5.11.1942; Haspel 19, Überwachung-Lieferprogramm 1944.

348 Zit. nach Roth, Der Weg zum guten Stern, S. 287.

ge, über deren Arbeitseinsatz die Firma frei bestimmte[349]. Mit den zusätzlichen Beschäftigten und Arbeitsmöglichkeiten gelang es zwar, die Ausbringung von September auf Oktober zu verdreifachen. Doch das ab Oktober angestrebte Monatssoll von 900 Fahrzeugen wurde erneut verfehlt: Im November verließ mit knapp 700 die Spitzenzahl das Werk. »Kriegsbedingte Umstände« verhinderten bessere Ergebnisse. Dazu zählten der Ausfall des Mannheimer Großkraftwerks nach einem Volltreffer, wonach die Fabrik Ende Oktober für vier Tage stillstand, häufige lange Arbeitsunterbrechungen durch Alarme sowie die ständig steigenden Transportprobleme, die die Zufuhr von Vor- und Rohmaterial erschwerten[350].

Im Dezember schließlich machten die Kriegslage — am anderen Ufer des Rheins standen Amerikaner und Franzosen — die bisherige Arbeit zunichte: Die Betriebsleitung ließ die wertvolleren Aggregate und Maschinenteile der Fabrik verlagern. Die Produktion wurde zwar bis zum Einmarsch soweit wie möglich aufrechterhalten, doch in den drei Monaten von Dezember 1944 bis Februar 1945 produzierte das Werk Mannheim mit 720 Fahrzeugen gerade noch soviel wie im November 1944[351].

Bis Februar 1945 liefen im Werk insgesamt 2425 »Opel-Blitz« vom Band — eine kaum erwähnenswerte Größe angesichts der 100000 Fahrzeuge, die im Rahmen des Opel-Fertigungskreises produziert wurden. Da Daimler-Benz auch die Produktion der eigenen 3-Tonner im April 1944 stoppte[352], stellte das Werk Mannheim 1944 gerade 3794 Lastwagen her. Der Umsatz hatte sich gegenüber 1941 halbiert[353]. Die Einführung des »Opel-Blitz« im Mannheimer Werk von Daimler-Benz erwies sich damit für beide Seiten als Fiasko. Mit dieser Art von Rationalisierung und Normierung hatte Minister Speer statt einer erheblichen Steigerung eine starke Senkung der LKW-Produktion herbeigeführt. Für den Daimler-Benz-Konzern zahlte sich die Umstellung nicht in barer Münze aus, sondern sie trieb im Gegenteil den Umsatz in den Keller. Wäre die Produktion des Daimler-Benz eigenen 3-Tonners 1944 weitergelaufen, hätten in diesem Jahr zahlenmäßig und ohne Beachtung der kriegsbedingten Hindernisse 5320 Fahrzeuge erreicht werden können, wenn man die Produktion des ersten Quartals als Maßstab nimmt, also 40 Prozent mehr.

Eine ähnliche Entwicklung wie Mannheim machte nach 1942 auch das Gaggenauer Daimler-Benz-Werk durch. Sowohl die LKW-Produktion wie auch der Umsatz des Werkes sanken in einer Umstellungsphase, wobei allerdings unterschiedliche Größenordnungen

---

349 DBA, DBAG 31, Sonderbericht der DBAG, 22. 11. 1945, Beschäftigte; Die Daimler-Benz AG, Schlüsseldokumente, S. 328, Schreiben der Direktion Mannheim an den Vorstandsvorsitzenden Haspel, 22. 12. 1944.

350 BA, R 3/3177, Schreiben des Sonderausschusses 3-to-LKW an den Hauptausschuß KfZ, 21. 11. 1944.

351 Daimler-Benz AG, Schlüsseldokumente, S. 328, Schreiben der Direktion Mannheim an den Vorstandsvorsitzenden Haspel, 22. 12. 1944; DBA, Haspel 19, Überwachung-Lieferprogramm 1944 sowie Stand der Einschreibungen und Produktion vom Januar und Februar 1945.

352 Es ist nicht klar, ob die Wehrmacht keine weiteren Aufträge mehr erteilte, um die Umstellung zu beschleunigen, oder ob die Firma aus eigener Initiative dazu schritt.

353 DBA, Haspel 19, Überwachung-Lieferprogramm 1944; Stand der Einschreibungen etc. Januar und Februar 1945; DBAG 31, Sonderbericht der DBAG, 22. 11. 1945, Umsätze. Der Umsatz lag 1944 im Werk Mannheim bei 39,9 Millionen RM. Roth, Der Weg zum guten Stern, S. 285, zur Gesamtzahl.

und Entwicklungen zu verzeichnen waren, da sich die LKW-Produktion zwischen 1942 und 1944 fast halbierte, der Umsatz aber nur um knapp ein Viertel sank[354].
Anfang 1943 sah es für Gaggenau noch recht gut aus: Die 4,5-Tonnen-Produktion blieb dem Werk erhalten, nachdem die ursprünglich angestrebte Einheitsversion in diesem Bereich gestrichen worden war, da der Umstellungsaufwand bei Daimler-Benz und Büssing zu groß gewesen wäre. Vermutlich spielten hierbei die schlechten Erfahrungen mit dem 3-Tonner eine Rolle. Darüber hinaus teilten Hitler und Speer dem Daimler-Benz-Konzern Anfang Januar 1943 eine Kriegsversion im Fahrzeugbau zu, die Halbkettenvariante »4,5-Tonnen Maultier«, die die Firma in Gaggenau anfertigen ließ. Der als Zugfahrzeug bestimmte Wagen konnte seine Aufgaben aber nicht erfüllen, die Produktion wurde ab Juli 1944 gestrichen. Insgesamt verließen nur 1480 Maultiere in Gaggenau die Werkbänke[355].

Tabelle 11

Umsätze (in Mill. RM) und Produktion im Daimler-Benz-Werk Gaggenau

	1941	1942	1943	1944
Umsätze gesamt	106,8	110,8	96,1	85,1
Umsätze bei LKWs	66,8	78,8	67,7	63,1
Produktion von LKWs	5092	5623	3942	2947

DBAG 31, Sonderbericht der DBAG, 22.11.1945, Umsätze und Produktion

Anfang 1944 schrieb das Kriegsprogramm für Gaggenau pro Quartal ein Soll von 1200 LKWs vor. Während die technische Umstellung bis zu dieser Zeit relativ schnell glückte, nachdem der 3-Tonner im 2. Quartal 1943 gestrichen und das Maultier im August eingeführt worden war, machte vor allem der Mangel an Arbeitskräften einen Strich durch die Rechnung. Insgesamt fehlten 1600 Beschäftigte zur Erfüllung des Solls, darunter vor allem deutsche Fachkräfte, die ja früher in andere Fabriken versetzt, dienstverpflichtet oder eingezogen worden waren. Um zumindest bei den Fachkräften, die auch als »Führungskräfte« für Zwangsarbeiter gebraucht wurden, Erleichterung zu schaffen, setzte die Rüstungskommission kurzerhand alle Beschäftigten der Gaggenauer Eisenwerke in die Benz-Fabrik um[356].
Trotz dieser Maßnahme, die immerhin die Existenz einer rüstungswichtigen Firma beendete, kam die Produktion nie über die 977 Fahrzeuge vom 3. Quartal 1944 hinaus. Bis Anfang September hatte es allerdings immer besser ausgesehen: Das Werk wurde bei der Zuteilung von Beschäftigten bevorzugt und erreichte mit 5197 Arbeitskräften einen

[354] DBA, Haspel 19, Überwachung-Lieferprogramm 1944.
[355] Führerprotokoll Speer, 3. bis 5.1.1943, in: Deutschlands Rüstung, S. 216; DBA, Gaggenau 21, Bericht über den Stand der Umstellung, 3.2.1944; Haspel 19, Überwachung-Lieferprogramm 1944.
[356] BA-MA, RW 20—5/56, Bericht der Rüln-Abtlg. Heer für die Kommandeursbesprechung, 7.1.1944. DBA, Gaggenau 21, Bericht über den Stand der Umstellung, 3.2.1944.

Höchststand; die Produktion überschritt im August mit 430 Lastwagen zum ersten Mal die geplanten 410 und hätte im Quartal das Kriegsprogramm erfüllt. Doch zwei Luftangriffe am 10. September und 3. Oktober 1944 machten diese Arbeit zunichte, die Bomber löschten die LKW-Produktion in Gaggenau praktisch aus[357]. In der Folge intensivierten die Firma und die Behörden die zahlreichen Verlagerungsbemühungen. Damit kam es 1944 zu einem Umsatzminus von rund 23 Prozent gegenüber 1942. Wäre die Produktion ungestört verlaufen, hätten die Verkäufe 1944 mindestens den Wert von 1942 erreicht und wahrscheinlich sogar den Rekordumsatz von 1939 übertroffen.

Die badischen Werke von Daimler-Benz in Mannheim und Gaggenau entwickelten sich in der zweiten Kriegshälfte parallel, da ihre Produktion eng aufeinander abgestimmt war. Die von Rüstungsminister Speer forcierte Umstellung der Werke zog schwere Nachteile beim Umsatz nach sich, der sich erst im dritten Quartal 1944 zu erholen begann. Doch jetzt trafen die Auswirkungen des Krieges beide Werke mit voller Wucht. Diese negative Entwicklung innerhalb des Konzerns galt allerdings nur für die badischen Werke. Das Unternehmen insgesamt steigerte mit der Produktion von Rüstungsgütern seine Umsätze in den Kriegsjahren von 527,6 (1939) auf 953,9 (1944) Millionen Mark, die Bruttogewinne von 101,2 auf 175,1 Millionen[358].

Es brachte deshalb für das Unternehmen insgesamt überragende Vorteile, die Forderungen der Politik erfüllt zu haben, Nachteile wie solche im badischen Raum ließen sich leicht verschmerzen. Das Wechselspiel zwischen betriebsinternen Entscheidungen und politischem Druck, das bei dieser Rüstungsschmiede ablief, läßt erkennen, daß die These eines Primats der Wirtschaft nicht haltbar ist. Die Geschichte der beiden Daimler-Benz-Werke Mannheim und Gaggenau ist darüber hinaus ein gutes Beispiel für die Entwicklung der badischen Betriebe im »Dritten Reich«. Sie zeigt sowohl die Nachteile der Grenzlandlage auf, als auch deren Auswirkungen bis in die letzten Kriegsjahre hinein.

6. Die Kohlen- und Transportfrage

Eines der Hauptprobleme, mit denen die badische Rüstungsindustrie während des gesamten Krieges zu kämpfen hatte, war der Mangel an Rohstoffen und hierbei insbesondere an Kohle. Während sich die Belieferung mit Grundmaterial für die Fertigung nach anfänglichen Schwierigkeiten einspielte[359], führte fehlende Kohle immer wieder, vor allem aber bei Kriegsbeginn und -ende, zu Produktionsausfällen. Diese Problematik ist in Baden im Unterschied zu reviernah gelegenen Regionen auch auf Transportschwierigkeiten zurückzuführen, die den durch zu geringe Zuteilungen verursachten Mangel

---

[357] DBA, DBAG 31, Sonderbericht der DBAG, 22.11.1945, Umsätze und Produktion; Gaggenau 21, Bericht über den Stand der Umstellung, 3.2.1944; Haspel 19, Überwachung-Lieferprogramm 1944. Zu den Luftangriffen siehe Kapitel III,7.

[358] Roth, Der Weg zum guten Stern, S. 334, Tabelle 7.

[359] Siehe dazu die Berichte in der Geschichte der RüIn V, 1.9.1939 bis 31.5.1942 (BA-MA, RW 20—5/4 und 5).

noch verstärkten[360]. Kohle von Ruhr und Saar war nach wie vor einer der »Hauptenergieträger« der industriellen Produktion[361]. Insbesondere die chemische Fertigung lebte von der Kohle. 1938 entfiel auf sie fast ein Viertel des gesamten südbadischen Verbrauchs. Die Papier-, Zell- und Holzstoff- sowie die Textilproduktion folgten, konsumierten aber jeweils nur etwa jede achte der aufgebrauchten Tonnen. Bis 1944 hatte zwar der Maschinenbau die höchste Steigerungsrate im südlichen Landesteil aufzuweisen, sein Anteil war aber mit etwa einem Prozent außerordentlich gering[362]. Andere Energiespender waren für ihn wichtiger geworden.

Schon in Friedenszeiten erforderte der Transport zum süddeutschen Kontor in Mannheim rechtzeitiges Handeln, da im Winter der Rhein zufrieren konnte. Die Kälte hemmte dann auch die Zufuhr per Bahn, deren Kapazitäten ohnedies nicht mit dem Schiffstransport vergleichbar waren. Vor allem für die Schwarzwaldfirmen mußte die Anlieferung vor dem Winter erfolgen, um ihnen einen ausreichenden Vorrat zu verschaffen. Vereiste oder schneeverwehte Straßen konnten den Transport ansonsten verhindern. Waren diese Verhältnisse schon schwierig genug, wurden sie im Krieg noch dadurch erschwert, daß die Wehrmacht die Transportkapazitäten insbesondere der Bahn weitgehend in Anspruch nahm. Zudem wurde der Rhein im ersten wie im letzten Kriegsjahr zur Kampflinie, die Schiffahrt mußte unterbrochen werden. Ende 1939 hieß es:

»Die ursprünglich hauptsächlich durch mangelnde Wagengestellung verursachten Transportschwierigkeiten wurden in immer regelmäßigerer Folge durch völlige Verkehrssperren abgelöst, die zudem auch ihrerseits kein einheitliches Bild boten. Regionalen Sperren folgten solche totaler Art, bald waren Kohlen in die Sperren miteinbezogen, bald nicht. Oftmals wechselten die Anordnungen von einem Tag zum anderen[363].«

In Verbindung mit einem Frostwinter führten diese Probleme dazu, daß der Vorrat der badischen Firmen schon bis zum Jahresende 1939 aufgebraucht war und nur noch in geringem Maße mit der Bahn wieder aufgefrischt werden konnte. Im Februar 1940 erhielt der Bezirk des für die Verteilung zuständigen badischen Bezirkswirtschaftsamtes bei einem Bedarf von knapp 160000 Tonnen Kohle pro Woche gerade ein Viertel davon geliefert[364]. Bei 12 Betrieben kam es dadurch in Mittel- und Südbaden Anfang 1940 zu Stillegungen oder Einschränkungen der Produktion[365]. Die Behörden teilten die Unternehmen in drei Dringlichkeitsstufen ein und beschlagnahmten in Notfällen als Überbrückungshilfe die Vorräte von weniger wichtigen Firmen. Der Ausfall für die Rüstung hielt sich auf diese Art und Weise noch in Grenzen[366], obwohl der Bedarf von Kriegsfirmen erst an vierter Stelle befriedigt werden sollte. Vor ihnen kamen die Anforderungen für den Hausbrand, dann für die Ernährungswirtschaft sowie die Versorgungs- und Verkehrsbetriebe.

---

360 Ein Beispiel ist Boelcke, Deutsche Wirtschaft, S. 287.

361 Fabricius, Südbadische Industrie, S. 58f.

362 Stat. LA Baden, Die Industrie in Südbaden, Tabelle Kohlenverbrauch.

363 BA-MA, RW 20—5/4, S. 74, Geschichte der RüIn V, 1.9.1939 bis 30.9.1940.

364 BA-MA, RW 20—5/6, Lagebericht RüIn V, 7.2.1940.

365 BA-MA, RW 19/263, OKW-Bericht über die Auswirkungen der Transportschwierigkeiten auf die Wehrmachtsproduktion von 15.1. bis 15.3.1940; GLA, 237/24399, WSK Baden an BWA, 17.2.1940.

366 BA-MA, RW 20—5/4, S. 74, Geschichte der RüIn V, 1.9.1939 bis 30.9.1940.

Daß die Kohle auch zu wirtschaftspolitischen Zwecken mißbraucht werden konnte, machte schon der erste Kriegswinter deutlich, der das intensive Bestreben der regionalen Verwaltungen zum Schutz der eigenen Interessen unterstrich. Im Januar 1940 beschlagnahmte die hessische Landesregierung in Darmstadt die in Sonderzügen für Mannheim anrollenden Bestände. Das Kohlenkontor der Stadt registrierte daraufhin erhebliche Störungen der gesamten Versorgung[367].
Transportprobleme hatten sich fast schon zu einer Art Barometer für die Brennstoffversorgung der badischen Betriebe und Bevölkerung entwickelt. Als französische Truppen im Mai 1940 den Rhein verminten, wurde die Kohlenversorgung sofort kritisch. Die vorgesehene Lieferung eines Zwei-Monats-Bedarfs für die Unternehmen ließ sich dadurch nicht mehr verwirklichen[368], zumal der ansteigende Bedarf der Rüstungswirtschaft die Bestände erschöpfte. Das Transport- vermischte sich so immer mehr mit dem Mengenproblem[369]. Der Winter 1940/41 bewies noch einmal drastisch, daß große Schwierigkeiten entstanden, wenn die Betriebe während der milderen Jahreszeiten nicht mit Vorräten versorgt worden waren. Auch die Kohlensonderzüge, die die eingestellte Schiffahrt ersetzen sollten, brachten nur wenig Hilfe. Sie blieben »größtenteils« im Schnee stecken, einzelne mußten sogar tagelang gesucht werden. Da die Kälte zum Glück für die Firmen nur bis Februar andauerte, waren die Probleme aber relativ bald behoben, und nur zwei Betriebe mußten stillgelegt werden[370].
Diese Verhältnisse bildeten nur einem Vorgeschmack auf die Lage im darauffolgenden Winter. Die industrielle Entwicklung war nach dem Angriff auf die Sowjetunion von einem erheblichen Anstieg der Programme geprägt, der aber nicht von einer dementsprechend höheren Kohleförderung begleitet wurde. Zwischen den Kohlejahren 1940/41 und 1941/42 setzten die Gruben nur eine unwesentlich höhere Menge ab[371]. Daß aber das Mengenproblem nicht die einzige Ursache für die im Winter 1941/42 sich in einem nie dagewesenen Ausmaß auftuende Kohlenlücke gewesen sein konnte, offenbart die Zuteilung. Der Bezirk des Karlsruher Landeswirtschaftsamtes erhielt pro Kopf der Bevölkerung nur eine Menge von 0,66, der Reichsschnitt lag aber bei 0,9 Tonnen. In dieser Differenz drückte sich erneut das Transportproblem aus. Nebel und Niedrigwasser hatten den Rhein schon im Oktober und November 1941 schlecht befahrbar gemacht, ab Mitte Januar war der Fluß zugefroren. Die noch mögliche Zufuhr über die Schiene erwies sich ebenfalls als völlig unzureichend, zumal Lokomotiven für den Nachschub an der Ostfront abgezogen wurden: Die Kohlenkrise wurde endgültig zu einer »Transportkrise«[372].

---

367 BA-MA, RW 21—44/1, KTB Rüko Mannheim, 1.2.1940, S. 8.

368 Ebd.; BA, R 11/77, Auszug aus den 14tägigen Lageberichten der Kammer für Mai 1940, 18.6.1940.

369 WSA Stgt., IHK Kon. 380, Besprechung der IHK-Präsidenten bei Ministerpräsident Köhler, 18.4.1940; BA-MA, RW 20—12/19, Lagebericht RüIn XII, 14.5.1940, Anl. 8.

370 BA-MA, RW 20—5/5, S. 36, Geschichte der RüIn V, 1.10.1940 bis 31.12.1941; RW 21—44/3, S. 18, KTB Rüko Mannheim, 27.1.1941 (Zitat).

371 Der Absatz stieg in diesen Jahren von 320 auf 326 Mill. t Steinkohleeinheiten (Wagenführ, Industrie, S. 167).

372 GLA, 237/24380, Aktennotiz LWA, 29.7.1942; BA-MA, RW 20—5/5, S. 22ff., Geschichte der RüIn V, 1.1. bis 31.5.1942 (Zitat).

Die Folgen waren für Bevölkerung und Industrie am Oberrhein verheerend. Für Baden wurde gerade die Hälfte der Verbrauchshöchstmengen geliefert, obwohl zunächst wenigstens 80 Prozent zugesagt worden waren. In Württemberg standen im Januar für die Industrie noch 13000 Tonnen Steinkohle zur Verfügung — bei einem sieben Mal höheren Bedarf von 90000 Tonnen. In Baden lagen die Verhältnisse ähnlich. Obwohl sich die Prioritäten geändert hatten und das badische wie das württembergische Landeswirtschaftsamt dem Hausbrand im Wehrkreis V jetzt »unter Zurückstellung schwerwiegender Bedenken« monatlich 26000 Tonnen entzogen und an die Betriebe weitergaben, obwohl Schulen und Kirchen geschlossen und die Raumtemperatur allgemein gesenkt wurde, mußten in Baden 178 Betriebe die Arbeit zeitweise einstellen[373]. Die Zahl lag vermutlich noch höher, da viele Unternehmen ihre Meldung zurückhielten, um ihre Mitarbeiter nicht zu verlieren. Sie behalfen sich mit der Gewährung von Urlaub oder beschäftigten ihre Belegschaft mit Aufräumungsarbeiten. Auch bei der Suche nach Ersatz für die ausgebliebene Kohle war Erfindungsreichtum angesagt:

»[Die Betriebe] verheizten alte Eisenbahnschwellen, Holzspäne, Wurzelholz, Kohlenabrieb; die Verfeuerung des Inhalts der Mülleimer war besonders beliebt[374].«

Die geringere Bedeutung der badischen Kriegsproduktion gegenüber der württembergischen machte sich jetzt auch bei der Kohlenfrage bemerkbar. Zum Jahresbeginn 1942 veranlaßte das Rheinisch-Westfälische Kohlensyndikat angesichts der Krise eine Beschränkung der Kohlenbelieferung auf Betriebe mit Schwerpunktproduktion: in Württemberg an neun vorwiegend Stuttgarter und Friedrichshafener Firmen, in Baden aber nur an zwei: das Gaggenauer Daimler-Benz-Werk und die Spinnerei Ettlingen[375]. Die Einflüsse auf die Kriegswirtschaft hatten sich geändert, wie die Stuttgarter Inspektion bemerkte:

»Die Versorgung mit Kohle war [...] zum mitentscheidenden, wenn nicht entscheidenden Faktor der Fertigung geworden. Die Steuerung der Wirtschaft und damit das Problem der Ausbringung der Programme geschah zu einem wesentlichen Teil über die Kohle. Arbeitseinsatz- und Transportfragen traten hiergegen zurück[376].«

Der Versuch, diese Ausgangslage kriegswirtschaftlich auszunutzen, scheiterte allerdings. Die Landeswirtschaftsämter waren seit Ende 1941 angewiesen worden, zur Einsparung von Kohle kriegsunwichtige Firmen stillzulegen. Die Ergebnisse blieben aber für Baden minimal. In einer Branche wiesen die Unternehmen zum Beispiel einen Bedarf von etwa 10000 Tonnen Kohle auf, vorgeschlagen wurde aber nur die Stillegung einer Firma mit einem Verbrauch von cirka 100 Tonnen[377].

Die Randlage wirkte sich durch diese gestiegene Bedeutung der Kohlenfrage erneut nachteilig für Baden aus, während Württemberg im folgenden Halbjahr besser abschnitt. Hier war es möglich, der Anweisung des Reichsbeauftragten für Kohle zu entsprechen, der

---

373 BA-MA, RW 20—5/5, S. 22ff., Geschichte der RüIn V, 1.1. bis 31.5.1942 (Zitat); WSA Stgt., IHK Kon. 14, Referat des Gaubeauftragten für Kohle bei Schulungstagung der Kreiswirtschaftsberater, 28.1.1943.

374 BA-MA, RW 20—5/5, S. 23, Geschichte der RüIn V, 1.1. bis 31.5.1942.

375 Ebd.

376 BA-MA, RW 20—5/5, S. 25, Geschichte der RüIn V, 1.1. bis 31.5.1942.

377 GLA, 237/28821, Referat LWA über die Kohlenlage, o.D. (etwa August 1942). Siehe dazu Kapitel IV, 3.b.

im Sommer 1942 ausdrücklich die Bildung von Wintervorräten unterstützen wollte. Entsprechend erhielten die württembergischen Betriebe Lieferungen über Soll und damit die Möglichkeit, ihre Halden aufzustocken[378]. Für Baden sah es anders aus. Die Transportkapazität der Rheinschiffahrt wurde in großem Maße für den Kohlenexport nach Italien ausgenützt, die Umschlagplätze Mannheim, Kehl und Straßburg für Kriegsmaterial in Anspruch genommen. Die Reichsbahn stellte darüber hinaus im Frühjahr 1942 nur ein Zehntel des angeforderten Waggonraums zur Verfügung. Das führte dazu, daß in Baden nicht einmal die zugesagten Lieferungen ankamen. Die Zufuhr deckte im April 1942 gerade noch 61,5 Prozent des Industriebedarfs, im Juli sogar nur noch 45. Die Betriebe mußten angesichts dieser geringen Lieferungen selbst im Sommer Produktionssenkungen mit Einsparungen verhindern; eine Bevorratung für den Winter war erst recht ausgeschlossen[379].

Da sich zudem der innerdeutsche Kohleabsatz trotz einer Produktionserhöhung nur schwach erhöhte[380], zog die Berliner Reichsstelle für Kohle ihre Zusage zurück, die Zufuhr nach Baden im Spätsommer 1942 um ein Drittel zu steigern. Damit blieb auch die Hausbrandversorgung am Oberrhein weit unter dem Reichsniveau. Die deutsche Bevölkerung erhielt pro Kopf knapp eine Tonne Kohle, die badische mit 0,68 Tonnen ein Drittel weniger. Das Eingeständnis der auswegslosen Lage konnte kaum hilfloser ausfallen, als die vom Karlsruher Landeswirtschaftsamt vorgetragene Hoffnung auf einen milden Winter[381].

In der Tat bewirkte die Witterung der beiden darauffolgenden Winterperioden eine Entspannung, die den Verzicht auf Stillegungen ermöglichte[382]. Die Betriebe benötigten weniger Kohle und nutzten die anfallenden Abfall-Brennstoffe, um das gute Material zu strecken. Zudem hatten sie durch die Lieferung oberschlesischer Kohle eine größere Menge zur Verfügung. Die Vorräte der Industriebetriebe im Bereich der Karlsruher Kammer etwa lagen Anfang Oktober 1943 mit 20400 Tonnen um die Hälfte höher als ein Jahr zuvor mit 13550[383]. Allerdings wurde diese positive Entwicklung durch zwei Faktoren eingeschränkt: Zum einen konnten die Betriebe trotz der Entspannung ihre Kapazität im Frühjahr 1943 »nur in den wenigsten Fällen« voll ausnutzen[384] und die Produktion sank dementsprechend; zum zweiten wurde die der Bevölkerung zur Verfügung gestellte Menge immer weiter gekürzt. Obwohl die badische Bevölkerung wesentlich weniger Kohle verfeuern konnte als die anderer Bezirke, reduzierte die Reichsstelle das Kontingent Anfang

---

378 BA-MA, RW 20—5/5, S. 25f., Geschichte der RüIn V, 1.1. bis 31.5.1942.

379 GLA, 237/28821, Lagebericht LWA, 7.5.1942; Referat LWA über die Kohlenlage, o.D. (etwa August 1942).

380 Das Gesamtaufkommen erhöhte sich zwar zwischen den Kohlenjahren 1941/42 und den folgenden von 410 auf 432 Mio. t Steinkohleeinheiten, der innerdeutsche Absatz stieg aber nur an von 246 auf 250 Mio. t (Wagenführ, Industrie, S. 167, Tabellen 5 und 6).

381 GLA, 237/28821, Referat LWA über die Kohlenlage, o.D. (etwa August 1942).

382 BA-MA, RW 21—21/5, S. 43, KTB Rüko Freiburg, 1. Q. 1943; RW 20—5/17, S. 30, KTB RüIn OR, 1. Q. 1944, GLA, 237/24380, Lagebericht der GWK, 24.1.1944.

383 GLA, 2337/24379, Sitzung der Rükom, 15.7.1943; 237/24380, Bericht der IHK Karlsruhe für Oktober 1943 bis Januar 1944.

384 GLA, 237/28850, LWA-Bericht zur Kohlenversorgungslage in Baden und Elsaß, o.D. (um Feb. 1943).

1943 um ein, im Kohlenwirtschaftsjahr 1943/44 schließlich noch einmal um zwei Zehntel[385]. Eine strengere Kälte hätte sich angesichts dieser Maßnahmen auch politisch außerordentlich brisant auswirken können.

Ab 1944 gewann die Transportfrage endgültig die Oberhand über das Mengenproblem, aber auch der Kohlenabsatz war im Reich trotz des in die Höhe geschossenen Bedarfs sogar leicht gesunken[386]. Das im Rhein seit einiger Zeit auftretende Niedrigwasser verhinderte im Frühjahr die volle Belieferung der Betriebe. Gerade in Mannheim, das als Zielort der Kohleschiffe und Standort des Kontors am ehesten hätte versorgt sein müssen, traten gravierende Probleme zutage. Die Zuteilung erreichte bei Steinkohle 60 Prozent, bei Koks gerade die Hälfte des Bedarfs; die wirkliche Zufuhr blieb aber teilweise »ganz beträchlich« zurück[387]. Das erste Vierteljahr brachte deshalb einen Tiefstand der Kohlenversorgung, der bei einigen Betrieben zu Produktionsausfällen führte. Die eintreffenden Lieferungen reichten gerade aus, um die vordringlichsten Bereiche zu bedienen, alle übrigen Firmen gingen leer aus. Die Mannheimer Kammer stellte fest:

»Es darf darauf hingewiesen werden, daß die Brennstoffversorgung im Augenblick mit das schwierigste Problem für unseren Bezirk darstellt und daß ohne ausreichende überbezirkliche Hilfe bei der weiteren Kürzung des Bedarfs mit einem teilweisen Zusammenbruch der Produktion gerechnet werden muss[388].«

Um die Fertigung so wichtiger Mannheimer Rüstungsfirmen wie Daimler-Benz, BBC und die Motorenwerke aufrechtzuerhalten, mußte die IHK trotz gegenteiliger Anordnungen der Reichsstellen dazu übergehen, der Zellstoffabrik Waldhof als Größtverbraucher von Kohle die Hälfte des Bedarfs zu kürzen — mit der entsprechenden Folge für die Produktion.

In ganz Baden kam es im Frühjahr 1944 zu Stillegungen, die im Winter noch weitgehend vermieden worden waren. Trotz einer persönlichen Zusage von Rüstungsminister Speer an Köhler, ab Mai für höhere Lieferungen zu sorgen, verbesserte sich die Lage erst ab Juni 1944. Doch die Zufuhr blieb weiterhin zu gering, um den Firmen zu einem Vorrat für den Winter zu verhelfen. Auch beim Hausbrand waren Mitte des Jahres erst 18,3 statt 25 Prozent der Sollmenge angeliefert worden[389]. Das Transportproblem wurde immer mehr zur Überlebensfrage, da die Firmen auf dem Papier ausreichende Zuteilungen erhielten, die aber in der Realität nicht eintrafen. Die Bahn war kaum dazu in der Lage, die Schiffahrt zu unterstützen. Luftangriffe auf die Verschiebebahnhöfe von Mannheim und Karlsruhe hatten große Schäden angerichtet, die erhebliche Verzögerungen mit sich brachten[390].

---

385 BA-MA, RW 20—5/22, Lagebericht des FWM, Führungsstab Wirtschaft, 15.1.1943; GLA, 465d/1194, Bericht der Gauleitung, 9.12.1943.

386 Der Gesamtabsatz inklusive des Exports ging zwischen den Kohlejahren 1942/43 und dem folgenden von 344 auf 342 Mio. t. Steinkohleeinheiten zurück, der innerdeutsche Verkauf von 250 auf 248 (Wagenführ, Industrie, S. 167).

387 GLA, 237/24381, WSK Mannheim, Lagebericht für Feb. bis März 1944, 20.4.1944.

388 Ebd.

389 BA, R 3/1596, Speer an Köhler, 5.5.1944; GLA, 2337/24381, Lagebericht IHK-BS Konstanz, 1. Q. 1944, 22.4.1944; 237/24382, GWK-Lagebericht 2. Q. 1944, 29.7.1944; LWA-Lagebericht über die Kohlenversorgung, 4.8.1944.

390 BA-MA, RW 20—5/18, S. 11f., KTB RüIn OR, 2. Q. 1944.

Diese Situation verschärfte sich bis zum Herbst: Häufige Transportsperren nach Luftangriffen und die Einstellung des Güter- und Personenverkehrs bei Tage ab 11. September 1944 brachten den südbadischen Raum »in eine gewisse Isolierung«. Die ständigen Angriffe führten zu einem »erheblichen Ausfall« von Lokomotiven und Wagen, Waggons waren nur noch durch direkte Verhandlungen mit den örtlichen Reichsbahnstellen zu erhalten. Die Zufuhr von Rohstoffen und Halbfabrikaten sowie der Abtransport von Gütern wurden gleichermaßen erschwert, worauf sich in den Betrieben die fertiggestellten Artikel stauten[391]. Angesichts dieser Schwierigkeiten war es nicht erstaunlich, daß die südbadische Industrie trotz der wesentlich höheren Produktion und der zahlreichen verlagerten Betriebe 1944 nur 95 Prozent der Kohlenmenge von 1938 zur Verfügung hatte[392].
Während die Mannheimer Rüstungsbetriebe noch im September 1944 Sonderzuteilungen an Saar-Kohle bekamen, mußten südbadische Betriebe im Oktober an zwei Tagen pro Woche schließen. Schon in diesem Monat erreichten nur noch knapp 40 Prozent der vorgesehenen Liefermengen ihr Ziel[393]. Ab Dezember kam es in Südbaden zu wesentlichen Produktionseinschränkungen auch bei den wichtigsten Firmen, das Singener Gaswerk stellte die Abgabe an die Industriebetriebe völlig ein. Im Januar 1945 wurden auch die Saarlieferungen an Mannheim immer geringer. Bis zu diesem Zeitpunkt hatten sich die Betriebseinschränkungen hier noch in Grenzen gehalten[394]. Nach Süd- und Südwestdeutschland kam in diesem Monat anstelle von 1,1 Millionen mit 158000 Tonnen Kohle gerade ein Zehntel des Bedarfs. Rüstungsminister Speer sah deshalb eine »Katastrophe« für diesen Bereich voraus[395].
Auch die bisher weitgehend ohne Einschränkungen arbeitende badische Stromversorgung geriet Anfang 1945 in Gefahr. Die am Rhein entlang laufende Hauptleitung war direktem Beschuß ausgesetzt; darüber hinaus kürzte die Schweiz wegen der verminderten Kohlelieferungen ihre Abgaben um etwa ein Viertel. Als Hauptstützen der badischen Energieversorung blieben nur das Schluchsee- und das Schwarzenbachwerk übrig. Ersteres ging im Januar dazu über, den Speicherstrom, mit dem nachts die Speicherbecken gefüllt wurden, an die Industrie abzugeben. Damit war der kurzfristige Ausfall des Werks absehbar[396]. Anfang Februar teilte das Mannheimer Kontor schließlich nur noch den im »Notprogramm«[397] arbeitenden Betrieben Kohlen zu, die restlichen Firmen mußten schließen. Selbst mit dieser Maßnahme gelang es aber nur, den Bedarf der innerhalb des Programms arbeitenden Rüstungsbetriebe zu etwa zehn Prozent zu decken. Nachdem schließlich Mitte März auch die Zuteilungen für das Mannheimer Großkraftwerk mit

[391] BA-MA, RW 21—21/11, S. 13, KTB Rüko Freiburg, 3. Q. 1944 (Zitat 1); S. 20ff., KTB Rüko Freiburg, 4. Q. 1944 (Zitat 2).
[392] Stat. LA Baden, Die Industrie in Südbaden, Tabelle Kohlenverbrauch.
[393] BA-MA, RW 20—5/24, Kurzbericht RüIn OR, 5.9.1944; WSA Stgt., IHK Schopf. 1362, Aktennotiz 25.10.1944; IHK Kon. 306, Besprechung bei der WSK Freiburg, 25/26.11.1944.
[394] WSK Stgt., IHK Kon. 306, Aktennotiz über die Kohlenversorgungslage, 31.12.1944; GLA, 465c/25, Sitzung der Kreiskommission Mannheim, 30.1.1945.
[395] BA, R 3/1958, Speer an den württembergischen RVK Murr, 14.1.1945; Boelcke, Deutsche Wirtschaft, S. 338.
[396] BA, R 3/3118, Sitzung des Arb.Ausschusses der Rükom, 4.1.1945.
[397] Siehe Kapitel III, 3.c.

den entsprechenden Folgen für die Energieabgabe gekürzt wurden, brach die bis dahin noch laufende industrielle Produktion endgültig zusammen[398].

7. Wettlauf zwischen Neuaufbau und Zerstörung: Die Luftangriffe

Die Rüstungsproduktion erwies sich bis Mitte 1944 als besonders widerstandsfähig gegen Luftangriffe. Das hatte vor allem zwei Gründe: Die Betriebe wurden relativ schnell wieder notdürftig aufgebaut und bei zerstörten Fabrikhallen verlagerten die Behörden die noch verwendbaren Produktionsmittel in die Umgebung der Großstädte. Ihre zunehmende Dezentralisierung schützte die Kriegsindustrie deshalb in einem erheblichen Ausmaße. Sie machte sie aber nicht unverwundbar[399]. Die schwersten Folgen der Bomberattacken ergaben sich durch ausbleibende Artikel der Vor- und Zulieferer. Als Folge stapelten sich in manchen Unternehmen die Halbfertigprodukte, zumal sich wegen der großen Auslastung nur schwer Ersatzbetriebe finden ließen[400].

Erst im Sommer 1944 änderte sich das Bild: Die Aufbaumaßnahmen dauerten länger und die Produktionsausfälle ließen sich nicht mehr ausgleichen, als die Alliierten den Luftkrieg intensivierten. In den zehn Monaten bis Kriegsende wurden 72 Prozent aller Bomben abgeworfen, die während des gesamten Krieges auf europäische Städte fielen[401]. Da gleichzeitig das Transportsystem immer mehr ins Visier der Bomberpiloten geriet, ließen sich die für den Aufbau benötigten Materialien immer schwieriger beschaffen. Der Wiederaufbau in den Städten geriet so von zwei Seiten unter Druck. Außer dem Verlust an Menschenleben und den Zerstörungen brachten die Luftangriffe zwei weitere Auswirkungen mit sich, die die Kriegswirtschaft auch indirekt schädigten: die Zunahme der Arbeitsunterbrechungen durch die immer häufigeren Alarme sowie die große Zahl an Beschäftigten, die den Unternehmen nach den Bombenabwürfen fern blieben[402].

Mannheim und Karlsruhe wurden zu den ersten wie auch zu den Hauptzielen der Luftattacken auf badische Städte. Am 5. Juni 1940 ordnete das Bomber Command den ersten Angriff auf drei Firmen in Mannheim an. Bedeutende Produktionsausfälle entstanden aber ebensowenig wie bei den folgenden Luftattacken[403]. Erst die Nacht vom 2. auf den 3. September 1942 brachte mit Zerstörungen in Karlsruhe erhebliche Schäden für die badische Kriegswirtschaft. Zwölf Großfirmen, darunter das Schaerer-Werk und Argus, wurden so stark beschädigt, daß sie zunächst total ausfielen, neun weitere kamen nicht viel besser davon. Da aber mit jeder verfügbaren Maschine die Arbeit so schnell wie möglich wieder aufgenommen wurde, schraubten die Beschäftigten den Produktionsausfall

---

[398] BA-MA, RW 20–5/56, RüIn OR an Kohlenkontor Mannheim, 7.2.1945; Unterlagen zu Besprechung mit Speer, 25.2.1945; Besprechung bei Rüko Mannheim, 20.3.1945.

[399] Fear, Rüstungsindustrie im Gau Schwaben, S. 204, bezeichnet die dortige Industrie wohl etwas übertrieben als »unverwüstlich«.

[400] GLA, 237/24381, WSK MA, Lagebericht für November 1943 bis Januar 1944, 29.1.1944.

[401] Jungbeck, Zerstörung, S. 375; Wolf, Luftangriffe, S. 35ff.

[402] Siehe dazu Kapitel IV, 5.

[403] BA-MA, RW 21–44/2, S. 45, KTB Rüko Mannheim, 2. Q. 1940. Vgl. die folgenden KTB.

zu einem bloßen Terminverlust herunter[404]. Noch gab es genügend Ressourcen aller Art, um die Schäden zu begrenzen.

Im zweiten Halbjahr 1943 war es allerdings in Mannheim mit solchen, relativ geringfügigen Maßnahmen nicht mehr getan. Vom 9. August bis Jahresende flogen die Bomber acht Angriffe, davon vier in Großverbänden mit über 200 Flugzeugen. Fast alle bedeutenderen 139 Mannheimer Firmen mit Werkluftschutz wurden bei dieser Angriffserie getroffen, viele zweimal, einige sogar drei- oder viermal. Bei 14 meist kleineren Firmen verzeichnete das Rüstungskommando totale Zerstörungen, 38 waren schwer, 59 noch mittelschwer beschädigt[405]. Besonders stark getroffen wurden Firmen aus den Bereichen der Gießerei- und der Elektroindustrie sowie des Maschinenbaus. Bei Heinrich Lanz mußte bis Oktober auf 50 Prozent der Produktion verzichtet werden, bei der Vögele AG auf 60, bei Stotz-Kontakt und den Motorenwerken sogar auf 80 Prozent. Am 18. November erlitt Daimler-Benz schwere Verluste, die Gießerei und die Schlosserei des Werkes fielen den Bomben völlig zum Opfer, der Werkzeug- und Maschinenbau wurden schwer beschädigt. Tiefe Einschnitte hinterließ der Angriff auch bei BBC, bei der Süddeutschen Drahtindustrie, bei den Zellstoff-Fabriken und schließlich beim Strebelwerk. Die Munitionsproduktion bei der letzteren Firma stand für Wochen still[406].

Dem für den Wiederaufbau notwendigen Aufwand zufolge hatte es die Firmen BBC und Heinrich Lanz bis zum Jahresende 1943 am schwersten getroffen, gerechnet nach den aufzubringenden Arbeitsstunden mußte für Daimler-Benz am meisten getan werden (Tabelle 12).

Wie schnell die Maßnahmen griffen, wird vor allem bei dem Untertürkheimer Zweigwerk in Mannheim deutlich. Es verzeichnete in der Nacht vom 16. auf den 17. April 1943 seinen ersten Schaden, die Folge war ein Ausfall von 41,5 Prozent der Arbeitsstunden. Der Verlust reduzierte sich aber bis Juni auf 15,5 Prozent, und schließlich erreichte das Werk im Juli eine relativ normale Ausfallrate von 8 Prozent. Im September und Oktober trafen die britischen Bomber die Fabrik erneut zweimal, der Ausfall an Arbeitsstunden erreichte im Oktober eine Spitze von 61 Prozent. Drei Monate später war die Rate trotz eines weiteren Treffers im November auf 15,5 Prozent gesunken[407]. Auch insgesamt berichtete die Mannheimer Wirtschaftskammer Anfang 1944 von »wesentlichen Fortschritten« beim Aufbau. Mit relativ geringen Mitteln habe die »behelfsmäßige Wiederherstellung« der total oder teilweise zerstörten Fabriken betrieben werden können. Wo ein Wiederaufbau nicht mehr lohnend erschien, wurden die Betriebe verlagert[408].

---

404 BA-MA, RW 20—5/22, Lagebericht des Badischen Wirtschafts- und Finanzministeriums zum 15.11.1942; GLA, 465d/14, Bericht Wagners an die Parteikanzlei, 8.9.1942; 237/28819, Schadensmeldung der IHK Karlsruhe, 3.9.1942.

405 BA-MA, RW 21—44/7, S. 35ff., KTB Rüko Mannheim, 3. Q. 1943 und Anlage 4, S. 2ff.; S. 15, KTB Rüko Mannheim, 4. Q. 1943.

406 GLA, 237/24381, Lagebericht der WSK Mannheim für September/Oktober, 27.10.1943; 465d/1622, Berichte des Kommandos der Schutzpolizei Mannheim, 19.11.1943 und 21.12.1943; BA-MA, RW 20—5/51, Bericht der Z-Abtlg. Ic der RüIn OR, 4. Q. 1943, 25.1.1944.

407 DBA, Haspel 2/22, Produktive Stundenentwicklung im Werk Mannheim, 1941—1943; Haspel 2/15, Stundenentwicklung im Werk Mannheim unter dem Einfluß von Fliegerangriffen und Alarmen.

408 GLA, 237/24381, WSK Mannheim, Lagebericht für November 1943 bis Januar 1944, 29.1.1944.

Tabelle 12

Der notwendige Aufwand für den Wiederaufbau Mannheimer Betriebe im Dezember 1943

Firma	Arbeits-stunden	Holz (cbm)	Eisen (Tonnen)
BBC	425000	850	1000
DBAG	600000	400	400
Motorenwerke	200000	120	80
Joseph Vögele	180000	–	–
Zellstoffabrik	100000	300	20
Strebelwerk II	75000	150	30
Heinrich Lanz	250000	700	1100

BA-MA, RW 20-5-/56, Bericht Rüko Mannheim zu den Wiederaufbaumaßnahmen, 23.12.1943.

Eine Notiz des stellvertretenden Aufsichtsratsvorsitzenden von Daimler-Benz, Dr. Jahr, über den Aufbau bei Lanz bringt vor Augen, wie die Arbeiten Ende 1943 abliefen:

»Es war direkt erhebend zu sehen, wie dort, größtenteils behelfsmäßig und unter Anwendung primitivster Mittel, die Fabrikation in einem großen Teil des Werkes wieder in Gang gebracht worden ist[409].«

Trotz des relativ schnellen Erfolges litt der Wiederaufbau der Betriebe unter erheblichen Schwierigkeiten. Gerade die Mannheimer Maßnahmen ab dem Winter 1943 gaben dafür ein Beispiel. Zwei Probleme standen im Vordergrund: der Mangel an geeigneten Beschäftigten und das Kompetenzgerangel in den Verwaltungen.

Der Aufbau wurde in erster Linie davon bestimmt, wieviele und welche Art von Beschäftigten eingesetzt werden konnten. 8000 Arbeitskräfte standen zunächst bereit, reichten aber nicht aus. Die Bitte Köhlers an Speer, über die zugeteilten 2000 italienischen Militärinternierten hinaus weitere 1000 Mann zu schicken, blieb erfolglos: Der Gau mußte sich selbst helfen. Die Rüstungskommission zog deshalb als »Gemeinschaftshilfe« aus allen badischen und elsässischen Betrieben mit über 50 Beschäftigten bis maximal ein Prozent der Arbeitskräfte heraus, die vier Wochen lang in Mannheim der Aufbau zu unterstützen hatten[410]. Als die Firmen gegen diese Anordnung protestierten, wurden sie von der Rüstungskommission dazu aufgefordert, sich zu »unterwerfen«[411]. Dazu legte die Kommission jedem Kreis ein Soll an Bauarbeitern auf, die ebenfalls in Mannheim antreten mußten. Da ohnehin Mangel an solchen Beschäftigten herrschte, traf diese Maßnahme die Kreise schwer, zumal sich der vom Rüstungsministerium ernannte Baube-

409 DBA, Haspel 7/117, Notiz Dr. Jahr, 30.11.1943.

410 GLA, 237/2479, Sitzungen der Rükom, 9.10.1943 und 9.12.1943; Sitzung des Arbeitsausschusses, 29.11.1943; BA, R 3/1587, Bl. 76, Speer an Köhler, 24.1.1944.

411 GLA, 237/24379, Sitzung der Rükom, 30.10.1943.

vollmächtigte meist nicht an die vereinbarte Dauer der Abstellung von sechs Wochen hielt. Der Zwangseinsatz badischer Handwerker und anderer Beschäftigter zum Wiederaufbau Mannheims, später auch Karlsruhes, zog sich bis Jahresende 1944 hin[412].
Auch über die Einsatzorte der Beschäftigten gab es Unstimmigkeiten zwischen dem als »Leiter der Sofortmaßnahmen« eingesetzten Oberbürgermeister Carl Renninger und der Rüstungskommission. Während die zivile Verwaltung offenbar in erster Linie den Wohnungsbau unterstützen wollte, zählte für die Kommission zuerst die Reparatur der Betriebe, obwohl selbst die Kommandeure der badischen Rüstungsdienststellen die Schaffung von Unterkünften als vorrangig eingestuft hatten. Die Mannheimer Bauleitung spielte auf Zeit, mußte aber schließlich den mehrmaligen Anweisungen der Rüstungskommission nachkommen und ein Drittel der eingesetzten Beschäftigten allein den Arbeiten bei der Rüstung belassen[413].
Dadurch gerieten die Aufbauarbeiten für den Wohnungsbereich 1944 immer mehr ins Hintertreffen, zumal die Gesamtzahl der in Mannheim eingesetzten Beschäftigten trotz der fünf Luftangriffe von Januar bis Ende Mai 1944 relativ schnell reduziert wurde. Bis Mai standen mit 4200 Männern nur noch die Hälfte der Arbeitskräfte des Vorjahres zur Verfügung, und die Zahl verringerte sich immer mehr. Obwohl Speer persönlich zweimal bestimmt hatte, daß der angeordnete Abzug der italienischen Kräfte aufgeschoben werden sollte, sank die Zahl bis Juli auf gerade noch knapp 3400 Beschäftigte. Der Anteil der dem Aufbau des zivilen Sektors und der Rüstung zugeteilten Männer hatte sich zu dieser Zeit gegenüber dem Vorjahr umgedreht: Zwei von drei Männern arbeiteten jetzt für die Betriebe mit Kriegsproduktion[414]. Die Erfolge beim Wiederaufbau von Betrieben lassen sich insofern darauf zurückführen, daß die Maßnahmen auf Kosten des Wohnungsbaus getroffen worden waren: Die Ressourcen sollten der Rüstung zur Verfügung stehen.
Die organisatorischen Probleme entsprangen der besonderen Verwaltungsstruktur, die für den Wiederaufbau der Stadt eingerichtet wurde. Ihr waren im Oktober 1943 Bemühungen der Industrie vorausgegangen, die Arbeiten durch die Gründung von vier »Selbstverwaltungsbezirken« voranzubringen. Zunächst gab es zwei getrennte Abteilungen für die zivilen Aufbauten und die Rüstungsarbeiten. Entsprechend dem typischen nationalsozialistischen Verwaltungsaufbau überschnitten sich ihre Kompetenzen. So verfügten beide Behörden über unterschiedliche Baumaterialien, für die die jeweils andere erst einen Antrag stellen mußte. Erst im Februar 1944 wurde Oberbürgermeister Renninger die Aufsicht über beide Abteilungen übertragen, da »es sich als gut erwiesen habe«, wenn sie sich in einer Hand befinde, wie er triumphierend in einer Sitzung des Mannheimer

412 StA Freiburg, LA Villingen 1425, Runderlasse des Baubevollmächtigten, 18.12.1943, 3.1.1944; Aktennotiz des Landrats, 21.3.1944, und weitere Vorgänge; LKK 1902, Erlaß des Baubevollmächtigten, 10.2.1944 und folgende Vorgänge. Vgl. zum Einsatz der Handwerker auch den Bericht der DAF Freiburg, 26.1.1944 (BA, NS 5 I/58).

413 GLA, 237/24379, Sitzungen der Rükom, 30.10.1943 (Zitat) und 9.12.1943; Sitzung des Arbeitsausschusses, 25.11.1943; BA-MA, RW 20—5/51, Aktennotiz der RüIn OR zu Kommandeur-Besprechung, 1.11.1943.

414 SA Mannheim, Stadtratsprotokoll 23.2.1944; GLA, 2337/24379, Sitzung des Arbeitsausschusses, 18.5.1944, und der Rükom, 4.7.1944.

Rates bemerkte[415]. Die bürokratischen Hemmnisse beschränkten sich allerdings nicht nur auf Mannheim, wie sich bei den Reichsbehörden zeigte. Sie waren für die verzögerte Zuteilung der Materialien verantwortlich, die Ende Januar 1944 erst rund ein Fünftel des benötigten Eisens umfaßte[416].

1944 kam es zu 19 Luftangriffen auf Mannheim, die die Industrie mehr und mehr beeinträchtigten und zu einem immer schnelleren Wettlauf zwischen Zerstörung und Wiederaufbau führten. Die langanhaltenden Kapazitätsverluste führten dazu, daß der Umsatz der von Kommando und Landeswirtschaftsamt betreuten Mannheimer Firmen zwischen Juli und November 1944 um 65 Prozent sank[417].

Das Beispiel Daimler-Benz Mannheim zeigt, weshalb es den Firmen bis Mitte 1944 in der Regel schnell gelang, die Produktion nach Angriffen wieder hochzuziehen. Die Bomben zerstörten 1944 zwar die Fabrikaufbauten, aber von den Produktionsmitteln fielen gerade 27 Werkzeugmaschinen und damit nur ein geringer Teil den Angriffen zum Opfer, 111 wurden beschädigt[418]. Die Grundlagen für eine Wiederaufnahme der Produktion blieben damit bis Kriegsende erhalten. Wenn der Bestand an Maschinen schwer getroffen wurde, waren die Betriebe in einer weniger günstigen Situation. Das betraf auch die größte badische Fabrik, die Heinrich Lanz AG. Die Luftangriffe hatten bis Kriegsende 90 Prozent der Gebäude und die Hälfte aller Maschinen zerstört. Von über 3500 Werkzeugmaschinen waren gerade noch 800 intakt. Entsprechend verzeichnete die Firma 1944 einen gravierenden Umsatzverlust von 30 Prozent gegenüber dem Vorjahr, der wesentlich auf die Schäden zurückzuführen war[419].

Die Betriebe in Mannheim und Karlsruhe mußten während des Krieges eine Vielzahl an Angriffen über sich ergehen lassen, überstanden sie aber wie das Daimler-Benz-Werk noch relativ gut. Ein Grund dafür war auch, daß die Luftattacken bis Mitte 1944 selten nur einem Werk galten, sondern sich meist auf größere Gebiete konzentrierten. Einzelne Betriebe und Städte, die danach mit der Intensivierung der Angriffe ins Visier der Bomber gerieten, wurden dagegen oft vollkommen zerstört. Das galt etwa für das Gaggenauer Zweigwerk von Daimler-Benz, das am 10. September und 3. Oktober 1944 den Bomben weitgehend zum Opfer fiel.

Nach dem zweiten Angriff war an einen Wiederaufbau des Werks bis Kriegsende nicht zu denken. Er machte die nach dem ersten schnell in Gang gekommenen Bemühungen zur Makulatur. Die Maschinen wären wieder funktionstüchtig gewesen, die Werkzeugmaschinen verschiedener Abteilungen arbeiteten sogar schon wieder. Laut Planung hätte die Fertigung zum 1. November erneut einsetzen können[420]. Drei Punkte verhinder-

---

[415] BA-MA, RW 20—5/56, Kurzbericht der Z-Abtlg. der RüIn OR, 8.1.1944; GLA, 237/24379, Sitzung der Rükom am 7.10.1943; SA Mannheim, Protokoll des Stadtrates, 23.2.1944 (Zitat).

[416] BA-MA, RW 20—5/51, Bericht Abtlg. TB der RüIn OR, 26.1.1944.

[417] Boelcke, Deutsche Wirtschaft, S. 335 (ohne Quellenangabe).

[418] DBA, DBAG 21, Sonderbericht, 22.11.1945.

[419] Fischer, Ein Jahrhundert der Landtechnik, S. 298 und 331.

[420] DBA, Hoppe 6, Sonderbericht DBAG, Werk Gaggenau, Die Stundenentwicklung unter dem Einfluß von Fliegeralarmen und -schäden; Werk Gaggenau 23, Zwischenbericht über die Arbeiten nach dem Fliegerangriff vom 10.9.1944, 23.9.1944; Bericht über den Fliegerangriff vom 3.10.1944; Jungbeck, Zerstörung, S. 378.

ten aber nach den Zerstörungen im Oktober ähnliche Bemühungen: Die Nähe zur herannahenden Front, da die Alliierten im November ins Elsaß eindrangen; die relativ abgelegene Lage des Werks, die den Antransport von Reparatur- und Baumaterial erschwerte, zumal die Luftangriffe die Verkehrsprobleme erheblich vergrößert hatten; die fehlende Vorsorge der Betriebsleitung, die keine Unternehmensteile verlagert hatte, da der Angriff vom September der erste auf das Werk überhaupt war[421]. Ohne diese Hindernisse hätten Aufbauarbeiten in Gaggenau auch nach dem zweiten Angriff vielleicht zu Ende geführt werden können.

Den Luftangriffen allein fehlten demzufolge trotz ihrer verheerenden Zerstörungen in der Regel die Kraft, die Fertigung der badischen Rüstungsindustrie lahmzulegen. Die Schäden insbesondere bei den wichtigsten Produktionsmitteln, den Maschinenanlagen, waren nicht so groß, wie sie auf den ersten Blick schienen, zudem machten es Verlagerungen oft möglich, die Produktionseinbrüche wieder aufzuholen. Der deutschen Industrie war es unter diesen Voraussetzungen möglich, ihre Ausbringung bis Ende 1944 auf einer erstaunlichen Höhe zu halten, die immer noch über der des Vorjahres lag[422]. Weniger die Angriffe auf die Städte und Produktionszentren führten somit zum Rückgang der industriellen Fertigung, sondern diejenigen auf Verkehrsadern und Umschlagplätze. Die Schäden in diesen Bereichen verhinderten die Zufuhr von Rohstoffen und Halbzeug und trafen die Industrie damit ins Mark[423].

Die Pforzheimer Betriebe und Bevölkerung wurden trotz des Rüstungscharakters der Stadt erst im Februar 1945 Ziel einer verheerenden Attacke. Die südbadische Rüstungsindustrie hatte im Gegensatz zur nordbadischen im allgemeinen kaum unter Angriffen zu leiden. Erst im Herbst 1944 griffen alliierte Bomber einzelne Städte südlich von Karlsruhe an. Freiburg wurde am 27. November so weitgehend zerstört, daß das wirtschaftliche Leben für einige Zeit lahmgelegt war. Insgesamt aber erlitten die Unternehmen in diesem Raum mit Ausnahme des Daimler-Benz-Werks in Gaggenau nur wenige Zerstörungen. Die gesamte südbadische Aluminiumindustrie etwa, die zu der wichtigsten des Reiches zählte, konnte solange ungestört weiterproduzieren, wie Rohstoffe vorhanden waren[424]. Ziele im Reichsinneren waren den alliierten Befehlshabern offensichtlich wichtiger. Daß die geographische Randlage nicht ausschlaggebend gewesen sein konnte, zeigte sich etwa beim Angriff auf den Ort Brombach bei Lörrach, der wichtige Verlagerungsbetriebe beherbergte. Am 24. Februar 1945 beschädigten die Bomben die zu einem Textilbetrieb verlagerte Firma Teves schwer, eine zweite nur etwas weniger[425].

---

421 Nach einem Bericht der »United States Strategic Bombing Survey«, Rep. 82, zit. nach: Jungbeck, Zerstörung, S. 378 f.

422 Wagenführ, Die deutsche Industrie, S. 187 ff.: Indexziffern der Gesamtproduktion (Jan./Feb. 1942 = 100): Dezember 1943: 222; Juli: 322; Dezember 1944: 263; Januar 1945: 227. Vgl. Wolf, Luftangriffe, S. 60 ff., S. 87; Jungbeck, Zerstörung, S. 375 f.

423 Siehe Kapitel III, 6.

424 StA Freiburg, NS 68, Bericht des Arbeitsamtes Freiburg für Dezember 1944 und Januar 1945; Wolf, Luftangriffe (Schreiben der Aluminium-Walzwerke Singen sowie der Werke Wutöschingen, Teningen, Rheinfelden und Villingen an Wolf), S. 106 f.

425 StA Freiburg, LA Lörrach 1381, Aktennotiz Landrat, 26. 2. 1945; Rüln OR an Landrat, 16. 3. 1945.

8. Auf der Suche nach Sicherheit: Die Verlagerung von Rüstungsbetrieben

a) Der Drang auswärtiger Firmen nach Südwesten

Die zunehmenden Bombenattacken brachten in der zweiten Hälfte des Krieges immer mehr Betriebe dazu, ihr Heil in scheinbar sicher gelegenen Regionen des Reiches zu suchen. Baden und insbesondere der südliche Teil des Landes boten sich hierfür an, da hier noch relativ wenige Rüstungsproduktionen konzentriert waren, ein Anreiz zu Luftangriffen deshalb noch nicht bestand. Auch die Topographie des Schwarzwalds ließ Angriffe unwahrscheinlich erscheinen[426].

Bis September 1944 suchten 328 einheimische und landesfremde Betriebe Zuflucht zu einer anderen Produktionsstätte innerhalb des Gaues[427]. Danach dürfte die Zahl wegen der ansteigenden Verkehrsprobleme kaum mehr zugenommen haben, wenn die aus dem Elsaß rückverlagerten Betriebe außer acht gelassen werden. Die regionale Aufteilung der Unternehmen ist nicht bekannt, sie läßt sich aber nach einer Liste der Rüstungsinspektion über rückverlagerte Firmen relativ genau schätzen. Danach wurden 88 Betriebe bis 14. Oktober 1944 teilweise oder ganz aus dem Elsaß nach Osten verfrachtet, wesentlich größer war die Zahl der reichsdeutschen Firmen im Elsaß nicht[428]. In Süd- wie Nordbaden befand sich mit jeweils cirka 120 ungefähr die Hälfte der restlichen Firmen[429]. Die Betriebe belegten bis September 1944 im Gau rund zwei Millionen Quadratmeter an neuen Produktionsstätten. Wenn man bedenkt, daß die Inspektion im Juli 1943 noch mit gerade 400000 Quadratmetern rechnete, die für eine Verlagerung zur Verfügung stünden, wird die Dimension erst richtig deutlich[430]. Etwa 30000 Beschäftigte mußten bis Ende September 1944 ihren Betrieben an den neuen Produktionsort folgen. Auch hier macht ein Vergleich die Größenordnung klar: Das waren so viele Männer und Frauen, wie die Textilindustrie als zu dieser Zeit zweitgrößter badischer Industriezweig umfaßte[431].

Diese Dimensionen verdeutlichen, daß die Verlagerungen für Baden schwerwiegende Probleme mit sich bringen mußten. Allerdings hatten andere Länder noch wesentlich mehr Lasten zu tragen. So zog es bis Anfang September 1944 mit 1132 die dreifache Zahl verlagerter Betriebe nach Württemberg. Der Nachbar lag im November 1944 auch bei den in den Südwesten verbrachten Personen mit rund 66000 Männern und Frauen in der

---

426 Das Thema Verlagerungen stellt ein Desiderat in der bisherigen Forschung dar. Gesamtabhandlungen existieren dazu ebensowenig wie zu dem unten behandelten Bereich der Untertageverlagerungen. Vgl. dazu: Werner, »Bleib übrig !«, S. 285ff.; Eichholtz, Kriegswirtschaft 2, S. 153ff.; Janssen, Ministerium Speer, 148f.

427 BA-MA, RW 20—5/24, Bericht RüIn OR, 5.9.1944.

428 BA-MA, RW 20—5/45, Liste über rückverlagerte Betriebe aus dem Elsaß, Stand 14.10.1944.

429 BA-MA, RW 20—5/8 bis 11, KTBer Rüko Freiburg, 3. Q. 1943 bis 3. Q. 1944, Angaben zur Zahl der verlagerten Betriebe.

430 BA-MA, RW 20—5/24, Bericht RüIn OR, 5.9.1944; RW 20—5/21, Aktennotiz RüIn, Unternehmensverlagerungen, 14.10.1943.

431 BA, R 24/44, Stand der Umquartierung, 25.9.1944; GLA, 237/24357.

Spitzengruppe des Reiches, nur die Mark Brandenburg und Sachsen wiesen mehr verschickte Menschen auf[432].

Speers Erlaß vom 19. Dezember 1942 trug eigentlich eher vorbeugenden Charakter. Danach sollten »einzigartige«, also die absolut wichtigsten, Produktionen in den Raum östlich der Linie Stettin — Berlin — München zum Schutz gegen Luftangriffe verlagert werden. Doch in den folgenden Monaten erkundigten sich in Südbaden immer mehr Betriebe insbesondere aus Norddeutschland nach Möglichkeiten zum Umzug. Auch die bedeutenden Rüstungsfirmen am Bodensee waren darunter: Dornier schickte noch vor dem Erlaß Speers einen Direktor auf Reisen, der die Bürgermeister verschiedener Gemeinden im Kreis Überlingen darauf vorbereitete, bei einem Schaden Fabriken aufnehmen zu müssen[433]. Die eigentliche Verlagerungswelle setzte aber erst ab Juni 1943 ein, nachdem der Minister in einem »Führererlaß« angewiesen worden war, die Maßnahme zentral zu steuern. Zuständig wurden Speers Rüstungsamt und die regionalen Rüstungskommissionen[434]. Den im August erlassenen »Verlegungs-Grundsätzen« zufolge, mußte die für den Betrieb federführende Wehrmachtstelle die Maßnahme beim Rüstungsamt beantragen[435].

Die Rüstungskommission Oberrhein hatte den Ablauf schon im Frühjahr 1943 verwaltungstechnisch geregelt und die Inspektion mit der Abwicklung beauftragt. Das auf den Geschäftsführer der Schopfheimer Kammer zurückgehende Begehren der IHKs auf Mitarbeit wurde von der Kommission abgelehnt. Die Kammern sollten aber wenigstens informiert werden[436]. 40 der insgesamt 328 in den Gau umgezogenen Objekte fanden bei den ersten Verlagerungen bis August 1943 ihr neues Domizil. Bei ihnen traten bereits die Hauptproblempunkte auf, mit denen die beteiligten Stellen künftig zu kämpfen hatten: der Mangel an Räumen, die Reaktion der Beschäftigten sowie die Interessenlage von Unternehmen und Kommunen.

Mit der verstärkten Einbeziehung auch der Konsumindustrie in die Rüstungswirtschaft auf der einen, der ansteigenden Nachfrage nach geeigneten Fertigungshallen auf der anderen Seite, mußte sich der Raummangel immer stärker bemerkbar machen. Daneben fehlte es an Unterbringungsmöglichkeiten für das verlagerte Stammpersonal. Beide Gründe ließen in Baden ab 1944 geplante Verlagerungsprojekte scheitern. Mehrere Faktoren sorgten dafür, daß die Zahl der zur Verlagerung bestimmten »kriegswichtigen« Betriebe sowie der von ihnen in Anspruch genommenen Raum in die Höhe getrieben wurde. Der Erlaß Speers vom 26. August 1943 zur »Verlegung kriegswichtiger Betriebe«[437] verzichtete auf

[432] BA, R 24/44, Stand der Umquartierung, 11.12.1944. Sauer, Württemberg, S. 354 und 359f.; Werner, »Bleib übrig!«, S. 284.

[433] Janssen, Ministerium Speer, S. 148; BA-MA, RW 21—21/5 und 6, KTB Rüko Freiburg, S. 74, 1. Q. 1943, und S. 19, 2. Q. 1943; StA Freiburg, LKK 2345, Lagebericht Landrat Villingen, 10.11.1942.

[434] GLA, 237/24349, RWM an RSH, 30.7.1943, Anlagen: Erlaß Hitler, 28.6.1943; Erlaß RMfBuM, 14.7.1943.

[435] StA Freiburg, LKK 1705, Ministerialblatt des Reichs- und Preußischen Ministerium des Inneren, Nr. 32, 15.9.1943, Erlaß des RMfBuM »über die Verlegung kriegswichtiger Betriebe«, 26.8.1943.

[436] GLA, 237/24378, IHK Schopfheim an LWA, 18.2.1943; Aktennotiz LWA, 8.3.1943.

[437] StA Freiburg, LKK 1705, Erlaß über die Verlegung kriegswichtiger Betriebe und Betriebsteile (Verlegungsgrundsätze), 26.8.1943.

eine genaue Definition dieser Unternehmen. Erst eine weitere Verordnung vom 21. Dezember dieses Jahres schrieb vor, nur »wehrwirtschaftlich wichtige« Betriebe zu verlagern, also in erster Linie Firmen mit einzigartiger Fertigung oder einer »Engpaßproduktion«. Infolgedessen blieb es auf regionaler Ebene längere Zeit der Kommission und ihren ausführenden Organen überlassen, welche Firmen umziehen sollten. Dabei war die Bedeutung eines Betriebs bei diesen Entscheidungen oft zweitrangig. Die Inspektion Oberrhein monierte Ende 1943, Dienststellen des Staates und der Partei versuchten, Verlagerungen »nach anderen Grundsätzen durchzudrücken«[438]. Unter den Firmen befand sich eine nicht unwesentliche Zahl von Betrieben, deren Einbeziehung bei einem strengeren Maßstab nicht gerechtfertigt gewesen wäre. Gerade die in Mannheim laufenden Projekte weisen darauf hin, wie ausufernd die militärischen Dienststellen bei den Verlagerungen vorgingen. Dort erstreckten sich die Umquartierungen zwischen Oktober und Dezember 1943 auf 325 Betriebe und 702 Objekte, wobei die Angaben auch den Wegtransport von Lagergut umfassen. Daß bei einer solchen Vielzahl von Projekten allein in einer einzigen Industriestadt, die zur Verfügung stehenden Räume schnell belegt waren, liegt auf der Hand.

Bis Ende 1943 war in Baden die vorsorgliche Verlagerung Mannheimer Firmen abgeschlossen. Die vier Firmen BBC, Motorenwerke, Neidig sowie Schiffsbau siedelten dabei ihre Hauptverwaltungen getrennt von den Produktionsstätten um und zogen unter anderem nach nach Heidelberg und Walldorf. Die Verlagerung in andere Regionen scheiterte häufig daran, daß die dortigen Inspektionen solche Vorhaben unterbanden[439]. Diese partikularistischen Tendenzen sollten später noch zunehmen. Die Rüstungsstelle wies die wichtigsten Firmen der Stadt in erster Linie in die nahe gelegenen und stillgelegten Tabak- und Textilfirmen ein[440]. Nach den Mannheimern mußten sich auch die wichtigsten Pforzheimer[441] und Karlsruher[442] Firmen eine Verlagerungsmöglichkeit suchen.

Die Nachfrage nach Räumen wurde seit Beginn der Verlagerungen durch das Bestreben vieler Firmen in die Höhe getrieben, ihre Produktionsfläche bei den Verlagerungen zu vergrößern und dadurch die vorgeschriebenen Bewilligungen zu umgehen. Die Märkische Seifenfabrik aus Witten/Ruhr etwa, die 1944 neue Werksräume in Lahr erhielt, hatte zunächst 800 qm an Fertigungsfläche angefordert und die Umbaukosten auf etwa 6000 RM taxiert. Das Unternehmen belegte schließlich 2000 qm und gab 160000 RM aus[443].

Es gelang der regionalen Rüstungskommission überdies nicht, den Anspruch auf die im Gau zur Verfügung stehenden Räumlichkeiten auf einheimische oder bestimmte regio-

---

438 BA-MA, RW 20—5/51, Bl. 3223ff., Vierteljahresbericht der Rüln-Gruppe Ia/Planung, 4. Q. 1943.

439 BA-MA, RW 21—44/7, S. 337/2f., KTB Rüko Mannheim, 3. Q. 1943; ebd., S. 7ff., 4. Q. 1943; RW 20—5/31, Bericht Rüko Mannheim, 26.7.1944 und 25.9.1944.

440 GLA, 237/24379, Rükom-Sitzung, 12.1. und 25.1.1944; 237/24381, LWA, Lagebericht Verlagerungen, 21.1.1944; Lagebericht der GWK-Zweigstelle Pforzheim, 17.4.1944.

441 GLA, 237/24379, Rükom-Sitzung, 25.1.1944; 237/24381, Lagebericht der GWK-Zweigstelle Pforzheim, 17.4.1944.

442 Zu Verlagerungen von und nach Karlsruhe vgl. Dengel, Karlsruhe, S. 88; IHK Karlsruhe, 150 Jahre IHK, S. 129.

443 BA-MA, RW 21—21/8, S. 16, KTB Rüko Freiburg, 4. Q. 1943; ebd., S. 35, 2. Q. 1944; RW 20—5/51, Bl. 3223ff., Vierteljahresbericht der Rüln-Gruppe Ia/Planung für das 4. Q. 1943, 25.1.1944, mit weiteren Beispielen.

nale Firmen zu konzentrieren. Nachdem im Juli 1943 Baden-Elsaß als Aufnahmegau für Evakuierte aus der Region Westfalen-Süd festgelegt worden war[444], gab Köhler als Vorsitzender der Rüstungskommission die Anweisung, Betriebe nur noch aus diesem Bereich aufzunehmen, also insbesondere aus den Städten Dortmund und Bochum. Firmen aus anderen Orten sollten nur noch dann in Baden/Elsaß ein Unterkommen finden, wenn es das Rüstungsamt angeordnet hatte[445]. Die Kommission fühlte sich zu dieser Politik gedrängt, da zum einen unter den bis August 1943 verlagerten 40 Firmen nur 15 aus Baden stammten. Zum zweiten wurden jetzt auch die bedeutendsten Betriebe der nordbadischen Großstädte Mannheim, Karlsruhe und Pforzheim dazu angehalten, sich Ausweichorte zu suchen[446].

Da das Berliner Rüstungsamt von seiner Befugnis zur Genehmigung von Verlagerungen trotz des wiederholten Protestes der Kommission häufig Gebrauch machte, blieb der Erlaß Köhlers aber Makulatur. Nicht einmal die Beschränkung auf den Gau Westfalen-Süd ließ sich einhalten. In den beiden ersten Quartalen von 1944 entfielen von den 46, dann 80 verlagerten Objekten jeweils die Hälfte auf einheimische und auswärtige Firmen. Angesichts dieser Regel liegt die Vermutung nahe, daß das Rüstungsamt eine entsprechende Verordnung erlassen hatte[447]. Erst im zweiten Quartal 1944, nachdem Luftangriffe auf Straßburg und Karlsruhe sowie die sich ständig wiederholenden Attacken auf Mannheim die Anforderungen aus dem eigenen Gau in die Höhe geschraubt hatten, gab das Rüstungsamt den Einsprüchen der Inspektion nach. Ohne vorherige Konsultation sollten nicht mehr »so viele« Betriebe in den Südwesten verlagert werden[448].

An der Unterbringung mitgebrachter Arbeitskräfte entzündeten sich in Baden schon 1943 Auseinandersetzungen, da die Beschäftigten und ihre Familien im Kampf um den zur Verfügung stehenden Wohnraum auf die Konkurrenz der Evakuierten trafen. Zudem sollte die Umgebung der nordbadischen Großstädte für eventuelle Fluchtaktionen freigehalten werden. Zwar sperrte Wagner im August 1943 die nordbadischen Großstädte und ihre Umgebung sowie Freiburg, Villingen und 28 weitere Gemeinden gegen den Zuzug Auswärtiger[449]. Doch die Maßnahme kam zum einen Teil zu spät, zum anderen wurde sie mißachtet. Die Wirtschaftsbehörden gingen deshalb nach einer Anordnung Wagners schon im Herbst 1943 dazu über, evakuierte Familien zwangsweise noch einmal umzusiedeln, wenn die umgezogenen Beschäftigten nicht anders unterzubringen waren. Ein dementsprechendes Verbot Hitlers und der Reichsbehörden bezog sich nicht

---

444 StA Freiburg, LKK 1349, RMdI, Erlaß vom 7.7.1943.

445 WSA Stgt., IHK Schopf. 346, Konferenz der IHK-Geschäftsführer, 5.8.1943.

446 GLA, 237/24379, Arbeitstagung der Rükom, 31.7.1943; BA-MA, RW 20—5/49, Sitzung der Rükom, 15.7. und 16.8.1943; Sitzung des Arbeitsausschusses der Rükom, 9.8.1943.

447 BA-MA, RW 20—5/51, Bl. 3159ff., Vierteljahresbericht der RüIn-Gruppe Ia/Planung, 2. Q. 1944, 25.7.1944; RW 20—5/17, S. 23ff., KTB der RüIn OR, 1. Q. 1944; GLA, 237/24381, Bericht LWA, 4.2.1944.

448 BA-MA, RW 20—5/51, Bl. 3159ff., Vierteljahresbericht der RüIn-Gruppe Ia/Planung, 2. Q. 1944, 25.7.1944.

449 StA Freiburg, LKK 1349, Runderlaß des badischen Ministers des Inneren, 10.8.1943.

auf die Freimachung von Quartieren für Rüstungszwecke[450]. Allerdings stießen derartige Maßnahmen der Inspektion häufig auf den Widerstand der Bürgermeister und Landräte, die für die Zuteilung von Wohnraum verantwortlich waren, sowie der NSV, die die evakuierten Männer, Frauen und Kinder betreute. Die Inspektion beklagte sich deshalb, die Umsiedlung

»wird vielfach als hart empfunden, nicht nur von den betroffenen Personen, sondern auch von verschiedenen Dienststellen, die sich dagegen zu wehren suchen. Die Folge davon sind gelegentliche Schwierigkeiten mit Behörden- oder Parteistellen, wenn die Freimachung von Räumen, die von ihnen belegt sind, verlangt wird.«

Zu solchen Auseinandersetzungen kam es unter anderem in Heidelberg, Triberg und Stiftsmühle[451].

Ursache dafür waren Unklarheiten im Erlaß Hitlers vom 12. November 1943, der den Ausgleich des kriegswichtigen Raumbedarfs regeln sollte. Zwar war darin vorgesehen, den Raumbedarf für die Rüstungsindustrie an zweiter Stelle nach dem für die Wehrmacht zu befriedigen. In der Frage der verlagerten Beschäftigten schwieg der Erlaß sich allerdings aus, obwohl Speer in seinen Verordnungen immer wieder befohlen hatte, auf sie Rücksicht zu nehmen. Die Auseinandersetzungen darüber zogen sich bis zum Kriegsende hin. Noch im November 1944 interpretierte das badische Innenministerium den Erlaß dahingehend, in der Wohnungsfrage Beschäftigte mit Evakuierten gleichzusetzen[452]. Einmal mehr wurden so in Berlin nicht geklärte Streitfragen auf die mittlere und in diesem Fall auch die untere Ebene verlagert.

Beide Probleme, der Mangel an geeigneten Fertigungsräumen und an Unterbringungsmöglichkeiten, veranlaßten Rüstungsminister Speer im Mai 1944 dazu, die Reichsverteidigungskommissare einzuschalten. Diese Entscheidung war folgerichtig, Lösungen ließen sich tatsächlich nur auf regionaler Ebene finden. Es ging Speer aber auch darum, die Gauleiter für Fehlschläge verantwortlich machen zu können[453]. Amtsinhaber, die Verlagerungen in andere Gaue widersprachen, sollten ebenso eingebunden werden können wie diejenigen, die Firmen nicht hineinlassen wollten. Die Mitwirkung der Gauleiter war notwendig, um die Projekte »schneller und reibungsloser« voranzubringen, schrieb

---

450 BA-MA, RW 20—5/51, Bl. 3223 ff., Vierteljahresbericht der RüIn-Gruppe Ia/Planung, 4. Q. 1943, 25. 1. 1943; StA Freiburg, LKK 1349, Runderlaß des badischen Ministers des Inneren, 29. 2. 1944, mit Hinweis auf einen nicht vorliegenden Erlaß vom 26. 8. 1943, der zur Räumung von Wohnungen für Rüstungszwecke berechtigte. Wagners mehrmalige Versuche, formal in Baden nicht aufenthaltsberechtigte Evakuierte auszuweisen, scheiterten an Anordnungen zentraler Behörden sowie an der hinhaltenden Taktik kommunaler Verwaltungen (LKK 1349, Runderlaße des badischen Ministers des Inneren, 15. 6. 1943, 10. 8. 1943, 30. 8. 1943, 26. 1. 1944; LA Villingen 1462, Landrat Villingen an NSV-Gauamtsleitung Straßburg, 26. 8. 1943.) Für die Erforschung der Evakuierung nach Baden ist im StA Freiburg reichhaltiges Material vorhanden. Dies bezieht sich vor allem auf den Bereich des Landeskommissärs Konstanz.

451 BA-MA, RW 20—5/51, Bl. 3223 ff., Vierteljahresbericht der RüIn-Gruppe Ia/Planung, 4. Q. 1943, 25. 1. 1944 (Zitat); dass., Bl. 3159 ff., 2. Q. 1944, 25. 7. 1944.

452 StA Freiburg, LKK 1705, Runderlasse RMfBuM, 22. 7. 1943 und 23. 8. 1943; Min.Blatt für die badische innere Verwaltung, Nr. 21, 9. 6. 1944, S. 305; dass., Nr. 339, 3. 11. 1944, S. 570.

453 Werner, »Bleib übrig !«, S. 286 f., bringt einige Beispiele.

Speer an die Kommissare. Dazu sollten sie bei den Verlagerungsprojekten frühzeitig eingeschaltet werden, um Schwierigkeiten angehen zu können. Der Rüstungsminister gestand ihnen gleichzeitig ein Einspruchsrecht zu[454].

Die Mitwirkung der Kommissare lief darauf hinaus, Widerstände regionaler Behörden schneller brechen zu können. Das bezog sich sowohl auf die Kündigung von Firmenräumen wie von Wohnungen der Evakuierten. In Baden ergab sich ein entsprechender Fall zunächst im Raum Konstanz, als die Inspektion Mitte 1944 kaum mehr über größere freie Räume verfügte und im Elsaß nur noch Objekte vorhanden waren, auf die wegen ungünstiger Verkehrsverhältnisse, schwieriger technischer Probleme für den Maschineneinbau oder einer mangelhaften Bauweise immer wieder verzichtet werden mußte[455]. Nach den Zerstörungen in Friedrichshafen durch den Luftangriff vom 28. April 1944 ordnete der Jägerstab einen Tag darauf die Verlagerung der betroffenen Firmen an, und noch am 30. April befahl Hitler persönlich die Dezentralisierung der Friedrichshafener Rüstungsfirmen[456]. Zwei Konstanzer Firmen, darunter das wichtige Unternehmen Schwarzwald-Flugzeugbau, das Überlinger Werk der von Landmaschinen auf Panzerteile umgestiegenen Firma Gebrüder Kramer sowie zwei weitere Fabriken mußten Dornier Produktionsräume zur Verfügung stellen. Einwände der Konstanzer Stadtverwaltung und der Kammer blieben ohne Erfolg. Das Kommando ging dabei ohne Rücksicht auf die aufnehmenden Firmen vor, die Rüstungsproduktion wurde »mit Gewalt« in die Betriebe »gepreßt«, wie die IHK bemerkte. In drei der fünf Fabriken nahm Dornier bereits im Einzugsmonat die Fabrikation auf[457].

Auch bei der Unterbringung der Dornier-Beschäftigten griff das Kommando zu Zwangsmaßnahmen, die bis dahin von den kommunalen Behörden möglichst vermieden worden waren. Wagner wurde seiner neuen Mitverantwortung für die Verlagerungen gerecht und genehmigte den Antrag der Inspektion, erstmals im Gau eine »Wohnfeststellungskommission« einzurichten[458]. Darin waren zwar die beteiligten Behörden vertreten: der Bürgermeister, der Landrat, die NSV. Sie wagten es aber nicht, dem ebenfalls einbezogenen Vertreter des Kommandos bei der zwangsweisen Umquartierung der Evakuierten zu widersprechen[459]. Ein Teil der im Dezember 1944 in Konstanz vorhandenen 1760 Rüstungsarbeiter kam so zu einer Unterkunft[460].

Die Anweisung Speers vom 23. August 1943 an die verlagerten Betriebe, ihre Beschäftigten und insbesondere die Fachkräfte mitzunehmen, verdeutlicht ein Problem, das

---

454 BA, R 3/1824, Bl. 65f., Runderlaß Speer, 26.5.1944; Bl. 69f., Speer an die RVK, 26.5.1944

455 BA-MA, RW 20—5/51, Bl. 3159ff., Vierteljahresberichte der RüIn-Gruppe Ia/Planung, 2. Q. 1944, 25.7.1944.

456 BA-MA, RW 21—21/10, S. 82f., KTB Rüko Freiburg, 2. Q. 1944, Anl. 11; Boelcke, Rüstung, Speer-Konferenz mit Hitler vom 30. April 1944, S. 355f.

457 WSA Stgt., IHK Kon. 157, WSK-Zweigstelle Konstanz an Landrat Überlingen, 2.8.1944; IHK Kon. 306, Beiratssitzung der Kammer am 29.12.1944 (Zitat); BA-MA, RW 21—21, S. 82f., KTB Rüko Freiburg, 2. Q. 1944.

458 StA Freiburg, LKK 1928, RüIn OR an GWohnK, 23.5.1944.

459 BA-MA, RW 20—5/51, Bl. 3159ff., Vierteljahresbericht der RüIn-Gruppe Ia/Planung, 2. Q. 1944, 25.7.1944; RW 21—21/10, S. 82, KTB Rüko Freiburg, 2. Q. 1944.

460 StA Freiburg, LKK 1349, OB Konstanz an bad. Innenminister, 23.12.1944.

nie gelöst werden konnte. Viele Arbeitskräfte waren nicht bereit, ihre Familie oder die vertraute Umgebung zu verlassen. Diese Haltung verstärkte den Arbeitskräftemangel der Aufnahmegaue, da den verlagerten Betrieben trotz des eigenen Mangels immer wieder Beschäftigte gestellt werden mußten. Insbesondere die unentbehrlichen Spezialisten besannen sich auf ihre Position und machten »geeignete Unterkünfte« zur Bedingung für einen Umzug. Dazu kam, daß die Arbeitsämter der Heimatgaue sich oftmals weigerten, Beschäftigte aus ihrer Region freizugeben. Die Rüstungsinspektion ging deshalb 1944 dazu über, besonders bei größeren Verlagerungen aus fremden Gauen eine Bescheinigung zu verlangen, mit der das Heimat-Arbeitsamt dem Umzug der Mitarbeiter zustimmte. Der Erfolg war offenbar nur begrenzt. Köhler forderte deshalb im Juni 1944 vom Rüstungsamt, das Gebiet Baden-Elsaß wegen der »außerordentlichen Belastung des Arbeitsmarktes« für Verlagerungen zu sperren. Das wurde mit dem Hinweis auf die Anordnung Speers und der Aufforderung abgelehnt, dagegen verstoßende Firmen zu melden[461]. Das aber hatte schon bisher wenig gebracht, die Katze biß sich folglich in den Schwanz.

Die Forschung vermutete bisher, die Betriebe hätten Verlagerungen meist nicht gewollt und sie als »notwendiges, aufwendiges Übel« aufgefaßt[462]. Unter den in und nach Baden verlagerten Unternehmen läßt sich eine solche Haltung nur bei wenigen verfolgen, etwa bei Pforzheimer Betrieben, bei denen die Rüstungskommission im Januar 1944 die Anweisung gab, »energisch« durchzugreifen[463]. Ausschlaggebend für das Widerstreben der Firmen war in erster Linie die Befürchtung, ihre Maschinen könnten bei einem Umzug beschädigt werden. Auch die großen nordbadischen Betriebe sperrten sich aus diesem Grund offenbar im Juli 1944 gegen eine Verlagerung ins Elsaß zum Schutz gegen Luftangriffe. Unter den aus dem Elsaß rückverlagerten Firmen finden sich denn auch nur zwei Mannheimer Großbetriebe: Mohr und Federhaff sowie Bopp und Reuther[464]. Fritz Reuther, Chef der letztgenannten Firma und eng mit den Nationalsozialisten verbunden, nahm nach dem Krieg für sich in Anspruch, die Verlagerung wertvoller Bearbeitungsmaschinen auf linksrheinisches Gebiet verhindert zu haben[465].

Drohende Schäden durch Luftangriffe wirkten aber auf die meisten Firmen bedrohlicher als Transportverluste. Sie nahmen deshalb in Kauf, Rationalisierungsgewinne einzubüßen. Auch die Kosten spielten keine Rolle, da sie vom Reich übernommen wurden[466], zumal die Firmen damit auch die Chance nutzen konnten, neben dem Schutz

---

461 BA-MA, RW 20—5/15, S. 18ff., KTB RüIn OR, 3. Q. 1943; RW 21—21/5 bis 8 und 10, S. 74, 17f., 19, 16 und 35, KTB Rüko Freiburg, 1., 2., 3. und 4. Q. 1943, 2. Q. 1944; RW 20—5/51, Bl. 3223ff., Vierteljahresberichte der RüIn-Gruppe Ia/Planung, 3. Q. 1943 (Zitat); dass., Bl. 3159ff., 2. Q. 1944, 25.7.1944; GLA, 237/28814, LWA an RMfRuKP, 21.12.1943; 237/24381, Lagebericht GWK-Zweigstelle Karlsruhe, 25.1.1944; BA, R 3/1587, RüAmt an Köhler, 7.7.1944; vgl. Werner, »Bleib übrig!«, S. 285f.

462 Werner, »Bleib übrig !«, S. 285; Eicholtz, Kriegswirtschaft, S. 154.

463 GLA, 237/24379, Sitzung Rükom, 12.1.1944.

464 BA-MA, RW 20—5/45, Liste über rückverlagerte Betriebe aus dem Elsaß, 14.10.1944; RW 20—5/21, Besprechungspunkte RüIn, 5.5.1943; Bericht Rüko Mannheim, 26.7.1944.

465 GLA, 465a/56/S/323, Zeugenaussage 15.11.1947 im Spruchkammerverfahren Reuther.

466 Als Beispiele für die Kosten siehe die Rechnung der Mannheimer Firmen Boehringer und Söhne, Josef Vögele AG sowie von Daimler-Benz: BA, R 3/1829, Bl. 270, 463ff., 488ff.

der Anlagen weitere Vorteile für sich in Anspruch nehmen zu können. Am wichtigsten dabei waren zweifellos die Versuche, die Fertigungsfläche zu vergrößern oder mehr Beschäftigte zugewiesen zu bekommen. Infolgedessen strebten viele Firmen an, sich verlagern zu lassen, wobei sie »in verschiedenen Fällen« nicht einmal vor falschen Angaben zurückschreckten, um auf die Liste der Projekte gesetzt zu werden[467]. Wie schnell die Fertigung am neuen Produktionsort anlaufen konnte, wenn die Firma stark darauf drängte, verdeutlicht das Berliner Unternehmen Teves GmbH, die ihre Fertigung nach Heitersheim südwestlich von Freiburg verlagerte. Die Herstellung von Ventilkegeln für Panzer lief schon im April 1944 voll an, nachdem der erste Teil der Maschinen am 24. März aufgestellt worden war. Der zweite Teil folgte Anfang Mai. Diese Produktion erreichte im Juli 1944 ihre volle Leistung[468].

Das Interesse an einer Verlagerung war so groß, daß Firmen dafür auch eigene Anstrengungen unternahmen. Die Maßnahme wurde zwar nach den Richtlinien von den Wehrmachtteilen angeordnet und folgte einer Abstimmung mit den Ausschüssen und Ringen, doch das hinderte viele Betriebe nicht daran, selbst auf die Umsiedlung ihrer Produktionsanlage zu drängen oder gar neue Standorte zu suchen. Das Ansinnen nahm mit dem voranschreitenden Bombenkrieg zu, verlagerungswillige Firmen waren aber schon 1942 auf der Suche nach Standorten[469]. Unternehmen, die offenbar keine Chance hatten, die Genehmigung für eine Verlagerung zu bekommen, oder denen das Verfahren zu lange dauerte, griffen immer wieder zur Selbsthilfe in Form einer »wilden Verlagerung«. Die Rüstungsstellen versuchten zwar, solchen Aktionen entgegenzusteuern. Der Freiburger Kommandeur Oberst Gieser forderte die Kammern schon im März 1943 dazu auf, diesen »Unfug« zu verhindern[470]. Nach vollzogenem Umzug blieb den Kommandos aber oft nichts anderes mehr übrig, als sich nachträglich damit einverstanden zu erklären, selbst wenn das Objekt den Grundsätzen der Kriegswichtigkeit vollkommen Hohn sprach. Im Juli 1944 machte zum Beispiel die Insterburger Bettenfabrik über Geschäftsfreunde 600 qm Lagerfläche in Südbaden aus und schaffte 30 Waggons Bettfedern ohne Zustimmung einer Stelle heran. Das Freiburger Kommando mußte den Umzug schließlich genehmigen. Wenn es für den Transport noch zu verkraften war, versuchte das Kommando allerdings, solche »wilden Verlagerungen« wieder rückgängig zu machen. Diese Vorkommnisse waren so gang und gäbe, daß sich selbst Parteieinrichtungen daran beteiligten. So zog ebenfalls im Juli 1944 der Freiburger Verlag des NS-Organs »Der Alemanne« ohne Genehmigung in einen Waldkircher Gasthof um[471].

---

[467] BA-MA, RW 20—5/56, Rüln OR an RüAmt, »Notwendigkeit von Betriebsverlegungen«, 2.7.1944 (Zitat), mit der Beschreibung mehrerer Fälle; RW 20—5/51, Bl. 3159ff., Vierteljahresbericht der Rüln-Gruppe Ia/Planung, 2. Q. 1944, 25.7.1944.

[468] BA-MA, RW 21—21/10, S. 31f., KTB Rüko Freiburg, 2. Q. 1944.

[469] StA Freiburg, LKK 1705, Min.blatt des Reichs- und preuß. Ministeriums des Inneren, Nr. 32, 15.9.1943, S. 1453: Runderlaß des Reichsinnenmin. vom 6.9.1943 zur Verlegung kriegswichtiger Betriebe; BA-MA, RW 20—5/53, Rüln OR an RMfRuKP, 25.9.1944; Beispiele für Firmenanfragen von 1942 in: SA Konstanz, S II 5.288.

[470] BA-MA, RW 21—21/5, S. 74, KTB Rüko Freiburg, 1. Q. 1943, Schreiben Gieser an die IHKs, 19.3.1943.

[471] BA-MA, RW 20—5/31, Berichte Rüko Freiburg, 27.5., 27.6., 27.7. (Beispiele), 24.8. und 28.10.1944; StA Freiburg, LR Säckingen, 1974/23—105, Rüln an BFWM, 22.1.1944.

Offenbar waren solche Vorgänge auch lukrativ, da es Fabrikbesitzer immer wieder vorzogen, Verträge mit den Pächtern ihrer Werkhallen ohne Mitsprache der Inspektion abzuschließen. Das ereignete sich so häufig, daß im Juni 1944 die Inspektion und das Landeswirtschaftsamt ihren Betrieben verbieten mußten, Firmenbesichtigungen zu gestatten:

»Das ungerechtfertigte und wahllose Herumreisen von Betriebsführern oder Vertretern auswärtiger Firmen auf der Suche nach Ausweichunterkünften nimmt Formen an, die unter keinen Umständen geduldet werden können. [...] Häufig lassen sich Firmen, aber auch Verwaltungs- und Dienststellen durch das Auftreten der Herumreisenden beeindrucken, um nicht zu sagen übertölpeln und leisten damit den Wünschen einer geschäftstüchtigen Unverantwortlichkeit Vorschub[472].«

Es gab aber auch andere Fälle. Die seit 1942 stillgelegte Textilfirma Schetty wehrte sich um jeden Preis dagegen, einen Betrieb aufnehmen zu müssen, da sie um ihre Maschinen fürchtete. Trotz des Drucks durch die Inspektion schaffte sie es, Anfragen von 30 Unternehmen abzuweisen. Die sich in Schweizer Besitz befindliche Firma konnte schließlich nur dazu gezwungen werden, ein Magazin für militärische Ausrüstung einzurichten[473]. Es ist anzunehmen, daß bereits stillgelegte Betriebe sich eher dazu bereitfanden, andere Unternehmen aufzunehmen, während noch produzierende Firmen versuchten, ihre Fertigung aufrechtzuerhalten. Die Inspektion wollte Auseinandersetzungen zunächst verhindern und steuerte eine gütliche Einigung zwischen den Vertragspartnern an. Zwar war nach dem Reichsleistungsgesetz eine Beschlagnahme möglich, sie führe aber meist »zu endlosen Streitigkeiten« über die Rechte der Beteiligten[474]. Erst nachdem die vorhandenen Möglichkeiten erschöpft waren, kam es zu zwangsweisen Einweisungen wie im Falle des Flugzeugproduzenten Dornier in Konstanzer Betriebe.

Die Unternehmen hatten bei ihrer Suche nach Räumlichkeiten den Vorteil, daß viele Bürgermeister und Landräte des schwach industrialisierten Südbadens schon seit 1933 versuchten, ihre Gemeinden mit zugezogenen Unternehmen aufzuwerten. Diese Vorhaben wurden auch im Krieg verfolgt, obwohl die Behörden der Wirtschaftsbürokratie der Gründung eines Unternehmens offiziell zustimmen mußten. Auf die Kraft des Faktischen verließ sich aber schon 1941 der Konstanzer Bürgermeister Mager, der dem Berliner Unternehmen Julius Pintsch anbot, in seiner Stadt eine Filiale zu eröffnen[475]. Die Stadtväter versprachen sich von den Betrieben neue Arbeitsplätze für die Bevölkerung, aber auch höhere Unternehmenssteuern für den Gemeindesäckel. Diese Interessenlage machte es der mit der Steuerung der Verlagerungen betrauten Inspektion schwer, wenn nicht gar unmöglich, den unerwünschten Zuzug von Firmen zu verhindern. Wie stark er war, macht schon die Zahl der Verordnungen deutlich, mit denen Bürgermeister und Landräte angewiesen wurden, bei solchen Vorgängen einzuschreiten. Allein fünf Erlasse der Inspektion, der Rüstungskommission, des Finanz- und Wirtschaftsministeriums sowie schließlich des Gauleiters schafften es 1943 nicht, das Zusammenspiel von Gemeinden

---

[472] GLA, 371/178, Zug. 1881/42, Gemeinsamer Runderlaß des LWA und der RüIn OR an alle Betriebe, 9.6.1944.

[473] Ein halbes Jahrhundert Färberei Schetty, S. 85f.

[474] BA-MA, RW 20—5/56, Aktennotiz RüIn-Abtlg. Ic, 8.1.1944.

[475] BA-MA, RW 20—5/10, Lagebericht RüIn V, 13.12.1941.

und Firmen zu beenden[476], und auch im folgenden Jahr zeigte sich »immer wieder«, daß lokale Verwaltungen und selbst Ortsgruppenleiter die Zuzüge »geradezu fördern und unterstützen.« Noch im Juli 1944 verlangte Oberst Gieser, der Chef des Freiburger Kommandos, in einem Schreiben, den Bürgermeistern erneut die Weitergabe von Informationen über freie Räume an Privatleute und Makler zu untersagen[477].

Welche Vorteile sich sowohl für die Unternehmen wie für die aufnehmenden Gemeinden ergaben, macht das Beispiel Konstanz deutlich. Die lokalen Behörden hatten vor allem im Auge, langfristige Strukturverbesserungen zu erreichen: Bürgermeister Leopold Mager unterstützte die Firmen nur dann, wenn sie auch nach dem Krieg in Konstanz bleiben wollten. Mager verstieß im Fall der Berliner Gesellschaft für Nachrichtentechnik Funkstrahl ohne Folgen gegen die Anordnung des Gauleiters, eine Verlagerung gegenüber der Inspektion nicht zu befürworten. Die Firma sei »wertvoll« für Konstanz, da die Stadt mit ihr »eine vervollständigte Industrie« bekäme, hieß es in seinem zum Erfolg führenden Schreiben. Im Fall des Frankfurter Chemiekonzerns Degussa bestand Mager auf einer Bestätigung der Konzernspitze, in Konstanz bleiben zu wollen, obwohl Gauleiter Wagner und Ministerpräsident Köhler sich persönlich für die Konzernverlagerung einsetzten. Die Firma, die 1933 das in Konstanz alteingesessene Unternehmen Hiag aus der Stadt herausgezogen hatte, verlagerte 1944 vier Abteilungen und die Konzernspitze zurück an den Bodensee, wobei sie ihren alten Gebäudebesitz nutzte. Mager ließ sich von Konzerndirektor Fischer die Vorteile für den städtischen Fiskus bestätigen: Der steuerliche Wohnsitz müsse zwar zunächst in Frankfurt bleiben, bei einem Umzug der Konzernleitung habe Konstanz langfristig aber die besseren Karten. Als Druckmittel diente der Stadtverwaltung die Unterkunftsfrage, da rund 100 Beschäftigte eine Wohnung finden mußten. Sie hatte die Möglichkeit, Räume beschlagnahmen zu lassen, wozu Mager von der Degussa auch aufgefordert wurde: Er solle Quartiere freimachen, »welche sonst der Öffentlichkeit verschlossen bleiben«. Dazu kam es schließlich, aber noch im März 1945 ließ der Konzern die Stadt spüren, mit welchem Machtgefühl er agierte. Degussa forderte den Kreisleiter auf, seine Angelegenheit mit »mehr Nachdruck« zu betreiben und vier Personen aus ihren Zimmern zu entfernen. Daß das Wohnungsamt den Männern und Frauen keinen ausreichenden Ersatz stellen konnte, beeindruckte den Konzern wenig[478].

Die durch Flüchtlinge verursachte zunehmende Wohnungsnot in der Lazarettstadt führte schließlich dazu, daß die Konstanzer Stadtverwaltung ihre Haltung änderte. Der weitere Zuzug von Firmen war nur noch auf Kosten eingesessener Unternehmen möglich. Bürgermeister Mager wollte deshalb die im Mai 1944 zerstörten Friedrichshafener Firmen nicht mehr aufnehmen, zumal die Gefahr von Luftangriffen steigen mußte, wenn welt-

---

476 GLA, 377/18805, Rüln OR an Landrat Sinsheim, 11.1.1943; Runderlasse an die unteren Verwaltungsbehörden: Rükom 9.4.1943; BFWM 14.7.1943; Rüln OR 6.8.1943; Gauleiter 16.8.1943.

477 GLA, 237/24379, Sitzung der Rükom, 16.3.1944 (Zitat) und 11.5.1944; StA Freiburg, LKK 1705, Rüko Freiburg an LKK, 7.7.1944.

478 SA Konstanz, S II/14535, Mager an Rüln OR, 12.1.1944 (Zitat 1). Vorgang Degussa in: S II/14521. Zitate aus folgenden Schreiben: Degussa AN Mager, 10.5.1944; Degussa an Kreisleiter Woll, 15.3.1945.

bekannte Rüstungsfirmen in der Stadt arbeiteten. Mager bat den Degussa-Direktor Fischer, deswegen in Berlin zu intervenieren, ohne damit aber etwas zu erreichen[479].
Einige Stadtverwaltungen verfolgten schon Mitte 1943 das Ziel, feindlichen Bombern möglichst keinen Anlaß für einen Angriff zu bieten — zu einem Zeitpunkt also, zu dem die Verlagerungen erst richtig anliefen. Diese Bestrebungen waren nach dem Bericht der Inspektion keine Einzelfälle; Gauleiter Wagner mußte ihnen offenbar mit einem Erlaß entgegentreten[480]. Bei diesen Bemühungen tat sich der Heidelberger Oberbürgermeister Carl Neinhaus hervor, der seine frühere Haltung, Firmen um fast jeden Preis in die Neckarstadt zu bringen, angesichts der möglichen Folgen völlig geändert hatte. Trotz der gegensätzlichen Haltung von Ministerpräsident Köhler gelang es Neinhaus im Herbst 1943, eine Verlagerung der Kriegsproduktion von Lanz in eine Heidelberger Firma ebenso zu verhindern wie im Herbst 1944 den Aufbau einer weiteren Rüstungsfertigung. Neinhaus hatte sich dabei an Gauleiter Robert Wagner gewandt, der ebenfalls die in Heidelberg angesiedelten Forschungsinstitute und Lazarette schützen wollte[481].
Trotz solcher Bestrebungen nahm schließlich die Konzentration verlagerter Unternehmen vor allem am Oberrhein und im Wiesental so stark zu, daß selbst die Rüstungsinspektion und auch Köhler sich gegen weitere Zuzüge wehrten. Die Frankfurter Firma Teves zog nach der Zerstörung ihrer Gebäude im März/April 1944 ihre Produktion im Werk der ehemaligen Textilfirma Gebrüder Grossmann in Brombach an der Schweizer Grenze auf. Rund 1000 Beschäftigte, davon cirka 700 ausländische Zwangsarbeiter, fertigten hier Panzerbremsen und -kolben an. Das Freiburger Rüstungskommando wandte sich schon gegen diese massive Rüstungsproduktion in einem kleinen Ort: »Man wird an die Kugellagerfertigung in Schweinfurth hierbei erinnert[482].« Als schließlich im Mai 1944 auch das Berliner Werk der Firma Teves nach Säckingen und in die Seidenweberei Laufenburg verlagert werden sollte, meldeten alle beteiligten Stellen Einspruch an, zumal an der nahen Grenze mit der Flucht von Zwangsarbeitern gerechnet werden mußte und die Produktion durch giftigen Graphitstaub auch die Textilmaschinen der Seidenweberei zerstören konnte. Köhler wies in einem Schreiben an das Rüstungsamt auf die Gefahr hin, die bei neuen »Industrieballungen« drohten. Seinem Einspruch wurde zwar beschieden, Baden/Elsaß bekomme nicht mehr Lasten auferlegt als andere Gaue, doch zu der erneuten Verlagerung kam es offenbar nicht[483].
Wie berechtigt die Befürchtungen waren, erlebte Brombach im Februar 1945. Trotz der

---

479 SA Konstanz, S II/14521, Degussa an Mager, 8.5.1944.

480 BA-MA, RW 20—5/15, KTB RüIn OR, 3. Q. 1943, S. 35; GLA, 465a/59/1/13754, Erklärung Neinhaus in Spruchkammerverfahren zu dem Erlaß, der allerdings nicht vorliegt.

481 SA Heidelberg, AA 25b/4, Verwaltungsbesprechungen am 14.10. und 9.11.1943; GLA, 465a/59/1/13754, Erklärung Neinhaus in Spruchkammerverfahren sowie schriftliche Zeugenaussage eines Heidelberger Unternehmers, 4.6.46; BA-MA, RW 20—5/49, Sitzung des Arbeitsausschusses der Rükom, 28.10.1943. Die Aussage von Hagedorn, Finanzwirtschaftliche Struktur, über die Zunahme an Industrieunternehmen zwischen 1936 und 1949 von 46 auf 75 eignet sich weder, um die Art der Betriebe, noch um den Zeitpunkt des Zuzugs festzustellen (S. 59).

482 BA-MA, RW 20—5/29, Bericht Rüko Freiburg, 25.4.1944; Schülin, Brombach, S. 878ff.

483 BA-MA, RW 20—5/60, S. 3f., RüIn. an RüAmt, 26.5.1944; RW 20—5/56, RüIn an Hauptausschuß KfZ, 9.6.1944; BA, R 3/1587, Chef RüAmt an Köhler, 7.7.1944.

scheinbar gesicherten Lage an der Grenze traf ein Luftangriff das Werk und tötete 16 Menschen[484].

Mit den Verlagerungen erreichte es die Militärbürokratie trotz aller Schwierigkeiten, daß sich die durch Luftangriffe erlittenen Rückschläge für die Rüstung lange in Grenzen hielten. Die umgezogenen Firmen liefen meist relativ schnell wieder an, der Produktionsausfall war vergleichsweise gering. Allerdings hing eine solche Entwicklung ab von der geographischen Lage der neuen Domizile; viele insbesondere im Elsaß und im Schwarzwald besaßen keine Infrastruktur für eine ausreichende Gas- und Stromversorgung. Hieran scheiterte diese Maßnahme immer wieder oder führte zumindest zu größeren Einbrüchen[485]. Besonders problematisch wurde die Lage für die verlagerten Firmen mit der zunehmenden Zerstörung der Verkehrswege, die die Zufuhr von Rohstoffen und Halbfabrikaten sowie die Abfuhr von Produkten erheblich erschwerte. Da auch alle anderen Firmen unter diesen Schwierigkeiten zu leiden hatten, sollten diese Probleme aber nicht zu einer negativen Bewertung der Dezentralisierung führen[486]. Der mit den Verlagerungen verbundene Zweck wurde meist erreicht.

b) Flucht nach Osten: Die Rückverlagerungen

Die Schwierigkeiten bei den Verlagerungen nahmen noch zu, als wegen der vordringenden alliierten Truppen im September 1944 mit der Rückverlegung deutscher Betriebe aus dem Elsaß begonnen werden mußte. Die Aufgaben der Rüstungsstellen wurden dadurch erschwert, daß die im Verwaltungssystem des Nationalsozialismus inhärenten Konflikte sich noch einmal verstärkten, als nur noch knappe Güter zur Verteilung anstanden. Auf zwei Feldern kam es zu politischen Schwierigkeiten, die die Verlagerungsaktionen in erheblichem Umfang störten: bei der Aufgabenverteilung mit der Partei sowie bei der Regionalpolitik, in der sich der Gaupartikularismus erneut bemerkbar machte. Letzteres gilt nicht nur für die zu einem relativ frühen Zeitpunkt anlaufenden Rückverlagerungen, sondern auch für das wie schon zu Kriegsbeginn spürbare Bestreben auswärtiger Firmen, ihr Material gegen mögliche Gefahren zu schützen. Einige waren bereits im September 1944 nur noch dann dazu bereit, Halbfabrikate zu schicken, wenn ihre badischen Geschäftspartner den Betrieb verlagerten. Diese Haltung nahm solche Ausmaße an, daß die Inspektion das Rüstungsministerium bat, gegen derartig »allzu vorsichtige Maßnahmen« einzuschreiten[487].

Aus dem Elsaß wurden von September bis zur Besetzung Straßburgs am 23. November rund 160 000 Tonnen an Produktionseinrichtungen und Halbzeug zurückgeführt, von insgesamt 169 Rüstungsbetrieben 33 ganz und 80 teilweise. Damit wurde aber Speers An-

[484] StA Freiburg, LA Säckingen, Zug. 1974/23, Nr. 105, P. 7, WSK-Zweigstelle Schopfheim an RüKo Freiburg, 17.5.1944.

[485] BA-MA, RW 20—5/51, Vierteljahresbericht der RüIn-Abtlg. IA/Planung, 2. Q. 1944, 25.7.1944; RüIn OR an RMfRuKP, 25.9.1944.

[486] Fichter, Betriebsräte, S. 479, kommt wegen der Verkehrsprobleme zu einer eher negativen Bewertung, Fear, Rüstungsindustrie, S. 203f., zu einer positiven. Die dezentralisierte Industriestruktur habe sich als »äußerst widerstandsfähig, ja unverwüstlich« erwiesen — was doch etwas übertrieben ist.

[487] BA-MA, RW 20—5/56, RüIn OR an RMfRuKP, 25.9.1944.

ordnung, die über 100 Firmen mit einer »einzigartigen« Produktion über den Rhein zurückzubringen, nur zum Teil erfüllt. Diese Betriebe wiesen bei ihrer Produktion einen Anteil von über 50 Prozent an der Reichsfertigung auf[488]. Zum Höhepunkt des Fehlschlags kam es bei der Eroberung Straßburgs, die für die badisch-elsässischen Behörden so überraschend erfolgte, daß sie die Stadt fluchtartig verlassen mußten. Die Ursache für die unvollständige Rückholung lag weniger im sachlichen als im politischen Bereich: Gauleiter Wagner widersetzte sich der Räumung des Elsaß so lange wie möglich. Er befürchtete, ein Rückzug könnte von der elsässischen Bevölkerung als »defaitistische Haltung« angesehen werden, wie er gegenüber Staatssekretär Wilhelm Stuckart vom Reichsinnenministerium argumentierte. Wagner hatte die Abzugssperre angeordnet, ohne sich mit Speer in Verbindung zu setzen. Auch nachdem sich der Minister darüber am 8. September 1944 bei Martin Bormann, dem Leiter der Parteikanzlei, beschwert hatte, änderte der Gauleiter seinen Entschluß nur unzureichend und zu spät. Zwar hielt er sein Verbot der Räumung von Rüstungsgütern nicht mehr aufrecht, doch zahlreiche Deutsche wie auch große Bestände an Wirtschaftsgütern, insbesondere Tabak und Textilien, fielen den Alliierten ebenso in die Hände wie in Straßburg der gesamte Aktenbestand der Gauleitung[489].
Angesichts der Gesamtlage ordnete Wagner die wirtschaftlichen Gesichtspunkte den militärpolitischen und ideologischen völlig unter. In dieser Frage mußte es zum ersten Mal in ökonomischen Fragen zum Gegensatz zwischen Wagner und Ministerpräsident Köhler kommen, der von Speer als Verantwortlicher für die Aktion eingesetzt worden war und die ausdrückliche Weisung hatte, sich von keiner anderen Instanz beeinflussen zu lassen[490]. Köhler sprach sich sehr wahrscheinlich für eine schnellere Räumung aus, die Inspektion ganz sicher. Der Anfang 1945 zum kommissarischen Rüstungsinspekteur ernannte Oberstleutnant Streicher beschuldigte in einer Auseinandersetzung mit dem Offenburger Kreisleiter Rombach den Gauleiter auch ganz offen, für die falsche Einschätzung verantwortlich gewesen zu sein[491].

Diese Differenz zwischen den Rüstungsstellen auf der einen, der NSDAP auf der anderen Seite enthüllte tiefergehende Kontroversen, die auf das Vorhaben der Partei zurückgingen, im Rahmen des totalen Krieges alle Ressourcen in die Hand zu bekommen. Bei den Rückverlagerungen führte dieser mit dem Hinweis auf die Schanzaktionen und den Volkssturm untermauerte Anspruch in Baden zu Auseinandersetzungen um die Transportmittel. Beide Aktionen hatte die NSDAP zu organisieren. Wagner verhielt sich bei diesem Konflikt ambivalent, gab zwar Befehle, die die Inspektion unterstützten, verhalf ihnen aber zu keiner Durchschlagskraft. In der entscheidenden Kompetenzfrage auf der mittleren Ebene stellte er sich schließlich gegen die Inspektion.

---

488 BA-MA, RW 20—5/56, Rüln OR an WWF Dr. Springerum, Berlin, 26.2.1945; Aktennotiz Rüln, 6.2.1945.

489 GLA, 309/1205, Bericht des OLG-Präsidenten Karlsruhe, 2.1.1945; 465a/51/68/902, Verhör Köhler, 18.8.47; BA, R 3/1573, Speer an Bormann, 8.9.1944; Akten der Parteikanzlei, 101/11779, Vortrag Stuckart, 9.12.1944 (Zitat).

490 BA, R 1743, RMfRuKP an Vorsitzer der Rüstungskommissionen Vb (Baden), VIIb, XIIb, 3.9.1944.

491 BA-MA, RW 20—5/56, Kreisleiter Offenburg an Wagner, 14.12.1944; RMfRuKP an Rüln OR, Ernennung Streicher, 10.1.1945.

Im Zweifelsfall setzten sich vor Ort die Kreisleiter durch, die die Anordnungen Köhlers als Chef der Rüstungskommission ignorierten und »verschiedentlich entgegenstehende Weisungen« gaben. Streicher versuchte deshalb im Dezember 1944 in einer Aussprache mit dem Offenburger Kreisleiter Rombach zu erreichen, daß sich die unteren Parteivertreter mit ihren Anordnungen an die Verfügungen der zentralen Stellen und des Gauleiters hielten. Ansonsten bestehe die Gefahr, daß die zentralen Stellen Aufträge, Menschen und Material aus Baden abzögen[492].

Diese Drohung erwies sich aber als wirkungslos. Ähnlich wie bei den Einziehungen von Rüstungsbeschäftigten zum Volkssturm verstießen die Kreisleiter weiterhin gegen den Befehl des Gauleiters, der sie spätestens seit Februar 1945 angewiesen hatte, »jeglichen Eingriff« in die Räumungsmaßnahmen zu unterlassen[493]. Da Wagner aber offenbar nicht willens war, seine Anordnung auch durchzusetzen, und wohl auch selbst den Volkssturm als wichtiger bewertete, drohte Streicher mit den Reichsbehörden. Er erklärte dem stellvertretenden Gauleiter Hermann Röhn im Februar 1945, die Verantwortlichen würden künftig »auf dem kürzesten Weg« den Reichsstellen gemeldet, wenn bezirkliche und örtliche Stellen den Räumungsmaßnahmen weiterhin soviele Schwierigkeiten bereiteten, »wie dies in letzter Zeit häufig geschehen ist«[494]. Streicher machte sich aber über die Wirkung der Ankündigung vermutlich keine Illusionen. Schon beim Gauleiter war ihm mitgeteilt worden, die Partei erkenne Erlasse der Reichsministerien nur noch an, wenn sie über die Kanzlei Bormanns gegangen seien[495]. Die Reichsverwaltung war zu diesem Zeitpunkt auseinandergefallen; in den einzelnen Kreisen hatte nur noch der erste Mann der Partei das Sagen, der seine Entscheidungen völlig unabhängig nach Gutdünken treffen konnte. Die Voraussetzung für reibungslos ablaufende Aktionen war damit endgültig zunichte gemacht.

Die unterschiedlichen Schwerpunkte von Partei und Rüstungsstellen wirkten sich auf der mittleren Ebene vor allem bei der Bereitstellung von Transportraum aus. Rund 160000 Tonnen an Material und Maschinen von 180 Firmen mit einzigartiger Fertigung sollten vorwiegend aus der Rheinebene nach Osten transportiert werden, also dieselbe Menge, die in drei Monaten aus dem Elsaß herausgeschafft worden war. Unter normalen Umständen wäre die Aufgabe lösbar gewesen, doch die Situation verschlechterte sich bis Jahresbeginn 1945 beim Transportraum erheblich. Die Reichsbahn stellte täglich höchstens 50 Waggons zur Verfügung, bei der Räumung des Elsaß waren es noch 300 bis 400. Auch der Tonnageraum der Lastwagen reduzierte sich in starkem Maße von 1000 Tonnen auf gerade noch rund ein Drittel davon im Februar 1945[496]. Die Probleme bei der Reichsbahn beruhten auf objektiven Ursachen, auf Zerstörungen und Überbeanspruchung; hinter denen bei den LKWs steckten jedoch auch politische Ursachen.

---

[492] BA-MA, RW 20–5/56, Aktennotiz RüIn OR, »Besprechung mit Kreisleitung Offenburg«, 1.12.1944. Zu Schanzaktion und Volkssturm siehe Kap. V, 6.

[493] GLA, 357/30682, 6. und 7. Räumungserlaß des RVK, 12.2.1945 (Zitat) und 24.3.1945.

[494] BA-MA, Aktennotiz RüIn OR, Besprechung mit Röhn, 7.2.1945.

[495] BA-MA, RW 20–5/56, Aktennotiz RüIn OR, Besprechung mit Wagner, 6.2.1945.

[496] BA-MA, RW 20–5/56, RüIn OR an den Bevollmächtigten für den Nahverkehr, 3.1.1945; Aktennotiz RüIn, 6.2.1945.

Im Bereich des LKW-Transports bestand gegen Ende 1944 keine einheitliche Organisation, obwohl im Innenministerium ein Bevollmächtigter für den Nahverkehr angesiedelt war. Die badische NSDAP griff bei den Transporten für den Schanzeinsatz und den Volkssturm aber nicht auf den Bevollmächtigten zurück, sondern beauftragte damit ihre eigene Organisation, das Nationalsozialistische Kraftfahrkorps (NSKK). Ihm hatte der Bevollmächtigte auf Anordnung des Gauleiters Lastwagen zur Verfügung zu stellen. Wagner weigerte sich, die Aufgabengebiete zwischen den beiden Einrichtungen klar abzugrenzen[497]. Für die Räumung von Rüstungsgütern wiederum hatte die Rüstungskommission eine dritte Organisation gegründet, den Transportstab. Streicher forderte zwar immer wieder die Schaffung einer einheitlichen Führung für den gesamten Transportraum, auch gegenüber Speer und zuletzt noch Ende März 1945, doch der Gauleiter bestand auf der Trennung, die auch den bisherigen Verwaltungsprinzipien entsprach[498].

Eine zweckentsprechende Kontingentierung der Lastwagen für die jeweiligen Bedarfsträger war dadurch kaum möglich. Während das NSKK als Parteiorganisation bei den Zuteilungen bevorzugt wurde, mußte der Transportstab mit verblüffend wenig LKWs zurecht kommen, deren Kapazität zudem immer mehr sank. Zunächst standen dem Stab »unter Anwendung erheblichen Drucks« zunächst noch aus der Gesamttonnage des Bevollmächtigten von 5000 Tonnen nur 120 zur Verfügung. Anfang Januar 1945 waren es dann gerade noch vier Fahrzeuge mit 38 Tonnen[499]. Firmenlastwagen waren kaum vorhanden, da sie entweder für die Produktion selbst benötigt wurden oder in einer »wilden Beorderung« von verschiedenen Stellen abgezogen worden waren: von der Wehrmacht, dem Kreisleiter, der Polizei, dem NSKK oder von der jeweiligen Stadtverwaltung. Der Bevollmächtigte konnte seine Zusage, über die Tonnage der Rüstungsindustrie dürfe nur der Transportstab bestimmen, gegen diese Stellen nicht durchsetzen[500]. Die Forderung Streichers, die vom Bevollmächtigten zur Verfügung gestellte Tonnage wenigstens auf 400 zu erhöhen, dazu vom Reichsverkehrsministerium weitere 300 zu bekommen, erwies sich als illusorisch[501].

Im Januar 1945 kam der Transportstab so auf insgesamt knapp 400 Tonnen und 77 Lastwagen. Die hatte er aber nur in der Hand, da 53 Fahrzeuge aus der Produktion von Daimler-Benz Gaggenau herausgenommen worden waren und ebenso längst hätten weitergeleitet werden müssen wie fünf LKWs von der Wehrmacht[502]. Von den Reichsstellen waren nur zehn Tage lang 100 Tonnen zur Verfügung gestellt worden. Das Transportkorps Speer hatte aber mehr noch als die badischen Organisationen mit kaputten Fahr-

[497] BA-MA, RW 20—5/56, Aktennotizen RüIn OR zum Anruf von ORR Gaedecke vom Büro des RSH, 21.12. und 23.12.1944.

[498] BA-MA, RW 20—5/56, Aktennotiz RüIn OR zu Besprechung mit Speer in Heidelberg, 26.2.1945; dass. zu einer Besprechung mit dem Stellvertreter des Rüstungsbevollmächtigten Kelchner, 20.3.1945.

[499] BA-MA, RW 20—5/56, RüIn an RMfRuKP, 2.1.1945 (Zitat); RüIn OR an Bevollmächtigten für den Nahverkehr, 3.1.1945.

[500] BA-MA, RW 20—5/56, RüIn OR an RVK, 13.1.1945 (Zitat); BA, R 3/3118, Sitzung des Arbeitsausschusses der Rükom, 4.1.1945.

[501] BA-MA, RW 20—5/56, RüIn OR an Kommandeur der Kraftfahrparktruppen V, Stgt., 21.12.1944.

[502] BA-MA, RW 20—5/56, RüIn OR an Generalleutnant Schindler (der Wiesbadener Rüstungsinspekteur, der von Speer als Beauftragter für die Westräumung eingesetzt worden war), 20.2.1945; Aktennotiz der RüIn OR, 6.2.1945.

zeugen zu kämpfen: Während bei ihnen wenigsten jedes zweite Fahrzeug fahrbereit war, funktionierte bei dem Korps gerade noch jedes dritte[503].

So war es erstaunlich, daß bis Anfang Januar mit rund 70000 Tonnen knapp die Hälfte des zu verlagernden Gutes wegtransportiert worden war, eine andere Quelle spricht allerdings nur von 50000 Tonnen bis Mitte Februar[504]. Angesichts der relativ geringen Ladekapazität, des zunehmenden Mangels an Treibstoffen sowie wegen der Transportsperren für die Reichsbahn ist unwahrscheinlich, daß der Umfang der Verlagerung über 100000 Tonnen hinauskam, zumal Wagner Anfang Februar anordnete, nur noch einzelne Betriebe zu verlagern[505].

Neben den Auseinandersetzungen zwischen den Rüstungsstellen und der Partei machte sich gegen Kriegsende das regionale Interesse als zweites Politikum bemerkbar. Die Rüstungsstellen der Nachbargaue und insbesondere Württembergs riegelten ihre Bereiche seit Herbst 1944 »geradezu hermetisch« gegen Zuzüge aus anderen Gauen ab, so das Freiburger Kommando[506]. Der Vorwurf des Konstanzer Kammergeschäftsführers Sauter, die Rüstungskommission wie die Inspektion handelten nach »Gaugesichtspunkten« und hielten die Betriebe im Lande, ist deshalb abwegig. Der Syndikus versuchte über Karl Tröndle, den Geschäftsführer der Gauwirtschaftskammer, zu erreichen, daß badisch-elsässische Betriebe auch außerhalb des Gaus untergebracht wurden. Um zum Erfolg zu kommen, wollte er »Reichsstellen« ins Spiel bringen: »Das Bestreben der regional interessierten Instanzen sei nicht haltbar; es müsse unbedingt Luft nach Württemberg und Bayern für uns geschaffen werden[507].«

Hätte es die Möglichkeit gegeben, Betriebe aus Baden herauszubringen, hätten die militärischen Dienststellen vermutlich zugegriffen, da als Alternative nur die Aussicht bestand, sie in bereits überfüllte Gebiete zu schicken, ohne damit rechnen zu können, daß sie die Produktion schnell wieder aufnahmen. Gauleiter Wagner bekannte sich angesichts dieser Lage schließlich Anfang Februar 1945 dazu, Verlagerungen bereits früher verhindert zu haben, und stoppte jetzt die ganze Aktion weitgehend: »In der Räumung des badischen Gebiets muß kurz getreten werden. Es kann nicht weiter ausgewichen werden[508].« Die Inspektion sollte nur noch einzelne bedeutende Firmen im eigenen Land verlagern.

Mit der Weigerung der benachbarten Regionen, badisch-elsässische oder auch früher hier untergebrachte Firmen anderer Reichsteile aufzunehmen, war der Zerfall einer einheitlichen deutschen Wirtschaft endgültig vollzogen: Es zählte nur noch der Vorteil für die

---

503 BA-MA, RW 20—5/56, RüIn OR an an Bevollmächtigten für den Nahverkehr, 3.1.1945; dies. an Zentralbüro für Mineralöl, Wiesbaden, 1.3.1945; Aktennotizen der RüIn OR: Besprechungspunkte bei der Gauleitung am 6.2.1945, 6.2.1945.

504 BA-MA, RW 20—5/56, Aktennotizen RüIn OR: Stand der ARLZ-Maßnahmen, 6.2.1945; Telefongespräch mit Generalleutnant Schindler, 19.2.1945.

505 BA-MA, RW 20—5/56, Aktennotiz der RüIn OR, Besprechung mit dem Gauleiter, 6.2.45.

506 BA-MA, RW 21—21/11, S. 15, KTB Rüko Freiburg, 3. Q. 1944 (Zitat); RW 21—21/12 S. 6, dass., 4. Q. 1944.

507 WSA Stgt., IHK Kon. 64, Aktennotiz über die Unterredung Sauters mit Tröndle, 21.12.1944.

508 BA-MA, RW 20—5/56, Aktennotiz RüIn OR, Besprechung mit dem Gauleiter, 6.2.1945.

eigene Region. Für Baden war dies besonders bitter, da es den Partikularismus als Grenzland früh zu spüren bekam, während das Land in den Jahren zuvor eine Vielzahl von Betrieben anderer Gaue aufgenommen hatte.
Für die östlichen Gebiete Badens bedeuteten die Auseinandersetzungen, die die Zahl der Rückverlagerungen verringerten, allerdings einen glücklichen Umstand. Schließlich hatten die Umsiedlungen, die sich ohne die elsässischen Firmen urspünglich auf 180 Betriebe erstrecken sollten, zur Folge, daß in die schon bisher durch Verlagerungen stark belasteten Städte und Ortschaften noch weitere Unternehmen hineingepreßt wurden. Teilweise überschnitten sich im Herbst 1944 die Umzüge von Ost nach West und umgekehrt; allein der Bereich der südöstlichsten badischen Kammer Konstanz mußte bis Ende Dezember 1944 zusätzlich 75 Betriebe aufnehmen[509]. Die Verlagerungen hatten gerade in dieser Stadt jegliche Raumreserven aufgebraucht. Die Kammer befürchtete deshalb im Fall eines Angriffs eine »Katastrophe« für die Einwohner, deren Zahl seit 1939 um zwei Drittel auf knapp 60000 zugenommen hatte[510].
Angesichts dieser Belastung wirkten sich die Nachteile der Verlagerungen noch weit mehr aus als in früheren Jahren. Allein das Freiburger Kommando brachte im dritten Quartal 1944 in seinem Bezirk schon 20 elsässische Firmen mit rund 7000 Beschäftigten unter, im vierten schließlich noch einmal 20 sowie 71 badische aus der Rheinebene[511]. Bei einer solchen Menge an zu verschickenden Beschäftigten, Maschinen und Material war es nicht mehr möglich, die Aktionen zu überblicken: Sie verliefen wesentlich chaotischer als in den Jahren zuvor. Es kam zu Fehlplanungen wie im Falle der Freiburger Firma Wego, die in eine Zwirnerei nach Nenzingen überführt werden sollte. Die Räume dort stellten sich als zu klein heraus, auch die Unterbringung von 100 Beschäftigten war in dem Dorf nicht möglich. Die Inspektion forderte mit den Verlagerungen, die immer häufiger auf nicht überprüften Angaben von Unternehmern basierten, den Widerspruch der jeweiligen Kreisleiter heraus. Im März 1945 scheiterte die Verlagerung eines elsässischen Schweißwerks nach Hütten bei Wehr, einen kleinen Ort mit etwa 15 Häusern. Der Säckinger Kreisleiter untersagte die Unterbringung mit einer Bemerkung, die den Mangel an Räumen offenlegte: »Nur weil da ein Haus steht, unbedingt eine Fabrik aufmachen zu wollen, ist falsch[512].« Auch die Produktionsausfälle für die Rüstungsindustrie machten sich bei den Rückverlagerungen wesentlich stärker bemerkbar als bei den Umzügen bis Mitte 1944. Bei dem Transport der Mühlhausener Firma Sundgau-Maschinenfabrik zur Spinnerei Gütermann in Gutach rechnete das Freiburger Kommando etwa mit einem Kapazitätsverlust von vier bis sechs Monaten[513]. In den Monaten danach dürfte es solche Beispiele zuhauf gegeben haben.

---

509 WSA Stgt., IHK Kon. 306, Protokoll der Beiratssitzung der Kammer, 29.12.1944;
510 WSA Stgt., IHK Kon. 64, Aktennotiz über die Unterredung Sauter mit Tröndle, 21.12.1944.
511 BA-MA, RW 21—21/11 und 12, KTB Rüko Freiburg, 3. und 4. Q. 1944.
512 BA-MA, RW 20—5/51, Bl. 3159ff., Vierteljahresbericht der RüIn-Gruppe Ia/Planung, 2. Q. 1944, 25.7.1944; StA Freiburg, LA Säckingen, Zug. 1974/23, P. 7, Nr. 105 (Vorgang), darin: Kreisleiter an RüIn OR, 13.3.1945 (Zitat); vgl. Müller, Verbrannte Erde, S. 42f.
513 BA-MA, RW 21—21/11, S. 15, KTB Rüko Freiburg, 3. Q. 1944; RW 20—5/45, Liste über rückverlagerte Betriebe aus dem Elsaß, 14.10.1944.

Wesentlich stärker als in den Vorjahren nutzte die Inspektion die schon länger bestehenden Verordnungen aus und preßte verlagerte Betriebe gewaltsam in die Orte hinein. Auch die letzten vorhandenen Räumlichkeiten in den kleineren Städten des Schwarzwalds wurden so überfüllt, daß selbst Industrieführer wie der Chef der Villinger Apparatefirma Kienzle Bedenken äußerten, als nach der Zerstörung des Gaggenauer Werks die Möglichkeit bestand, daß die Produktion von Daimler-Benz nach Villingen verlegt werden könnte[514]. Die Kommandos waren immer stärker auf »Notlösungen« angewiesen: Wo keine Räume vorhanden waren, stellte die Firma Baracken auf, das Kommando drohte dann mit der Beschlagnahme des Geländes, »falls Schwierigkeiten entstehen.« Manche Betriebe gingen sogar soweit, erst die Räume zu beziehen und dann den Bürgermeister zu informieren, wie im Falle der Firma Tränkle in Triberg. Probleme bei der Unterbringungsfrage der Beschäftigten löste die Inspektion jetzt schnell mit der Umquartierung von Evakuierten. Widersprüche kommunaler Behörden, wie des Bürgermeisters von Tennenbronn im Kreis Villingen[515] oder des Rastatter Landrats[516], wurden nicht mehr akzeptiert. Der totale Krieg war jetzt wirklich total geworden.

9. Produktion in Tunnels und Stollen: Die Untertage-Projekte

a) Unternehmen auf der Suche nach Objekten

Schon relativ bald waren die für größere Produktionen nutzbaren Räumlichkeiten knapp geworden, schließlich erwiesen sich selbst verlagerte Fertigungen als nicht immer sicher gegen Luftangriffe. Im Frühjahr 1944 kam deshalb die Berliner Führung auf ein von Hitler schon im April 1943 angeregtes Projekt zurück, das bis dahin aber nur beim Bau der »Vergeltungswaffen« V 1 und V 2 angewandt worden war: die Verlagerung und Produktion unter Tage[517]. Göring erklärte am 3. März 1944, »bombensichere Unterstände« für die Fertigung von Jägern schaffen zu wollen[518].

Unter den in einer ersten Welle geplanten, wichtigsten zehn Vorhaben befanden sich auch zwei in Baden: die Gipsgrube Friede bei Obrigheim, die von den Heidelberger Portlandzementwerken ausgebeutet wurde und den Daimler-Benz-Werken zur Verfügung

[514] BA-MA, RW 20—5/56, Rüln OR an Fa. Kienzle, Villingen, 29.1.1945.

[515] StA Freiburg, LA Villingen 390, Rüko Freiburg an Bürgermeister Tennenbronn, 5.3.1945 (Zitat); Bürgermeister Tennenbronn an Landrat, 15.3.1945; Fa. Tränkle an Landrat, 5.3.1945; Bürgermeister Triberg an Landrat, 12.3.1945.

[516] GLA, 371/178, Zug. 1981/42, Rüln OR an Landrat Rastatt, 17.1.1945.

[517] Eine Gesamtdarstellung der Untertageverlagerungen fehlt bisher. Eine gelungene, detaillierte Darstellung eines Einzelprojekts findet sich im Daimler-Benz-Buch mit dem Aufsatz von Fröbe, »Wie bei den alten Ägyptern«, S. 392 bis 470, zur Verlagerung der Daimler-Benz-Flugzeugwerke Genshagen nach Obrigheim bei Mosbach. Vgl. dazu auch Werner, »Bleib übrig!«, S. 289ff.

[518] DBA, Hapsel 8/82, Erlaß Görings vom 4.3.1944 (Zitat); Deutschlands Rüstung, Speer-Konferenz mit Hitler, 11.4.1943, S. 247; vgl. Eichholtz, Kriegswirtschaft 2, S. 154ff.; Janssen, Ministerium Speer, S. 245ff.

gestellt werden sollte, sowie ein Stollen bei Überlingen für die Produktion der Firma Dornier. Hitler ordnete nach dem verheerenden Luftangriff auf das südwestdeutsche Rüstungszentrum Friedrichshafen vom 28. April 1944 an, das unterirdische Werk bei Überlingen »mit aller Beschleunigung bezugsfertig herzurichten«[519]. Die ersten Projekte im Gau wurden im Elsaß aufgebaut und bereits im März 1944 in Angriff genommen: ein Tunnel bei Markirch für BMW und ein weiterer bei Wesseling für die Colmarer Verlagerungsproduktion von Daimler-Benz. Für Baden kamen im März und April drei weitere Projekte hinzu: der Hartsteinstollen »Vulkan« bei Haslach im Kinzigtal für die Mannesmannwerke, die Gipsgrube Seckach für die Schweinfurther Kugellagerproduktion der Firma Fichtel und Sachs sowie die Gipsgrube Neckarzimmern für die Bad Cannstatter Firma VDK. Bis Ende des Jahres wurden daraus insgesamt 20 Objekte, die in Baden unter die Erde sollten[520]. Die größte Ausdehnung erfuhr zunächst das Überlinger Projekt, bei dem für die drei Friedrichshafener Firmen Dornier, Maybach und Zahnradfabrik insgesamt 100000 Quadratmeter zur Verfügung gestellt werden sollten. Bis zum Herbst wurde das Projekt auf 40000 Quadratmeter gekürzt[521].

Obwohl sich die oberrheinische Rüstungskommission Mitte August damit brüstete, ihr Bezirk sei im Reich »führend«[522], kam die Produktion nur in vier der 20 Projekte in Gang, außerdem in der BBC-Verlagerungsstätte in der Gipsgrube Roigheim im Landkreis Heilbronn. Das verdeutlicht die Schwierigkeiten, auf die die Bauarbeiten gestoßen und auf die die Planer im Jägerstab Speers in keinster Weise vorbereitet waren. Nach dem Konzept vom April sollte die Daimler-Benz-Fertigung in Obrigheim im Oktober 1944 voll anlaufen, die von Dornier in Überlingen im Dezember. Davon konnte aber keine Rede sein. Die Planung mußte mehrfach geändert werden, bei beiden Projekten stand wie bei allen anderen der Ausstoß in keinem Verhältnis zu Aufwand und Kosten[523]. Das gilt insbesondere für »Goldfisch« in Obrigheim, so der Deckname des Vorhabens, da es im Vergleich zu den anderen badischen Untertagebauten über wesentlich mehr Menschen und Ressourcen verfügte. Allein die Kosten betrugen bis Ende Januar 1945 10,2 Millionen Mark bei einem Voranschlag von knapp 15,5 Millionen. Der Aufwand für »Goldfisch« lag damit weitaus höher als bei den sonstigen Daimler-Benz-Projekten. Bis Januar 1945 ersetzte das Reich aber einen Großteil der Kosten[524].

Daß die Schwierigkeiten selbst von den Firmen unterschätzt wurden, verdeutlicht ihr Streben nach unterirdischen Verlagerungen. Zwar beklagte der Chef Stabschef des für die Vergabe der Standorte zuständigen Jägerstabes im Rüstungsministerium, Karl-Otto

519 BA, R 7/1192, RMfRuKP an RWM, Liste der Bauvorhaben des Mindestbauprogramms, 4.9.1944; Deutschlands Rüstung, Speer-Konferenz mit Hitler, 30.4.1944, S. 355f. (Zitat).

520 BA, R 7/1185, RMfRuKP an Rüln OR, 27. und 30.3.1944; Oberbergamt (OBA) Karlsruhe an RWM, 12.4.1944; BA-MA, RW 20—5/45, Aktennotiz Rüln OR, Unterirdische Verlagerungen, o.D. (Okt./Nov. 1944).

521 BA-MA, RW 20—5/45, Aktennotiz Rüln OR, Unterirdische Verlagerungen, o.D. (Okt./Nov. 44); RW 20—5/51, Bl. 3191f., KTB Rüln OR, 2. Q. 1944.

522 GLA, 237/24379, Sitzung der Rükom, 10.8.1944.

523 BA-MA, RW 20—5/45, Aktennotiz Rüln OR, Unterirdische Verlagerungen, o.D. (Okt./Nov. 44); BA, R 3/3126, Aktennotiz Unterird. Verlagerungen, 6.4.1944.

524 DBA, Haspel 8/82, Abrechnung U-Baustab Architekt Kiemle per 31.1.1945.

Saur, im April 1944 es gebe noch zu viele Widerstände gegen die Vorhaben: »Denn die Herren wollen die Höhlen nicht abgeben und die, die hineingehen sollen, wollen nicht hinein[525].« Die mit den Verlagerungen befaßte Abteilung Planung der Rüstungsinspektion Oberrhein kam in ihrem Vierteljahresbericht für das zweite Quartal 1944 dagegen zu dem Schluß, das Verlangen auch aus den Reihen der Firmen nach Standorten untertage sei wesentlich größer als die vorhandenen Möglichkeiten. Mehr noch: Die Dienststelle machte im Mai die Feststellung, daß Unternehmen aus dem Bereich des Jägerstabs »von sich aus« nach solchen Projekten suchten. Dabei seien sie sich aber weder darüber im klaren, welche Produktionen untertage verlagert werden müßten, noch darüber, welche Zeitspanne zur Verfügung stehe. Die Inspektion verlangte deshalb, es müsse »eine viel schärfere Überprüfung dahingehend durchgeführt werden, welche Firmen bzw. Firmenteile unten zu verlagern sind«[526].

Das Beispiel der Karlsruher Rüstungsschmiede DWM zeigt, wie groß das Interesse der Firmen daran war, ihre Maschinen unterirdisch in Sicherheit zu bringen. Das Unternehmen verlagerte einen Teil der Fabrikation an Zündhütchen für die Bordwaffenfertigung in einen Berg in der Nähe seines Grötzinger Werkes. Die Firmenleitung hatte sich zum Ziel gesetzt, die auf fünf bis sechs Monate angesetzten Arbeiten so schnell wie möglich hinter sich zu bringen. Als die Genehmigung für das Projekt aus dem Reichsluftfahrtministerium auf sich warten ließ, gab sie den Startschuß auch ohne das Plazet. Da die Inspektion die Verlagerung »auf das dringendste« befürwortete, konnte die Firma sich aber sicher sein, die Zustimmung zu erhalten. Erst zwei Monate später hielt die Firma sie tatsächlich in Händen[527].

Interesse an solchen Verlagerungen unter Tage hatte auch und vor allem der Daimler-Benz-Konzern[528]. Am 11. März 1944 sprach das Reichsluftfahrtministerium dem Daimler-Benz-Konzern die Grube Friede bei Obrigheim für Fertigungen aus Genshagen bei Berlin und Sindelfingen zu. Die Firma wollte sich aber mit den damit zur Verfügung stehenden 40000 Quadratmeter nicht zufrieden geben und forderte wenige Tage später mehr Raum. Daimler-Benz drängte auf eine Vergrößerung um mindestens 10000 Quadratmeter, womit die Firma die ohnehin von der Einstellung bedrohte Gipsförderung der Portland-Zementwerke weiter eingeschänkt hätte. Der Sonderring Zement wies den Antrag ab[529]. Daimler-Benz drängte deshalb darauf, mehr unterirdische Produktionsfläche außerhalb der Grube Friede zugesprochen zu bekommen. Zwei in der Nähe liegen-

---

525 BA-MA, RL 3/1, Bl. 379, Jägerstab-Besprechung, 6.3.1944; RL 3/5, Bl. 2171, dass., 13.4.1944 (Zitat).

526 BA-MA, RW 20—5/51, Quartalsbericht der Rüln-Abtlg. OR, 2. Q. 1944, 25.7.1944, Bl. 3.161; RW 20—5/60, Rüln OR an RüA, 24.5.1944 (Zitate), Abschrift von US-Behörden.

527 BA-MA, RW 20—5/60 (Abschriften von US-Stellen), Rüln OR an DWM, 2.6.1944; Rüln OR an RLM u.a., 14.6.1944 (Zitat); BA, R 7/1208, RMfRuKP an Rüln OR, 15.8.1944.

528 Pohl, Die Daimler-Benz AG, S. 90f. kommt in seiner vom Konzern in Auftrag gegebenen Studie zu dem Schluß, die Verlagerungen hätten bei den Rüstungsunternehmen »wenig Zustimmung« gefunden. Bei Besprechungen vor Ort sei von den Firmenvertretern »kaum Interesse« bekundet worden. Angesichts der vorliegenden Aktenbestände, die im übrigen auch von den Autoren dieser Studie eingesehen wurden, ist dieses Urteil aber nicht haltbar.

529 BA, R 7/1196, Bl. 22, Aktennotiz der Portland-Zementwerke, 16.3.1944; R 7/1173, Aufstellung des Planungsamtes des RLM, 11.3.1944 (nach Fröbe, Obrigheim, S. 402).

de stillgelegte Gruben sollten dem Konzern zufallen. Der stellvertretende Aufsichtsratsvorsitzende des Konzerns, Carl Jahr, wies den Firmenvertreter Alfons Kirmaier im Jägerstab an, Daimler-Benz die beiden Gruben zu sichern:

»Haben erkundet, daß in Obrigheim außer Grube Friede zwei weitere Gruben vorhanden [...] Erbitten im Hinblick auf räumliche Nähe und günstige Lage zu Ut (Untertürkheim, R.P.) unter allen Umständen auch die Sicherstellung der Grube Hochhausen und Ernst für Daimler-Benz zu erwirken und Landrat in Mosbach hiervon durch Jägerstab zu verständigen[530].«

Der Ausbau der Grube Ernst wurde tatsächlich zu einem späteren Zeitpunkt unter dem Decknamen »Brasse« in Angriff genommen. Welche Pläne Daimler-Benz schon in dieser Frühphase mit den Verlagerungen verfolgte, wird deutlich an einem Briefentwurf des Vorstandsvorsitzenden Wilhelm Haspel. Haspel monierte als Leiter des Sonderausschusses T 2 (Daimler-Benz-Triebwerke), durch die Zuweisung der drei unterirdischen Vorhaben in Obrigheim, Wesserling/Elsaß und Hochwald/Lothringen stünden insgesamt nur 60000 Quadratmeter zur Verfügung. Zur Unterbringung der Daimler-Benz-Triebwerkproduktion benötige die Firma aber 200000 Quadratmeter, die auch zugesagt worden seien, als der Tunnel Markirch im Elsaß an die Firma BMW weitergegeben wurde. Haspel verband das Schreiben mit einer handfesten Drohung, die zeigt, wie sehr dem Konzern an weiteren möglichen Produktionsstätten unter Tage zumindest als Option gelegen war:

»Bis heute haben wir nichts zugewiesen erhalten, sodass wir uns trotz stärkster eigener Bemühungen ausserstande sehen, die U-Planung mit entsprechendem Nachdruck weiterzutreiben[531].«

Haspel zielte in dem Schreiben darauf ab, für die Sindelfinger Produktion ein anderes Objekt als Obrigheim zugesprochen zu bekommen, da die Werkspressen durch die starken Stoßbeanspruchungen in dieser Gipsgrube gefährdet worden wären. Er hatte dabei den Autobahntunnel Wiesensteig im Auge, den auch eine Marinefirma beanspruchte. Der Vorstandsvorsitzende ließ den Brief schließlich allerdings zurückhalten. Möglicherweise war ihm bekannt geworden, daß der Jägerstab tatsächlich knapp 190000 Quadratmeter für den Konzern vorsah[532], vielleicht wollte er aber auch die dort vorhandene Skepsis über die Bemühungen des Konzerns nicht noch verstärkten.

Im Jägerstab tauchten immer wieder kritische Stimmen zu Daimler-Benz und zu der Frage auf, ob der Konzern tatsächlich seine Produktion unter Tage verlagern wolle. Schließlich kam es im Juni 1944 zu dem Vorwurf, die Arbeiten in Obrigheim seien soweit fertig, daß die Aufstellung der Maschinen beginnen könne, der Konzern aber nicht wolle. Saur ließ sich deshalb zu dem Satz hinreißen: »Dann fahren wir mal nach Obrigheim und sehen nach, warum diese Bande von der Industrie in die fertigen Werke nicht hineingeht.« Die beiden Fachleute des Stabes für Fertigungsfragen, Wegener und Werner, inspizierten »Goldfisch« daraufhin am 9. Juni und befahlen, die Maschinen aufzustel-

530 BA, R 7/1196, Portland-Zementwerke an RLM, 29.2.1944; DBA, Haspel 9/84, Jahr an Kirmaier, 24.3.1944 (Zitat). Die Anweisung geht nach Fröbe, Obrigheim, S. 410, offenbar auf einen Hinweis des Vorstandsvorsitzenden Haspel zurück.

531 DBA, Haspel 8/82, Haspel an Wegener (Jägerstab), 12.4.1944 (Entwurf).

532 BA, R 7/1173, Bedarfsplanung Triebwerke des Jägerstabes, 13.4.1944 (nach Fröbe, Obrigheim, S. 412. Der Faszikel fehlt im BA).

len[533]. Hinter diesem Widerspruch steht ein Interessengegensatz zwischen Konzern und Jägerstab[534]. Daß Daimler-Benz die Verlagerungen unter Tage wollte, steht außer Zweifel. Der Zeitpunkt sollte aber nicht zu früh liegen, um zum einen das oben schon von Haspel zitierte Risiko für die Maschinen zu verringern, das vor allem bei einer noch nicht reduzierten Luftfeuchtigkeit in den Gruben vorhanden war, und um zum zweiten die unvermeidbaren Produktionsausfälle nicht zu verlängern. Der Jägerstab wiederum wollte die Maschinen so schnell wie möglich unter der Erde haben und drängte auf Teilverlagerungen. Dabei nahm er das Risiko in Kauf, mit dem Nebeneinander weiterer Ausbauarbeiten und der Aufstellung von Maschinen die hochwertigen Produktionsmittel zu beschädigen. Der Gegensatz erklärt sich also aus der jeweiligen Sichtweise: Für den Konzern ging es darum, die Maschinen über die Zeit und in die absehbare Friedensperiode zu retten sowie dabei zwischen dem Risiko eines Angriffs und dem einer Beschädigung zu jonglieren, während die Mitglieder des Jägerstabs nur darauf bedacht waren, die Produktion in geschützten Bunkern voranzutreiben. Der Konzern taktierte in dieser Lage zweigleisig[535]. Einerseits gewährleistete er die weitere Fertigung von Rüstungsgütern, andererseits konnte er kaum umhin, auf längerfristige Interessen abzuzielen, die nach dem Krieg zum Tragen kommen würden. Dazu mußte der Bestand an Maschinen bewahrt bleiben.

Das Interesse der Firma an den Verlagerungen nahm bis Kriegsende in keiner Weise ab, im Gegenteil. Die Produktion von Daimler-Benz-Lastwagen war seit Mitte 1944 immer wichtiger geworden[536] und der Flugzeugfertigung gleichgestellt. Mit der immer größeren Wucht der Angriffe auf Mannheim und schließlich auf Gaggenau wuchs das Interesse daran, auch diese Werke unter die Erde zu verlagern. Insbesondere am Werk Mannheim wird die Firmenpolitk deutlich. Am 16. November 1944 erhielt Direktor Ernst Decker telefonisch die Nachricht, der Rüstungsstab habe dem Daimler-Benz-Werk das Objekt »Galenit« zugeteilt. Es handelte sich um einen Stollen im Landkreis Vaihingen/Enz bei Großsachsenheim mit einer vorgesehenen Produktionsfläche von zunächst rund 5000, später 12000 Quadratmeter, für die die Bauleitung einen Einzug der Firma Ende April 1945 vorsah[537]. Der offizielle Bescheid des Rüstungsstabes ließ allerdings auf sich warten. Die Mannheimer Leitung, aber auch der Gesamtvorstand des Konzerns verlangten deshalb vom Firmenvertreter im Rüstungsstab, Alfons Kirmaier, auf der formalen Zusage zu bestehen. Erst dann könne, so der Mannheimer Direktor Carl Werner, der Ausbau des Stollens nach den Firmenplänen erfolgen[538]. Die Verlagerung des Mannheimer Werkes hatte eine besondere Bedeutung für den Daimler-Benz-Konzern. In ihrer dortigen Fertigung arbeiteten die Monteure seit 1942 an der Umstellung auf den »Opel-Blitz«,

533 BA-MA, RL 3/7, Bl. 3395, Jägerstab-Besprechungen, Bericht über die VIII. Reise des Unternehmens Hubertus, 1.–3.6.1944; Fröbe, Obrigheim, S. 418f.

534 Fröbe, Obrigheim, S. 410.

535 Vgl. Herbst, Der totale Krieg, S. 345f.

536 Siehe Kapitel III, 5. b.

537 DBA, Haspel 9/91, Aktennotiz Dir. Decker, 21.11.1944; Bericht Architekt Kiemle über »Galenit«, 20.1.1945.

538 Ebd., Werner an Vorstandsmitglied Müller, 4.1.1945; Prokurist Hörmann an Kirmaier, 10.1.1945.

Ausländische Zwangsarbeiter während einer Essenspause beim Bau des Stahlwerk-Bunkers Mannheim-Rheinau (Stadtarchiv Mannheim)

Badische Frauen, vermutlich aus Karlsruhe, die im Frühjahr 1942 bei einer Veranstaltung der NSDAP Woll- und Pelzsachen für die im Osten kämpfenden Soldaten umarbeiten (GLA Karlsruhe)

Ausländische Zwangsarbeiterinnen bei Aufräumungsarbeiten nach einem Luftangriff auf die Mannheimer Landmaschinenfabrik Heinrich Lanz AG im September 1943 (Werksarchiv Firma John Deere)

Der Rüstungsinspektor Oberrhein, Generalmajor Erich Hager, bei einer Besichtigung der Firma Daimler-Benz AG, Gaggenau, am 21.1.1943 (BA-MA, RW 20-5/13, Bl. 59)

Ausländische Zwangsarbeiter graben das Fundament für den Bunker des Stahlwerks Mannheim-Rheinau (Stadtarchiv Mannheim)

Stahlwerk Mannheim-Rheinau: Ausländische Zwangsarbeiter bei einer Essenspause (Stadtarchiv Mannheim)

Barackenlager für ausländische Zwangsarbeiter in Mannheim (Stadtarchiv Mannheim)

Ausländische Zwangsarbeiter vermutlich beim „Richtfest“ nach dem Bau des Stahlwerk-Bunkers Mannheim-Rheinau (Stadtarchiv Mannheim)

der der Firma die Produktion im Bereich der 3-Tonner-Lastwagen erhalten sollte. Erst 1944 war die Fertigung unter erheblichem Druck angelaufen, dabei stand auch die Verlagerung des gesamten Werkes in die Brandenburger Opel-Fabrik zur Debatte. Mitte 1944 waren die Fabrikationshallen des Konkurrenten zerstört worden. Der Vorstandsvorsitzende Wilhelm Haspel fürchtete jetzt die Existenz von Plänen, beide Werke in einem »U-Bauvorhaben« zusammenzufassen, da sich der Rüstungsstab so lange Zeit ließ, das Projekt »Galenit« formal zu bestätigen.

»Das würde die Auflösung praktisch unserer 3-to Fertigung bedeuten mit ganz zweifellos erheblichen Nachteilen für die Sache selbst. Wir haben daher äußerstes Interesse daran, daß Galenit uns endgültig zugesprochen wird, da wir dort relativ bald hineinkommen können und damit jedenfalls mit den wichtigsten Teilen der Fertigung den gefährlichen Platz Mannheim verlassen können[539].«

Das Drängen war allerdings unnötig: Am 9. Januar 1945 hatte Ministerialrat Speh, ein Mitarbeiter Speers, die Einweisung formal abgezeichnet. Die Werksarbeiten schritten aber nicht weit voran: Bereits am 7. Februar wurde das Projekt von der Heidelberger Bezirksgruppe der Organisation Todt eingestellt, die letzten noch vorhandenen Baustoffe sollten für andere Zwecke verwendet werden. Dem Ansinnen des Mannheimer Direktors Carl Werner an Haspel, über das Rüstungsamt die Aufhebung des Beschlusses zu erzwingen, maß der Konzernvorstand keinerlei Erfolgsaussichten mehr bei[540]. Auch wenn die Verlagerung letztlich nicht zustande kam, weist das Objekt »Galenit« darauf hin, daß solche Aktionen gegen Kriegsende mehr denn je von der Konzernspitze verfochten wurden. Das Firmeninteresse stand über allem, auch wenn die damit verbundenen Konsequenzen längst bekannt gewesen sein mußten. Die Befürchtungen der Unternehmensführung machen aber auch deutlich, daß sich dort gewisse Realitätsverluste abzeichneten. Ein so großes Objekt wie das Werk Mannheim über eine derart weite Entfernung nach Brandenburg zu schaffen, wäre Anfang 1945 angesichts der Transportprobleme, der zerstörten Verkehrswege und der ständigen Luftangriffe nicht mehr möglich gewesen.

b) Das Scheitern der Vorhaben

Weshalb gelang es trotz des Einsatzes beträchtlicher finanzieller Mittel aber nicht, die unterirdischen Produktionsstätten so in Gang zu bringen, daß sich der Aufwand lohnte? Insbesondere drei Hauptproblempunkte standen im Wege: der Mangel an Arbeitern, die Einsatzbedingungen sowie technische Schwierigkeiten.

Da von vornherein klar war, daß nicht mehr genügend deutsche Beschäftigte und selbst ausländische Zwangsarbeiter vorhanden waren, wies Göring in seinem Erlaß zur Jägerproduktion Heinrich Himmler als Reichsführer SS die Aufgabe zu, KZ-Häftlinge »in ausreichendem Maße« zur Verfügung zu stellen[541]. Der Rückgriff auf die in der untersten Stufe der NS-Hierarchie angesiedelten Zwangsarbeiter lag nahe, nachdem KZ-Häftlinge

---

539 Ebd., Haspel an Kirmaier, 10. 1. 1945.

540 Ebd., Ministerialrat Speh an RüIn V, 9. 1. 1945; OT-Einsatzgruppe Rhein (V) an Daimler-Benz Mannheim, 7. 2. 1945; DBAG Mannheim an Haspel, 8. 2. 1945; Prokurist Hörmann an Werk Mannheim, 13. 2. 1945.

541 DBA, Haspel 8/82, Erlaß Göring, 4. 3. 1944.

seit längerem für Rüstungsproduktionen gearbeitet hatten. Auch das Lager Natzweiler oder Struthof im Elsaß hatte seit Mai 1943 verschiedene Fertigungen für Unternehmen des Gaues übernommen, nachdem die Rüstungsinspektion Anfang dieses Monats in einer Besprechung mit Firmenchefs in Mannheim dazu aufgerufen hatte. Für die Betriebe hörte sich der Hinweis deshalb besonders interessant an, da in Natzweiler auch Schweißer inhaftiert waren, die angesichts des Mangels an Metallkräften besonders benötigt wurden[542]. Welche badischen Firmen von solchen Arbeiten profitierten, ist nur noch bei Daimler-Benz und bei Stotz-Kontakt, einer Tochterfirma von BBC Mannheim, nachvollziehbar. Der Gaggenauer Betrieb des LKW-Konzerns errichtete in der Nähe des elsässischen Sicherungslagers Schirmeck, das letztlich Gauleiter Wagner als Chef der Zivilverwaltung des Elsaß unterstand, zwei Werke. Nach Auskunft eines Zeitzeugen versorgte das Werk Gaggenau die beiden Betriebe mit Vorarbeitern[543]. Weitere Häftlinge aus dem vermutlich im September 1944 in Gaggenau errichteten Lager Rotenfels arbeiteten direkt in der Produktion des Stammwerks. Die Zahl der Häftlinge, unter denen sich auch Kriegsgefangene befanden, stieg mit der Evakuierung des Stammlagers Schirmeck von 600 auf rund 1700 an. Selbst ein Firmenbericht vom April 1945 spricht von »Überbelegung« von Rotenfels, aus der sich »automatisch schlechte Unterkunftsverhältnisse« ergaben[544]. Bei Annäherung der alliierten Truppen erschossen die Wachmannschaften Kriegsgefangene sowie 28 gefangengehaltene Elsässer[545].

Das Mannheimer Daimler-Benz Werk profitierte etwa seit Ende September 1944 von rund 1000 polnischen KZ-Häftlingen aus Dachau, die in der »Opel-Blitz«-Produktion eingesetzt wurden[546]. Eine Delegation des Unternehmens suchte sich die Häftlinge im KZ Dachau auch selbst aus, wie es auch allgemein üblich war, daß die Firmen die Häftlinge bei der SS anforderten[547]. Die Firma Stotz-Kontakt verlagerte Maschinen und Einrichtungen ins KZ Buchenwald. Dort sollten Teile für die V 2 gefertigt werden. Bevor die Herstellung begann, ließ der Firmenchef die Produktionsmittel zurückholen. Das OKH und das Rüstungsministerium strengten deshalb ein Verfahren wegen Sabotageverdachts an, der Betriebsführer wurde verhaftet. Zur Verhandlung kam es aber nicht mehr[548].

Die Beschäftigung von KZ-Häftlingen war also für badische Firmen nichts Neues. Die SS stellte dafür Insassen aus den beiden Konzentrationslagern Natzweiler und Dachau zur Verfügung, für die in Baden Außenlager erstellt wurden (siehe Karte 3): von Natzweiler-

---

542 BA-MA, RW 20—5/21, Aktennotiz RüIn OR: Besprechungspunkte mit Betriebsführern aus Mannheim für Treffen am 10/13.5.1943, 4.5.1943; Vorländer, NS-Konzentrationslager, S. 1ff.; vgl. Klingel, Lager Leonberg, S. 36f.; Werner, Bleib übrig, S. 295f.

543 Schmid, Zwangsarbeiter, S. 576.

544 Ebd., S. 576; DBA, Haspel 7/64, Beschäftigung von ausländischen Arbeitskräften aus dem SL-Lager Schirmeck bei der DBAG, Werk Gaggenau, Betr.Dir. Sr., 24.4.1945.

545 Vorwärts — und nicht vergessen, S. 522ff. (Augenzeugenberichte); Echle, Gaggenau, S. 178.

546 GLA, 465a/59/3/7780, Erklärung im Spruchkammerverfahren gegen den Werksdirektor Ernst Decker; Angelika Schmitt, KZ Mannheim-Sandhofen, S. 21; Koppenhöfer, KZ-Häftlinge, S. 521f. Siehe in den beiden Arbeiten auch Angaben und Zeitzeugen-Berichte zu den katastrophalen Lebensumständen der KZ-Insassen.

547 Koppenhöfer, KZ-Häftlinge, S. 522; vgl. Klingel, Lager Leonberg, S. 21.

548 GLA, 465a/59/2/11766.

Struthof in Asbach, Baden-Baden, Baden-Oos, Bad Rappenau, Binau (Kreis Mosbach), Daudenzell (bei Mosbach), Iffezheim, Mannheim-Sandhofen, Neckarbischofsheim, Nekkarelz, Neckargerach, Neunkirchen, Rastatt, Sandweier und Schwetzingen; drei von Dachau in Mosbach, Radolfzell und Überlingen sowie drei von Schirmeck in Haslach, Gaggenau-Rotenfels und Villingendorf[549]. Ein Großteil zumal der aufgeführten nordbadischen Außenstellen fungierte als Lager für Verlagerungsbauten unter Tage.

Die Anweisung Görings, für den Bau unterirdischer Produktionsanlagen auf KZ-Häflinge zurückzugreifen, sollte insbesondere für die zehn Projekte der ersten Welle, also auch für Obrigheim und Überlingen, gelten. Die Vorhaben waren von der SS mit Häftlingen so vorzubereiten, daß die Firmen die Räume fertig übernehmen konnten[550]. Im Fall von »Goldfisch« in Obrigheim machte die SS tatsächlich erhebliche Anstrengungen: Das Vorhaben wurde zu einem Vorzeigeprojekt, während der Ausbau des Melassefelsens in Überlingen lange unter einem Mangel an Beschäftigten litt. Die Ursache für die unterschiedliche Behandlung ist nicht erkennbar, zumal die unterirdische Verlagerung der Dornier-Werke auf eine direkte Anweisung Hitlers zurückging.

Mitte August 1944 arbeiteten in Obrigheim von insgesamt 5400 Arbeitskräften rund 3000 Häftlinge. Bis Dezember wurden daraus über 10000 Menschen. Die SS stellte die Häftlinge zwar zur Verfügung, für Obrigheim und andere Vorhaben wurden sie aber des öfteren von der Daimler-Benz-Bauleitung angefordert. Im Oktober zog die SS die Häftlinge von der Grube Ernst — Deckname »Brasse« — ab und verwies als Ersatz auf die Arbeiter der nahen Grube Friede, also das Projekt »Goldfisch«. Dem für die Untertageausbauten zuständigen Oberbauleiter von Daimler-Benz, Architekt Kiemle, war aber klar, daß von dort keine zu bekommen waren. Schließlich stellte er selbst »fast täglich Listen auf zur Anforderung von vielen neuen Arbeitskräften für ›Goldfisch‹«, wie er an das Sindelfinger Werk schrieb. Damit konnten nur KZ-Häftlinge gemeint gewesen sein. Da »Brasse« damit in der Luft hing, bekniete Kiemle jede Woche mehrmals die für die Zuteilung der KZ-Häftlinge zuständige SS, »doch endlich Arbeitskräfte für Brasse beizubringen[551].« Darüber hinaus fehlten für die Projekte »Goldfisch«, Neckarzimmern, Seckach und Haslach Mitte 1944 rund 300 Bergleute. Um sie zu bekommen, hätte der gesamte badische Bergbau eingestellt werden müssen. Obwohl sich das Bergamt Karlsruhe dafür aussprach, wenigstens 150 Mann aus den Flußspatbetrieben abzutreten, da ausreichend Vorräte vorhanden seien, entschied sich das Reichswirtschaftsministerium im Interesse der Rohstoffversorgung dagegen[552].

Da es schon die SS nicht schaffte, Arbeitskräfte für die zehn wichtigsten Vorhaben unter Tage zu beschaffen, litten alle anderen Projekte erst recht unter dem Mangel an Arbeits-

---

549 Verzeichnis der Haftstätten, S. 203ff.; Schätzle, Stationen, S. 64ff.; vgl. Vorländer, NS-Konzentrationslager, S. 9ff. Sechs der hier genannten Außenlager von Natzweiler werden bei Schwarz, Die nationalsozialistischen Lager, nicht aufgeführt: Baden-Baden, Baden-Oos, Binau, Bandenzell, Sandweier, Schwetzingen

550 BA, R 7/1192, RWM u.a. an OBA Karlsruhe, 4.4.1944.

551 DBA Haspel 9/84, Kiemle an Werk Sindelfingen, 17.10.1944. Ähnlich auch: Fröbe, Obrigheim, S. 405, 408, 410, 430, 456; Ziegler, Natzweiler, S. 194f.

552 BA, R 7/1185, Bergamt Karlsruhe an RWM, 31.5.1944 und 1.6.1944, S. 82f.; RWM an RMfRuKP, Amt Bau, 8.8.1944, S. 187; Fröbe, Obrigheim, S. 439ff.

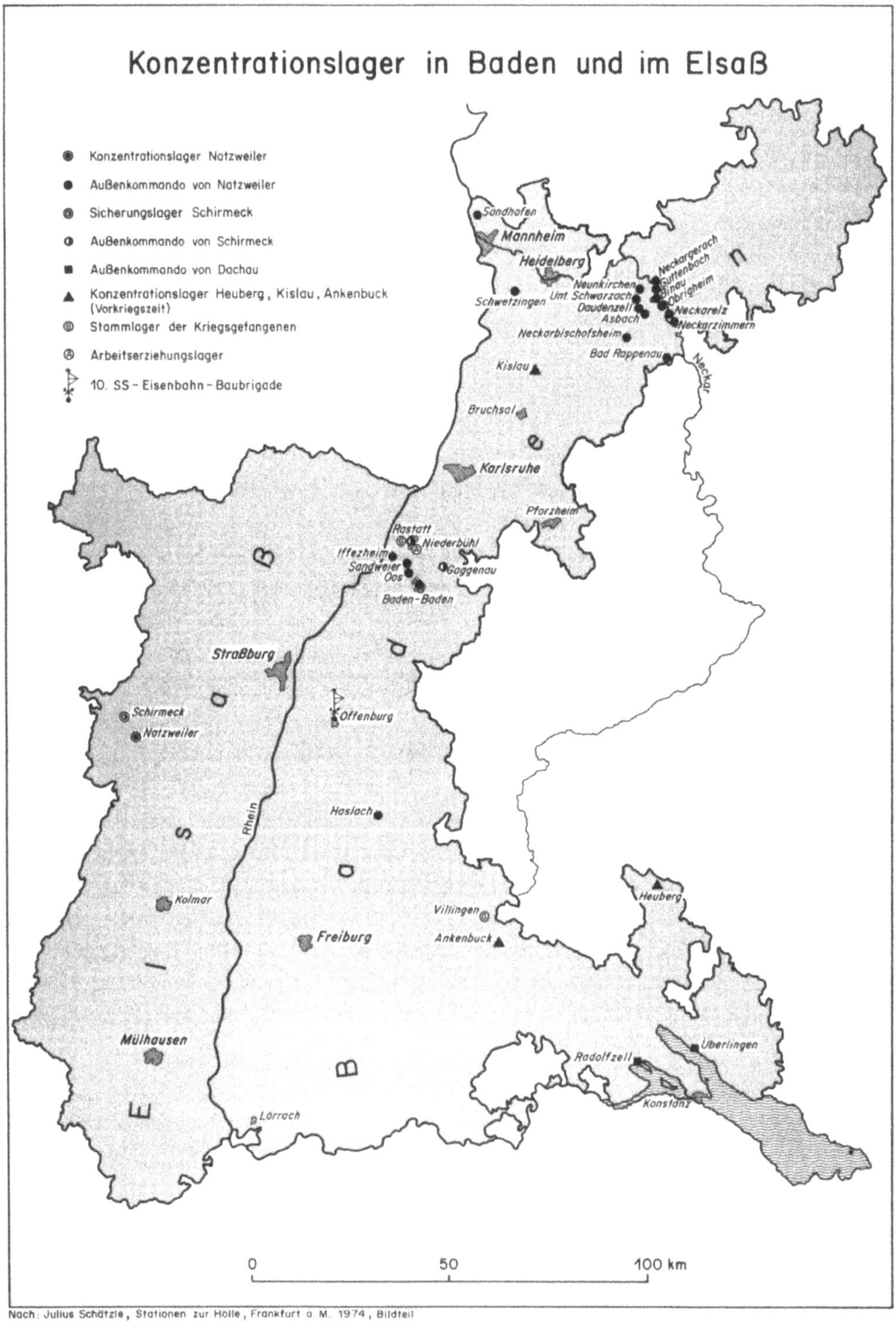

Nach: Julius Schätzle, Stationen zur Hölle, Frankfurt a. M. 1974, Bildteil

kräften. Die Rüstungsinspektion Oberrhein monierte, bei allen Untertageverlagerungen außerhalb des SS-Bereichs bestünden »erhebliche Schwierigkeiten und Unklarheiten« bei der Beschaffung und Versorgung der Bauarbeiter. Die zeitlichen Zusagen dieser Projekte (insbesondere Neckarzimmern, Seckach und Überlingen) wurden deshalb nicht eingehalten. Um die Rückstände einzuholen, gab der Jägerstab Anfang Juni 1944 dem Antrag der Inspektion statt, alle Arbeitskräfte für solche Projekte zentral über die SS zu beziehen[553]. Das änderte allerdings wenig daran, daß für die termingerechte Ausführung der Arbeiten die Beschäftigten fehlten. Insbesondere für die drei genannten Vorhaben waren die Zuweisungen vollkommen ungenügend, obwohl die Inspektion das Rüstungsamt immer wieder darum anging. So fehlten die im März angeforderten 5000 Bauarbeiter für den Ausbau des Melassefelsens bei Überlingen Ende Juli noch immer. Die Forderung, von anderen Projekten wie »Goldfisch« Arbeitskräfte abzuziehen, war allerdings vollkommen illusorisch[554]. Die Bauleitung in Überlingen verfügte deshalb »nur« über 800 Häftlinge, die als Außenkommando des KZ Dachau zur Verfügung gestellt worden waren. Zur Produktion für Dornier kam es auf diese Weise erst im Frühjahr 1945, kurz darauf marschierten die Franzosen ein[555].

Auch das Projekt im Stollen des Hartsteinwerks »Vulkan« in Haslach im Kinzigtal mit dem Kennnamen »Barbe« verfügte über zu wenig Arbeitskräfte. Das Vorhaben war schon früh geplant und Ende März 1944 der Firma Mannesmann zugeordnet worden. Nach den schweren Zerstörungen des Werkes Gaggenau schrieb der Rüstungsstab am 12. Oktober den Stollen auf Daimler-Benz um[556]. Zunächst arbeiteten seit dem 16. September 1944 rund 400 Häftlinge aus dem KZ Dachau, die einem Außenlager des KZ Natzweiler zugeordnet waren, am Ausbau des Stollens. Die Arbeiten kamen aber schlecht voran, die Baustelle wurde als »trostlos« geschildert. Das im Daimler-Benz-Konzern für die Untertageverlagerungen zuständige Vorstandsmitglied Karl Müller besprach sich deshalb am 24. November mit dem Mitglied des Rüstungsstabes, Ewald[557]. Der Rückstand der Arbeiten lag insbesondere an der schlechten Verfassung der Häftlinge, von denen mindestens 60 unter Abzessen litten. Trotz ihres vom SS-Kommandoführer als »äußerst mangelhaft« geschilderten Schuhwerks mußten die Häftlinge jeden Tag eine Stunde Fußweg hinter sich bringen[558].

---

553 BA-MA, RW 20—5/60 (Abschriften von US-Stellen: Shorthand Notebooks), RüIn OR an RüA, 24.5.1944 (Zitat); Aktennotiz RüIn OR, 5.6.1944.

554 Ebd., Schreiben der RüIn OR an RüA, 1.6., 8.6.; an SS-General Kammler, 1.6.1944; RW 20—5/51, Bl. 3162f., KTB RüIn OR, 2. Q. 1944; ebd., Bl. 3162f., Quartalsbericht RüIn-Abtlg. Planung, 25.7.1944.

555 Burger, Zeppelin, S. 58f.; ders., Schatten, S. 18; Weick, Widerstand, S. 231. Weick schreibt die Bauarbeiten der Firma »Magnesit« zu, die Treibsätze für die V 2 herstellen sollte. »Magnesit« war der Tarnname für das für Dornier auszuführende Projekt (BA, R 7/1192, RMfRuKP, Amt Bau — OT an RWM, Liste der U-Bauvorhaben des Mindestbauprogramms, 4.9.1944, Bl. 317).

556 BA, R 7/1185, RMfRuKP an RüIn OR, 30.3.1944; R 7/1208, Bl. 189, Rüstungsstab an RüIn OR, 12.10.1944.

557 DBA Haspel 8/82, Aktennotiz Dir. Müller, Baubesprechung bei Herrn Dipl. Ing. Ewald (Rü-Stab) am 24.11.1944.

558 BA, NS 4 NA/84, Wochenbericht des SS-Kommandoführers an das KL Natzweiler, 25.9.1944.

Die Zahl der Häftlinge wurde in der Besprechung nach einem Einwand Müllers als »viel zu klein« kritisiert. Auf die Anweisung Ewalds hin, die SS solle eine größere Zahl KZ-Häftlinge bereitstellen, erklärte der Daimler-Benz-Direktor:

»Ich gab an, daß wir von Gaggenau aus gerne SL (Sicherungslager)-Arbeiter beistellen würden, daß aber das Zusammenarbeiten, insbesondere Zusammenwohnen von KZ- und SL-Leuten verboten sei. An der Baustelle könnten diese beiden Trupps getrennt werden; es müßte aber ein besonderes Barackenlager für die SL-Leute errichtet werden. Es ist zu überprüfen, ob dies möglich ist[559].«

Die Zuweisung von Häftlingen aus Gaggenau erfolgte tatsächlich. Da im Oktober die Insassen des Lagers Schirmeck ins Lager Rotenfels transportiert worden waren, benötigte die Gaggenauer Werksleitung nur einen Teil der Häftlinge. Die dann tatsächlich nach »Barbe« gebrachten, rund 650 Elsässer, kamen also nicht, wie in der bisherigen Forschung angegeben, aus Schirmeck, das zu diesem Zeitpunkt bereits aufgelöst war, sondern aus Gaggenau[560]. Die direkte Anordnung zur Verlegung der Häftlinge nach Haslach erließ zwar der SD-Chef in Straßburg[561], doch den Anstoß dazu hatte der Daimler-Benz Direktor gegeben. Damit ist die direkte Verantwortung des Daimler-Benz-Konzerns für den Einsatz von KZ-Häftlingen bei Untertage-Projekten neben Obrigheim ebenso für Haslach nachgewiesen. Auch bei der Beschaffung von Arbeitskräften für das Mannheimer Projekt »Galenit« hatte der Konzern seine Hände im Spiel. Die Leitung des dortigen Werks beorderte im Dezember 200 der insgesamt 1000 beschäftigten KZ-Häftlinge an die Baustelle[562]. Die Verstrickung des Konzerns in die Verbrechen des Nationalsozialismus erstreckte sich von daher auch auf den Einsatz von Häftlingen. Im übrigen weist die Erklärung des Konzern-Direktors ebenso wie die Zuweisung von Mannheimer Häftlingen an das Projekt »Galenit« darauf hin, daß die Firmen vollständig über die KZ-Häftlinge verfügen konnten. Müllers Äußerung ist aber noch in anderer Hinsicht von Bedeutung, da es auch die bei diesem Projekt so wichtige Frage der Unterbringung anspricht. Die 650 Menschen wurden nicht in einem Barackenlager untergebracht — solche Hütten waren zu dieser Zeit kaum mehr zu bekommen —, sondern die SS pferchte alle zusammen in den Stollen hinein. Im Rastatter KZ-Prozeß berichtete 1947 der elsässische Arzt Dr. Schwarz:

»Es ist fast nicht möglich zu beschreiben, wie es in Haslach-Vulkan ausgesehen hat. Menschen hätten niemals so handeln können, niemals hätten auch die Verantwortlichen Hunde so behandelt, wie man uns behandelt hat.« Die Menschen lebten fast fünf Monate lang »in den unterirdischen Stollen wie Tiere, zusammengepfercht, wochenlang auf verfaultem Stroh liegend, ohne ärztliche Behandlung, von Läusen buchstäblich zerfressen, ohne Abort, ohne ausreichende Luftzufuhr und fast ohne Licht.«

Innerhalb kurzer Zeit starben 65 Menschen, 10 wurden erschossen. 350 waren ständig krank, Dutzende fanden nach ihrer Befreiung den Tod[563]. Insgesamt starben in den beiden Haslacher Konzentrationslagern am Kinzigdamm und im Vulkan etwa 400 Men-

[559] DBA Haspel 8/82, Aktennotiz Dir. Müller, Baubesprechung bei Herrn Dipl. Ing. Ewald (Rü-Stab) am 24.11.1944.

[560] DBA Haspel 7/64, Beschäftigung von ausländischen Arbeitskräften aus dem SL-Lager Schirmeck bei der DBAG, Werk Gaggenau, Betriebsdirektor, 24.4.1945; Hildenbrand, Vulkan in Haslach, S. 30.

[561] Hildenbrand, Vulkan in Haslach, S. 330.

[562] Direktion Mannheim an Haspel, 22.12.1944. Abgedruckt in: Schlüsseldokumente, S. 328.

[563] Ortenauer Zeitung, 25.2.1947.

schen[564]. In der Forschung heißt es, Kommandant Karl Buck habe die SS-Wachen wegen einer Ruhrepidemie in dem schon vorhandenen Lager für die Dachauer Häftlinge angewiesen, die 650 Menschen im Stollen unterzubringen. Offenbar sollte der Aussage Müllers zufolge damit aber auch eine Anweisung befolgt werden, die noch zwischen den Häftlingen eines Sicherungs- und denen eines Konzentrationslagers unterschied. Müller wußte möglicherweise wenig von den Zuständen in Haslach, der Gaggenauer Betriebsleitung waren sie aber eindeutig bekannt, ohne daß dagegen eingeschritten wurde[565].

Der Stollen »Vulkan« war nicht das erste Projekt in Baden, bei dem die Häftlinge einfach in den Stollen und Gruben untergebracht werden sollten. Schon ein halbes Jahr zuvor gab es ähnliche Pläne in Neckarzimmern, die aber auf Intervention von Gauleiter Robert Wagner und Rüstungsminister Albert Speer vermutlich verhindert wurden. Wagner machte in einem Schreiben an Speer gegen diese Absicht Front, die »mit nichts zu rechtfertigen« sei: »Die Arbeiter brauchen Licht, Luft und Sonne, wenn sie am folgenden Tag wieder leistungsfähig sein sollen[566].« Speer bat daraufhin den für die Zuteilung der Häftlinge zuständigen General der Waffen-SS Kammler, die Planung nochmals zu überprüfen: »Es (ist) sehr umstritten, ob es vom Gesundheitsstandpunkt aus richtig ist, Arbeitskräfte unterirdisch wohnen zu lassen[567].«

Vor allem das Projekt in Haslach macht deutlich, daß der Fortschritt der Arbeiten nicht nur von der Zahl der zugeteilten Häftlinge abhing, sondern auch von deren Behandlung. Im Rahmen dieser Arbeit ist es nicht möglich, weiter darauf einzugehen[568]. Daß die Lebensumstände aber wiederum von den technischen Problemen bestimmt wurden, offenbart das Projekt in Obrigheim. Die Arbeiten in den Gruben und Stollen standen und fielen mit der in ihnen herrschenden Luftfeuchtigkeit und Temperatur. Sie durften 75 Prozent und 25 Grad nicht überschreiten, sollte eine körperliche Arbeit noch möglich sein. Selbst eine Luftfeuchtigkeit von 50 Prozent hielten Daimler-Benz-Experten noch für zu hoch für die wertvollen Werkzeugmaschinen. Ein zweites, nicht geringeres Problem vor allem in Gipsgruben bildete das ständige Aufquellen der tonigen Schichten, die die Bildung eines brauchbaren Maschinenfundaments erschwerten und letztlich zu Steinfall führten[569].

---

[564] Hildenbrand, Kinzigtal, S. 258.

[565] DBA Haspel 7/64, Beschäftigung von ausländischen Arbeitskräften aus dem SL-Lager Schirmeck bei der DBAG, Werk Gaggenau, Betriebsdirektor, 24.4.1945; Wie Pohl, Die Daimler-Benz AG, S. 158, darauf verfallen konnte, die in diesem Bericht angegeben Firmenhilfen für die Häftlinge in Haslach zu zitieren, ohne auf den apologetischen Charakter des Schriftstücks einzugehen, ist vollkommen unverständlich. Der offenbar für die französischen Militärbehörden bestimmte Aufsatz gipfelt in der Aussage: »Das Werk (Gaggenau) hat sich durch besondere ärztliche Betreuung, durch Zurverfügungstellung von Nahrungsmitteln weit über die zustehende Zuteilungsmenge hinaus, mit Erfolg bemüht, diesen anscheinend durch Vitaminmangelerscheinungen entkräfteten Menschen irgendwie gerecht zu werden. Der Erfolg hat sich auch in kürzester Zeit herausgestellt.«

[566] BA, R 3/1958, Bl. 254ff., Wagner an Speer, 28.6.1944.

[567] Ebd., Bl. 255f., Speer an Kammler, 19.7.1944 (Zitat), Speer an Wagner, 28.7.1944.

[568] Neben den bereits genannten Forschungen sei noch besonders hingewiesen auf den Zeitzeugenbericht von Robert Stein, Vom Wehrmachtsstraflager zur Zwangsarbeit bei Daimler-Benz, S. 39ff.

[569] DBA, Haspel 8/82, Merkblatt für die Bewetterung von unterirdischen Fertigungsräumen; BA, R 7/1196, Portland-Zementwerke Heidelberg an RLM, 29.2.1944; Fröbe, Obrigheim, S. 417.

Das Problem der Belüftung blieb mitentscheidend für das Gelingen des Projekts Friede in Obrigheim bis in den Herbst hinein. Der für den Ausbau der Grube verantwortliche SS-Führungsstab machte bei der Anlage von Entlüftungsschächten nach Ansicht des Karlsruher Bergamtes »grundlegende Fehler«[570], die Luftfeuchtigkeit bewegte sich weiterhin um 100 Grad und erreichte damit ein »unerträglich hohes Maß« sowohl für die Beschäftigten wie für die immer wieder ausfallenden Maschinen[571]. Innerhalb von vier Wochen brannten 195 Motoren durch, die ausgewechselt werden mußten. Erst bis Anfang September gelang es, die vorhandenen Ventilatoren in ausreichender Zahl und so austariert aufzustellen, daß die Luftfeuchtigkeit »an einzelnen Stellen«, so das Bergamt, von 95 auf immer noch etwa 80 Prozent heruntergedrückt wurde[572].

Auch die bereits von den Zementwerken beschworene Gefahr des Steinfalls erwies sich als durchaus real. Obwohl sich am 3. September vormittags in einem Stollen die Decke in einer Größe von etwa 60 Quadratmeter ablöste und einen Arbeiter unter sich begrub, erhielt die Bergwerksleitung die Produktion in der Nähe weiterhin aufrecht. Einige Stunden später kam es zu einem katastrophalen Einbruch, bei dem etwa 400 Kubikmeter Geröll 22 Menschen und 22 Maschinen unter sich begruben. Nur zwei Menschen wurden lebend geborgen[573].

Über die Ursache der Unfälle bestehen zwei unterschiedliche Versionen, die beide Zeugnis von den bergbaulichen Schwierigkeiten einer Großproduktion unter Tage ablegen. Der Vertreter des Oberberghauptmannes Gabel im Rüstungsausschuß des Ministeriums Speer nahm an, daß in dem betreffenden Stollen zu viele Maschinen installiert worden seien, deren Abwärme die Decken zu stark erhitzt hätte. Dagegen erklärte die Bergbaubehörde den Unfall damit, daß das mit der Frischluftzufuhr gebildete Kondenswasser das Gestein zu stark aufquellen ließ[574]. Es ist symptomatisch, daß die Werksleitung sich trotz dieser Unfälle nicht dazu veranlaßt sah, die gefährdeten Stollen zu schließen. Dazu bedurfte es erst einer Anordnung des Reichswirtschaftsministeriums nach einem dritten Einbruch im November, der ohne Tote abging[575]. Die Produktion nahm bei allen Beteiligten einen höheren Stellenwert ein als die Sicherheit der in der Grube arbeitenden Menschen.

Die durch die Belüftung auftretenden Klimaeinflüsse machten die Arbeitsplätze nicht nur wegen der Einsturzgefahr zur Falle, auch Erkältungskrankheiten führten zum Tod. Die Beschäftigten hatten dem Karlsruher Bergamt schon im September mitgeteilt, daß

---

570 BA, R 7/1208, Bergamt Karlsruhe an RWM, Abtlg. Oberberghauptmann, 8.7.1944.

571 BA, R 7/1208, RWM an OBA Karlsruhe, 31.7.1944.

572 BA, R 7/1208, Bergamt Karlsruhe an RWM, Abtlg. Oberberghauptmann, 15.9.1944 (Zitat); R 3/1749, Bl. 51, Auszug aus dem Protokoll der Rüstungsstab-Besprechung vom 4.9.1944).

573 BA, R 7/1208, Bl. 143, Telegramm Daimler-Benz-Direktor Müller an Oberberghauptmann Gabel (RWM und Rüstungsstab), 3.9.1944. Die darin zur Zahl der Verschütteten gegebenen Angaben machen die Zahl von 20 Toten (Fröbe, Obrigheim, S. 433) wahrscheinlicher als die am folgenden Tag in der Besprechung des Rüstungsstabes wiedergegebene von 28 (BA, R 3/1749, Bl. 51, Auszug aus dem Protokoll der Rüstungsstab-Besprechung vom 4.9.1944).

574 BA, R 3/1749, Bl. 51, Auszug aus dem Protokoll der Rüstungsstab-Besprechung vom 4.9.1944; Fröbe, Obrigheim, S. 434.

575 BA, R 7/1208, Bl. 246, Aktennotiz RWM, 7.12.1944.

Raumtemperaturen und Luftzug an den einzelnen Arbeitsplätzen sehr unterschiedlich seien, je nachdem, ob die Sonne die einziehende Luft erwärmt oder Regen und Wind sie abgekühlt hatten. Schon zu dieser Zeit verursachte das Klima »sehr zahlreiche« Krankheiten. Das sollte sich im Winter noch steigern. Die an Arbeitsplätzen gegenüber den Stolleneingängen beschäftigten Daimler-Benz-Mitarbeiter hatten unter der kalten Luft so stark zu leiden, daß die Zahl der Krankheitsfälle »sehr stark« anstieg. Zwar sollten zwei Lokomotiven die frische Luft anwärmen, ihre Kapazitäten reichten dazu aber »bei weitem« nicht aus, monierte Müller bei Oberberghauptmann Gabel[576]. Da sich der schließlich beschlossene Bau einer Heizkesselanlage bis Ende Februar 1945 verzögerte — es fehlte an Material, Facharbeitern und Transportmöglichkeiten —, hatten die Beschäftigten Temperaturen von 5 bis 7 Grad auszuhalten. Das führte schließlich zu einer Ruhrepidemie, an der zeitweise jeder fünfte der in der Produktion arbeitenden Beschäftigten erkrankte[577].

Angesichts dieser Schwierigkeiten blieb die schon bisher unter Soll laufende Produktion weiter im Rückstand und erfüllte die Anforderungen im Oktober mit rund 400 Motoren nur etwa zur Hälfte. Die Erkrankungen, die ständigen Stromschwankungen und -ausfälle, schließlich die wegen Luftangriffen stundenlangen Verspätungen der Zubringerzüge für die Arbeitskräfte führten dazu, daß Daimler-Benz Anfang Januar 1945 als »optimistische Prognose« den Bau von 750 Motoren voraussagte. Selbst wenn die Firma recht behielt, wäre damit das Soll von jetzt 900 auch Monate nach Produktionsbeginn in Obrigheim nicht erreicht worden[578].

Die Verlagerungen unter Tage hatten es so zwar im Falle Obrigheims ermöglicht, eine gewisse Produktion zustande zu bringen, doch das war nur möglich durch die starke Konzentration aller noch vorhandenen Ressourcen auf dieses Daimler-Benz-Projekt. Doch selbst Obrigheim erreichte nie die anvisierte Produktionsmenge — trotz aller Anstrengungen, die eine unbekannte Zahl von Häftlingen das Leben kostete. Alle anderen Vorhaben in Baden hatten, soweit bekannt, mit noch weit größeren technischen Schwierigkeiten zu kämpfen, da es ihnen noch mehr an Beschäftigten, Material und Energie fehlte. Die Idee, die Maschinen unter der Erde vor Luftangriffen zu schützen, erwies sich letztlich als sinnlos und selbst bei den größten Anstrengungen nur als sehr begrenzt durchführbar. Sie paßt in gewisser Hinsicht zu der in der Kriegswirtschaft verfolgten Methode, Probleme mit Aktionismus ohne Rücksicht auf selbst mittelfristige Folgen lösen zu wollen. Daß die Firmen dabei mitzogen, war unter dem politischen Druck kaum zu vermeiden. Doch das Unternehmensinteresse ging darüber hinaus und ließ sie selbst zu Initiatoren und engagierten Mitarbeitern solcher Projekte werden.

Die badische Wirtschaftsgeschichte offenbart, daß es auch möglich gewesen wäre, anders zu handeln, wie das Beispiel des Weinheimer Unternehmers Richard Freudenberg zeigt. Freudenberg verhinderte im Spätsommer 1944 den Aufbau eines Verlagerungsvorhabens

576 BA, R 7/1208, Bl. 146, BA Karlsruhe an RWM, Oberberghauptmann Gabel, 15.9.1944 (Zitat 1); ebd., Bl. 238, Müller an Gabel, 18.11.1944 (Zitat 2).

577 Ebd., Bl. 260, Bergamt Karlsruhe an Gabel, 2.1.1945; Bl. 277, dass., 16.2.1945.

578 BA, R 3/3034b, Bl. 6 und 19, Protokolle der Rüstungsstab-Besprechungen, 3.1. (Zitat) und 12.1.1945; Fröbe, Obrigheim, S. 441.

in einem Weinheimer Luftschutzstollen. Obwohl die Rüstungsinspektion den Stollen beschlagnahmte hatte und, so die Zeugenaussage eines Unternehmers im Spruchkammerverfahren, die Mannheimer Motorenwerke »alles daran setzten, sich so schnell wie möglich bei uns einzurichten«, ließ Freudenberg Felle und Häute aus seiner Lederfirma in den Stollen einlagern. Der Unternehmer befürchtete zu recht verstärkte Luftangriffe auf die Stadt, wenn das Projekt tatsächlich zustande gekommen wäre. Freudenberg wurde zwar von der Inspektion der Sabotage beschuldigt, er zögerte aber durch die Einschaltung der Reichsstelle Leder die Räumung des Stollens bis Mitte Januar 1945 hinaus. Die Motorenwerke konnten ihn erst nach einer Entscheidung des Rüstungsamtes beziehen; sie schafften es bis Kriegsende aber nur noch, einige wenige Maschinen nach Weinheim zu bringen[579].

10. Der »Nero-Befehl«: Die Industrie setzt sich zu Wehr

In den letzten Kriegstagen kam es zur Entscheidung darüber, ob sich in Baden der Wille zur Selbstbehauptung oder der Drang zur Selbstzerstörung durchsetzte. Hierbei standen Vertreter der Wirtschaft, der kommunalen und der regionalen Behörden Nationalsozialisten gegenüber, die angesichts der offenkundigen Niederlage des Reiches den Zerstörungsabsichten ihrer Führung folgen wollten. Mit dem Erlaß »Verbrannte Erde«, dem sogenannten »Nero-Befehl«, den Hitler am 19. März 1945 unterzeichnete, war endgültig die bisher zweigleisige Politik der Industrie zu Ende, die Rüstungsproduktion zwar weiterhin zu garantieren, aber gleichzeitig mit vorausschauenden Plänen das Betriebsinteresse zu wahren[580]. Nun konnte es nur noch darum gehen, das Überleben der Firmen zu sichern. Wie schon häufig in den Jahren zuvor, spielten sich dabei in Baden Auseinandersetzungen in der mittleren Ebene spiegelbildlich zum Geschehen in der Berliner Führung ab.

Im Herbst 1944 hatte Speer zunächst die Zustimmung Hitlers bei seinem Vorhaben erreicht, die Betriebe nicht zerstören zu lassen. Der Diktator akzeptierte das Argument, die Werke müßten bei einer Rückeroberung durch deutsche Truppen wieder zur Verfügung stehen. Der Rüstungsminister erließ demgemäß die Weisung, die Betriebe seien beim Abzug der Wehrmacht nur zu »lähmen«: Mitarbeiter sollten also die lebenswichtigen Teile entfernen, die später wieder installiert werden könnten. Speer setzte am 14. September die Vorsitzenden der Rüstungskommissionen als Beauftragte für die Lähmung ein[581].

Entsprechend wurde bei den bedrohten Betrieben im Elsaß verfahren. Sie sollten nach Auslösung des Stichwortes »Kampfraum« durch die Rüstungsstellen oder den Kampf-

[579] GLA, 465a/58/1/16662. Die Spruchkammer sprach Freudenberg, der trotz seiner Ernennung zum Wehrwirtschaftsführer vom SD überwacht wurde, in dem Verfahren frei.

[580] Vgl. Herbst, Der totale Krieg, S. 345f.

[581] BA, R 3/1592, Speer an Gauleiter (darunter Wagner), 14.9.1944; R 3/1623, Speer an Bormann, 15.9.1944; vgl. Janssen, Ministerium Speer, S. 305ff.; Boelcke, Hitlers Befehle, S. 306ff.

kommandanten aus dem Maschinenpark und den Einrichtungen ihrer Werke »lebenswichtige, schwer zu beschaffende Maschinenelemente« ausbauen und abtransportieren. Die Inspektion stellte den dafür vermutlich wenig bereiten Elsässern aber im Sinne der Erlasse Speers auch gleich in Aussicht, bei Nichtbefolgung des Befehls keine Sanktionen befürchten zu müssen: Da die Front jedes Gerät brauche, müsse die Produktion solange wie möglich weitergehen. Die Dienststelle wollte deshalb eher in Kauf nehmen, daß die Lähmung zu spät erfolgte, als daß ein »unersetzlicher Ausfall« an Rüstungsfertigung eintrete[582]. Man geht wohl nicht fehl in der Annahme, daß sich die Firmeninhaber beim deutschen Rückzug danach richteten. Auch dem späteren Zeugnis des kommissarischen Leiters der Rüstungsinspektion, Oberstleutnant Ernst Streicher, zufolge, wurde das Elsaß beim deutschen Rückzug »soweit wie irgend möglich« geschont[583].

Dieses Verfahren, das die Firmeneinrichtungen kaum bedrohte, bildete allerdings für den Südwesten nur eine Art Vorspiel. Zu den eigentlichen Auseinandersetzungen in Berlin, dann in Baden, kam es erst in den letzten Tagen der Diktatur angesichts der endgültigen deutschen Niederlage im März und April 1945. Am 19. März unterzeichnete Hitler den »Nero-Befehl« und ordnete die Zerstörung aller Verkehrs-, Industrie- und Versorgungsanlagen an. Speer wurde mit der Anordnung faktisch entmachtet: Hitler beauftragte die Gauleiter und Reichsverteidigungskommissare damit, den Erlaß umzusetzen[584]. Der Rüstungsminister fand sich damit aber nicht ab. Bei einer Fahrt durch Deutschland Ende März versuchte Speer, Heeres- und Industrieführer davon abzuhalten, die Anweisung auszuführen. Die Rüstungsinspektionen als Außenstellen seines Ministeriums wies er an, sich Zerstörungsbefehlen zu widersetzen. Schließlich gelang es ihm, auch Hitler davon abzubringen, der ihn am 30. März wieder als zuständige Person für die Zerstörungsmaßnahmen einsetzte. Die Schleifung jedes einzelnen Objekts sollte diesem Erlaß zufolge von dem Minister selbst angeordnet werden. Speer erließ am gleichen Tag Durchführungsbestimmungen, wonach die Rüstungsstellen Lähmung und Zerstörung auszulösen hatten[585]. Damit wurde der »Nero-Befehl« praktisch wieder aufgehoben.

Der badische Gauleiter Robert Wagner zollte in diesen Tagen seinem fanatischen Glauben an Hitler Tribut. Anders als etwa der Hamburger Gauleiter Kaufmann und wenige andere war er gewillt[586], den Anordnungen seines »Führers« auch bei der Beseitigung dessen zu folgen, was er zwölf Jahre lang regiert hatte. Die Kreisleiter gingen Wagner bei diesen Bemühungen zur Hand. Nach Erhalt des »Nero-Befehls« ordnete der Gauleiter zwischen dem 20. und 25. März an, alle Wasser- und Gaswerke der badischen Städte zu zerstören. Für Mannheim war wegen der Bedeutung der Stadt am 20. März eigens

[582] BA-MA, RW 20—5/25, RüIn OR an Fa. W. Gmöhling, Hüningen-St.Ludwig im Elsaß, 22.9.1944 (Zitat); vgl. Erlaß Speer an die Gauleiter der Westgebiete und die Vorsitzer der Rüstungskommissionen, 19.9.1944 (BA, R 3/1592).

[583] GLA, 465a/51/68/902, Erklärung Streichers beim Spruchkammerverfahren gegen Walter Köhler, 12.4.1948.

[584] Janssen, Ministerium Speer, S. 312; vgl. Müller, Politik der verbrannten Erde, S. 47.

[585] Janssen, Ministerium Speer, S. 313ff.; BA-MA, RW 20—5/56, Gaurüstungskommission an den Kreisleiter Neustadt, 19.4.1945.

[586] Hüttenberger, Gauleiter, S. 187; Janssen, Ministerium Speer, S. 313.

ein »Führerbefehl« ergangen, den der Chef des Stabes der 7. Armee überbracht hatte: »Von Mannheim ist dem Feind nichts anderes als die verbrannte rote Erde zu übergeben.« Wagner wiederholte diese Anweisung am 28. März, als sich bereits amerikanische Truppen in der Stadt befanden, und dehnte sie über die Versorgungseinrichtungen hinaus auf die Eisenbahnanlagen aus[587]. Der Gauleiter behielt sich darüber hinaus auch nach dem zweiten Hitler-Erlaß vom 30. März die Entscheidung über die einzelnen zu zerstörenden Industrieobjekte vor[588].

Der Ausführung des »Nero-Befehls« im Bereich der Wirtschaft standen sowohl die zivile Verwaltung wie Firmenchefs und Beschäftigte entgegen. Gemeint sind damit zum einen die Wirtschaftsbehörden der Mittelinstanz, insbesondere Ministerpräsident Köhler, der dem Erlaß Hitlers den eigenen Worten vor der Spruchkammer zufolge »entschiedenen Widerstand« entgegensetzte und sich damit selbst »in höchste Gefahr« brachte. Er habe damit den untergeordneten Stellen, vermutlich den Kommandos, die sich in einem »schweren Gewissenskonflikt« befanden, die Entscheidung abgenommen. Köhler ließ in dem Verhör keinen Zweifel daran, daß die Sprengung von Betrieben möglich gewesen wäre: »Pulver war da[589].« Die Angaben Köhlers sind glaubhaft. Sie werden zum einen bestätigt durch die Aussagen Streichers sowie des ehemaligen stellvertretenden Wehrkreisbeauftragten, der regelmäßig an den Sitzungen der Rüstungskommission teilnahm. Zum zweiten läßt sich tatsächlich im Fall der Karlsruher Parfümeriefabrik Fritz Wolff nachweisen, daß Köhler nach der Weigerung des Werkschutzleiters, die Firma zu zerstören, keine Gegenmaßnahmen ergriff. Wichtiger ist aber zum dritten, daß der Ministerpräsident sich in Karlsruhe von den alliierten Truppen überrollen und verhaften ließ und damit einem eindeutigen Befehl Wagners zuwiderhandelte. Köhler wurde daraufhin auf Anweisung Wagners von einem Standgericht wegen Landesverrats abgeurteilt[590].

Auch die Inspektion hatte nicht die Absicht, Zerstörungen voranzutreiben. Sie ließ zwar die Lähmung bei einigen Betrieben sowie insbesondere beim Schluchsee- und beim Murgwerk vorbereiten, doch eine Zerstörung wurde nicht angeordnet. Da Wagner über die Maßnahmen auf dem laufenden gehalten werden mußte, blieb der jetzt in Gaurüstungskommando umgetauften Dienststelle ein anderes Handeln nicht übrig, sollte die Partei nicht zum Eingreifen veranlaßt werden. Diese These wird gestützt durch das Schreiben Streichers an den Kreisleiter von Neustadt, die von ihm vorbereitete Sprengung der Staatsbrauerei Rothaus verstoße gegen den Erlaß Hitlers vom 30. März und gegen die Durchführungsbestimmungen Speers. Für die Brauerei sei lediglich eine Lähmung vorgesehen[591].

---

[587] GLA, 465a/56/10/373, Spruchkammerverfahren gegen den Direktor der Süddeutschen Kabelwerke, Aussage 1.11.1946 (Zitat); Friedrich Walter, Schicksal, S. 287ff.; vgl. Irek, Mannheim, S. 29f.

[588] BA-MA, RW 20—5/56, Aktennotiz Rüln OR von Telefonat mit dem Rüstungsbevollmächtigten Kelchner in Heidelberg, 3.4.1945.

[589] GLA, 465a/51/68/902, Protokoll der Spruchkammersitzung vom 8.10.1948; Lebenslauf Köhler, 6.4.1948.

[590] Ebd., Erklärung Streicher, 12.4.1948; Erklärung Hermann Riedinger, 10.7.1948; 465a/51/68/713, Spruchkammerverfahren gegen Fritz Rolf Wolff, Untersuchungsergebnis des Kriminalsonderdienstes, 14.11.1946; Aussage Wolff, 23.11.1946; Aussage Betriebsingenieur, 31.3.1947.

[591] BA-MA, RW 20—5/56, Aktennotiz Rüln OR, 3.4.1945; Gaurüstungskommando an Kreisleiter Neustadt, 19.4.1945.

Für den Widerstand der Rüstungsstellen spricht auch das Bemühen des Mannheimer Kommandos, die vom Kreisleiter befohlene Sprengung der Stadtwerke zu verhindern[592]. Auf kommunaler Ebene widersetzten sich einige Bürgermeister, zum Beispiel in Heidelberg, Karlsruhe[593] und Mannheim. Die persönliche Verantwortung dafür ist aber nicht in allen Fällen geklärt. So sprach sich zwar Carl Renninger aus Mannheim in einer Besprechung verschiedener Stellen gegen den »Nero-Befehl« aus, er war aber zum kritischen Zeitpunkt nicht mehr in der Stadt. Offenbar weigerte sich der Direktor der Stadtwerke zusammen mit einigen Angestellten, der Anordnung zu folgen[594].
Im Bereich der Industrie widersetzten sich Betriebsleiter nach eigener Aussage zum Teil schon der von der Inspektion ausgehenden Anordnung zur Lähmung, wie im Fall der Mannheimer Firmen Süddeutsche Kabelwerke und Daimler-Benz[595]. In anderen Fällen verteidigten Beschäftigte ihre Fabrik, wie beim Mannheimer Stahlwerk Rheinau, als sie den für die Getriebe der Maschinen vorbereiteten Sand durch eine Attrappe ersetzten. Diese Aktionen konnten so weit gehen, daß die Mitarbeiter die von den eigenen Chefs gestarteten Vernichtungsaktionen verhinderten, wie der Betriebsrat der Firma Schiffs- und Maschinenbau mitteilte[596]. Dies ist auch der einzige für Baden bekannte Fall, bei dem ein Industrieller sich hinter die Weisungen Hitlers und Wagners stellte. Auch Speer persönlich nimmt für sich in Anspruch, die Ausführung der Befehle Wagners verhindert zu haben. Er habe die Weisungen zur Zerstörung beim »Rüstungsstab«[597] in Heidelberg vorgefunden.

»Für ihre Verhinderung fanden wir eine verblüffend einfache Lösung: Wir fertigten sie zwar schriftlich aus, übergaben aber die Briefe dem Briefkasten einer Stadt, die in Kürze vom Gegner besetzt werden mußte[598].«

Inwiefern Speer hier bei der Wahrheit blieb, ist nicht festzustellen. Daß er sich in der Nacht vom 26. auf den 27. März in der Stadt befand, ist zwar einerseits sicher, da er sich auf Drängen des Heidelberger Oberbürgermeisters Carl Neinhaus dazu bereit erklärte, dessen Bemühungen um die Rettung der Stadt zu unterstützen. Speer bat den Wehrmachtbefehlshaber West, Generalfeldmarschall Kesselring, in einem von Neinhaus aufgesetzten Schreiben am 27. März darum, Heidelberg zur »offenen Stadt« zu erklären sowie die Sprengung der historischen alten Brücke zu verhindern[599]. Andererseits erhielten

---

592 Walter, Schicksal, S. 287ff.

593 GLA, 465a/59/13754, Spruchkammerverfahren Neinhaus, Schriftsatz o.D., S. 38; Werner, Karlsruhe 1945, S. 69.

594 GLA, 465a/56/SJ/69, Spruchkammerverfahren gegen Renninger, Schriftsatz Rechtsanwalt, 29.7.1947; Erklärung Direktion der Stadtwerke, 22.3.1947; vgl. Irek, Mannheim, S. 29f.; Peters, Der Anfang, S. 19.

595 GLA, 465a/59/3/7780, Verfahren gegen Ernst Decker (Daimler-Benz), Erklärung vom 29.10.1945; 465a/56/10/373, Verfahren Raymond (Süddt. Kabelwerke), Schriftsatz Rechtsanwalt, 10.3.1947.

596 Peters, Der Anfang, S. 19; GLA, 465a/56/7/697, Erklärung des Betriebsrats, 25.4.1947.

597 Albert Speer meinte damit vermutlich seinen in Heidelberg sitzenden Rüstungsbevollmächtigten Kelchner, den er für die gesamte südwestdeutsche Wirtschaft eingesetzt hatte. Ein »Rüstungsstab« für Baden und Württemberg existierte nie, die in Gaurüstungskommando umbenannte Inspektion hatte nach der Flucht aus Straßburg bis in die letzten Kriegstage ihren Sitz in Bad Dürrheim.

598 Speer, Erinnerungen, S. 454.

599 GLA, 465a/59/13754, Spruchkammerverfahren Neinhaus, Schriftsatz o.D., S. 41f.; Speer an Kesselring, 27.3.1945.

einige nordbadische Städte den Zerstörungsbefehl, wobei nicht mehr nachvollziehbar ist, welche Stelle die Anordnungen erlassen hatte.
Welche Einrichtungen in Baden dem »Nero-Befehl« wirklich zum Opfer fielen, ist nicht mehr völlig zu klären. Im Bereich der Versorgung gelang es in Mannheim, Karlsruhe und Heidelberg, die Zerstörung der Stadtwerke zu verhindern, während in Heidelberg der Aussage von Neinhaus zufolge das staatliche Fernsprechamt zerstört wurde[600]. Die Sprengung der Verkehrsanlagen oblag dem militärischen Sektor. Hier habe, wie der ehemalige Rüstungsinspekteur Ernst Streicher nach dem Krieg aussagte, die SS die Maßnahmen überwacht, weshalb in diesem Sektor einige Schäden entstanden seien. Gesichert sind im Bereich Verkehr und Kommunikation neben der Zerstörung des Heidelberger Fernsprechamtes die Sprengung einiger Mannheimer Brücken und schließlich in Freiburg die Schleifung der Eisenbahnbrücken und des Rundfunksenders beim Einmarsch der Franzosen[601]. Im Bereich der Wirtschaft kam es dagegen laut Streicher zu keiner Zerstörung[602], der Widerstand hatte sich bezahlt gemacht. Wirtschaftsverwaltung, Unternehmer und Beschäftigte waren zwar größtenteils bereit gewesen, der nationalsozialistischen Führung bei Rüstung und Krieg zu folgen, doch vor der Zerstörung der eigenen Lebensgrundlagen machte die »Nibelungentreue« halt.

600 Ebd., Schriftsatz Neinhaus, S. 38; Werner, Karlsruhe 1945, S. 69.

601 GLA, 465a/56/SJ/69, Spruchkammerverfahren gegen den ehemaligen Mannheimer Oberbürgermeister Carl Renninger, Aussage von Bürgermeister Trumpfheller, 9. 6. 1947; Ueberschär, Freiburgs letzte Kriegstage, S. 34.

602 GLA, 465a/51/68/902, Spruchkammerverfahren gegen Walter Köhler, schriftliche Aussage Streichers, 12. 4. 1948. Diese Aussage wurde, bezogen auf Mannheim, von einem ehemaligen Major des dortigen Rüstungskommandos untermauert (465a/57/20/ 70).

IV. Der Arbeitseinsatz im Krieg

1. Das Wachstum der Rüstungsfirmen und der Grenzlandeffekt

Die Einflüsse des Krieges auf die badische Wirtschaft erreichten in keinem anderen Bereich solche Ausmaße wie beim Arbeitseinsatz. Er stülpte die Struktur der Beschäftigten vollkommen um und brachte die Folgen der Grenzlandlage ans Licht. Die Verteilung der Arbeitskräfte von 1939 (Tabellen 13 und 14) verdeutlicht das große Gewicht, das die Konsumgüterindustrie vor dem Krieg in Baden einnahm. In diesen Gewerben verdienten am Oberrhein fast genau zehn Prozentpunkte mehr Beschäftigte ihr Geld als im deutschen Schnitt. Erst auf dem zweiten Platz folgten die im Reich tonangebenden Produktionsgüterindustrien. Dieses Verhältnis bedeutete aber nicht, daß dieser wichtige Wirtschaftszweig in Baden nicht zuhause gewesen wäre. Das Land stand dem Reich im Ge-

Tabelle 13

Die prozentuale Aufteilung der Beschäftigten auf die Industriegruppen in Baden

	1939	1940	1941	1942	1943	1944
Grundstoffindustrien	11,9	13,3	14,2	13,8	14,4	14,1
Produktionsgüterindustrien	34,7	38,5	39,3	43,9	47,5	51,9
Bauindustrien	11,8	8,1	6,7	5,3	4,2	4,1
Konsumgüterindustrien	41,4	40,4	39,8	36,9	33,3	29,9

GLA, 237/24357, Beschäftigung der Industrie; eigene Berechnung, gerundete Angaben, jeweils Mai; für 1944: BA, R 12 I/94. Die absoluten Zahlen siehe Anhang.

Tabelle 14

Die prozentuale Aufteilung der Beschäftigten auf die Industriegruppen im Reich

	1939	1940	1941	1942	1943	1944
Grundstoffindustrien	20,2	21,3	21,9	22,9	23,9	24,8
Produktionsgüterindustrien	35,3	39,8	41,6	44,7	46,3	48,1
Bauindustrien	12,9	10,4	10,0	7,5	6,2	6,4
Konsumgüterindutrien	31,6	28,5	26,5	24,8	23,5	20,6

Wagenführ, Tabelle 3b, S. 148ff.; eigene Berechnung, Angaben gerundet, jeweils Mai.

genteil nur wenig nach: Hier wie dort arbeitete etwas mehr als jeder dritte Beschäftigte an den Werkbänken des Maschinen-, Stahl- und Fahrzeugbaus, der Elektroindustrie oder einem anderen Gewerbe dieses Bereiches[1]. Nur die Grundstoffindustrien und hier vor allem der Bergbau waren am Oberrhein wesentlich weniger vertreten als im Reichsschnitt.

Diese Struktur änderte sich durch den Krieg weitgehend. Die Produktionsgüterzweige beschäftigten 1944 mehr als jede zweite Arbeitskraft innerhalb der badischen Industrie, während die Erzeuger von Konsumgütern weit zurückgefallen waren. Wie dynamisch sich die badischen Schwerindustrien entwickelten, zeigt sich auch daran, daß 1944 ihr Anteil an den industriellen Arbeitskräften mit 51,9 Prozent höher lag als derjenige der Branchenfirmen mit 48,1 Prozent im Reichsdurchschnitt. 1939 war es mit 34,7 zu 35,3 Prozent noch umgekehrt gewesen. Ein solches Ergebnis ist vor allem angesichts des Startnachteils beachtlich, der den Anstieg badischer Produktionsgüterbetriebe bis 1941 vergleichsweise bescheiden gestaltete[2]. Auf der anderen Seite verloren die Konsumgütergewerbe mit rund elf Prozentpunkten einen in etwa vergleichbaren Teil ihres ökonomischen Gewichts: Der Abstand zwischen Baden und dem Reich blieb in dieser Hinsicht auf wesentlich niederem Niveau gewahrt. Der um neun Punkte höhere badische Anteil dieser Branchen nährt die Vermutung, daß es sich bei einem Großteil dieser Beschäftigten um Frauen handelte, die für die Wehrmacht keine direkte Bedeutung hatten.

Die absoluten Zahlen bringen die unterschiedliche Entwicklung innerhalb des Produktionsgüterbereichs, der ja die wichtigsten Rüstungsbranchen mit Ausnahme der Grundstoffindustrien umfaßte, und der Konsumgütergewebe[3] noch schärfer ans Licht. Danach mußten die badischen Erzeuger von Verbrauchsgütern zwischen 1939 und 1944 auf fast 60000 ihrer Mitarbeiter verzichten, mithin auf 38,8 Prozent[4]. Baden lag damit auch über dem reichsweiten Minus von 37,9 Prozent — ein Anzeichen dafür, in welch starkem Maße die traditionellen Industriegewerbe des Südwestens eingeschnürt worden waren. Im Gegensatz dazu gewannen die Firmen im Produktionsgüterbereich in Baden mit 28505 Männern und Frauen ein Fünftel (22,1 Prozent) neue Arbeitskräfte hinzu. Trotz dieses außerordentlich starken Wachstums spiegeln aber gerade diese Industrien den badischen Standortnachteil wider, da die Branchenfirmen im Reich mit 29,8 Prozent wesentlich mehr Beschäftigte zulegten als diejenigen am Oberrhein. Die Ursache hierfür ist aber nicht etwa ein geringerer Rüstungsboom, der den Arbeitskräftemangel auch im äußersten Südwesten auf die Spitze trieb, sondern dahinter steckt der überdurchschnittliche Verlust an Beschäftigten,

---

[1] Insgesamt zählten die Betriebe folgender Industriezweige zu den Produktionsgütergewerben: Gießerei, Maschinen-, Stahl- und Fahrzeugbau, Elektro, Feinmechanik und Optik, Eisen-, Stahl-, und Blechwaren, Werkstoffverfeinerung sowie Metallwaren. Zu den Grundstoffindustrien gehörten die Unternehmen des Bergbaus, der Eisenschaffenden Industrie, des Kraftstoffs, der Sägeindustrie, der Chemischen Industrie sowie der Papier-, Pappe- und Zellstoffindustrie.

[2] Die Tendenz in den verschiedenen Zweigen der Rüstungsindustrie analysiert Kapitel III, 4.

[3] Die Konsumgüterfirmen umfaßten folgende Branchen: Holzverarbeitung, Glas, Keramik, Papierverarbeitung, Druck, Leder, Textil, Bekleidung, Lebensmittel, Brauerei und Mälzerei, Zucker sowie die Spiritusindustrie.

[4] Siehe die absoluten Zahlen im Anhang.

den die badische Industrie insgesamt verkraften mußte. Bis 1944 waren rund 65600 Mitarbeiter von ihren Lohnlisten verschwunden und damit 17,4 Prozent aller Arbeitskräfte. Die Industrien des Reiches mußten dagegen zwischen 1939 und 1944 auf »nur« 5 Prozent verzichten, hatten also weniger als ein Drittel des badischen Verlustes zu überstehen[5]. Dieser höchst unterschiedlichen Entwicklung liegen vor allem die Einberufungen zur Wehrmacht zugrunde, wie sich an der Zahl der deutschen männlichen Industriebeschäftigten zeigt. Bis 1944 verloren die badischen Firmen 45,2 Prozent ihrer Mitarbeiter, die Betriebe im Reich mit 40,1 Prozent aber erheblich weniger[6]. Die deutschen Frauen verhalfen den badischen Firmen nicht zu einem Ersatz, der diesen Verlust hätte auffangen können: Auch bei ihnen verzeichnet die Statistik einen Rückgang von 5,1 Prozent während des Krieges, der sich mit dem Reichsschnitt deckt[7]. Da sich die Zahl der deutschen männlichen Beschäftigten in den badischen Firmen fast halbierte, die Arbeitskräfte insgesamt aber nur um 17,4 Prozent zurückgingen, kommt ans Licht, welchen Beitrag die ausländischen Zwangsarbeiter für die badische Industrie geliefert haben. Sie stellten 1944 mit rund 17,5 Prozent mehr als jeden sechsten Beschäftigten in den Betrieben am Oberrhein[8].

Den unvermeidlichen Mangel an Beschäftigten verstärkten dabei noch Dienstverpflichtungen, mit denen die Reichsarbeitsverwaltung badische Männer und Frauen vom Oberrhein abzog und auf andere Gebiete verteilte. Für den Versuch, die sich vor allem in der zweiten Kriegshälfte immer weiter öffnende Schere im Arbeitseinsatz wieder zu schließen, hatten die Behörden neben den angedeuteten außerbetrieblichen Maßnahmen — also die Mitarbeiter der Konsumbetriebe abzuziehen, bisher beschäftigungslose Männer und vor allem Frauen in die Firmen zu schicken sowie ausländische Zwangsarbeiter zu deportieren — auch eine Spanne innerbetrieblicher Möglichkeiten zur Verfügung. In Baden waren drei von Bedeutung: die Rationalisierung, die Verlängerung der Arbeitszeit sowie der Kampf gegen die »Bummelei«. Die Auswirkungen des Krieges auf die badische Wirtschaft und Bevölkerung waren also stärker und schneller spürbar als in den meisten anderen Reichsgebieten. Die sich daraus ergebenden Folgen werden in diesem Kapitel analysiert.

In der vorliegenden Untersuchung wird immer wieder auf die unterschiedliche Phasen des »Blitzkrieges« und der Zeit des »totalen Krieges« Bezug genommen. Dieses Modell geht auf Alan S. Milward zurück, der das aus dem militärstrategischen Bereich entnommene Begriffspaar auch auf den gesamtgesellschaftlichen, insbesondere den politischen und wirtschaftlichen Rahmen bezog. Milward zufolge[9], war der Blitzkrieg »auch eine Methode der Kriegsführung, die das Elend vermeiden wollte, das der Krieg unvermeidlich für die

---

[5] Die Zahl der weiblichen und männlichen Mitarbeiter der badischen Industrie sank zwischen 1939 und 1944 (März) von 372134 auf 307520. Im Reich beschäftigte die Industrie 1939 im Gebiet des Altreichs 10138268 Arbeitskräfte. 1944 (Mai) waren es noch 9650209. (Quellen wie Tabellen 13 und 14).

[6] Siehe dazu Tabelle 16 in Kapitel IV, 2. a.

[7] An weiblichen Beschäftigten verzeichnete die badische Industrie 1939: 122388, 1944 (März): 116141 (Gesamtzahl weibliche Beschäftigte minus »zivile Ausländerinnen«). Rückgang in der Reichsindustrie: von 2503867 auf 2376600 (1944 Mai). Quellen wie Tabellen 13 und 14.

[8] Kapitel V, 2. Dort auch die Quellenangaben.

[9] Milward, Kriegswirtschaft, S. 14. Vgl. Petzina, Mobilisierung deutscher Arbeitskräfte, S. 449; ders., Soziale Lage der deutschen Arbeiter.

Zivilbevölkerung bringen würde.« Anders ausgedrückt, handelte es sich um »eine Methode, den totalen Einsatz der Wirtschaft zu vermeiden, der zum ›totalen Krieg‹ gehört«, aber dennoch militärische Erfolge zu erzielen. Entsprechend nahm der totale Krieg Wirtschaft und Gesamtgesellschaft wesentlich stärker in Anspruch.

Tatsächlich hat das Konzept Kritik erfahren. Vor allem seine Annahme, die nationalsozialistische Führung und insbesondere Hitler seien »in klarer Erkenntnis der Bedingungen (ihres) Handelns und in souveräner Abwägung der alternativen Möglichkeiten zu diesem Konzept gelangt«, wurde korrigiert[10]. Obwohl schließlich Overy die Grundlagen des Konzepts in Frage stellte und den »Blitzkriegs«-Ansatz mit der Vorstellung einer »totalen Mobilmachung« ersetzte, die in der ersten Kriegsphase gescheitert sei[11], war diese Dichotomie in ihren sozialen Auswirkungen auch auf Baden so augenscheinlich, daß ihre Übernahme gerechtfertigt ist. Im Sinne Marie-Luise Reckers wird die »Blitzkrieg«-Phase als »die Zeit verstanden, in der angesichts der von der politischen Spitze her eingeschlagenen Strategie [aus welchen Gründen auch immer, R. P.] nur eine begrenzte Umstellung des wirtschafts- und sozialpolitischen Kurses erfolgte und statt dessen eher der Eindruck einer ›friedensähnlichen Kriegswirtschaft‹ entstand. Dementsprechend grenzt sich von ihr die Phase des ›totalen Krieges‹ ab, in der aufgrund der veränderten militärischen Gegebenheiten auch entsprechende Verschärfungen in anderen Bereichen«[12] angestrebt wurden. Die sich dadurch ergebenden Veränderungen markieren die Unterschiede zwischen den Phasen[13].

2. Baden als Menschenreservoir des Reiches

a) Schockerlebnis für die Betriebe: Die Einziehungen zur Wehrmacht

Die erste Phase des Krieges stand für den Oberrhein im Zeichen der Grenzlandlage. Baden gehörte zu den deutschen Gebieten, deren Bevölkerung und Wirtschaft die Auswirkungen der Kämpfe besonders schnell und stark zu spüren bekamen. Die Folgen beeinflußten die gesamte weitere Entwicklung des Landes bis Kriegsende. Bis zu der mit Jahresbeginn 1941 »in großem Rahmen« ablaufenden Verlagerung von Aufträgen in den Südwesten[14], mit der sich die Landesökonomie endgültig als vollwertiges Mitglied der Rüstungsindustrie im Reich etablierte, nützten insbesondere die Wehrmacht, aber auch die Arbeitsverwaltung des Reiches das badische Beschäftigtenpotential für ihre Zwecke aus. Die erste Kriegsphase führte damit zu einem Schockerlebnis für die badischen Industriebetriebe. Das Land verlor bis Mitte 1940 mit 22,6 Prozent fast jeden vierten seiner industriellen Arbeiter und Angestellten und damit einen etwa doppelt so hohen Anteil

[10] Herbst, Der totale Krieg, S. 99.
[11] Overy, »Blitzkriegswirtschaft«?, S. 433.
[12] Recker, NS-Sozialpolitik, S. 14.
[13] Auch Jeffrey Fear geht bei seiner Untersuchung der Rüstungsindustrie des Gaues Schwaben implizit von einem solchen Modell aus (S. 194ff.).
[14] GLA, 237/24360, BWA-Runderlaß B 12/41, 14. 1. 1941; 237/28849, LWA-Bericht über den Arbeitseinsatz 1941, 15. 5. 1942. Siehe Kapitel III, 3. a.

Tabelle 15

Der Verlust deutscher Industriearbeiter im Vergleich zum Vorjahr in Prozent

	1940	1941	1942	1943	1944
Baden	22,6	9,0	10,2	10,4	3,4
Reich	12,8	5,6	12,5	13,0	4,8

Baden: GLA, 237/24357, Beschäftigung der Industrie; jeweils Mai, 1944 März; Reich: Wagenführ, Tabelle 3b, S. 148ff.; eigene Berechnung, jeweils Mai. Absolute Zahlen für Baden siehe Anhang.

Tabelle 16

Der Verlust deutscher Industriearbeiter gegenüber 1939 in Prozent

	1940	1941	1942	1943	1944
Baden	22,6	29,6	36,6	43,4	45,2
Reich	12,8	17,8	28,0	37,4	40,1

Baden: GLA, 237/24357, Beschäftigung der Industrie; jeweils Mai, 1944 März; Reich: Wagenführ, Tabelle 3b, S. 148ff.; eigene Berechnung, jeweils Mai. Absolute Zahlen für Baden siehe Anhang.

wie das Reich (Tabelle 15). Die badischen Unternehmen mußten auf einen Schlag mit 56350 Männern weniger zurecht kommen, von denen etwa 10000 in andere Regionen Deutschlands dienstverpflichtet worden waren[15].

Die Wehrersatzverwaltung rief 1939 in erster Linie Männer aus dem agrarisch strukturierten Teil Badens zu den Waffen. 16,6 Prozent der Arbeitsbuchinhaber aus Industrie und Landwirtschaft, die im Juni 1938 im Bereich des Bezirkswirtschaftsamtes V b gezählt wurden, mußten bei Kriegsbeginn zur Wehrmacht. In ganz Baden belief sich die Quote auf 14,6, im gesamten Reich aber nur auf 5,4 Prozent[16]. Die stärksten Abgänge innerhalb der badischen Industrie betrafen das Baugewerbe, das mit 52 Prozent jeden zweiten und die Textilindustrie, die mit 34,3 Prozent jeden dritten ihrer Mitarbeiter verloren. Dagegen mußte der kriegswichtige Maschinen-, Stahl- und Fahrzeugbau, der mit weitem Abstand die meisten männlichen Beschäftigten in der badischen Industrie aufwies, gerade auf 7,3 Prozent verzichten.

Während auf den Oberrhein auch 1940/41 immer noch eine fast um die Hälfte höhere Einzugsrate seiner Industriebeschäftigten als auf das Reichsgebiet zukam, wurden die badischen Firmen im Jahr darauf bei den Abzügen geschont. Die Verlustquote lag 1942

[15] Absolute Zahlen im Anhang. Zu den Dienstverpflichtungen siehe Kapitel IV, 2. c.

[16] GLA, 237/28847, Aktennotiz LWA, 7.6.1941.

mit 10,2 Prozent der Industriebeschäftigten erstmals unter der des Reiches mit 12,5 Prozent. Das plötzliche Wohlwollen der Wehrersatzverwaltung hatten die Firmen am Oberrhein neben der stärkeren Auslastung mit Rüstungsaufträgen seit 1941 auch dem Umstand zu verdanken, daß sich das Potential der als tauglich angesehenen Jahrgänge in Baden seit 1939 stark vermindert hatte: 36,6 Prozent ihrer männlichen Beschäftigten fehlten den Industrieunternehmen 1942 im Vergleich zu 28 Prozent im Reichsschnitt (Tabelle 16). Das Land befand sich damit unter den Regionen weit vorne und nur noch der Wehrkreis XIII um Nürnberg übersprang die badische Quote[17]. Die Angaben zu den Uk-Stellungen (wegen Unabkömmlichkeit nicht einberufen) korrespondieren mit dieser Situation. Die badische Rate lag weit unterhalb des Reichsschnitts, den nicht einmal der württembergische Nachbar erreichte[18]. Die Wehrmachtstellen hatten zu Kriegsbeginn die Kriterien in Baden offensichtlich weit enger ausgelegt als in den meisten anderen Regionen. Rund 80 Prozent aller Anträge waren trotz »schärfster« Vorprüfung durch die Industrie- und Handelskammern von ihnen abgelehnt worden[19].

Daß der Zugriff auf badische Industriearbeiter nach 1941 geringer ausfiel als im Reichsgebiet insgesamt, schützte zunächst zwar vor einer weiteren Verschlechterung der Situation, half ansonsten aber wenig. Ab Winter 1941/42 spitzte sich die Lage für die Rüstungsindustrie schließlich zu, da sich die Wehrmacht dazu gezwungen sah, verstärkt auf Facharbeiter zurückzugreifen. Mit den Maßnahmen, die dem Rückschlag der deutschen Armee vor Moskau folgten, »warf der totale Krieg erstmals seine Schatten auf die deutsche Bevölkerung«[20]. Die Wehrmacht wußte sich nach dem Beginn der sowjetischen Großoffensive im November 1942 »nicht anders zu helfen, als aus der Kriegswirtschaft Kräfte um Kräfte herauszuholen«, notierte der Stuttgarter Inspekteur, obwohl gleichzeitig die Rüstungsaufträge sprunghaft anstiegen und zum Teil das Doppelte der bisherigen Leistung gefordert wurde[21]. Die badischen Firmen mußten deshalb 1942/43 erneut den Verlust jedes zehnten deutschen Beschäftigten verschmerzen, wobei die Abzüge im Reich mit 13 Prozent erheblich darüber lagen (Tabelle 15).

Angesichts dieser hohen Verlustraten verwundern die Auseinandersetzungen nicht, die zwischen der neu eingerichteten Rüstungsinspektion Oberrhein und dem Karlsruher Landeswirtschaftsamt darüber ausbrachen, wie die dem Gau auferlegten Quoten umzusetzen waren. Beide Behörden verwalteten seit Herbst 1942 ganz Baden und das Elsaß auf ökonomischem Gebiet. Das Landeswirtschaftsamt konnte nicht verhindern, daß die 14300 Wehrpflichtigen, die der Bereich Oberrhein 1943 bei drei Sonderaktionen zur Einziehung

---

[17] Siehe Abbildung auf der folgenden Seite. BA-MA, RW 19/275, Kräftebilanz der Industrie, Mai 1942, vom 3.11.1942. Der Reichsdurchschnitt von 30 Prozent liegt höher als bei Wagenführ mit 28 Prozent (Tabelle 16).

[18] Siehe Abbildung auf der folgenden Seite aus: BA-MA, RW 19/275, Uk-Stellungen Reich 1942: 41 Prozent der Industriebeschäftigten; Wehrkreis V: 36 Prozent; Baden: 32 Prozent (GLA, 237/24357); vgl. Kroener, Personelle Ressourcen, S. 984ff.

[19] GLA, 237/24380, Aktennotiz BWA, 24.11.1939.

[20] Kroener, Personelle Ressourcen, S. 934ff. (Zitat S. 937); Eichholtz, Kriegswirtschaft, Bd 2, S. 184f.

[21] BA-MA, RW 20—5/10, S. 15, Lagebericht Rüln V, 14.11.1941 (Zitat); RW 20—5/5, S. 8, Geschichte der Rüln 1.1. bis 31.5.1942.

Aus der Industrie zur Wehrmacht Einberufene (aufgeteilt nach Wehrkreisen)

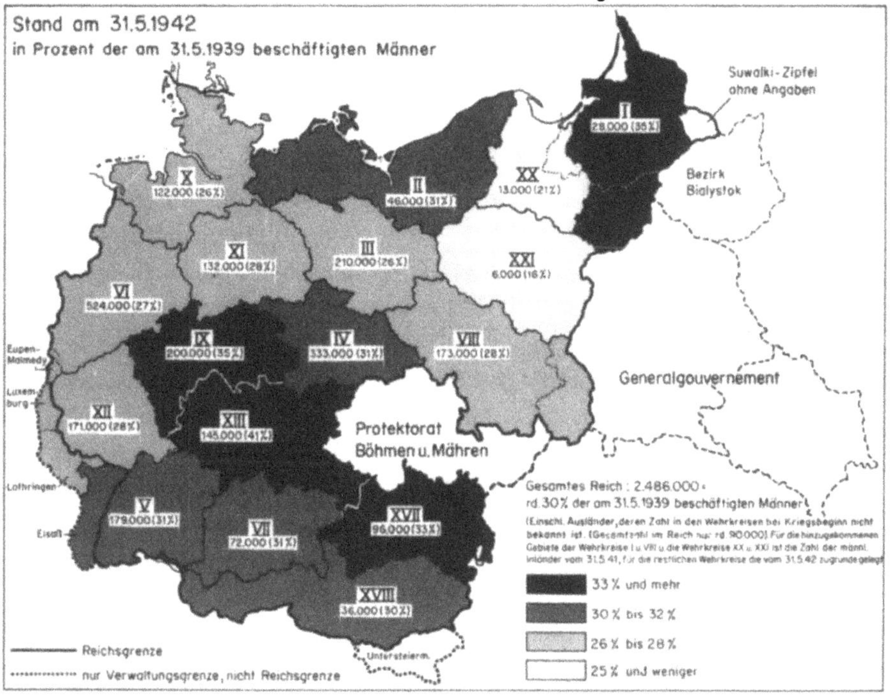

Uk-Stellungen in der Industrie (aufgeteilt nach Wehrkreisen), 1941 und 1942

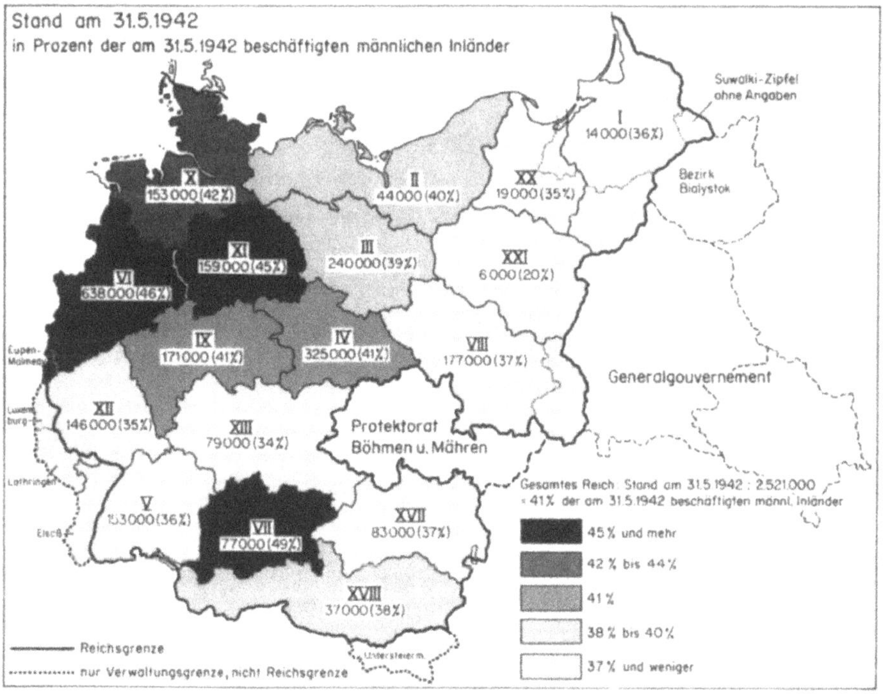

Nach KTB Rüstungsamt, 1.10 – 17.11.1942 (Anlagen), BA-MA, RW 19/275 (Kräftebilanz der Industrie Ende Mai 1942, vom 3.11.1942). Geringfügige Abweichungen zu den bereinigten Zahlen der "Kräftebilanz".

Das Deutsche Reich und der Zweite Weltkrieg, Bd 5,1, S. 987f.

(»SE-Aktionen«) von Beschäftigten zu stellen hatte, in einem Verhältnis von eins zu eins zwischen den Rüstungsbetrieben und den noch als zivil bezeichneten Unternehmen aufgeteilt wurden[22]. Dabei spielte es keine Rolle, daß die 2859 badischen und elsässischen Betriebe, die Ende Mai 1943 vom Landeswirtschaftsamt betreut wurden, nur noch über 12529 Wehrpflichtige der Jahrgänge 1901 bis 1922 verfügten, die 400 Rüstungsfirmen aber über 18253 Angehörige dieser Jahrgänge im Alter von 21 bis 42 Jahren[23]. Daß die zivilen Firmen angesichts dieser geringen Zahl leistungsfähiger junger Mitarbeiter meist kurz vor dem Zusammenbruch standen, zählte bei dieser Auseinandersetzung wenig.

Besonders katastrophal hatte sich die Lage im badischen Handwerk durch die Einziehungen entwickelt. Von insgesamt 1300 Betrieben verfügte überhaupt nur noch eine Hälfte über Arbeitskräfte der Jahrgänge 1890 und jünger. 669 dieser Mitarbeiter zählten zu den Wehrpflichtigen der Jahrgänge 1901 bis 1922. Von denen fungierten aber 350 als Schlüsselkräfte[24] und weitere 250 zählten zu den Betriebsinhabern. »Es ist keine Seltenheit«, schrieb der Arbeitskräftereferent des Landeswirtschaftsamtes im März 1943, »daß z.B. in Karlsruhe Dachdeckermeister von 65 bis 75 Jahren sich mit Dachreparaturarbeiten beschäftigten.« Jeder Entzug eines Wehrpflichtigen führte unvermeidlich zur Schließung des Geschäfts[25]. Das wollte das Landesarbeitsamt Baden aber vermeiden, um die Einschränkungen der Versorgung nicht zu weit zu treiben, zumal die laufende Stillegungsaktion bereits für geschlossene Geschäfte gesorgt hatte[26]. Im übrigen zählten die Handwerksbetriebe auch das Personal der Rüstungsfirmen zu ihren Kunden und arbeiteten darüber hinaus selbst auch als Unter- oder Zulieferanten für die Rüstung. Jeder Eingriff traf vor allem die Schuhmacher, die bereits stark ausgekämmt worden waren, andererseits aber die Schuhe von Rüstungsarbeitern reparierten. Das Amt prophezeite deshalb den Anstieg der Krankheitsraten, wenn die Beschäftigten über kein brauchbares Schuhwerk mehr verfügten: »Die Rückschläge hierdurch würden Nachteile zeigen, die nicht mehr gut zu machen wären.« Bereits zu dieser Zeit suchten in Baden 80000 bis 100000 Kunden andere Schuhmacher. Auch die noch vorhandenen ländlichen Schmiede, Schlosser und Installateure waren die letzten ihres Fachs, die landwirtschaftliche Geräte reparieren konnten.

Die Situation war in den zivilen Industriebetrieben nicht viel besser. Im Bezirk der Konstanzer IHK-Zweigstelle beschäftigten 111 Industriebetriebe nur noch 211 Wehrpflichtige der Jahrgänge 1901 bis 1922, unter denen sich aber 150 unverzichtbare Schlüsselkräfte befanden; im Raum Pforzheim arbeiteten bei 250 erfaßten Betrieben noch 707 Wehrpflichtige, von denen 533 zu den Schlüsselkräften zählten[27].

---

[22] GLA, 237/28814, Redemanuskript aus dem LWA für Besprechung in Pforzheim, o.D. (Nov. 1943).

[23] GLA, 237/28814, Aktennotiz des LWA vom 14.7.1943.

[24] Nach der Definition des RMfBuM-Runderlasses an die Wehrkreisbeauftragten vom 23.2.1942 (BA, R 13 I/654, S. 79) gehörten zu den Schlüsselkräften in der Regel technische Angestellte, Verwaltungskräfte und Spezialisten, während zu den Fachkräften diejenigen Beschäftigten zählten, deren Ersatz durch Anlernung innerhalb von acht Wochen möglich sei.

[25] GLA, 237/28850, Rudolph an Eustachi, 20.3.1943.

[26] Siehe Kapitel IV,3.

[27] GLA, 237/28814, Aktennotiz LWA, 14.7.1943.

In Pforzheim, vor allem aber in Mannheim, arbeiteten die Kammerbetriebe durchweg als Zulieferer für die Kriegsindustrie. Die Rüstungsbetriebe »sind nicht arbeitsfähig, wenn sie nicht die Zulieferungen gerade aus unserem Bezirk von den Mittel- und Kleinbetrieben erhalten«, schrieb die Wirtschaftskammer an das Mannheimer Kommando, um von dort Unterstützung gegen die Abzüge zu erhalten[28]. Besonders prekär war für Mannheim, daß die Stadt trotz der Aufbaumaßnahmen nach den schweren Luftangriffen 1943 nicht von Einberufungen befreit wurde. Selbst aus der Energieversorgung zog die Wehrmacht Kräfte ab, obwohl die Stadt gerade in diesem Bereich besonders hart getroffen worden war:

»Es ist natürlich ein Widersinn, wenn man einem stark fliegergeschädigten Werk über zentrale Dienststellen neue Fachkräfte zur Behebung von Fliegerschäden zuweist und zum gleichen Zeitpunkt eingearbeitete Stammarbeiter über die SE (Sondereinziehungs)-Aktion abziehen muß[29].«

Angesichts dieser Lage nahmen insbesondere bei der dritten Aktion zur Sondereinziehung Ende 1943 die Einsprüche der Ausschüsse und Ringe überhand. Sie wandten sich, wie etwa in Pforzheim, »immer wieder« an die Kammer, um Einberufungen abzuwenden. Im Handwerk, auf das trotz der kritischen Lage in großem Umfang zurückgegriffen wurde, konnte in manchen Fällen erst der dritte, vierte oder fünfte Ersatzmann eingezogen werden, da die Einsprüche sich als stichhaltig herausgestellt hatten[30]. Vor allem in der besonders kriegswichtigen Industrie Mannheims war es kaum mehr möglich, Beschäftigte aus Unternehmen herauszuziehen, ohne auf einen Einspruch zu treffen, berichtete die Wirtschaftskammer:

»Auf dem Industriesektor ist die [...] Situation derart angespannt, daß die Einberufung eines einzelnen Mannes [...] eine Kette von Arbeitsausf(ä)ll(en) mit sich bringt, da die wenigen noch in den Betrieben verbliebenen Kräfte dieser Jahrgänge eben als absolut unentbehrlich bezeichnet werden müssen. [...] Wenn wir heute zum Beispiel der Firma Heinrich Lanz noch weitere Schlüsselkräfte dieser Jahrgänge [...] abziehen, so werden wir von seiten der Sonderringe und Ausschüsse [...] in scharfer Form angegriffen und es wird uns mangelndes Verständnis für die wichtigen Rüstungsaufgaben dieses oder anderer Betriebe vorgeworfen. Wenn wir einen Eingriff in die chemischen Betriebe vornehmen, so ist der chemische Erzeugungsplan nicht mehr durchführbar, denn gerade die chemische Industrie ist [...] auf einige wenige Schlüsselkräfte absolut angewiesen. Daß die Versorgungswirtschaft [...] auf jeden einzelnen Mann dringend angewiesen ist, wurde gerade von zentralen Dienststellen wiederholt betont, und die [...] Freigabe von Arbeitskräften führte ebenfalls zu entsprechenden Einsprüchen des Herrn Generalinspektors für Wasser und Energie. In der Gruppe Maschinenbau liegen die Verhältnisse ähnlich. [...] Wenn wir aus den Installationsbetrieben, z. Bsp. AEG, Siemens-Schuckert, Siemens & Halske u. a. m. Kräfte zur Verfügung stellen, so ist die Montage kriegsentscheidender Anlagen im ganzen Reichsgebiet gefährdet, was ebenfalls durch wiederholte Einsprüche gerade zentraler Dienststellen bestätigt wird[31].«

Rüstungsfirmen wurden von den Sondereinziehungen ebenfalls schwer getroffen, auch hier gab es eine Vielzahl von Ein- und Widersprüchen[32]. Die Rüstungskommission

---

[28] GLA, 237/28814, WSK Mannheim an Rüko Mannheim, 4. 12. 1943.

[29] GLA, 237/24381, Lagebericht der WSK Mannheim für November 1943 bis Januar 1944, 29. 1. 1944, S. 12.

[30] GLA, 237/24381, Lagebericht der IHK Karlsruhe für Oktober 1943 bis Januar 1944, 25. 1. 1944; 237/28814, Zweigstelle Pforzheim der GWK Oberrhein, Bericht über die Lage der Uk-gestellten, 2. 12. 1943; WSK Freiburg, Bericht über die Auswirkungen der SE III-Aktion, S. 3, o. D; LWA-Bericht zur Lage der Landwirtschaft, 4. 1. 1944.

[31] GLA, 237/28814, WSK Mannheim an Rüko Mannheim, 4. 12. 1943.

[32] BA-MA, RW 20—5/51, S. 3264f., Anlage 11 zum KTB der Rüln OR, 4. Q. 1943.

schreckte nicht mehr davor zurück, die bisher von Abzügen verschonten Betriebe heranzuziehen. Selbst eine Firma wie das Gaggenauer Daimler-Benz-Werk, das 52 seiner 700 Beschäftigten in den betroffenen Jahrgängen verlieren sollte, hatte mit ihrem Einspruch beim Berliner Rüstungsamt keinen Erfolg. Die Kommission wollte ihre Reputation wahren und verwarf das Gesuch[33].

Während die Einziehungen 1943 anfangs in den größeren Rüstungsfirmen innerbetrieblich durch Umstellungen und Rationalisierungen überbrückt werden konnten[34], drohten gegen Ende des Jahres mehr und mehr Einbrüche. Wie bedenklich sich die Lage entwickelt hatte, wird daran deutlich, daß selbst Fachkräfte aus den Werkzeugfirmen zu den Waffen gerufen wurden, obwohl deren Produkte für die Rationalisierungsmaßnahmen benötigt wurden. Solche Betriebe hatten in Südbaden bei Sonderanfertigungen nicht selten Liefertermine von zwölf Monaten und mehr aufzuweisen. Auch auf Versorgungsunternehmen wurde keine Rücksicht genommen. Das Freiburger Kommando schildert den »krasse(n) Fall« der Triberger Elektrizitätswerke, die mit nur noch zwei Monteuren die fälligen Reparaturen erledigten und 24 Gemeinden versorgten, in denen wichtigste Rüstungsbetriebe arbeiteten[35].

Trotz der Sondereinziehungen sank die Zahl der badischen Industriearbeiter zwischen Mai 1943 und Mai 1944 nur um 3,4 Prozent[36]. Im Reichsgebiet erlitt die Industrie mit Abzügen von fast fünf Prozent der männlichen Beschäftigten ebenfalls ihren geringsten Verlust des Krieges. Mehr herauszuholen, war nicht mehr möglich, sollte die Produktion nicht völlig einbrechen, zumal nur noch wenige Angehörige der wehrpflichtigen Jahrgänge in der Industrie arbeiteten. In den von den Rüstungsstellen betreuten oberrheinischen Betrieben gehörte im Juli 1944 nicht einmal mehr jeder zehnte Mitarbeiter zu den Wehrpflichtigen, in den Firmen des Landeswirtschaftsamtes gerade noch jeder zwanzigste[37]. Wie schwierig die Lage geworden war, zeigt sich etwa daran, daß die Wehrmacht in der Mannheimer Industrie im März und April 1944 selbst auf Wehrpflichtige der Jahrgänge 1888 bis 1892 zurückgreifen mußte — auf 56jährige Männer also: Die Jüngeren waren entweder schon weg oder in den Firmen tatsächlich unersetzlich, sollte die Produktion nicht zusammenbrechen. Unter diesen Jahrgängen befanden sich vermutlich entsprechend ihrer langen Erfahrung noch mehr kaum zu ersetzende Spezialisten als unter den Jüngeren. Bei den Einberufungen blieb deshalb nichts anderes mehr übrig, als mit den Betrieben sowie anderen Stellen um jeden einzelnen Mann zu verhandeln. Im zweiten Quartal dieses Jahres verzichtete schließlich die Wehrmacht angesichts dieser Lage auf eine allgemeine Einberufungsaktion[38].

Obwohl die Industrie des Reiches im Schnitt seit 1941 höhere Anteile ihrer Beschäftigten verlor als die badische, gab es im vorletzten Kriegsjahr noch immer einen beträchtli-

---

33 GLA, 237/24379, Sitzungsprotokolle des Rükom-Arbeitsausschusses vom 31.7. und 3.8.1943.

34 BA-MA, RW 20—5/13, S. 29, KTB RüIn OR, 1. Q. 1943.

35 BA-MA, RW 20—5/29, Bericht Rüko Freiburg, 13.11.1943; GLA, 237/24379, Arbeitsausschuß der Rükom, 29.7.1943; vgl. Eichholtz, Kriegswirtschaft, Bd 2, S. 235.

36 Siehe Tabelle 15.

37 BA-MA, RW 20—5/51, Bericht RüIn Gruppe Ib pers., 24.7.1944; RW 20—5/18, KTB RüIn OR, 2. Q. 1944, Anlagen 4a und c.

38 GLA, 237/24381, WSK Mannheim, Lagebericht für Februar bis April 1944, 20.4.1944, S. 17f.; BA-MA, RW 20—5/51, S. 10, KTB RüIn OR, 2. Q. 1944.

chen Abstand. Seit Kriegsbeginn mußten die Firmen im Reichsgebiet auf 40 Prozent der Stammarbeiter verzichten, diejenigen in Baden auf 45 Prozent. Insgesamt berief die Wehrmacht, bezogen auf die Bevölkerung, bis 1943 in Baden 36000 Mann mehr ein als im Reichsschnitt[39]. Beide Angaben machen noch einmal klar, welchen Verlust die Wirtschaft am Oberrhein bis 1941 erlitten hatte. Er ließ sich als späte Auswirkung der Grenzlandlage während des gesamten Krieges nicht mehr wettmachen.

b) Der Verlust an Fachkräften

Es konnte nicht ausbleiben, daß der ständige Abfluß der Beschäftigten auch die Facharbeiter einbezog — und damit das Herz der Betriebe. Damit umfaßten Fachkräfte in den badischen und elsässischen Rüstungsunternehmen der Inspektion im Juni 1944 nur noch 15,9 Prozent der Beschäftigten. Die nordbadischen Firmen lagen mit 17 knapp darüber, die südbadischen mit 11,3 Prozent weit darunter[40]. Mit welchem überaus geringen Anteil an Fachkräften die Kriegsfirmen damit arbeiten mußten, wird bei einem Vergleich deutlich. Im Gau Schwaben beschäftigte die Rüstung 1944 mit 22,3 über sechs Prozent mehr als der Gau Baden-Elsaß und immer noch fünf Prozent mehr als das hochindustrialisierte Nordbaden. Selbst die Mannheimer BBC, die als Unternehmen der Elektroindustrie einen hohen Anteil an Facharbeitern benötigte, erreichte im August 1944 mit 22,9 Prozent nur den Schnitt des Gaues Schwaben[41].
Der große Verlust an Facharbeitern kann zu einem erheblichen Teil den Sondereinziehungen zugeschrieben werden. Darüber hinaus reduzierten die überwiegend in unqualifizierten Tätigkeiten eingesetzten ausländischen Zwangsarbeiter[42] den Anteil der Facharbeiter schon rein zahlenmäßig. Und schließlich hat der Ende 1941 von Munitionsminister Todt eingeführte Festpreis für Rüstungsgüter dazu geführt, daß die Unternehmen zur Senkung der Produktionskosten versuchten, teure Fachkräfte einzusparen[43]. Der insbesondere seit 1942 geförderte Rationalisierungsprozeß, der die Typenvielfalt beschränkte und die Fließbandarbeit einführte, unterstützte diese Entwicklung.
Gerade im Südwesten war seit 1940 sehr viel Wert auf die Umschulung gelegt worden, die danach noch an Bedeutung gewann, um die eingezogenen Fachkräfte ersetzen zu können. Zumindest bis 1942 war das südwestdeutsche Landesarbeitsamt bei der Anlernung zusätzlicher Metallarbeiter führend: Im ersten Quartal dieses Jahres brachte es der Bezirk auf 7560 umgeschulte Metallbeschäftigte und stellte über 13 Prozent aller Kursteilnehmer im Reich. Damit lag er vor Sachsen mit zehn Prozent[44]. Schon der zweite Quartals-

---

[39] GLA, 237/24379, Sitzung des Arb.Ausschusses der Rükom, 1.7.1943.
[40] GLA, 237/24352, Allgemeine Übersicht aus der Beschäftigtenmeldung, 1. Halbjahr 1944.
[41] Fear, Rüstungsindustrie, S. 206; NA EAP 66-b/3, Beschäftigung der BBC. Weitere regionale oder reichsweite Vergleichsziffern fehlen.
[42] Daß am allgemeinen Urteil über die schlechte Qualifikation der Zwangsarbeiter allerdings erhebliche Fragezeichen angebracht werden müssen, wird in Kapitel V,2. behandelt.
[43] Hachtmann, Industriearbeit, S. 65. Zum Festpreissystem siehe Kapitel IV,4.b.
[44] Der Arbeitseinsatz im Deutschen Reich, Nr. 8/9, 5.5.1942, S. 14. Schon in den Jahren zuvor lag Südwestdeutschland vorne. Im dritten Quartal 1941 etwa stellte der Bezirk mit 10000 fast jeden fünf-

bericht von 1942 zeigt aber, daß die Anwärter immer stärker unter den ausländischen Zwangsarbeitern gesucht werden mußten. Von jetzt sogar über 13 500 Umgeschulten im Südwesten kam jeder zweite aus ihren Reihen[45]. Die Arbeitsämter nutzten offenbar 1942 die mit einer Anordnung des Generalbevollmächtigten für den Arbeitseinsatz übertragene Kompetenz aus, den Firmen Auflagen zu erteilen. In Mannheim erhielten Mitte 1942 von 73 Metallbetrieben 14 eine entsprechende Aufforderung, mehr Beschäftigte anzulernen[46].

1943 zeigte sich aber, daß die Einberufung von Fachkräften auch den Maßnahmen zur Umschulung Grenzen setzte. Die Betriebe hatten dadurch weniger Personal zur Anlernung zur Verfügung, zumal die abgezogenen erfahrenen Jahrgänge für einen solchen Einsatz prädestiniert gewesen wären. Diese Arbeitskräfte stellen »heute die absolute(n) Führungskräfte in den Unternehmen«, betonte ein Vertreter des Landeswirtschaftsamtes im Dezember 1943 in Pforzheim. Ihr Verlust führte schließlich dazu, daß Rüstungsfirmen freiwillig auf Hilfsarbeiter verzichteten, da sie ohne Fachkräfte nicht mehr in die Arbeit eingewiesen werden konnten[47].

c) »Der Familie entrissen«: Unter Arbeitszwang in Württemberg, Thüringen und anderswo

Der mit den Dienstverpflichtungen[48] verbundene »Reichsausgleich« sollte diejenigen Bezirke unterstützen, die wegen ihrer starken Rüstungsindustrie anfangs bei den Metallfach-, später selbst bei Hilfsarbeitern die Nachfrage nicht mehr decken konnten. In dieser Lage befanden sich im Herbst 1939 drei Landesarbeitsämter, die in ihren Gebieten mehr Männer in Wehrwirtschaftsunternehmen uk-gestellt hatten als dort 1938 beschäftigt gewesen waren: Nordmark, Niedersachsen und Mitteldeutschland. Im Reichsdurchschnitt arbeiteten nur 9,5 Prozent der Metallarbeiter nicht in der Kriegsfertigung. Gebiete, in denen ein höherer Anteil außerhalb dieser Produktion arbeitete, sollten Beschäftigte abgeben. Das betraf auch den Südwesten, wo immerhin 20 Prozent der Metallarbeiter nicht direkt für den Krieg benötigte Artikel herstellten[49].

Das Reichsarbeitsministerium gab in dieser Lage den Forderungen militärischer Stellen nach[50] und ordnete Anfang Oktober 1939 den »Reichsausgleich Metall« für die genann-

---

ten der im Reich umgeschulten Metaller (ebd., Nr. 22, 20. 11. 1941, S. 14). Weitere Angaben zu 1940/41: ebd., Nr. 14, 21.7. 1941, S. 9.

45 Ebd., Nr. 14/15, 5. 8. 1942, S. 27. Der Südwesten steigerte seinen Reichsanteil jetzt auf knapp 15 Prozent.

46 BA-MA, RW 21—44/4, S. 57/2, KTB Rüko Mannheim, 3. Q. 1942, Besprechung beim AA Mannheim, 19. 6. 1942.

47 GLA, 237/28814, LWA-Vortrag bei Besprechung der IHK in Pforzheim, o. D. (Dezember 1943); LWA an RMfRuKP, 21. 12. 1943.

48 Nach der Einführung einer Dienstpflicht am 22. 6. 1938 (RGBl. I, S. 652) konnten Arbeitskräfte »aus staatspolitischen Gründen« für eine bestimmte Aufgabe verpflichtet werden. Vgl. Recker, NS-Sozialpolitik, S. 22.

49 BA-MA, RW 19/305, Inspekteursbesprechung am 12. 10. 1939.

50 BA-MA, RW 19/312, Besprechung der Abteilungsleiter Luftwaffe der Wehrwirtschaftsinspekteure beim Bevollmächtigten für das Luftfahrtindustriepersonal, 29. 9. 1939, 2. 10. 1939.

ten drei Bezirke an. Die damit zusammenhängende Problematik lag auf der Hand. Das Ministerium drängte darauf, das Instrument nur »mit großer Vorsicht« anzuwenden, bedeute es doch einen

»tiefen Einschnitt in das Leben der Betroffenen [...], die aus Wirkungskreis, Familie, Wohnung, Freundeskreis herausgerissen werden und oft den Nachteilen der Massenunterkunft, geringer Trennungsentschädigung, Verpflegungsschwierigkeiten ausgesetzt sind.«

Ansonsten drohe, und hier kam die politische Brisanz dieser Maßnahme zum Vorschein, »eine bedenkliche Schwächung der inneren Front«[51]. In Erkenntnis dieser Schwierigkeiten legte das Ministerium am 9. Oktober den Landesarbeitsämtern nahe, vor allem diejenigen Arbeitskräfte in andere Betriebe zu verpflichten, deren familiäre Verhältnisse nicht darunter litten, die Vorkenntnisse für den neuen Arbeitsplatz aufwiesen und deren Abzug die Stammarbeiter des Abgabebetriebs schonte[52].

Die Brisanz dieses Eingriffs war auch Hitler bewußt, der am 12. November 1939 das Reichsarbeitsministerium anwies, die Dienstverpflichtungen weitgehend zu drosseln. Das Ministerium ging daraufhin dazu über, diese Maßnahme nur noch für Unternehmen der Eisen- und Metallwirtschaft, der Chemie und des Baugewerbes anzuwenden[53]. Der Erlaß Hitlers blieb damit für den Reichsausgleich ohne Bedeutung, da zu dieser Zeit ohnedies weitgehend Metall- und Bauarbeiter einbezogen wurden. Die Verpflichtungen reduzierten sich in der Folge nur langsam von 1,3 Millionen bis Mitte Dezember 1939 auf 0,7 Millionen bis Ende 1940[54]. Der durch Maßnahmen wie Rationalisierung und Anlernung nicht zu befriedigende »Restbedarf« wurde weiterhin über Verpflichtungen gedeckt[55].

Schon vor dem Erlaß Hitlers war deutlich geworden, daß insbesondere die regionalen Instanzen wenig bereit waren, den Reichsausgleich mitzumachen und damit die Wirtschaft der eigenen Bezirke zu schädigen. Die von Reichsarbeitsminister Seldte im Oktober festgelegten Ausnahmen, die bei einzelnen Beschäftigten eine Dienstverpflichtung verbieten sollten, boten ihnen genügend Handhabe, die Maßnahme zu hintertreiben. Franz Seldte mußte deshalb schon Anfang November 1939 anordnen: »Es müssen sofort alle Anstrengungen gemacht werden, den vorliegenden Reichsausgleich zu erledigen[56].« Um zudem die erforderliche politische Unterstützung zu erhalten und »hemmende« bezirkliche Einflüsse auszuschalten, legte das Ministerium dem Ministerrat für die Reichsverteidigung einen Verordnungsentwurf vor. Danach sollte das bei Kriegsbeginn für die Reichsverwaltung maßgebliche Gremium die Verteidigungskommissare zur Unterstützung der Landesarbeitsämter auffordern[57]. Die Politik der regionalen Instanzen führte

[51] BA-MA, RW 19/305, Inspekteursbesprechung am 12.10.1939.

[52] BA-MA, WiIF 5/2693, Runderlaß des RAM, 9.10.1939 (nach Recker, NS-Sozialpolitik, S. 68).

[53] BA-MA, RW 29/261, KTB WiRüAmt, Anlage 20, Aktennotiz über Besprechung bei General Thomas, 13.11.1939; RW 19/927, Runderlaß RAM, 24.11.1939.

[54] BA, R 89/28, Der Arbeitseinsatz im Dt. Reich, Nr. 4, 20.2.1941, S. 12.

[55] BA, R 41/28, Seldte an Ley, 13.1.1940 (nach Recker, NS-Sozialpolitik, S. 77).

[56] BA-MA, RW 19/927, Runderlaß RAM, 7.11.1939.

[57] BA, R 41/143, Bl. 93ff., RAM an Ministerrat im Preuß. Staatsministerium, 11.11.1939, Anlage: Erlaß des Vorsitzenden des Ministerrats für die Reichsverteidigung an die Reichsverteidigungskommissare (Entwurf).

demnach zu einer Verzögerung des Reichsausgleichs. Ob sie mit ihrer hinhaltenden Taktik aber tatsächlich »erfolgreich« blieben, wie in der Forschung dargelegt wird[58], läßt sich für Baden mittel- und langfristig bestreiten.
Zum spezifischen Grenzlandnachteil Badens gehörte, innerhalb des eigenen Wehrkreises mit der württembergischen einer Ökonomie gegenüberzustehen, die bereits wesentlich stärker auf die Rüstung eingestellt war als die eigene. In einer Besprechung der Wehrwirtschaftsinspektionen wurde der Stuttgarter Vertreter deshalb ausdrücklich darauf verwiesen, Fachkräfte aus den oberrheinischen Räumungsgebieten herauszuziehen[59]. Das Reichsarbeitsministerium ordnete zudem an, Rüstungsfirmen wegen der geringeren sozialen Schwierigkeiten in erster Linie durch den Bezirksausgleich soweit wie möglich mit Beschäftigten aus den eigenen Wehrkreisen zu versorgen[60]. Da die mit dem Arbeitseinsatz im Südwesten betrauten Behörden — das Landesarbeitsamt Stuttgart, die Inspektion und ab 1941 der Wehrkreisbeauftragte V — keine andere Möglichkeit sahen, den württembergischen Bedarf zu decken, mußten badische Firmen mit ihren Mitarbeitern neben dem Reichs- auch einen Bezirksausgleich erfüllen. Einen Eindruck von den Konsequenzen vermittelt ein 1942 verfaßtes Schreiben von Ministerpräsident Walter Köhler an Gauleiter Robert Wagner:

»So stark seinerzeit das Gebiet [Baden, R. P.] sich vor und während der Kampfhandlungen mit Frankreich hinsichtlich des Arbeitseinsatzes verschlechterte, verbesserte sich die Auftragslage in dem württembergischen Nachbargebiet. Die Hauptproduktionsaufgaben lagen — schon infolge der Vorbereitungen zur Friedenszeit — in Württemberg. Die Kräfte wurden hierzu zum Teil aus dem noch nicht voll mit Aufträgen belegten Gebiet Baden durch die Arbeitseinsatzverwaltung dienstverpflichtet[61].«

Diese Anforderungen richteten einen sozialpolitischen Schaden an, an dem die badische Partei und Administration wegen der »Nachteile, die hier entstanden sind und laufend entstehen«[62], nicht vorbeisehen wollten und konnten. Ministerpräsident Walter Köhler gestand zwar zu, wie er im November 1939 gegenüber den Präsidenten der badischen Industrie- und Handelskammer erklärte, daß Fachkräfte abgegeben werden müßten. »Andererseits müssen aber unsere Betriebe in Gang gehalten werden. Die Substanz der badischen Wirtschaft darf nicht angegriffen werden[63].«
Die badische Verwaltungsspitze entsann sich als Gegenwehr zum einen des in der Vorkriegszeit bei Konflikten mit Berliner Ministerien mehrmals angewandten Instruments des öffentlichen Drucks. Köhler wies bei der Eröffnung der ersten Auftragsbörse der badischen Wirtschaft 1940 in Karlsruhe vor über 100 Unternehmern des Landes darauf hin, daß

»die Erfahrungen, die bei der Verlagerung von Arbeitskräften gewonnen wurden, eindeutig (zeigen), daß im Interesse eines Leistungsanstiegs das Verbleiben der Arbeiter in der Heimat notwendig ist[64].«

---

[58] Recker, NS-Sozialpolitik, S. 68.
[59] BA-MA, RW 19/312, Besprechung der Abteilungsleiter Luftwaffe der Wehrwirtschaftsinspekteure beim Bevollmächtigten für das Luftfahrtindustriepersonal, 29.9.1939, 2.10.1939.
[60] BA-MA, RW 19305, Besprechung der WWI, 12.10.1939.
[61] GLA, 237/28813, LWA an FWM, 1.4.1942, darin Wiedergabe des Schreiben Köhlers an Wagner vom 5.3.1942.
[62] Ebd.
[63] WSA Stgt. IHK Kon o. N., Protokoll der Besprechung vom 3.11.1939.
[64] Der Alemanne, Nr. 87, 29.3.1940.

Zum anderen widersetzten sich Partei wie Administration den Anordnungen der Inspektion und des Landesarbeitsamtes direkt. In den ersten drei Kriegsmonaten kam es gegenüber der Rüstungsstelle zu

»ganz erheblichen Widerstände(n) ziviler [Behörden, R.P.] und von Parteidienststellen [...], die mit mehr oder weniger Gewalt diesen zwischenbezirklichen Ausgleich aus dem betroffenen Gebiet abdrosselten und Transporte verhinderten«,

wie die Stuttgarter Inspektion in ihrer »Geschichte« wissen ließ[65]. Sehr erfolgreich waren diese Maßnahmen auf längere Sicht aber nicht. Schafften sie es im Oktober 1939 noch, den geplanten Abzug von 1800 Facharbeitern auf 300 zu reduzieren[66], gab es danach keinen »durchschlagenden Erfolg« mehr zu vermelden, so der Konstanzer Kammergeschäftsführer[67]. Die badische Verwaltungsspitze scheiterte etwa dabei, der Daimler-Benz-AG die Weitergabe von Beschäftigten aus dem Gaggenauer Werk in andere Konzernfabriken zu verbieten. Mitarbeitern der Karlsruher IHK begegneten dieser Absicht zwar »mit Entschiedenheit«, wobei sie betonten, »daß selbstverständlich Baden die Leute nicht nach Württemberg oder in andere Gaue herauslassen werde«[68]. Auf Nachfrage des Konzerns wurde aber deutlich, daß das Bezirkswirtschaftsamt damit seine Kompetenzen überschritten hatte. Das Gaggenauer Werk unterstand wie der Gesamtkonzern der Stuttgarter Inspektion, die der Daimler-Benz AG das Recht einräumte, ihre Beschäftigten selbständig zu dirigieren[69].

Hauptkontrahent der badischen Regierung in der Frage des Bezirks- wie des Reichsausgleichs war das Landesarbeitsamt. Das Präsidium der Behörde teilte zwar die Bedenken, die gegen die Verschickung von Beschäftigten in andere Regionen bestanden. Nachdem aber ein Protestschreiben an das Arbeitsministerium gegen den Reichsausgleich[70] von dort in dem schon zitierten Runderlaß vom 7. November 1939 mit dem strikten Befehl beantwortet wurde, die Anforderungen zu erfüllen, folgte es den Anweisungen. Das Landesarbeitsamt verstand es dabei, die Aufträge auch gegen regionalen Widerstand durchzusetzen. Als das Karlsruher Arbeitsamt Ende September 1939 nach einer Abgabe von 341 Metallfacharbeitern an württembergische Unternehmen die Gefahr sah, daß Firmen zusammenbrechen könnten, stoppte es die Maßnahme[71]. Angesichts der Haltung der badischen Führung hätte der Karlsruher Behörde ansonsten gedroht, zwischen alle Stühle zu geraten. Doch der stellvertretende Präsident des Landesarbeitsamts, Zängel, setzte bei einer Aussprache mit dem Karlsruher Vizechef Ackermann durch, daß die Abzüge schon zwei Wochen später wieder aufgenommen wurden. Zängel hatte zwar konzediert, daß Stillegungen zu vermeiden seien. Die Karlsruher Kammer als Vertreterin der Unternehmen sollte aber nur angehört werden, falls »Bedenken gegen die Herausnahme« bestünden.

---

[65] BA-MA, RW 20—5/4, S. 32, Geschichte der RüIn V, 1.9.1939 bis 30.9.1940.

[66] BA-MA, RW 20—5/6, Lagebericht RüIn V, 25.10.1939.

[67] WSA Stgt., IHK Kon. 324, Referat Sauter, »Aus der Tätigkeit der HK im ersten Kriegsjahr 1939/40«, S. 11.

[68] DBA, Kissel VI/4, Aktennotiz Leitung Gaggenau, 3.5.1940.

[69] DBA, Kissel VI/4, Aktennotiz 7.5.1940.

[70] GLA, 460/245, LAA an AA Karlsruhe, 1.11.1939.

[71] GLA, 460/245, AA Karlsruhe an LAA, 29.9.1939.

Das letzte Wort blieb weiterhin bei den untergeordneten Arbeitsämtern. Welchen geringen Stellenwert die Stuttgarter Behörde den Einsprüchen der IHK beimaß, offenbart sich schon daran, daß es sich demgegenüber selbst die Entscheidung vorbehielt, falls es zu Auseinandersetzungen mit den Rüstungskommandos kommen sollte.

Das Landesarbeitsamt übertrug dieses Verfahren auch auf andere badische Ämter[72]. Obwohl für die badische Wirtschaft nicht viel erreicht war, rechnete sich Köhler dieses Ergebnis als persönliches Verdienst an. Bei »schwierigen Fällen« wollte er von den Kammern unterrichtet werden, doch daraus dürften wenig Folgen entstanden sein[73]. In den Monaten darauf mußten selbst so rüstungswichtige Karlsruher Firmen wie die Deutsche Waffen- und Munitionsfabrik (DWM), die im November 1939 rund 240 ihrer Facharbeiter verlor, Beschäftigte abgeben[74].

Zu den Konfliktpunkten der badischen Regierung mit dem Landesarbeitsamt zählte vor allem die Frage, wie die angeforderten Kräfte für den Reichsausgleich auf Baden und Württemberg aufgeteilt werden sollten. Die Stuttgarter Behörde widersetzte sich den Forderungen, die ursprüngliche Quote von eins zu eins zwischen den beiden Gauen zugunsten Badens zu ändern — trotz des im Vergleich wesentlich höheren Bestandes an württembergischen Metallspezialisten[75] und trotz der großen Zahl Beschäftigter, die bereits vor dem Krieg ins Nachbarland abgewandert waren. Angesichts dieser Auseinandersetzungen beklagte sich Köhler im Januar 1940 beim Reichsarbeitsministerium über »tiefgreifende und noch keineswegs ausgetragene Meinungsverschiedenheiten in der Facharbeiterfrage« mit dem Landesarbeitsamt[76]. In Baden bestand die Meinung, daß die Behörde Württemberg auf Kosten des Landes schone, wie etwa Ende 1940 der Geschäftsführer der Konstanzer Kammer bemerkte[77].

Dieser nicht ungerechtfertigte Eindruck führte dazu, daß Köhler intensiv auf die Gründung eines eigenständigen Landesarbeitsamtes für Baden drängte, womit er aber erst am 1. Mai 1943 Erfolg hatte. Die strikt loyale Haltung der Stuttgarter Behörde gegenüber den Anweisungen des Berliner Ministeriums war im übrigen trotz der strengen hierarchischen Gliederung der Arbeitsverwaltung nicht unausweichlich. Dienstverpflichtungen in andere Regionen wurden etwa vom Landesarbeitsamt Westfalen eher zögerlich verfochten[78]. Die Hintergründe solcher Positionsunterschiede unter funktionsgleichen Behörden der Mittelinstanz sind vermutlich persönlicher Art, wegen der fehlenden Akten des südwestdeutschen Amtes jedenfalls nicht aufzuklären.

---

[72] GLA, 460/233, Aktennotiz zu der Besprechung, 14.10.1939.

[73] WSA Stgt., IHK Kon. o.N., Sitzung der WSK Baden mit Köhler, 33.11.1939.

[74] GLA, 460/245, Aktennotiz AA Karlsruhe, 13.11.1939.

[75] 1938 verfügte die württembergische Eisen- und Metallindustrie über 223000 Beschäftigte, die badische über 143000 (BA, R 11/68, Bl. 235f).

[76] GLA, 237/39050, 5.1.1940.

[77] WSA Stgt., IHK Kon. 324, Referat Sauter, »Aus der Tätigkeit der HK im ersten Kriegsjahr 1939/40«, S. 11. Der Eindruck wird auch dadurch bestätigt, daß erst nach der Gründung des Gauarbeitsamtes Baden-Elsaß eine Gesamtzahl der aus Baden in andere Regionen dienstverpflichteten Beschäftigten bekannt wurde, während sie bis dahin vom LAA offenbar angesichts der ungleichen Verteilung unter Verschluß gehalten wurde.

[78] Recker, NS-Sozialpolitik, S. 68ff.

Während es mit der Arbeitsbehörde zu keiner Verständigung kam, verfolgten die badischen Landesspitze und die Rüstungsinspektion eine gemeinsame Gegnerschaft zum Reichsausgleich. Die militärische Dienststelle sprach sich seit Ende November 1939 massiv gegen Dienstverpflichtungen von Arbeitskräften in andere Wehrkreise aus und protestierte gegen das Reichsarbeitsministerium. Dort herrsche die Meinung vor, die Industrie in Württemberg und Baden stelle »ein unerschöpfliches Reservoir« an Beschäftigten dar, da der Anteil der metallverarbeitenden Industrie unter dem Reichsschnitt liege[79]. Die Inspektion schloß sich der Forderung der badischen Verwaltung an, der Bezirk solle erst dann Beschäftigte für den Reichsausgleich abgeben müssen, wenn der eigene Bedarf »im voraus« erfüllt sei[80]. Über diese Frage entwickelten sich 1941 neue Auseinandersetzungen im südwestdeutschen Wehrkreis, wobei sich mit der jetzt geschaffenen Prüfungskommission auch neue Konstellationen innerhalb der gesamten Organisation des Arbeitseinsatzes herauskristallisierten.

Die Gesamtzahl aller badischen Beschäftigten, die für eine Arbeit außerhalb des Landes verpflichtet wurden, läßt sich wegen der Aufteilung der Landesarbeitsamtsbezirke nicht exakt rekonstruieren. Bis Ende 1940 verpflichteten die Arbeitsämter zwischen 10000 und 11000 mittel- und südbadische Beschäftigte für Rüstungsfirmen in Württemberg oder anderen Reichsregionen. Aus den Arbeitsamtsbezirken Karlsruhe, Rastatt und Offenburg kamen bis 27. August 1940 knapp 4670[81], aus Pforzheim wurden bei Kriegsbeginn etwa 2000 Männer und Frauen für Firmen in anderen Regionen verpflichtet, auch aus Südbaden kam ein erheblicher Teil[82]. Selbst aus Mannheim wurde trotz der bedeutenden und für die Rüstung überaus wichtigen Firmen eine Anzahl Beschäftigte abgezogen. Die in einer Konferenz der IHK-Geschäftsführer am 16. August 1940 genannte Zahl von 17000 erscheint aber als taktisches Phantasiegemälde[83], zumal das Mannheimer Kommando zwar immer wieder von Abzügen auch »in erheblichem Umfang« sprach[84], aber nie auf eine derart hohe Zahl einging.

Die Auswirkungen der Verpflichtungen für die bereits vor dem Krieg durch Abwanderungen geschwächte badische Wirtschaft liegen auf der Hand, zumal es sich bei dem Gros der Abgezogenen um Fachkräfte handelte. Der Sicherheitsdienst der SS meldete bereits im Dezember 1939, daß die südwestdeutsche Grenzindustrie bei einem weiteren Abzug von Fachkräften »völlig zugrunde gerichtet« werde[85]. Die Folgen dieser Maßnahmen machten sich in erster Linie im Metallbereich schnell bemerkbar, wie sich etwa in Karlsruhe zeigte. Dort verloren die Betriebe dieses Industriesektors 16,2 Prozent ihrer Beschäftigten bis Juli 1940. In Deutschland nahmen die Mitarbeiter der Branchenfirmen dage-

[79] BA-MA, RW 20—5/4, S. 6, Geschichte der RüIn V, 1.9.1939 bis 30.9.1940 (Zitat); GLA, 237/28849, Bericht LWA über den Arbeitseinsatz 1941, 15.5.1942.

[80] BA-MA, RW 20—5/6, S. 37, Geschichte der RüIn V, 1.9.1939 bis 1.9.1940.

[81] WSA Stgt., IHK Schopf. 346, IHK KA an Maier, 30.9.1940.

[82] BA-MA, RW 19/55, WWI V an OKW, WStab, 19.9.1939; RW 21—21/6, S. 17, KTB Rüko Freiburg, 2. Q. 1943.

[83] WSA Stgt., IHK Kon. 234, Protokoll vom 20.8.1940.

[84] BA-MA, RW 21—44/2, S. 55, KTB Rüko Mannheim, 2. Q. 1940.

[85] Meldungen aus dem Reich, Bd 3, Nr. 25, 6.12.1939, S. 544.

gen in dieser Zeit um 7,2 Prozent zu[86]. Den Abzügen gegenüber stand der mit der Zunahme der Rüstungsaufträge ansteigende Bedarf, wodurch die Dienstverpflichteten schnell bitter vermißt wurden. Während der Mannheimer Raum schon im November 1939 infolge der Einziehungen und Dienstverpflichtungen auf einen Mangel an Metallfachkräften verwies[87], wirkten sich die Abzüge in den süd- und mittelbadischen Zentren verstärkt mit Beginn des neuen Jahres aus. Allein in Villingen vervierfachte sich der Bedarf mit dem Anlauf des Munitionsprogrammes zwischen Februar und März 1940 auf rund 1000 männliche Fach- und Hilfsarbeiter für den Metallbereich[88].

Die badische NSDAP wehrte sich gegen diese Abzüge nicht nur wegen der damit verbundenen Schäden für die Wirtschaft. Als mindestens genauso wichtig erachtete die Parteiführung den mit den überregionalen Verpflichtungen verbundenen Stimmungsverlust unter den Beschäftigten, der mit einem beachtlichen Leistungsabfall einherging. Die Dienstverpflichteten stellten während der nationalsozialistischen Diktatur einen ständigen Unruheherd dar, der auch zu sonst kaum denkbaren Unmutskundgebungen führte. Die für Nordbaden zuständige Rüstungsinspektion XII berichtete etwa für den 27. Dezember 1939, besonders der Kreis der Dienstverpflichteten halte sich bei der Arbeit zurück:

»Gerade durch langsames Arbeiten, Krankfeiern u.ä.m. versuchten sie häufig, aus dem gegenwärtigen Arbeitsverhältnis entlassen und an einen neuen, besseren Arbeitsplatz vermittelt zu werden[89].«

Auch reichsweit klagten Unternehmern zur Jahreswende 1939/40 über eine mangelnde Arbeitsdisziplin vor allem derjenigen Dienstverpflichteten, die in anderen Regionen zu arbeiten hatten[90]. Dieser Unmut läßt sich während der gesamten Dauer dieser Maßnahme verfolgen, die zu einem geringen Teil erst mit Kriegsende beendet wurde. So berichtete das Karlsruher Arbeitsamt Anfang Januar 1941, die Dienstverpflichtung stelle »eine sehr unbeliebte Form des zwischenbezirklichen Bedarfsdeckung dar [...] und (wird) von den Betroffenen nur mit größtem Widerstreben hingenommen«[91]. Das Mißfallen der verpflichteten Männer und Frauen konnte soweit gehen, daß badische Dienstverpflichtete Anfang Dezember 1939 auf dem Bahnhof von Schwäbisch Gmünd demonstrierten, um von ihrem neuen Betrieb, dem dortigen Werk der Leichtgußwerke Maulbronn, wegzukommen[92] — angesichts der möglichen Sanktionen zeigte sich in dieser Aktion das Ausmaß des Unmuts. Schließlich sagten sich auch ganze Gruppen Dienstverpflichteter von ihrem auswärtigen Betrieb los und kehrten trotz der drohenden Verhaftung nach Hause zurück. Zweimal, Ende 1941 und Mitte 1942, flüchteten zuerst 40, dann 50 Pforzheimerinnen vom Betrieb der Firma Thiele und Co. in Ruhla bei Eisenach. Die Lebensbedingungen, insbesondere die Unterkünfte, waren dort so schlecht, daß das Gesundheitsamt

---

[86] GLA, 237/28847, AA Karlsruhe an LAA, 26.4.1941.

[87] BA-MA, RW 20—12/18, Halbjahresbericht der RüIn XII, Wiesbaden, zum 27.3.1940, Anlage 4.

[88] GLA, 237/28857, Berichte der Arbeitsämter.

[89] BA-MA, WiIF 5/1220

[90] BA-MA, RW 19/97, 4. kriegswirtschaftlicher Lagebericht des OKW vom 1.1.1940.

[91] GLA, 460/239, AA Karlsruhe an LAA, 4.1.1941.

[92] BA-MA, RW 20—5/6, Lagebericht RüIn V, 5.12.1939; vgl. weitere Bereichte über Schwierigkeiten mit Dienstverpflichteten in den Berichten der Arbeitsämter Villingen (Juli 1940), Pforzheim (Juni 1940) und Karlsruhe (März 1940): GLA, 237/28857.

Mängel beanstandete. Die Gestapo wollte nicht für eine Rückkehr sorgen, nachdem eine frühere Aktion dieser Art »zu einer vom staatspolizeilichen Gesichtspunkt aus nicht mehr zu vertretenden Beunruhigung der Bevölkerung« geführt hatte[93]. Die Firma Thiele und Co. mußte erst Fritz Sauckel einschalten, den Generalbevollmächtigten für die Arbeit, ehe die Behörde einen Teil der Frauen nach Ruhla zurückbrachte. Die im April 1942 erneut flüchtenden Pforzheimerinnen wurden diesmal postwendend »unter allerlei Schwierigkeiten«, so das Landeswirtschaftsamt, wieder zurückexpediert[94].

Das Widerstreben betroffener Badener gegen ihre Verschickung in andere Teile des Reiches hatte drei Ursachen: die mit den Dienstverpflichtungen einhergehenden sozialen Schwierigkeiten, der finanzielle Verlust durch den oft ineffizienten Arbeitseinsatz sowie die sonstigen Lebensbedingungen im neuen Betrieb. Soziale Probleme ergaben sich nicht nur durch die Trennung von den Familien an sich, sondern auch durch deren Dauer. Die Verpflichtungen hielten statt sechs Monate, wie zunächst versichert, zumindest im Falle von Pforzheimer und Karlsruher Beschäftigten drei Jahre und länger an. Eine wichtige Rolle spielte bei diesem Unmut die Struktur der badischen Arbeiterschaft mit ihrer häufigen Verwurzelung in kleinbäuerlichen Betrieben und Nebenerwerbshöfen. Die von den Dienstverpflichtungen besonders betroffenen Pforzheimer etwa stammten zum größten Teil aus solchen Kreisen und fielen daheim als besonders benötigte Arbeitskräfte aus[95].

Die Arbeitsämter waren angesichts der großen Zahl der abgezogenen Männer und Frauen nicht in der Lage, auf deren soziale Verhältnisse Rücksicht zu nehmen. Das Pforzheimer Amt zwang zum Beispiel die ältere Tochter einer sechsköpfigen Familie zur Arbeit in einer Rüstungsfirma, obwohl die Familie ohne Mutter lebte und kein Dienstmädchen zur Verfügung stand. Solche Maßnahmen erschütterten selbst Reichsminister Fritz Todt. Der gebürtige Pforzheimer rügte das »merkwürdige Verhalten« des Arbeitsamtes, das »ihm schon aus einer Reihe anderer Fälle bekannt« sei. Der Minister empfahl den Beamten, »die Aufträge so zu erledigen, daß die Volksgenossen einigermaßen Verständnis für die Haltung einer nationalsozialistischen Behörde finden« könnten. Schließlich bat er den Präsidenten der Reichsanstalt für Arbeit, den Pforzheimer Amtsleiter zu ersetzen[96].

Die finanziellen Schwierigkeiten der Dienstverpflichteten entsprangen ihrem kaum zweckentsprechenden Einsatz in den neuen Betrieben. Facharbeiter wurden häufig als Hilfsarbeiter eingesetzt. Karlsruher Metallfachkräfte, die ihr neuer Betrieb dringend angefordert hatte, betätigten sich dort immer wieder berufsfremd als Maschinenarbeiter, mit dem Ausladen von Kohle, selbst mit Putz- und Aufräumarbeiten[97]. Entsprechende Berichte liegen so zahlreich vor, daß von einer allgemeinen Erscheinung ausgegangen werden muß[98].

---

[93] GLA, 237/28827, BWA-Runderlaß, 5.1.1942, Anlage Schreiben der Gestapo vom 15.12.1941.

[94] GLA, 237/28821, LWA-Bericht zur Arbeitseinsatzlage, 6.5.1942; 237/28849, Aktennotiz LWA zu Besprechung mit LAA, RüIn V und WKB V, 8.5.1942. Zu Sauckel siehe Kapitel IV,3.

[95] GLA, 237/28813, DAF Pforzheim an FWM, 10.8.1942.

[96] BA, NS 26/1188, Todt an AA Pforzheim, 28.3.1941; Todt an Syrup, 28.3.1941.

[97] GLA, 460/239, AA Karlsruhe an LAA, 4.1.1941.

[98] Zum Beispiel: Meldungen aus dem Reich, 8.1.1940, S. 625; GLA, 237/28824, Runderlaß des BWA, 29.11.1940; 237/28857, Bericht des Arbeitsamtes Offfenburg für Februar 1940.

Dieses Phänomen läßt darauf schließen, daß viele Unternehmen Beschäftigte horteten, um bei Abzügen gewappnet zu sein.

Wie groß die finanziellen Einbußen für die Dienstverpflichteten sein konnten, zeigte sich vor Ort, wenn die Beschäftigten von ihrem erlernten Beruf weggeholt und in einen Betrieb der Kriegsindustrie gesteckt wurden. Sieben Drucker des Freiburger Herder-Verlags verdienten 1941 als Fachkräfte pro Stunde 1,20 Mark, nach ihrer Umsetzung kamen sie als Hilfsarbeiter in einem Rüstungsbetrieb auf gerade noch 57 Pfennige. Dementsprechend machte sich in Freiburg, wie die DAF berichtete,

> »die Tendenz bemerkbar, sich so viel wie möglich vom Pflichtdienst zu drücken, [...] der als Schattengespenst des Hungers und der Not aufgenommen (wird)«[99].

Die Behörden unternahmen zwar Anstrengungen, die materielle Lage der Verpflichteten zu verbessern, um der Mißstimmung Herr zu werden. Schon ab Dezember 1939 rechneten die Arbeitsämter den in der neuen Firma erworbenen Mehrverdienst nicht mehr auf den schon bisher gezahlten Trennungszuschlag an[100]. Anfang April 1941 erhöhte das Reichsarbeitsministerium zusätzlich zu den schon 1940 eingeführten Vergünstigungen[101] das Treuegeld für diejenigen Beschäftigten, die getrennt von ihrer Familie lebten, von 19 auf 22 Mark monatlich[102]. Allerdings erhielten nur Verheiratete das Trennungsgeld, weshalb die sozialen Probleme nur teilweise beeitig wurden. So bekamen von den rund 32000 Beschäftigten, die im Reich zwischen Oktober 1940 und September 1941 in einen anderen Amtsbezirk verpflichtet wurden, nur 7100 einen Trennungszuschlag[103]. Daß die Regelung nicht genügte, zeigen Berichte aus Mannheim und Pforzheim[104]. Die DAF versuchte schließlich, dem Unmut mit Sondervereinbarungen entgegenzusteuern. So wurde im April 1941 Pforzheimer Männern und Frauen, die in München arbeiten sollten, neben der üblichen Vergütung zwei Tage Urlaub pro Monat für eine Heimreise zugestanden[105].

Auch die sonstigen Lebensbedingungen, denen sich die Verpflichteten gegenüber sahen, ließen oftmals stark zu wünschen übrig. Immer wieder gab es Klagen über Kost und Unterkunft. In einer Firma in Dilda bei Berlin wurden Karlsruher gemeinsam mit Kriegsgefangenen verpflegt, wobei die Mahlzeiten des öfteren ungenießbar waren. Acht der elf in diese Firma verpflichteten Karlsruher kehrten nach kurzer Zeit wegen Magen- und Darmbeschwerden wieder zurück — was auch viel über die Kost aussagt, die Ausländern verabreicht wurde.

Die Ursache für diese schlechte Behandlung war eine nach den Erfahrungen des Karlsruher Arbeitsamtes unter den Betriebsführern weit verbreitete Geringschätzung der dienstverpflichteten Männer und Frauen. Viele sahen in ihnen

---

99 BA, NS 5 I/58, Lagebericht DAF Freiburg, Mai 1941.

100 Der Führer, Nr. 347, 16.12.1939.

101 Werner, Bleib übrig!, S. 70f.

102 Der Alemanne, Nr. 99, 9.4.1941.

103 BA, R 89/28, Der Arbeitseinsatz im Dt. Reich, Nr. 17, 5.9.1941, S. 15; Nr. 4, 20.2. 1942, S. 8.

104 BA, NS 5 I/58, Lagebericht der DAF Freiburg, Juni 1941; GLA, 237/28849, Lagebericht LWA Juni 1942; 237/28817, Sitzung der Unterkommission Mannheim, 26.3.1941.

105 GLA, 237/28847, Arbeitstagung beim WKB, 21.4.1941.

»eine Art Zwangsarbeiter, deren Pflichten das Maß ihrer Rechte erheblich übersteigen. Wehrt sich ein Dienstverpflichteter gegen diese Sonderstellung, dann ist man schnell bei der Hand, ihm Sabotage vorzuwerfen und mit der Geheimen Staatspolizei zu drohen[106].«

Der Unmut über die Dienstverpflichtungen beschränkte sich nicht nur auf direkt betroffene Männer und Frauen. Auch die Betriebsführer waren damit ganz und gar nicht einverstanden und leisteten »großen Widerstand«, wie das Rastatter Arbeitsamt im Juni 1940 meldete. Die Firmenchefs argumentierten nicht nur im Interessse ihrer Betriebe, für die die Facharbeitskräfte lebenswichtig seien, sondern darüber hinaus auch in einer für die badische Interessenlage typischen Art und Weise: Das Grenzland sei schon bisher benachteiligt und geschädigt worden. Aus den Dienstverpflichtungen erwarteten die Unternehmer neue Nachteile, da dadurch nach dem Kriege, »wenn auch für das Grenzland die so lang ersehnte wirtschaftliche Belebung kommt, die besten Kräfte abgewandert seien«[107].
Die Lage der Dienstverpflichteten, insbesondere derjenigen, die in auswärtigen Firmen zu arbeiten hatten, führte zu einer doppelten Problematik für das NS-Regime. Zum einen erreichten die Männer und Frauen auf ihren neuen Arbeitsplätzen in der Regel nicht ihre alten Leistungen[108]. Das Instrument wurde deshalb für den Arbeitseinsatz insgesamt immer fragwürdiger. Zum zweiten bestand die Gefahr einer erheblichen Verschlechterung der Stimmungslage, was die innenpolitische Situation bedrohlich abrutschen lassen konnte[109]. Dennoch wurde auch 1941 auf diese Bedenken keine Rücksicht genommen, wie sich zeigen sollte.

3. Die Zerschlagung der Konsumindustrie

a) Widerstand gegen die ersten Stillegungsaktionen

Insbesondere bei der Textilindustrie und den Schuhfabriken hatte die Wehrmacht bei Kriegsbeginn angenommen, »daß dort ganz besonders hohe Reserven an Arbeitskräften zur Verfügung« stünden[110]. Diese Beschäftigten aus dem Konsumgüterbereich sollten das Arbeitskräftepotential für die Rüstung bilden. Ein erster Anlauf nach Kriegsbeginn, die Branchenbetriebe zu schließen und ihre Mitarbeiter in Kriegsfirmen zu überführen, ging aber völlig ins Leere und schlug sich in badischen Quellen auch nicht nieder[111]. Anfang 1940 kam es zu einem zweiten Versuch, die Konsumgewerbe einzuschränken und dabei den Rohstoffmangel auszunutzen. Unternehmen mit »kriegswirtschaftlich nicht wichtiger Fertigung« sollten »rücksichtslos« stillgelegt werden, um weitere Arbeitskräfte für die Rüstung zu bekommen, wie das Reichswirtschaftsministerium am 21. Februar 1940

[106] GLA, 460/239, AA Karlsruhe an LAA, 4. 1. 1941.
[107] GLA, 237/28857, Bericht AA Rastatt, Juni 1940.
[108] BA-MA, RW 20–5/5, S. 19, Geschichte der Rüln V, 1. 10. 1940 bis 31. 12. 1941.
[109] Werner, Bleib übrig!, S. 71.
[110] BA-MA, RW 20–5/4, S. 34, Geschichte der Rüln V 1939/40.
[111] Müller, Mobilisierung, S. 442 ff.

die Bezirkswirtschaftsämter anwies. Der Rückgang einer solchen Produktion sei ebenso in Kauf zu nehmen wie die Arbeitslosigkeit von Männern und Frauen, die für die Rüstung nicht verwendet werden könnten. Die Ämter hatten bis zum 15. April diejenigen Firmen zu melden, die stillgelegt werden könnten, die Landesarbeitsämter sollten die Listen überprüfen.

Maßgebend an diesem Erlaß erschien die Definition: Welche Produktion war »kriegswirtschaftlich nicht wichtig«? Nur für die Eisen- und Metallindustrie hatte das Reichswirtschaftsministerium die Bestimmung auf diejenigen Betriebe eingegrenzt, die Wehrmachtaufträge oder Produktionsanweisungen der Wirtschaftsgruppen vorweisen konnten. Aber auch hier blieb ein Schlupfloch, da Unternehmen ohne Aufträge erst darauf untersucht werden sollten, ob sie für die Erteilung von Unteraufträgen in Betracht kämen. Bei allen weiteren Industriebranchen sollten, wie die Vertreter des Ministeriums in einer Sitzung mit der Reichswirtschaftskammer erläuterten, auch Betriebe mit einer Erzeugung lebenswichtiger Güter und Exportfirmen als »wichtig« angesehen werden[112]. Die Bezirkswirtschaftsämter verfügten damit über einen überaus breiten Spielraum bei der Frage, welche Unternehmen sie stilllegen wollten. Die in der Reichswirtschaftskammer und beim Grenzwirtschaftsausschuß befürchteten Nachteile für die Grenzgebiete[113] wegen der dort kaum vorhandenen Rüstungsproduktion ließen sich unter diesen Umständen umgehen, da zum Beispiel in Baden sogar Pforzheimer Schmuckfirmen mit ihrem bedeutenden Export leicht auszunehmen waren.

Angesichts der ersten Erfahrungen rechnete die Stuttgarter Inspektion bei Stillegungen mit »namhafte(n) Widerstände(n)« aus den Reihen von Partei und Wirtschaftsgruppen[114]. Auch das Reichswirtschaftsministerium war sich darüber im klaren und versuchte, die regionalen Instanzen über den Hitler-Stellvertreter Rudolf Heß zu beeinflussen:

> »Alle Einwendungen, die unter örtlichen Gesichtspunkten Stillegungen untunlich erscheinen lassen, (müssen) hinter dem Ziel, Arbeitskräfte für die Rüstung zu gewinnen, zurücktreten[115].«

Die Wirkung dieses Schreibens war aber gering, die Aktion erwies sich als Schlag ins Wasser. Dabei bietet Baden ein besonders krasses Beispiel dafür, wie regionale und lokale Stellen andere Interessen verfolgten, als ihnen von Berlin aus vorgegeben wurden. Wichtiger als die Anordnung des Reichswirtschaftsministeriums erschien der badischen NS- wie der Verwaltungsspitze die ökonomische Strukturpolitik, die gerade in einem Grenzgebiet mit seinem ständig präsenten Gefühl der Benachteiligung eine besondere Rolle einnahm. Zwei weitere Punkte dürfen nicht unterschätzt werden. Zum einen hatte sich gerade die badische Regierung mit Köhler an der Spitze seit ihrem Antritt zum Sachwalter der regionalen Interessen entwickelt und sie nach außen hin vertreten. Eine solche Rolle aufzugeben, konnte politisch ausgesprochen negative Auswirkungen haben, zumal auch das eigene Verständnis dem entgegenstand. Umgekehrt heißt dies, daß eine regio-

---

112 BA, R 11/72, Aktennotiz Reichswirtschaftskammer, 2.3.1940, Anlage: Runderlaß des RWM vom 21.2.1940.

113 BA, R 11/72 ebd.; Aktennotiz RWM, 6.3.1940; Schreiben Grenzwirtschaftsausschuß an RWM, 21.3.1940.

114 BA-MA, RW 20—5/7, Lagebericht Rüln V, 6.3.1940.

115 BA, R 11/72, Schreiben RWM an den Stellvertreter des Führers, 21.2.1940.

nalpolitisch orientierte Interessenvertretung trotz aller nachteiligen Folgen für die politisch-ökonomischen Ziele der Reichsbehörden durchaus systemerhaltende Funktionen aufwies. Der Gaupartikularismus sorgte dabei dafür, daß sich der immer wieder zutage tretende Unmut über die Reichspolitik trotz aller nachteiligen Auswirkungen für Baden in Grenzen hielt und sich nach dem Motto kanalisieren ließ: Wenn Baden durch die Reichspolitik zu kurz kommt, wird Karlsruhe schon für einen Ausgleich sorgen. Zum zweiten rechneten selbst in der Partei nur wenige mit einer längeren Kriegsdauer[116]. Die bis zu seinem Ende veranlaßten Schädigungen der Wirtschaftsstruktur konnten aber die schon vorhandene Benachteiligung der Region zementieren — was ebenfalls politisch negative Auswirkungen nach sich gezogen hätte[117].

Obwohl Ministerpräsident Köhler offiziell, wie etwa bei einer Sitzung der badischen Wirtschaftskammer im November 1939, die Auffassung vertrat, daß nicht alle Betriebe aus den Bereichen Textil- und Schuhindustrie aufrechterhalten werden könnten[118], tat er sein möglichstes, um Schließungen zu verhindern. Dabei versuchte er vor allem, die kriegswirtschaftliche Bedeutung der Unternehmen zu verstärkten. Ein Erlaß des Bezirkswirtschaftsamtes vom November 1939 hielt die Kammern dazu an, denjenigen Firmen zu helfen, die mit einer zu geringen Auftragslage oder mit Rohstoffproblemen zu kämpfen hatten[119]. Die Vertretungen von Industrie und Handel hatten auch als Dienststellen des Wirtschaftsamtes ihre traditionelle Nähe zu den Firmen nicht aufgegeben und dementsprechend kein Interesse an Stillegungen. Dennoch wurden die badischen Kammern bei dieser Aktion damit beauftragt, die Einsprüche der Unternehmen gegen ihre Schließung zu überprüfen. Sie bildeten eine Kommission aus drei oder vier Mitgliedern unter ihrem Vorsitz, der ein Betriebsingenieur sowie ein Vertreter des Arbeitsamtes angehörten[120]. Welche Haltung die IHKs einnahmen, offenbart zum Beispiel die Konstanzer Kammer, die noch im November 1939 befürchtete, daß zahlreiche Textilfirmen wegen ihrer schlechten Auftragslage schließen müßten. Ein Jahr später betonte Hauptgeschäftsführer Adolf Sauter bei der IHK-Beiratssitzung: »Zum Glück konnte es bis jetzt durch unser Eingreifen immer wieder vermieden werden, daß Stillegungen bei größeren Firmen entstanden[121].« Schon angesichts dieser Interessenlage ist nicht erstaunlich, daß das Bezirkswirtschaftsamt den zahlreichen Einsprüchen in der Regel ohne größere Widerstände nachgab[122].

---

116 Vgl. BA-MA, RW 20—5/7, Lagebericht Rüln V, 21.2.1940, in dem ein auch unter Parteivertretern kursierendes, »überall auftretendes Gerücht« wiedergegeben wurde, der Krieg ende am 30.4.1940.

117 Vgl. GLA, 237/28857, Bericht AA Rastatt zum Juni 1940 mit einem entsprechenden Zitat lokaler Unternehmer.

118 WSA Stgt. IHK Kon. o. N. (Sitzung der WSK Kon.), Protokoll der badischen WSK-Sitzung vom 3.11.1939.

119 Der genaue Wortlaut des Erlasses ist nicht bekannt. Ein Rückschluß ist möglich durch das Schreiben der Karlsruher Kammer vom 2.12.1939 an das BWA, in dem sich der IHK-Sachbearbeiter nach den Möglichkeiten erkundigt, wie den Firmen geholfen werden könne (GLA, 237/24394).

120 GLA, 237/28823, BWA-Erlaß 15.4.1940.

121 WSA Stgt. IHK Kon. o. N. (Protokolle), IHK-Beiratssitzung 24.11.1939; IHK Kon. 324, Referat Sauter auf der Beiratssitzung vom 31.10.1940, »Aus der Tätigkeit der Handelskammer im 1. Kriegsjahr 1939/40«, S. 11f.

122 Vgl. die Beispiele im StA Freiburg, Bestand des GAA, Nr. 152, 296, 760, 1543. Der Sachbearbeiter

Bis Mitte April 1940 erwies sich das Bezirkswirtschaftsamt als unfähig, vor allem aus den Betrieben der Metallwirtschaft noch bemerkenswerte Kapazitäten für die Rüstung freizumachen — und das bei der zu dieser Zeit noch relativ geringen Belegung seines Bezirks mit Kriegsaufträgen. Während in Württemberg bis Ende März bei einem Bedarf von 18000 gelernten und angelernten Kräften für die Rüstung 10000 bis 11000 neu zur Verfügung standen, waren es in Baden bei 2000 benötigten Fachkräften gerade 250. Bis 10. April stieg die Zahl auf 700 an[123]. Das Resultat aus dem Konstanzer IHK-Bezirk gibt einen Einblick in die Struktur der stillgelegten Betriebe: Zwar hatten dort 42 Betriebe ihre Tore schließen müssen, doch nur vier kamen aus der Industrie. Die Mehrzahl waren kleine und Kleinstbetriebe aus dem Einzelhandel sowie dem Handwerk, die vielfach nicht einmal der Stillegungsaktion, sondern der Einberufung ihres Inhabers zum Opfer gefallen waren. Das entsprach dem Bild anderer südbadischer Gegenden[124].

Angesichts des Widerstandes gegen die Schließungen war das Reichswirtschaftsministerium erleichtert, wegen des Erfolgs der Wehrmacht im Westen nicht mehr nachhaken zu müssen. Ende Juni erteilte es den Bezirksämtern Order, die Aktion zu beenden, keine Unternehmen mehr stillzulegen sowie darauf zu verzichten, mit Auskämmungen Exportbetriebe personell auszudünnen und damit die Ausfuhr zu schädigen[125]. Diese Haltung, die die Unsicherheit der Berliner Führung über die weiteren Ziele widerspiegelte, änderte sich allerdings schnell wieder. Schon einen Monat später wurden die Kammern angewiesen, weiter jede nicht kriegswichtige Produktion zu unterbinden. Die Stillegungsaktion allerdings galt als abgeschlossen, dafür sollten die Kammern bei »der nun verschärft einsetzenden Auskämmung« die bei den Arbeitsämtern eingerichteten Kommissionen unterstützen.

Aber auch das Scheitern dieser Maßnahme war von vornherein angelegt, da die Auskämmung, also der Abzug von Beschäftigten aus den Betrieben, nur mit Zustimmung der Kammern erfolgen sollte. Zudem hatten sie den Arbeitsämtern diejenigen Firmen zu nennen, bei denen ein Abzug »Erfolg« versprach[126]. Was dabei herauskam, zeigt ein Beispiel aus dem Karlsruher Arbeitsamt. Dort sollten auf Vorschlag der IHK zusammen 96 Beschäftigte in die Rüstung umgesetzt werden, 88 von ihnen aus der Nähmaschinenfirma Junker und Ruh. Weibliche Ersatzkräfte sollten die Produktion auf ihrer alten Höhe halten. Da aber keine Frauen zur Verfügung standen, blieb alles beim alten[127]. Die Wirtschaftskammer Baden meldete angesichts solcher Ergebnisse lakonisch an die Reichswirtschaftskammer, weder die »sogenannte« Stillegungsaktion noch die Auskämmung habe den Mangel an Beschäftigten vermindert[128].

des Gewerbeaufsichtsamtes konnte sich schließlich die handschriftliche Bemerkung nicht verkneifen: »Was bleibt eigentlich von dieser Stillegungsaktion noch übrig?« (Nr. 165).

123 GLA, 237/28823, BWA-Erlaß, 2.3.1940; BA-MA, RW 19/568, Bericht RüIn V und RüIn XII bei der Inspekteur-Besprechung am 29/30.3.1940; RW 20—5/7, Lagebericht RüIn V, 10.4.1940.

124 WSA Stgt. IHK Kon. 324, Referat Sauter auf der Beiratssitzung vom 31.10.1940, »Aus der Tätigkeit der Handelskammer im 1. Kriegsjahr 1939/40«, S. 11f.; GLA, 237/28857, Berichte der AÄ Karlsruhe, Villingen, Offenburg vom April 1940.

125 GLA, 237/28823, BWA-Erlaß 3.7.1940.

126 GLA, 237/24394, BWA-Erlaß 29.7.1940. Zu den Kommissionen siehe Kapitel IV,3.b.

127 GLA, 460/239, AA Karlsruhe an LAA, 5.8.1940.

128 BA, R 11/82, Lagebericht 6.7.1940.

b) »Schwierigkeiten ganz enormen Ausmaßes«: Neuer Anlauf zu Auskämmung und Reichsausgleich in der Konsumindustrie

Mit der sogenannten »Umsteuerung« der Wirtschaft, die Hitler mit seinem »Führererlaß« vom 31. Juli 1940 anordnete[129], sollte die Wehrmacht für einen Angriff auf Großbritannien ausgerüstet werden. Insbesondere die damit verbundenen neuen Aufträge für die Luftwaffe sorgten dafür, daß die badischen und württembergischen Unternehmen Arbeitskräfte in einem bisher nicht gekanntem Maße benötigten, das weit über das zur Verfügung stehende Potential hinausging[130]. Ende Februar 1941 übertrafen nur drei andere Wehrkreise im Altreich den Bedarf des Wehrkreises V von 12 Prozent der Gesamtbeschäftigten. Der Schnitt aller Wehrkreise lag bei 10,3 Prozent[131].

Da sich die Mittel zur Gewinnung neuer Beschäftigter und insbesondere von Fachkräften erschöpft hatten, die Freimachung von Arbeitskräften aus der Konsumindustrie weitgehend gescheitert war und der Fraueneinsatz nicht vorankam, steuerte die Arbeitspolitik seit Ende 1940 in eine Sackgasse. Dem zunehmenden Bedarf der Wehrmacht an neuem Gerät stand ein immer größerer Mangel an Beschäftigten gegenüber, der bei der bisherigen politischen Konstellation nicht zu beheben war. Die Einsprüche der »verschiedensten Dienststellen« auf der regionalen Ebene verhinderten einschneidende Maßnahmen[132]. Insbesondere der Ablauf der Stillegungsaktion hatte deutlich gemacht, daß die Zuständigkeiten bei einer solchen Aktion auf der mittleren Ebene anders geregelt werden mußten, sollte sich der Mißerfolg der ersten Runde nicht wiederholen. Damit wurde ein Gremium benötigt, das gerade auf diesem Niveau in der Lage war, einzelne Interessen eher zu umgehen als etwa das Landesarbeitsamt Südwest[133]. Eine solch neue Regelung verlangte aber zuvor, daß sich bei den Auseinandersetzungen auf Reichsebene eine Institution durchsetzte, die über ausreichend Autorität verfügte, die Führungsposition auch auf der mittleren Ebene zu behaupten. Diese Situation bahnte sich an mit dem Aufstieg Fritz Todts zum Reichsminister für Bewaffnung und Munition[134].

In Berlin einigten sich im Dezember 1940 das Reichswirtschafts-, das Munitionsministerium sowie das OKW auf einen erneuten Versuch, die zivile Produktion einzuschränken. Hierbei sollten Kommissionen ausschlaggebend sein, bei denen dem Ministerium Todt die Federführung eingeräumt wurde[135]. Mit seinem Erlaß vom 18.Februar 1941 installierte Göring in jedem Wehrkreis eine Prüfungskommission, der im Südwesten der württembergische Gauamtsleiter für Technik, Friedrich Ortmann, vorstand, während die Stuttgarter Rüstungsinspektion die Geschäfte führte. Ortmann besaß als Wehrkreisbeauftragter Todts eine direkte Verbindung zum Minister. Selbst die Inspektion erkann-

---

[129] Kroener, Personelle Ressourcen, S. 787. Siehe Kapitel III, 3.

[130] BA-MA, RW 21–21/1, S. 53, KTB Rüko Villingen, 28.7.1940; S. 24, dass., 3.11.1940.

[131] BA-MA, RW 20–5/9, S. 17f., Schreiben RüIn V an WiRüA, 12.4.1941.

[132] GLA, 460/241, Vortrag Leiter Unterkommission (UK) Karlsruhe, 7.5.1941.

[133] Vgl. Recker, NS-Sozialpolitik, S. 158.

[134] Zur Arbeit Todts als Reichsminister: Seidler, Fritz Todt.

[135] Zur Einrichtung der Kommissionen vgl. Kroener, Personelle Ressourcen, S. 805ff.; Müller, Mobilisierung, S. 542ff.; Eichholtz, Kriegswirtschaft, Bd 2, S. 180f.

te an, wie nützlich dies war, obwohl sie es ursprünglich als »Selbstverständlichkeit« betrachtet hatte, daß Ortmanns Position ihr zugeteilt werde[136].
Der südwestdeutschen Kommission gehörten neben dem Wehrkreisbeauftragten die Leiter derjenigen Ämter an, die sich mit dem Arbeitseinsatz beschäftigten: die Inspektion, das Bezirkswirtschaftsamt sowie das Landesarbeitsamt. Das Gremium bildete im mittel- und südbadischen Raum drei Unterkommissionen für die Bezirke Karlsruhe, Freiburg und Lörrach, wobei die Leiter der örtlichen Arbeitsämter den ersten beiden vorsaßen, der Geschäftsführer der IHK Schopfheim der dritten. Die Mitglieder entsprachen denen der Prüfungskommission. Die Unterkommissionen sollten alle Maßnahmen vorbereiten, um Beschäftigte für die Rüstung freizumachen: vor allem die Reduzierung kriegsunwichtiger Produktionen, die Verlagerung von Aufträgen in nicht ausgelastete Betriebe sowie den innerbezirklichen Austausch von Beschäftigten. Dazu gehörte schließlich die Aufgabe, die Anforderungen der Betriebe sowie ihren Arbeitseinsatz zu überprüfen[137].
Da einem Erfolg der Kommissionen regionale Interessen im Wege standen, mußte die Berliner Führung den Widerstand der Gauleitungen brechen. Göring wies deshalb als Bevollmächtigter für den Vierjahresplan im Januar 1941 die Gauleiter an, die Stillegung von Betrieben und den Abzug von Beschäftigten nicht zu verhindern. Andernfalls werde er die Erfüllung seiner »kriegsnotwendigen Anordnungen rücksichtslos durchzusetzen wissen«[138]. Auch gegenüber den weisungsabhängigen Dienststellen zog die Reichsverwaltung die Schraube noch einmal an. Das Arbeitsministerium bezeichnete Anfang 1941 einen nach November 1939 unternommenen zweiten Vorstoß des Landesarbeitsamtes Südwestdeutschland gegen den Reichsausgleich als »unzeitgemäß und unangebracht«. Der stellvertretende Präsident Zängel forderte daraufhin das Karlsruher Arbeitsamt auf, den Reichsausgleich »nicht mehr als hinhaltendes Gefecht« zu führen«[139].
Der Druck aus der Reichshauptstadt zeigte in Karlsruhe Wirkung. Weiterhin blieb aber vorrangig, den Abzug von Beschäftigten zu verhindern, um das Kapital für die Zukunft nicht zu verspielen, wie in einer Besprechung mit den Kammervertretern betont wurde[140]. Darüber hinaus verstand es das Bezirkswirtschaftsamt immer noch als seine Aufgabe, Betriebe aufrechtzuerhalten und deren freie Maschinenkapazitäten auszunützen[141]. Beides sollte damit erreicht werden, daß Kriegsaufträge »im großen Rahmen« aus den stark überlasteten mitteldeutschen Gebieten in den Südwesten verlagert würden, kündigte das Amt am 14. Januar 1941 den Betrieben an. Damit sollte ausdrücklich eine »Verpflanzung« von Beschäftigten hin zu den Gebieten mit umfangreicher Rüstungsproduk-

136 BA-MA, RW 20—5/5, Geschichte der RüIn V 1941, S. 15f. Von den insgesamt 19 Kommissionen im Reich hatten 9 einen Rüstungsinspekteur als Vorsitzenden (Kroener, Personelle Ressourcen, S. 805).

137 GLA, 237/28847, Rundschreiben der PK, 3.3.1941. Zum nordbadischen Raum ist mangels Quellen nur wenig bekannt; Unterkommissionen wurden dort zumindest für die Räume Mannheim und Heidelberg gebildet.

138 BA, R 41/138, Erlaß vom 28.1.1941 (nach Recker, NS-Sozialpolitik, S. 158); vgl. auch: BA-MA, RW 19/164, KTB OKW, WiRüAmt, 14.3.1941.

139 GLA, 460/192, Aktennotiz AA Karlsruhe über Besprechung mit Zängel, 22.2.1941.

140 GLA, 237/28820, Sitzungsprotokoll 1.2.1941.

141 GLA, 237/28847, LWA-Bericht über Besprechung mit den UK bei der IHK Freiburg, 3.5.1941.

tion vermieden werden; »umfangreiche Dienstverpflichtungen« seien ansonsten erforderlich, um den Bedarf dort zu decken. Das Bezirkswirtschaftsamt forderte deshalb die Betriebsführer auf, ihre freien Kapazitäten anzugeben, bei denen Aufträge untergebacht werden könnten. Dabei habe jede Produktion, die nicht für die Wehrmacht oder im Auftrag des Reichswirtschaftsministeriums ablaufe, zugunsten der vordringlichen Fertigung zurückzutreten. Auch Stillegungen einzelner Abteilungen seien in Erwägung zu ziehen, um die Kriegsproduktion zu steigern. Das Amt schließt mit der Drohung:

»Ich mache jeden Betriebsführer darauf aufmerksam, daß er nur bei Vorliegen derartiger Fertigung im Betrieb die Möglichkeit haben wird, seine Arbeitskräfte zu behalten[142].«

Der Druck allein, die zivile Produktion zugunsten der militärischen zu stoppen, reichte Fritz Todt aber für den Südwesten nicht aus. Baden war für ihn ein Sonderfall, an dem er offenbar ein Exempel statuieren wollte. Dabei ging der Minister von einer Berechnung des Landesarbeitsamtes über 21000 elsässische Arbeitskräfte aus, die Anfang 1941 in badischen Betrieben angestellt gewesen sein sollen. Wie gewaltig diese Zahl in den Augen der Berliner Zentrale sein und welche Begehrlichkeiten sie wecken mußte, wird schon daran deutlich, daß die badische Textilindustrie kaum mehr Beschäftigte aufwies. Das Reichsarbeitsministerium sah mit dieser Statistik eine alte Rechnung bestätigt, die Minister Seldte schon im Herbst 1940 geäußert hatte: Baden könne danach noch viele Kräfte stellen, da der Bestand durch Elsässer aufgefüllt worden sei[143]. Der mit der Angabe des Landesarbeitsamtes konfrontierte Gauleiter Wagner mußte Todt zusagen, 5000 Beschäftigte für den Reichsausgleich abzustellen[144].

Die Statistik des Landesarbeitsamtes wies allerdings einen wesentlichen Schwachpunkt auf: Das Amt berücksichtigte nicht, daß sich die Zahl der Elsässer laufend verringert hatte, da die Männer und Frauen zu dieser Zeit aus politischen Gründen noch keiner Dienstverpflichtung unterstanden und jederzeit nach Hause zurückkehren konnten — was sie angesichts der ungewohnt repressiven und gesundheitsgefährdenden Arbeitsbedingungen im Reich zum Ärger der Behörden auch in starkem Maße ausnutzten[145]. Das Bezirkswirtschaftsamt rechnete im Mai 1941 damit, daß von den ursprünglich tatsächlich nach Baden vermittelten 25000 Elsässern gerade noch rund 8000 verblieben waren[146], die zudem noch zu fast drei Viertel ihr Geld nicht im Metallbereich, sondern im zivilen Sektor als Bäcker, Friseure oder in einem anderen Handwerk verdienten[147]. »Wie nicht anders zu erwarten«, so die Stuttgarter Inspektion[148], meldeten sich nur 113 dieser Elsässer freiwillig für den Reichsausgleich.

---

[142] GLA, 237/24360, BWA-Erlaß 14.1.1941, Hervorheb. i.O.

[143] Der für den Südwesten zuständige Reichstreuhänder der Arbeit, Wilhelm Kimmich, wurde auf einer Konferenz der südbadischen IHK-Geschäftsführer mit einer solchen Aussage des Ministers zitiert (WSA Stgt. IHK Schopf. 343, Konferenzprotokoll vom 4/5.10.1940).

[144] GLA, 460/241, Vortrag Leiter AA Karlsruhe vor der UK, 7.5.1941.

[145] Als Beispiel unter vielen: GLA, 237/28847, Protokoll der Arbeitstagung der PK vom 17.4.1941, bei der den Elsässern eine »äußerst schlechte Arbeitsdisziplin« vorgeworfen wurde.

[146] GLA, 237/28847, AT bei der PK, 8.5.1941; Statistik 7.6.1941.

[147] GLA, 237/28847, AT der PK, 7.7.1941.

[148] BA-MA, RW 20—5/9, S. 19, Rüln V an das WiRüAmt, 14.5.1941.

Trotz dieser Tatsachen erreichte Ministerpräsident Walter Köhler erst Mitte Juni bei Todt die Rücknahme der Gauleiter-Zusage[149], nachdem offenbar auch Wagner auf Aufforderung des Landeswirtschaftsamtes aktiv geworden war[150]. Es hatte sich herausgestellt, daß ein Abzug von 5000 Beschäftigten die badische Wirtschaft »zusammenschlagen« würden, betonte selbst die Stuttgarter Rüstungsinspektion. Zum Abschluß der Aktion sollten die bis Mitte Juni 1941 gestellten, gerade 1820 badischen Beschäftigten durch 900 Württemberger ergänzt werden, obwohl der Wehrkreisbeauftragte Friedrich Ortmann dagegen war[151].

Bis zu diesem Zeitpunkt hatte Todt offensichtlich vor, es mit den neuerworbenen Kompetenzen seines Ministeriums auf dem Gebiet des Arbeitseinsatzes auf eine Machtprobe mit Wagner ankommen zu lassen. Der badische Gauleiter stand dabei stellvertretend für die anderen hohen Parteivertreter aus den Regionen, die bei einem Rückzug des Munitionsministers ebenfalls Oberwasser bekommen hätten. Noch im Mai hatte der Minister deshalb darauf gedrungen, daß die Zusage eingehalten werden würde. Ortmann war angewiesen worden, gegenüber Karlsruhe hart zu bleiben. Falls nicht genügend elsässische Beschäftigte aufgebracht werden würden, sollte er sich an badischen Arbeitskräften schadlos halten und eine entsprechende Zahl von ihnen dienstverpflichten[152].

Dieser Konflikt bot dem Wehrkreisbeauftragten Todts eine günstige taktische Gelegenheit, die Anfang 1941 noch »beträchtlich« laufende badische Konsumproduktion[153] mit starker Rückendeckung aus Berlin auch tatsächlich einzudämmen. Mit welchen Widerständen er zu rechnen hatte, zeigte sich schließlich zu dieser Zeit beim Konflikt um die Pforzheimer Schmuckindustrie[154]. Obwohl Ortmann sich darüber im klaren war, daß die Zahl der Elsässer bei weitem nicht ausreichte, beschuldigte er die Karlsruher Behörden der Untätigkeit[155]. Gleichzeitig ordnete der Beauftragte an, badische Beschäftigte aus den Betrieben herauszuholen, falls notwendig auch aus vorrangigen Produktionsstufen: »Im wesentlichen wird also die Erfüllung des Elsaß-Auftrags nur möglich sein durch einen starken Eingriff in die zivile Fertigung Badens«, schrieb Ortmann Mitte Mai 1941 an das Landesarbeitsamt[156]. Die Stuttgarter Arbeitsbehörde hatte bereits entsprechende Anweisungen »in scharfer Form« an die Arbeitsämter erlassen, um den wiederholten Anforderungen zum Reichsausgleich bei dieser Gelegenheit nachkommen zu können[157].

Daß Fritz Todt dem Karlsruher Drängen schließlich doch nachgab und nicht darauf bestand, 5000 Beschäftigte aus Baden abzuziehen, lag vermutlich auch an der erfolgreichen Kommissions-Arbeit. Ihr Ziel, im Wehrkreis V 20000 Beschäftigte allein für die vordring-

---

[149] GLA, 237/28847, AT der PK, 12.6.1941: Mitteilung über die Absicht Köhlers, Todt aufzusuchen.
[150] GLA, 237/28847, LWA an RSH, 29.5.1941 (Entwurf)
[151] GLA, 237/28847, AT der PK 26.5.1941, Zitat des Vertreters der RüIn V; AT der PK, 9.6.1941.
[152] GLA, 237/28847, Ortmann an das LAA, 16.5.1941; AT der PK, 19.5.1941.
[153] BA-MA, RW 21—21/2, S. 100, KTB Rüko Villingen, 12.1.1941.
[154] Siehe Kapitel IV.3.e.
[155] GLA, 237/28847, At der PK, 19.5.1941.
[156] GLA, 237/28847, WKB an das LAA, 16.5.1941.
[157] GLA, 237/28847, AT der PK vom 7.5. und 27.5.1941; LWA an RSH, 29.5.1941 (Zitat).

lichsten Produktionen aufzubringen, wurde bis November 1941 nur wenig verfehlt. Mit 16700 Arbeitskräften kam der Bezirk auf 83 Prozent — und damit auf das durchschnittliche Ergebnis im Reich[158]. Allerdings hatte sich der Bestand umsetzbarer Beschäftigter und vor allem von Metallern gelichtet. Nachdem das erste Drittel ohne große Mühe aufgebracht werden konnte, war es ab Sommer 1941 immer schwerer geworden, die geplanten Ziffern zu erreichen[159].

Todt hatte mit dem Instrument der Prüfungskommission und mit der Rückendeckung Görings auf regionalem Gebiet das Machbare erreicht und war damit erfolgreicher, als ihm die Forschung immer wieder zugesteht[160]. Marie-Luise Recker muß deshalb zugestimmt werden, wenn sie in den Kommissionen Todts einen deutlichen Schritt sieht hin zu einer effizienteren Leitung der Kriegswirtschaft[161]. Die beteiligten Institutionen wie auch ihr Vorsitzender Ortmann beurteilten die Arbeit des Gremiums positiv. Die Stuttgarter Inspektion schrieb:

»Die Einrichtung hat sich hervorragend bewährt und ein Erfolg war nur dadurch möglich, daß die mitarbeitenden Vertreter alle Sonderinteressen zurückstellten und nur das Ziel, die Arbeiternot möglichst zu beheben, im Auge behielten[162].«

Ohne die in der Regel rigoros durchgeführten Auskämmungen der Unternehmen, die Mitte 1941 »sehr scharfe Formen« annahmen[163], wäre der quantitative Erfolg nicht möglich gewesen. Die Unterkommissionen wurden zwar von den »Betriebsführern« behindert, die »alle möglichen Stellen« in Bewegung setzten, den Abzug ihrer Beschäftigten zu unterbinden[164]. Letztlich setzte sich allerdings meist doch die Prüfungskommission durch, die strittige Fälle selbständig entscheiden konnte[165].

Wie rigoros die Unterkommissionen arbeiteten, zeigt diejenige aus Karlsruhe. Sie hatte zwischen März und Mitte April 70 Firmen überprüft, bei 46 sah sie Möglichkeiten zur Auskämmung. Sieben der 46 Betriebe legten Widerspruch bei der Prüfungskommission ein: Fünf Beschwerden wurden bis Ende Mai abgelehnt, die restlichen zwei waren noch nicht entschieden[166]. Diese Beispiele machen deutlich, daß die örtlichen Gremien ihre verblüffend große Selbständigkeit mit Billigung Ortmanns nutzten[167]. Sie zeigen aber auch, daß die Firmenchefs nur wenig Chancen hatten, mit Beschwerden durchzukom-

158 GLA, 237/28848, LWA-Lagebericht, Referat Arbeitsfragen, 30.11.1941; Kroener, Personelle Ressourcen, S. 806. Im Reich wurden mit 388000 von geplanten 474000 Umsetzungen rund 82 Prozent erreicht (BA-MA, RW 19/268).

159 Dies entspricht auch den Erfahrungen im Reich, vgl. Recker, NS-Sozialpolitik, S. 159.

160 Vgl. zum Beispiel Müller, Mobilisierung, S. 546.

161 Recker, NS-Sozialpolitik, S. 158.

162 BA-MA, RW 20—5/5, S. 16f., Geschichte der RüIn V 1941 (Zitat). GLA, 237/28847, LWA-Lagebericht 29.7.1941.

163 GLA, 237/28847, LWA-Lagebericht, 29.7.1941.

164 BA-MA, RW 21—21/2, S. 76, KTB Rüko Villingen, 23. bis 29.3.1941 (Zitat); RW 20—5/9, S. 17, Lagebericht RüIn V, 12.4.1941.

165 GLA, 237/28817, Sitzungen der UK Heidelberg, 30.6., 24.7. und 13.8.1941 mit dem Beispiel der Firma Schnellpresse.

166 GLA, 460/241, AA Karlsruhe an LAA, 28.5.1941.

167 GLA, 460/241, Ortmann an UK Karlsruhe, 16.5.1941.

men. Dies traf allerdings auf die größeren Betrieben wie Daimler-Benz nicht zu, die über gute Verbindungen nach Berlin verfügten und Abzüge verhindern konnten[168].

Wie von Ortmann beabsichtigt, wurde die badische Konsumwirtschaft zum Hauptopfer der Aktionen. Aus den verschiedenen Bezirken Badens häuften sich im Mai 1941 die Berichte über äußerst negative Auswirkungen der Auskämmungen für Reichsausgleich und Umsetzungen: »Allerorts (treten) Schwierigkeiten ganz enormen Ausmaßes auf«, schrieb das Landeswirtschaftsamt an den Reichsstatthalter[169]. Besonders betroffen war Karlsruhe, das 714 Beschäftigte für den Reichsausgleich abgeben sollte. In der badischen Landeshauptstadt hatte sich die Lage allerdings schon vorher zugespitzt — Einziehungen und Dienstverpflichtungen wirkten sich vor allem unter Fachkräften stark aus. Infolgedessen bestand in den vordringlichsten Produktionen der Sonderstufe ein Bedarf von 500 Fachkräften im Metall- und von 600 im Bausektor. Der Bezirk hätte also rund 1800 Arbeitskräfte aufbringen müssen, wobei die vorrangigen Fertigungsstufen nicht angetastet werden durften. In diesen Bereichen arbeitete aber die überwiegende Zahl der Karlsruher Arbeitnehmer. Der Leiter des Arbeitsamtes sah deshalb keine Möglichkeit, die Anforderungen für den Reichsausgleich zu befriedigen[170].

Unter strukturellen Gesichtspunkten wurden mit den Auskämmungen vor allem die beiden Hauptkonsumindustrien Badens ausgedünnt: die Textil- und das Tabakgewerbe. Die bei diesen Zweigen gewiß nicht zimperliche Stuttgarter Rüstungsinspektion sah den Textilbereich bis Mitte Juli 1941 als so »ausgelaugt« an, daß die Überalterung und der Anteil der Gebrechlichen einen »unverhältnismäßig« hohen Stand erreicht hätten[171]. Wie im Falle der Stadt Karlsruhe liegt die Ursache für die prekäre Lage ebenfalls in der Politik der ersten Kriegsjahre. Der Großteil der für die Wehrmacht tauglichen Beschäftigten war eingezogen worden, Textilfirmen erreichten für praktisch keinen ihrer Facharbeiter eine Anerkennung als »unabkömmlich«[172]. Wie sich die Lage im Wiesental entwickelt hatte, wird aus dem Ergebnis der Auskämmung deutlich. Die Unterkommission machte 657 Arbeitskräfte aus, die aus der Textilindustrie des Wiesentals herausgeholt werden konnten, doch nur 227 von ihnen waren für die Rüstung tauglich. Der Rest konnte aus gesundheitlichen Gründen nicht zu schwerer Arbeit eingesetzt werden[173]. Der Leiter der für die Wiesentäler Textilbetriebe zuständigen Unterkommission, der Schopfheimer IHK-Geschäftsführer Albert Maier, teilte deshalb mit:

> »Ich erkläre hiermit, daß ich [...] in die jetzt zum zweitenmal überprüften und von einem weiteren Abzug betroffenen Textilbetriebe zum Zwecke einer weiteren Auskämmung nur noch auf besonderen Befehl gehen würde, wobei ich die Verantwortung für die Wirkungen der Ausführung des Befehls der Befehlsstelle voll überlassen müßte[174].«

[168] Siehe Kapitel III, 5. b.
[169] GLA, 237/28847, LWA an RSH, 29.5.1941 (Briefentwurf).
[170] GLA, 237/28847, AA an das LAA, 26.4.1941; 460/241, Protokoll der UK Karlsruhe, 7.5.1941.
[171] BA-MA, RW 20—5/9, S. 10, Lagebericht RüIn V, 14.7.1941.
[172] BA-MA, RW 20—5/4, S. 38ff., Geschichte der RüIn V 1939/40, 3.4.1941.
[173] GLA, 237/28847, Meldung der PK V an das RMfBuM, 15.4.1941; Besprechung des LWA mit den Unterkommissionen, 5.5.1941.
[174] GLA, 237/28847, LWA an Reichsstatthalter, 29.5.1941.

Diese Ansicht Maiers wurde Ende Juni 1941 bei einer gemeinsamen Untersuchung verschiedener Kommissionen bestätigt: Aus der südbadischen Textilindustrie konnten keine weiteren Mitarbeiter herausgezogen werden[175]. Selbst wenn es auf die Existenz der Betriebe nicht mehr ankommen sollte, ließen sich die freiwerdenden Beschäftigten kaum mehr in Rüstungsfirmen umsetzen. Die südbadische Tabakindustrie war bis Ende 1941 dagegen zahlenmäßig noch nicht so stark betroffen: Aus 22 Unternehmen im Bereich des Freiburger Arbeitsamtes mit einem Friedensbestand von 10660 Arbeitskräften hatte die Unterkommission 850 abberufen. Ohne die zur Wehrmacht eingezogenen Männer verblieben den Firmen noch 9100 Beschäftigte[176]. Die meisten von ihnen waren allerdings Frauen, deren Familien am Ort wohnten und die deshalb kaum umsetzbar waren. Damit zeichnete sich ab, daß in der Folge rigorose Maßnahmen notwendig sein würden, sollten weitere Beschäftigte gewonnen werden.

Die erfolgreiche Arbeit der Prüfungskommission darf allerdings nicht darüber hinwegtäuschen, daß sie ihr Ziel nicht wegen der Einigkeit ihrer Mitglieder, sondern trotz der Konflikte untereinander erreichte. Ursache war dabei weniger das Bestreben der badischen Regierung, Umsetzungen innerhalb des Wehrkreises zu verhindern. Ihre Position war im Vergleich zum Vorjahr erheblich geschwächt, die Deportation von Arbeitskräften mußte mehr oder weniger geduldet werden. Auseinandersetzungen mit Ortmann, der auch als württembergischer Gauamtsleiter für Technik fungierte, versprachen für badische Stellen offenbar nur wenig Erfolg. Erst Ende September 1941 zeigten ihre Einsprüche bei Todt, der seine Beauftragten gegen regionale Parteistellen stützen mußte, Wirkung. Der Minister forderte Ortmann auf:

»Sie müssen im politischen Winkel Elsaß — Baden — Württemberg etwas weniger radikal sein und auch etwas weniger Württemberger und müssen, da Sie ja auch von der politischen Seite her kommen, in Ihrer Tätigkeit etwas mehr Rücksicht auf die politische Lage nehmen. [...] Baden ist nun mal ein eigener Gau und Sie müssen sich daran halten, Fragen die die Arbeit des badischen Gaues berühren, nicht nur von Württemberg aus zu diktieren, sondern im Einvernehmen mit den Herren in Baden regeln; anders ist eine erfolgreiche Arbeit im Großdeutschen Reich nicht möglich[177].«

Für die badische Wirtschaft kam erschwerend hinzu, daß auch der nicht vom Karlsruher Landeswirtschaftsamt betreute nordbadische Bereich um Mannheim und Heidelberg innerhalb des Wehrkreises XII »unverhältnismäßig« stark zu den Auskämmungen herangezogen wurde, Köhler aber keine Möglichkeiten hatte, sich »dieser entscheidenden Frage anzunehmen«, wie er Staatssekretär Landfried vom Berliner Reichswirtschaftsministerium schrieb[178].

Für Konflikte innerhalb der Kommission sorgte somit weniger der Bezirksausgleich, also der von Ortmann erstrebte Einsatz badischer Beschäftigter in Württemberg, als der Reichsausgleich, der von der Arbeitsverwaltung 1941 forciert wurde. Das Stuttgarter Landes-

175 GLA, 237/28847, Bericht über die Besprechung mit den Leitern der UK Lörrach und Freiburg, 28.6.1941.

176 GLA, 237/28848, Arbeitstagung beim WKB, 15.10.1941.

177 GLA, 237/28847, Todt an Ortmann, 25.9.1941.

178 GLA, 237/39050, Köhler an Landfried, 3.5.1941. Die Quellenlage verhindert eine genauere Untersuchung.

arbeitsamt mußte bei diesen Auseinandersetzungen als Behörde alter Prägung den Anweisungen aus Berlin folgen, während der Wehrkreisbeauftragte als Vertreter einer klassischen nationalsozialistischen Einrichtung mit persönlicher Verantwortlichkeit hervortrat[179]. Dabei entwickelte der Repräsentant Todts zur Erfüllung seiner Aufgabe ein eigenständiges Profil, das ihn zum Verteidiger regionaler Belange werden ließ. Die Prüfungskommission, die auch zur Überwindung der traditionellen Eigeninteressen einer Region geschaffen wurde, wandelte sich im Laufe des Jahres 1941 somit paradoxerweise selbst zu einem Instrument, das regionalen Belangen folgte. Kommission und Beauftragter im Südwesten bezogen diese Politik allerdings nicht auf eine traditionelle Kulturlandschaft wie das Land Baden, sondern auf das künstliche Gebilde des Wehrkreises V. Der Gegensatz mit der Regierung in Karlsruhe mußte deshalb bestehen bleiben.

Beim Konflikt Ortmanns mit dem Landesarbeitsamt stand die schon entschieden geglaubte Auseinandersetzung[180] um die Führung beim Arbeitseinsatz zwischen den Reichsbehörden im Hintergrund. Obwohl sich Staatssekretär Friedrich Syrup vom Reichsarbeitsministerium schon vor der Einsetzung der Prüfungskommissionen als neutral erklärt hatte, versuchte die Behörde, ihre Interessen in den Mittelinstanzen durchzusetzen[181]. Dieser Taktik ist ein gewisser Erfolg nicht abzusprechen. Der Konflikt warf ab Mai 1941 allerdings viel Sand in das in den ersten Monaten gleichmäßig laufende Getriebe der südwestdeutschen Prüfungskommission.

Der Streit spitzte sich in der Frage zu, welchem Bedarf der Vorrang eingeräumt werden sollte: der Nachfrage im Bezirk oder den Anforderungen des Reichsarbeitsministeriums. Obwohl sich der Wehrkreisbeauftragte ausbedungen hatte, jede Verpflichtung für den Reichsausgleich extra zu genehmigen[182], beanspruchte das Reichsarbeitsministerium über das Landesarbeitsamt weiterhin seine alten Kompetenzen. Schon im Verlauf der Elsaß-Aktion hatte das Amt im Mai 1941 seine Dienststellen in Baden angewiesen, den Reichsausgleich für diese Maßnahme bevorzugt durchzuführen und den Rüstungsbedarf im Wehrkreis außer acht zu lassen[183]. Es verstieß damit zum einen gegen die auch von Munitionsminister Todt abgesegneten Richtlinien der Prüfungskommission V, wonach in erster Linie der Bedarf der vorrangigen Rüstungsstufen innerhalb des Wehrkreises gedeckt werden solle, bevor an den Reichsausgleich gedacht werden könne[184]. Zum zweiten brach das Landesarbeitsamt damit auch eine mit Ortmann bestehende Absprache, den Reichsausgleich nicht zu bedienen, bevor nicht die vorrangigen Produktionen des eigenen Bezirks abgedeckt seien[185]. Offen zutage trat der Konflikt, nachdem der Wehrkreisbeauftragte Ende Mai nach Berlin gemeldet hatte, daß der Südwesten keine Beschäftigten mehr für den Reichsausgleich aufbringen könne[186]. Der Druck des Reichsarbeits-

[179] Vgl. Broszat, Staat Hitlers, S. 326ff.
[180] Vgl. Kroener, Personelle Ressourcen, S. 804f.
[181] BA-MA, RW 19/164, KTB OKW/WiRüAmt, 10.2.1941; nach Kroener, Personelle Ressourcen, S. 805.
[182] GLA, 237/28847, AT der PK, 19.5.1941.
[183] GLA, 460/241, Protokoll AT der UK Karlsruhe, 7.5.1941.
[184] GLA, 237/28847, LWA an RSH, 29.5.1941 (Entwurf).
[185] GLA, 460/241, AA Karlsruhe an LAA, 10.6.1941; 237/28847, Ortmann an LAA, 16.5.1941.
[186] BA-MA, RW 20—5/9, S. 26f., Lagebericht RüIn V, 13.6.1941.

ministeriums brachte aber die Leitung des Amtes dazu, im Juni 1941 »insgeheim einen guten Teil« der von der Prüfungskommission freigesetzten Beschäftigten in andere Reichsteile zu übermitteln[187].

Zu dieser Zeit sollte die Industrie des Wehrkreises V 8500 Mann für den Ausgleich stellen und gleichzeitig 8000 Beschäftigte für die eigene Sonderstufenproduktion besorgen[188]. Als direkte Folge dieser Konkurrenz litt selbst der bedeutendste Teil der badischen Rüstungsindustrie an einem verstärkten Mangel an Beschäftigten. Das ging im Raum Karlsruhe so weit, daß das Arbeitsamt auch Metallarbeiter der Jahrgänge 1922 und 1923, die kurz darauf zur Wehrmacht einberufen werden sollten, und selbst uk-gestellte Fachkräfte für die Marine-Werften in Norddeutschland verpflichtete[189].

Die Unterkommissionen wußten wegen dieser Auseinandersetzung nicht mehr, welcher Bedarf zuerst behandelt werden sollte. Karl Ackermann, Vorsitzender der Karlsruher Unterkommission und stellvertretender Leiter des Arbeitsamtes, gab diese Lage unverblümt, aber auch mit resignierendem Unterton wieder:

»Keine Stelle sagt eindeutig, welcher Auftrag dem anderen vorgeht. In allen diesen Aufträgen sind SS- und S-Stufen enthalten. Hinter jedem Auftrag steckt eine Drohung mit schwerwiegenden Folgen, wenn der Auftrag nicht erfüllt wird. Wie soll nun die Kommission heute entscheiden?«

Ackermann befand sich als stellvertretender Chef des Karlsruher Amtes ebenso wie der Vorsitzende der Freiburger Unterkommission in einer besonders prekären Lage, da er zum einen die Anordnungen des Landesarbeitsamtes zu befolgen hatte, andererseits aber nach den Richtlinien der Unterkommission verfahren sollte. Seine Schlußfolgerung lautete: »Durch dieses Gegeneinanderarbeiten ist die Tätigkeit der Unterkommission im höchsten Grade unbefriedigend geworden[190].«

Eine direkte Konfrontation mit dem Landesarbeitsamt war unvermeidlich, wollte Ortmann seine Führungsrolle für den Arbeitseinsatz im Südwesten nicht völlig aufgeben. Der Wehrkreisbeauftragte operierte auf zwei Ebenen. Zum einen fühlte er sich als Bezirksvertreter Todts stark genug, um mit einem »scharfen Brief« direkt beim Reichsarbeitsministerium zu intervenieren[191]; zum zweiten ließ er es in der Sitzung der Prüfungskommission vom 27. Juni 1941 zu einer Konfrontation darüber kommen, welche Dienststelle für den Reichsausgleich zuständig sei. Mit einem Erlaß Todts im Rücken, der am 21. Juni die Kompetenzen der Prüfungskommissionen erweitert und gleichzeitig verfügt hatte, kein Wehrkreis dürfe sich auf den Reichsausgleich verlassen, verlangte Ortmann dessen völligen Stopp[192]. Am Tag nach der Sitzung wies er die Unterkommissionen an, anderen Reichsteilen keine Beschäftigten mehr zuzuordnen[193]. Hätte das Amtspräsidi-

[187] BA-MA, RW 20—5/9, S. 30, Lagebericht RüIn V, 14.7.1941. Dabei handelte es sich vermutlich um unter 18jährige Mädchen, die vom AA Karlsruhe »unberechtigt« für die Firma Thiele in Ruhla verpflichtet wurden (GLA, 237/28848, AT der PK, 8.12.1941).

[188] BA-MA, RW 20—5/9, S. 26f., Lagebericht RüIn V, 13.6.1941.

[189] GLA, 460/241, Unterkommission 12 Karlsruhe/Rastatt der PK an die PK V, 21.6.1941.

[190] GLA, 460/241, Protokoll AT der UK Karlsruhe, 7.5.1941.

[191] GLA, 237/28847, Arbeitstagung beim WKB, 26.6.1941.

[192] Ebd., Sitzung der PK, 27.6.1941.

[193] GLA, 460/241, AA Karlsruhe, Aktennotizen 12.7. und 21.7.1941.

um mit einer gegenteiligen Anweisung reagiert, wäre es zu einer letzten Zuspitzung des Konflikts gekommen. Davor schreckte es, vermutlich auch nach Absprache mit Berlin, zurück: Ortmann hatte sich durchgesetzt, allerdings zuvor eine Vielzahl an Verpflichtungen für den Reichsausgleich nicht verhindern können.

Der Streit war damit allerdings noch nicht völlig ausgestanden. Im September 1941 mußte der Wehrkreisbeauftragte diesen Befehl sogar gegen eine Anordnung aus dem eigenen Munitionsministerium verteidigen, das noch einmal 1515 Beschäftigte aus dem Wehrkreis herausholen wollte. Ortmann wurde damit endgültig zu einer Figur, die die regionalen Interessen gegen Reichsanordnungen durchzusetzen versuchte. Nachdem 300 Männer und Frauen für den Reichsausgleich beschafft worden waren, wehrte die südwestdeutsche Prüfungskommission das Ansinnen ab, die restliche Quote zu erfüllen. Zum einen basiere die Forderung auf »veralteten Statistiken« des Arbeitsministeriums, zum anderen bestehe bereits jetzt im Wehrkreis ein Bedarf an 15000 Metallarbeitern, der vermutlich mit Anlauf des geplanten Luftprogramms noch einmal um 15000 zunehmen werde[194]. Schließlich weigerte sich Ortmann Ende 1941 noch einmal explizit, die sich während des Jahres angesammelten Aufträge für den Reichsausgleich zu erledigen. Er sei für den Einsatz der Beschäftigten in der Rüstungsindustrie verantwortlich und werde deshalb so lange nicht zustimmen, bis der eigene Bedarf des Bezirks gedeckt sei[195].

Im Februar 1942 kam es schließlich zu einem Modus vivendi zwischen Ortmann und dem Landesarbeitsamt, der auch tatsächlich durchgehalten wurde. Danach sollten nur noch die Arbeitsämter für die Verschickungen in andere Regionen zuständig sein[196]. Dem Wehrkreisbeauftragten war es jetzt leicht gefallen nachzugeben: Die verstärkt eintreffenden Transporte mit russischen Zwangsarbeitern hatten die Bedeutung des Reichsausgleichs in der Zwischenzeit wesentlich vermindert.

Insgesamt bezog der Reichsausgleich bis Ende 1941 im Wehrkreis V 18000 Männer und Frauen ein, von denen wiederum 15000 auf den Metall- und 3000 auf den Baubereich entfielen[197]. Südwestdeutschland lag damit unter den Reichsgebieten an zweiter Stelle nach dem Rheinland mit über 21000 Verpflichteten[198]. Diese Spitzenposition hatte in erster Linie die badische Industrie zu tragen, die allein im Wehrkreis V bis 1943 rund 15000 Facharbeiter verlor[199]. Da aber, wie das Beispiel Pforzheim zeigt, nicht nur ausgebildete Kräfte für andere Regionen verpflichtet wurden, muß die Zahl insgesamt wesentlich höher gewesen sein. Ein Großteil der badischen Beschäftigten kam nach Württemberg, zumal auch 1941 die Migration insgesamt innerhalb der Region Südwest mit 19628

---

194 GLA, 237/28847, Entwurf eines Briefes (der PK) an den RMfBuM: »Ich sehe mich bei dieser Sachlage gezwungen, die mir erteilte Auflage, den Reichsausgleich zu erfüllen, sofort zu streichen.«; AT der PK, 23.9.1941; 237/28848, AT der PK, 6.10.1941.

195 GLA, 237/28848, Arbeitskommission der PK, 8.12.1941; GLA, 237/28821, LWA-Aktennotiz zu Sitzung der PK, 19.12.1941.

196 GLA, 460/241, LAA-Rundschreiben, 16.2.1942.

197 GLA, 237/28813, LWA an FWM, 1.4.1942, Anlage: Köhler an Wagner, 5.3.1942.

198 BA, R 89/28, Der Arbeitseinsatz im Dt. Reich, Nr. 24, 20.12.1941, S. 4; BA-MA, RW 20—5/8, S. 17, Lagebericht RüIn V, 14.1.1941; RW 20—5/9, S. 1, dass. 14.3.1941.

199 GLA, 237/24379, Sitzung der Rükom, 1.7.1943.

Männern und Frauen sehr stark war. Am härtesten von den Abzügen betroffen war Pforzheim mit 5000 Dienstverpflichteten, die in starkem Maße außerhalb des Südwestens eine neue Anstellung zugeteilt bekamen. Wie Ministerpräsident Köhler an Wagner schrieb, »(dürfte) eine zweite Stadt in der Größe wie Pforzheim, die eine solche Anzahl Dienstverpflichtungen aufweist, [...] in Deutschland nicht vorhanden sein«[200].
Fritz Todt sagte insbesondere den Menschen aus seiner Heimatstadt Pforzheim zu, daß sie zurückkehren könnten. Bis es aber soweit war, sollte es noch lange dauern[201]. Das Pforzheimer Arbeitsamt hatte den größten Teil der Dienstverpflichteten zunächst nur für sechs Monate auf einen anderen Arbeitsplatz umgesetzt. Ein Erlaß des Reichsarbeitsministeriums vom 14. Januar 1942 ermöglichte es aber, die Dienstzeit unbegrenzt zu verlängern[202]. Die Dauer der Abwesenheit führte in Pforzheim zu vielen, nicht abreißenden Beschwerden insbesondere bei der DAF-Kreiswaltung, die sich vor allem auf die jungen Frauen bezogen. Sie seien moralisch gefährdet, schrieb die Arbeitsfront im August 1942, überdies würden sie für die Arbeit in der elterlichen Landwirtschaft bitter vermißt. Die Pforzheimer zeigten sich besonders erbost darüber, daß bei einem Teil der verpflichteten 3000 Männer und 2000 Frauen jegliche Begründung dafür fehlte, sie weiterhin auswärts zu beschäftigen. Die sich in Thüringen und Städten wie Schramberg, Hamburg, München und Berlin befindlichen rund 300 Männer und 1200 Frauen stellten schließlich denselben Kriegsartikel her wie ihre Pforzheimer Kollegen: den Flakzünder S 30[203]. Wenigstens sie sollten zurückkommen, verlangte die DAF, wie könnte sie den Eltern und Verwandten sonst die Notwendigkeit der Dienstverpflichtungen klarmachen? Im übrigen würden die Pforzheimer zuhause vermutlich mehr leisten als in anderen Städten, in denen »sie mit allen Widerwärtigkeiten der Dienstverpflichtung belastet sind«. Die DAF schließt ihr Schreiben an das Badische Wirtschafts- und Finanzministerium mit den Worten:

»Insgesamt können wir also sagen, ein teilweise nicht gut zu machender politischer, moralischer und biologischer Schaden könnte auf diese Weise behoben werden, von den bedeutenden wirtschaftlichen Verlusten und Fehllenkungen von Kapital und Sachgütern, die heute so dringend anderweitig gebraucht werden, gar nicht zu reden[204].«

Der Widerstand der beteiligten Arbeitsämter[205] und der Firmen, die ihre gut eingearbeiteten Beschäftigten nicht abgeben wollten, wurde aber erst 1943/44 gebrochen. Zuvor mußten allerdings alle Behörden, die in Baden für den Arbeitseinsatz zuständig waren, gemeinsam Druck machen. Sie forderten am 12. Mai 1943 in einer Entschließung, vor allem die in der S-30-Produktion beschäftigten Männer und Frauen aus Pforzheim, Karlsruhe und Rastatt nach Baden zurückzuschicken[206]: Erst dieser beispiellose Akt führte tatsächlich zu einer entsprechenden Anweisung des Generalbevollmächtigten für den Arbeitsein-

---

200 GLA, 237/28813, LWA an FWM, 1.4.1942, Anlage: Köhler an Wagner, 5.3.1942.

201 GLA, 237/28813 Rundschreiben des Speer-Beauftragten Lehnemann vom 24.1.1944.

202 Amtl. Mitteilungen des RtdA, Nr. 4, 1942, S. 55f., RAM-Erlaß vom 14.1.1942.

203 Siehe zur Rüstungsproduktion in Pforzheim Kapitel IV,3.e.

204 GLA, 237/28813, DAF-Kreiswaltung Pforzheim an das FWM, 10.8.1942.

205 GLA, 237/24379, 3. Sitzung des Prüfungsausschusses IV im Arbeitsamt Pforzheim, 30.4.1943; 237/28813, AA Mühlhausen an AA Pforzheim, 28.5.1943.

206 GLA, 237/28813, Entschließung vom 12.5.1943.

satz, Fritz Sauckel[207]. Immer noch aber waren Ausnahmen möglich. Um die im Februar 1944 noch 353 Frauen entbrannte noch einmal eine Auseinandersetzung. Professor Lehnemann, Beauftragter des Rüstungsministers Albert Speers für das Munitionsprogramm, drohte den beteiligten Stellen und Firmenchefs deshalb mit Sanktionen[208]. Ob die restlichen badischen Beschäftigten vor Kriegsende zurückkehrten, ist aber zweifelhaft[209].
Noch aber spielte diese Frage keine Rolle. Die Auskämmungen hatten sich angesichts der großen Zahl von Dienstverpflichtungen, die im Wehrkreis V von Kriegsbeginn bis 1942 insgesamt 85000 Männer und Frauen umfaßte, schon im Herbst 1941 erschöpft. Der Wehrkreisbeauftragte rechnete nicht mehr damit, daß noch eine größere Zahl Beschäftigter freigemacht werden könnte. Ortmann sah durch die Arbeit der Unterkommissionen sogar schon die Gefahr ernster Störungen in den verschiedensten Industriezweigen, die die Versorgung der Bevölkerung in Gefahr bringen könnten[210]. Weitere Beschäftigte konnten nur über eine neue Aktion zur Stillegung von Betrieben gewonnen werden. Die Aufgaben der Prüfungskommission hatten sich schon seit Sommer 1941 gewandelt. Mit den zurückgehenden Ergebnissen der Auskämmung wurde aus ihr ein Kontrollorgan, das den gemeldeten Firmenbedarf überprüfte, um die »vielfach« überzogenen Ansprüche zurückzuschrauben[211]. Darüber hinaus wurde der Kommission die Aufgabe zugeschrieben, die im zweiten Halbjahr 1941 in großen Massen verschleppten russischen Zwangsarbeiter den Betrieben zuzuweisen.
Mit den Auskämmungen und Verpflichtungen war freilich kein Selbstzweck verbunden, sondern sie hatten die Aufgabe, den Bedarf an Beschäftigten zu decken. Daran gemessen, schlug die Arbeit der Prüfungskommission fehl, als durch den Rußlandfeldzug sowohl die Anforderungen an neuem Rüstungsmaterial als auch an neuen Soldaten ständig gesteigert wurden. Ende 1940 hatten die Rüstungsbetriebe im Wehrkreis V noch rund 10000 Männer und Frauen als Sofortbedarf gemeldet, ein Jahr später benötigten sie trotz des kontinuierlichen Zuflusses an neuen Beschäftigten die doppelte Zahl[212]. »Der Kampf um den Menschen ist das Problem geworden«, schrieb die Inspektion im September 1941[213]. Im Südwesten machte sich die Erkenntnis breit, daß der Arbeitseinsatz mit den bisherigen Methoden nicht mehr weiterkam: »Die Menschenreserve der seit Jahr und Tag immer wieder durchgekämmten Wirtschaft ist erschöpft«[214].

---

207 GLA, 237/28813, Runderlaß des LWA vom 6.7.1943, der die Anordnung Sauckels vom 21.6.1943 wiedergibt.

208 GLA, 237/28813, Rundschreiben Lehnemann vom 24.1.1944; AA Pforzheim an LWA, 14.2.1944.

209 Noch Mitte März 1944 schickten die Junkers-Werke statt ihren 60 Pforzheimer 30 tschechische Beschäftigte in die nordbadische Stadt (GLA, 237/24379, Sitzung des Pforzheimer Prüfungsausschusses vom 14.3.1944).

210 GLA, 237/28847, Entwurf eines Briefes an den RMfBuM, 21.9.1941; 237/28813, LWA an FWM, 1.4.1942.

211 BA-MA, RW 20—5/9, S. 16, Lagebericht RüIn V, 12.4.1941; RW 20—5/5, S. 17, Geschichte der RüIn V 1941.

212 BA-MA, RW 20—5/5, S. 17, Geschichte der RüIn V 1941.

213 BA-MA, RW 20—5/10, Lagebericht der RüIn V, 13.9.1941, S. 1 (Zitat); GLA, 237/28849, LWA-Bericht über den Arbeitseinsatz 1941, 15.5.1942.

214 BA-MA, RW 20—5/10, S. 15, Lagebericht der RüIn V, 14.11.1941.

Dabei muß auch berücksichtigt werden, daß die Organisation des Arbeitseinsatzes trotz der Einrichtung der Prüfungskommission weiterhin so chaotisch blieb, daß selbst die Experten der Stuttgarter Rüstungsinspektion die Kompetenzen nicht mehr zuzuordnen wußten. Typisch war die Situation in Pforzheim, dessen Schmuckwarenindustrie einerseits ausgekämmt, andererseits für die Produktion des Zünders S 30 umgerüstet wurde. Um die Beschäftigten bemühten sich als Institutionen: die Prüfungskommission und ihr Untergremium, das örtliche Arbeitsamt, das Landesarbeitsamt, eine Kommission des Heeres, der Bürgermeister, ein Abgesandter des Wehrkreisbeauftragten, verschiedene Sonderbeauftragte, das Rüstungskommando Stuttgart sowie die Inspektion. Wer wofür verantwortlich zeichnete, war nicht zu erkennen[215].

c) Der Führungsanspruch der badischen NSDAP in der Arbeitsverwaltung

Wie entwickelte sich die allgemeine Arbeitseinsatzlage mit dem Umschwung zum »totalen Krieg«? Der im Winter 1941/42 steckengebliebene Ostfeldzug machte eine Material- und Personalaufstockung der Wehrmacht notwendig, die mit der bisherigen Wirtschafts- und Arbeitskräftepolitik nicht erreichbar war. Der Armee sollte eine halbe Million Mann zur Verfügung gestellt werden, gleichzeitig mußte der Rüstungsausstoß ansteigen. Eine solche Zahl jüngerer Jahrgänge war nur noch aus dem Bereich der Schwerpunktfertigung zu gewinnen, der bisher von Auskämmaktionen weitgehend verschont worden war. Da ein solcher Eingriff aber die Rüstungssteigerung gefährdete, mußte für die abgezogenen jüngeren Männer Ersatz her. Der am 21. März 1942 zum »Generalbevollmächtigten für den Arbeitseinsatz« ernannte Gauleiter von Thüringen, Fritz Sauckel, machte sich deshalb in seinem »Programm des Arbeitseinsatzes« zur Aufgabe:

> »Alle Facharbeiter, die aus kriegswichtigen Unternehmen eingezogen werden, müssen sofort ersetzt werden. Aus den Reserven stillgelegter, weniger kriegswichtiger Unternehmen und aus der stillgelegten Bauwirtschaft müssen die geeignetsten Arbeitskräfte herausgefunden werden[216].«

Ein weiteres, noch größeres Potential für die Rüstungswirtschaft bestand in Sauckels Augen in den besetzten Gebieten des Ostens, aus denen eine »Riesenzahl« an Arbeitskräften ins Reich deportiert werden sollte.

Mit Sauckel war nicht zufällig ein Gauleiter und damit ein Mann der Partei als Generalbevollmächtigter für den Arbeitseinsatz ausgewählt worden. Sein Vorgänger Mansfeld scheiterte als Vertreter der Ministerialbürokratie nach nur einem Vierteljahr; ungeklärte Zuständigkeiten, aber vor allem der fehlende Rückhalt bei der Partei hatten seinen Mißerfolg verursacht[217]. Von Sauckel wurde angenommen, daß er sich besser gegen den Gaupartikularismus durchsetzen sowie die Organisation und ideologische Energie der NSDAP zur rationelleren Ausnutzung des Arbeitskräftepotentials nutzen konnte. Der neue Generalbevollmächtigte wandte sich denn auch sofort seinen ehemaligen Gauleiter-Kollegen

[215] BA-MA, RW 20—5/9, S. 12f., Lagebericht RüIn V, 13.9.1941.

[216] GLA, 237/26186, »Das Programm des Arbeitseinsatzes«, 20.4.1942.

[217] Zu den Hintergründen der Einsetzung Sauckels siehe Kroener, Personelle Ressourcen, S. 938f.; Recker, NS-Sozialpolitik, S. 165; Hüttenberger, Gauleiter, S. 166ff.; Rebentisch, Führerstaat, S. 355ff. und aus Sicht der DDR-Geschichtsschreibung: Eichholtz, Kriegswirtschaft, Bd 2, S. 76ff.

zu und bezog sie in seiner »Anordnung Nr. 1« mit der Aufgabe ein, beim Arbeitseinsatz für eine »reibungslosere Zusammenarbeit« aller Dienststellen zu sorgen. Die Präsidenten der Landesarbeitsämter wies Sauckel an, die Gauleiter zu informieren und ihre Weisungen zu befolgen[218].

Solange die Arbeit der Prüfungsausschüsse wie im Vorjahr funktionierte, wirkte sich dieser Erlaß noch nicht auf die Zusammenarbeit in der Mittelinstanz aus, da die Gauleiter kaum erfolgreiche Organe sprengen konnten. Diese Erfahrung mußte auch Robert Wagner machen, der wegen der Konflikte mit dem Ausschußvorsitzenden und Wehrkreisbeauftragten Friedrich Ortmann den Erlaß Sauckels nutzen und die Verwaltung des Arbeitseinsatzes in Baden an die Kreisleiter delegieren wollte. Demgegenüber erkannte der württembergische Gauleiter Wilhelm Murr Ortmann als Vertreter der Partei und Leiter der Prüfungskommission an[219].

Hinter dieser unterschiedlichen Vorgehensweise steckten zwei Aspekte regional- und allgemeinpolitischer Art. Eine dementsprechende Teilung der Kompetenzen wäre darauf hinausgelaufen, für Baden und Württemberg unterschiedliche Organisationen für den Arbeitseinsatz zu schaffen. Diese Änderung hätte auch eine Aufwertung des bisher in rüstungswirtschaftlichen und arbeitspolitischen Angelegenheiten weitgehend von Stuttgart abhängigen Gaues Baden bedeutet. Darüber hinaus wäre auch die südwestdeutsche Prüfungskommission auseinandergebrochen und »der ganze Parteiapparat noch (zu) diesen Fragen herangezogen« worden, wie Ortmann befürchtete[220]. Eine solche Folge hatten auch die bisher in der Kommission vertretenen Institutionen im Blick, die ihre Konflikte zurückstellten und in ihren Berichten die erfolgreiche Arbeit der Kommission betonten[221]. Selbst die badischen Vertreter stellten sich so indirekt gegen den Gauleiter. Genährt wurden die Befürchtungen Ortmanns durch das Verhalten der badischen Kreisleiter, die sich schon kurz nach Bekanntwerden der Sauckel-Anordnung in die Verwaltung des Arbeitseinsatzes einmischten und die Arbeitsämter anwiesen, bestimmte Beschäftigte umzusetzen[222]. Wagner konnte sich aber nicht durchsetzen. Eine so weitgehende und für andere Gaue beispielhafte Folge des Erlasses wollte Sauckel offenbar nicht zugestehen. Der badische Parteiführer mußte sein vorläufiges Scheitern eingestehen und den Kreisleitern ins Gedächtnis rufen, daß sie kein Weisungsrecht gegenüber staatlichen Verwaltungen besäßen. Die Lenkung des Arbeitseinsatzes liege ausschließlich bei den Arbeitsämtern[223]. Der mit der Anordnung Sauckels verbundene Machtzuwachs der Gauleiter blieb somit in Baden bis Sommer 1944 weiterhin an die bestehenden Strukturen gebunden, der Einfluß der Partei weiterhin auf dem bisherigen Niveau.

---

218 BA, R 13 I/654, Runderlaß RMfBuM, 24.4.1942, Anlage: GBA an Gauleiter, 6.4.1942.

219 GLA, 237/28849, Sitzung der Prüfungskommission V, 12.5.1942.

220 Ebd., Aussage Ortmann.

221 BA-MA, RW 20—5/5, S. 12, Geschichte der RüIn V, 1.1. bis 31.5.1942; GLA, 237/28821, LWA-Bericht zur Arbeitslage, 6.5.1942.

222 GLA, 237/28849, Arbeitstagungen der Prüfungskommission, 28.4. und 6.5.1942.

223 GLA, 465d/1472, Runderlaß Gauleiter Wagner an Kreisleiter, 3.6.1942. Die von Hüttenberger, Gauleiter, S. 167, angenommene »automatische« Konfrontation zwischen Arbeitsämtern und Kreisleitern wurde somit in Baden schnell abgestoppt, in Württemberg gab es sie gar nicht.

Das Ziel Sauckels, aus den »weniger kriegswichtigen Unternehmen [...] die geeignetsten Arbeitskräfte« herauszufinden, um sie den Rüstungsfirmen zur Verfügung zu stellen, lief auf drei Maßnahmen hinaus: die Schließung von Konsumfirmen, ihre weitere Auskämmung sowie ihre Einbeziehung in die Kriegsproduktion über eine Verlagerung der Aufträge. Die neuen Anstrengungen ab Frühjahr 1942[224] entpuppten sich als Beginn einer gegen die Textil-, Tabak- und andere Firmen gerichteten Kette von Aktionen, mit denen sie bis Kriegsende einen bedeutenden Teil ihrer Beschäftigten verloren.

d) Neue Angriffe auf die Konsumbetriebe 1942

Schon die nach Kriegsbeginn ablaufenden Aktionen zur Stillegung von Konsumbetrieben hatte gezeigt, daß das badische Landeswirtschaftsamt diesen Bemühungen überaus skeptisch gegenüberstand. Diese Haltung verfolgte die aus dem Finanz- und Wirtschaftsministerium hervorgegangene Behörde auch bei der dritten Maßnahme dieser Art im März 1942, die ebenfalls unter ihrer Federführung ablief. Laut Planung hätten über 200 Firmen geschlossen werden sollen[225], doch bis zum vorläufigen Abschluß im Juli traf es schließlich nur 112 Firmen. 33 weitere mußten Auskämmungen über sich ergehen lassen[226]. Beide Maßnahmen zusammen brachten für die Rüstungswirtschaft im Bereich des Amtes 2420 Beschäftigte, also im Schnitt 17 freiwerdende Arbeitskräfte je Firma. Schon damit wird deutlich, daß in erster Linie »Klein- und Kleinstbetriebe«, also kleine Handwerksunternehmen und Einzelhandelsgeschäfte, die nur wenige neue Mitarbeiter für die Rüstung aufbringen konnten, ihre Existenz verloren. Daneben war beabsichtigt worden, durch Schließungen Strom und Kohle zu sparen. Angesichts der Größenordnung der stillgelegten Firmen wurde dieses Ziel ebenfalls nur bedingt erreicht[227].

Bei den geschlossenen größeren Werken suchte das Landeswirtschaftsamt offenbar mit Vorliebe solche Unternehmen aus, die bereits weitgehend eingeschränkt arbeiten mußten oder tatsächlich schon stillgelegt waren. Das läßt sich bei zwei der drei Werke nachweisen, die die Textilindustrie des Wiesentals schließen mußte: Das Werk Rohmatt der Spinnerei und Weberei Zell-Schönau war bereits im Vorjahr aufgegeben worden und der Zweigbetrieb der Firma Fessmann und Hecker in Höllstein erhielt schon seit 1940 so geringe Garnmengen, daß bis zu dieser Aktion nur noch ein kleiner Rumpfbetrieb bestand. Die Textilwirtschaft kam also in der Regel glimpflich davon, auch wenn sie zusammen mit der Bekleidungsindustrie mit 39 Firmenschließungen den größten Aderlaß zu verkraften hatte, gefolgt von der Wirtschaftsgruppe Steine und Erden, der 36 Betriebe ver-

---

[224] GLA, 460/279, LAA an AA Karlsruhe, 11.3.1942. Für den Bereich Handel und Einzelhandel: SA Mannheim, Ernährungs- und Wirtschaftsamt (EWA) 1164, LWA XII an EWA, 4.2.1942; vgl. Boelcke, Deutsche Wirtschaft, S. 280ff.

[225] GLA, 237/28849, Arbeitstagung der Prüfungskommission V, 16.4.1942; Haupttagung der Prüfungskommission V, 12.5.1942; vgl. auch Recker, NS-Sozialpolitik, S. 172.

[226] GLA, 237/24380, Ergebnis der bisher durchgeführten Stillegungs- und Konzentrationsmaßnahmen, Stand 25.7.1942; 237/28833, LWA-Runderlaß 6.7.1942, Liste der stillgelegten Betriebe, Stand 1.7.1942.

[227] GLA, 237/28818, LWA: Bisherige Erfahrungen bei der Durchführung der Rationalisierungsmaßnahmen, 29.7.1942.

lorengingen[228]. Der anfangs noch nicht einbezogene Bereich der Wirtschaftsgruppe Druck markiert ebenfalls die Stillegungspolitik des Amtes. Ursprünglich sollten 180 bis 200 Firmen der noch vorhandenen 500 geschlossen werden. Heraus kamen schließlich 43 Betriebe, die um ihre Existenz gebracht, und weitere 10, die ausgekämmt wurden. Rund 500 Beschäftigte wurden freigestellt[229].

Das Landeswirtschaftsamt betonte schließlich bei einer Besprechung mit der Rüstungsinspektion, die bestehenden Textilfirmen dürften nicht mehr angerührt werden. Die Stillegungsaktion lief bis Ende 1942 weiter, ohne allerdings noch größere Erfolge zu bringen[230]. Der Vergleich mit dem Bedarf der oberrheinischen Rüstungswirtschaft, der sich zwischen Juli und Oktober 1942 auf 12724 Beschäftigte verdoppelte, zeigt, wie mager das Resultat der Maßnahme war[231]. Um sich zu rechtfertigen, verwies das Landeswirtschaftsamt auf die in Baden bereits erbrachten »schwersten Vorausopfer«, wodurch die Maßnahme weniger als in anderen Bezirken habe bringen können. Das schwache Ergebnis ermutigte die Behörde, wie sie in einer vorläufigen, aber politisch bemerkenswert offenen Bilanz darlegte,

> »immer wieder für die Schonung der Wirtschaft im Wehrwirtschaftsbezirk Vb unter Berufung auf die mehrfachen von oberster Stelle gemachten Versprechungen nachdrücklichst einzutreten, um eine weitere Verkümmerung der Wirtschaft zu verhüten[232].«

Auch eine »Vielzahl« von Einsprüchen selbst mittelbar betroffener Betriebe, die um ihre Geschäftspartner bangten, verhinderte ein konsequenteres Ergebnis. Welche Dynamik hinter solchen Einsprüchen stecken konnte, zeigte sich etwa in der Textilindustrie bei der zu einem Schweizer Konzern gehörenden Weiler Färberei Schetty. Das Unternehmen sollte seinen Betrieb einstellen, um Kohle zu sparen[233]. Die Firma ging mit allen Mitteln gegen diesen Beschluß vor:

> »(Wir) bombardierten alle für die Stillegung zuständigen Stellen mit Eingaben und Besuchen und verlangten Betriebsbesichtigungen und Konferenzen. Der Chronist wurde vom badischen Wirtschaftsminister Köhler empfangen und angehört, er reiste auch nach Berlin, wo ihm nach einer ziemlich lebhaften Auseinandersetzung der Leiter der Fachgruppe Textilindustrie unverblümt die Frage vorlegte: ›Wollen Sie denn lieber, daß Deutschland den Krieg verliert, als daß die Färberei Schetty stillgelegt wird?‹«

Der Betriebsleiter erreichte allerdings nur einen kurzen Aufschub von sechs Wochen. Am 31. August 1942 wurde die Firma endgültig geschlossen. Die Fachkräfte mußten an andere Firmen abgegeben werden, die Hälfte der Belegschaft kam zur Wehrmacht[234].

---

[228] GLA, 237/28814, Spinnerei und Weberei Zell-Schönau AG an die Reichsstelle für Baumwollgarne und -gewebe, 26.3.1942; 237/28833, LWA-Runderlaß 6.7.1942, Liste der stillgelegten Betriebe, Stand 1.7.1942. 75 Jahre Feßmann und Hecker, S. 22f.; vgl. Gisela Müller, Wiesentäler Textilindustrie, S. 150.

[229] GLA, 237/24339, LWA-Aktennotiz, Besprechung mit der Bezirksgruppe der WSG Druck, 14.3.1942; 237/28818, LWA: Bisherige Erfahrungen bei der Durchführung der Rationalisierungsmaßnahmen, 29.7.1942.

[230] GLA, 237/28850, Aktennotiz LWA, Besprechung bei RüIn OR, 9.11.1942.

[231] BA-MA, RW 20—5/12, KTB RüIn OR, 4. Q. 1942, Anl. 9.

[232] GLA, 237/28818, LWA: Bisherige Erfahrungen bei der Durchführung der Rationalisierungsmaßnahmen, 29.7.1942. Der Bezirk Vb umfaßte Baden und das Elsaß.

[233] GLA, 237/28832, LWA-Runderlaß, 16.6.1942.

[234] Ein halbes Jahrhundert Färberei Schetty, S. 80 (Zitat); WSA Stgt. IHK Schopf. 12, Aktennotizen 18.9.1941.

Besonders betroffen von den Schließungen waren bei diesen Aktionen Beschäftigte, die mit einer Betriebsschließung nicht für die Rüstung gewonnen werden konnten, da sie wegen ihres Alters oder einer Krankheit für eine Umschulung nicht in Frage kamen. Der Sicherheitsdienst der SS berichtete über die Ängste, die unter diesen Personen herrschten:

»Eine Vielzahl von Heimarbeitern, Frauen, selbständigen älteren Handwerksmeistern sowie Einzelhandelsunternehmern, verlieren nicht nur für den Augenblick ihre Existenzgrundlage, sondern werden voraussichtlich auch für die Zukunft mit keiner selbständigen und die Lebensexistenz sichernden Einkommensmöglichkeit zu rechnen haben. Diese Befürchtungen hat man vor allem in den Bezirken der Textilindustrie Oberbadens sowie der Schmuckwarenindustrie in Pforzheim. Meist handelt es sich [...] um ältere Kräfte, die nicht mehr umgesetzt werden können, selbst jedoch am Ort keine Möglichkeit haben, anderweitig eine Existenzsicherung zu finden. Besonders ins Gewicht fallen hierbei die unzähligen ›Halb-Landwirte‹ [...] Da in diesen Fällen meist ältere, teilweise kranke, also nicht mehr umsetzungsfähige Personen betroffen werden, sind diese künftighin auf ihre karge Lebensgrundlage aus der Kleinlandwirtschaft angewiesen[235].«

Gerade in den Textilbetrieben des Wiesentals war ein relativ großer Teil der Beschäftigten »nicht mehr umsetzungsfähig«. Die Spinnerei und Weberei Zell-Schönau hielt von ihrem Gesamtpersonal von 550 Männern und Frauen nur 229 dafür geeignet, die »sehr komplizierte Montagearbeit« für den S 30-Zünder zu bewältigen. Für einen Teil der restlichen Arbeitskräfte wurden 186 der ursprünglich 700 Webstühle im Werk Zell der Firma aufrechterhalten; die Reichsstelle für Baumwollgarne und -gewebe sowie das Landeswirtschaftsamt nahmen dafür die ursprüngliche Anordnung zur Stillegung zurück[236].

Wie bei der ersten Stillegungsaktion bemühte sich das Landeswirtschaftsamt und die hinter ihm stehende badische Verwaltungsspitze, bei der Vernichtung von Betrieben soziale Härtefälle zu berücksichtigen und damit auch aus politischen Gründen Rücksicht walten zu lassen. Eine solche Vorsicht nur als »fehlende Einsicht« in die neuen kriegswirtschaftlichen Notwendigkeiten oder allein mit Hinweis auf regionale Belange abzutun, ist zu kurz gegriffen[237]: Härtere Maßnahmen wären wegen des ausbleibenden Gewinns für die Rüstung tatsächlich wenig sinnvoll gewesen; gleichzeitig hätten aber »recht nachteilige Auswirkungen« auf die Stimmungslage in Kauf genommen werden müssen, wie das Amt bilanzierte[238]. Die Politik des Landeswirtschaftsamtes wirkte sich dadurch langfristig positiver für das NS-Regime aus, als wenn alle Möglichkeiten zur Schließung ausgenutzt worden wären.

Die Stillegung von Konsumbetrieben hatte trotz des zunehmenden Bedarfs nur wenige neue Beschäftigte für die kriegswichtigen Industrien gebracht. Dementsprechend legten die Arbeitseinsatzbehörden starken Wert auf Auskämmaktionen, die seit 1942 auch Rüstungsunternehmen einbezogen. Das Reichsministerium für Bewaffnung und Munition ermöglichte die Umsetzung von Beschäftigten aus Unternehmen der niederen Dring-

---

235 Meldungen aus dem Reich, Nr. 313, 31.8.1942, S. 4.155f.

236 GLA, 237/28814, Spinnerei und Weberei Zell-Schönau AG an die Reichsstelle für Baumwollgarne und -gewebe, 26. und 27.3.1942; 237/28833, LWA-Liste der stillgelegten Betriebe im Bereich der WSG Textilindustrie, Stand 1.7.1942.

237 Recker, NS-Sozialpolitik, S. 174.

238 GLA, 237/28818, LWA: Bisherige Erfahrungen bei der Durchführung der Rationalisierungsmaßnahmen, 29.7.1942.

lichkeitsstufen in diejenigen der höchsten Stufe I. Die vom Landeswirtschaftsamt betreuten Betriebe waren davon in erster Linie betroffen, die Karlsruher Behörde äußerte deshalb »große Bedenken«. Da das Amt aber auch die Stillegungen ziviler Betriebe nicht forcieren wollte, sah es gemeinsam mit dem Wehrkreisbeauftragten Ortmann nur einem Ausweg: Eine stärkere Zuteilung ausländischer Beschäftigter an die Wirtschaft des Südwestens, der prozentual bisher tatsächlich unterdurchschnittlich beteiligt worden war[239]. Damit hatte sich die regionale Wirtschaftsführung einem Weg angeschlossen, der auch von der Reichsführung favorisiert wurde: die Ersetzung der abgezogenen deutschen Beschäftigten durch Zwangsarbeiter[240]. Diese Politik ermöglichte es, die einheimische Bevölkerung auf Kosten ausländischer Männer und Frauen zu schonen.

Die Zuweisungen von Ausländern kaschierten zunächst auch die 1942 immer offenkundiger werdende Tatsache, daß eine effizientere Arbeitseinsatzpolitik notwendig geworden war. Wie wenig durchdacht die Maßnahmen abliefen, zeigt insbesondere die Aktion »Rüstung 42«. Sie hatte zum Ziel, bestimmten rüstungswichtigen Firmen eine Sonderzuteilung an Arbeitskräften zuzuweisen, die aus dem Ausland, der Landwirtschaft oder anderen Rüstungsbetrieben kommen sollten. Es gelang auch, die vom Amt Sauckel festgesetzten Zuteilungsziffern zu erreichen. So wurden badischen Rüstungsbetrieben im November 1942 knapp 6100 Beschäftigte zugewiesen, württembergischen Firmen die doppelte Anzahl[241].

Doch der Ablauf des Verfahrens störte die Zuweisungspolitik der regionalen Behörden außerordentlich und erwies sich zudem als ausgesprochen ineffizient. Die inzwischen geschaffene oberrheinische Rüstungskommission, die die regionale Wirtschafts-und Arbeitspolitik steuern sollte, verurteilte die Aktion deshalb »aufs Schärfste«[242]. Sie war nicht mit ihr abgestimmt worden; die auf Anforderung der Firmen zugeteilte Zahl an Beschäftigten deckte sich infolgedessen »bei weitem« nicht mit dem hier ermittelten Sofortbedarf[243]. Schon Anfang November zeigte es sich, daß viele badische Firmen gar nicht in der Lage waren, die von den Arbeitsämtern zugewiesenen Männer und Frauen zu beschäftigen. Die Zahl solch falsch eingeteilter Beschäftigter bewegte sich um ein Drittel der Gesamtzahl. Im November lag sie in Baden bei über 2100, um die das Gesamtkontingent dann reduziert wurde[244].

Noch prekärer war, daß die Firmen, die Beschäftigte abgaben, »fast immer« dringliche oder vordringliche Rüstungsgüter fertigten und dadurch »schwere Einbußen« erlitten,

---

239 GLA, 237/28836, LWA-Erlaß, 8.10.1942, darin: LWA an RWM, 22.9.42 (Zitat), und WKB an RMfBuM, 22.9.1942; 237/28821, LWA-Aktennotiz zur Sitzung der Prüfungskommission V vom 19.12.1941, 5.1.1942; 237/28849, Sitzung PK V, 24.9.1942. Zu den Dringlichkeitsstufen siehe Kapitel III,3.

240 Vgl. Recker, NS-Sozialpolitik, S. 174. Siehe dazu Kapitel V,2.

241 GLA, 237/28850, Besprechung LWA bei der Rüln OR, 5.11.1942; 460/227, LAA-Runderlaß, 15.12.1942; vgl. Recker, NS-Sozialpolitik, S. 176.

242 GLA, 237/24379, Sitzung des Arbeitskreises der Rükom, 9.11.1942; 237/28850, LWA-Besprechung bei der Rüln OR, 5.11.1942 (Zitat).

243 GLA, 237/28850, Aktennotiz LWA, Besprechung bei der Rüln OR, 5.11.1942.

244 GLA, 460/227, LAA-Erlasse 21.11.1942, 30.11.1942, 3.12.1942, LAA an GBA, Gesamtübersicht über die Abwicklung der Aktion »Rü.Nov. 42«, 15.12.1942.

wie die Rüstungsstellen berichteten[245]. Die Betriebe versuchten, sich gegen diese Abzüge mit Einsprüchen zu wehren, denen aber in der Regel nicht stattgegeben wurde. »Wenn auf die allerdings fast immer dringliche Produktion der Unternehmen Rücksicht genommen worden wäre, hätte kein Mann freigemacht werden können[246],« lautete das Verdikt der Inspektion. Die Berliner Führung verfolgte die Umsetzungsaktion sehr genau. So mußte die Inspektion Speer persönlich laufend Bericht über die der Panzerfirma Argus zugeteilten Beschäftigten machen. Der Minister machte dabei Druck, daß die Aktion »trotz eines wahren Rattenkönigs von Einsprüchen« termingemäß ablief[247].

Die Verantwortung für die chaotisch geplante und ablaufende Aktion lag also direkt bei Speer. Ob die Maßnahme der badischen Rüstungsindustrie Vorteile brachte, ist fraglich: Der abrupte Verlauf, der keine Rücksicht auf längerfristige Produktionsplanungen und -abläufe der Firmen nahm; die Eingriffe in die rüstungswichtigen Fertigungen; mangelnde Vorbereitung; die schlechte Ausbildung der zugeteilten Beschäftigten, vor allem bei den Zwangsarbeitern aus dem Osten und aus der Landwirtschaft, von denen in der Regel nur die »schlechtesten Kräfte« abgegeben wurden[248]; die Reibungsverluste durch die große Zahl falscher Zuteilungen und rückgängig gemachte Abzüge — all dies deutet darauf hin, daß allenfalls ein quantitativer Erfolg für die Aktion zu verzeichnen war, die längerfristig eher kontraproduktiv wirkte. Aber ein solches Ergebnis war für die auf Aktionismus beruhende Arbeitseinsatzpolitik symptomatisch.

e) Textil- und Schmuckfirmen als Waffenproduzenten

Daß im Bereich des Arbeitseinsatzes auch positive Ergebnisse möglich waren, zeigt der Ansatz, den Kreis der kriegswichtig eingesetzten Beschäftigten zu vergrößern und Rüstungsaufträge in Konsumbetriebe zu verlagern. Den starken Abzug badischer Arbeitskräfte von 1941 noch im Blick, strebte das südwestdeutsche Landesarbeitsamt an, Rüstungsarbeiten an den Wohnort der Beschäftigten zu bringen, um eine Dienstverpflichtung und Verschickung nach auswärts zu verhindern[249]. Damit hatten die badischen Konsumunternehmen die Möglichkeit, Arbeitskräftekapazitäten auszunutzen, die wegen Rohstoffmangels stillagen, aber nicht in eine Rüstungsproduktion umgesetzt werden konnten. Zugleich bot sie die Chance, einer Stillegung zu entgehen.

Das galt vor allem für die Textilindustrie. Im Sektor ihrer herkömmlichen Produktion war die Auftragslage so gering, daß etwa die Firmen des Wiesentals Anfang 1942 mit einer erheblichen Verschlechterung der Beschäftigung rechneten. 7000 Mitarbeiter wür-

---

245 BA-MA, RW 20—5/23, Rüln Abtlg. Z, 19.12.1942 (Zitat 1); RW 21—44/4, S. 88ff., KTB Rüko Mannheim, 4. Q. 42 (Zitat 2). Für Beispiele etwa der Karlsruher Waffenschmiede DWM: GLA, 237/24379, Sitzung der Arbeitskommission der Rükom; 460/227, AA Karlsruhe an LAA, 5.12.1942, mit weiteren Einzelfällen.

246 BA-MA, RW 20—5/23, Rüln OR, Abtlg. Z, 19.12.1942.

247 Ebd.; GLA, 237/24379, Sitzung der Arbeitskommission der Rükom, 20.11.1942; 237/28850, Rükom-Sitzung 1.12.1942.

248 GLA, 460/227, AA Karlsruhe an LAA, 5.12.1942.

249 GLA, 460/279, LAA an AA Karlsruhe, 11.3.1942.

den arbeitslos, die zu 80 Prozent nicht auswärts einsetzbar seien. Da der Versuch scheiterte, Aufträge traditioneller Art aus dem Augsburger Textilgebiet zu erhalten, waren die Firmen bereit, sich, wie etwa die Spinnerei und Weberei Zell-Schönau AG, »unter totalem Einsatz« aller geeigneten Kräfte auf eine branchenfremde Rüstungsproduktion umzustellen. Dabei spielten möglicherweise auch die positiven Erfahrungen eine Rolle, die die badische Textilindustrie schon im Ersten Weltkrieg mit der Umstellung ihrer Produktion gewonnen hatte. Die ungünstige geographische Lage im Wiesental verhinderte aber zunächst die Mitarbeit an einer Rüstungsproduktion, obwohl sich südbadische Textilfirmen an Auftragsbörsen beteiligten. Das änderte sich erst Anfang 1942 auf politischen Druck, als Ministerpräsident Walter Köhler den Wehrkreisbeauftragten Friedrich Ortmann über Reichsminister Fritz Todt einschaltete[250].

Im März 1942 verfügten schon elf badische Textilbetriebe über eine branchenfremde Wehrmachtproduktion[251], bis Anfang 1943 waren es 26. Zwölf von ihnen kamen aus dem Wiesental. Damit arbeiteten 3000 Textilbeschäftigte in einer artfremden Produktion, also 15 Prozent aller insgesamt 20000 Männer und Frauen, die zu dieser Zeit noch in dieser Branche beschäftigt waren. In keinem anderen Reichsbezirk der Wirtschaftsgruppe war es zu dieser Zeit gelungen, einen derart hohen Anteil der Mitarbeiter für die Rüstungsproduktion zu gewinnen. Wie im Ersten Weltkrieg fand sich damit bei den badischen Textilindustriellen die größte Bereitschaft, ihre Produktion umzustellen[252].

Dieser Erfolg zeigte, welche Möglichkeiten vorhanden waren, wenn alle Beteiligten an einem Strang zogen. Die Rüstungsstellen benötigten neue Produktionsstätten, die Textilunternehmen wollten die Stillegung ihrer Unternehmen verhindern, deren Arbeiterschaft die Einziehung zur Wehrmacht. Die Rüstungsindustrie machte denn auch »sehr gute« Erfahrungen mit der Kriegsproduktion im Textilbereich, die Beschäftigten arbeiteten sich »überraschend schnell« in den neuen Bereich ein[253]. Reichstreuhänder Wilhelm Kimmich berichtete sogar von Textilarbeiterinnen, die dank ihrer manuellen Geschicklichkeit, der Arbeitsintensität und der Rationalisierung eine bessere Leistung als Metallfacharbeiter erbracht hätten[254]. Zu den bevorzugten Rüstungsproduktionen im Textilbereich zählte die Montage von S-30-Flakzündern[255].

Weitgehend dieselbe Aufgabe hatte auch die badische Schmuck- und Uhrenindustrie in Pforzheim, die mehr noch als die Textilbranche in die Produktion von Rüstungsgütern eingebunden wurde. Bis Ende 1942 mußten in der Stadt 133 Schmuck- und Uhrenfabriken auf die von der Schramberger Firma Junghans vergebenen Rüstungsarbeiten umstei-

---

250 GLA, 237/24401, IHK Schopf. an Köhler, 30. 1. 1942; 237/28848, Sonderbesprechung beim WKB, 12. 12. 1941; 237/28814, Spinnerei und Weberei Zell-Schönau an RS für Baumwollgarne und -gewebe, 26. 3. 1942 (Zitat); Schäfer, Regionale Wirtschaftspolitik, S. 116ff.

251 GLA, 237/24401, WKB an LWA, 12. 3. 1942.

252 GLA, 237/24360, Aktennotiz LWA, 31. 1. 1943; IHK-BS Schopfheim an LWA, 14. 1. 1943; 237/28821, BG Baden der WSG Textilindustrie an GWB, 13. 9. 1943; BA-MA, RW 20—5/12, S. 8f., Lagebericht der RüIn OR, 4. Q. 1942; Schäfer, Regionale Wirtschaftspolitik, S. 120.

253 BA-MA, RW 20—5/5, Geschichte der RüIn V, 1. 1. bis 31. 5. 1942.

254 WSA Stgt., IHK Kon., o. N. (Einladungen, Vorträge), Vortrag Kimmich vor den Betriebsführern des Seekreises, 15. 11. 1942.

255 GLA, 237/24360, IHK-BS Schopf. an LWA, 14. 1. 1943.

gen. Diese Betriebe beschäftigten mit über 3700 Männern und Frauen mehr als die Hälfte der insgesamt 6200 Arbeitskräfte, die in den Konsumbetrieben am Oberrhein Kriegsgüter herstellten[256]. Pforzheim bietet eher noch als die Textilindustrie ein Beispiel für die Schwierigkeiten, die die Konsumwirtschaft bei der Umstellung überwinden mußte. Die Probleme gingen hier über die in den Textilfirmen vorherrschenden technischen und organisatorischen Schwierigkeiten hinaus, zumal die Bijouteriebetriebe darauf bestanden, ihre originäre Produktion wenigstens teilweise weiterbetreiben zu können.

Wie hatte sich die Kriegsproduktion in Pforzheim bis 1942 entwickelt? Bis zum Waffenstillstand mit Frankreich befand sich die Industrie der Stadt wie die gesamte badische Wirtschaft in einer schwierigen Lage; allein die Maschinenfertiger waren restlos mit Rüstungsbestellungen belegt. Unternehmer der Schmuckindustrie bemühten sich dagegen immer wieder vergeblich um militärische Aufträge. Selbst die Firma Rodi und Wienenberger, eines der größten Unternehmen der Branche, hatte mit Anfragen in Berlin keinen Erfolg[257]. Weniger die Auftragslage im Schmuckgewerbe drängte dabei die Firmen zum Handeln, da 1940 im Export- wie im Inlandsbereich, zum Beispiel bei Trauringen, ausgesprochen hohe Bestellziffern vorlagen. Zuteilungskürzungen an Rohstoffen konnten die Betriebe lange mit Hilfe großer Vorräte ausweichen. Prekär wurde die Lage aber vor allem durch die bis Ende 1941 andauernden Abzüge der Metallarbeiter. Schon 1939 verpflichtete das Arbeitsamt rund 2000 auf einen auswärtigen Arbeitsplatz; bis Ende 1941 mußten 5000 Männer und Frauen außerhalb der Stadt und größtenteils außerhalb des Landes arbeiten. Den Firmen ging es deshalb darum, mit der Aufnahme von Rüstungsaufträgen einen Bestand an Beschäftigten zu erhalten, der es ihnen auch erlaubte, ihre ursprüngliche Schmuckproduktion weiterzuführen[258].

Auch nachdem die badische Wirtschaft ab 1940/41 stärker in die Kriegsaufgaben eingeschaltet worden war, scheiterten zunächst alle Bemühungen, die Industrie der Stadt in großem Maßstab in eine Rüstungsfertigung zu überführen. Zwar gelang es einigen größeren Schmuck- und Uhrenfirmen, sich Unteraufträge im Rüstungsbereich zu besorgen. Damit erreichten sie aber nur, daß der knappe Bestand ihrer außerhalb des Schmuckbereichs arbeitenden Metallarbeiter aufgebraucht wurde, ohne daß die Masse der Beschäftigten in die Rüstung einbezogen wurde. Offenbar entstand zu dieser Zeit der Vorwurf, »Pforzheim wolle sich drücken«, der der städtischen Wirtschaft vor allem 1941/42 schwer zu schaffen machen sollte[259].

---

[256] GLA, 237/24360, Runderlaß LWA, 23.1.1943. Die Gesamtzahl lag vermutlich höher, da die badischen Textilindustrien die Zahl ihrer Mitarbeiter in einer textilfremden Produktion für diese Zeit mit 3000 angaben (siehe oben).

[257] GLA, 237/28813, IHK Pforzheim, Zur Lage in Pforzheim, 27.5.1942; Aktennotiz LWA zur Besprechung mit RWM-Staatssekretär Landfried, 2.6.1942; 237/24394, IHK Pforzheim an das BWA V, Stgt., 27.10.1939.

[258] GLA, 237/28813, LWA-Vortrag bei Arbeitstagung der Rükom., 12.11.42; Aktennotiz LWA zur Besprechung mit RWM-Staatssekretär Landfried, 2.6.1942; 237/28847, Protokoll Arbeitstagung der PK V in Pforzheim, 13.9.1941; 237/28857, Berichte des AA Pforzheim, 1. Februar-Hälfte 1940, 1. April-Hälfte 1940, September 1940, Januar 1941; BA-MA, RW 19/55, WWI V an OKW, WWStab, 19.9.1939; vgl. auch Zier, Geschichte der Stadt Pforzheim, S. 339ff.

[259] GLA, 237/28813, IHK Pforzheim, »Zur Lage in Pforzheim«, 27.5.1942.

Technische Probleme mit der maschinellen Ausstattung der Firmen standen zunächst im Vordergrund der Umstellungsschwierigkeiten. Mehrere Großbetriebe der Schmuckbranche experimentierten 1940 mit unterschiedlichen Programmen, die auf die mittelständische Firmenstruktur der Stadt zugeschnitten waren. Das dabei entwickelte und nach einem Pforzheimer Unternehmen benannte Programm »Ferdinand Wagner« bewies, daß es möglich war, die Einzelteile bei einer größeren Anzahl von Firmen herzustellen und die Flakzünder dann in einem weiteren Betrieb zu montieren. Die Produktion blieb allerdings weiterhin »äußerst schwierig und sehr ineinander verschachtelt«, wie das Landeswirtschaftsamt bemerkte[260]. Dennoch waren die technischen Probleme damit überwunden, auch wenn die Beschaffung von Maschinen sich noch als ausgesprochen schwierig herausstellte und den Beginn des Programmes stark verzögerte[261]. Nachdem auch die offenbar bei der Wehrmacht weiterhin bestehenden Bedenken mit Hilfe des aus Pforzheim stammenden Munitionsministers Fritz Todt, der mit der Industrie seiner Heimatstadt »besondere Absichten« verfolgte[262], ausgeräumt werden konnten, gelang es nach »langen Bemühungen« Ende Februar 1941, die Pforzheimer Beschäftigten in eine äußerst dringliche Produktion einzubeziehen. Danach gründete das Munitionsministerium einen Zünderausschuß, der die Kriegsproduktion in Pforzheim voranbringen sollte[263]. Bis Herbst 1941 waren die Umstellungen soweit gediehen, daß einzelne Firmen das vorgesehene Produktionssoll erreichten. Die größten waren Kollmar und Jourdan sowie Rodi und Wienenberger, die im Oktober 1941 auf einen Ausstoß von 25000 Zündern kamen.

Damit hatten die Behörden allerdings erst einen Teilerfolg erreicht. Bis alle Schmuckfirmen tatsächlich vollständig in die Rüstung integriert waren, sollte noch ein Jahr vergehen. Die Pforzheimer Bijouteriefirmen verfolgten in weitaus größerem Maße als Unternehmen anderer Konsumbranchen das Ziel, ihre traditionelle Herstellung weiterhin aufrechtzuerhalten. Wenn die Schmuckproduktion in Pforzheim auch nach dem Krieg eine Zukunft haben sollte, blieb für die Betriebe das Überleben auch noch so kümmerlicher Reste ihrer Industrie lebenswichtig. Die Produktion mußte zumindest dafür ausreichen, daß die Lehrlinge ihre Ausbildung beenden könnten, damit das Know-how bewahrt blieb. Zudem ging es darum, eine Exportorganisation zu bewahren, um die ausländischen Kunden nicht völlig zu verlieren und nach dem Krieg wieder ganz von vorne anfangen zu müssen. Entscheidend sei, so die Kammer:

»daß man unsere Schmuckindustrie vor dem Kriege geradezu in den Export hineingehetzt hat und zwar mit Erfolg und daß man nach dem Kriege wieder auf den Export Wert legen wird«[264].

---

260 GLA, 237/28813, IHK Pforzheim, Zur Lage in Pforzheim, 27.5.1942; LWA-Aktennotiz über Besprechung mit Staatssekretär Landfried, 2.6.1942; LWA-Vortrag bei Arbeitstagung der Rükom., 12.11.1942 (Zitat).

261 GLA, 237/28813, LWA-Vortrag bei Arbeitstagung der Rükom., 12.11.1942; 237/24378, IHK-Präs. Barth an Ministerpräsident Köhler, 17.9.1942.

262 GLA, 237/24360, IHK Pforzheim an BWA, 25.1.1941 (Zitat).

263 GLA, 237/24394, RWM an BWA Vb, 25.2.1941 (Zitat).

264 GLA, 237/28813, LWA-Vortrag bei Arbeitstagung der Rükom., 12.11.1942; 237/28820, IHK Pforzheim an LWA, 16.10.1941; 2337/28848, Tagungen des Sonderausschusses IX des Rüstungsbeirats, 18.10. und 11.12.1941.

Gleichzeitig gab der Export dem Bijouteriegewerbe ein Pfund in die Hand, mit dem es selbstbewußt wuchern konnte: seine weltweite Bedeutung und seine Position als bedeutender Devisenbringer des Reiches. Zudem zählte auch das im Krieg besonders gewinnbringende Geschäft der Schmuckbranche zu den Gründen, die Umstellung zumindest zu verzögern. Davon kündet eine Anfrage des Fabrikanten W. Roemer bei der Reichskulturkammer, ob »er jetzt in dieser für sein Handwerk so geldeinbringenden Zeit gezwungen werden könne, seine Kundschaft zu vernachlässigen«. Erst die offenbar mit Sanktionen drohende Antwort brachte ihn dazu, die vorgesehenen Verwundetenabzeichen zu produzieren[265].

Die Gegenmaßnahmen der Behörden hatten zunächst wenig Erfolg. Schon nach Kriegsbeginn sollte die reduzierte Zuteilung von Rohstoffen dazu dienen, die Schmuckproduktion für das Inland zu unterbinden. Die Unternehmen konnten die Kürzungen aber leicht umgehen, da die Kunden selbst Edelmetalle mitbrachten. Auch die Anordnung der Wirtschaftsgruppe Metallwaren, die Schmuckwarenproduktion für den deutschen Markt ab 15. Mai 1941 einzustellen, da es nicht gelungen sei, die Fertigung des Zünders S 30 in Pforzheim »im notwendigen Maße« voranzutreiben, blieb ohne Erfolg[266]. Reichsminister Fritz Todt selbst beschwerte sich in diesem Monat bei Friedrich Ortmann, dem Vorsitzenden der Prüfungskommission, noch immer stellten zu viele Pforzheimer Beschäftigte kriegsunwichtige Waren her. Im Juli 1941 schaltete sich sogar der Sicherheitsdienst der SS ein und ermittelte Firmen, die nicht oder in zu geringem Maße für die Rüstung arbeiteten. Folgen für die Inhaber sind daraus aber offenbar nicht erwachsen. Im August 1941 schließlich warf Todts Wehrkreisbeauftragter Ortmann den Pforzheimer Unternehmern offen »Sabotage« vor. Immer wieder müsse man feststellen, daß anstelle angeblicher Wehrmachtaufträge Schmuckwaren hergestellt würden und die auch noch größtenteils für das Inland[267]. Er schrieb dem Arbeitsamt, daß es ihm

> »noch nicht möglich gewesen sei, trotz aller Mahnungen und Androhungen drastischer Mittel, einen größeren Teil der Pforzheimer Industriellen dahin zu bringen, Arbeitskräfte für kriegswichtige Aufgaben einzusetzen«[268].

Das Landeswirtschaftsamt hielt dagegen die Vorwürfe für unkorrekt. Größere Pforzheimer Firmen hatten sich ja um Rüstungsaufträge beworben, der Bericht des Sicherheitsdienstes sei »aufgebauscht« gewesen und stellte sich tatsächlich teilweise als falsch heraus. Doch die Prüfungskommission ließ sich nicht mehr hinhalten. Um endlich Erfolge zu erzielen, zog sie zwangsweise Beschäftigte ab, die in den größeren Betrieben noch in der zivilen Produktion arbeiteten[269].

Auch bei der Frage, wieviele Beschäftigte in die Rüstung umgesetzt werden könnten, gab es erhebliche Differenzen zwischen dem Landeswirtschaftsamt, der Kammer und dem Arbeitsamt auf der einen sowie vor allem dem Wehrkreisbeauftragten auf der anderen

[265] GLA, 237/24399, Gold- und Silberschmiedeinnung Pforzheim an das LWA, 18.3.1942 und weitere Vorgänge.

[266] GLA, 237/24394, WSG Metallwaren an LWA, 25.4.1941; vgl. auch: Erich Maschke (Hg.), Die Pforzheimer Schmuck- und Uhrenindustrie, S. 287f.

[267] GLA, 237/28847, Arbeitstagungen der PK, 7.8., 30.8. (Zitat) und 13.9.1941.

[268] GLA, 237/28847, Arbeitstagungen der PK, 28.4., 8.8. und 11.9.1941 (Zitat).

[269] GLA, 237/28847, Arbeitstagungen der PK am 7.8. und 11.9.1941 (Zitat).

Seite. 1941 befanden sich noch 16200 Beschäftigte in Pforzheim, von denen aber das Arbeitsamt von vornherein nur 7000 als tatsächlich dafür geeignet einschätzte, in der Rüstung arbeiten zu können. Viele Männer und Frauen seien ortsgebunden oder wegen einer Erkrankung nicht umsetzbar. Für die Behörde existierte deshalb ein »vollständig falsches« Bild über die Pforzheimer Arbeitsverhältnisse. Der Facharbeitermangel sei auch angesichts der Dienstverpflichtungen sehr groß. Für Hilfsarbeiten stünden nur noch ältere Kräfte zur Verfügung. Frauen könnten nur schwer in der Rüstung untergebracht werden, da ihnen häufig eine verkürzte Arbeitszeit zugestanden werden müßte[270].

Als im September 1941 die Zünderproduktion gesteigert werden mußte, erhöhte sich der Druck noch mehr. Die Prüfungskommission versuchte jetzt, »endlich einmal Klarheit in die Pforzheimer Verhältnisse zu bringen«, und ordnete eine Überprüfung sämtlicher Beschäftigter an. Friedrich Ortmann wollte damit die Abhängigkeit von den Auskünften aus den Betrieben beenden, um eindeutig herauszufinden, wieviele Beschäftigte tatsächlich noch in der zivilen Produktion arbeiteten und wieviele von ihnen für eine Umsetzung in die Rüstung in Frage kamen. Diejenigen Männer und Frauen, denen die Kommission den Wechsel nicht zutraute oder nicht zumuten wollte, erhielten einen besonderen Ausweis, den »Ortmann-Schein«[271]. Daneben liefen die Auskämmaktionen weiter; allein im Oktober wurden 800 Beschäftigte umgesetzt. Angesichts des Ausstoßsolls an Zündern kam auch erstmals eine rigorose Stillegungswelle in großem Umfang ins Gespräch: Das Arbeitsamt dachte an 100 Firmen, die geschlossen werden könnten. Die Kammer und das Landeswirtschaftsamt konnten diesen Vorschlag aber als »stimmungsmäßig unerwünscht« noch einmal abwenden[272].

Im März 1942 lagen die Ergebnisse der Untersuchung vor. Sie belegte die ausgesprochene klein- und mittelständische Basis der Pforzheimer Wirtschaft, die den Behörden bei der Umstellung so zu schaffen machte: Von 698 Firmen beschäftigten 558 nur bis zu 20 Männer und Frauen, 100 weitere bis zu 100. Nur 30 Unternehmen zählten zu den größeren Betrieben mit mehr als 100 Arbeitskräften. Im Hinblick auf die Verteilung der Beschäftigten ergab die Statistik das erwartete Bild: Die Umstellung war bisher nur teilweise gelungen, wenig mehr als die Hälfte arbeitete in der Rüstung. In Zahlen: Rund 6700 Männer und Frauen verdienten ihr Geld noch im zivilen Bereich, knapp 7400 waren bereits umgesetzt worden. Mit rund 4400 Arbeitskräften, jeweils zur Hälfte Männer und Frauen, stammte der Großteil der noch vorhandenen zivilen Beschäftigten aus dem Schmuckgewerbe. Zwei Drittel der Männer waren älter als 52 Jahre, fast ein Drittel sogar älter als 62 Jahre. Bei den Frauen zählten ein Drittel zu den über 52jährigen und zwei Drittel zu den über 42jährigen. IHK-Präsident Arthur Barth schätzte deshalb, daß höchstens 1500 Männer und Frauen noch für die Rüstung brauchbar sein könnten[273].

---

270 GLA, 237/28847, Arbeitstagung der PK am 11.9.1941.

271 BA-MA, RW 20—5/10, S. 12f., Lagebericht RüIn V, 13.9.1941; GLA, 237/28847, Arbeitstagung der PK, 13.9.1941 (Zitat).

272 GLA, 237/28820, IHK Pforzheim an LWA, 16.10.1941 (Zitat); Aktennotiz LWA, 30.10.1941; 237/28821, LWA-Lagebericht, 17.11.1941.

273 GLA, 237/28813, IHK Pforzheim, »Zur Lage in Pforzheim«, 27.5.1942; Aktennotiz LWA über die Besprechung mit Staatssekretär Landfried, Vortrag Ortmann, 2.6.1942.

Der Wehrkreisbeauftragte sah sich durch das Ergebnis dagegen in seiner Haltung bestätigt. Ortmann forderte die Umsetzung von 2000 Beschäftigten und war dabei auch bereit, rund 200 Firmen schließen zu lassen. Er hoffte, damit auch den für die nächsten drei Monate zu erwartenden Bedarf der S-30-Produktion von 2500 Beschäftigten decken zu können[274]. Erneut drängte aber das Landeswirtschaftsamt unter Köhlers persönlicher Leitung darauf, Schließungen weiterhin möglichst zu umgehen. Die Behörde unterstrich bei der Pforzheimer Bijouterieindustrie wie in keinem anderen Bereich der badischen Wirtschaft ihr Interesse daran, die Betriebe des Konsumbereichs zu erhalten. Ortmann gegenüber machte das Amt nur die ohnehin nicht mehr zu umgehende Konzession, die Schmuckproduktion für das Inland zu stoppen. Der Export müsse dagegen gesichert bleiben. Für die im zivilen Sektor noch vorhandenen Kräfte versuchte Ministerpräsident Walter Köhler, leichtere Kriegsaufträge zu bekommen: Koppelschlösser, Kokarden, Knöpfe und Hoheitsabzeichen. Die dann noch verbleibenden Männer und Frauen sollten für den Export arbeiten[275]. Mit diesem Vorschlag wären die Firmen zum größten Teil erhalten geblieben, während nur relativ wenige Beschäftigte zur eigentlichen Rüstungsproduktion hätten überwechseln müssen.

Die Rechnung ging allerdings nicht auf. »Plötzlich«, wie es in einem Vortrag des Landeswirtschaftsamtes hieß, beraumte Staatssekretär Friedrich Landfried vom Reichswirtschaftsministerium eine Besprechung zum Komplex Pforzheim an. Möglicherweise wurde das Ministerium angesichts der hohen Zahlen von sich aus aktiv; wahrscheinlicher ist allerdings, daß sich der Wehrkreisbeauftragte in Berlin Unterstützung geholt hatte. Nur so war es ihm möglich, die von Gauleiter Wagner abgesegnete Absicht Köhlers zu durchkreuzen, da Ortmanns Kompetenzen nicht so weit gingen, daß er sich gegen den inzwischen auch zum Bevollmächtigten Sauckels ernannten Gauleiter hätte durchsetzen können[276].

Vor der Besprechung mit Landfried ergab sich für das Landeswirtschaftsamt eine weitere Komplikation. Die Wirtschaftsgruppe Metallwaren hatte den Vorschlag unterbreitet, sieben Pforzheimer Bijouteriebetrieben die Schmuckproduktion völlig zu verbieten, darunter den fünf größten Doubléfirmen. Die Gruppe folgte damit der vom neuen Munitionsminister Speer verfolgten Politik, die Rüstungsproduktion auf die »Bestbetriebe« zu konzentrieren, in denen auch am ehesten eine Rationalisierung möglich schien. Die sieben Firmen, darunter Kollmar und Jourdan, Gebrüder Kuttroff sowie Rodi und Wienenberger, bildeten das Fundament der Pforzheimer Bijouterieindustrie. Auf sie entfiel rund die Hälfte des Exports, und sie bildeten einen erheblichen Teil der Lehrlinge des Gewerbes aus. Gleichzeitig zählten sie zu den ersten wie zu den größten Firmen, die die Produktion des S 30-Zünders aufgenommen hatten.

Die IHK sah angesichts der Bedeutung der Unternehmen mit diesem Vorhaben die Zukunft der Pforzheimer Wirtschaft in Gefahr. Sie vergaß aber nicht, auch die Tradition

---

[274] GLA, 237/28813, AA Pforzheim an Ortmann, 7.5.1942; 237/28849, Sitzung der PK, 12.5.1942.

[275] GLA, 237/28813, LWA Aktennotiz 1.4.1942; Köhler an RSH, 9.4.1942; Aktennotiz LWA, Protokoll der Besprechung mit Staatssekretär Landfried, 2.6.1942; 237/28849, Sitzung der PK, 12.5.1942.

[276] GLA, 237/28813, Vortrag LWA bei PK-Sitzung, 12.11.1942.

und die soziale Verpflichtung der Firmen zu erwähnen, da ein relativ großer Teil der Beschäftigten nicht mehr einsetzbar und in den Unternehmen »alt und grau« geworden sei. Präsident Barth widersprach deshalb energisch einer »Sonderbehandlung« (sic!) der Betriebe[277]. Auch die Firmen waren nicht gewillt, ihre Produktion ohne weiteres vollkommen umzustellen. Sie prognostizierten einen Umsatzrückgang, da für eine Steigerung der Heeresproduktion weder genügend Beschäftigte noch ausreichend Material vorhanden seien. Die Betriebe befürchteten, daß die entlassenen älteren Arbeitskräfte ihre Kenntnisse bei der Konkurrenz anwenden und so ihr Zukunftspotential in Gefahr bringen könnten. Die Unternehmen drohten der Wirtschaftsgruppe, »daß sie sich gegen diese Diskriminierung gegenüber anderen Firmen bis zum Äußersten mit allen erlaubten Mitteln zur Wehr setzen werden«[278].

Ministerpräsident Köhler verhinderte die Absicht der Wirtschaftsgruppe in der Verhandlung mit Landfried am 2. Juni 1941 tatsächlich: Eine besondere Regelung für die sieben Pforzheimer Großbetriebe wurde abgebogen. Landfried bestand vor allem darauf, die Schmuckproduktion für das Inland zu unterbinden:

»Es ist für die wehrpolitische Lage untragbar, wenn heute auf dem deutschen Markt noch Güter und Produkte auftauchen, die gänzlich unnötig sind (Schmucksachen, Doubléschmuck usw.).«

Alle Beschäftigten, die für eine Rüstungsproduktion in Frage kämen, müßten umgesetzt werden: »Auch wenn es Krüppel und sonstige nicht mehr ganz Taugliche sind«. Für Pforzheim war aber bedeutsam, daß auch Landfried trotz aller verbalen Radikalität die Produktion für den Export weiterhin aufrechterhalten wollte. Allerdings sollten nur noch Betriebe, die keine Aufträge der Wehrmacht übernehmen konnten, weiterhin Schmuck ins Ausland liefern dürfen. Auf Stillegungen wollte auch der Staatssekretär soweit wie möglich verzichten[279].

Als Ergebnis der Besprechung erließ die Wirtschaftsgruppe Metallwaren das schon vorbereitete erneute Verbot für die Produktion von Schmuckwaren für das Inland, abgesehen von Orden für die Wehrmacht und die Reichskanzlei. Bijouterieprodukte aus Edelmetall für das Inland durften noch hergestellt werden, allerdings nur im Umfang von 30 Prozent des Vorjahres[280]. Mit den Verordnungen ließ der Staatssekretär es nicht bewenden. Er hatte aus seinen bisherigen Erfahrungen mit dem Landeswirtschaftsamt Karlsruhe gelernt und kannte dessen Bestrebungen. Landfried drohte deshalb in zwei kurz aufeinanderfolgenden Briefen an Köhler mit weiteren, »die Selbstverantwortung der Wirtschaft in Pforzheim beschränkende(n) Maßnahmen«, falls die Aufgabe nicht mit dem »nötigen Schwung« zu Ende gebracht werde[281].

Der Stellvertreter von Wirtschaftsminister Walther Funk wanderte mit seinen Anweisungen auf einem schmalen Grat. Auf der einen Seite ging es ihm darum, möglichst viele Beschäftigte für die Rüstung freizumachen, auf der anderen sollte aber die Existenz

[277] GLA, 237/28813, IHK Pforzheim an LWA, 27.5.1942.
[278] GLA, 237/28813, IHK Pforzheim an LWA, 8.5. (Zitat) und 9.5.1942.
[279] GLA, 237/28813, Aktennotiz LWA über die Besprechung mit Landfried, 2.6.1942.
[280] GLA, 237/28813, Aktennotiz LWA zu den Verordnungen, 4.6.1942.
[281] GLA, 237/28813, Landfried an Köhler, 4.6.1942; dass., 6.6.1942 (Zitat).

der Betriebe dabei möglichst nicht gefährdet werden. Dafür sprachen mehrere Punkte. Zum einen steckte in der Pforzheimer Exportwirtschaft ein relativ hohes Devisenpotential. Zum zweiten mußte bedacht werden, daß die infolge der dünnen Decke an Beschäftigten schnell herbeigeführte Schließung einer großen Anzahl kleinerer Firmen zu sozialem Elend bei den nicht umsetzbaren Arbeitskräften führen würde. Das konnte nicht im Sinne einer starken »inneren Front« sein. Schließlich durften zum dritten auch die Heimarbeiter der Schmuckindustrie nicht vergessen werden, deren Zahl sich in Pforzheim seit Februar 1939 von 800 auf 2670 mehr als verdreifacht hatte[282]. Würden die Firmen geschlossen, fielen sie ganz aus der Kriegswirtschaft heraus. Wie dieser schmale Grat aber zu begehen war, mußte sich vor Ort entscheiden.
Mit diesem Ergebnis war es vielen Pforzheimer Schmuckfirmen weiterhin möglich, ihre zivile Produktion aufrechtzuerhalten — zwar nur in geringem Maße, aber immerhin. Die Verkaufsorganisation im Ausland blieb damit ebenso erhalten wie die Lehrlingsausbildung. Und auch den sieben Großfirmen war nicht völlig untersagt worden, ihre für die Rüstung untauglichen Beschäftigten weiterhin in der zivilen Fertigung einzusetzen. Ausweg und Rettung für die Pforzheimer Schmuck- und Uhrenindustrie lagen im Export. IHK-Präsident Arthur Barth beschwor deshalb die Firmen, alle Anstrengungen zu unternehmen, um die Ausfuhr auf einem hohen Standard zu halten:

»Nur unter diese[r] Voraussetzung war es dem Herrn Ministerpräsidenten Köhler möglich, die Fortführung einer Schmuckproduktion, wenn auch in einem noch so bescheidenen Rahmen, zu befürworten und zu erreichen[283].«

Diese Abmachungen hatten auch weiterhin Bestand, obwohl der Bedarf der Rüstungswirtschaft schon kurz nach dem Gespräch mit Landfried noch einmal stark anstieg: Der im März 1942 bei 85000 Stück liegende Zünderausstoß sollte auf 175000 gesteigert werden. Das Landesarbeitsamt erhöhte deshalb den in der Besprechung mit Landfried angestrebten Abzug von 2000 auf 5000 der insgesamt noch 6800 Beschäftigten aus der Schmuck- und Uhrenproduktion. Da in der Gesamtzahl aber auch die Angestellten, die Ordens-Produzenten sowie die Kranken und Gebrechlichen enthalten waren, rechnete IHK-Präsident Arthur Barth damit, daß tatsächlich nicht einmal mehr 5000 umsetzbare Beschäftigte vorhanden seien. Es sollte sich zeigen, daß er damit Recht behielt.
Obwohl der Chef der Pforzheimer Kammer davon ausging, daß diese Maßnahme zu einer »fast vollständigen Stillegung« der Schmuckindustrie führen würde, scheute er jedoch eine erneute grundsätzliche Auseinandersetzung, bei der die zivile Industrie nur verlieren konnte. Barth änderte deshalb seine Taktik und drang nicht darauf, die Abzugszahlen zu senken — »weil dann immer noch geglaubt werden wird, daß in Pforzheim zu viele Leute übrig bleiben«. Statt dessen schlug er vor, die Altersgrenze der Beschäftigten zu erhöhen, die für die Rüstung als einsetzbar angesehen wurden: bei Männern von 55 auf 60 und bei Frauen von 45 auf 50 Jahre. Da das Pforzheimer Arbeitsamt diesen Vorschlag akzeptierte, hatte Arthur Barth zwei Dinge erreicht: Die Betriebe erhielten trotz

282 GLA, 237/28849, Bericht über die Tagung der Untergruppe Bestandteilfertiger im Sonderausschuß IX, 25.3.1942.

283 GLA, 237/28813, Barth an Köhler, Entwurf des Rundschreibens an die Schmuckfirmen, 4.6.1942.

der neuen Abzüge eine gewisse Planungssicherheit, wieviele Beschäftigte ihnen noch für den Export und die Ausbildung zur Verfügung standen. Und zudem war erneut bekräftigt worden, daß »ein Gerippe der Schmuckindustrie« in Pforzheim bestehen bleiben sollte, wie das Landeswirtschaftsamt betonte. Das Pforzheimer Bijouteriegewerbe konnte damit trotz der weiteren Auskämmungen von 1943 die Ausfuhr und damit seine Existenzgrundlagen mindestens bis zum Sommer 1944 aufrechterhalten[284].

Bis Ende 1942 verlor die Pforzheimer Konsumwirtschaft rund 4100 Männer und Frauen. Knapp 2170 blieben noch in 382 Unternehmen, fast die Hälfte der Männer unter ihnen war 61 und älter, 79 Prozent 51 und älter. Mehr als jede zweite Frau zählte zu den über 50jährigen.

Trotz der Anweisung des Staatssekretärs, Firmen nur dann zu schließen, wenn es unumgänglich war, brachten die Abzüge vor allem die kleineren und mittleren Betriebe schnell in Existenznöte. Sie hatten ihre Produktion bis dahin auf die Arbeit einiger weniger Fachleute im jüngeren Alter gestützt. Um das Überleben dieser Firmen auch nach dem Verlust der ausgebildeten Beschäftigten zu sichern, bildeten Unternehmen »in beachtlichem Umfang« sogenannte Exportgemeinschaften, bei denen vor allem nicht direkt zur Ausfuhr zugelassene Firmen mit Unteraufträgen versorgt wurden. Allerdings ging das Landeswirtschaftsamt davon aus, daß sich nur die Unternehmen mittlerer Größe mit einer entsprechenden maschinellen Ausstattung daran beteiligen könnten: »Die kleineren Betriebe müssen wohl oder übel fallen[285].« Mit diesen Gemeinschaften erreichten es die Betriebe tatsächlich, die Ausfuhr 1942 mit 32 Millionen Mark in einer erstaunlichen Höhe zu halten und sie im zweiten Halbjahr 1942 im Vergleich zum ersten sogar noch leicht zu steigern. Die Nachfrage aus dem Ausland konnte sich im übrigen sehen lassen. Ende Juni garantierten die Aufträge eine Beschäftigung für sechs bis zwölf Monate[286].

Trotz des nicht unberechtigten Selbstlobs der IHK, die Erhaltung einer so vielgestaltigen Industrie mit einer Belegschaft von nur noch zehn Prozent der Vorkriegszeit stelle eine »völlig unerwartete und außergewöhnliche Leistung« dar, existierten von den ehemals 650 Firmen der Schmuckwarenindustrie im Herbst 1942 nur noch 382[287]. Mindestens 230 von ihnen zählten zu den Rüstungsproduzenten. Das Kriegssortiment der Pforzheimer Firmen war vielfältig. Zünderteile zählten zu den bevorzugten Artikeln. In einzelnen Betrieben wurde aber auch für die Panzerherstellung gearbeitet, andere fertigten Drehteile für die Luftwaffe oder stellten Filter für U-Boote her. Sowohl die 133 Firmen, die von der IHK betreut wurden, als auch ein Großteil der 97 Unternehmen unter den Fitti-

---

284 GLA, 237/28849, Aktennotiz LWA, 26.5.1942; 237/28813, Barth an Köhler, 14.7.1942 (Zitate 1 und 2); Aktennotiz LWA, 17.7.1942 (Zitat 3); 237/24379, Sitzung des Prüfungsausschusses Pforzheim, 25.7.1944..

285 GLA, 237/28813, Landfried an Köhler, 4.6.1942; IHK Pforzheim an LWA, 1.7. und 6.7.1942; Aktennotiz LWA nach Besprechung mit der IHK, 19.8.1942 (Zitat 2); RG Schmuckwarenind. und IHK Pforzheim an Ortmann, 10.10.42 (Zitat 1).

286 GLA, 237/28813, Vorprüfstelle Schmuckwarenind. an die Prüfstelle Metallwaren, Lagebericht 1. Halbjahr 1942, 29.7.1942; 237/28850, Besprechung zur Arbeitseinsatzlage in Pforzheim, 22.1.1943; Erich Maschke (Hg.), Pforzheimer Schmuck- und Uhrenindustrie, S. 287f.

287 GLA, 237/28813, RG Schmuckwarenind. und IHK Pforzheim an Ortmann, 10.10.1942 (Zitat); 237/28813, Vortrag LWA bei Rükom.-Sitzung, 12.11.1942.

chen des Rüstungskommandos produzierten 1943/44 noch zivile Waren. Selbst unter den sieben Großbetrieben, die Mitte 1942 besonders im Brennpunkt der Umstellungsaktion gestanden hatten, betrieben bis auf die beiden Firmen Gebrüder Kuttroff sowie Rodi und Wienenberger AG alle anderen bis 1944 neben ihrer Rüstungs- auch eine zivile Fertigung. Zu diesen 230 Unternehmen kamen noch 14 weitere Pforzheimer Firmen, die als Werkzeug- oder Maschinenfabriken an der Kriegsfertigung beteiligt waren[288].
Die Ansammlung einer solcher Vielzahl von Rüstungsfirmen in einer Stadt war in Baden einzigartig. Wie in der Textilindustrie steckte hinter diesem Erfolg das Eigeninteresse aller Beteiligten, das Überleben der Firmen ebenso zu sichern wie den Arbeitsplatz in der Heimatstadt. Daß die Substanz der Schmuckindustrie erhalten blieb, hatte die Branche weitgehend der Politik der zivilen Behörden zu verdanken, also der Kammer und dem Landeswirtschaftsamt, die die Pforzheimer Belange konsequent verteidigten. Vermutlich spielte dabei auch der Gesichtspunkt eine Rolle, daß das Schmuckgewerbe nach dem Krieg wieder zu den herausragendsten Branchen des Landes gehören sollte. Den Unternehmen blieb auch nach der Umstellungsaktion von 1942 noch ein gewisser Spielraum, um eigene Interessen zu verfolgen. Kontrollen des Arbeitsamtes und auch der IHK enthüllten immer wieder, daß Betriebe die Produktion von Schmuckwaren für das Inland trotz drohender Sanktionen nicht aufgegeben hatten[289]. Die Firmen fuhren mit der Mischung von Kriegsaufträgen und Export nicht schlecht. So steigerte die Juwelierfabrik Moriz Hausch ihren Umsatz zwischen 1941 und 1942 von 1,2 auf 1,6 Millionen Mark. Ein Drittel der Verkäufe entfiel auf den Export, der Inlandsumsatz größtenteils auf die Rüstung[290].

Nicht nur für die Beschäftigten, auch für die badische Bevölkerung zog die Einbeziehung der Konsumindustrie in die Rüstung sehr bald spürbare Auswirkungen nach sich. Schon ab 1942 litt die Versorgung an Verbrauchsgütern erheblich. In der Textilindustrie blieb für die zivile Fertigung nur noch so wenig Raum, daß das Landeswirtschaftsamt Ende 1942 betonte, die Betriebe müßten »unbedingt laufen [...], um den zivilen Bedarf und den Wehrmachtsbedarf an Textilien noch decken zu können«[291]. An Winterbekleidung, vor allem an Mänteln und Kinderkleidung, herrschte bereits Mangel. Ähnlich sah es auch in der Bürsten- und die Papierindustrie aus. Das Handwerk verfügte über einen so großen Auftragsbestand, daß nur die dringendsten Bestellungen ausgeführt wurden, also die Rüstungsaufträge[292]. Die Zigarrenindustrie hatte vor allem in Nordbaden durch Auskämmungen und die Annahme von Kriegsproduktionen so viele Beschäftigte verlo-

---

[288] BA-MA, RW 20—5/39, Firmenliste in Betreuung des Mannheimer Rüko, 31. 1. 1943; GLA, 237/24360, IHK Pforzheim an LWA, 13.2. 1943; BA, R 3/2016, Reichsbetriebskartei.

[289] GLA, 237/28849, Arbeitstagung der PK, 12. 8. 1942; 237/28813, Vortrag LWA bei Rükom.-Sitzung mit Vorwürfen Ortmanns, 12. 11. 1942; BA-MA, RW 20—5/28, Bericht Rüko Mannheim, 5. 12. 1942.

[290] BA, R 8 X/195, Betriebsprüfung 12. 4. 1943.

[291] GLA, 237/28850, Aktennotiz LWA, Besprechung bei RüIn OR, 9. 11. 1942.

[292] BA-MA, RW 20—5/22, Lagebericht des Bad. Finanz- und Wirtschaftsministeriums, Führungsstab Wirtschaft, zum 15. 11. 1942 und zum 15. 1. 1943; GLA, 237/28850, LWA-Lagebericht, 9. 1. 1943; 237/28849, LWA-Lagebericht »Notlage im zivilen Sektor«, 29. 7. 1942.

ren, daß sie nicht einmal mehr in der Lage war, die 45 Prozent der Friedensproduktion herzustellen, für die sie noch Rohstoffe erhielt[293].

f) »Aktion gegen den kleinen Mann«: Kampf um die letzten Konsumfirmen 1943/44

Die bisherigen Aktionen zur Stillegung und Auskämmung hatten dazu geführt, daß die Konsumwirtschaft stark eingeschränkt wurde. Ihre Substanz geriet aber erst in den Kriegsjahren nach 1942 in Gefahr. Die zugespitzte militärische Lage in der zweiten Winterkrise 1942/43 ließ die Erkenntnis wachsen, daß der Arbeitseinsatz mit den bisherigen Methoden nicht zu bewältigen war. Der britische Durchbruch in Ägypten, aber vor allem die nach dem Fall von Stalingrad Anfang 1943 erkennbare Kriegswende im Osten verlangten nach einer Entscheidung, wie der geforderte Ersatz bereitgestellt werden könnte. So fehlten der Wehrmacht allein 700000 Mann an der Ostfront; der gesamte erwartete Bedarf für das Jahr 1943 wurde auf zwei Millionen Mann geschätzt. Auch im Südwesten zeigte die Krise deutliche Auswirkungen. Ende November 1942 fehlten allein der badischen Rüstungsindustrie 14000 Beschäftigte — eine Zahl, die zu Beginn des Jahres noch für den gesamten Wehrkreis V mit Württemberg gegolten hatte. Selbst diese Anforderungen waren angesichts der neuen Programmerweiterungen Anfang 1943 schon wieder überholt: 25000 bis 28000 Männer und Frauen mußten zwischen Januar und März beschafft werden, um der Auftragslage zu entsprechen[294].

Der Erlaß Hitlers vom 13. Januar 1943 »über den umfassenden Einsatz von Männern und Frauen für Aufgaben der Reichsverteidigung«[295], den Propagandaminister Josepf Goebbels mit dem ersten Aufruf zum »totalen Krieg« ergänzte, sollte Abhilfe schaffen. Goebbels' Vorschläge — weitgehende Stillegung der Konsumgüterindustrie, Schließung der Warenhäuser, Einführung der Frauendienstpflicht — liefen darauf hinaus, die bisherigen Methoden zu radikalisieren, um die Bevölkerung noch stärker für die Kriegswirtschaft zu mobilisieren. Insbesondere der Punkt Stillegungen verdeutlicht, wie weit der Propagandaminister gehen wollte. Die bisherigen Aktionen hatten primär das Ziel verfolgt, den Kreis der Arbeitskräfte für die Rüstung zu erweitern. Goebbels verstand Stillegungen aber als Selbstzweck. Mit ihnen wollte er den Schein zerstören, der mit weiterlaufenden Konsumeinrichtungen, Luxusgeschäften und Restaurants der propagierten Realität des totalen Krieges widersprach und die Erfahrung eines gemeinsamen Krisenerlebnisses widerlegte. Im Schatten von Stalingrad hoffte der Minister auf diese Weise, die allgemeine Stimmungslage zu verbessern. Diese Argumentation überzeugte auch die Minister Albert Speer und Walther Funk davon, die Stillegungen als »selbständige Maßnahme« zu betreiben[296].

---

[293] GLA, 237/28850, LWA-Lagebericht, 9.1.1943; 237/28849, LWA-Lagebericht »Notlage im zivilen Sektor«, 29.7.1942; 237/28834, LAA-Runderlaß zur Zigarrenindustrie, 1.8.1942.

[294] GLA, 237/28821, LWA-Redemanuskript o.D. (Frühjahr 1942); 237/28850, Aktennotiz LWA, 28.12.1942.

[295] StA Freiburg, LKK 1376, »Erlaß des Führers über den umfassenden Einsatz von Männern und Frauen für Aufgaben der Reichsverteidigung«, 13.1.1943. Vgl. zur Stillegungsaktion vor allem Herbst, Der totale Krieg, S. 200f., und Rebentisch, Führerstaat, S. 488ff., dazu Recker, NS-Sozialpolitik, S. 180ff. Außerdem aus Sicht der DDR-Historiographie: Eichholtz, Kriegswirtschaft, Bd 2, S. 128f.

[296] BA, R 43 II/662, Bl. 39ff., Aktennotiz der Reichkanzlei, Chefbesprechung 28.1.1943; Bl. 47ff., dass., 27.1.1943; vgl. Herbst, Der totale Krieg, S. 200f.

Auch aus den Kreisen regionaler Instanzen wurden angesichts der ernsten Lage Forderungen in der Goebbels'schen Manier laut. Die seit Herbst 1942 bestehende Rüstungsinspektion Oberrhein verlangte eine noch stärkere Auskämmung sowie eine breit angelegte Stillegung von Industriebetrieben,

»die sich aber nicht nur auf Fertigungsbetriebe irgendwelcher Art erstreckten, sondern (sie) müßten alle nicht lebensnotwendigen und nicht kriegswichtigen Betriebe und Funktionen umfassen«[297].

Die endgültig am 30. Januar 1943 erlassenen Stillegungsverordnungen und vor allem die im März gestartete neue Aktion zur Schließung von Industrieunternehmen sollten diese Forderungen verwirklichen. Die Erlasse an die Reichsverteidigungskommissare ordneten an, alle nicht für die Kriegswirtschaft notwendigen oder den »lebenswichtigen« Bedarf der Bevölkerung deckenden Handwerks-, Gaststätten- und Handelsbetriebe zu schließen[298]. Einige Branchen waren dabei ausdrücklich angeführt, so im Handwerk die Bijouteriegeschäfte und im Gaststättenbereich alle Vergnügungsbetriebe, Bars sowie Luxusrestaurants. Zwar betonten die Erlasse ausdrücklich, Betriebe auch zur Einsparung von Rohstoffen und Energie stillegen zu lassen, doch ein solches Motiv kam in Baden nicht zum Tragen. Als ausführendes Organ fungierte das Landeswirtschaftsamt als Dienststelle des Reichsverteidigungskommissars. Für die Industrie wurde das bisherige Verfahren geändert. Anstatt einzelne Unternehmen zur Stillegung heranzuziehen, wurde anders herum gedacht: Die Reichsstellen erließen Produktionsverbote für bestimmte Artikel, die automatisch Schließungen nach sich ziehen sollten[299].
Aber auch das neue Verfahren brachte keine wesentlich besseren Resultate. Das Ergebnis der Stillegungsaktion außerhalb des industriellen Bereiches war »sehr bescheiden« und blieb weit hinter den Erwartungen zurück[300]. Bis Ende Juli 1943 führte sie in Baden und im Elsaß dazu, daß 5612 Beschäftigte für einen anderen Arbeitsplatz zur Verfügung standen. Der Gau lag mit diesem, angesichts des Aufwands erstaunlich geringen Resultat Ende Mai mit 3,4 Prozent der insgesamt im Reich aufgebrachten Gesamtzahl noch über Württemberg, das 1,4 Prozent aufzuweisen hatte und nur 1943 Beschäftigte stellte[301].
War das quantitative Ergebnis schon recht bedeutungslos, so ließ das qualitative erst recht viel zu wünschen übrig. Der Gau Baden-Elsaß setzte zwar drei Viertel der freigemachten Kräfte bis Ende Mai tatsächlich um und damit immerhin acht Prozent mehr als im Reichsschnitt. Für die Rüstung tauglich erwies sich aber mit 38,7 Prozent nur wenig mehr als jeder dritte der auf einen neuen Arbeitsplatz befohlenen Männer und Frauen. Die Region mit der bedeutendsten Rüstungsindustrie innerhalb des Gauarbeitsamtsbezirks, also Nordbaden, brachte einen noch geringeren Anteil für die Kriegsfertigung auf. Nur 30 Prozent der hier erfaßten 2285 Beschäftigten konnte in der Rüstungsindustrie

---

297 BA-MA, RW 20—5/12, S. 16, KTB RüIn OR, 4. Q. 1942, (Zitat); 237/28850, Sitzung der Rükom, 1.12.1942.

298 StA Freiburg, LKK 575, LWA-Erlasse vom 10. Februar 1943 mit dem Wortlaut der RWM-Verordnung vom 30.1.1943.

299 GLA, 237/28840, LWA Runderlaß, 3.4.1943, Anlage: RWM-Erlaß, 16.3.1943.

300 BA-MA, RW 20—5/49, Sitzung der Rükom, 3.6.1943.

301 BA, R 43 II/654b, Bl. 86; BA-MA, RW 20—5/14, S. 25ff., KTB RüIn OR, 2. Q. 1943.

eingesetzt werden[302]. Im Reich traf dies auf immerhin 44,4 Prozent zu. Die betreffenden Handwerks- und Handelsbereiche der badisch-elsässischen und insbesondere der nordbadischen Region hatten offensichtlich ihre leistungsfähigsten Beschäftigten schon zuvor an die Rüstung oder die Wehrmacht abgeben müssen. Zudem schlug der hohe badische Anteil bei den Einziehungen zu Kriegsbeginn zu Buche.

Auch bei der Zahl der stillgelegten Unternehmen erwiesen sich die Erwartungen als überzogen. Die ursprünglich angenommene Zahl von 2000 bis 3000 Geschäften[303], die allein im badisch-elsässischen Einzelhandel geschlossen werden sollten, wurde bei weitem nicht erreicht. Bis Ende Juli 1943 hatten zwar mindestens rund 2150 Betriebe die Anweisung erhalten, ihr Geschäft aufzugeben, doch diese Zahl umfaßte auch das Handwerk und den Großhandel. Hinzu kam, daß wenigstens 567 dieser Firmen nach einem Einspruch die Erlaubnis erhielten, ihren Betrieb wieder zu öffnen[304].

Im Bereich der Industrie bezog sich die Aktion fast ausschließlich auf die Textil- und die Schmuckfirmen. Es gelang dabei in der Textilbranche, 3600 Beschäftigte freizumachen; statt geplanter 37 wurden ab Juni 30 Betriebe stillgelegt[305]. Es ist zu vermuten, daß davon überwiegend elsässische Betriebe betroffen waren, da der badische Bezirksverband der Wirtschaftsgruppe Textil angesichts »sehr großer Widerstände« notierte: Die Konzentrationsmaßnahmen seien nur »in sehr geringem Ausmass ausgeführt« worden[306]. Im Wiesental etwa war vom dortigen Kreiswirtschaftsberater die Schließung von fünf Textilbetrieben und Unternehmensteilen vorgesehen, die aber alle abgelehnt wurden[307]. Auch auf die noch in der Pforzheimer Schmuckproduktion arbeitenden rund 2000 Männer und Frauen sollte trotz ihrer geringen Verwendbarkeit in der Rüstung ebenfalls zurückgegriffen werden. Die Reichsstelle für Edelmetalle forderte, 238 Betriebe mit rund 1500 Beschäftigten zu schließen. Der Chef der Rüstungsinspektion, Generalmajor Hauger, verlangte sogar die völlige Schließung auch der kleinsten Betriebe[308]. Die Unterkommission kämmte schließlich 1055 Frauen und Männer aus den Schmuckfirmen aus, von denen 411 sofort in die Rüstung überwechseln mußten[309]. Die Schmuckbranche gehörte damit zu den Bereichen, in denen die Aktion am konsequentesten umgesetzt wurde. Ein geringer Teil der Betriebe blieb aber erhalten und konnte anhand einer Ausnahmegenehmigung weiterhin Schmuckwaren für den Export produzieren[310].

Angesichts des insgesamt mageren Resultats stellt sich die Frage nach den Hintergründen. Weshalb waren die badisch-elsässischen Behörden nicht in der Lage, mehr Beschäf-

302 BA-MA, RW 21—44/6, S. 29, KTB Rüko Mannheim, 2. Q. 1943, Anlage 7.

303 BA-MA, RW 20—5/22, Lagebericht Rüln OR, 24.3.1943.

304 GLA, 237/28838—28846, Runderlasse zur Stillegung und Wiedereröffnung der Geschäfte.

305 BA-MA, RW 20—5/14, S. 27 und 32, KTB Rüln OR, 2. Q. 1943; GLA, 237/24380, Aktennotiz LWA, 15.4.1944.

306 GLA, 237/28820, Bez. G. Baden der WSG Textil an GWB, 13.9.1943.

307 GLA, 237/28820, GWB Baden an LWA, Anlage: KWB Lörrach an GWB, 30.8.1943.

308 GLA, 237/24379, Arbeitsausschuß der Rükom, 8.4.1943; 3. Sitzung des Prüfungsausschusses IV, 30.4.1943.

309 BA-MA, RW 21—44/6, S. 14f., KTB Rüko Mannheim, 2. Q. 1943.

310 GLA, 237/24379, 3. Sitzung des Prüfungsausschusses IV, 30.4.1943.

tigte für die Rüstung zu gewinnen? Weshalb gaben sie den Widerständen nach, die sich allein schon an der hohen Zahl stattgegebener Einsprüche manifestieren?
Die Stillegungserlasse hatten die Reichsverteidigungskommissare damit beauftragt, die Schließungen vorzunehmen, wobei ihnen, den markigen Vorgaben von Goebbels zum Trotz, aber entsprechend der allgemeinen Übung im »Dritten Reich«, ein breiter Spielraum vorgegeben war. »Soweit der Einzelfall der Erreichung des Ziels nicht dient«, erlaubten die Richtlinien den regionalen NS-Führungen, eigene Wege zu gehen. Robert Wagner agierte zwischen der Politik seines sächsischen Kollegen — um der »große(n) Gefahr für die allgemeine Stimmung« zu begegnen, begnügte sich der dortige Gauleiter damit, die Handelsbetriebe nur auszukämmen, statt sie zu schließen — und der des brandenburgischen Parteiführers, der dazu mahnte, »daß wir hart bleiben müssen und unter keinen Umständen nachgeben (dürfen)«[311]. Öffentlich vertrat Wagner zunächst eine harte Haltung, wie etwa bei einer Kundgebung in Karlsruhe, bei der er zu weitgehenden Stillegungen aufrief: »Ich glaube, es ist [...] besser, wenn zum Beispiel ein Einzelhändler sein Geschäft vorübergehend stillegt, als daß die Bolschewisten es ihm für immer schließen[312].« Obwohl die Kreisleiter an der Aktion entsprechend einer Anordnung von Parteisekretär Bormann maßgeblich beteiligt wurden[313], zeichnete sich aber bald ein Mißerfolg ab. Bormann rief deshalb Ende März die Gauleiter nochmals dazu auf, den »Befehl des Führers schnell und kompromißlos« auszuführen[314].
Vor allem die Flut der Einsprüche markierte den Widerstand der Betroffenen. Der Villinger Landrat etwa berichtete, daß die Betreiber von Gaststätten oder Hotels sich »fast in allen Fällen« gegen die Stillegung gewandt hätten[315]. Besonders unter den Arbeitern ergaben sich »stärkere stimmungsmäßige Auswirkungen«, meldete die badische Stelle des Sicherheitsdienstes der SS. Verschiedentlich sei die Schließung als Aktion gegen »die Gaststätten des kleinen Mannes« bewertet worden.[316] Die badische Gauleitung selbst registrierte eine durch das Vorhaben »negativ beeinflußt(e)« Stimmung und »Unzufriedenheit« in der Bevölkerung[317].
Die politische Brisanz dieser Unmutsäußerungen ließ Wagner schließlich vor unpopulären Entscheidungen zurückschrecken, selbst wenn die Aktion dadurch zur Groteske wurde. Mitte März weigerte sich der Gauleiter, der Anweisung von Reichsinnenminister Frick nachzukommen, die Spielbank in Baden-Baden zu schließen, wobei er von den ebenfalls betroffenen Reichsstatthaltern von Wien und Danzig unterstützt wurde. Die Argumentation des badischen Gauleiters offenbart seine Sorge, die Bevölkerung aufzubringen. Wagner wollte, wie es in seinem Schreiben an Frick hieß, »der Ermächtigung« zur Schließung der Spielbank erst dann nachkommen, wenn die finanziellen Ausfälle

311 BA, R 43 II/662, Bl. 131, RSH Sachsen an RWM, 4.3.1943; S. 154ff., Gauleiter Brandenburg an RWM, 5.5.1943.
312 Der Führer, Nr. 53, 22.2.1943.
313 BA, R 43 II/662, Bl. 160, Bormann an Gauleiter, 29.1.1943.
314 BA, R 43 II/662, Bl. 159, Bormann an Gauleiter, 30.3.1943.
315 StA Freiburg, LA Villingen 388, Bericht des Landrats, 6.5.1943.
316 Meldungen aus dem Reich, Nr. 376, 15.4.1943, Bd 13, S. 5137ff.
317 BA, NS 6/291, Gauleitung Baden (Hauptbereichsleiter Schuppel) an Partei-Kanzlei, 15.5.1943.

erstattet würden. Die Bevölkerung werde durch den Weiterbetrieb nicht beunruhigt, versicherte der Parteiführer, vielmehr sei weiterhin ein reger Besuch der Vergnügungsstätte zu erwarten. Frick versuchte mit Rücksicht auf die »großen Kulturwerte« der Spielbanken erst gar nicht, seine Anordnung durchzusetzen, wie er am 10. April mitteilte, und entlarvte damit seine schwache Position. Endgültig abgewendet wurde das Vorhaben, Lotterien und Spielbanken schließen zu lassen, als die Gauleiter ihren Zugang zu Hitler nutzten und am 15. April einen entsprechenden Erlaß erwirkten[318].

Hinter dieser scheinbar banalen Auseinandersetzung verbergen sich Entwicklungen von grundsätzlicher Bedeutung. Sie machen deutlich, daß Hitler zwar letztlich die Entscheidungen traf. Doch die zentralen Behörden wichen, wie sich am Verhalten Fricks zeigte, bereits vor dem Auftreten ihres »Führers« vor Konflikten zurück. In der Forschung werden deshalb die regionalen Widerstände unterschätzt: Hitler allein für das Scheitern der Aktion verantwortlich zu machen, greift zu kurz[319].

Der badische Gauleiter nahm bei seiner Politik die Haltung der Bevölkerung zum Maßstab. Robert Wagner war als regionaler Parteiführer derart von seiner Hausmacht abhängig, daß er sich einen Popularitätsverlust schwerlich leisten konnte[320]. Darüber hinaus basierte die den badischen Belangen verpflichtete Politik auf der personellen Konstellation an der regionalen Partei- und Verwaltungsspitze, in der Ministerpräsident Walter Köhler für eine gemäßigte und pragmatische Vorgehensweise sorgte[321]. Köhler veranschlagte bei einer Tagung der Gauwirtschaftskammer den Erfolg der Aktion als gering: Sie sei »vielleicht nicht zweckmäßig« gewesen, was durchaus als Kritik verstanden werden kann. Daß er dazu aufrief, »das Beste« herauszuholen, was noch möglich sei, ist unterschiedlich interpretierbar, zumal Köhler im Monat zuvor bei einer Sitzung der Rüstungskommission davor gewarnt hatte, den zivilen Bereich noch stärker zu drosseln[322]. Köhler wandte sich darüber hinaus öffentlich gegen die von Goebbels propagierte Stillegung als Selbstzweck, nur »um den Volksgenossen zu zeigen, daß etwas geschieht«. Entscheidend bleibe die Gewinnung von Arbeitskräften für die Rüstung[323]. Die politische Haltung Köhlers wird besonders deutlich bei der Stillegungsaktion im Elsaß, die

---

318 BA, R 43 II/659, RMdI an Reichskanzlei, 10.4.1943; Bormann an Lammers, 15.4.1943. Eine ähnliche Affäre zum Thema Pferderennen schildert Rebentisch, Führerstaat, S. 490f.

319 Rebentisch, Führerstaat, S. 493f. »Letzten Endes«, wie der Autor die Verantwortung Hitlers sieht, kann er im Prinzip wohl für jedes Geschehen im »Dritten Reich« an den Pranger gestellt werden. Rebentisch stützt sich stark auf den Abschlußbericht zur Stillegungsaktion, der die Eingriffe Hitlers besonders stark betonte. Er bedenkt dabei nicht die Möglichkeit, daß die für die Aktion verantwortlichen und von Hitler eingesetzten Mitglieder eines Dreier-Ausschusses die Verantwortung für ihr fehlendes Durchsetzungsvermögen abzuschieben versuchten. Dem Ausschuß gehörten an: OKW-Chef Wilhelm Keitel, der Reichsminister und Chef der Reichskanzlei, Hans-Heinrich Lammers, und der Leiter der Parteikanzlei, Martin Bormann.

320 Vgl. Hüttenberger, Gauleiter, S. 161.

321 Siehe Kapitel II, 1.

322 WSA Stgt., IHK Kon. 306, Protokoll der GWK-Tagung, 10.6.1943; BA-MA, RW 20—5/21, Sitzung der Rükom, 11.5.1943.

323 Bodensee-Rundschau, Nr. 37, 13.2.1943, Rede Köhlers vor Unternehmern (WSA Stgt., IHK Kon. o.N., Einladungen/Vorträge).

sich mehr noch als im Reich gegen mißliebige Unternehmer richtete. Der badische Nachkriegs-Justizminister Fecht, der als Sachbearbeiter des Finanz- und Wirtschaftsministeriums die Schließung elsässischer Gaststätten überprüfte, trat immer wieder für die Wiedereröffnung ein. Bei Auseinandersetzungen stand Köhler immer hinter ihm, wie Fecht im Spruchkammer-Verfahren gegen Köhler erklärte[324].

Die Anweisungen des Landeswirtschaftsamtes, das als ausführendes Organ Wagners für die Stillegungen zuständig war, spiegeln die Politik Köhlers wider. Die Wirtschaftsverbände sollten die stillzulegenden Handwerks-, Handels- und Industriebetriebe vorschlagen, wonach neu eingerichtete Ausschüsse eine erste Entscheidung zu treffen hatten. Diesen Gremien gehörten Vertreter der Wirtschaftsgruppen, der Kammern, des Arbeitsamtes sowie der Kreisleiter und/oder der Kreiswirtschaftsberater an. Da Hermann Eustachi, kommissarischer Leiter des Landeswirtschaftsamtes, befürchtete, die Kreisleiter könnten als Ausschuß-Vorsitzende politische und antisemitische Ziel verfolgen, zögerte er deren Einbeziehung hinaus. Die Frage des Vorsitzenden blieb deshalb in den ersten Erlassen des Amtes zu den Ausschüssen offen. Erst auf Anweisung Wagners[325], der den Anordnungen Bormanns folgte, wurde diese Position den Kreisleitern zwei Wochen später zugesprochen. Sie hatten damit zwar dieselbe Stellung inne, wie etwa in Westfalen-Süd und -Nord[326], dennoch war die Partei in den badischen Ausschüssen deutlich schwächer vertreten als in den beiden westfälischen Gauen. Schon die dortige Position der Kreiswirtschaftsberater als Geschäftsführer (Westfalen-Nord) oder gar Vorsitzender (Süd) entsprach eher den Anordnungen Bormanns. Der badische Gauwirtschaftsberater Clemens Kentrup hatte seinen Mitarbeitern auf Kreisebene demgegenüber nur die Funktion zugewiesen, die Kreisleiter über die wirtschaftlichen Vorgänge zu »unterrichten«[327].

Auch rein quantitativ befanden sich die Parteivertreter in den Ausschüssen in der Minderheit. In Westfalen gehörten diesen Gremien im Gegensatz zu Baden auch Vertreter der DAF an. Darüber hinaus nahmen am Oberrhein neben den schon genannten Vertretern bestimmter Institutionen auch die unteren staatlichen Autoritäten an den Ausschußsitzungen teil, also Landräte, Oberbürgermeister und Polizeipräsidenten, die vom Landeswirtschaftsamt auf Veranlassung des badischen Innenministeriums ebenfalls ernannt worden waren[328]. Diese Behörden, denen die lokalen Wirtschaftsämter unterstanden, mußten an einer guten Versorgung der Bevölkerung interessiert sein.

Die Kreisleiter sahen sich deshalb in den Ausschüssen einer klaren Mehrheit gegenüber, die Schließungen skeptisch beurteilte. Auf ihrer Seite stand wohl nur der Vertreter des Arbeitsamtes. Ein parlamentarisches Prinzip war zwar verpönt, und die Kreisleiter hatten letztlich zu entscheiden, dennoch mußten ständige Widersprüche zermürbend wir-

---

324 GLA, 465a/51/68/902, Erklärung Fecht, 4.6.1948.

325 GLA, 465b/6704, Erklärung Eustachis in seinem Spruchkammerverfahren. Sie ist angesichts mehrerer Erlasse glaubwürdig; StA Freiburg, LA Villingen 385, Runderlaß LWA, 16.2.1943; StA Freiburg, LKK 575, Runderlaß LWA, 23.2.1943.

326 Vgl zu Westfalen: Kratzsch, Der Gauwirtschaftsberater, S. 199; Teppe, Der Reichsverteidigungskommissar, S. 297.

327 WSA Stgt. IHK Kon. 14, Protokoll der Schulungstagung der Kreiswirtschaftsberater, 28.1.1943.

328 StA Freiburg, LKK 575, Schnellbrief MdI, 17.2.1943; LA Villingen 385, Runderlaß LWA, 16.2.1943.

ken. Das Landeswirtschaftsamt konnte so zwar die Spitzenstellung der Kreisleiter nicht umgehen. Die badischen Parteivertreter waren aber so eingemauert, daß Schließungen immer wieder verhindert werden konnten. Das erklärt etwa Vorgänge in Villingen, wo der Arbeitsausschuß 90 Prozent der Einsprüche für begründet erklärte[329], obwohl dieser Raum stark in die Rüstungswirtschaft einbezogen war und unter einem überaus großen Mangel an Beschäftigten litt. In Mannheim entschied sich der Ausschuß unter Mitwirkung des Kreisleiters und hier auch des Kreiswirtschaftsberaters dafür, mit 100 einen bedeutenden Teil der 249 geschlossenen Einzelhandelsgeschäfte wiederzueröffnen[330]. Trotz dieser Situation blieb den Kreisleitern als Vorsitzenden der Gremien weiterhin die Möglichkeit, Betriebe aus politischen und antisemitischen Gründen zu schließen. Der Erlaß des Landeswirtschaftsamtes, der die Kreisleiter in diese Position einsetzte, ordnete zwar an, »übereilte Sonderaktionen unbedingt« zu unterlassen und bei Stillegungen auch die »sozialrechtlichen und arbeitseinsatzmäßigen Folgen« zu überprüfen[331]. Eustachi mußte die Anweisung aber zwei Monate später wiederholen, die Aktion habe nicht

»den Zweck, ungeeignete Elemente aus der Wirtschaft zu entfernen [...] (Es ist) völlig unsinnig, wenn man unzuverlässige oder ungeeignete Elemente durch die Zahlung staatlicher Unterstützung belohnen würde[332].«

Diese Erlasse konnten die Kreisleiter demnach nur teilweise davon abhalten, Betriebe aus diesen Motiven heraus zu schließen. Der Amtsleiter ging deshalb dazu über, wie er im Spruchkammerverfahren nach dem Krieg erklärte, Kreis- und Ortsgruppenleiter beim Sicherheitsdienst der SS zu denunzieren. In einer »ganzen Anzahl von Fällen« sei es ihm gelungen, aus politischen Gründen angestrebte Schließungen zu verhindern[333]. Auch die als Dienststellen des Landeswirtschaftsamtes fungierenden Kammern taten ihr möglichstes, um die Aktion zu stören. Für den Vertreter der IHK Karlsruhe in den Ausschüssen galt die Anweisung, »daß versucht werden müsse, Betriebsschließungen zu verhindern«, wie er nach dem Krieg erklärte[334]. Ähnliche Stellungnahmen liegen von unabhängiger Seite über mehrere Geschäftsführer badischer Kammern vor. Der spätere badische Wirtschaftsminister Eduard Lais bestätigte etwa dem Freiburger Syndikus Kaiser, deshalb in einem Fall knapp einer Verhaftung entronnen zu sein[335].

---

[329] StA Freiburg, LA Villingen 388, Bericht des Landrats, 6.5.1943.

[330] SA Mannheim, EWA 1165, IHK MA an EWA, 3.4.1943 und 10.4.1943; Aktennotiz EWA, 23.4.1943. Vgl. auch den gescheiterten Versuch des Lörracher Wirtschaftsberaters, die Schließung von fünf Textilbetrieben und Unternehmensteilen im Wiesental zu betreiben (GLA, 237/28820, GWB Baden an LWA, Anlage: KWB Lörrach an GWB, 30.8.1943).

[331] StA Freiburg, LA Villingen 575, LWA-Runderlaß, 23.2.1943.

[332] GLA, 237/28840, Runderlaß LWA, 15.4.1943.

[333] GLA, 465b/6704, Erklärung im Verfahren Eustachi, ohne daß die Denunziationen verifizierbar sind; zur zweiten Angabe vgl. ebd. das Schreiben eines Hockenheimer Bäckers vom 21.4.1946 sowie eines Freiburger Schuhgroßhändlers vom 9.4.1946; 465b/51415, Verfahren Sauter (Geschäftsführer der IHK Konstanz), Schreiben eines Buchdruckers, 27.6.1945.

[334] GLA, 465a/51/68/713, Verfahren Wolff, Erklärung 14.3.1948.

[335] GLA, 465b/189978, Verfahren Maier, Ergänzung zum Meldebogen, 5.12.1947; 465b/51415, Verfahren Sauter, Bericht des Gen.direktors der Alu. Singen; 465b/898, Verfahren Kaiser, Erklärung Lais, 10.11.1945.

Die Ursachen für das Scheitern der Stillegungsaktion liegen somit für Baden auf der Hand. Nach anfänglichem Zögern wiedersetzte sich die gesamte badische NS- und Verwaltungsspitze ebenso wie die zivile Wirtschaftsorganisation der Zielsetzung, möglichst viele Unternehmen zu schließen. Insbesondere die Absicht, zwar auch Arbeitskräfte zu gewinnen, aber vor allem propagandistische Erfolge zu erzielen, erwies sich auf der regionalen und lokalen Ebene als viel zu wenig durchdacht. Sicher klang es theoretisch gut, mit der Schließung von Luxuslokalen die oft kritisierte Schonung wohlhabender Schichten zu durchbrechen und so zur Verbesserung der Stimmung beizutragen. Sollten aber auch quantitative Erfolge für den Arbeitseinsatz herausspringen, mußte der Kreis der zu schließenden Läden und Gaststätten sehr weit gezogen werden, womit zwangsläufig ein Großteil der Bevölkerung betroffen wurde. Damit wurde die propagandistische Absicht ins Gegenteil verkehrt. Die Furcht vor einem Einbruch der Kriegsmoral geriet deshalb recht schnell in den Blickpunkt der regional Verantwortlichen. So erreichten 25 Kunden einer Nußbacher Gaststätte deren Wiedereröffnung beim Villinger Arbeitsausschuß allein mit der Begründung, sie holten ihr Bier in diesem Gasthof »schon seit Großvaterzeiten«[336].

Hinter der Haltung des Landeswirtschaftsamtes, das nach Ansicht des Mannheimer Rüstungskommandos »naturgemäß die Hand über seine Betriebe« hielt[337], sowie der badischen Führung steckten allerdings nicht nur politische Gründe. Die jahrelangen Einziehungen und Auskämmungen hatten den für die Versorgung der Bevölkerung wichtigen Teil der Wirtschaft schon so ausgedünnt, daß bei einer Stillegungsaktion nicht mehr viel zu holen war, zumal ein bedeutender Teil des Handwerks Rüstungsaufgaben nachging und damit für den Konsumbereich ausfiel. Wagner sah sich deshalb schon kurz nach Ablauf der Aktion trotz ihres Mißerfolgs dazu gezwungen, weitere Stillegungen im Handwerksbereich und im Einzelhandel zu untersagen[338]. Der Fehlschlag ist deshalb zwar hauptsächlich auf politische Faktoren zurückzuführen, rein sachliche Gründe dürfen aber nicht unterschätzt werden.

Zu ihnen gehörte auch die unprofessionelle Art und Weise, mit der die badischen Behörden die Aktion angingen. Laut den am 10. Februar ergangenen Durchführungserlassen der Stillegungs-Verordnung sollten die lokalen Branchenvertreter ihre Vorschläge den Ausschüssen schon bis 1. März vorlegen, damit die Geschäfte und Unternehmen bis 15. März geschlossen werden konnten. Ihnen fehlte damit bei weitem die Zeit, sich gründlich vorzubereiten. Die Ausschüsse trafen ihre Entscheidung deshalb auf der Basis »größtenteils mangelhaft(er) und unvollständig ausgefüllt(er)« Fragebögen. Teilweise gingen die Vorschläge ohne Aussprache in den Ausschüssen an das Landeswirtschaftsamt, teilweise sogar im Widerspruch zu deren Beurteilungen. Dabei muß es mehrfach zu so haarsträubenden Fehlern gekommen sein, daß das Amt gezwungen war, die Stillegungslisten kurzerhand aufzuheben[339].

---

[336] StA Freiburg, LA Villingen 385, BM Nußbach an LA Villingen, 28.3.1943.

[337] BA-MA, RW 20—5/56, Rüko MA an RüIn OR, 28.12.1943.

[338] GLA, 460/222, Runderlaß GAA, 16.7.1943.

[339] StA Freiburg, LA Villingen 388, LR Donaueschingen an LWA, 3.5.1943.

Erfolge der Stillegungsaktion bei der Mobilisierung der deutschen Bevölkerung blieben weitgehend aus. Auch die Meldepflicht bisher beschäftigungsloser Männer und Frauen zeitigte nur bescheidene Ergebnisse[340]. Das war aber nur die eine Seite der Medaille. Auf der anderen Seite nahmen die Schwierigkeiten bei der Rekrutierung und Verschleppung ausländischer Zwangsarbeiter, also dem Reservoir, das bisher als Ersatz skrupellos ausgebeutet werden konnte, »immer bedenklichere Formen« an, wie der Generalbevollmächtigte Sauckel bekannt gab[341]. Schließlich verlangte auch die Wehrmacht weiterhin nach mehr Soldaten, Waffen und Geräten. Dementsprechend hatte die Stillegungsaktion auch im Gau Baden-Elsaß den Bedarf der Rüstungsindustrie nicht gesenkt. Die ansteigende Zahl der Aufträge steigerte ihn im Gegenteil im vierten Quartal 1943 auf im Schnitt monatlich 19000 Beschäftigte. Ein Jahr zuvor hatten die Firmen noch nach nur 12000 Männern und Frauen verlangt[342].

Angesichts dieser Lage kam es relativ schnell zu neuen Versuchen, die noch in den Konsumbereichen vorhanden geglaubten Reserven ausbeuten zu wollen. Im Unterschied zu den bisherigen Maßnahmen zeichneten sich aber deutliche Änderungen ab, die den Willen der Berliner Führung erkennen ließen, endlich die Ökonomie voll auf die Rüstung auszurichten. Die organisatorische Voraussetzung dafür schuf sich Speer mit der Übernahme der wesentlichen Kompetenzen des Reichswirtschaftsministeriums und insbesondere mit der Übernahme der Landeswirtschaftsämter als nachgeordnete Behörden. Hitler hatte ihm dazu mit seinem »Erlaß über die Konzentration der Kriegswirtschaft« vom 2. September 1943 »mit Rücksicht auf die durch die Erfordernisse des Krieges gebotene straffere Zusammenfassung und den einheitlichen Einsatz aller wirtschaftlichen Kräfte«[343], wie es einleitend heißt, den Weg geebnet.

Den Hauptausschlag für die Reform gab das Motiv, die bisherige Zweiteilung der Wirtschaft in zivile und militärische Unternehmen aufzuheben[344]. Daneben war aber auch die Entmachtung der regionalen Instanzen beabsichtigt, deren Einfluß auf das Reichswirtschaftsministerium sich bei der abgelaufenen Stillegungsaktion erneut gezeigt hatte. Offenbar gab es dementsprechend auch fehlgeschlagene Versuche von Gauleitern, den Niedergang des Ministeriums in letzter Minute bei Hitler zu hintertreiben[345]. Der neue Minister für Rüstung und Kriegsproduktion, der über alle wesentlichen wirtschaftlichen Kompetenzen verfügte, fühlte sich jetzt, auf dem Höhepunkt seiner Macht, stark genug, die unumgängliche Konfrontation mit den regionalen Parteiführern zu bestehen. In seiner Posener Rede vor den Gauleitern am 6. Oktober 1943 griff er sie scharf an:

»Es darf nicht ein Gau eine scharfe Tour reiten, während der andere das Gegenteil tut. Sobald daher die Gaue nicht innerhalb von 14 Tagen meiner Auffassung nachkommen, werde ich selbst die Stillegungen aussprechen, und ich darf ihnen versichern, daß ich gewillt bin, die Autorität des Reiches durch-

---

340 Siehe Kapitel V, 1.

341 GLA, 460/13, Abschlußbericht GBA zur AZS-Aktion, o.D. (Zitat).

342 BA-MA, RW 20—5/16, S. 14f., KTB RüIn OR, 4. Q. 1942; RW 20—5/15, S. 24, dass., 3. Q. 1943.

343 RGBl I. 1943, S. 529f.; vgl. Kapitel II, 2.

344 Vgl. Herbst, Der totale Krieg, S. 55.

345 Boelcke, Deutsche Wirtschaft, S. 298.

zusetzen, koste es, was es wolle. Ich habe mit dem Reichsführer SS gesprochen und werde diejenigen Gaue, die meine Maßnahmen nicht durchführen, entsprechend behandeln[346].«

Der Einflußverlust regionaler Stellen machte sich bei der auf die Stillegungen im Frühjahr schon ab Juli 1943 folgenden »Aktion Ziviler Sektor« (AZS) überaus schnell bemerkbar. Die vom Generalbevollmächtigten Sauckel initiierten Auskämmungen sollten reichsweit bis September eine halbe Million Beschäftigter aufbringen; weitere Betriebsschließungen waren hierbei noch nicht ins Auge gefaßt[347]. Ursprünglich war »auf Wunsch der zentralen Lenkungsstellen der gewerblichen Wirtschaft«, also letztlich des Reichswirtschaftsministeriums, wie Sauckels Behörde nach Abschluß der Aktion süffisant schrieb, der Ablauf so festgelegt worden, daß die Abgabehöhe reichsweit auf die Branchen verteilt wurde. Die industriellen Reichsstellen legten dann entsprechende Quoten auf die einzelnen Bezirke der Landeswirtschaftsämter um, die wiederum die Abgabebetriebe bestimmen mußten[348].

Da die Aktion »grundsätzlich« nicht zu neuen Stillegungen führen sollte, war es den Ämtern ein leichtes, mit dem Argument zu mauern, der Bestand der Firmen sei nach den vorherigen erheblichen Änderungen nicht bekannt[349]. Im Gau Baden machten dem Landeswirtschaftsamt die Einsprüche betroffener, meist sowohl mit Rüstungs- wie mit ziviler Produktion ausgestatteter Unternehmen, die dem Abzug ihrer Beschäftigten »in fast allen Fällen« widersprachen, schwer zu schaffen[350]. Selbst das Gauarbeitsamt betonte noch am 31. August, die Zahl der umsetzungsfähigen Beschäftigten dürfte »erheblich geringer sein [...] als die auferlegte Auskämmungszahl«[351]. Bis Mitte September erreichte der Gau Baden-Elsaß erst 16,2 Prozent der angestrebten 17000 Männer und Frauen, die ihre Arbeit in einem anderen Betrieb aufnehmen sollten, und lag unter den deutschen Regionen damit »nahezu an letzter Stelle«[352].

Da die Gaue aber auch reichsweit bis zu diesem Zeitpunkt erst 35 Prozent der geplanten Umsetzungen geschafft hatten, nutzte Sauckel vermutlich nach Absprache mit Speer die Kompetenzverluste des Reichswirtschaftsministeriums. Schon vier Tage nach dem Erlaß Hitlers, am 6. September 1943, übertrug der Generalbevollmächtigte die Kompetenzen für die »Aktion Ziviler Sektor« auf die Gauarbeitsämter[353]. Die Landeswirtschaftsämter verloren damit die Möglichkeit, ihren moderaten Einfluß geltend zu machen. Zum ersten Mal wirkten die Zentralbehörden damit direkt auf die Aktionen ein, die auch

---

346 Zit. nach Janssen, Speer, S. 123f.

347 GLA, 237/28821, Runderlaß GBA, 30.7.1943. Die »AZS« wie die folgende Umsetzungsaktion »Wissmann« (siehe unten) wurden in der Forschung bisher nur knapp gestreift. Vgl. Weyres von Levetzow, Rüstungswirtschaft, S. 110ff., in deskriptiver Form; Recker, NS-Sozialpolitik, S. 189; Werner, Bleib übrig, S. 283; Eichholtz, Kriegswirtschaft, Bd 2, S. 150ff.; Boelcke, Deutsche Wirtschaft, S. 285f.

348 GLA, 460/13, Abschlußbericht des GBA zur AZS, o.D. (Zitat); 237/28821, Runderlaß RWM, 7.8.1943.

349 GLA, 237/28821, Runderlaß LWA, 9.8.1943 (Zitat); 460/13, LAA an GBA, 31.8.1943.

350 BA-MA, RW 20—5/29, Meldung Rüko Freiburg, 1. Septemberhälfte, 14.9.1943.

351 GLA, 460/13, GauAA an GBA, 31.8.1943.

352 GLA, 460/13, Aktennotiz GauAA nach Mitteilung des GBA, 18.9.1943; Runderlaß GauAA, 11.9.1943 und 15.9.1943 (Zitat).

353 GLA, 460/13, Erlaß GBA, 6.9.1943.

nicht dadurch verwässert wurden, daß Sauckel die Gauleiter als Beauftragte einschaltete, um die bezirkliche Gesamtsteuerung zu sichern. Zusätzlich ergab sich für Sauckel der Vorteil, mit den Gauarbeitsämtern die eigenen Außenstellen an den Umsetzungen zu beteiligen. Die dortigen Beamten und Angestellten unterlagen zwar auch regionalen Einflüssen, mußten sich aber dennoch der traditionellen Hierarchie beugen, zumal Sauckel damit drohte, etwaige Störenfriede zur Verantwortung zu ziehen. Das oberrheinische Gauarbeitsamt wurde telefonisch angewiesen, die Arbeitsämter mit den »schärfsten Weisungen« zu versehen; Terminvorgaben setzten sie zusätzlich unter Druck[354].

Das Ergebnis der »Aktion Ziviler Sektor« war nach der Umorganisation tatsächlich eindrucksvoll. Bis zu ihrem Abschluß Mitte November 1944 überstellten die badischen und elsässischen Arbeitsämter knapp 14.900 Männer und Frauen in die Rüstungsindustrie, also 87,5 Prozent des Solls[355]. Mehr war wegen der fortdauernden Angriffe auf Mannheim nicht erreichbar. Facharbeiter hatte die Aktion allerdings, wie auch zu erwarten, kaum gebracht, zudem stellten Frauen zwei Drittel der umgesetzten Kräfte[356]. Daß der Gau Baden-Elsaß an die Quote herankam, hatte vor allem zwei Ursachen: Zum einen erkannten die Arbeitsämter die aufschiebende Wirkung von Einsprüchen nicht mehr an: Die Beschäftigten wurden sofort umgesetzt. Als offensichtlich geworden war, daß die Reserven im Industriebereich nicht mehr ausreichten, wies die Behörde Sauckels zum zweiten am 12. Oktober ihr oberrheinisches Gauamt an, dem Handel zusätzlich 3500 Beschäftigte zu entziehen. Dabei konnte auch auf Selbständige zurückgegriffen werden. Die Versorgung der Zivilbevölkerung hatte jetzt ihren Stellenwert vollkommen verloren[357].

Obwohl rund die Hälfte der Umsetzungen von elsässischen Unternehmen aufgebracht worden war, hatten die badischen Konsumbetriebe den größten Aderlaß dieses Jahres erlitten. Sie verloren zwischen Juli und September knapp 4000 Beschäftigte, der Großteil des Verlustes ging auf das Konto der AZS. Am meisten abgegeben hatte die Textilindustrie, die auf knapp zwölf Prozent ihrer badischen und elsässischen Beschäftigten verzichten mußte[358]. Insgesamt war der Konsumbereich durch die Aktion »äußerst schwer« getroffen worden, wie es in einer IHK-Besprechung hieß, zumal wie immer die »besten Kräfte« abgezogen worden waren, deren Verlust die Produktivität der Betriebe besonders stark absinken ließ und zu ihrem »langsamen Dahinsiechen« führte, wie es der Lörracher Kreiswirtschaftsberater ausdrückte[359].

Die Aktion vermochte aber trotz der großen Zahl an Umsetzungen den Bedarf der Rüstungsindustrie bei weitem nicht zu decken, die eine vielfach höhere Nachfrage anmel-

---

[354] GLA, 460/13, Aktennotiz GauAA, 15.9.1943, 18.9.1943; 460/226, Aktennotiz AA Karlsruhe, 11.9.1943; Runderlaß GauAA, 21.9.1943.

[355] GLA, 237/24379, Sitzung der Rükom, 18.11.1943.

[356] GLA, 237/24379, Arb.Ausschuß der Rükom, 12.11.1943.

[357] GLA, 460/226, Runderlaß GauAA, 9.12.1943; 460/91a, AA Karlsruhe an Brauerei Moninger, 9.10.1943; 460/13, GBA an GauAA, 12.10.1943; Runderlaß GauAA, 18.11.1943.

[358] GLA, 460/226, Runderlaß GauAA, 9.12.1943; 460/13, Runderlaß GauAA, 18.11. 1943, Anlage: Abschlußbericht GBA zur AZS, o.D.

[359] GLA, 237/28814, IHK-Besprechung in Pforzheim, o.D. (Nov. 1943) (Zitat 1); 237/28821, GWB an LWA, 30.8.1943, Anlage KWB Lörrach an GWB (Zitat 2).

dete. Im Arbeitsamtsbezirk Villingen etwa waren 58 Arbeitskräfte umgesetzt worden, die Rüstungsindustrie kam aber auf einen Bedarf von 1056 Beschäftigten. Das Karlsruher Arbeitsamt verlangte deshalb schon Anfang November 1943, als die Aktion noch im Laufen war, wieder nach Ausländern, insbesondere italienischen Militärinternierten, die zu dieser Zeit nach Deutschland verschleppt wurden[360].

Obwohl der Generalbevollmächtigte Fritz Sauckel nach dem Erfolg der AZS die Ansicht geäußert hatte, Auskämmungen gegenüber Stillegungen bevorzugen zu wollen[361], lief gleichzeitig im Herbst 1943 eine weitere Aktion ab, die letztlich die Schließung weiterer Betriebe zum Ziel hatte. Gestartet wurde sie aber nicht vom Generalbevollmächtigten für den Arbeitseinsatz, sondern von Rüstungsminister Albert Speer. Noch als Minister für Bewaffnung und Munition führte er am 1. September 1943 das neue Amt eines »Generalbeauftragten für Betriebsumsetzungen« ein, der zum »Totengräber« für viele Unternehmen werden solle, wie es der Minister offen ausdrückte. Der Speer direkt unterstellte Ministerialdirektor Karl Wissmann hatte die Aufgabe, Industriefirmen mit über 100 und Handwerksbetriebe mit über 50 Arbeitskräften in andere Firmen umzusetzen und deren Beschäftigte wie Produktionsmittel den aufzunehmenden Betrieben zur Verfügung zu stellen. Bei dieser faktischen Stillegung sollten nur Firmen in Betracht kommen, die in der Nähe der Aufnahmeunternehmen lagen. Speer wollte mit dieser Regelung sowohl Problemen mit dem Transport als auch mit den Arbeitskräften aus dem Wege zu gehen, die sich erfahrungsgemäß gegen auswärtige Dienstverpflichtungen sträubten[362].

Der Rüstungsminister mußte weniger noch als Sauckel Rücksicht auf die Gauleiter nehmen und beauftragte die ihm unterstellten Inspektionen damit, als ausführende Organe Wissmanns die Umsetzungen anzugehen. Beschwerden der regionalen Parteiführer umging Albert Speer offenbar ohne Schwierigkeiten, wie seine Antwort auf einen Brief des württembergischen Gauleiters zeigt. Wilhelm Murr hatte gegen die starke Einbeziehung der Textilindustrie in die Rüstung Einspruch eingelegt, wurde aber vom Rüstungsminister mit dem Argument abgefertigt, nur so seien die für die Kriegsfertigung notwendigen Beschäftigten zu gewinnen[363]. Auch die in den Vorjahren übliche Aufgabe der Landeswirtschaftsämter, sich regulierend einzuschalten, war bei der Umsetzungsaktion nicht gefragt, wie der kommissarische Behördenleiter des oberrheinischen Amtes, Hermann Eustachi, bedauerte. Der Rüstungsminister hatte den Landeswirtschaftsämtern bei den Umsetzungen nur die Aufgabe zugeteilt, die formalen Angaben wie die Zahl der Beschäftigten und das Produktionsprogramm zu überprüfen[364].

Relativ schnell stellten sich aber die Schwächen der Zentralisierung heraus. Die Organisation erforderte einen »Papierkrieg in immer größerem Ausmaß«, berichtete das Freiburger

---

360 GLA, 460/222, AA Karlsruhe an GauAA, 8.11.1943; 237/24379, Sitzung Arbeitsausschuß der Rükom, 12.11.1943; BA-MA, RW 20—5/29, Bericht Rüko Freiburg, 2. Septemberhälfte, 29.10.1943.

361 GLA, 460/13, Runderlaß GauAA, 18.11.1943, Anlage: Abschlußbericht GBA zur AZS, o.D.

362 GLA, 237/24349, LWA: Vermerk für die Rede des Ministerpräsidenten in Pforzheim, o.D (Nov./Dez. 1943); Eichholtz, Geschichte 2, S. 150ff.; Recker, Sozialpolitik, S. 189f.; Weyres, Rüstungswirtschaft, S. 110ff. (Zitat Speer).

363 BA, R 3/1591, Speer an Murr, 4.2.1944.

364 GLA, 237/24380, Aktennotiz LWA, 15.4.1944.

Kommando. Die oberrheinische Rüstungskommission beschwerte sich, daß die »Zentralstellen« sich selbst um Kleinigkeiten kümmerten[365]. So hatte die Inspektion Wissmann »zahlreiche«, mit den Kammern abgesprochene Vorschläge für eine Umsetzung gemacht, die aber abgelehnt wurden. An ihrer Stelle nannte der Generalbeauftragte eine Reihe anderer Firmen, für die aber die Inspektion »bei bestem Willem« keine geeigneten Rüstungsfirmen vor Ort finden konnte. Die Inspektion forderte wie die Rüstungskommission wegen solcher Vorkommnisse mehrfach, die Mittelinstanz wieder stärker einzubeziehen und die betreffenden Firmen dort feststellen zu lassen[366]. Die badischen und elsässischen Rüstungsstellen schafften es, im ersten Quartal 1944 mit der Umsetzung von 33 Betrieben 3800 Beschäftigte für die Rüstung zu aktivieren, im zweiten Quartal kamen sogar 122 Firmen mit knapp 5000 Beschäftigten an die Reihe. Im Vergleich zur »Aktion Ziviler Sektor« des Vorjahres lagen diese Ergebnisse nicht sehr hoch, zumal das angestrebte Ziel von 5000 umgesetzten Beschäftigten in Baden und 10000 im Elsaß verfehlt wurde[367]. Hinter diesen Angaben steckt zudem ein Definitionsproblem. Der am 20. April 1944 nach längeren Auseinandersetzungen verordnete »Erlaß über die Umsetzung von Betrieben und Betriebsteilen«[368] bezog die bisherigen Auftragsverlagerungen von Kriegsproduktionen in andere Firmen als sogenannte »selbstverantwortliche Umsetzung« in die Aktion mit ein. Diese Maßnahmen waren erfolgreich verlaufen und verbesserten auf diese Weise das Ergebnis. Das von Karl Wissmann am 12. Juni 1944 bekanntgegebene Zwischenresultat, zwischen September 1943 und Mai 1944 seien rund 220000 Männer und Frauen in knapp 1700 Betrieben umgesetzt worden[369], das von der Forschung als Erfolg gewertet wurde, muß unter diesem Aspekt noch einmal betrachtet werden. Schließlich entfielen etwa am Oberrhein von den im zweiten Quartal 1944 umgesetzten 122 Betrieben mit 60 jeder zweite auf eine Auftragsverlagerung, von den dadurch für die Rüstung gewonnenen knapp 5000 Beschäftigten rund 3000[370].

Doch selbst wenn diese Unterscheidung nicht gemacht wird, lassen die durchschnittlichen Ergebnisse pro Betrieb darauf schließen, daß es der Inspektion und ihren Außenstellen in Mannheim, Freiburg und Straßburg immer schwerer gefallen sein muß, Umsetzungen durchzudrücken. Dem Resultat Wissmanns zufolge lag der Reichsschnitt pro Betrieb bei 130 Beschäftigten, im Baden/Elsaß wurden im ersten Vierteljahr noch 115 erreicht, im zweiten aber nur noch 40. Die Möglichkeiten wurden somit immer gerin-

365 BA-MA, RW 21—21/9, S. 32f., KTB Rüko Freiburg, 1. Q. 1944; GLA, 237/24379, Sitzung der Rükom, 25. 1. 1944.

366 BA-MA, RW 20—5/56, Rüln Aktennotiz, Zusammenhang zwischen Betriebsumsetzungen und Auftragsverlagerungen, 17. 1. 1944; GLA, 237/24379, Sitzung der Rükom, 16. 3. 1944.

367 BA-MA, RW 20—5/18, S. 23ff., KTB Rüln OR, 1. Q 1944; RW 20—5/51, S. 3192, dass. 2. Q. 1944; Vierteljahresbericht der Rüln-Gruppe I a/Planung, 25. 1. 1944; Bericht der Rüln-Abtlg. Verwaltung zum 4. Q. 1943, 25. 1. 1944; RW 20—5/56, Aktennotiz Rüln OR vom 6. 1. 1944 für die Kommandeursbesprechung am 10. 1. 1944.

368 BA, R 3/1743, Bl. 57ff., Speer-Erlaß über die »Umsetzung von Betrieben und Betriebsteilen (Umsetzungsgrundsätze)«, 20. 4. 1944. Über die Hintergründe der Auseinandersetzungen siehe Eichholtz, Kriegswirtschaft, Bd 2, S. 152.

369 BA, R 3/1551, Bl. 37f.

370 BA-MA, RW 20—5/51, KTB Rüln OR, 2. Q. 1944, S. 8; Eichholtz, Kriegswirtschaft, Bd 2, S. 152.

ger, die Betriebe immer kleiner. Die Inspektion selbst war sich dieses Mankos bewußt. Sie versuchte deshalb mehrfach, die von Wissmann angeordneten Maßnahmen auf Betriebe mit über 100 Beschäftigten zu begrenzen.

Die Umsetzung größerer Firmen zum Beispiel im Raum Mannheim scheiterte aber in der Regel an ihren Produktionsprogrammen[371]. Es sind deshalb nur zwei Beispiele größerer badischer Unternehmen bekannt, die zugunsten bedeutenderer Rüstungsfirmen ihre Existenz verloren: die Karlsruher Bekleidungsfabrik Blicker sowie die Eisenwerke Gaggenau. Bei letzteren, die zum Daimler-Benz Werk umgesetzt wurden, ging es darum, dem im Mai 1944 in der Bedeutung sogar vor Panzerprogrammen rangierenden KfZ-Sektor deutsche Fach- und Führungskräfte zu sichern. Der Chef des Jägerstabes erwog bei diesem Vorhaben auch, alle in Mittelbaden noch vorhandenen Papierfabriken zu schließen, um ihre Stammarbeiter ebenfalls zu Daimler-Benz Gaggenau umzusetzen. Ob die Idee allerdings verwirklicht wurde, ist zweifelhaft, da sie sich in den Quellen nicht niederschlug[372].

Auf welche Schwierigkeiten die Inspektion bei ihrer Arbeit stoßen würde, zeigte sich sehr schnell. Von 85 Firmen aus den Bereichen Holzverarbeitung, Papiererzeugung und -verarbeitung, Bekleidung, Maschinenbau, Eisen-, Stahl- und Blechwaren und vor allem der Textilindustrie, die vom Ministerium Speer am Oberrhein für eine Umsetzung vorgesehen waren, hatten bis Ende Januar 1944 erst ganze acht ihre Bestimmung gewechselt. Im ersten Quartal 1944 mußte die Inspektion bei 33 Firmen von dieser Maßnahme absehen. Im zweiten Quartal wurden statt geplanter 90 zwar 122 Firmen einbezogen, doch statt der vorgesehenen 7000 ergaben sich daraus nur knapp 5000 Beschäftigte. Wie auch der schon notierte Schnitt zeigt, hatte eine ganze Reihe größerer Firmen ihr Überleben auf Kosten kleinerer Betriebe durchgesetzt[373].

Für die mit den Umsetzungen verbundenen Probleme gab es zwei Hauptgründe, die auch die in den vergangenen Jahren vertretene Politik des Landeswirtschaftsamtes bestätigten. Die in die Konsumbetrieben noch vorhandenen Beschäftigten waren zum einen nach den Aktionen der vergangenen Jahre »zum größten Teil« nicht mehr in der Rüstung einsatzfähig, wie die Inspektion unisono mit dem Landeswirtschaftsamt zugab. In diesen Firmen arbeiteten vielfach nur noch Lehrlinge, angelernte Kräfte, Ältere, Heimarbeiter sowie Menschen aus abseits gelegenen Orten, die keinen weiteren Anmarschweg mehr leisten konnten[374]. Obwohl ein Großteil der freigewordenen Beschäftigten deshalb wegen Überalterung oder Krankheit aus dem Arbeitsprozeß herausfiel, bestand das Amt des Generalbeauftragten Wissmann dennoch immer wieder auf der Stillegung des Betriebs. Die Erwartungen Speers, die er in einem Brief an den württembergischen Gauleiter Murr

[371] GLA, 237/24381, S. 16, WSK Mannheim, Lagebericht für Februar bis April 1944, 20.4.1944.

[372] BA-MA, RW 20—5/51, Bericht RüIn-Abtlg. Verwaltung, 4. Q. 1943, 25.1.1944; RüIn OR an Rükos, 24.8.1944; Bericht Abtlg. Z, 10.1.1944; BA, R 3/1756a, Schnellbericht über die Besprechungen des Jägerstabes, 19.5.1944, S. 106. Zum Jägerstab siehe Kapitel III.3.c.

[373] GLA, 237/24381, LWA-Lagebericht zu den Umsetzungen, 21.1.1944; BA-MA, RW 20—5/56, RüIn OR an RMfR + KP, 8.3.1944; RW 20—5/17, S. 23ff., KTB RüIn OR, 1. Q. 1944; RW 20—5/18, S. 8, dass. 2. Q. 1944.

[374] BA-MA, RW 20—5/51, S. 3223ff., RüIn-Gruppe Ia/Planung, 4. Quartal 1943, 25.1.1944 (Zitat).

formulierte, Umsetzungen seien bei der altersmäßigen Zusammensetzung der Textilbeschäftigten der »einzig mögliche und vernünftige Weg«, um sie für die Rüstung nutzbar zu machen[375], trafen nur für einen Teil der freigemachten Männer und Frauen zu. Hier manifestiert sich einer der wichtigsten Folgen, die sich mit der Zentralisierung der Stillegungen ergeben hatten: Soziale und damit auch politische Bedenken spielten im Zeichen des totalen Krieges bei der übergeordneten Instanz keine Rolle mehr. Dagegen verfolgte die mittlere Ebene weiterhin solche Rücksichtnahmen. Die oberrheinische Rüstungskommission sah im März 1944 davon ab, die Reste der noch für den Export arbeitenden Pforzheimer Schmuckindustrie endgültig zu schließen. 50 Beschäftigte wären dadurch für die Rüstung gewonnen worden, aber 2000 Heimarbeiter hätten ihre Arbeit verloren[376].

Zum zweiten versuchten die Betriebe und ihre Wirtschaftsgruppen mit allen Mitteln, die Umsetzung zu verhindern oder zumindest noch einen kleinen Teil des Betriebs aufrechtzuerhalten, um die Selbständigkeit der Firma nach außen hin zu dokumentieren. Die von der Rüstungsinspektion angestrebte Absicht, den umzusetzenden Betrieb geschlossen in eine neue Fertigung zu überführen, ließ sich deshalb meist nicht verwirklichen. »Widerstände und Einsprüche gab es bei Durchführung der Betriebsumsetzungen in großer Zahl zu überwinden«, mußte die Straßburger Inspektion im ersten Quartal 1944 berichten[377]. Die zur Umsetzung vorgesehenen Firmen nutzten dabei ein einfaches Mittel: Sie übernahmen vielfach ungeachtet »ganz beachtlich(er)« Kapazitätsverluste kurz zuvor Aufträge der höchsten Dringlichkeitsstufen. Auf diese Weise kamen sich die Systeme der Arbeitseinsatzverwaltung und der Auftragsvergabe durch die Ausschüsse und Ringe in die Quere[378].

Bei den Auftragsverlagerungen setzte sich hingegen der positive Trend der Vorjahre fort. Während 1943 insgesamt 36 badisch-elsässische Konsumbetriebe in Programme der Zünder-, der V 2- sowie der Produktion von Nachrichten- und anderen Geräten einbezogen wurden, kamen allein im zweiten Quartal 1944 sogar 60 Firmen neu hinzu[379]. Insgesamt stellten im Frühjahr 1944 allein in Südbaden etwa 90 Konsumbetriebe Rüstungsprodukte her. In der weitaus größten Maßnahme dieser Art fertigten 900 Beschäftigte des Landmaschinenbauers Fahr in Gottmadingen Pleul und Filter vermutlich für Panzermotoren der Friedrichshafener Firma Maybach Motorenbau. An zweiter Stelle lag die Arlener Baumwollspinn- und Weberei, deren 450 Arbeitskräfte Karabinerteile für die Oberndorfer Mauser-Werke produzierten; an dritter die Freiburger Mez AG, die 320 Männer und Frauen für die Montage von Kabelbäumen der V 2-Rakete abgestellt hatte[380].

Vor allem in der Textilindustrie waren die Bemühungen vergleichsweise erfolgreich (Tabelle 17). In dieser Branche gelang es, zwischen Oktober 1943 und September 1944 die Zahl

---

375 GLA, 237/24381, LWA-Lagebericht für den April 1944; BA, R 3/1591, Speer an Murr, 4.2.1944.

376 GLA, 237/24379, Sitzung des Arbeitsausschusses der Rükom, 16.3.1944.

377 BA-MA, RW 20—5/17, S. 23ff., KTB RüIn OR, 1. Q. 1944.

378 BA-MA, RW 20—5/56, RüIn OR an RMfR + KP, 8.3.1944 (Zitat); RW 21—44/8, S. 40ff., KTB Rüko Mannheim, 1. Q. 1944, Anlage 9; GLA, 237/24381, LWA-Lagebericht zu den Umsetzungen, 21.1.1944.

379 BA-MA, RW 20—5/18, KTB RüIn OR, 2. Q. 1944; RW 20—5/21, Aktennotiz RüIn., 14.10.1943.

380 BA-MA, RW 21—21/9, S. 65ff., KTB Rüko Freiburg, 1. Q. 1944, Anl.

der in die Rüstungsfertigung eingeschalteten Beschäftigten mehr als zu verdoppeln[381]. Mit 26,6 Prozent stellte mehr als jeder vierte ihrer Mitarbeiter Kriegsgeräte her. Baden lag damit zusammen mit Württemberg-Hohenzollern an der Spitze der Bezirksgruppen des Reiches, die im Schnitt nicht einmal die Hälfte ihrer Anteile erreichten. Auch die Tabakindustrie produzierte in starkem Maße für die Rüstung: In Südbaden stellte sie im Frühjahr mit etwa 20 ein Fünftel der einbezogenen Konsumfirmen. In Nordbaden mußten im April und Mai 1944 bei einer Sonderaktion zugunsten der Pforzheimer Industrie 700 Beschäftigte in 17 Betrieben zur Verfügung gestellt werden[382].

Die starke Einbeziehung der Konsumbetriebe über die Auftragsverlagerung ist in hohem Maße auf die Arbeit der lokalen IHKs zurückzuführen. Ihnen war als besten Kennern der Konsumfirmen die Aufgabe zugedacht worden, Vorschläge für die Umsetzung der Rüstungsbetriebe in die weniger wichtigen Unternehmen zu unterbreiten. Sie versuchten aber, davon wegzukommen und auf Auftragsverlagerungen zuzusteuern, um so den Firmen einen Teil ihrer Beschäftigten und vor allem ihre Selbständigkeit zu erhalten. Die für das Wiesental zuständige Schopfheimer Kammer hielt es für klar erwiesen, daß die Rüstungsfertigungen in Eigenregie »viel rascher zu einer namhaften Produktion gelangen als die verlagerter Unternehmen.« Die Kammer veranstaltete im Februar 1944 eine Auftragsbörse für Unternehmen, anhand der 300 Beschäftigte neu in der Rüstung einge-

Tabelle 17

Der Einsatz der Textilbeschäftigten in originärer (a) und branchenfremder (b) Produktion 1943/44

	Bezirk	Betriebe b	Beschäftigte a	Beschäftigte b	Anteil in % a	Anteil in % b
Oktober 1943	Baden	19	16900	2300	88,1	11,9
	Elsaß	6	24900	600	97,7	2,3
	Württ.-H	117	40400	7800	83,8	16,2
	Reich	706			93,9	6,1
September 1944	Baden	32	13500	4907	73,4	26,6
	Elsaß	14	17500	1328	93,0	7,0
	Württ.-H.	142	34100	13660	71,4	28,6
	Reich	848			86,8	13,2

WSA Stgt., IHK Schopf. 132, Statistik der am 31.12.1943 in textilfremder Rüstungsfertigung beschäftigten Arbeitskräfte.

[381] WSA Stgt., IHK Schopf. 132, Statistik der am 31.12.1943 in textilfremder Rüstungsfertigung beschäftigten Arbeitskräfte.

[382] BA-MA, RW 20–5/29, Rüko Mannheim, Monatsbericht Mai, 26.5.1944; GLA, 237/24401, Rüko Mannheim an 17 Zigarrenbetriebe, 3.5.1944.

setzt wurden. Im März riefen die badischen Kammern die Firmen noch einmal dazu auf, Rüstungsprojekte zu übernehmen. Um das Vertrauen der Betriebe zu gewinnen, sagte der Arbeitssausschuß der Rüstungskommission zu, die sich meldenden Unternehmen soweit wie möglich in die Rüstungsproduktion zu übernehmen und sie nicht durch Auskämmung und Stillegung »abzuwürgen«[383].

Sehr glücklich waren die Rüstungsstellen über diese Bemühungen und ihre Resultate nicht, obwohl sie ihnen in den Jahren zuvor gute Ergebnisse zu verdanken hatten und ein Spektrum unter den badischen Arbeitnehmern einbeziehen konnten, das ansonsten für die Rüstung ausgefallen wäre. Zudem hatte die Inspektion die Kammern dazu aufgefordert, die Auftragsverlagerung zu forcieren[384]. Doch wenn eine Alternative vorhanden war, hielten die Kommandeure Auftragsverlagerungen in branchenfremde Firmen aus Rationalisierungsgründen nur bedingt für sinnvoll: Die Ausbringung der Betriebe wurde gestört, die Produktivität umgesetzter Beschäftigter wäre in Großfirmen vermutlich größer gewesen. Aus diesem Gedanken heraus erklärt sich auch die Priorität, die die Rüstungsinspektion Oberrhein den Betriebsumsetzungen beimaß. Sie sah darin das einzige noch verbliebene Mittel, die dringendsten Produktionen mit deutschen Beschäftigten zu versorgen[385].

Die Inspektion wies deshalb Anfang 1944 die wegen der Textilindustrie des Gebietes offenbar besonders rührige Schopfheimer Kammer darauf hin, daß Umsetzungen nicht nur den Sinn hätten, eine bestimmte Zahl von Beschäftigten zu gewinnen, auch die Raumfrage spiele eine Rolle. Damit sei klar, »daß die Auftragsverlagerung allein in bereits wiederholt ausgekämmten Textilunternehmen nicht immer zu den notwendigen Effekten führen kann«[386]. Da die Kammern aber trotz dieser Aufforderung mit Vorschlägen zu Umsetzungen weiter zurückhaltend blieben, schaltete die Rüstungskommission schon im Februar 1944 ihre Prüfungsausschüsse ein. Die Ausschüsse wurden angewiesen, Auftragsverlagerungen nur dann in Betracht zu ziehen, wenn die Belegschaft eines Unternehmens nicht in die Rüstung umgesetzt werden könne. Diese neue Praxis änderte an der Auffassung der Kammern nur wenig, wie eine Besprechung ihrer Geschäftsführer im Juni 1944 zeigt. Sie wurden dabei vom Landeswirtschaftsamt darauf hingewiesen, Vorschläge zu unterlassen, die auf die totale Umsetzung eines Betriebs hinausliefen[387].

Wie unterschiedlich sich Umsetzungen und Auftragsverlagerungen auf die Situation der Konsumfirmen auswirken konnten, zeigen einige Beispiele. Textilfirmen, die Abteilungen ihres Betriebs stillegen und an ein Rüstungsunternehmen verpachten mußten, büß-

---

[383] GLA, 237/24381, Lagebericht Zweigstelle Schopfheim der WSK Freiburg, 24.1.1944 (Zitat); 237/24379, Sitzungen des Rükom-Arbeitsausschusses, 17.2. und 18.3.1944.

[384] GLA, 237/24401, LWA-Erlaß, 21.12.1943, darin: Rundschreiben der RüIn OR zu Auftragsverlagerungen; BA-MA, RW 20—5/56, RüIn-Aktennotiz, Zusammenhang zwischen Betriebsumsetzung und Auftragsverlagerung, 17.1.1944.

[385] BA-MA, RW 20—5/56, Aktennotiz, Besprechung der Kommandeure am 10.1.1944.

[386] BA-MA, RW 20—5/51, RüIn an Bezirksstelle Schopfheim der WSK Freiburg, 31.1.1944.

[387] GLA, 460/258, GAA-Runderlaß, 6.3.1944, darin: Schreiben der Rükom an die Prüfungsausschüsse vom 21.2.1944; WSA Stgt., IHK Schopf. 346, Konferenz der IHK-Geschäftsführer, 16.6.1944 (handschriftliches Protokoll).

ten einen Großteil ihres Umsatzes ein — wobei allerdings die jeweiligen Mietzahlungen nicht bekannt sind. Zu diesen Unternehmen gehörte die Brombacher Firma Gebrüder Grossmann, in deren Räumen das Frankfurter Unternehmen Teves Anfang 1944 eine Panzerproduktion mit 1000 Beschäftigten aufzog. Der 1943 noch bei 81 Prozent des Vorkriegsstandes liegende Textilumsatz fiel dadurch im Jahr darauf auf 52,3 Prozent, die Zahl der Beschäftigten erreichte nur noch ein Drittel. Ähnliches gilt für die Druckerei und Appreturfirma Brombach, deren Verkäufe wegen einer Verlagerung 1944 nur noch auf knapp zwei Drittel des Wertes kamen, der vor dem Krieg erzielt worden war[388].

Wenn Firmen Aufträge in eigener Regie ausführten, hatten sie bessere Aussichten. Im badischen Textilbereich etwa konnten die Betriebe im September 1944 die Kapazität in ihrer traditionellen Produktion nur zu 42,4 Prozent auslasten, im Rüstungsbereich aber zu 72,5 Prozent[389]. Die Baumwollspinnerei und Weberei Zell-Schönau, die sich 1941 als erstes Textilunternehmen des Wiesentals dazu entschlossen hatte, eine branchenfremde Fertigung zu übernehmen[390], montierte im Auftrag der Schramberger Uhrenfabrik Junghans Teile des Flakzünders S 30[391]. Die Zahl der Firmenbeschäftigten lag dadurch Anfang 1945 immer noch bei 80 Prozent des Vorkriegsstandes, gegenüber den 60 Prozent, die die südbadische Textilindustrie 1944 insgesamt noch erreichte[392]. Beim Umsatz hielt die Firma bis 1943 drei Viertel ihres Friedensniveaus, während der südbadische Textilumsatz 1944 im Vergleich zu 1938 nur noch auf 67 Prozent kam. Die Freiburger Kunstseidenfirma Rhodiaceta vermochte mit der Produktion von Rollglas den sich durch die absinkende Acetatfertigung ergebenden Umsatzfall wenigstens abzufedern[393].

Insbesondere den Textilbetrieben war 1943 der Rat gegeben worden, sich nach einer Auskämmung mit einer Auftragsverlagerung ins Elsaß einen Ausgleich zu suchen. Dieser Vorschlag konnte auf den Geschäftsbeziehungen aufbauen, die zwischen einzelnen Firmen seit der deutschen Besetzung des Elsaß entstanden waren und dazu führten, daß sich einige Firmen den Markt untereinander aufteilten[394]. Auch im Hinblick auf die traditionellen Verbindungen zwischen den Textilbranchen der beiden Gebiete war im Frühjahr 1942 bei der Freiburger und Schopfheimer IHK sowie bei Unternehmern wie Wilhelm Schöpflin von der Textil-Manufaktur Haagen der Gedanke entstanden, ein zusammenhängendes »oberrheinisches Textilgebiet« zu gründen. Dahinter steckten nicht nur wirtschaftliche Gesichtspunkte, sondern auch politische, da eine solche Zusammenarbeit diejenigen Elässer, die der deutschen Besatzung feindlich gegenüberstanden, überzeugen sollte.

---

388 WSA Stgt., IHK Schopf. 593, Bericht an die franz. Militärregierung zur Druckerei und Appretur Brombach, 12.5.1945; Gisela Müller, Textilindustrie, S. 152 und 175.

389 WSA Stgt., IHK Schopf. 132, Rundschreiben der WSG Textilindustrie, o.D.

390 GLA, 237/28814, Spinnerei und Weberei Zell-Schönau AG an die Reichsstelle für Baumwollgarne und -gewebe, 26.3.1942.

391 WSA Stgt., IHK Schopf. 132, Statistik der textilfremden Fertigung in den Betrieben am 31.12.1943; Gisela Müller, Textilindustrie, Tabelle S. 175.

392 Die Industrie in Südbaden, Hg. Stat. Landesamt Baden, Freiburg 1950.

393 Dem Vorstand der Deutsche Rhodiaceta, überreicht 1952.

394 WSA Stgt., B 25, Tuchfabrik Lörrach AG und Fa. Dollfus & Noack A.G., Mülhausen (Elsaß), Brief an die Geschäftspartner, o.D. (1942).

»Wenn wir das fertig bringen — und daran zweifle ich nicht — dann haben wir das Elsaß politisch und wirtschaftlich für uns gewonnen, denn die Leute werden einsehen, dass wir ihnen mit offenen Karten entgegenkommen.«

heißt es in einem Schreiben Schöpflins an Albert Maier, den Geschäftsführer der Schopfheimer Kammer[395]. Doch solche Blütenträume hatten in der harten Realität des Krieges keine Chance, zumal die elsässische Textilindustrie selbst zwischen Oktober 1943 und September 1944 über ein Viertel ihrer Beschäftigten verlor. Die Gauwirtschaftskammer kam deshalb schnell zu dem Schluß, eine solche Form der Auftragsverlagerung stelle »keine ernsthafte Lösung dar«[396].

g) »Spiel mit den Glücksrad«: Die Situation der Konsumwirtschaft 1943/44

Die badischen Konsumunternehmen erlitten 1943 durch die verschiedenen Aktionen einen starken Einbruch bei der Zahl ihrer Beschäftigten (Tabelle 18). Nachdem die Einführung der Meldepflicht im Frühjahr 1943 zu einer leichten Erholung geführt hatte, da sich etwa 1500 deutsche Frauen dazu bereiterklärten, in Textil-, Tabak- und anderen Firmen dieses Industriezweiges mitzuarbeiten, kam es im Juli zu einer dramatischen Tendenzwende. Zwischen Mai 1943 und Mai 1944 verloren die Konsumbranchen durch die verschiedenen Aktionen mit über 10200 Beschäftigten ziemlich genau jeden zehnten ihrer Arbeitskräfte. Besonders gravierend war dabei der Verlust der männlichen Beschäftigten, von denen die Arbeits- oder die Wehrersatzämter zwischen Januar 1943 und März 1944 mit 3756 sogar mehr als jeden zehnten abzogen. Da die Konsumfirmen seit Kriegsbeginn schon jeden zweiten deutschen Arbeitnehmer verloren hatten, zählte unter den nach 1943 abgegebenen Männern vermutlich das Gros zu den Fachkräften[397]. Der Verlust unter den weiblichen deutschen Beschäftigten, der nach dem Juli 1943 ebenfalls große Ausmaße annahm, ist in starkem Maße auf die »Aktion Ziviler Sektor« zurückzuführen. Die Textilfirmen, die wegen ihrer starken Stellung vor allem in Südbaden im Blickpunkt der Rüstungsstellen standen, verloren zwischen Mai 1943 und Mai 1944 mit 12,4 Prozent ihre Beschäftigten noch stärker als die Konsumbetriebe im allgemeinen. Die Verbrauchsgüterindustrien hatten bis 1943 bereits jeden dritten ihrer Mitarbeiter verloren und wurden von jedem weiteren Verlust schwer getroffen. Der Rückgang der Arbeitskräfte führte ebenso wie die Senkung der Rohstoffzuteilungen dazu, daß die Maschinen der Konsumbetriebe schon im Herbst 1943 nur noch schwach ausgelastet waren. So arbei-

---

395 WSK Stgt., IHK Schopf. 295, Schöpflin an Maier, 9.4.1942.

396 GLA, 237/24381, Lagebericht der GWK für September/Oktober 1943, 22.10.1943 (Zitat); WSA Stgt. IHK Schopf. 132, Rundschreiben der WSG Textilindustrie. Danach beschäftigte die elsässische Textilindustrie im Oktober 1943 noch 25500 Männer und Frauen, im September 1944 nur noch 18800.

397 Der Anteil der Männer unter den Fachkräften in badischen Konsumbetrieben lag 1941 wesentlich höher als der der Frauen, obwohl die weiblichen Beschäftigten bei weitem die Mehrheit ausmachten. Im Bereich Nahrung und Genuß etwa zählte genau ein Drittel der männlichen Beschäftigten zu den Fachkräften, unter den Frauen betrug der Anteil mit 16,1 Prozent nur die Hälfte. Im Textilbereich war das Verhältnis für die Frauen noch schlechter: 21,7 Prozent der Männer erhielt einen Facharbeiterlohn, aber nur 9,3 Prozent der Frauen. (Wasköng, Arbeitsverdienste, S. 164 und 166).

Tabelle 18

Die Beschäftigten in den badischen Konsumindustrien 1939/1944

Konsumindustrien

	Männer	Frauen	Deutsche Männer	Deutsche Frauen	Gesamt
Mai 1939	70024	84241			154265
Jan. 1943	39883	61540	35480	58429	101423
Mai	39270	62916	34870	59991	102186
Juli	38195	62450	33916	59755	100645
Sept.	36825	59886	32680	57190	96711
Jan. 1944	37618	59984	32959	56947	97602
März	36260	58121	31724	55241	94381
Mai					91944

davon Textilindustrie

	Männer	Frauen	Deutsche Männer	Deutsche Frauen	Gesamt
Mai 1939	16635	23052			39687
Jan. 1943	9074	15969	8009	14521	25043
Mai	8709	16201	7859	14854	24910
Juli	8359	15603	7522	14450	23962
Sept.	7686	13921	6945	12850	21607
Jan. 1944	8348	14924	7327	13585	23272
März	8131	14365	7132	13145	22496
Mai					21815

GLA, 237/24357; BA, R 12 I/93 (Mai 1944).

tete die badische Textilindustrie in ihren zivilen Bereichen im Oktober 1943 nur noch mit 44,6 Prozent ihrer Kapazität; reichsweit waren die Betriebsmittel immerhin noch zu 54,8 Prozent ausgelastet. Im September 1944 konnten die badischen Textilfirmen ihre Maschinen sogar nur noch zu 42,4 Prozent ausnutzen[398]. Das führte dazu, daß die Beschäftigten im Frühjahr 1944 nur noch die Hälfte der Wäsche, Tücher und sonstigen Textilprodukte des Vorjahres herstellten. Ähnlich sah es in den Betrieben der chemischen, der papierverarbeitenden, der Zellstoff- und der Lederindustrie aus, deren Produktion bei jedem Verlust von Beschäftigten unter Problemen zu leiden hatte, die sich bei kleineren und mittleren Firmen existenzgefährdend auswirken konnten[399].

---

[398] WSA Stgt., IHK Schopf. 132, Rundschreiben der WSG Textilindustrie, o. D.

[399] GLA, 237/24381, LWA-Lagebericht April 1944; 237/24382, Lagebericht der WSK Mannheim für Mai bis Juli 1944, 27.7.1944. In beiden Faszikeln finden sich weitere Lageberichte zu dieser Situation.

Für die Versorgung der Bevölkerung besonders gravierend mußte sich der Umstand bemerkbar machen, daß die für Rüstung und Wehrmacht abgezogenen Beschäftigten die jüngsten und leistungsfähigsten waren — ihr Fehlen drückte die Produktivität der Betriebe ganz besonders. Hinzu kam, daß infolge der Umsetzungen, Auftragsverlagerungen und der im Textil-, Leder- und Schuhbereich auch branchenimmanenten Aufträge etwa für Uniformtuch und Stiefel die nominell zur Konsumindustrie gehörenden Beschäftigten in erster Linie für die Wehrmacht produzierten. Das ging so weit, daß im Juli 1944 die Wiesentäler Betriebe ihre Tücher und Stoffe ausschließlich für die Wehrmacht oder für den Export verarbeiteten. Auch die Zigarrenindustrie produzierte trotz des eingeengten Potentials an Beschäftigten Ende 1943 nur noch zu 60 Prozent für zivile Kunden; im Jahr darauf dürfte sich dieser Anteil weiter verringert haben. Selbst das Handwerk war Mitte 1944 weitgehend in die Rüstung eingeschaltet, der Metallbereich praktisch ganz. In Pforzheim zum Beispiel arbeiteten von noch rund 40 bestehenden Klempnerbetrieben bis auf drei oder vier alle für die Rüstung[400].

Die Versorgungslage wurde dadurch im Laufe der Jahre 1943 und 1944 in Baden auf allen Gebieten des täglichen Lebens immer kritischer, zumal der Bedarf für die steigende Zahl der Opfer von Luftangriffen nicht mehr zu decken war. Möbel gab es ab Frühjahr 1944 nur noch für Fliegergeschädigte, Herde und eiserne Haushaltsgeräte wie Töpfe und Pfannen nicht einmal mehr für die. Das Landeswirtschaftsamt sah sich bei manchen Gegenständen schon im Februar 1944 nicht mehr in der Lage, die Verteilung nach irgendwelchen Normen durchzuführen: »Sie nimmt vielmehr den Charakter eines Spieles mit dem Glücksrad an[401].«

4. Innerbetriebliche Faktoren der Leistungssteigerung

a) »Raubbau an der menschlichen Gesundheit«: Die Erhöhung der Arbeitszeit

Die Verlängerung der Arbeitszeit gehörte zu den innerbetrieblichen Möglichkeiten, mit denen das Kräftepotential erhöht werden sollte. Das schnell vorangetriebenen Instrument erwies sich aber schon frühzeitig als ausgeschöpft. Bei Kriegsbeginn strich eine Verordnung jegliche Beschränkung bei den Arbeitszeiten für Männer. Der achtstündige Arbeitstag fiel für sie ebenso weg wie für Frauen, deren Arbeitszeit auf 56 Wochenstunden begrenzt wurde. Die Gewerbeaufsichtsämter konnten selbst die für Frauen verbotene Nachtarbeit »in dringenden« Fällen genehmigen[402]. Es sollte sich aber sehr schnell erweisen, daß man mit der völligen Liberalisierung der Arbeitszeit des Guten zuviel getan

---

400 GLA, 237/24382, Lageberichte der Zweigstelle Schopfheim der WSK Freiburg, 19.7.1944, und der Gauhandwerkskammer Oberrhein, 2. Quartal 1944, 1.8.1944; 237/ 28814, LWA-Lagebericht 21.12.1943.

401 GLA, 237/24381, LWA-Lagebericht, 4.2.1944. Über die Versorgung der deutschen Bevölkerung siehe ausführlich: Boelcke, Wirtschaft, S. 308ff.

402 Verordnung zur Abänderung und Ergänzung von Vorschriften auf dem Gebiete des Arbeitsrechts vom 1.9.1939, RGBL. I, 1939, S. 1683, vgl. Recker, NS-Sozialpolitik, S. 35; Werner, Bleib übrig!, S. 41f.

hatte. Schon am 12. Dezember 1939 führte das Reichsarbeitsministerium die grundsätzliche Arbeitszeit von acht Stunden pro Tag wieder ein, zehn Stunden waren aber bei »wirtschaftlichen Notwendigkeiten« möglich. Erst mit Genehmigung des Gewerbeaufsichtsamtes konnten Betriebe eine längere Ausdehnung erreichen[403]. Schon wenige Monate später, zwischen Mai und September 1940, scheiterte ein erneuter Versuch, die Arbeitszeit hochzuschrauben. Im Mai 1940 ordnete der Minister für Bewaffnung und Munition, Fritz Todt, für die Beschäftigten der Rüstungsindustrie eine generelle 60-Stunden-Woche an, ihre Kolleginnen sollten 54 pro Woche arbeiten[404]. Angesichts des Leistungsrückganges und der vermeintlichen günstigen Kriegslage strich Todt die Anweisung aber am 27. September 1940 wieder[405]: Der Stand vom Dezember 1939 blieb erhalten.

Die Stuttgarter Rüstungsinspektion verfuhr mit einem ähnlichen Zick-Zack-Kurs. Sie monierte im Januar 1940 zunächst die neue Begrenzung der Arbeitszeit für Männer und befürchtete »namhafte Arbeitsausfälle«[406]. Doch im Laufe des Jahres wuchs auch bei ihr die Erkenntnis, daß die Beschäftigten über keine unbegrenzten Kräfte verfügten. Die Rüstungsstelle teilte deshalb im Mai 1940 dem Wehrkreisbeauftragten Friedrich Ortmann mit, eine tägliche Arbeitszeit von zehn Stunden habe sich »als höchst unerwünscht erwiesen«[407]. Die Vorschrift zur generellen Einhaltung der 60-Stunden-Woche wurde jetzt sogar als »nicht zweckmäßig« angesehen[408].

Hinter dem Meinungswandel stand die Erkenntnis, daß die Arbeitszeit in Verbindung mit der geographischen und wirtschaftlichen Struktur des Bezirks zu kaum tragbaren Belastungen für die Arbeiter führte, da die Beschäftigten häufig stundenlang unterwegs waren. Als noch wichtiger galten aber zum anderen Erfahrungen »maßgeblichster« Unternehmen des Bezirks, die schnell wieder von den zehn Stunden weggekommen waren und dafür mit gesünderen Arbeitnehmern, einer gleichen oder sogar höheren Ausbringung sowie einem geringeren Ausschuß belohnt wurden[409]. Der Druck auf die Unternehmen, die Arbeitszeit zu erhöhen, war dementsprechend im zweiten Kriegsjahr 1940 noch relativ gering. Mit 52,2 Prozent aller badischen Betriebe arbeitete die Mehrheit in diesem Jahr 48 Stunden und weniger[410].

Das sollte sich im kommenden Jahr ändern: Wegen der verstärkten Auslastung der badischen Unternehmen mit Kriegsaufträgen drohte die Prüfungskommission V im Juni 1941 Firmen den Abzug ihrer Beschäftigten an, wenn sie noch mit einer Arbeitszeit von 48

---

403 Der Alemanne, Nr. 346, 15.12.1939; Verordnung über den Arbeitsschutz vom 12.12.1939, RGBL. I, 1939, S. 2403; vgl. Recker, NS-Sozialpolitik, S. 52.

404 BA-MA, RW 20—12/9, Lagebericht RüIn XII, 14.6.1940, Anlage 5; Erlasse vom 6.5. und 14.5.1940; vgl. Werner, Bleib übrig!, S. 146ff., der den Erlaß aber auf den 6. Juni 1940 datiert.

405 Werner, Bleib übrig!, S. 148.

406 BA-MA, RW 20—5/6, Lagebericht RüIn V, 23.1.1940.

407 GLA, 460/240, 29.5.1940, Runderlaß LAA an die Arbeitsämter.

408 BA-MA, RW 20—5/7, Lagebericht RüIn V, 13.6.1940.

409 GLA, 460/240, 29.5.1940, Runderlaß LAA an die Arbeitsämter.

410 Waskönig, Arbeitsverdienste, S. 146ff. Bei dieser Untersuchung wertete die Autorin 1942 im März des Vorjahres entstandene Beitragsunterlagen der DAF Baden aus, die 966 Unternehmen mit rund 130000 Beschäftigten umfaßte. Die Ergebnisse müssen angesichts der Vielzahl der beteiligten Firmen und Beschäftigten als repräsentativ und genau qualifiziert werden.

Stunden pro Woche zu Werke gingen[411]. Der Druck dieses regionalen Gremiums, das seit Anfang dieses Jahres den Arbeitseinsatz steuerte, sorgte dafür, daß sich das Verhältnis umdrehte und 1941 mit 54,1 Prozent die meisten badischen Unternehmen über 48 Stunden pro Woche arbeiten ließen[412]. Damit hatte es die Prüfungskommission erreicht, daß die badische Industrie im Schnitt mit 51,6 Stunden pro Woche wesentlich länger arbeitete als die Firmen im Reich mit 50,2[413]. Ausschlaggebend dafür waren die Eisen- und Metallbetriebe, die im März 1941 den badischen Schnitt erheblich überschritten (Tabelle 19), zumal die 60-Stunden-Woche in den Rüstungsfirmen schon Mitte 1941 zur Regel geworden war[414]. Im Vergleich dazu arbeiteten die Beschäftigten der drei Hauptkonsumbereiche Nahrung und Genuß, Bekleidung und Leder sowie Textil wesentlich kürzer.

Da in erster Linie die vom Landeswirtschaftsamt betreuten Industriezweige von der Prüfungskommission angegriffen wurden, suchte es sich mit einem Gutachten des Gewerbeaufsichtsamtes über die Ursachen zu munitionieren. Der Untersuchung zufolge ließ sich die unterdurchschnittliche Arbeitszeit in den Textil- und Tabakbetrieben Badens auf die Struktur der Mitarbeiter zurückführen. In beiden, auf Frauen basierenden Gewerben arbeitete ein Großteil der Beschäftigten zusätzlich in einem landwirtschaftlichen Anwesen; darüber hinaus hatten viele Frauen Familienpflichten zu erfüllen[415]. In einem größeren Textilbetrieb in Offenburg verfügten im Herbst 1941 über 90 der 143 Beschäf-

Tabelle 19

Die durchschnittliche Wochenarbeitszeit in ausgewählten badischen Industriezweigen im März 1941 in Stunden

Industrie	Stunden
Eisen und Metall	54,1
Bergbau	52,1
Steine und Erden	51,6
Chemie	49,2
Textil	49,1
Bekleidung und Leder	48,8
Nahrung und Genuß	48,2

Waskönig, Arbeitsverdienste, S. 148.

411 GLA, 460/241, Schreiben LWA an AA Karlsruhe, 2.7.1941.

412 Waskönig, Arbeitsverdienste, S. 146ff.

413 Siegel, Leistung und Lohn, Stat. Anhang, S. 301, zu der Reichsangabe; Waskönig, Arbeitsverdienste, S. 148, zu Baden.

414 BA-MA, RW 20–5/9, S. 28, Lagebericht RüIn V, 13.6.1941.

415 GLA, 237/28847, Arbeitszeit in der Textil- und Zigarrenindustrie, von Prof. Waffenschmied (GAA), o.D. (Sept. 41).

tigten über ein zusätzliches Einkommen in der eigenen Landwirtschaft, 21 waren nach der Untersuchung des badischen Gewerbeaufsichtsamtes krank und alt, 11 hatten sich um einen Haushalt zu kümmern. Firmen mit einer solchen, in ganz Südbaden verbreiteten Beschäftigten-Struktur, standen vor allem in der Erntezeit vor Problemen: Ländliche Filialen von Tabakunternehmen konnten jetzt ihren Betrieb zumachen, die Textilfirmen einen Teil ihrer Beschäftigten von vornherein abschreiben. Wie es sich auswirkte, wenn eine Firma ihre Arbeitszeit trotz dieser Strukturen erhöhte, zeigt das Beispiel der südbadischen Textilfirma Gütermann in Gutach, die von 48 auf 54 Stunden umstellte. Wegen der langen Wege im Schwarzwald zum Arbeitsplatz kamen die Frauen abends erst um zehn Uhr nach Hause. Die Folge: Der Krankenstand erhöhte sich von 8 auf 14 Prozent[416].

Die meisten Firmen, die nach 1941 den Kreis der Rüstungsbetriebe stark erweiterten, setzten die Wochenarbeitszeit auf 60 oder nur geringfügig weniger Stunden fest. Im September 1943 gingen die Beschäftigten der Rüstungsindustrie am Oberrhein nominell mindestens 55 Stunden pro Woche zu Werke, in Karlsruhe sogar 60 Stunden[417]. Im stark von seinen Fachkräften entblößten badischen Handwerk nahm die Arbeitszeit so stark zu, daß Extrembeispiele in den Quellen aus dem Herbst 1943 von 84 Wochenstunden berichten, die Freiburger DAF sogar von 80 bis 110 Stunden[418].

Diese Angaben vermitteln aber nur ein oberflächliches Bild. Die Tendenz war in Wirklichkeit negativ, wie die Zahl der produktiven Arbeitsstunden zeigt. Sie fiel nach ihrem Höhepunkt von 49,5 Stunden 1941 bis 1944 auf 46,3 zurück[419]. Auch in der badischen Textilindustrie kamen die Firmen in ihrem originären Bereich im Oktober 1943 auf eine durchschnittliche Wochenarbeitszeit von 50,5 Stunden, in Wirklichkeit hatten die Beschäftigten aber nur 38,2 Stunden lang eine produktive Leistung erbracht[420]. Die Schere zwischen der nominellen und der produktiven Arbeitszeit klaffte somit zunehmend auseinander. Diese Tatsache ist damit erklärbar, daß letztere nicht die auf Krankheit, Luftalarme und -angriffe sowie Rohstoffmangel zurückzuführenden Ausfälle erfaßte, die sich mit zunehmender Kriegsdauer häuften. Darüber hinaus waren die produktiven Stundenangaben durch den massiven Einsatz von Frauen, die nur halbtags oder stundenweise in den Firmen zu finden waren, gesunken[421]. Die Belastung für die Beschäftigten spiegelte sich allerdings eher in der nominellen Arbeitszeit pro Woche wider.

Schon die Erfahrungen von 1940 und 1941 ließen die Folgen erkennen, die die verlängerten Arbeitszeiten mit sich brachten. Die Dienststellen im Südwesten beobachteten im Herbst 1941 eine absinkende Leistung auf breiter Front und »große Ausfälle« we-

416 GLA, 237/28847, Arbeitstagung der Prüf.Kommission V am 7.5.1941.
417 GLA, 460/13, GAA an GBA, 14.9.1943. Die Arbeitszeit Mannheimer Firmen wurde nicht in die Meldung einbezogen.
418 BA, NS 5 I/58, Bericht der DAF Freiburg, Sept. 1943; GLA, 237/24381, GWK Lagebericht Sept./Okt. 1943, 29.10.1943.
419 Siegel, Leistung und Lohn, Tabelle S. 305, nach einer Erhebung des Stat. Reichsamtes.
420 WSA Stgt., IHK Schopf. 132, WSG Textilindustrie, Der Arbeitseinsatz, Rundschreiben 23.12.1943, Anl. 4.
421 Vgl. Hartmann, Industriearbeit, S. 53.

gen der zu langen Arbeitszeit. Die Prüfungskommission verzeichnete Betriebe, die auf 30 Prozent ihrer Belegschaft wegen Krankheit und Urlaub verzichten mußten[422]. Als »Sekundärerscheinungen«, so die Wiesbadener Inspektion, zog die große Belastung ab Sommer 1941 verstärkte Disziplinprobleme nach sich, wie Bummelschichten, Unpünktlichkeit und den von der Stuttgarter Inspektion erkannten, »verschärften Widerstand« gegen die Nachtschicht[423].

Schon 1941 zeigte sich damit, daß aus einer weiteren Ausdehnung der Arbeitszeit auch für die unter großen Verlusten an Arbeitskräften leidende badische Wirtschaft mittel- und langfristig nichts mehr gewonnen werden konnte. Die beteiligten Behörden waren sich dieser Tatsache auch bewußt. Die Inspektion sah mit einer 60-Stunden-Woche die »oberste Grenze« für den Dauerzustand erreicht; das Gewerbeaufsichtsamt entsprach solchen Anträgen nur unter bestimmten Bedingungen und unter einer zeitlichen Frist[424]. Auch der für die Beaufsichtigung der betrieblichen Arbeitsbedingungen zuständige Treuhänder der Arbeit, Wilhelm Kimmich, der zum Sachbearbeiter beim Generalbevollmächtigten für den Arbeitseinsatz aufgestiegen war, bemerkte 1942:

> »Eine Arbeitszeit-Steigerung auf 60 Stunden könne immer nur für kurze Zeit mehr Effekt bringen, auf lange Sicht gesehen und bei der gegenwärtig langen Dauer des Krieges entstehen ganz deutlich heute schon festzustellende Leistungsabfälle[425].«

Trotz dieser Erkenntnisse geriet das badische Gewerbeaufsichtsamt, das Arbeitszeitverlängerungen über die 60-Stunden-Woche hinaus sowie für Frauen und Jugendliche über 16 Jahre genehmigen mußte, immer mehr in die Defensive. Die Betriebe machten sich bei ihren Vorstößen die offizielle Propaganda zunutze, Goebbels' Aufruf zum totalen Krieg etwa oder Artikel in der Freiburger NS-Zeitung »Der Alemanne«[426]. Dennoch gelang es dem Gewerbeaufsichtsamt bis zum Frühjahr 1944 immer wieder, bremsend einzuwirken. Der Forderung der Freiburger Gleichrichterfirma Wilhelm Zeh zum Beispiel, für Frauen und Jugendliche die 60-Stunden-Woche einzuführen, wurde zwar zunächst für acht Monate entsprochen, im Oktober 1943 aber nicht mehr verlängert[427]. Noch im Januar 1944 veranlaßte das Amt die Triberger Schraubenfabrik Gebrüder Bühler, die auf Veranlassung des Reichsluftfahrtministeriums ihre Zünderproduktion um 60 Prozent steigern sollte, ihren Antrag auf Einführung der 60-Stunden-Woche für Frauen noch einmal zu überprüfen[428].

---

[422] BA-MA, RW 20—12/23, S. 2, Lagebericht RüIn XII, 14.10.1941; GLA, 237/28848, Tagung der Prüfungskommission am 3.11.1941 (Zitat).

[423] BA-MA, RW 20—12/23, S. 2, Lagebericht RüIn XII, 14.10.1941; RW 20—5/10, S. 14, Lagebericht RüIn V, 13.10.1941; BA, NS 5 I/58, Monatsberichte der DAF Freiburg, Juni bis Dezember 1941.

[424] BA-MA, RW 20—5/5, S. 17, Geschichte der RüIn V 1941; StA Freiburg, GAA 1203, Antrag Firma Tscheulin, Teningen, an das GAA vom 24.10.1941 auf einen 12-Stunden-Tag.

[425] WSA Stgt., IHK Kon. o.N. (Einladungen, Vorträge), Vortrag Kimmich vor Betriebsführern des Bodenseekreises, 15.11.1942.

[426] StA Freiburg, GAA 538, Fa. Mannesmann, Hausach; GAA 329, Fa. Wilhelm Zeh, Freiburg; GAA 472, Laufenburger Schraubenfabrik.

[427] StA Freiburg, GAA 329, Fa. Wilhelm Zeh, Freiburg.

[428] StA Freiburg, GAA 472, Laufenburger Schraubenfabrik; GAA 1366, Gebr. Bühler, Triberg.

Anträge auf Nachtarbeit von Frauen und Jugendlichen unter 16 Jahren behandelte das Amt besonders restriktiv. Schon 1940 forderte die Rüstungsinspektion deshalb, die Gewerbeaufsicht solle »den Bedürfnissen der Wehrmacht mehr als bisher Rechnung tragen!«[429] Noch im Mai 1943 sprach sich Behördenleiter Eduard Emele gegen jegliche Nachtarbeit von Frauen aus, ließ allerdings eine Hintertür offen, da eine völlige Ablehnung offenbar nicht durchzusetzen war: Wenn einem Antrag stattgegeben werden müßte, dann nur befristet[430]. Bis Ende 1943 gelang es, solche Vorhaben abzuwehren oder wenigstens eine Verschiebung zu erreichen[431]. Der schleichende Bedeutungsverlust des Arbeitsschutzes konnte auf diese Weise bei der Arbeitszeit für Männer und Frauen lange hinausgezögert werden, wenn er auch nicht zu verhindern war[432].

Mit dem am 25. März 1944 aufgestellten Jägerprogramm brachen die Dämme weitgehend. Die daran beteiligten Firmen mußten ihre Arbeitszeit auf 72 Stunden für Männer und 60 Stunden für Frauen und Jugendliche erhöhen[433]. Der Erlaß Speers hatte auch Folgen für die badischen Unternehmen außerhalb des Jägerprogrammes. Wenige Tage nach Start des Jägerprogramms kam die oberrheinische Rüstungskommission zu dem Schluß, alle Unternehmen zur starren Festlegung auf die 60-Stunden-Woche zwingen zu wollen. Auf Antrag der Rüstungsinspektion übte die Kommission »aus Gründen der Gerechtigkeit« Druck auf alle Firmen der gewerblichen Wirtschaft aus, die Arbeitszeit zu erhöhen[434].

Die oberrheinische Rüstungsbürokratie gebärdete sich mit dieser Forderung nach einer allgemeinen 60-Stunden-Woche radikaler als Fritz Sauckel, der Generalbevollmächtigte für den Arbeitseinsatz, der dem Vorschlag erst ein halbes Jahr später folgte. Die Inspektion wie vor allem der Kommissionsvorsitzende, Ministerpräsident Walter Köhler, vollzogen einen völligen Kurswechsel. Noch im Mai 1943 hatte Köhler eine einheitliche Fixierung abgelehnt und konstatiert, für die Firmen sei jeweils diejenige Arbeitszeit die richtige, die auf längere Sicht die Höchstleistung des einzelnen gewährleiste. Sollte die Arbeitszeit darüber hinausgehen, komme es zum Raubbau an der menschlichen Gesundheit, der sich bitter rächen werde[435].

Um die noch vorhandenen Reserven festzustellen, gingen die Rüstungsstellen nach einem sehr vereinfachenden und kaum realistischen System vor. Sie berechneten die Differenz aus der bisherigen Arbeitszeit zu einer 72-Stunden-Woche; das Ergebnis wurde mit der Zahl der Beschäftigten multipliziert, um so auf das Arbeitsvolumen zu kommen, über das das Unternehmen noch verfügen könnte. Der Druck brachte etwa die badischen Tex-

---

429 BA-MA, RW 20—5/7, Lagebericht RüIn V, 13.6.1940.

430 GLA, 237/26105, Besprechung 18.5.1943.

431 StA Freiburg, GAA 487, Alu Wutöschingen; GAA 69, Chr. Schondelmaier, Metallwaren, Hornberg.

432 Das Urteil »Die Gewerbeaufsichtsämter [...] hörten auf, ein, wenn auch nur bescheidener, Schutzfaktor für die deutsche Arbeiterschaft zu sein und standen Arbeitszeitverlängerungen nicht mehr im Wege« (Werner, Bleib übrig!, S. 242) traf für die badischen Ämter erst ab Frühjahr 1944 zu.

433 GLA, 233/26073.

434 GLA, 237/24379, Sitzung der Rükom, 30.3.1944; 237/24400, RüIn OR an Rükos, 13.4.1944.

435 BA-MA, RW 20—5/21, Besprechung Köhlers mit der Inspektion in Mannheim, 11.5.1943.

tilunternehmen dazu, die Wochenarbeitszeit bei ihrer originären Produktion zwischen Oktober 1943 und September 1944 von 50,5 auf 55,1 Stunden zu steigern[436].

Das Gewerbeaufsichtsamt wurde ab dem Frühjahr 1944 über Verlängerungen nur noch informiert und hatte keinen Einfluß mehr auf die Arbeitszeit der Männer[437]. Es konnte nur noch an die Firmen appellieren, die optimale Stundenzahl liege allen Erfahrungen nach bei 56 für Männer und 54 für Frauen. Erfolg hatte es aber keinen mehr[438]. Der Arbeitsschutz und die Gewerbeaufsicht hatten zu diesem Zeitpunkt Bedeutung und Ansehen verloren. Sollten Wünsche auf eine Lockerung der Schutzbestimmungen vorliegen, hieß es in einem Schreiben an das Freiburger Kommando,

»so sind wir durchaus bereit, diesen Rechnung zu tragen, wenn es dem gemeinsamen Ziel aller Behörden, nämlich der Leistungssteigerung der Kriegswirtschaft und im Einzelfalle des Betriebs dient[439].«

Badische Unternehmen, die sich bis dahin geweigert hatten, die Stundenzahl zu erhöhen, mußten jetzt fürchten, keine neuen Beschäftigten mehr zu bekommen und vorhandene zu verlieren. Politische Rücksichten hatten ihren Stellenwert verloren. Das galt auch für den größten badischen Rüstungskonzern, die BBC Mannheim. Die Firma hielt an der 48-Stunden-Woche zunächst auch im Krieg fest, nachdem der Versuch einer 60stündigen Arbeitszeit schon 1938 gescheitert war. Mitte 1944 gab die Rüstungskommission dem Einspruch der Weinheimer Lederfirma Freudenberg recht, die die Abgabe von 280 Beschäftigten an BBC mit der Begründung verweigerte, dort gelte noch die 48-Stunden-Woche. Der Konzern sollte erst dann wieder neue Mitarbeiter erhalten, wenn er seine Arbeitszeit erhöht hatte[440].

Trotz solcher Zwangsmaßnahmen beugten sich manche längerfristig denkende Firmenchefs dem staatlichen Druck aber nicht. Die Süddeutschen Kabelwerke Mannheim gaben frisierte Meldungen über den Einsatz der Belegschaft von 60 bis 72 Stunden ab, obwohl nur einzelne Abteilungen 60 Stunden arbeiteten, das Gros aber bei 55 Stunden blieb[441]. Offen gegen die Verlängerung der Arbeitszeit einzutreten, war vor allem dann möglich, wenn die Firma ihr Produktionssoll dennoch erreichte. Der Firma AVOG aus Bühlertal, die mit 60 Beschäftigten Elektromotoren und Autozubehör produzierte, gelang es trotz der Aufforderung des Kommandos und des Arbeitsamtes, eine Verlängerung der Arbeitszeit mit »allerlei Finten« hinauszuzögern, wie das Gewerbeaufsichtsamt bemerkte, und schließlich von 54 nur auf 61 und nicht auf die geforderten 72 Wochenstunden zu

---

436 WSA Stgt., IHK Schopf. 132, WSG Textilindustrie, Der Arbeitseinsatz, Rundschreiben 23.12.1943, Anl. 4; dies., Entwicklung des Arbeitseinsatzes in der Textilindustrie Großdeutschlands, o.D., Stand September 1944, Anlagen.

437 Solche Fälle traten ein bei den Firmen Stierlen-Werk, Rastatt (StA Freiburg, GAA 633); Wehrle, Emmendingen (GAA 591); Kienze-Apparate, Villingen (GAA 703); Aluminium Wutöschingen (GAA 1189).

438 StA Freiburg, GAA 1185, Gebr. Steidinger, St. Georgen.

439 StA Freiburg, GAA 472, GAA an Rüko, 26.5.1944.

440 ZSA Potsdam, Dt. Bank 15156, Aufsichtsratssitzung BBC, 17.11.38; GLA, 237/24379, Rükom-Sitzung, 11.5.1944.

441 GLA, 465a/56/10/373. Diese Angabe machte der Betriebsleiter im Spruchkammerverfahren nach dem Krieg. Im Kontext seines sonstigen Verhaltens ist sie glaubhaft. Der Betriebsleiter wurde im März 1947 als entlastet eingestuft.

gehen. Die Firma hatte allerdings guten Grund für ihr Verhalten, da der Krankenstand schon bei der geringeren Stundenzahl ausgesprochen hoch lag — bedingt durch lange Anfahrtswege und die zusätzliche Belastung, da zwei Drittel der Belegschaft einen eigenen Hof bewirtschafteten.

Das Beispiel dieser Firma bringt auch zum Vorschein, wie verfehlt das starre Festhalten an einer bestimmten Stundenzahl war. Sie führte ein Verfahren ein, das den Beschäftigten mehr Freizeit und eine Zulage an Nahrungsmitteln versprach, wenn das Produktionssoll erreicht wurde. Die Betriebsergebnise verbesserten sich mit dieser Prämie um 33 Prozent, während die Arbeitszeit nur um 14 Prozent angehoben worden war. »Es wird also das Solidaritätsgefühl der Arbeitskameraden angesprochen, und einer erwartet vom anderen, daß er zur Arbeit erscheint«, kommentierte das Gewerbeaufsichtsamt in einem Bericht an das Reichsarbeitsministerium. Als Folge halbierte sich die Krankheitsrate bei den Männern, bei den Frauen fiel sie auf ein Drittel der ursprünglichen Höhe[442]. Dem im März 1944 von der Kommission ausgesprochenen Wunsch, die Firmen allgemein auf eine 60-Stunden-Woche für Männer zu setzen, entsprach Sauckel am 31. August 1944. Frauen sollten 56 Stunden arbeiten, Jugendliche unter 16 Jahren 48 Stunden lang. Die Entscheidung über Überstunden lag beim Firmenchef, eine Höchstarbeitszeit war endgültig gestrichen. Der Erlaß ließ aber die Möglichkeit, eine geringere Arbeitszeit festzusetzen, wenn dadurch ein »Höchstmaß an Leistung« zu erwarten war[443]. Vor allem Anträge der Firmen auf Nachtarbeit für Frauen häuften sich jetzt in großen Ausmaße, da aus den Betrieben die letzten männlichen Fachkräfte herausgezogen wurden. An ihre Stelle sollten die Frauen treten, die vor allem als »Führungspersonal« für ausländische Zwangsarbeiter eingesetzt wurden[444]. Das Gewerbeaufsichtsamt genehmigte Nachtarbeit für Frauen ebenso wie für Jugendliche unter 18 Jahren nun ohne Schwierigkeiten. Den Firmen wurde nur noch zur Bedingung gemacht, die Auswirkungen beim Krankenstand mitzuteilen[445]. 1945 schließlich erklärte sich das Amt damit einverstanden, selbst Jugendliche unter 16 Jahren in der Nachtarbeit einsetzen zu lassen[446]. Arbeitsschutz im Sinne des Wortes gab es keinen mehr, das Gewerbeaufsichtsamt hatte seine Daseinsberechtigung verloren. Zu dieser Zeit, als einer Verlängerung der Arbeitszeit kein Hindernis mehr im Wege stand, führte der zunehmende Rohstoffmangel paradoxerweise dazu, daß die Stundenzahl immer wieder gekürzt werden mußte[447].

Positive Auswirkungen auf die Produktion hat es mit der längeren Arbeitszeit sicherlich gegeben. Ob die Ergebnisse dadurch aber mittel- und längerfristig angehoben werden konnten, ist höchst zweifelhaft. Eine mangelhafte Ernährung und die oft langen Anmarschwege trugen über die Arbeitsbelastung hinaus dazu bei, daß die Leistung sank

---

[442] StA Freiburg, GAA 525 (Firma AVOG), Aktennotiz GAA, 17.6.1944; GAA an RAM, 20.7.1944.

[443] RGBl. I 1944, S. 191; vgl. Werner, Bleib übrig!, S. 335f.

[444] StA Freiburg, GAA 684 (Baumwollspinnerei- und weberei Arlen).

[445] StA Freiburg, GAA 472 (Laufenburger Schraubenfabrik)

[446] StA Freiburg, GAA 683 (Eisen- und Stahlwerk Singen), GAA 1504 (Fichtel und Hackenjos, Villingen), GAA 795 (Spinnerei und Weberei Zell i.W.).

[447] BA-MA, RW 21—21/12, KTB Rüko Freiburg, 4. Q. 1944, S. 19; vgl. auch: StA Freiburg, NS 68, Bericht des Reichstreuhänder-Beauftragten in Freiburg, Okt./Nov. 1944.

oder die Einführung einer Zwölf-Stunden-Schicht scheiterte[448]. Die Arbeitsergebnisse der 72-Stunden-Woche lagen schließlich auf der Höhe einer 60-Stunden-Woche[449].

b) Die Rationalisierung in den Unternehmen

Zu den innerbetrieblichen Maßnahmen, mit denen der Ausstoß der Rüstung gesteigert werden sollte, zählte auch die Rationalisierung. Während daran in den ersten Kriegsjahren erhebliche Defizite bestanden[450], gab der dem Rückschlag vor Moskau folgende »Führer-Erlaß« zur »Vereinfachung und Leistungssteigerung unserer Rüstungsproduktion« vom 3. Dezember 1941 den Bemühungen neuen Auftrieb[451]. Er stellte das Ziel, in den Unternehmen gleichzeitig die Produktionstypen zu normieren, deren Zahl zu senken und die Fertigung auf Fließband umzustellen. Letztlich lief die Maxime darauf hinaus, die Herstellung in den sogenannten Bestleistungsbetrieben zu konzentrieren. Einen Anreiz für die Rationalisierung sollte den Firmen der von Munitionsminister Todt im November 1941 eingeführte »Festpreis« für Rüstungsprodukte bieten. Die Gestehungskosten wurden dabei auf der Basis des günstigsten Produktionsaufwandes festgelegt, der bei der Herstellung möglich war. Denjenigen Firmen, die in der Lage waren, auf diesem Niveau zu produzieren, winkte eine Steuerbefreiung. Teurere Gestehungskosten wiederum mußten mit dem Verlust des Steuervorteils bezahlt werden[452].

In Baden griffen die Maßnahmen ab Herbst 1942. Das Freiburger Rüstungskommando berichtete von »beträchtliche(n) Erfolge(n)«, die bei der Herstellung von Munition, Zündern und Packgefäßen gelungen waren:

> »Durch Zerlegung einer Fertigung in zahlreiche Arbeitsgänge können mit Hilfe von entsprechenden Vorrichtungen ungelernte und berufsfremde Hilfskräfte, hauptsächlich Frauen, in verhältnismäßig kurzer Anlernzeit zu produktiver Höchstleistung gebracht werden.«

Als Beispiel diente der Rüstungsstelle die Villinger Aluminiumgießerei, die es schaffte, für die Fertigung von 100 Gramm Guß den Stundenaufwand um 9,2, den Ausschuß um 24 und den Materialverbrauch um erstaunliche 20,8 Prozent zu verringern, während sich gleichzeitig das Verhältnis zwischen deutschen und ausländischen Beschäftigten bei 1:1 eingependelt hatte[453].

Der staatliche Anreiz zur Rationalisierung wurde Ende 1942 im Südwesten durch den Druck der Behörden ergänzt. Die Rüstungskommission verlangte, die mit dem geringsten Aufwand den größten Erfolg erzielenden »Bestbetriebe« im Reich sollten für einen

---

[448] StA Freiburg, GAA 839, GAA an RAM, 7.7.1944; vgl. auch das Beispiel der Aluminiumfabrik Wutöschingen, StA Freiburg, GAA 1189, GAA an Rüko, 26.5.1944; Aktennotiz GAA, 22.5.1944.

[449] BA-MA, RW 20—5/31, Bericht Rüko Freiburg, Juni 1944, 27.6.1944; RW 21—21/10, KTB Rüko Freiburg, 2. Q. 1944; BA, NS 5 I/58, Juli-Bericht DAF Freiburg, 25.7.1944.

[450] Hachtmann, Industriearbeit, S. 78.

[451] Vgl. Müller, Mobilisierung, S. 620ff.; Eichholtz, Kriegswirtschaft, Bd 2, S. 296ff.; Milward, Kriegswirtschaft, S. 57ff.; Herbst, Der Totale Krieg, S. 174.

[452] Kroener, Personelle Ressourcen, S. 939f.; vgl. Müller, Mobilisierung, S. 642 und 652f.

[453] BA-MA, RW 21—21/4, S. 24f., KTB Rüko Freiburg, 4. Q. 1942 (Zitat); RW 21—21/5, S. 34, dass., 1.Q. 1943.

Vergleich mit den Bezirksfirmen herangezogen werden[454]. Wilhelm Kimmich, der südwestdeutsche Treuhänder der Arbeit und enge Mitarbeiter Sauckels, drohte den Chefs der Bodenseefirmen in Radolfzell unverblümt, aber außerhalb seiner Kompetenzen damit, ihre Betriebe »rücksichtslos« stillzulegen, sollten sie die Bestzeiten nicht erreichen: »Alles müsse zusammenwirken, um Höchstleistungen zu erzielen[455].«

Der Reichstreuhänder wie auch die Inspektion Oberrhein legten darüber hinaus den Finger auf eine Wunde, die die Rationalisierung verstärkt aufgerissen hatte: den Mangel an Werkzeugmaschinen, bei deren Bestellung die Firmen mit Lieferzeiten von einem Jahr und mehr rechnen mußten. Einige Unternehmen verstärkten dieses Manko noch, indem sie die Rationalisierung als Vorwand ausnutzten, an lange entbehrte Maschinen heranzukommen. Immer wieder fielen deshalb Betriebe auf, die nicht in der Lage waren, ihren neuen Maschinenpark völlig auszulasten. Solche Vorkommnisse waren offenbar nicht gerade selten: Kimmich warf den Firmen einen »gewisse(n) Unternehmensegoismus« vor, mit dem sie sich auf die Friedenswirtschaft vorbereiteten[456].

Die angesprochenen Leistungsvergleiche zwischen den Firmen brachten erstaunliche Ergebnisse zutage. Der Industrierat des Rüstungsministeriums verglich etwa im Sommer 1944 die Produktion verschiedener Kolbenmagnete für die Luftfahrtindustrie bei der St. Georgener Firma Gebrüder Steidinger mit der bei dem Rheinauer Unternehmen List. Dabei stellte sich heraus, daß der St. Georgener Betrieb für die gleiche Produktionsmenge 66,5 Stunden benötigte, das Rheinauer Unternehmen aber 150,5. Der Unterschied war eklatant, auch wenn bei Gebrüder Steidinger die Zeit für die Um- und Nacharbeiten nicht mitgemessen wurde[457].

Die bis 1944 stark ausgeweitete Fließbandproduktion[458] fand auch in denjenigen badischen Großbetrieben Eingang, in denen sie bis dahin nicht angewandt worden war. Das Gaggenauer Daimler-Benz-Werk ist solch ein Beispiel. Ohne die im Zuge der Rationalisierung im Südwesten praktizierten Maßnahmen genauer untersuchen zu können, künden die Quellen von ihrem Erfolg. Die Inspektion Oberrhein wie die Kommandos führten den Stand der Produktion, der in der Rüstung wenigstens gehalten oder meist gesteigert wurde, wesentlich auf die Rationalisierung zurück[459].

---

454 GLA, 237/28850, Rükom-Sitzung vom 1.12.1942.

455 WSA Stgt. IHK Kon. o.N. (Einladungen, Vorträge), Protokoll des Kimmich-Vortrags vor Betriebsführern in Radolfzell, 16.11.1942.

456 Ebd.; BA-MA, RW 20—5/12, S. 13, KTB RüIn OR, 4. Q. 1942.

457 BA-MA, RW 21—21/11, S. 22f., KTB Rüko Freiburg, 3. Q. 1944.

458 Hachtmann, Industriearbeit, S. 88.

459 BA-MA, RW 20—5/13, S. 23, KTB RüIn OR, 1. Q. 1943; RW 20—5/17, S. 18f., dass., 1. Q. 1944; RW 21—21/9, S. 26, KTB Rüko Freiburg.

5. »Arbeiten oder Tod«: Zwangsmittel gegen »Bummelei« und hohe Fehlraten

Die Verwendung der Fließbänder im Zuge der Rationalisierung verbesserte nicht nur die Effizienz, sondern auch die Kontrolle der Betriebe über ihre Beschäftigten — ein »sozialdisziplinierender Effekt«, der im Sinne der Leistungssteigerung durchaus erwünscht war. Die Beschäftigten am Band waren von einem gesteuerten Arbeitstempo und -rhythmus abhängig, der individuelle Pausen verhinderte. Diese Wirkungsweise[460] wurde noch verstärkt, wenn ein Werk, wie etwa die Daimler-Benz-Filiale in Mannheim, den Lohn ihrer Arbeitnehmer nach der Leistung von Akkordgruppen berechnete. Die einzelnen Beschäftigten wurden dabei zu »Leistungsgemeinschaften« zusammengefaßt, deren Gesamtergebnisse laufend ermittelt und als Grundlage für die Lohnberechnung verwendet wurden[461]. Das Mannheimer Werk hatte dieses Verfahren schon vor dem Krieg von der Firma Opel übernommen und die Bezeichnung von Gruppen- in »Kameradschaftsakkord« umgeändert, um mit der DAF keine Schwierigkeiten zu bekommen[462].
Der sozialdisziplinierende Effekt gewann im Krieg noch an Bedeutung, als es galt, Hilfskräfte in die Produktion einzuschalten und zu überwachen. Dabei kam das dem System inhärente Eigeninteresse der Beschäftigten erst richtig zur Geltung, da sie gezwungen waren, einen reibungslosen Arbeitsprozeß durchzusetzen, um bei ihren eigenen Lohn keine Einbußen zu erleiden. Der Firmenbericht des Daimler-Benz-Werkes für den DAF-Leistungskampf der Betriebe geht auf dieses Verfahren ein:

»Die neu zum Einsatz kommenden Frauen [...] wurden in die bereits bestehenden Leistungsgemeinschaften eingereiht, und da ihre Einzelleistung für die Gesamtleistung mit ausschlaggebend war, waren die Arbeitskameraden bemüht, diese neuen Arbeitskräfte sobald wie möglich voll einzulernen[463].«

Diese »Bemühungen« der »Arbeitskameraden« wurden noch wichtiger, als ausländische Zwangsarbeiter so in die Produktion des Mannheimer Werkes hineingepreßt wurden, daß sie möglichst effektiv und ohne größere Disziplinprobleme eingesetzt werden konnten[464].
Die Wirkung dieses Arbeitssystems war verblüffend. Wenn man die Behauptung in dem für den »Leistungskampf der Betriebe« angefertigten »Ergänzungsbericht« für bare Münze nimmt, verzeichnete das Mannheimer Werk bis zum Sommer 1941 »kein(en) einzige(n) Fall« eines Arbeitsvertragsbruches[465]. Ein solches Ergebnis steht im Gegensatz zu Mel-

---

460 Hachtmann, Industriearbeit, S. 82f.

461 DB-Archiv, Leistungsbericht der Daimler-Benz AG, aufgeschrieben im Jahre 1940, Bd 7 (Werk Mannheim), S. 59; Ergänzungsbericht der DBAG, Werk Mannheim, 1.7.1940 bis 1.7.1941, S. 28f.

462 GLA, 465a/59/3/7780. Der ehemalige Mannheimer Direktor Paulus betonte dies im Spruchkammerverfahren gegen seinen früheren Kollegen Ernst Decker, da der Akkord im Werk nach dem Krieg offensichtlich stark kritisiert wurde. (Erklärung vom 2.7.1946). Vgl. auch das Schreiben des ehemaligen Brandenburger Opel-Direktors Nordhoff in dem selben Verfahren (19.8.1946).

463 DB-Archiv, Ergänzungsbericht der DBAG, Werk Mannheim, 1.7.1940 bis 1.7.1941, S. 29.

464 Siehe Kapitel V,2. Dort auch ein dementsprechendes Zitat.

465 DB-Archiv, Ergänzungsbericht der DBAG, Werk Mannheim, 1.7.1940 bis 1.7.1941, S. 19. Schon der Leistungsbericht für 1940 vermerkte, weder eine Arbeitsverweigerung noch ein Bruch des Arbeitsvertrags habe stattgefunden (S. 70). Nach der vom RAM herausgegebenen Definition vom 15.6.1940

dungen des Mannheimer Kommandos und von IHK-Geschäftsführer Ulm, die im zweiten Halbjahr 1940 insgesamt von »häufige(n)« Arbeitsverweigerungen sprachen[466]. In Südbaden erreichten die Disziplinwidrigkeiten einen solchen Umfang, daß die Freiburger Arbeitsfront im Oktober 1941 in beinahe jedem Betrieb »passive Resistenz« am Werke sah. Allein in Mannheim zeigten die Arbeitsämter in diesem Jahr zwischen Mai und November 125 Personen bei der Staatsanwaltschaft an[467].

Sowohl in Mannheim wie in Südbaden beteiligten sich an der »Bummelei« weniger die Stammarbeiter der Betriebe als vor allem Frauen und Jugendliche im Alter von 16 bis 18 Jahren. In Freiburg forderten die DAF wie die Kammer deshalb 1941, Jugendliche sollten in Arbeitslager eingewiesen werden können[468]. Diese Verteilung bestätigt auch eine reichsweite Statistik, die Verurteilungen wegen Verstößen gegen die Arbeitsdisziplin darlegte. Ihrzufolge stieg der Anteil der Frauen von 8 Prozent 1939 auf 47 Prozent im Jahre 1942 an, der der Jugendlichen von 3 auf 31 Prozent in demselben Zeitraum[469].

Politische Gründe dürften in Baden keine oder eine nur sehr geringe Rolle gespielt haben, die Freiburger DAF schloß beispielsweise Sabotageakte völlig aus. Hinter dem Unmut steckte eher die tarifliche Einordnung, die die jungen Beschäftigten immer noch gemäß Alter und Ausbildung einteilte, obwohl sie infolge der Einberufungen die Arbeit von Erwachsenen zu leisten hatten. Auch wegen des bevorstehenden Antritts bei der Wehrmacht glaubten Jugendliche immer wieder, sich dem Betrieb oder ihrer Lehranstalt entziehen zu können. Bei den Frauen wiederum zählte ihre starke Doppelbelastung in Beruf und Familie sowie die Beschäftigung in der Landwirtschaft zu den Hauptursachen[470]. Die Arbeitsbelastung brachte als »Sekundärerscheinung«[471] ansteigende Krankheitsraten mit sich. Darüber hinaus darf nicht übersehen werden, daß das Bummeln durchaus auch zu den Elementen eines Arbeitskampfes »auf eigene Faust« (Peukert) gehörte, mit dem

---

wurden beide Verstöße unter dem Terminus »Arbeitsvertragsbruch« zusammengefaßt, ebenso so unbedeutende Vergehen wie »unbegründetes Fehlen« (GLA, 465a/56/2/12355, Rundschreiben des AA an alle Betriebsführer in Mannheim, 1.8.1940). Da ausgeschlossen erscheint, daß in einem Unternehmen dieser Größenordnung keine derartigen Vergehen vorkamen, ist anzunehmen, daß mit dieser Aussage nur schwere Verstöße gemeint waren, die dem Treuhänder der Arbeit zur Bestrafung weitergemeldet worden wären, während der Betrieb leichtere Vergehen selbst ahndete. Vermutlich spielt auch der propagandistische Hintergrund eine Rolle, da die Berichte dazu dienten, die Firma im sogenannten »Leistungskampf der Betriebe« hervorzuheben (siehe Kapitel II.4.).

466 BA-MA, RW 21—44/2, S. 136, KTB Rüko Mannheim, 4. Q. 1940; WSA Stgt., IHK Konstanz 324, IHK-Geschäftsführerbesprechung 20.8.1940. Ähnlich auch eine Meldung der NSDAP-Ortsgruppe aus Mannheim-Rheinau vom 25.9.1940 (GLA, 465c/59).

467 BA, NS 5 I/58, Monatsberichte der DAF Freiburg. Klagen über mangelnde Arbeitsdisziplin erscheinen während des ganzen Jahres 1941. GLA, 309/1205, Lagebericht des GSA Karlsruhe, 12.12. 1941.

468 BA, NS 5 I/58, Berichte der DAF Freiburg für April und Juli 1941; R 11/1242, IHK Freiburg an die AG der IHKs in der RWK, 15.12.1941 und 10.2.1942; WSA Stgt., IHK Konstanz 324, IHK-Geschäftsführerbesprechung 20.8.1940.

469 Werner, Bleib übrig!, S. 189.

470 BA, NS 5 I/58, DAF Freiburg, Berichte April, Mai, Juli, August, Oktober und November 1941; R 11/1242, IHK Freiburg an die AG der IHKs in der RWK, 15.12.1941 und 10.2.1942.

471 BA-MA, RW 20—12/23, S. 2f., Lagebericht RüIn XII, 14.10.1941.

insbesondere Fachkräfte versuchten, ihre Kündigung durchzusetzen, um auf einen besser bezahlten Arbeitsplatz wechseln zu können[472].

Die in den ersten Kriegsjahren angewandten Disziplinierungsmittel waren vom Bemühen gekennzeichnet, die Beschäftigten nur im äußersten Falle von ihrem Arbeitsplatz zu entfernen. Abgezogene Arbeitskräfte waren schließlich kaum mehr gleichwertig zu ersetzen. Entsprechend ging etwa das Mannheimer Arbeitsamt nur halbherzig gegen »Bummelanten« vor, wie eine Ortsgruppe der NSDAP kritisierte[473]. Schärfere Strafen schienen angesichts der Wehrmachterfolge auch nicht nötig, zumal sie die zur Erhaltung der Produktion notwendige Arbeitsfreude gefährden konnten[474]. Insgesamt stand eine breite Liste möglicher Sanktionsmittel zur Verfügung. Sie begann in den Betrieben, die den »Bummelanten« als erste Stufe Gratifikationen kürzen konnten[475]. Die DAF wurde dann hinzugezogen und sollte in Betriebsappellen »das Verwerfliche« solcher Aktionen herausstreichen. Bei einer Anzeige schritt der Treuhänder zunächst zu einer Verwarnung — in Freiburg erließ er Anfang 1941 jeden Monat 10 bis 20 solcher Sanktionsmittel —, ehe er Strafantrag stellte. Dabei zeichnete sich wegen der geringen Erfolge dieser Maßnahmen die zunehmende Tendenz ab, die Strafen zu verschärfen: Die Verurteilungen, die sich in den ersten Kriegsmonaten noch auf wenige Wochen belaufen konnten, wurden im Herbst 1940 auf bis zu zehn Monate Gefängnis erhöht[476]. Allerdings ging der südwestdeutsche Treuhänder Wilhelm Kimmich[477] im August 1940 auch dazu über, das Eingreifen der Gestapo einzuschränken, die in den ersten Monaten des Krieges häufig »arbeitsvertragsbrüchige« Beschäftigte verhaftet und in »Schutzhaft« genommen, also auch in Konzentrationslager eingewiesen hatte[478]. Während ein Erlaß des Reichsarbeitsministeriums noch Mitte Juni 1940 angeordnet hatte, in »schweren Fällen« die Staatspolizei heranzuziehen[479], schränkte der südwestdeutsche Treuhänder einen Monat später ein sol-

[472] Der Führer, Nr. 35, 5.2.1941, Urteil des Landgerichts Frankenthal gegen einen Diplom-Ingenieur. Vgl. auch: BA-MA, RW 20—12/23, S. 2f., Lagebericht RüIn XII, 14.10.1941; RW 20—5/8, S. 29, Lagebericht RüIn V, 14.11.1940; Peukert, Volksgenossen, S. 135.

[473] GLA, 465c/59, Bericht der NSDAP-Ortsgruppe Mannheim-Rheinau vom 25.9.1940.

[474] Von »Behutsamkeit« zu sprechen, die das NS-Regime gegenüber der Arbeiterschaft, so Kroener, Personelle Ressourcen, S. 956, angewandt habe, ist dennoch überzogen. Diese Vokabel läßt zum einen die individuellen Probleme außer acht, die sich für den einzelnen schon aus Gefängnisstrafen ergaben; zum zweiten steckt hierin ein Urteil aus der Sicht des Nachgeborenen, da es die kommenden Sanktionen zum Vergleich heranzieht, ohne zu bedenken, daß Verurteilungen wegen Arbeitsvertragsbruchs außerhalb der NS-Diktatur kaum vorkamen und so per se schon als harte Maßnahme wirkten.

[475] Ein BeispielL Führer, Nr. 52, 22.2.1941.

[476] Amtl. Mitteilungen, 7. Jg., Nr. 1, 1.1.1940; Nr. 4, 15.2.1940, S. 36; Nr. 5, 1.3.1940, S. 46; Nr. 15, 1.8.1940, S. 55f.; Nr. 21, 1.11.1940, S. 211f.; 8. Jg., Nr. 6, 15.3.1941, S. 151f.; BA, NS 5 I/58, DAF Freiburg, Berichte Februar und März 1941.

[477] Die Erlasse unterzeichnete während des Krieges nicht der nominelle südwestdeutsche Reichstreuhänder Wilhelm Kimmich, sondern sein Vertreter Köpf. Kimmich war von 1939 bis 1941 und ab 1942 ins RAM abgeordnet worden (SA Ludwigsburg, EL 902/20: 37/19/14372, Lebenslauf vom 1.5.1948).

[478] GLA, 309/1209, Bericht des OSA Waldshut vom 27.11.1939; 309/1210, dass., Bericht vom 27.1.1940. Vgl. zu diesem Komplex Werner, Bleib übrig!, S. 72ff.

[479] GLA, 465a/56/2/12355, Rundschreiben des AA Mannheim vom 1.8.1940, Auszug aus RAM-Erlaß vom 15.6.1940.

ches Vorgehen auf »Gefahr in Verzug« und Delikte »größeren Ausmaßes« ein[480]. Wilhelm Kimmich bemühte sich damit offenbar weiter darum, den Betrieben auch die unzuverlässigen Beschäftigten zu erhalten.
Im Sommer 1941 änderte sich aber das Bild mit Disziplinwidrigkeiten »in einem Ausmaß, das nicht geduldet werden kann«, so der Treuhänder[481]. Um dieser allgemeinen Erscheinung Herr zu werden, erhoben sich Forderungen nach harten Reaktionen. Der Wiesbadener Rüstungsinspekteur etwa verlangte »energisches Durchgreifen in Einzelfällen«:

»Viel stärker als bis jetzt geschehen, muß der Rüstungsarbeiter als Soldat der Arbeit herausgestellt werden, mit allen Vorteilen, aber auch mit allen Pflichten des Soldaten[482].«

Differenziertere Argumentationen wie jene, die noch im Dezember 1941 aus der Stuttgarter Rüstungsinspektion laut wurden, den Bogen nicht zu überspannen und auch die Psychologie im Blickfeld zu behalten, fanden kein Gehör mehr:

»Der stark eingerissene Brauch, den Arbeiter als Figur zu betrachten, die hin- und hergeschoben werden kann, muß der Einsicht weichen, daß damit Raubbau an der Stimmung und Leistung getrieben wird, und daß die hochgradige Leistungssteigerung, auf welche es ankommt, nicht allein ein Problem der Kopfzahl ist, sondern auch eine Frage der Erhaltung der günstigsten äußeren und inneren Bedingungen für den Arbeiter[483].«

Am 22. August 1941 ermöglichte Göring die Einweisung in ein Arbeitslager. Der Erlaß des Reichsarbeitsministeriums vom November beschrieb diese Maßnahme als letztes Mittel, wenn andere Sanktionen zuvor nichts gefruchtet hatten[484]. Der Reichstreuhänder hatte angesichts der Disziplinprobleme seine Auffassung vom Vorjahr geändert und offenbar nur auf die Order aus Berlin gewartet. Ohne nähere Anweisungen des Arbeitsministeriums erließ er am Tag des Göring-Erlasses eine Verordnung, die »als besonders wirksames Mittel« die Verschickung in ein »Arbeitserziehungslager« vorsah[485]. Nachdem die Gestapo solche Lager schon zuvor eingerichtet hatte[486], wurden sie jetzt zum offiziellen Bestandteil der Sozialpolitik. Die Lage auf dem Arbeitsmarkt durfte aber weiterhin nicht außer acht gelassen werden: Der südwestdeutsche Treuhänder bezog die Einweisungen auch nach dem Tenor des Göring-Erlasses ausdrücklich auf »ganz besonders krasse Fälle«.
Wie viele Arbeitskräfte von badischen Firmen angezeigt und damit in diese Art Straflager geschickt wurden, ist nicht mehr nachzuvollziehen[487]. Einweisungen deutscher Be-

---

480 Amtl. Mitteilungen, 6. Jg., Nr. 1, 1.1.1940; Nr. 15, 1.8.1940, S. 152, Bekämpfung von Arbeitsvertragsbrüchen (Erlaß vom 16.7.1940); vgl. Werner, Bleib übrig!, S. 77f.

481 Amtl. Mitteilungen, Nr. 17, 7. Jg., 1.9.1941, S. 173f., »Betrifft Arbeitsdisziplin«, 22.8.1941.

482 BA-MA, RW 20—12/23, S. 2, Lagebericht RüIn XII, 14.10.1941.

483 Kroener, Personelle Ressourcen, S. 954; BA-MA, RW 20—5/10, S. 17, Lagebericht RüIn V, 13.12.1941 (Zitat).

484 Werner, Bleib übrig!, S. 177f.; vgl. Kroener, Personelle Ressourcen, S. 955.

485 Amtl. Mitteilungen, Nr. 17, 7. Jg., 1.9.1941, S. 173f., »Betrifft Arbeitsdisziplin«, 22.8.1941, Erlaß Köpf.

486 Werner, Bleib übrig!, S. 178ff. Die Haft wurde dabei von den Leitstellen der Staatspolizei verhängt und in den von ihnen eingerichteten und verwalteten Lagern vollstreckt (Verzeichnis der Haftstätten, S. LXXVII).

487 Für Freiburg sind 91 Strafanträge bekannt, die das Arbeitsamt zwischen November 1942 und März

schäftigter und gerade von Fachkräften blieben unter der Gesamtzahl vermutlich in der Minderheit[488], zumal das badisch-elsässische Gauarbeitsamt die Zahl der »notorischen Bummelanten« noch im September 1944 als »relativ gering« einschätzte[489]. Die Lager dienten im Hinblick auf Deutsche in erster Linie zur Abschreckung, im Hinblick auf ausländische Zwangsarbeiter aber waren sie die Spitze eines auf Terror und Vergünstigungen abzielenden Systems, das von badischen Großfirmen auch des öfteren angewandt wurde. Während sich Einweisungen von Zwangsarbeitern aus mehreren Unternehmen nachweisen lassen[490], sind nur vier Betriebe bekannt, die deutsche Beschäftigte der Gestapo übergaben, um sie in ein Lager einweisen zu lassen: ein Brettener Unternehmen, das Aluminium-Walzwerk Wutöschingen und die Mannheimer Betriebe Schiffs- und Maschinenbau sowie Heinrich Lanz AG. Auf Veranlassung des zum Panzerproduzenten umfunktionierten Landmaschinenbauers kamen mindestens vier oder fünf Beschäftigte in die Straflager[491]. Ein Anspruch auf Vollständigkeit kann aber nicht erhoben werden, die Zahl der Betriebe war sicherlich höher.

Der August-Erlaß des südwestdeutschen Treuhänders schrieb vor, daß die beim Arbeitsamt angezeigten Beschäftigten auf seinen Antrag hin von der Gestapo in die Lager eingewiesen wurden. Ein in den Spruchkammerakten gegen den Lanz-Chef Eduard Hofweber nachgezeichneter Fall zeigt aber, daß die Einweisung auch auf die Werkschutzleiter der Betriebe zurückgehen konnte, die den Arbeiter direkt bei der Gestapo denunzierten[492]. Der deutsche Eisendreher von Lanz hatte sich wegen einer wohl aus politischen Gründen vorenthaltenen Schwerarbeiter-Zulage beschwert und schließlich die Arbeit eingestellt. Firma und Gestapo umgingen in diesem Fall den Treuhänder, der Arbeiter wurde sofort in das Lager Hochschwarzwald bei Oberndorf-Aistaig geschickt, dessen Insassen unter anderem für die Mauser-Werke arbeiten mußten. Das Verfahren war dabei so eingespielt, daß ein Einzelfall auszuschließen ist.

Ein weiteres wichtiges Lager für badische Beschäftigte befand sich auf dem Kniebis, wo sie beim Bau der Schwarzwaldhochstraße eingesetzt wurden. In den Quellen nicht vermerkt sind auch zwei badische Lager. In Karlsruhe arbeiteten von der Gestapo eingewiesene Männer zwischen Oktober 1942 und Frühjahr 1944 unter anderem auf dem Bahnhof und halfen bei der Trümmerbeseitigung nach Luftangriffen. Ein weiteres Lager befand sich bis April 1945 in Niederbühl, in das die Karlsruher Häftlinge nach der Auflösung

---

1943 stellte, sowie 58 zwischen August und November 1943. Allerdings beinhalten diese Zahlen auch die Verfahren vor den Arbeitsgerichten. StA Freiburg, NS 68, Lageberichte des Beauftragten des Reichstreuhänders der Arbeit.

488 Vgl. auch das in dieselbe Richtung gehende, auf das Reich bezogene Urteil von Werner, Arbeitserziehungslager, S. 145f.

489 GLA, 460/222, GauAA an AA Karlsruhe, 16.9.1944.

490 Siehe Kapitel V,2.

491 GLA, 465b/181.009 (Alu Wutöschingen); 465a/56/7/697 (Schiffs- und Maschinenbau AG Mannheim); 465a/65/SJ/70 (Lanz); 460/222, AA, Außenstelle Bretten, 16.8.1944.

492 Eichholtz, Kriegswirtschaft, Bd 2, S. 249, urteilt, die Anträge auf Einweisung seien in der Praxis von den Betrieben gestellt worden. Das Beispiel der Firma Lanz gibt ihm zwar Recht, doch läßt die Zahl der vom Freiburger Arbeitsamt gestellten Strafanzeigen vermuten, daß auch die Verwaltung entsprechend mit der Gestapo zusammenarbeitete.

des dortigen Straflagers umgesetzt wurden[493]. Anzunehmen ist, daß über diese vier bekannten Lager hinaus Beschäftigte insbesondere aus Nordbaden auch in hessische Lager eingeliefert wurden.
Mißhandlungen und Brutalität waren in den von der SS geführten Lagern an der Tagesordnung, auch Todesfälle kamen vor — vermutlich vor allem unter den Ausländern. So erlebte der Mannheimer Eisendreher mit, wie ein SS-Aufseher einen Polen erschlug. Im Lager Oberndorf mußten die Häftlinge ohne Ruhetag bei einer zehnstündigen Arbeitszeit Zement laden. Die Verpflegung bestand aus dünner Brennesselsuppe und einer Scheibe Brot[494]. Über die Arbeitsbedingungen berichtete der Mannheimer:

»Als Schuhe wurden übergroße Holzschuhe [ausgegeben und] barfuß getragen und [so] mußte der Weg, da das Lager auf einem Berg lag, in raschem Schritt täglich vier km hin und vier km zurück zurückgelegt werden [...] Wer nicht mitkam, wurde getreten oder barbarisch geschlagen; es hieß nur: arbeiten oder tot. Im Arbeitswerk wurden die Leute verteilt, um nur schwere Arbeit zu verrichten und bestand die meinige im Ausladen und Forttragen schwerer Zementsäcke [...] Da ich anfangs nicht so rasch die ungewohnte, schwere Arbeit leisten konnte, und die Zeit überschritten war, wurde ich mit dem Gewehrkolben so traktiert, daß ich zusammenbrach [...] [Ich] mußte sofort wieder weiterschaffen, aber unter großen Schmerzen, da der rechte Arm wie gelähmt herunterhing [...] Ausruhen und Lazarett hat es nie gegeben [...] Ein Arbeitstag war eine Höllenqual; war einer auf dem Hinweg infolge der unausbleiblichen Fußverwundung schon halb kaputt, so ist nicht auszudenken, wie der Zustand durch die stets angetriebene Arbeit wurde[495].«

Der Vergleich mit einem Konzentrationslager bietet sich bei solchen Schilderungen geradezu an, wie sich auch aus einer Äußerung Ernst Kaltenbrunners, des Chefs der Sicherheitspolizei, vom Mai 1944 ergibt:

»Zunächst darf ich feststellen, daß die Arbeitserziehungslager der Sicherheitspolizei alles andere als ein Erholungsaufenthalt sind. Die Arbeitsbedingungen und Lebensverhältnisse für die Insassen sind im allgemeinen härter als in einem Konzentrationslager. Dies ist notwendig, um den gewünschten Effekt zu erreichen und möglich, da die Unterbringung der einzelnen Schutzhäftlinge im allgemeinen nur einige Wochen, höchstens wenige Monate dauert[496].«

Man sollte annehmen, daß solche Lager einen ausreichend abschreckenden Effekt ausübten, um die Arbeitskräfte von »Bummelei« abzuhalten. Das Gegenteil war der Fall. Im Bereich des Freiburger Arbeitsamtes etwa verdoppelte sich die Zahl der Strafen und Verwarnungen wegen Arbeitsvertragsbruchs im September 1942 im Vergleich zu den Vormonaten auf 69, gegenüber 10 bis 20 Verwarnungen, die noch im Frühjahr 1941 pro Monat ausgesprochen wurden, ohne daß der Treuhänder zu dieser Zeit Strafen verhängte[497].
Neben der Einweisung in ein Arbeitslager führte die NS-Diktatur im Zuge der Maßnahmen zum »totalen Krieg« im Winter 1941/42 eine neue Sanktionsstufe ein, die als Mittelweg das Ziel verfolgte, die hohen Raten der Bummelanten herunterzudrücken, gleichzeitig aber die schärfste Waffe gegen disziplinwidrige Deutsche hinauszuschieben. Mit

493 Verzeichnis der Haftstätten unter dem Reichsführer SS, S. 664ff.
494 Vgl. die Schilderung von Werner, Bleib übrig!, S. 180.
495 GLA, 465a/56/SJ/70.
496 Zit. nach dem Verzeichnis der Haftstätten unter dem Reichsführer SS, S. LXXVIII (ohne Quellenangabe).
497 StA Freiburg, NS 68, Berichte des Beauftragten des Treuhänders der Arbeit.

dem November-Erlaß 1941 des Reichsarbeitsministeriums erhielten die Treuhänder das Ordnungsstrafrecht, womit sie Strafen selbständig bis zu einer Höhe von 100 Mark verhängen konnten[498]. Im April 1942 schließlich übertrug der südwestdeutsche Treuhänder, einer reichsweiten Regelung folgend, dieses Recht auf die Betriebsführer, die bei »wiederholten Verstöße(n)« oder »bewußte(r) Widerspenstigkeit« Geldbußen in Höhe eines Tageseinkommens eintreiben durften. Damit waren die bisherigen unterschiedlichen Regelungen vereinheitlicht[499].

Das Vertrauen in ein solches Sanktionsmittel war aber offenbar gering. Der als Beauftragter des Treuhänders fungierende Chef des Freiburger Arbeitsamtes verhängte im September 1942 in nur rund vier Prozent der Strafsachen eine Ordnungsstrafe. Im Jahr darauf stieg der Anteil zwar erheblich an, im Oktober und November 1943 lag er aber immer noch bei erst 22,4 Prozent. Angesichts der mit dem zunehmenden Arbeitsdruck steigenden Verdienste boten finanzielle Sanktionsmittel nur relativ wenig Hoffnung auf Erfolg, da die Männer und Frauen in den Betrieben für etwas mehr Freizeit vermutlich gerne bezahlten[500].

Das Hauptmittel zur Erhaltung der Arbeitsdisziplin blieben Verwarnungen, die Ende 1942 und 1943 in der Regel über die Hälfte der Sanktionsmittel ausmachten. Mit diesen Verwarnungen, die im Hinweis auf die Arbeitslager mündeten, schafften es die Arbeitsämter allerdings nicht, den Anstieg der Fälle zu verhindern. Obwohl seit Jahresbeginn 1943 die Anzeigen gegen ausländische Zwangsarbeiter direkt an die Gestapo gingen und nicht mehr über die Arbeitsämter liefen, ging die Anzahl der Vergehen nicht zurück — im Gegenteil: Das Freiburger Amt verzeichnete einen Anstieg von 35 Strafmaßnahmen im Januar auf 152 im Oktober und November 1943. In den Zwei-Monatsmeldungen des folgenden Jahres sank die Zahl nicht mehr unter 149, im Dezember 1944 und Januar 1945 erreichte sie mit 192 die Spitze[501].

Damit blieb die Zahl der Vergehen gegen die Arbeitsdisziplin in den Betrieben seit 1943 auf einem hohen Niveau bestehen: Die Sanktionen stellten sich als wenig wirksam heraus. Auch die badischen Betriebe außerhalb Freiburgs lagen in diesem Trend. Die Rüstungsinspektion Oberrhein verzeichnete schon Anfang 1943 »erhebliche Disziplinwidrigkeiten«[502], und in der Rüstungskommission gab es immer wieder Beratungen darüber, wie die »Bummelantenfrage« angegangen werden könne. Daß die Kommission dabei zu dem Schluß kam, eine Verschärfung der Strafmittel sei nicht erforderlich, die bestehenden müßten nur »rechtzeitig und zweckmäßig« angewandt werden, weist darauf hin, wie ratlos die Behörden dem Phänomen gegenüberstanden. Die DAF schließlich glaubte nur dann eingreifen zu können, wenn sie mit laufenden Berichten aus den Betrieben versorgt werde, und umschrieb damit nur lau das Eingeständnis, daß ihre Methoden versagt hatten[503].

---

498 Recker, NS-Sozialpolitik, S. 172f.

499 Amtl. Mitteilungen, 8. Jg., Nr. 7, 1.4.1942, S. 98; vgl. Eichholtz, Kriegswirtschaft, Bd 2, S. 250f.

500 BA, NS 5 I/58, Bericht DAF Freiburg für Sept.1942; STA Freiburg NS 68, Lageberichte des Treuhänder-Beauftragten in Freiburg. Vgl. Recker, NS-Sozialpolitik, S. 173; Werner, Bleib übrig!, S. 324ff.

501 STA Freiburg NS 68, Lageberichte des Treuhänder-Beauftragten in Freiburg.

502 BA-MA, RW 20—5/22, Lagebericht der RüIn Oberrhein, 15.1.1943.

503 BA-MA, RW 20—5/49, Arb.A. der Rükom, 22.7.1943 (Zitat); Rükom-Sitzung vom 15.7.1943.

Die Schuld wurde statt dessen den Betriebsführern zugeschoben, die nach Ansicht der Kommission nicht mit der »nötigen Schärfe« eingriffen[504]. Völlig falsch lag das Gremium damit nicht. Den Firmen kam es weniger darauf an, nonkonforme Beschäftigte in die Arbeitslagern zu schicken, als sie an ihren Werkbänken arbeiten zu sehen. Selbst die gewiß nicht zimperliche Firma Heinrich Lanz, deren Betriebsdirektor Eduard Hofweber eng mit der NSDAP liiert war und die höchste Funktion eines badischen Rüstungsindustriellen einnahm[505], zögerte mit ihren Anzeigen trotz der »manchmal sehr groß(en)« Zahl fehlender Beschäftigter, um sie nicht für längere Zeit zu verlieren. Die Personalabteilung von Lanz weigerte sich, der Aufforderung des Mannheimer Arbeitsamtes nachzukommen und schärfere Maßnahmen zu ergreifen[506]. Diese Zurückhaltung ging so weit, daß die Firmen ihren gesamten Einfluß auch bei politischen Vergehen aufboten, um eine Aburteilung ihrer Beschäftigten zu verhindern. Im Juni 1944 wehrte sich der Mannheimer Konzern BBC gegen eine Inhaftierung zweier wegen Wehrkraftzersetzung angeklagter Ingenieure, die, wie es in einem Schreiben an die Staatsanwaltschaft hieß, »nötigenfalls unter Einschaltung höchster Stellen befehlsgemäß verhindert werden« müsse. Der Mannheimer Oberstaatsanwalt stellte daraufhin das Verfahren ein, da der Denunziant einer »sehr schlechten Eindruck« gemacht habe[507]. Schließlich gingen Vertreter der Partei dazu über, sogar verurteilte Beschäftigte für den Arbeitseinsatz anzufordern. Der Offenburger Kreisleiter ließ am 10. März 1945 von der dortigen Staatsanwaltschaft den Strafaufschub eines Lahrer Chemiearbeiters absegnen, der beim Ausbau eines Luftschutzkellers »unentbehrlich« sei. Der Lahrer war im November 1944 wegen wiederholten Fehlens in seinem Betrieb zu acht Monaten Gefängnis wegen Arbeitsvertragsbruches verurteilt worden[508].

Die Struktur der von den Ämtern wegen Bummelei bestraften Beschäftigten änderte sich gegenüber der ersten Phase des Krieges kaum. Männer und alte Stammarbeiter waren relativ selten beteiligt; vielleicht noch zu vermutende traditionelle Gewerkschaftsideen tauchten beispielsweise in den Berichten der Freiburger DAF und des dortigen Arbeitsamtes während des Krieges nicht einmal auf. Politische Ursachen spielten bei der mangelnden Arbeitsdisziplin demnach keine Rolle. Verantwortlich für die Vergehen waren in erster Linie Frauen, die seit Mitte 1943 bis Kriegsende zwei Drittel der Straftaten dieser Art verübten. Hier wirkte sich die seit Jahresbeginn 1943 übliche zwangsweise Heranziehung in die Betriebe aus. In Südbaden fielen Mitte 1944 zum Beispiel in den Betrieben nicht selten bis zu einem Drittel der weiblichen Beschäftigten aus[509].

Ein zweites Unruhepotential waren die Jugendlichen. Das schon in der ersten Kriegsphase in Freiburg besonders starke Phänomen einer Art Jugendprotest führte zur Forderung der

---

504 GLA, 237/24379, Arb.A. der Rükom, 8.6.1944.

505 Siehe Kapitel II, 4.

506 Zeugenaussage einer ehemaligen Angstellten der Personalabteilung im Verfahren gegen Lanz-Direktor Ehlers (GLA, 465a/56/2/12355).

507 Widerstand, S. 445f.

508 StA Freiburg, SA Offenburg, Zug. 1978/23, 3 Kls 20/44.

509 StA Freiburg, NS 68, Berichte des Beauftragten des Reichstreuhänders in Freiburg, Oktober/November 1943 und Juni/Juli 1944. BA-MA, RW 20—5/31, Bericht des Rüko Freiburg, 27.6.1944. Über den Fraueneinsatz siehe Kapitel V, 1.

IHK an die badische Führung der Hitler-Jugend, gegen »disziplinloses Verhalten« vorzugehen[510]. Falls die Hitler-Jugend tatsächlich einen Versuch gestartet haben sollte, blieb auch sie erfolglos, wie sich 1943 zeigte. Jugendliche gaben dabei mehrfach ihre Arbeit nach dem Erhalt eines Einberufungsbescheids zu einem Wehrertüchtigungslager oder zum Reichsarbeitsdienst sofort auf oder kamen nach ihrer Rückkehr nicht wieder in die Betriebe[511].

Für die unter den Stammarbeitern vorkommende Zurückhaltung der Leistung gab es verschiedene Ursachen. Teilweise ging es insbesondere Fachkräften darum, ihre Entlassung durchzusetzen, um zu einer besser bezahlenden Firma überzuwechseln[512], teilweise fehlten insbesondere in Südbaden die Beschäftigten mit eigenem Hof, um ihrer landwirtschaftlichen Arbeit nachgehen zu können. Diese Vorkommnisse nahmen so große Ausmaße an, daß die meisten Firmen im Bereich Freiburg Bescheinigungen des Ortsbauernführers oder Bürgermeisters nicht mehr anerkannten, da sich herausgestellt hatte, daß häufig verwandtschaftliche Beziehungen hinter ihnen steckten. »Sehr oft« brachten gerade die für die Betriebe besonders wichtigen uk-gestellten Beschäftigten solche Bescheinigungen bei, wie die Freiburger DAF ermittelte[513]. Noch Mitte 1944 berichtete das Freiburger Arbeitsamt davon, daß die Beurteilungen von Bürgermeister und Ortsbauernführer sich in solchen Fällen »öfters« widersprächen: Während der Bauernführer die Arbeit in der eigenen Landwirtschaft für unbedingt erforderlich hielt, war der Bürgermeister anderer Ansicht[514].

Das bloße Fehlen blieb nicht die einzige Form des nonkonformen Verhaltens im Bereich des Arbeitseinsatzes. Zwei weitere Faktoren führten ebenfalls dazu, daß die Firmen hohe Quoten abwesender Beschäftigter zu Protokoll geben mußten: die Abwesenheit von Mitarbeitern wegen einer Krankheit und nach Luftangriffen.

Der hohe Anstieg der Krankheitsraten veranlaßten die DAF wie die Gauwirtschaftskammer zum Vorwurf an die Ärzte, »zu große Nachsicht« zu üben und dadurch den Krankenstand in die Höhe zu treiben[515]. Im Januar 1942 meldete Lanz in Mannheim mit 8,1 Prozent der Belegschaft noch die höchste Krankenrate unter den badischen Metallbetrieben[516]; zwei Jahre später verzeichneten die Industriebetriebe schon im Schnitt eine Rate von 9 Prozent. Hinter dieser Quote verbargen sich starke Schwankungen, die in den einzelnen Betrieben von 3 bis 25 Prozent reichen konnten[517]. Dabei spielte die Art der Tätigkeit kaum eine Rolle, da auch Unternehmen mit schwerer Arbeit geringere Raten

---

510 WSA Stgt., IHK Kon. 80, IHK Freiburg an die badische HJ, 25.7.1942.

511 StA Freiburg, NS 68, Berichte des Beauftragten des Reichstreuhänders in Freiburg, April/Mai und August/September 1943. Ein Vorfall ereignete sich im Mai 1943, als 15 Jugendliche mit der Einberufung zum RAD ihre Arbeit bei der Emmendinger Metallfirma Wehrle aufgaben.

512 StA Freiburg, GAA 262, Fa. Fischer, Markdorf, an GAA, 3.12.1943.

513 BA, NS 5 I/58, DAF Freiburg, Bericht Februar 1943.

514 StA Freiburg, NS 68, Lagebericht des Beauftragten des Reichstreuhänders der Arbeit in Freiburg, Juni/Juli 1944.

515 GLA, 237/24381, Lagebericht der GWK zum 1. Q. 1944, 24.4.1944; BA, NS I/58, Bericht der DAF Freiburg für August 1943.

516 Meldungen aus dem Reich, 8.10.1942, Nr. 324, S. 4.303.

517 GLA, 237/24379, Rükom-Sitzung 6.1.1944; 237/24381, GWK-Lagebericht für Nov. 1943 bis Jan. 1944, 24.1.1944.

aufwiesen, während zum Beispiel die Konstanzer Zahnfabrik Standard AG im Februar 1944 auf über 26 Prozent kam. Die Rüstungskommission zielte deshalb darauf ab, Mittel und Wege zu finden, um die Ziffern »etwas gleichmäßiger zu gestalten«[518].

In einer Art konzertierter Aktion gingen die Behörden noch in den ersten Monaten des Jahres 1944 dazu über, die offenbar auch auf Reichsebene als alarmierend erkannten Quoten zu senken. Wie in der NS-Arbeitspolitik üblich, hieß das Pseudo-Allheilmittel Druck, der gleich in zweifacher Weise ausgeübt wurde. Das Gauarbeitsamt drohte den Betriebsführern damit, ihren angemeldeten Bedarf nicht anzuerkennen oder sogar Arbeitskräfte abzuziehen, sollte ein lokaler Prüfungsausschuß nicht bestätigen, daß alle Maßnahmen ergriffen wurden, um die Quote zu senken[519]. Daß mit solchen Methoden aber kaum etwas zu erreichen war, hatte sich schon in der Bummelantenfrage herausgestellt. Sie fanden bei den örtlichen Arbeitsämtern denn auch keinen Widerhall.

Weitaus wichtiger war die Absicht, die krankgeschriebenen Beschäftigten zu überprüfen. Schon im April 1942 hatte das Gauamt für Volksgesundheit »mangelhafte Arbeitsmoral« als Grund für den hohen Krankenstand vermutet. Die Vertrauensärzte der badischen Krankenkassen erklärten aufgrund von Nachuntersuchungen im ersten Quartal 1942 mit 48,2 Prozent jeden zweiten der Krankgeschrieben für arbeitsfähig[520]. Solche Untersuchungen hatten für die Rüstungswirtschaft nicht nur wegen dieser Ergebnisse einen besonderen Wert, sondern auch deshalb, da mit 41,4 Prozent fast jeder zweite der Fehlenden erst gar nicht zu den Untersuchungen erschienen war, sondern wieder am Arbeitsplatz auftauchte. Im Raum Freiburg nahmen die Krankmeldungen überall da ab, wo ein Betriebs- oder Revierarzt eingesetzt wurde, bei der Textilfirma Erste Deutsche Ramie im Emmendingen im Februar 1944 um 30 Prozent. Allerdings setzte der allgemeine Mangel an Ärzten diesen Diensten enge Grenzen: Trotz der »sehr großen Nachfrage« stieg die Zahl der hauptamtlichen Betriebsärzte im Gau von 1942 bis 1944 nur von sieben auf zehn an, die der nebenamtlichen allerdings von 191 auf 268[521].

Die sinkenden Raten krankgeschriebener Beschäftigter sind allerdings in einem Großteil der Fälle weniger darauf zurückzuführen, daß die Ärzte tatsächlich die »faulen Köpfe« überführen konnten, wie das Gauamt für Volksgesundheit behauptete. Dahinter steckte in Wirklichkeit der Versuch, mit immer härteren Kriterien kranke Menschen wieder in die Produktion zurückzutreiben. Die Ärzte standen bei ihrer Arbeit unter dem Druck des Gauamtes für Volksgesundheit, dessen Leiter Dr. Pychlau 1942 bei »offensichtlichen Verfehlungen« disziplinarische Bestrafungen angekündigt hatte. 1944 forderte er die Ver-

518 GLA, 237/24381, Lagebericht der WSK-Zweigstelle Konstanz für Jan. bis April 1944, 30.4.1944; 237/24379, Rükom-Sitzung 6.1.1944 (Zitat). Weitere Berichte über einen hohen Krankenstand von bis zu 25 Prozent vgl. BA-MA, RW 21—21/8, S. 25f., KTB Rüko Freiburg, 4. Q. 1943; RW 21—44/8, S. 27, KTB Rüko Mannheim, 1. Q. 1944, Anl. 4. Vgl. Werner, Bleib übrig!, S. 312ff.

519 GLA, 460/222, GauAA an AA Karlsruhe, 7.1.1944.

520 GLA, 465d/812, Gauamt für VG an DAF-Gauamtsleiter Roth, 15.4.1942; Gauamt für VG, Rundschreiben Nr. 3, 10.12.1942. Baden lag damit auf der Höhe der Reichsergebnisse mit 49,8 Prozent.

521 GLA, 465d/812, Gauamt für VG, Rundschreiben Nr. 3, 10.12.1942; Vierteljahresberichte des Gauamtes für VG für das 2. Q. 1942 und das 2. Q. 1944; BA, NS 5 I/58, Berichte der DAF Freiburg für Februar und Mai 1944.

trauensärzte schließlich dazu auf, Hausärzte der Gestapo zu melden, wenn sie aus angeblich nicht ausreichenden Gründen Arbeiter krankschrieben[522].

Da trotz dieser restriktiven Maßnahmen die Krankheitsraten bis Anfang 1944 in die Höhe schnellten, wird deutlich, daß die Ursache weniger in »Bummelantentum« zu suchen war, als in der immer stärkeren Anspannung am Arbeitsplatz. Noch härtere Methoden ließen sich aber offenbar unter der regionalen Ärzteschaft nicht mehr durchsetzen. Von Berlin aus wurde deshalb eine der im NS-Regime üblichen »Sonderaktionen« gestartet. Professor Brandt, »Generalkommissar des Führers für das Sanitäts- und Gesundheitswesen«, beauftragte Dr. Gutermuth mit der Aktion im Gau Baden, die ausdrücklich das Ziel »möglichst weitgehender Gesundschreibung« verfolgte. Der wiederum von Gutermuth eingesetzte Arzt Dr. Weyrauch führte täglich etwa 150 Kontrolluntersuchungen durch, wobei er pro Patient cirka vier Minuten zur Verfügung hatte. Daß es dabei zu »durchaus nicht vereinzelten« Fehldiagnosen kam, wie es in einem Schreiben von Parteisekretär Martin Bormann an die Reichskanzlei heißt, ist nicht verwunderlich, zumal der Arzt neben seinem normalen Gehalt noch als eine »Art Kopfgeld« zwei Reichsmark pro untersuchtem Krankem erhielt. Die Urteile des Dr. Weyrauch waren bindend und für die Auszahlung des Krankengelds maßgebend. Der Arzt reduzierte in Straßburger Rüstungsbetrieben die Krankheitsraten teilweise von elf auf vier Prozent. Mittel- und längerfristig wirkten sich aber Aktionen dieser Art eher kontraproduktiv aus, worüber sich selbst die Parteikanzlei im klaren war:

»Die Gesundgeschriebenen müssen in diesen Fällen entweder von dem Betriebführer bis zur tatsächlichen Wiederherstellung der Gesundheit beurlaubt werden, oder sie laufen Gefahr, nachteiligere Gesundheitsschädigungen oder Spätfolgen davonzutragen, die dann in jedem Falle einen länger andauernden Arbeitsausfall zur Folge haben.«

Unter den Beschäftigten sorgte diese Aktion für Unruhe, weshalb Gauleiter Wagner sich an die Parteikanzlei wandte, um die Aktion zu stoppen. Der Versuch, über Bormann in der Reichskanzlei prüfen zu lassen, ob die Aktion mit den Vollmachten Brandts übereinstimmte, schlug aber fehl: Der Chef der Reichskanzlei, Hans-Heinrich Lammers, überzeugte Bormann, die Sache weiterlaufen zu lassen[523]. Auch der Leiter des badischen Gauamtes für Volksgesundheit, der sich in seinem eigenen Bereich überspielt sah und deshalb gegen die Sonderaktion Stellung bezog, scheiterte mit seinem Manöver, bei Professor Brandt persönlich gegen die »außerordentlich gefährlichen« Methoden zu intervenieren. Vermutlich spielten hierbei Kompetenzkonflikte eine Rolle, da Brandt als direkter Bevollmächtigter Hitlers den der DAF unterstehenden Gauämtern für Volksgesundheit Anweisungen geben konnte. DAF-Chef Ley verwahrte sich dagegen und brach eine letztlich erfolglose Auseinandersetzung vom Zaun[524].

---

[522] GLA, 465d/812, Gauamt für VG, Rundschreiben Nr. 3, 10.12.1942 (Zitate); Tennstedt, Sozialgeschichte der Sozialversicherung, S. 80 (ohne Quellenangabe), bezieht dies zwar auf das Elsaß. Da die dortigen Ärzte aber ebenso wie die badischen dem Gauamt für VG unterstanden, galt die Anweisung höchstwahrscheinlich auch für die Vertrauensärzte in Baden.

[523] Akten der Parteikanzlei, 101/13650, Bormann an Lammers, 19.2.1944 (hieraus auch alle Zitate); Aktennotiz 4.3.1944; BA-MA, RW 20—5/51, S. 9, KTB RüIn OR, 2. Q. 1944.

[524] GLA, 465d/812, Tätigkeitsbericht des Gauamtes für VG, 2. Q. 1944, 24.7.1944; Werner, Bleib übrig!, S. 317f.

Um die hohen Krankheitsraten zu senken, war es kaum möglich, einen Gau mit derartigen »Untersuchungen« zu überziehen, zumal wenn die Stimmung unter den Beschäftigten nicht zu stark belastet werden sollte. Staatliche Zwangsmittel führten in diesem sensiblen Bereich noch weniger zu Erfolgen als insgesamt bei der Frage, wie die Abwesenheitsrate der Betriebe gesenkt werden könnte. Positive Tendenzen wären wohl nur bei einem Abbau der betrieblichen Belastungen, die auf den Beschäftigten ruhten, erreichbar gewesen, wenigstens bei einer Reduzierung der Arbeitszeit.

Als Bummelanten galten auch die nach einem Luftangriff fehlenden Beschäftigten, die sich zuerst um ihre Familie kümmern wollten, bevor sie wieder an die Arbeit dachten. In dem von Luftangriffen am meisten betroffenen Mannheim bekamen die Unternehmen diese Form der Arbeitsverweigerung am stärksten zu spüren. In den ersten Tagen nach einem Angriff fehlten dort teilweise 60 bis 80 Prozent der Belegschaften, nach drei bis vier Wochen immer noch 20 bis 30 Prozent. Bei Lanz etwa waren nach dem Angriff vom 5. auf den 6. September 1943 noch kaum 500 Beschäftigte erschienen. Unter den Arbeitskräften, die am längsten fehlten oder gar nicht mehr auftauchten, bildeten die Frauen die Mehrheit. Sie waren mit ihren Kindern abgewandert oder offiziell evakuiert worden[525]. Durch die Abwesenheit eines so großen Teils der Belegschaften entstanden höhere Produktionsausfälle als durch die Luftangriffe selbst[526].

Die gegen diese Variante der Arbeitsverweigerung ergriffenen Mittel gehörten zu den wenigen, die sich im Bereich des nonkonformistischen Verhaltens als erfolgreich erweisen sollten. Dabei wurden auf den drei Ebenen des Betriebs, des Arbeitsamtes und der Partei die Maßnahmen in einer Kombination von Repression und Paternalismus koordiniert, um die Beschäftigten nach einem Luftangriff so schnell wie möglich wieder in die Werke zurückzubringen.

Eine vom Mannheimer Daimler-Benz-Direktor Carl Werner am 14. Oktober 1943 verfaßte Schrift verhieß den Beschäftigten schnelle Hilfe beim Wiederaufbau, wenn sie dafür der Fabrik ihre Arbeitskraft so schnell wie möglich wieder zur Verfügung stellten. Die Belegschaft sollte sich mit einem Meldebogen spätestens zwei bis drei Tage nach dem Angriff melden und angeben, »welche Schäden sie erlitten haben, wo sie der Schuh drückt, wo wir helfen können und wann sie wieder arbeiten.« Um noch schneller »mit den Hilfsaktionen einsetzen zu können«, erhielten neben den Mitarbeitern auch die »Werksveteranen« und die Frauen eingezogener Beschäftigter den Bogen. Alle nicht geschädigten Beschäftigten sollten sich pünktlich wieder zur Arbeit einfinden; alle geschädigten die Meldung innerhalb von 24 Stunden dem Werk zuleiten und sich spätestens drei Tage nach dem Angriff im Betrieb melden[527]. Die oberrheinische Rüstungskommission befand dieses Verfahren für so gut, daß sie alle badische Rüstungsbetriebe dazu aufforderte, es zu übernehmen. Die Meldefrist wurde dabei auf zwei Tage verkürzt[528].

---

525 BA-MA, RW 21—44/7, S. 39/1, KTB Rüko Mannheim, 3. Q. 1943; RW 20—5/49, Sitzung des Arbeitsausschusses der Rükom, 9.9.1943.

526 BA-MA, RW 20—5/49, Rükom-Sitzung, 7.10.1943.

527 GLA, 460/14, DBAG Mannheim, 14.10.1943.

528 GLA, 460/14, Rükom an LAA, 21.1.1944.

Das Hilfsversprechen blieb keine bloße Floskel. Bis Anfang Oktober 1943 hatten die Mannheimer Industriebetriebe von sich aus in Verbindung mit dem Oberbürgermeister vier »Selbstverwaltungsbezirke« gebildet, um die beiden für sie wichtigsten Aufgaben lösen zu können: die Unterbringung der obdachlosen Arbeitskräfte in der Nähe der Betriebe und den Wiederaufbau beschädigter Unternehmen[529]. Um die Beschäftigten »einsatzfähig« zu halten, sprachen sich die oberrheinischen Rüstungskommandeure sogar dafür aus, die Unterkünfte betroffener Mitarbeiter noch vor den Fabriken wieder aufzubauen[530]. Sollten die Betriebsangehörigen das Hilfsangebot ausschlagen, blieb der Rückgriff auf Repressalien. Mannheimer Unternehmen schickten »Stoßtrupps« aus, um Beschäftigte, die sich nicht meldeten, mit Gewalt zurückzubringen. Das Mannheimer Arbeitsamt lud unentschuldigt Fehlende »mit beachtliche(m) Erfolg« vor und brachte »einen beträchtliche(n) Teil« mit Drohungen dazu, die Arbeit sofort wieder aufzunehmen, berichtete das Gauarbeitsamt. Schließlich warf nach dem Betrieb und dem Arbeitsamt auch die Partei ihre Autorität in die Waagschale: Die badisch-elsässische Gauleitung ordnete Ende März 1944 die Gründung von »Ortsbetriebszellen« der DAF an, die alle innerhalb einer »Ortswaltung« wohnenden Beschäftigten einer Firma umfaßte. Nach Luftangriffen sollten diese Zellen einen »Schlepperdienst« organisieren, bei dem der Zellenwalter möglichst noch am Tage des Angriffs die nicht zur Arbeit erschienenen Mitarbeiter aufsuchte und sie zur Wiederaufnahme aufforderte[531].

Insgesamt erreichte es diese auf verschiedenen Ebenen ablaufende Kombination von Maßnahmen, daß die Beschäftigten nach Luftangriffen auf Mannheim und Karlsruhe relativ schnell wieder an den Werkbänken ihrer Betriebe standen. Nach dem Angriff auf Mannheim vom 3. Dezember 1943 drückten sie bis zum Monatsende die Fehlrate auf nur noch fünf Prozent der Beschäftigten herunter, die sich vermutlich zum Großteil aus nicht meldepflichtigen Frauen mit Kindern zusammensetzten[532].

Dieses Verfahren ließ sich allerdings nur dann umsetzen, wenn die Behörden und Institutionen nach den Luftangriffen selbst noch einigermaßen intakt waren. Bei verheerenden Katastrophen, die eine Stadt wie Freiburg am 27. November 1944 erleben mußte, gab es kaum Möglichkeiten, Beschäftigte zur Rückkehr in die Betriebe zu veranlassen. Noch »geraume Zeit« nach dem Angriff meldeten viele Freiburger Betriebe nur 10 bis 30 Prozent ihrer Belegschaft als anwesend. Der Chef des lokalen Arbeitsamtes konnte Strafanträge nur »in beschränktem Umfang« stellen, da alle Gefängnisse der Umgebung »überfüllt«, dasjenige in Freiburg schwer beschädigt war. Als Alternative griff er zu Ordnungsstrafen von 100 bis 300 Reichsmark; bei der Gestapo regte er zusätzlich an, Bummelanten als Strafarbeiter im Rahmen von Aufräumkommandos einzusetzen, um die Arbeitsdisziplin wieder einigermaßen herzustellen«[533].

---

529 GLA, 237/24379, Rükom-Sitzung, 7.10.1943;

530 BA-MA, RW 20—5/51, Kommandeur-Besprechung der Rüln OR, 1.11.1943.

531 GLA, 460/14, GauAA Baden an GBA, 29.4.1944.

532 Ebd., BA-MA, RW 20—5/29, Rüko Mannheim, B-Bericht Dez. 1943, 24.12.1943. Vgl. dazu Werner, Bleib übrig!, S. 259ff., der die psychologischen Faktoren Solidarisierung und Wiederaufbausyndrom aber überbewertet, die Repressalien dagegen kaum erwähnt.

533 StA Freiburg, NS 68, Lagebericht des Beauftragten, Dez. 1944/Jan. 1945.

Die badischen Behörden versuchten auch das zweite, mit Luftangriffen zusammenhängende und zum Produktionsausfall führende Element anzugehen: die Alarme. Ihr Vorgehen bestätigte hierbei aufs Neue, wie sehr die menschenverachtende Taktik und Zielsetzung des NS-Regimes auch von den aus der mittleren Beamtenebene kommenden Repräsentaten der Mittelinstanz übernommen wurden. Da sich die Luftalarme täglich zum Teil mehrmals wiederholten, führten sie mehr noch als die Angriffe selbst[534] dazu, daß die Fertigung sank. Die badischen Rüstungsunternehmen verloren im Juni 1944 allein durch Alarme über 430000 Arbeitsstunden gegenüber 74000, die Angriffe und die Beseitigung von Schäden kosteten. Im August lautete das Verhältnis in Nordbaden schließlich 684000 zu 45000[535].

Die badischen Behörden ordneten als Gegenmaßnahme an, die Dauer der Alarme zu verkürzen, womit aber auch die Vorwarnzeit für die Bevölkerung dramatisch sank. Das führte etwa unter der Pforzheimer Bevölkerung, besonders unter den Frauen, zu einer »starken Beunruhigung«, wie der Kreisleiter berichtete. Die dortigen, überwiegend mittelständischen Betriebe waren zum Teil in Hinterhäusern untergebracht oder sehr eng gebaut, wodurch die Flucht in die Luftschutzräume besonders erschwert wurde[536]. Die Pforzheimerinnen hatten sich deshalb seit Anfang 1944 immer wieder geweigert, bei Vorwarnung weiterzuarbeiten. Die Luftschutzkeller verließen sie trotz anderslautender Anweisungen erst wieder, nachdem die Sirenen volle Entwarnung verkündet hatten. Für die Industrie entstanden dadurch, wie die Kammer klagte, »bisher nicht gekannte Ausfälle«[537]. Die Frauen hatten für ihr Verhalten guten Grund. Gerade in Pforzheim, das nur als Luftschutzort zweiter Ordnung galt, war in puncto Sicherung der Bevölkerung »nur sehr wenig gemacht worden«[538]. Bei dem Großangriff auf die Stadt am 23. Februar 1945 starben deshalb schließlich etwa 17000 Menschen[539].

Wie sehr die Behörden mit dem Leben der Beschäftigten spielten, zeigen auch die sogenannten »Herausnahmebetriebe«, die örtliche Luftschutzleiter ab 15. Dezember 1944 benennen konnten. Bei diesen Unternehmen, zum Beispiel der Süddeutschen Möbelfabrik Hauser in Kirchzarten, mußte die Belegschaft ohne Rücksicht auf einen örtlichen Alarm so lange an ihrem Arbeitsplatz bleiben, bis »die Angriffsabsicht auf das Werk erkannt oder wahrscheinlich zu erwarten« war und »Werksalarm« ausgelöst wurde[540].

Trotz des Mißerfolgs bei dem Bemühen, die Beschäftigten zu einer besseren Arbeitsdisziplin zu bringen und die Fehlraten in den Firmen zu senken, darf nicht vergessen werden, daß insgesamt nur ein Bruchteil der badischen Beschäftigten sich nicht angepaßt verhielt.

---

534 Siehe Kapitel III,7.

535 BA-MA, RW 20—5/40.

536 BA, NS 6/812, Bericht Kreisleiter Pforzheim, 6.10.1944.

537 GLA, 237/24381, IHK-ZS Pforzheim, Lagebericht Feb./April 1944, 17.4.1944.

538 GLA, 237/24379, Sitzung der Rükom, 9.3.1944 (Zitat); vgl. Zier, Pforzheim, S. 349f.

539 SA Pforzheim, Verwaltungsbericht und Statistik der Stadt Pforzheim, 1945 bis 1952: Das Stadtgeschehen 1939 bis 1945; ebd., Walter Michel, Der Großangriff vom 23. Februar 1945, Pforzheim o.J. (masch. geschr.), S. 8f.

540 StA Freiburg, LA Freiburg 135, Luftgaukommando V, Stgt. an LA Freiburg, 15.12.1944; RG Industrie, Werkschutz an LA Freiburg, 20.3.1945 (Zitat).

»Die Haltung und Arbeitsleistung der deutschen Gefolgschaftsmitglieder ist nach wie vor gut«, meldete die Rüstungsinspektion Oberrhein Anfang August 1944, das Freiburger Kommando schloß sich dem noch in seinem letzten Bericht zum Jahresende 1944 an[541]. Die Zahl »notorischer Bummelanten« war nach Meldungen der badischen Arbeitsämter vom September 1944 »relativ gering«[542]. Wenn die Beschäftigten gegen die Arbeitsdisziplin verstießen, hatte das kaum politische Hintergründe, sondern solche privater oder finanzieller Natur. Die große Mehrheit der Beschäftigten hatte sich nur ein Ziel gesetzt: Überleben[543].

6. Volkssturm und Schanzeinsatz bei Kriegsende

Der Druck der militärischen und politischen Ereignisse in dieser letzten Phase des Krieges hatte für den Arbeitseinsatz eines gemein: Die Folgen gingen mehr denn je auf Kosten der Betriebe und ihrer Beschäftigten, die schließlich nicht nur der Wehrmacht Kräfte zur Verfügung stehen sollten, sondern auch einer neuen militärischen Organisation, dem Volkssturm. Zu keiner anderen Zeit während des Krieges hatten die regionalen und selbst lokale Behörden mehr Einfluß auf die Arbeitspolitik, zu keiner anderen Zeit kam es aber auch zu solchen Auseinandersetzungen unter den verschiedenen Stellen, die letztlich in der Frage gipfelten: Was ist wichtiger, mehr Soldaten oder mehr Waffen? Die Kontrahenten bei diesem Konflikt, der sich bereits seit längerem abgezeichnet hatte, waren die Kreisleiter als Vertreter der Partei auf der einen sowie die Wirtschaftsbehörden auf der anderen Seite. Letzteren gelang es mehrmals, den unter dem Einfluß des Ministerpräsidenten stehenden Gauleiter davon zu überzeugen, Anordnungen aus der Parteizentrale zumindest zurechtzurücken, wenn nicht sogar rückgängig zu machen. Damit war es möglich, die Produktion zeitweise zu schützen und ihren Zusammenbruch aufzuhalten.

Die sich auftuende Dissonanz zwischen Wagner und seinen Kreisleitern hatte ihre Ursache in der jeweiligen Aufgabenstellung seit Herbst 1944. Während der Gauleiter jetzt für die Rüstungsfertigung verantwortlich wurde und damit letztlich auch Reichsbelange vertreten mußte, zählte für die Kreisleiter als Beauftragte nur die Zahl der Männer, die für die Wehrmacht, das Schanzen und schließlich den Volkssturm aufgebracht werden konnten. Die gegensätzlichen Interessen liegen auf der Hand, wenn die Parteivertreter vor Ort ihren Erfolg an Köpfen maßen, nicht aber an übergreifenden Kriterien. Hier manifestiert sich ein Strukturfehler des NS-Reiches: Das System der Bevollmächtigten krankte daran, daß seine jeweiligen Vertreter nur die Ziffern des eigenen beschränkten Aufgabengebietes verbessern und nicht die Entwicklung des Ganzen voranbringen wollten. Insofern ist es schon fast konsequent, daß die Diktatur in ihren letzten Tagen eine weitere Schwächung durch ein System erfuhr, auf das es in den Jahren zuvor gefußt hatte.

---

541 BA-MA, RW 20—5/31, RüIn OR, Bericht 5. 8. 1944 (Zitat); RW 21—21/12, S. 20, KTB Rüko Freiburg, 4. Q. 1944.

542 GLA, 460/222, GauAA an AA Karlsruhe, 16. 9. 1944.

543 Vgl. zu dieser Beurteilung Werner, Bleib übrig!, S. 328.

Das Bewußtsein, wieder einem Frontgau anzugehören, trieb die Radikalisierung der Kreisleiter wesentlich voran. Es verstärkte das Bedürfnis, zu den Wurzeln der Bewegung zurückzukehren, die einst den Erfolg gebracht hatten, und die Massenbasis ebenso zu betonen wie das ehedem antibürgerliche Moment. Die Gegner eines »Volksaufgebotes am Oberrhein« wurden in dieser Perspektive zu »reaktionäre(n) Kräften«, so der Freiburger Kreisleiter Neuscheler[544], während ein anderer Kreisleiter die mit dem Bürgertum identifizierte Intelligenz gar ausrotten wollte[545]. Wagner selbst verkündete Ende 1944 ebenfalls seine Nähe zu solchen Ideen, da seiner Ansicht nach die Auflösung der bürgerlichen Welt bevorstand[546]. Damit leistete er ähnlichen Gedanken unter den Kreisleitern Vorschub.

Schließlich darf auch das Moment der Macht nicht vergessen werden. Die lokalen Parteiführer hatten im Prinzip seit 1933 versucht, in die Verwaltungen und die Betriebe hineinzuregieren und sie unter ihre Kuratel zu bringen. Im Krieg war dieses Bestreben noch deutlicher geworden. Schon 1940 gab es einen südwestdeutschen Vertreter dieser Zunft, der als »Erster des Kreises« Anspruch darauf erhoben hatte, die Uk-Stellungen zu überprüfen. Auch in den Jahren danach, insbesondere nachdem die Gauleiter 1942 zu Beauftragten Sauckels für den Arbeitseinsatz berufen worden waren, hatte Wagner Mühe, seine Vertreter vor Ort vor allzu forschen Eingriffen zurückzuhalten. Zuletzt mußte er im März 1944 noch einmal betonen, die Partei übe nur eine erfassende und propagandistische Tätigkeit aus[547]. Mit den Maßnahmen des totalen Krieges hatten die Kreisleiter zum ersten Mal de facto alle Bereiche von Wirtschaft und Verwaltung unter sich, was auch ohne Skrupel ausgenutzt wurde. Der Lahrer Parteichef ging so weit, daß er den Beamtenfrauen verbieten wollte, sich auf den Straßen zu unterhalten, da dies »ein sehr schlechtes Licht« auf sie werfe[548]. Alle diese Punkte führten zusammen dazu, daß die Kreisleiter ab Herbst 1944 daran gingen, ihre eigenen Vorstellungen durchzudrücken, ohne dabei auf Schwierigkeiten insbesondere für den Arbeitseinsatz Rücksicht zu nehmen. Erst jetzt regierte jeder von ihnen ein »kleines Königreich«, in dem selbst Anordnungen des Gauleiters ignoriert werden konnten[549].

Die Kriegslage verschlechterte sich Mitte 1944 an allen Fronten. Vor allem die alliierte Invasion am 6. Juni 1944 sowie der Beginn der sowjetischen Sommeroffensive am 22. Juni 1944, der bald der Zusammenbruch der Heeresgruppe Mitte folgte, ließen offenkundig

---

544 BA, NS 6/812, »Stimmungsmäßiger Überblick über die gesamte politische Lage«, Kreisleitung Freiburg an die Parteikanzlei, 31. 10. 1944.

545 Die bei Grill, Nazi movement, (S. 310), angegebene Äußerung eines Kreisleiters war allerdings nicht verifizierbar. Vgl. ebd., wobei Grill nur auf die ideologischen Aspekte abhebt.

546 Der Führer, 11/12. 11. 1944.

547 BA-MA, RW 20—5/6, Lagebericht RüIn V, 7. 2. 1940; GLA, 465d/44, Runderlaß der Gaustabsleitung, 29. 3. 1944. Siehe Kapitel IV, 3. c.

548 StA Freiburg, LA Lahr 787, Kreisleitung Lahr an die »Herren Behördenvorstände«, 14. 10. 1944.

549 Barbara Fait, Die Kreisleiter, S. 221 f. (Zitat). Die Autorin betont die dominierende Stellung der Kreisleiter für einen zu frühen Zeitpunkt, da gerade aus mehreren, auch den größten badischen Städten bekannt ist, wie sehr sich die Bürgermeister gegen die Mitsprache der Kreisleiter zur Wehr setzten. Barbara Fait gebührt allerdings das Verdienst, ein Forschungsdesiderat aufgegriffen zu haben.

werden, daß die 1943 begonnenen Anstrengungen intensiviert werden mußten. Um dies durchzusetzen, war niemand geeigneter als derjenige, der schon den Beginn dieser Kriegsphase mit seiner Rede im Berliner Sportpalast eingeläutet hatte und der keine Skrupel haben würde, Maßnahmen gegen widerstrebende Behörden und Personen durchzusetzen: Propagandaminister Joseph Goebbels. Hitler ernannte ihn am 25. Juli 1944 zum »Reichsbevollmächtigten für den totalen Kriegseinsatz«[550]. Goebbels setzte sich zum Ziel, der Wehrmacht bis Dezember 850000 Mann zur Verfügung zu stellen. Da der Propagandaminister die Rüstungswirtschaft als Hauptreservoir dafür nutzten wollte, waren Auseinandersetzungen mit Albert Speer unausweichlich.

Zunächst hatte der neue Bevollmächtigte noch versucht, diesen Konflikten aus dem Weg zu gehen. Er einigte sich mit dem Rüstungsminister darauf, Beschäftigte aus Kriegsfirmen nur dann abzuziehen, wenn die Unternehmer zustimmten und rechtzeitig Ersatzkräfte vorhanden waren. Goebbels erließ am 11. August eine entsprechende Verordnung, die die Zusammenarbeit zwischen der Partei und den Rüstungsstellen betonte[551]. Schon wenige Tage später war das Einverständnis aber passé, nachdem der Propagandachef offenbar zu der Überzeugung gekommen war, daß auf diese Art und Weise die festgesetzte Zahl neuer Soldaten nicht erreichbar sein und die Einziehungen überdies zu lange dauern würden. Joseph Goebbels wies die Gauleiter deshalb am 16. August an, Wehrpflichtige aus den Betrieben herauszuholen und bisherige Uk-Stellungen aufzuheben, ohne sich vorher mit den Rüstungsinspektionen abzusprechen[552].

Die Gauleiter erhielten mit dieser, von Joseph Goebbels und Martin Bormann, dem Chef der Parteikanzlei, unterschriebenen Anordnung für die Durchführung des totalen Kriegseinsatzes, ein »umfassendes Auskunfts- und Weisungsrecht« gegenüber allen in ihren Bezirken befindlichen Behörden. Sie waren damit zuständig für die allgemeine Arbeitseinsatzpolitik in ihren Gauen, für die Umsetzung Beschäftigter aus minder kriegswichtigen Produktionen sowie für die Überprüfung der Uk-Stellungen in den Rüstungsbetrieben. Auf Vorschlag Bormanns sollten für den letzten Punkt Gau- und Kreiskommissionen gebildet werden. Mitglieder der Kommissionen auf lokaler Ebene, die die eigentliche Arbeit machten, waren neben den in der Regel an der Spitze stehenden Kreisleitern Landräte, Wehrbezirkskommandeure, Vertreter des Arbeitsamtes sowie weitere, vom Kreisleiter zu bestimmende Teilnehmer. Die Behörden des Rüstungsministeriums, also Inspektion und Landeswirtschaftsamt, die die Betriebe unmittelbar betreuten, wurden dagegen nicht einbezogen. Albert Speer, der zunächst ebenfalls auf Konfliktkurs ging und am 20. August die Federführung seiner Rüstungsinspektionen bei den Einziehungen in den Betrieben anordnete[553], mußte rasch erkennen, daß der Einfluß der Gauleiter nicht zu umgehen war. In einem geschickten Schachzug machte er deshalb Ende August die regio-

550 Zu den Hintergründen der Ernennung siehe: Janssen, Das Ministerium Speer, S. 271ff.; Boelcke, Die deutsche Wirtschaft, S. 328ff., Weyres von Levetzow, S. 155ff.; Recker, Sozialpolitik, S. 265ff.

551 BA, R 3/1615, Reichsbevollmächtigter für den tot. Kriegseinsatz an die Gauleiter, 11.8.1944, Bl. 3ff.; vgl. Janssen, Ministerium Speer, S. 277ff.

552 GLA, 460/222, Runderlaß GAA vom 28.8.1944, Anlage: Anordnung für die Durchführung des totalen Kriegseinsatzes, vom 16.8.1944.

553 GLA, 465d/1195, Runderlaß RMfRuKP, 20.8.1944.

nalen Parteiführer auch für die Rüstung in ihren Bezirken verantwortlich[554] und verlagerte die Auseinandersetzungen endgültig auf die mittlere Ebene.
Die Politik des badischen Reichsverteidigungskommissars und Gauleiters Robert Wagner spiegelte zunächst die Einigung zwischen Goebbels und Speer wider. Noch am 16. August erließ sein Stellvertreter Hermann Röhn eine Anweisung an die Kreisleiter entsprechend diesem Tenor, die auf die »freiwillig(e)« Abgabe der Beschäftigten und die Stellung von Ersatzkräften großen Wert legte:

»Es ist unter allen Umständen jedoch zu verhindern, daß die Betriebsführer etwa durch Auferlegung von Aufbringungsquoten unter moralischen Druck gesetzt und veranlaßt werden, mehr uk-Gestellte aus ihrem Betrieb freizugeben, als sie jeweils mit Rücksicht auf die ihnen auferlegten Programme verantworten können. Bei allen diesen Maßnahmen darf in keiner Weise die Steigerung des Ausstoßes unserer kriegswichtigen Produktion und die Voraussetzung zur Fertigung neuer Waffen beeinträchtigt werden[555].«

Die neue Anweisung von Goebbels zwang in den Tagen darauf zu einem Kurswechsel, den Robert Wagner aber vergleichsweise moderat gestaltete. Schon hier machte sich der Einfluß Köhlers weiterhin zugunsten der Wirtschaft bemerkbar. Vermutlich spielte auch die badische Politik der Vorjahre eine Rolle, Anweisungen aus Berlin unter Landesgesichtspunkten abzufedern. Zunächst wandte sich der badische Reichsverteidigungskommissar am 1. September in einem einmaligen Akt an die Betriebe und forderte sie dazu auf, alle uk-gestellten Wehrpflichtigen der Jahrgänge 1906 und jünger der Wehrmacht, wenn möglich »freiwillig«, zur Verfügung zu stellen. Wagner ließ keinen Zweifel daran, daß ihr Abzug bevorstand. Ersatz stünde aber in großer Zahl zur Verfügung, schrieb der Gauleiter, der die gleichzeitig laufenden Aktionen außerhalb der direkten Rüstungsproduktion im Blick hatte. Wenn dies »auch nicht alles« Fachkräfte seien, äußerte Wagner die Überzeugung, daß es der »Tatkraft« der Betriebsführer »gelingen wird, auch aus diesen für Sie und die Rüstung brauchbare Arbeitskräfte zu schaffen«[556]. Doch trotz dieses drängenden Schreibens legte der badische Parteichef den einzelnen Betrieben im Gegensatz zu »fast allen [anderen, R. P.] Fällen«, wie Rüstungsminister Albert Speer an Goebbels schrieb, keine Abgabequoten auf. Kurz darauf einigte sich Robert Wagner »grundsätzlich« mit der Behörde Speers, vermerkte das Rüstungsministerium am 8. September[557].

---

554 Vgl. Janssen, Ministerium Speer, S. 275ff.; Recker, NS-Sozialpolitik, S. 285ff.; Rebentisch, Führerstaat, S. 518; Herbst, Totaler Krieg, S. 343f. Insbesondere Teppe, Reichsverteidigungskommissar, analysiert den Machtzuwachs vom regionalen Blickfeld her (S. 299). Über die Einsetzung der Gauleiter als Verantwortliche für die Rüstung in ihrem Bereich widersprechen sich die Aussagen in der Literatur. Im BA, R 3/1592, Bl. 40f., findet sich ein nicht unterschriebener und undatierter Verordnungsentwurf dieses Inhalts. Hüttenberger, Gauleiter, S. 187, teilt dementsprechend mit, Hitler habe die Entscheidung offengelassen. Recker, NS-Sozialpolitik, S. 287, gibt aber den Eindruck aus der Chronik des Ministeriums Speer wieder, sie seien ernannt worden. De facto ist richtig, daß die Gauleiter für alles verantwortlich wurden, also auch für die Rüstung. Nicht zuletzt die Politik Wagners ist ein Beweis dafür.

555 GLA, 465d/91, Runderlaß Stellvertr. Gauleiter, 16.8.1944.

556 DBA, Haspel 1/1, RVK Baden-Elsaß an die Betriebsführer der Rüstungswirtschaft, 1.9.1944.

557 BA, R 3/1615, Bl. 56, Aktennotiz des Rüstungsministeriums, 8.9.1944; Anlage Schreiben Speer an Goebbels, 3.9.1944 (Zitat).

Eine Ursache für diese Absprache war das Verhalten der Kreisleiter, die sich bis zu diesem Zeitpunkt ihrer neuen Kompetenzen in starkem Maße bedient hatten. Sie zogen die Wehrpflichtigen »oft mit starkem Druck« aus den Betrieben heraus und gingen dabei so willkürlich vor, daß dem Rüstungsministerium kein Zahlenüberblick möglich war[558]. Das Karlsruher Landeswirtschaftsamt sah damit ebenso wie das Ministerium »außerordentlich starke Einbrüche« in der Produktion voraus, da die Betroffenen hauptsächlich zu den »Schlüsselkräften« zählten, die als letzte Wehrpflichtige der jüngeren Jahrgänge noch in den Betrieben belassen worden waren. Die Rüstungsinspektion bereinigte zwar zusammen mit dem Gauleiter »die schlimmsten Fälle«; es mußte aber gegenüber dem vorgesetzten Ministerium zugeben, von den »Pannen« meist gar nichts zu erfahren[559]. Da den Betrieben keine Quote auferlegt war, hatten die Firmen aber die Chance, eine Abgabe zu verhindern, wenn sie den Kreisleiter davon zu überzeugen vermochten, daß die betreffenden Wehrpflichtigen bereits in früheren Aktionen eingezogen worden waren. Selbst ein so bedeutender Betrieb wie Daimler-Benz Gaggenau blieb deshalb ungeschoren. Er wies allerdings unter seinen etwa 2200 männlichen Beschäftigten nur noch 140 wehrpflichtige Arbeitskräfte auf, die das Wehrersatzamt als kriegsverwendungsfähig eingestuft hatte[560].

An der grundsätzlichen Konstellation der Auseinandersetzung änderte sich 1944 nichts mehr, obwohl sich Speer und Goebbels nach Beschwerden des Rüstungsministers und einer Aussprache bei Hitler auf eine Formel geeinigt hatten. Ihr Tenor »Mehr Soldaten und mehr Waffen« war aber so gut wie keine Entscheidung, wie auch das Freiburger Kommando indirekt kritisierte:

»Auf die Dauer gesehen, wird sich die Forderung des Führers ›Mehr Soldaten und mehr Waffen‹ nur schwer erfüllen lassen, wenn das Gerippe an Fachkräften durch Einberufungen weiter geschwächt wird[561].«

Der Rüstungsminister hatte damit im Prinzip nachgegeben, da er eine gegenteilige Entscheidung Hitlers nicht herbeiführen konnte. Der »Führer« erwies sich erneut als Diktator, der genaue Festlegungen oftmals scheute[562]. Als Hitler schließlich Anfang Oktober befahl, weitere 60000 Mann einzuziehen, lehnte Speer jede Verantwortung dafür ab[563]. Rund 5000 entfielen in zwei Wellen auf Baden. Hier machte sich erneut das Bestreben der Kreisleiter bemerkbar, sich angesichts der im Elsaß näherrückenden Front radikal zu gebärden und Beschäftigte ohne Rücksicht auf Verluste zur Wehrmacht zu schicken. Sie nahmen die Baden zugeteilte Quote nur als Anhaltspunkt und zogen so viele Mitarbeiter aus den Firmen heraus, daß die Gauleitung zum zweiten Mal einschritt. Die Gaukommission Wagners ermächtigte die Kammern dazu, die Zahl der Einberufungen nachzuprüfen, und eröffnete so dem Landeswirtschaftsamt die Möglichkeit, die zuviel Eingezogenen anzurechnen und die badischen Bezirke insgesamt auszugleichen. Schließlich

558 BA, R 3/1615, Bl. 56, Aktennotiz des Rüstungsministeriums, 8.9.1944.

559 Ebd. (Zitat 2); GLA, 465d/1195, LWA an RVK, 28.8.1944 (Zitat 1); BA-MA, RW 21—21/11, S. 33, KTB Rüko Freiburg, 3. Q. 1944.

560 DBA, Haspel 1/1, Direktion Gaggenau (v. Jungenfeld) an den Vorstandsvorsitzenden Haspel, 30.8.1944.

561 BA-MA, RW 21—21/11, KTB Rüko Freiburg, 3. Q. 1944, S. 33; vgl. Janssen, Ministerium Speer, S. 278ff.

562 Diese These vertritt überzeugend Rolf-Dieter Müller, Die Mobilisierung, S. 685ff.

563 GLA, 465d/1195, RMfRuKP an die Vorsitzer der Rüstungskommissionen, 3.10.1944.

wurden die Kammern bei den Einberufungen wieder beteiligt und konnten mit den Kreisleitern verhandeln. Waren die Vertreter der IHK und der NSDAP zu einer Einigung nicht in der Lage, sollte die Gaukommission die Entscheidung treffen[564]. Dieser Eingriff führte zu dem außergewöhnlichen Fall, daß die Partei auf Anordnung des Gauleiters eigene Kompetenzen wieder abgeben mußte.

Ersatz für die eingezogenen Arbeitskräfte sollten die Personen bringen, die sich aus den neuen Maßnahmen des »totalen Kriegseinsatzes« ergeben würden. Sie waren von Hitler mit der Ernennung von Goebbels am 25. Juli 1944 in Kraft gesetzt worden:

- eine Meldepflicht für Frauen zwischen 45 und 50 Jahren;
- die Abgabe von 30 Prozent aller Verwaltungskräfte der Betriebe und Behörden[565];
- die »Aktion ziviler Sektor« (AZS) 1944, die erneut Beschäftigte aus den weniger kriegswichtigen Betrieben herausholen sollte[566].

Die badische NSDAP startete die neuen Aktionen mit einem beträchtlichen Propagandaaufwand, der nach dem Attentat vom 20. Juli auch mit sogenannten »Treuekundgebungen« für Adolf Hitler verbunden wurde. In allen größeren badischen Städten organisierte die Partei Veranstaltungen, die etwa in Freiburg 50000 Menschen auf die Beine brachten. Wagner äußerte sich auf Kundgebungen mit Worten, die Zuhörer schon des öfteren von ihm zu hören bekommen hatten: »Es wird jetzt Schluß gemacht werden mit all denen, die sich drücken wollen.« Die Deutschen lebten jetzt »im Schützengraben«: »Jeder und jede muß ihr ganzes Dasein den eisernen Gesetzen des Krieges unterordnen[567].« Hermann Nickles, Präsident des Gauarbeitsamtes, verlangte: »Sämtliche irgendwie einsatzfähigen Kräfte in den Städten müßten jetzt der Rüstung zugeführt werden«, notierte das im »Alemannen« veröffentlichte Redeprotokoll. Wagner und Nickles gestanden mit ihren Forderungen allerdings unfreiwillig ein, daß die seit immerhin eineinhalb Jahren laufenden Aktionen nicht gerade von Erfolg gekrönt waren[568].

Die für Baden ins Auge gefaßten Maßnahmen machen deutlich, daß das System kaum noch größere Reserven vorzuweisen hatte. Die Museen sollten geschlossen, die Arbeit aller Archivverwaltungen, Heimat- und Kulturvereine eingestellt werden. Selbst die Kurkapellen wurden aufgelöst und die Betriebsruhe von Geschäften verboten. Schließlich legte Wagner als Reichsverteidigungskommissar die badischen und elsässischen Landesernährungsämter zusammen. Daß diese Aktivitäten eher propagandistischer Art waren und dabei nicht sehr viel an Arbeitskräften herauskommen konnte, dürfte auch den Initiatoren klar gewesen sein[569]. Das gilt auch für das Ziel, nicht arbeitspflichtige Männer

---

[564] GLA, 465d/1195, LWA an GWK, 20.9.1944; LWA-Runderlaß, 11.10.1944; LWA-Runderlaß, 21.10.1944.

[565] StA Freiburg, LKK 1378, Runderlaß des GB für die Reichsverwaltung vom 17.8.1944 zur Abgabe von Verwaltungskräften aus den Behörden; GLA, 460/222, Runderlaß des GAA vom 18.8.1944.

[566] GLA, 460/226, LWA-Runderlaß 1.8.1944, Anlage: gemeinsamer Erlaß des RMfRuK und des GBA, 18.7.1944. Dazu kamen weitere Punkte, die an anderer Stelle behandelt werden: die 60-Stunden-Woche für alle Betriebe, eine vorläufige Urlaubssperre sowie eine erneute Verschärfung der Strafen für »Bummelei« und eine bessere Überwachung der Krankmeldungen, die mit Wirkung vom 15. Oktober 1944 in Kraft trat (siehe Kapitel IV, 4. a. und IV, 5).

[567] Der Führer, Nr. 206, 28.7.1944 und Nr. 216, 8.8.1944.

[568] Der Alemanne, Nr. 204, 27.7.1944.

[569] Werner, Bleib übrig!, S. 189.

und Frauen zur Heimarbeit heranzuziehen und diese Form der Beschäftigung zu intensivieren. Damit hoffte die Arbeitsverwaltung, endlich an die in den Tälern des Schwarzwaldes lebenden Männer und Frauen heranzukommen, die bisher in der Textilindustrie beschäftigt waren, mangels Rüstungsindustrie vor Ort aber nicht direkt für den Krieg arbeiten konnten. Die aus ihren Reihen stammenden Meldepflichtigen sollten bei der Heimarbeit doppelt so viel leisten als sie in den Betrieben hätten arbeiten müssen, lautete die unrealistische Forderung des Gauarbeitsamts-Präsidenten.

Der Prüfungsausschuß der Rüstungskommission wurde damit beauftragt, die für eine solche Arbeitsweise geeigneten Produktionen ausfindig zu machen. Das Landeswirtschaftsamt wiederum sollte alle Unternehmen abschalten, deren Fertigung auch in Heimarbeit ausgeführt werden konnte[570]. Den Behörden fiel es aber nicht leicht, entsprechende Kriegsfertigungen anzugeben. Hinzu kam, daß die Verkehrsverhältnisse im Hochschwarzwald der Ausweitung der Heimarbeit schon im Juli 1944 erhebliche Probleme bereiteten. Bis Anfang August 1944 beschäftigten Rüstungsfirmen 2000 Badener und Elsässer in Heimarbeit; für 7500 potentiell einsetzbare Männer und Frauen stand noch keine entsprechende Tätigkeit zur Verfügung[571]. Ob zudem Qualität und Menge der fertiggestellten Kriegswaren die Mühen von Bürokratie und Wirtschaft lohnten, ist zweifelhaft, wenn auch die Konstanzer Kammer von »sehr guten Erfolgen« berichtete. In diesem Bezirk scheint die Aktion besonders rigoros durchgeführt worden zu sein. So mußten die Einzelhandelsgeschäfte in den Städten des Kammerbezirks vormittags schließen, um die Beschäftigten in dieser Zeit einer Heimarbeit nachgehen zu lassen[572].

Greifbare Resultate waren eher aus den von Hitler direkt angeordneten Maßnahmen zu erwarten. Die badischen NSDAP-Ortsgruppen sollten arbeitsfähige Frauen zwischen 45 und 50 Jahren erfassen und vom Arbeitsamt verpflichten lassen, wobei die bisherige Rücksichtnahme früherer Jahre aufgegeben wurde. »Mit den Beteiligten ist nicht zu verhandeln«, lautete der Erlaß von Gaustabsamtsleiter Schuppel: »Persönliche Gehässigkeiten (sind) ebenso auszuschalten, wie eine unangebrachte Rücksicht.« Erfaßt werden sollten unter anderem meldepflichtige Frauen mit einem Kind, die es von Verwandten versorgen lassen könnten; Hausgehilfinnen; junge Frauen, die nur einer leichten Arbeit nachgingen sowie Männer und Frauen mit einer »kriegs- oder lebensunwichtigen« Beschäftigung[573]. Für persönliche Präferenzen der Kreis- und Ortsgruppenleiter blieb angesichts dieser weit gefaßten Personenkreise genügend Spielraum.

Ob die badischen Kreisleiter bei der Mobilisierung von Frauen mehr Erfolg hatten als in den vergangenen Jahren, läßt sich zwar wegen fehlender Statistiken nicht genau feststellen; große Zweifel daran sind aber berechtigt. Dieser Schluß bezieht sich auch auf den Kreis der Evakuierten, auf die es die regionale NSDAP schon aus Propagandagründen besonders abgesehen hatte. Ihre Zahl erhöhte sich allein in Baden von Juli 1943 bis

---

570 GLA, 460/222, GAA-Erlaß 11.8.1944; GAA-Rundschreiben 14.8.1944, Anlage: Anordnungen Köhlers und Nickles zum Arbeitseinsatz im totalen Krieg, 11.8.1944.

571 BA-MA, RW 20—5/24, Bericht RüIn OR, 5.8.1944; RW 20—5/31, Bericht Rüko Freiburg, 27.6.1944.

572 WSA Stgt., IHK Kon. 306, IHK an die GWK, 17.11.1944 (Zitat); Referat Handel zur WSK-Sitzung vom 29.12.1944.

573 GLA, 460/222, Runderlaß der Gauleitung, 19.8.1944. Zum Fraueneinsatz insgesamt siehe Kapitel V.1.

Juli 1944 inklusive der Kinder von rund 65000 auf über 165000[574]. Der Bericht des Freiburger Rüstungskommandos für das zweite Halbjahr 1944 betont die sozialen Unterschiede unter den Frauen, die einem Arbeitseinsatz erneut im Wege standen. Vor allem im Mittelstand wurden die starken Vorbehalte gegen die ungewohnte Frauenarbeit aufrechterhalten. Insbesondere die Frauen von Beamten und in erster Linie der Polizei zeigten »nicht das geringste Verständnis und (suchten) alle möglichen Auswege, um dem Einsatz zu entgehen«, notierte der Berichterstatter. Die Freiburger Kreisleitung differenzierte erst gar nicht mehr und meldete Ende Oktober, die Arbeitsmoral der Frauen lasse

»sehr zu wünschen übrig. Neun Zehntel der durch die jüngsten Gesetze arbeitspflichtigen Frauen versuchen sich mit Attesten und sonstigen Vorbehalten vor dem Arbeitseinsatz zu drücken[575].«

Die Anordnung des badischen Innenministeriums aus den ersten Augusttagen 1944, die Frauen mit dem Entzug oder der Kürzung der Familienunterstützung zu bestrafen, hatte so nur wenig Erfolg[576]. Angesichts der Vielzahl von Beschwernissen, die mit dem Luftkrieg und den immer größeren Versorgungsproblemen auf die Familien zukamen, mußte vermutlich wie in den Vorjahren eine zunehmend größere Zahl meldepflichtiger Frauen von vornherein vom Arbeitseinsatz befreit werden. Wie gewichtig diese Frage wirklich war, läßt sich kaum feststellen, da in den Beschwerden von Parteiseite oder aus den Kommandos auch immer entweder ein ideologisches Moment eine Rolle spielte oder das eigene Versagen kaschiert werden sollte.

Das Problem fehlender Beschäftigter verlor allerdings bereits Ende August 1944 viel von seiner Brisanz. Einen Monat zuvor hatte das Landeswirtschaftsamt den Bedarf noch auf 47000 Arbeitskräfte beziffert; davon entfielen jeweils 15000 auf die Rüstung und die Landwirtschaft. Die Maßnahmen des totalen Kriegseinsatzes brachten quantitativ »eine gewisse Erleichterung«, wie die Kommandos aus Mannheim und Freiburg übereinstimmend berichteten[577]. Knapp 16000 Männer und Frauen aus Verwaltungen und Betrieben setzten die badischen Arbeitsämter bis Februar 1945 in andere Wirtschaftsbereiche um, rund 10800 davon in die Rüstung. Der Großteil von ihnen stammte vermutlich aus der »Aktion ziviler Sektor 1944« (AZS), in deren Rahmen laut Plan vom August badische und elsässische Betriebe 12000 Beschäftigte abgeben sollten. Erneut traf es die Textil- und Bekleidungsgewerbe, die jeweils 3,5 Prozent ihrer Beschäftigten verloren. Den größten Aderlaß erlitten danach die Gast- und Schankwirtschaften sowie die Bereiche von Handel,

[574] GLA, 465d/49, Bericht der Gauleitung Baden an die Parteikanzlei, 8.8.1944; 465d/914, Stand der Umquartierungen. Insgesamt lauteten die Zahlen im Gau Baden-Elsaß im Juli 1943: 73698, im Juli 1944: 212308. Der Anteil der im Elsaß aufgenommenen Frauen, Kinder, Alten und Gebrechlichen steigerte sich von 11,5 auf 22 Prozent. Vgl. auch Rolf-Dieter Müller, »Blitzmädels«, S. 51f.

[575] BA-MA, RW 21—21/10, S. 36, KTB Rüko Freiburg, 2. Q. 1944 (Zitat 1); GLA, 465d/22, Bericht der Kreisleitung Freiburg, 31.10.1944 (Zitat 2).

[576] StA Freiburg, LA Villingen 388, Ministerialblatt für die badische Verwaltung, Nr. 30, 11.8.1944, darin: Erlaß des bad. Ministers des Inneren vom 5.8.1944; Dörte Winkler, Frauenarbeit, S. 147f.

[577] GLA, 237/24382, LWA-Lagebericht zum Arbeitseinsatz, Stand Ende Juli 1944, 7.8. 44; BA-MA, RW 20—5/24, Bericht der RüIn OR zum 5.9.1944; RW 20—5/31, S. 33, Bericht Rüko Mannheim, 26.8.1944; RW 21—21/11, 3. Q. 1944.

Banken und Versicherungen mit einem Verlust von jeweils 5 Prozent[578]. Ob der Plan genau eingehalten wurde, ist nicht klar. Aber es folgten Produktionseinbrüche »in größerem Ausmaß«, wie das Landeswirtschaftsamt berichtete; erneute Stillegungen auch im Einzelhandel waren nicht zu umgehen. Die Lage im Bereich der Versorgung etwa bei Bekleidung, Schuhbedarf und Reparaturleistungen verschlechterte sich daraufhin mit Jahresbeginn 1945 so stark, daß das Reichswirtschaftsministerium im Februar für Baden einen Sonderbeauftragten einsetzte, der über die noch verbliebenen Bestände auch des Landeswirtschaftsamtes verfügen konnte[579].

Auch das zweite größere Standbein der Maßnahmen zum totalen Kriegseinsatz, die Abgabe von 30 Prozent aller Bürokräfte aus den öffentlichen Verwaltungen und den Unternehmen, entwickelte sich rein quantitativ positiv für den Arbeitseinsatz. Mindestens 4000 der in Baden umgesetzten 16000 Männer und Frauen stammten aus dieser Aktion. Doch die Folgen, die sich daraus für die Rüstungsunternehmen ergaben, lassen solche Rechnungen in den Hintergrund treten. Schon Ende August war sich die Rüstungskommission darüber im klaren, daß nicht alle Firmen der Abgabe nachkommen konnten. Die BBC etwa weigerte sich, da sonst eine »einigermaßen geordnet(e)« Verwaltungsarbeit nicht mehr möglich sei. Das »Gefolgschaftsbüro« der Firma werde durch die Betreuung von Ausländern und Frauen eingezogener Mitarbeiter, durch die Bearbeitung der »zahllosen Anträge« auf Lösung des Arbeitsverhältnisses und anderes derart in Anspruch genommen, schrieb die Firma, daß bei den Beschäftigten eher ein Aus-, statt ein Abbau notwendig sei. Im Konstanzer IHK-Bereich kamen die Firmen der Aufforderung zwar nach, doch die Auswirkungen entsprachen offenbar der Vorhersage von BBC. Der größte Teil der Firmen machte daraufhin die Maßnahme rückgängig und stockte seine Verwaltung wieder auf[580]. Die Maßnahme erwies sich damit als kontraproduktiv für die Rüstung selbst.

Rein quantitativ hatte die Rüstungsindustrie im Herbst 1944 ausreichend Beschäftigte erhalten, dagegen konnte der für die Firmen besonders schmerzliche Verlust an Fachkräften nicht wettgemacht werden. Im Bereich der nordbadischen Rüstung sank ihre Zahl zwischen Juni 1944 und Februar 1945 von 13000 auf rund 5000, also auf rund ein Drittel; in Südbaden verloren die Firmen mit einem Rückgang von 12200 auf 9000 mehr als jede vierte Fachkraft[581].

Zur Abhilfe sollten die Unternehmen die bisherigen monatlichen Anlernzahlen verdoppeln. Die Berliner Führung ordnete an, die in die Rüstung umgesetzten Beschäftigten

---

578 GLA, 460/7, GAA an die Arbeitsämter in Baden, Februar 1945 (ungenaue Datierung), Statistik des totalen Kriegseinsatzes; 460/226, LWA-Erlaß 472/44, 1.8.1944, Anlage: Erlaß des RMfRuKP, 18.7.1944.

579 GLA, 237/24382, LWA-Bericht zur Arbeitseinsatzlage im Juli 1944, 7.8.1944; WSA Stgt. IHK Kon. 306, Referat Handel bei der WSK-Sitzung, 29.12.1944; Boelcke, Die deutsche Wirtschaft, S. 345 (ohne Quellenangabe).

580 GLA, 237/24379, Sitzung des Arbeitsausschusses der Rükom., 24.8.1944; NA T 84/35, Firma an Bezirksarbeitseinsatzingenieur Vb des RMfRuK, 3.11.1944 (Zitate). Der Absender ist zwar nicht genannt, aus beiliegenden Schriftstücken läßt sich aber die Firma BBC erschließen. WSA Stgt., IHK Konstanz 306, Protokoll der Beiratssitzung der WSK Konstanz, 29.12.1944; vgl. Rebentisch, Führerstaat, S. 526f.

581 BA-MA, RW 20—5/56, Aktennotiz RüIn OR, Besprechungspunkte bei der Gauleitung am 6.2.1945.

nach einer Anlernzeit von 8 bis 12 Wochen in die Lage zu bringen, die eingezogenen Fachkräfte wenigstens in Teilbereichen zu ersetzen. Da aber mit dem Zugriff der Wehrmacht auf die »Schlüsselkräfte« wiederum die Fachkräfte fehlten, die als einzige in der Lage gewesen wären, ihre Nachfolger anzulernen, biß sich die Katze in den Schwanz. Das Gauarbeitsamt mußte deshalb das Kontingent der anzulernenden Beschäftigten erheblich reduzieren. Von ursprünglich für Baden und das Elsaß vorgeschriebenen 2500 Mitarbeitern, die im Juli, und 5000, die im August angelernt werden sollten, strich Präsident Nickles die Julirate und senkte sie im August auf 650. Nicht einmal diese Zahl wurde erreicht, und auch in den folgenden Monaten dürfte es nicht anders ausgesehen haben. Das Karlsruher Arbeitsamt monierte noch Anfang März 1945 in einem Rundbrief an die Firmen, die Anlernung und Umschulung sei »in den letzten Monaten nicht mit jener Tatkraft ausgeführt worden, die ihrer Bedeutung zukommt«[582].

Die Umsetzungen führten, wie vorhersehbar, insgesamt zu Produktionseinbrüchen. Die im Rahmen des »totalen Krieges« gewonnenen Arbeitskräfte für die Rüstung nützten letzten Endes nur wenig, da die Firmen nicht in der Lage waren, die abgezogenen Fachkräfte adäquat zu ersetzen. Die Niederlage wurde durch diese Maßnahmen vermutlich nicht einmal verzögert, sondern eher beschleunigt[583]. Zwei weitere Aktionen sollten bis Kriegsende dafür sorgen, daß die Fertigungseinbrüche immer größere Ausmaße annahmen: der Schanzeinsatz am Westwall und in den Vogesen sowie der Volkssturm.

Wie bei der Überprüfung der Uk-Stellungen und den sich daraus ergebenden Einziehungen setzte Hitler bei beiden Maßnahmen auf die Partei und damit auf die Kreisleiter. Und wie beim ersten Fall kam es schnell zu Auseinandersetzungen mit denselben Ausgangspunkten. Seit dem 22. August war der Gauleitung der Auftrag Hitlers bekannt, Reservestellungen an der »Vogesenfront« aufzubauen. Robert Wagner setzte seinen Stellvertreter Hermann Röhn an die Spitze des Organisationsstabes. Für den 5. September verkündete der badische Parteiführer das »allgemeine Volksaufgebot am Oberrhein«: Alle Männer zwischen den 14. und 65. sowie alle Frauen vom 16. bis zum 60. Lebensjahr sollten im Westen Stellungen ausbauen, obwohl deren militärischer Wert umstritten war[584]. Ende Oktober arbeiteten bereits über 100000 Menschen am oberrheinischen Stellungsbau. Ihnen war aufgetragen worden, die Vogesenstellung, die oberelsässischen »Ziegelstellungen«, die des Westwalls sowie schließlich Ortsverteidigungsanlagen auszubauen: insgesamt 15000 bis 20000 Kilometer[585].

Aus den Reihen der Arbeitskräfte sollten in den einzelnen badischen Kreisen insgesamt 20000 Personen für die Aktion aufgebracht werden, die meisten von ihnen aus Mannheim mit 4800 Männern und Frauen. Der Rüstungsinspektion war klar, daß bei solchen Zahlen ein sinkender Ausstoß auch in der Fertigung von Kriegsgerät »nicht ganz ver-

---

582 GLA, 460/222, GAA-Erlasse, 29.7.1944 und 6.9.1944; 465d/1633, Rundbrief AA Karlsruhe an die Betriebsführer, 5.3.1945 (Zitat).

583 Vgl. dazu Rebentisch, Führerstaat, S. 522f.

584 GLA, 465d/53, Aktennotiz 26.8.1944; StA Freiburg, LA Lahr 787, Aufruf Wagner, o.D.; Hüttenberger, Gauleiter, S. 191; vgl. Seidler, »Deutscher Volkssturm«, S. 297ff.

585 GLA, 465d/26, Tagesmeldungen zum 23. und 24.10.1944; 465d/45, Wagner an Bormann, 29.10. 1944.

meidbar« sein würde. Doch so harmlos sollte es nicht ausgehen: Die Abzüge waren so hoch, daß sich Speer nach einem Aufenthalt im Südwesten bei Köhler als Vorsitzendem der Rüstungskommission beschwerte: Im Rüstungssektor des Gaues seien durch die Schanzaktion »erhebliche Einbrüche« zu erwarten. Im Raum Mannheim beeinträchtigten die Abzüge die Zu- und Unterlieferanten der Rüstungsfirmen in starkem Maße[586].
Die Anordnung Wagners an die Kreisleiter, mit den Kommandos und Wirtschaftskammern in Verbindung zu bleiben, um die Schäden für die Rüstung möglichst gering zu halten, wurde von den Parteivertretern offensichtlich ignoriert. Speer gehe ihn nichts an, äußerte sich ein Kreisleiter. So kam es im September 1944, wie die Personalabteilung des Freiburger Kommandos berichtete, zu einem »mehr oder weniger wahllosen Heranziehen« von Beschäftigten wichtiger Produktionen: »Vielfach gab der rein persönliche Standpunkt, daß dem oder jenem die Schanzarbeit auch mal gut tue, den Ausschlag für die Entscheidung.« Wie stark die Zentrale bereits an Autorität verloren, die Kreisleiter aber an Selbstherrlichkeit gewonnen hatten, läßt sich bei der Anordnung Hitlers nachvollziehen, die Fachkräfte bis 26. September vom Schanzen in die Rüstungsfirmen zurückzuschicken. Am 15. Oktober beschwerte sich die Inspektion bei Wagner, dem Befehl Hitlers, dem entsprechende Weisungen des badischen Reichsverteidigungskommissars gefolgt waren, werde nicht entsprochen. Die Mannheimer Kreisleitung behauptete darauf, diese Anordnungen hätten sie nicht erreicht, obwohl dies bei dem bedeutendsten badischen Parteibezirk kaum denkbar erscheint[587].
Die Maßnahmen der Kreisleiter blieben nicht ohne Widerspruch: Sowohl aus den Reihen der traditionellen Verwaltung wie der Wirtschaftsorganisationen und der Unternehmen selbst kam es zu Versuchen, sich gegen die Partei zur Wehr zu setzen. Der Landrat von Tauberbischofsheim, Klaus Tellenbach, beanspruchte die Zuständigkeit für den Schanzeinsatz für sich selbst, da Wagners Aufruf offiziell als Notdienstverordnung eingestuft war. Tellenbach setzte sich damit beim Kreisleiter von Wertheim auch durch und stellte mehrere, von der Partei gemeldete Personen vom Schanzeinsatz frei. Tellenbachs Sinsheimer Kollege weigerte sich, die Notdienstverpflichtungen zu unterschreiben, da er keine Verantwortung dafür übernehmen wollte[588]. Aus den Reihen der Industriellen forderte der badische Rüstungsobmann Hofweber von der Mannheimer Firma Lanz im Auftrag mehrerer betroffener Firmen den Rücktransport ihrer Beschäftigten, nachdem die ursprünglich vereinbarte Dauer der Schanzarbeiten von 14 Tagen überschritten war. Der Weinheimer Lederfabrikant Richard Freudenberg ließ es auch auf eine Auseinanderset-

---

[586] BA-MA, RW 20—5/51, Aktennotiz RüIn, 15.9.1944 (Zitat 1); RW 20—5/31, Bericht Rüko Mannheim, 27.9.1944; GLA, 465d/1196, RMfRuKP an den Vorsitzer der Rükom Vb u.a., 14.9.1944 (Zitat 2).

[587] BA-MA, RW 20—5/51, Aktennotiz RüIn OR, 15.10.1944; RW 20—5/31, Monatsbericht der Z-Gruppe über Personalangelegenheiten für September 1944, 28.10.1944 (Zitate).

[588] BA, NS 6/812, Bericht des Kreisleiters von Wertheim an die Parteikanzlei, 25.9.1944; Bericht des Kreisleiters von Sinsheim, 22.10.1944. Es ergibt sich der glückliche Umstand, daß Tellenbach mehrere Dokumente bewahren konnte, die seine Arbeit als Landrat während des NS-Reiches und die Auseinandersetzungen mit der Partei dokumentieren. Der spätere Präsident des Landesrechnungshofes Baden-Württemberg veröffentlichte 1985 einen Aufsatz über seine Erfahrungen in der ZGO.

zung mit Wagners Stellvertreter Hermann Röhn ankommen, bei der er darauf hinwies, daß die Ankündigung eingehalten werden müsse und die Regierung sich einen solchen Vertrauensbruch nicht leisten könne. Freudenberg erreichte schließlich, daß seine Beschäftigten aus dem Elsaß zurückgeschickt wurden[589].

Insbesondere aber die Behörden der Wirtschaft, etwa die Rüstungskommandos und die Konstanzer IHK, gingen gegen die Handlungsweisen der Kreisleiter vor. Zwar sind keine Absprachen bekannt, doch die Geschäftsführer der Kammern berichteten im November von einer guten Zusammenarbeit mit den Rüstungsstellen. Sie »müßte enger« sein, wie es hieß, aber schon ein solches Postulat war nach den Schwierigkeiten der vergangenen Jahre nicht ohne weiteres zu erwarten gewesen[590]. Entscheidend war die Haltung des badischen Ministerpräsidenten. Walter Köhler hielt als Präsident der Gauwirtschaftskammer in Personalunion mit dem Vorsitz der Rüstungskommission enge Verbindung mit der Wirtschaft. Geschäftsführer Tröndle von der Gauwirtschaftskammer informierte Köhler wöchentlich über das »Durcheinander beim Schanzeinsatz« und die dabei auftretenden »unhaltbar(en) Zustände«, da die Kreisleiter in jedem IHK-Bezirk anders vorgingen. Auf Tröndles Informationen hin erreichte Köhler beim stellvertretenden Gauleiter Hermann Röhn eine Änderung des Vorgehens, zumal auch die Rüstungskommission auf Antrag des Kammergeschäftsführers Druck machte[591].

In der Folge wurde der langfristige Schanzeinsatz zwischen Gauleiter, Inspektion und Landeswirtschaftsamt einheitlich festgelegt. Die badische und elsässische Wirtschaft mußten Ende Oktober zusammen 14000 Beschäftigte bereitstellen, jeweils die Hälfte kam aus den Bereichen des Landeswirtschaftsamtes und der Inspektion. Dabei schrieb das Amt in einem Runderlaß genau vor, wie viele Beschäftigte die jeweiligen IHK-Bezirke abzugeben hatten. Die Kammern bereiteten Erfassungslisten vor, die sie dann den Kreisleitern zur Verfügung stellten. Letzteren war inzwischen von Wagner auch vorgeschrieben worden, Facharbeiter und bestimmte Wirtschaftsbereiche zu verschonen. Bei auftauchenden Schwierigkeiten sollten die IHKs Gauorganisationsleiter August Kramer verständigen. Die Kammern hatten damit letztlich sogar ein Vetorecht erhalten. Die Entmachtung der Kreisleiter in dieser Frage war so total, daß der Freiburger Kreisleiter Neuscheler sich darüber bei der Parteikanzlei beklagte, die NSDAP sei »in gewissem Sinne entmündigt« worden[592]. Die badische Führung setzte sich damit wie beim Abzug ukgestellter Fachleute über die Anordnung hinweg, der NSDAP die Leitung einer Aktion zu überlassen. Ob irgendein anderer Parteigau diesem Stil Wagners folgte, ist nicht bekannt.

---

589 BA-MA, RW 20—5/56, RüIn OR an RVK, 15.10.1944, Anlage dazu: Rüstungsobmann Vb an RüIn OR, 12.10.1944; GLA, 465d/53, Aktennotiz M-Beauftragter, 5.10.1944; 465a/58/1/16662, Spruchkammer-Verfahren gegen Freudenberg; vgl. Janssen, Ministerium Speer, S. 279.

590 WSA Stgt., IHK Schopf. 346, Protokoll der Geschäftsführerkonferenz vom 17.11.1944 (handschriftlich); BA, NS 6/812, Bericht Kreisleitung Freiburg an die Parteikanzlei, 31.10.1944; GLA, 465b/51.19415, Spruchkammerverfahren gegen Adolf Sauter, IHK Konstanz.

591 WSA Stgt, IHK Schopf. 346, Tröndle an Maier, 31.10.1944.

592 GLA, 460/222, LWA-Runderlaß 655/44, 25.10.1944; BA, NS 6/812, Bericht Kreisleitung Freiburg an die Parteikanzlei, 31.10.1944 (Zitat); WSA Stgt., IHK Kon. 306, Referat Sauter vor dem Beirat der WSK Konstanz, 29.12.1944; WSK Freiburg an Sauter, 22.11.1944.

Weitere Regionalstudien sind hier notwendig, die möglicherweise das bisherige Bild der allgewaltigen Kreisleiter noch weiter relativieren.

Ohne das Einverständnis von Gauleiter Wagner wäre ein solches Vorgehen nicht möglich gewesen. Daß er hinter der veränderten Politik stand, macht auch sein Protestschreiben deutlich, das er während dieser ereignisreichen Tage an die Parteikanzlei schickte. Der Gau Baden-Elsaß sollte demnach »mehrere 10000 Arbeitskräfte« verlieren. Wagner verwahrte sich gegen weitere Abzüge zur Organisation Todt sowie von Frauen und Jugendlichen als Helfer zur Wehrmacht. Der Wirtschaft des Gaus seien durch Einziehungen zu Wehrmacht und Reichsarbeitsdienst sowie durch den Schanzeinsatz bereits zehntausende Beschäftigte entzogen worden[593]. Trotz der moderaten Politik der badischen Parteispitze brachten die Kammern die NSDAP aber nicht dazu, mit ihr in allen ökonomischen Fragen zusammenzuarbeiten, wie Kammergeschäftsführer Karl Tröndle hoffte: Nur so wäre zu verhindern, daß wie im Falle der Schanzaktion »unendlich viel Porzellan [...] zerschlagen« werde. Die folgenden Monate sollten zeigen, daß Tröndle mit seinen Befürchtungen richtig lag[594].

Die Schanzaktion war in jeder Hinsicht ein Fehlschlag. Immer wieder weigerten sich Männer und Frauen, dem Aufruf Folge zu leisten. Im Kreis Lahr gab die Zahl der abgegebenen Atteste ein »direkt erschreckendes Bild« vom Gesundheitszustand der Frauen ab, wie der Kreisleiter ironisch schrieb[595]. Die Arbeit selbst war so schlecht organisiert, daß bei einer Gruppe aus Buchen ein Fünftel der Teilnehmer wegen ihrer schlechten Kleidung erkrankte. Bei der Ernährung warteten die Organisatoren immer wieder mit Wassersuppe und verschimmelten Brot auf. So war es kein Wunder, daß die Schanzarbeiten nicht wie geplant vor Winterbeginn fertiggestellt werden konnten[596].

Spätestens seit Herbst 1944 war eine reguläre Rüstungsproduktion in Baden nicht mehr möglich. Hinzu kam, daß seit September Luftangriffe die Verkehrswege derart beschädigt hatten, daß die Zufuhr von Rohstoffen und Halbfabrikaten mit immer größeren Problemen verbunden war[597]. Die Arbeitslage in den verschiedenen Regionen des Gaues entwickelte sich deshalb sehr unterschiedlich. Einige Betriebe standen still, während andere und selbst wichtigste Firmen immer noch einen erheblichen Bedarf an Beschäftigten aufwiesen. Unter den Unternehmen wie den Arbeitsämtern war dabei ein gewisser bezirklicher Egoismus unverkennbar. Firmen weigerten sich immer wieder, Fachkräfte abzugeben, beschäftigten sie lieber mit Aufräumarbeiten oder gar nicht, als sie zur Verfügung zu stellen[598].

---

593 GLA, 465d/45, Wagner an Bormann, 29.10.1944.

594 WSA Stgt. IHK Schopf. 346, Tröndle an Maier, 31.10.1944.

595 StA Freiburg, LA Lahr 787, Kreisleiter Lahr an die »Herren Behördenvorstände«, 14.10.1944.

596 Vgl. die Berichte von Teilnehmern: BA, NS 6/812, Bericht eines Transportführers der Kreisleitung Buchen, 1.11.1944; GLA, 465a/58/1/16662, Bericht eines Weinheimer Teilnehmers, 26.10.1944; StA Freiburg, LA Lörrach 771, Kreisleiter Lörrach an den Landrat, 14.11.1944.

597 Siehe Kapitel III,6.

598 GLA, 460/222, Runderlasse GAA, 30.10. und 2.11.1944; WSA Stgt., IHK Schopf. 1362, Aktennotiz 25.10.1944; IHK Kon. 126, Schreiben an die AG der Eisen- und Stahlwerke, Konstanz, 29.12.1944.

In zwei Auseinandersetzungen um die Frage, ob in diesem Stadium des Krieges Soldaten oder Arbeitskräfte wichtiger seien, hatten die Kreisleiter den kürzeren gezogen, da sich die badische Gauleitung auf die Seite der Wirtschaft stellte. Bei den Einziehungen zum Volkssturm kam es zum dritten Mal zum Konflikt. Der Erlaß Hitlers über die Bildung des »Deutschen Volkssturms« vom 25. September 1944 stützte sich, wie alle Maßnahmen seit Beginn des »totalen Kriegseinsatzes«, auf die Partei. In Baden erließ Wagner am 14. Oktober den Befehl an die Kreisleiter, mit der Erfassung aller wehrfähigen Männer zwischen dem 16. und dem 60. Lebensjahr sofort zu beginnen. In jedem Landkreis sollte ein Bataillon gebildet werden, im Gau insgesamt 40. Ausschlaggebend für die Zugehörigkeit zum Volkssturm war die »politische Eignung«, dementsprechend sollte die Erfassung bei der Partei beginnen, über die Beamten die uk-gestellten Männer einschließen und schließlich zu allen übrigen übergehen[599]. Je nach Abkömmlichkeit in ihrem Beruf sollten die wehrfähigen Männer in eines von vier Aufgeboten eingeteilt werden, wobei das erste diejenigen umfaßte, die »keine lebenswichtigen Funktionen« wahrnahmen, und das zweite Arbeitskräfte, die in kriegswichtigen Betrieben arbeiteten[600].

Die badische Parteiorganisation hatte bereits Erfahrung mit der Vorbereitung einer solchen Organisation. Wagner hatte im Oktober 1943 von Bormann die Erlaubnis erhalten, eine Einsatztruppe der Partei aufzustellen, die vermutlich für bürgerkriegsähnliche Polizeieinsätze vorgesehen war. Dabei kam es offenbar zu Auseinandersetzungen mit Heinrich Himmler, der seine eigene Zuständigkeit unterminiert sah. Inwieweit das Vorhaben umgesetzt wurde, ist nicht bekannt[601].

Bis Ende Januar 1945 wurden im Gau 24 Bataillone aufgestellt, die insgesamt 12000 Mann umfaßten. Sie unterstanden dem Befehl der 19. Armee. Bei einer solch hohen Zahl konnte nicht ausbleiben, daß die Rüstung ihre letzten jüngeren Facharbeiter verlor. Die Männer zählten zum ersten Aufgebot, aus dem die im gesamten Gaugebiet einsetzbaren »Marsch-Bataillone« rekrutiert werden konnten. Hinzu kam, daß die schon bei der Überprüfung der Uk-Stellungen zuständigen Kreiskommissionen unter Vorsitz der Kreisleiter laufend Angehörige des zweiten in das erste Aufgebot umschrieben. Beides, die hohe Zahl der Volkssturmangehörigen wie deren vorgesehener Einsatz entfernt der Heimatgemeinden, mußte den regulären Ablauf der Rüstung erheblich stören. Darüber hinaus wurden einmal mehr die Auswirkungen des geographischen Faktors deutlich. Die Reichsführung versuchte, die noch unter reguläreren Bedingungen arbeitenden innerdeutschen Gebiete bei den Einberufungen für die Wehrmacht zu schonen. Baden hatte als Frontgau deshalb höhere Quoten zu tragen als die dortigen Gebiete[602]. Für Januar und Februar 1945

599 Hüttenberger, Gauleiter, S. 192f.; GLA, 357/30683, Runderlaß Gauleiter Wagner an die Kreisleiter, 14.10.1944; BA-MA, RW 20–5/56, Aktennotiz der RüIn OR, 18.10.1944.

600 GLA, 357/30683, Runderlaß Gauleiter Wagner an die Kreisleiter, 14.10.1944; Seidler, Volkssturm, S. 81 ff (Zitat).

601 Hüttenberger, Gauleiter, S. 162ff.

602 BA-MA, RW 20–5/56, RüIn OR an RMfRuK, 31.1.1945; dies. an RVK, 29.1.1945; Aktennotiz RüIn OR zu Besprechung mit Speer am 21.2.1945 in Heidelberg, 26.2.1945. Zur Aufstellung des badischen Volkssturms vgl. auch Göhri, Kriegstagebuch, S. 132 sowie Ueberschär, »Volkssturm«, S. 27f.

plante die Wehrmacht eine neue Sondereinziehung, die sechste inzwischen. Das Land sollte dafür 7100 Beschäftigte aufbringen, allein der Raum um Karlsruhe, Pforzheim und Rastatt 1410. Das Karlsruher Arbeitsamt befürchtete deshalb, daß die verbliebenen Produktionen »stark ausgeschlachtet« würden[603].

Insbesondere in Nordbaden konnten solche Auswirkungen katastrophale Folgen für die Kriegsfertigung haben. Die schweren Luftangriffe im Herbst und Winter 1944 auf badische Großstädte, Verlagerungen von Betrieben, die Flucht und Evakuierung vor der näherrückenden Front und auch »ohne triftigen Grund [...] durchgegangen(e)« Personen hatten das Arbeitskräftepotential spürbar verringert. Allein Karlsruhe zählte zeitweise Ende 1944, Anfang 1945 nur noch etwa 25000 Einwohner. Die Firmen der Stadt verloren zwischen Januar und Ende Februar 1945 fast 6000 Beschäftigte, insbesondere Frauen; der DWM allein fehlte mit rund 2900 Arbeitskräften über ein Drittel ihrer Belegschaft[604]. Die Verbindung der Lebensmittelkarte mit einem Arbeitsnachweis oder auch die Drohung mit Strafverfolgung wegen Arbeitsvertragsbruchs nützten angesichts der chaotischen Verhältnisse nicht mehr viel, die fehlenden Beschäftigten kehrten nur noch vereinzelt in ihre Betriebe zurück. Bis März/April 1945 halbierte sich auf diese Weise die Zahl badischer Rüstungsarbeiter auf rund 100000[605].

Angesichts der enormen Verluste im Osten mußte dennoch versucht werden, die Produktion in den grenznahen Gebieten des Westens weiter aufrechtzuerhalten. Der Rüstungsminister hatte deshalb badische Fertigungen in großem Ausmaß in sein am 23. Januar 1945 aufgestelltes Notprogramm der wichtigsten Kriegsproduktionen aufgenommen[606]. Der Minister erwirkte am 31. Januar auch einen »Führererlaß«, der die Facharbeiter der im Notprogramm beschäftigten Firmen vor der Einberufung schützte[607]. Speer erreichte auf die Forderung der oberrheinischen Rüstungsinspektion, die badischen Volkssturm-Bataillone auf vier zu beschränken[608], allerdings nur, daß die Zahl der für die Wehrmacht herausgeholten Beschäftigten auf den Volkssturm angerechnet werden sollte. Der Inspektion war das zu wenig, wie sie dem Minister bei einer Besprechung in Heidelberg verdeutlichte, da für die 22 Bataillone »in größerem Ausmaße« Uk-Gestellte und Facharbeiter älterer Jahrgänge abgezogen würden. Die Dienststelle hatte es schon zuvor geschafft, Gauleiter Robert Wagner auf ihre Seite zu ziehen — zum letzten Mal allerdings. Wagner wies nach einer Besprechung mit dem stellvertretenden Rüstungsinspekteur Ernst Streicher Anfang Februar 1945 die Kreisleiter an:

---

603 BA-MA, RW 20—5/56, Aktennotiz RüIn OR, Besprechungspunkte bei der Gauleitung am 6.2.1945; GLA, 460/279, Aktennotiz AA Karlsruhe, 16.1.1945 (Zitat).

604 GLA, 460/200, AA Karlsruhe an GAA, 27.2. (Zitat) und 29.2.1945.

605 GLA, 237/24352, Allgemeine Übersicht aus der Beschäftigtenmeldung, 1. Halbjahr 1944; BA-MA, RW 20—5/56, Aktennotiz RüIn OR, Bestand an Arbeitskräften, Juli 1944 (mit handschriftlichem Zusatz o.D. (März/April 1945)); dass., Besprechungspunkte bei der Gauleitung, 6.2.1945.

606 Siehe Kapitel III.2.c.

607 DBA, Haspel 8/80, RMfRuK an die Vorsitzer der Rüstungskommssionen, 23.1.1945; Führerhauptquartier an Daimler-Benz, 31.1.1945; BA, R 3/1956, RMfRuK an die Vorsitzer der Rüstungskommissionen, 28.1.1945.

608 BA-MA, RW 20—5/56, RüIn OR an Gauleiter, 22. und 29.1.1945; RüIn OR an RMfRuK, 31.1.1945.

»Gefolgschaftsmitglieder aus Rüstung und kriegsgewerblicher Wirtschaft dürfen nur im Einverständnis mit den betreuenden Dienststellen zum Volkssturm und zum Schanzen herangezogen werden[609].«

Dieser Befehl wäre darauf hinausgelaufen, daß aus rüstungswichtigen Betrieben keine weitere Kräfte mehr hätten abgezogen werden können. Streicher hatte damit allerdings nur einen theoretischen Erfolg erzielt. Zwei Gründe waren dafür maßgebend. Zum einen verfolgten die Kreisleiter offener denn je ihr primäres Ziel, möglichst hohe Kopfzahlen zu erreichen, ohne sich um die Anordnung der Gauleitung zu kümmern. So verdoppelte der Mannheimer Parteichef die Zahl der von den Mannheimer Motorenwerken abzugebenden Beschäftigten eigenmächtig auf 100[610].

Zum zweiten verstärkten sich jetzt die äußeren Einflüsse auf die Stellungsbauten wie auf den Volkssturm. Die Schanzarbeiten waren bereits von der Wehrmacht übernommen worden, die die Stellungen von der Schweizer Grenze bis Bruchsal und vom Rhein bis zum Schwarzwald ausbauen wollte. 8000 Beschäftigte wurden dafür von den Pionieren angefordert, für die die mittel- und südbadischen Kreise jeweils rund ein Prozent der Bevölkerung zu stellen hatten. Nur Pforzheim, dessen Rüstungsproduktion bis zum verheerenden Angriff im Februar 1945 noch einigermaßen normal lief, kam mit einem halben Prozent relativ gut weg[611].

Beim Volkssturm spielte sich für Baden und seine Wirtschaft eine noch gravierendere Entwicklung ab. Die Wehrmacht hatte nach der Räumung des Elsaß mehrere Wochen lang einen Brückenkopf um Colmar halten können. Nach dessen Fall am 9. Februar 1945[612] genehmigte Hitler Ende des Monats den Antrag des Oberbefehlshabers der Westarmee, Rundstedt, die 19. Armee mit badischen Volkssturmeinheiten aufzufüllen: »Die Kampfkraft der am Oberrhein eingesetzten Verbände des Heeres ist durch Volkssturmbataillone in möglichst großem Umfange zu erhöhen.« Himmler befahl deshalb am 5. März als Befehlshaber des Ersatzheeres, am Oberrhein insgesamt 30 Bataillone aufzustellen[613]. Kurze Zeit später gab Wagner die Anweisung, der 19. Armee sechs weitere Bataillone zu übergeben: »Der Krieg hat seinen Höhepunkt erreicht. Jetzt gilt es alle Kräfte für die letzte Entscheidung ohne Rücksicht auf andere Belange einzusetzen[614].« Die Entscheidung war damit auch in der Gauleitung gefallen. Angesichts des auf der anderen Seite des Rheins stehenden Feindes spielte die Produktion nur noch eine untergeordnete Rolle, und Wagner schwenkte voll auf die Durchhalteappelle Hitlers und der NS-Propaganda ein:

»Ein Ausweichen oder Zurückgehen gibt es nicht. Der Rhein muß unter allen Umständen gehalten werden [...] Wer ohne Befehl seinen Platz verläßt, kommt vor das Standgericht. Über sein Ende kann ein Zweifel nicht bestehen.«

---

609 BA-MA, RW 20—5/56, Aktennotiz RüIn OR über Besprechung mit Speer am 21.2. 1945 in Heidelberg, 26.2.1945; Aktennotiz RüIn OR über Besprechung mit Gauleiter Wagner am 6.2.1945.

610 Ebd.

611 BA-MA, RW 20—5/56, Aktennotiz RüIn OR über Besprechung mit Gauleiter Wagner am 6.2.1945.

612 Vgl. zur militärischen Entwicklung im Südwesten bis Kriegsende: Ueberschär, Krieg auf deutschem Boden — Der Vormarsch der Alliierten im Südwesten.

613 BA-MA, RH 20—19/139, OKH-Gruppe G an AOK 19, 25.2.1945 (Zitat); SS-Obergruppenführer und General der Waffen-SS, G. Berger, 5.3.1945; AOK 19 an OKW, 24.3.1945.

614 Erlaß Wagner, 12.3.1945, wiedergegeben in: Göhri, Kriegstagebuch, S. 327 ff. (Zitat). Vgl. auch Ueberschär, »Volkssturm«, S. 27 ff.

Der Gauleiter befahl zwar weiterhin, die Kriegswirtschaft müsse aufrecht erhalten bleiben: »Notfalls wird auch im feindlichem Artilleriefeuer gearbeitet.« Doch für die Firmen war der Zug längst abgefahren. Wer konnte, hatte die Verlagerung seines Betriebes veranlaßt. Die anderen arbeiteten nur noch sporadisch und immer in Gefahr, angesichts des Mangels an Energie, Rohstoffen oder Arbeitskräften den Betrieb stillegen zu müssen. Köhler hatte sich dem Gauleiter inzwischen völlig entfremdet und ließ sich entgegen dem ausdrücklichen Befehl Wagners in Karlsruhe von den vorrückenden Alliierten gefangennehmen[615].

Die Inspektion versuchte in Verkennung ihrer Möglichkeiten noch im März und April 1945, auf das Weiterlaufen der Rüstungsproduktion zu drängen. Der Bedeutungsverlust, den die Dienststelle Speers inzwischen erlitten hatte, wird schon daraus deutlich, daß ihr der Befehl Hitlers zur Aufstockung der badischen Bataillone fast zwei Wochen danach immer noch nicht bekannt war. Streicher kündigte am 5. März in einem Schreiben an das Rüstungsministerium an, sich der Abgabe von Beschäftigten aus dem Not- oder gleichrangigen Programmen und der Umgruppierung von Volkssturmmännern aus dem zweiten ins erste Aufgebot »nachdrücklichst« widersetzen zu wollen. Der Chef der Rüstungsinspektion argumentierte damit, daß 22 Bataillone — wobei er von der alten Zahl ausging — weder ausgerüstet noch bewaffnet werden könnten[616].

Wie recht Streicher hatte, wird deutlich aus dem Schreiben des Armeeoberkommandos 19 vom 22. März an Wagner: »In derzeitiger Zusammensetzung und Bewaffnung ist der Einsatz dieser Volkssturm-Bataillone nicht möglich.« Dieses Verdikt gilt für den größten Teil der aufgestellten Bataillone. Die seit Beginn der Aktion andauernden Versuche Wagners, über Spendenaufrufe an die notwendigen Waffen und andere Geräte zu kommen, waren nicht sehr erfolgreich gewesen[617]. Doch jetzt zählte nur noch die Kopfzahl: Die Kreisleiter zogen Beschäftigte aus den Betrieben heraus, wo es nur ging. So nützte den Aluminiumwerken in Singen und Wutöschingen Anfang April ihre kriegswichtige Produktion innerhalb des Notprogramms nichts mehr. Die Absicht Streichers, vom Konstanzer Kreisleiter eine Erklärung anzufordern, »daß er trotz Kenntnis der Verfügung des Führers, des Reichsministers und des Gauleiters die Kräfte für das Notprogramm nicht freigibt«[618], hatte keine Bedeutung mehr. Die Aufforderung des Inspekteurs vom 12. April an Wagner, er solle die Kreisleiter anweisen, den Wünschen der Rüstungsstellen zu entsprechen, war nur noch illusorisch[619]. Einen Tag später eroberten die von Norden kommenden Franzosen Baden-Baden. Karlsruhe war bereits am 4. April gefallen.

Über die geringe militärische Bedeutung des badischen Volkssturms sind sich die in der umfangreichen Literatur zitierten Quellen einig[620]. Es kam offenbar nur selten zu einer

---

615 GLA, 465a/51/68/902, Aussage Streicher in Verfahren Köhler; 357/30703, Runderlaß Wagner an die Kreisleiter, 21.3.1945 (Zitate).

616 BA-MA, RW 20—5/56, RüIn OR an RMfRuK, 5.3.1945.

617 AOK 19 an Gauleiter Wagner, 22.3.1945 (Zitat), wiedergegeben in Göhri, S. 322f.; Aufrufe Wagners u.a.: Der Alemanne, Nr. 282, 23.10.1944; Nr. 290, 1.11.1944; Der Führer, 5.1.1945; 27.3.1945.

618 BA-MA, RW 20—5/56, Aktennotiz Gaurüstungskommando Baden, 14.4.1945.

619 BA-MA, RW 20—5/56, Gaurüstungskommando Baden an RVK, 12.4.1945.

620 Vgl. die Quellenaussagen bei: Seidler, Deutscher Volkssturm, S. 338; Werner, Karlsruhe 1945, S. 48f.; Göhri, Kriegstagebuch, S. 64; Ueberschär, Krieg, S. 64; ders., Freiburgs letzte Kriegstage, S. 24. Die

Feindberührung. Aus vielen Orten ist dagegen überliefert, daß sich die Einheiten nicht mehr sammelten oder aber wie in Freiburg, Gaggenau oder Bräunlingen flohen. In anderen Städten wurde der Volkssturm von der Wehrmacht oder der Verwaltung aufgelöst, wie in Engen und Neustadt. In Radolfzell und Singen wiederum gaben die für die Verteidigung zuständigen Ortskommandeure offen zu, die Einheiten wegen ihrer Unzuverlässigkeit aufgelöst zu haben. Zum Teil widersetzten sich Volkssturmangehörige offen dem Befehl zum Einsatz, wie in Oberkirch und in Döggingen bei Donaueschingen; bei Stockach erschossen SS-Angehörige deshalb einige Männer. In Säckingen stellte sich der Volkssturm sogar bewaffnet gegen kampfeswillige Einheiten von SS und HJ[621].

Angesichts der schlechten Bewaffnung sowie einer fehlenden Ausbildung und Motivation war von vornherein klar gewesen, daß der badische Volkssturm keine größere militärische Bedeutung erlangen konnte. Die sich angesichts der äußeren Bedrohung letztlich durchsetzenden Maßnahmen der Kreisleiter erwiesen sich somit als blinder ideologischer Aktionismus. Der sich wie auf anderen Gebieten der Wirtschaft und Sozialpolitik auftuende Gegensatz zwischen Ideologie und Rationalität erreichte hier wie auch beim »Nero-Befehl«[622] seinen Höhepunkt.

Stimmung und Zustände, die bei Übungen des badischen Volkssturmes auftraten, schildert der Bericht eines Ettlinger Volkssturmmannes vom 2.1.1945 (GLA, 465d/1633).

621 Karl-Friedrich Müller, Das Jahr 1945, S. 151ff., spricht von einer »bewaffnete(n) Einheit des Widerstandes« in Säckingen; vgl. zum Einsatz badischer Volkssturmeinheiten auch: Josef Werner, Karlsruhe 1945, S. 49 und S. 72ff.; Weick, Widerstand und Verfolgung in Singen, S. 258; Echle, Gaggenau, S. 186f.; Bleibach, S. 68; Göhri, Kriegstagebuch, S. 133f.

622 Siehe Kapitel III, 10.

V. Frauen und ausländische Zwangsarbeiter in der Kriegswirtschaft

1. »Recht deutliche ablehnende Haltung«: Der Fraueneinsatz in den Industriebetrieben

Die Bedeutung die Frauenarbeit vor allem für Baden zeigt sich daran, daß hier weibliche Beschäftigte vor Kriegsbeginn mit 33 Prozent jede dritte industrielle Arbeitskraft stellten, im Reich mit 23 Prozent aber nicht einmal jede vierte[1]. Angesichts dieses hohen Anteils wurden die badischen Industriebetriebe umso mehr getroffen, als sich im ersten Kriegsjahr fast neun Prozent ihrer Arbeiterinnen aus den Fabriken zurückzogen. Diese Tendenz war in Baden gleich dreimal so hoch wie im Reich (Tabelle 20).

Tabelle 20

Der Einsatz deutscher Arbeiterinnen in der badischen und der Reichsindustrie von 1939 bis 1941

		1939	1940	1941	1939 zu 1940 in %	1940 zu 1941 in %
Baden	Gesamtindustrie	122388	111469	115250	– 8,9	+ 3,4
	Produktionsgüterindustrie	29244	30995	33374	+ 5,9	+ 7,6
	Konsumgüterindutrie	84241	71333	71846	– 15,3	+ 0,7
Reich	Gesamtindustrie	2503867	2424693	2469130	– 2,9	– 1,8
	Produktionsgüterindustrie	670989	790282	863894	+ 18,0	+ 9,3
	Konsumgüterindustrie	1551878	1335063	1292703	– 13,7	– 3,2

Quelle: Baden: GLA, 237/24357; Reich: Wagenführ, Deutsche Industrie, Tab. 3b, S. 148 ff.

Der Verlust traf in Baden wie im Reich vor allen Dingen die Konsumbetriebe, die einen etwa gleich hohen Anteil ihrer weiblichen Beschäftigten verloren. Wie nicht anders zu erwarten, gewannen die kriegswichtigen Firmen der Produktionsgütergewerbe dagegen Industriearbeiterinnen hinzu, vor allem im Maschinen-, Stahl- und Fahrzeugbau[2]. Aller-

---

[1] Quellen wie Tabelle 20. Insgesamt verdienten im Mai 1939 in der badischen Industrie 372 134 Beschäftigte ihr Geld, im Reich waren es 10 041 802 deutsche Männer und Frauen. Absolute Zahlen für Baden siehe Anhang.

[2] Anstieg der deutschen Frauen im Maschinen-, Stahl- und Fahrzeugbau zwischen 1939 und 1940 in

dings existierte aber auch hier ein eklatanter Unterschied: Während der Anstieg im Reich 18 Prozent betrug, kam er in Baden auf 5,9 Prozent, also auf gerade ein Drittel. Damit haben es die für den Arbeitseinsatz verantwortlichen Behörden in den meisten anderen Regionen des Reiches im ersten Kriegsjahr in wesentlich höherem Maße geschafft, die Frauen anzusprechen und in die Rüstung umzuleiten als die badischen Verwaltungen. Auch die Dienstverpflichtungen können dieses Phänomen nur zu einem geringen Teil erklären, da bis Mai 1940 vor allem Fachkräfte der Metallindustrien nach auswärts verpflichtet wurden — mithin kaum Frauen. Wo liegen also die Ursachen für die Unterschiede?

Die Serie der Kündigungen begann schon kurz nach Kriegsbeginn und verstärkte sich 1940 noch einmal. In Karlsruhe verließen in den ersten Kriegsmonaten kriegsgetraute Ehefrauen »täglich« ihren Arbeitsplatz, um sich in Zukunft ausschließlich dem Haushalt zu widmen[3]. Wenn die Ämter bei der Aufgabe des Arbeitsplatzes nicht mitspielten, behalfen sich die Frauen auf andere Art. So meldete ein Mannheimer Betrieb mit 670 Arbeiterinnen, ein Viertel von ihnen falle ständig aus, weitere 25 Prozent an den Samstagen. Als Folge schloß das Unternehmen an einem Arbeitstag, da bei einem solch hohen Fehlbestand das Fließband nicht mehr laufen konnte[4]. Für die Stuttgarter Inspektion zeigte sich im Laufe des Jahres 1940 eine »recht deutliche ablehnende Haltung« der Frauen zur Beschäftigung in den Betrieben[5].

Was steckte hinter dieser Haltung badischer Frauen, die die Arbeit Arbeit sein ließen und sich lieber ihrem Haushalt widmeten? Wie auf anderen Gebieten des Arbeitseinsatzes gab es auch bei dem Versuch, mehr Frauen in die Betriebe zu bringen, erhebliche, teils ideologisch, teils politisch motivierte Widerstände. Das nationalsozialistische Bild der Frau in ihrer mit Orden und Vergünstigungen geförderten Funktion als Gebärmaschine, vertrug sich nicht mit einer Beschäftigung an einer Werkbank[6]. Hinter dieser ideologischen Sichtweise steckte auch die Erinnerung an die demographischen Folgen des radikalen Einsatzes und der Überbeanspruchung der Frauen in der Kriegswirtschaft des Ersten Weltkrieges[7]. In den regimeinternen Diskussionen spielte allerdings schon im zweiten Kriegsjahr 1940 das politische Argument eine größere Rolle, die stärkere Heranziehung der Frauen zum Arbeitseinsatz in Form einer Dienstpflicht könnte »zurzeit eine allzugroße Beunruhigung in die Bevölkerung hineintragen«[8]. Hier offenbart sich die

---

Baden: von 4765 auf 6305 (+ 32,3%); im Reich: von 207411 auf 278315 (+ 34,6%). Quellen wie Tabelle 20.

[3] GLA, 460/82, Schreiben des AA Karlsruhe an das LAA, 30.1.1940 (Zitat). Weitere Meldungen dazu: BA-MA, RW 20—5/6, Lageberichte der RüIn V zum 9.1.1940 und 23.1.1940; RW 20—12/18, Lagebericht RüIn XII zum 21.2.1940, Anlage 4; GLA, 460/82, Schreiben des LAA an die Arbeitsämter, 19.1.1940.

[4] BA-MA, RW 20—12/18, Lagebericht RüIn XII zum 7.2.1940, Anlage 4.

[5] BA-MA, RW 20—5/8, S. 29, Lagebericht der RüIn V zum 11.11.1940.

[6] Vgl. Dörte Winkler, Frauenarbeit im Dritten Reich, S. 28 ff und S. 118; Kroener, Personelle Ressourcen, S. 770f.

[7] Darauf macht Tilla Siegel, Leistung und Lohn, S. 171, aufmerksam.

[8] Schreiben Görings an die Reichskanzlei, 4.6.1940, zit. nach D. Winkler, Frauenarbeit im Dritten Reich, S. 105. vgl. Recker, NS-Sozialpolitik, S. 78f.

Angst vor einer Wiederholung der Revolution von 1918/19. Darüber hinaus sollte auch die Moral der Truppe nach dem schnellen Sieg im Westen nicht beeinträchtigt werden, zumal damit gerechnet wurde, daß nun ausreichend ausländische Arbeitskräfte und Kriegsgefangene zur Verfügung stünden[9].

Als Konsequenz einer solchen Sichtweise gewährte der Staat den Ehefrauen der eingezogenen Soldaten eine Unterstützung, die es möglich machte, eine Familie auch ohne zusätzliches Einkommen durchzubringen. Wenn die Frau dennoch arbeitete, wurde der Neuverdienst auf die staatliche Unterstützung angerechnet — womit jegliche monitäre Motivation zur Arbeitsaufnahme wegfiel[10]. Dazu kam, daß die Höhe der Unterstützung den möglichen Verdienst weiblicher Beschäftigter »in der Mehrzahl der Fälle«, so das Karlsruher Arbeitsamt, überstieg — was auch etwas über die Einkommen der Frauen aussagt, die für die gleiche Arbeit im Vergleich zu den Männern erheblich schlechter bezahlt wurden[11]. Damit führte die Einziehung ihrer Männer dazu, daß die Ehefrauen sich aus den Fabriken zurückzogen[12]. Der starke Rückgang der Zahl weiblicher Industriebeschäftigter hängt also zusammen mit der in Baden vergleichsweise eklatant hohen Quote an Einberufungen. Demzufolge kam auf die Industrie in Gebieten, die überproportional viele Soldaten stellen mußten, ein zweiter Verlust zu: Die Benachteiligung wog doppelt so schwer.

Der Rückzug der Frauen war für die Industrie Badens auch deshalb gravierender als für andere Regionen, da das Landesarbeitsamt die weiblichen Beschäftigten als Ersatz für die in andere Bezirke verpflichteten Männer vorgesehen hatte. Die Dienststellen des Amtes wurden am 12. Dezember 1939 angewiesen, den Bedarf entweder durch den Einsatz von Frauen, die in wehrwirtschaftlich unwichtigen Betrieben arbeiteten, oder aus Unternehmen mit einer sinkenden Beschäftigung zu decken. Allerdings ordnete das Amt Anfang Januar 1940 an, bei Abzügen aus der Textilindustrie »nur mit besonderer Sorgfalt vorzugehen«. Auf Repression verzichtete das Landesarbeitsamt von vornherein:

»Die Dienstverpflichtung von Frauen soll nur in Ausnahmefällen und dann durchgeführt werden, wenn soziale Härten mit ihr nicht verbunden sind. Auf jeden Fall bitte ich, Dienstverpflichtung(en) von Ehefrauen vorläufig nicht durchzuführen[13].«

Den Ämtern auf der untersten Ebene blieb mit dieser Entscheidung fast nur noch ein traditionelles, aber wenig erfolgversprechendes Mittel, um die Frauen anzusprechen: die Stellenanzeige in den Zeitungen. Für eine Arbeitseinsatzpolitik, die sich seit Jahren auf die Ausübung staatlichen Zwangs stützte, ist dieser Rückgriff auf die Methoden eines liberalen Arbeitsmarktes entlarvend. Das Karlsruher Amt verwies denn auch auf frühere Erfahrungen, wonach sich bei Anzeigen meist ältere und schwer einsetzbare Frauen gemeldet hätten, die eine leichte Arbeit beanspruchten. Für die Fabrikarbeit sei damit nichts zu gewinnen[14].

---

[9] Vgl. D. Winkler, Frauenarbeit, S. 102ff.; Kroener, Personeller Ressourcen, S. 772.

[10] BA-MA, RW 20—12/19, Lagebericht RüIn XII, 14.6.1940, Anlage 5; vgl. Kroener, Personelle Ressourcen, S. 771, mit einem Beispiel für die Anrechnung; D. Winkler, Frauenarbeit, S. 102.

[11] GLA, 460/82, Schreiben des AA Karlsruhe an das LAA, 30.1.1940; Waskönig, Arbeitsverdienste, S. 170ff.

[12] Ein Beispiel: BA-MA, RW 20—5/4, S. 33, Geschichte der RüIn V 1939/40.

[13] GLA, 460/82, Runderlaß das LAA, 4.1.1940.

[14] GLA, 460/82, Runderlaß das LAA, 4.1.1940; Schreiben AA Karlsruhe an das LAA, 30.1.1940.

Karl Ackermann, stellvertretender Chef des Karlsruher Amtes, stützte sich deshalb eher auf eine Methode, mit der er seit Kriegsbeginn gearbeitet hatte: die Werbung durch die Partei. Organisationen wie die NS-Frauenschaft arbeiteten nicht ohne Druck, besuchten die Frauen zu Hause, ließen potentielle weibliche Beschäftigte von einem Amt vorladen, veranstalteten Vorträge oder veröffentlichten Aufrufe in den Zeitungen[15]. Mit solchen Aktivitäten gelang es, von Februar bis Ende August 1940 knapp 2500 Frauen innerhalb des Karlsruher Bezirks zu erfassen. Knapp ein Viertel von ihnen wurde dazu gebracht, eine Arbeit aufzunehmen[16]. Obwohl das Arbeitsamt mit diesem Ergebnis zufrieden war, verwies es auf die Reserve unter den arbeitsfähigen Soldatenfrauen, die eine Familienunterstützung bezogen. Bei ihnen sei der Erfolg relativ gering, da sie nicht verpflichtet werden konnten. In der Tat hatte das Amt mit seiner Aktion den Großteil der Frauen abgeschöpft, die sich noch mehr oder weniger freiwillig zur Arbeit bereit erklärten. Bei einem erneuten Versuch im ersten Quartal 1941 sah das Ergebnis schon anders aus: Von über 2500 durch die NS-Ortsgruppen erfaßten Frauen erschien nur jede zehnte an einem neuen Arbeitsplatz[17]. Wie wenig die lokalen Arbeitsämter ihrer Aufgabe mit der von der Berliner Führung verfolgten Politik gerecht werden konnten, ist daran erkennbar, daß das Landesarbeitsamt Südwest die bestehenden Vorschriften stillschweigend ausdehnte. Am 11. Juli 1940 ordnete das Amt indirekt an, Ehefrauen ohne Kinder zur Arbeit heranzuziehen. Im August 1940 stoppte Reichsarbeitsminister Franz Seldte aber diese Versuche und betonte, daß eine Verpflichtung von Ehefrauen mit und auch ohne Kinder zu unterbleiben habe. »Der Einsatz solcher Frauen soll ausschließlich auf der Grundlage der Freiwilligkeit erfolgen[18].«

Mit dem Anstieg der Programme und des damit verbundenen Mangels an Beschäftigten wurde es 1941 »dringender denn je«, den Einsatz der Frauen in den Betrieben zu forcieren, wie die Stuttgarter Inspektion im März forderte[19]. Aber erst im Juli 1941 kam es zu einem neuen ernsthaften Versuch, zumindest diejenigen Frauen heranzuziehen, die ihre Arbeit seit Kriegsbeginn aufgegeben hatten. Das Reichsarbeitsministerium ordnete auf Weisung Görings an, diese Frauen vorzuladen und »von besonders geeigneten Fachkräften auf ihre vaterländische Pflicht« hinzuweisen[20]. Mütter mit Kindern, die während des Krieges geboren worden waren, sowie Schwangere sollten ausgenommen bleiben. Als besonderer Anreiz fiel seit 1. Juli die Anrechnung der Einkommen auf die Familienunterstützung weg. Falls Frauen »ohne wichtigen Grund« bei ihrer Weigerung blieben, konnte ihre Unterstützung gekürzt werden. Allerdings verfuhr das Ministerium weiterhin

---

15 GLA, 460/82, Aktennotiz AA Karlsruhe, 9.10.1939; Schreiben AA Karlsruhe an das LAA, 30.1.1940.

16 GLA, 460/82, Schreiben des AA an das LAA, 11.9.1940. 2.497 Frauen wurden erfaßt; 553 wollten eine Vollzeitstelle, 36 eine Halbtagsstelle, übernehmen und 33 in Kurzwochen eingesetzt werden.

17 GLA, 460/82, Schreiben AA an das LAA, 27.3.1941; 2532 Frauen wurden erfaßt, 2000 von ihnen beraten; 346 erhielten eine Arbeit zugewiesen, die noch 265 aufgenommen haben.

18 GLA, 460/82, LAA-Erlaß vom 11.7.1940; 237/28847, Auszüge aus den Erlassen zur Dienstverpflichtung von Frauen: LAA-Erlaß vom 17.8.1940 nach mündlicher Anweisung Seldtes (Zitat). Dörte Winklers Einschätzung (Frauenarbeit, S. 108), die Dienstverpflichtungen von Ehefrauen ohne Kinder habe seit Juni 1940 zugenommen, muß revidiert werden.

19 BA-MA, RW 20–5/9, Lagebericht der RüIn V, 14.3.1941.

20 GLA, 460/82, RAM-Erlaß vom 6.7.1941; vgl. D. Winkler, Frauenarbeit, S. 109.

inkonsequent: Zum einen wurde den Arbeitsämtern ein sehr großer Spielraum eingeräumt, da sie »auf Lebensalter und Gesundheitszustand sowie auf häusliche und sonstige Pflichten, die sich aus der Familiengemeinschaft ergeben, Rücksicht [...] nehmen« sollten; zum zweiten waren Dienstverpflichtungen von Frauen, die Familienunterhalt bezogen, ausgeschlossen[21]; und zum dritten bezog der Erlaß diejenigen Frauen nicht mit ein, die vor dem Krieg nicht berufstätig gewesen waren, wodurch die wirtschaftlich besser gestellten Kreise bevorzugt wurden[22].

Schon der letzte Punkt machte den Arbeitsämtern die Aufgabe nicht einfach, da die Nichtbeachtung der wohlhabenden Schichten für erhebliche Mißstimmung sorgte. Welche Folgen sich daraus ergaben, ist aus einem Bericht des Konstanzer Landrates ersichtlich:

»Bei der Aufforderung haben die Soldatenfrauen vielfach darauf hingewiesen, daß es wünschenswert wäre, wenn zuerst einmal die Frauen und Haustöchter erfaßt würden, die noch nie einer Arbeit nachgegangen sind. [..] Die Aktion wäre erleichtert worden, wenn vorher die kinderlosen Ehefrauen und die beschäftigungslosen Haustöchter aller Volksschichten, insbesondere auch von besseren Kreisen, erfaßt worden wären[23].«

Das Beispiel der sich der Industriearbeit verweigernden Frauen untergrub gerade in Baden in steigendem Maße die Disziplin der Berufstätigen. Die Betriebe berichteten 1941 von einem »täglichen Normalausfall« von 20 bis 25 Prozent ihrer weiblichen Beschäftigten. Wurden die sogenannten »vertragsbrüchigen Frauen« zur Rede gestellt, verwiesen sie auf »oft so einleuchtende« Beispiele, daß sie nicht bestraft werden konnten[24].

Nicht nur aus diesen Gründen erschien die Juli-Verordnung den Praktikern vor Ort wenig vielversprechend. Aus Baden kamen Proteste gegen die »sehr lasch(en)« Anordnungen. Ihre Wirksamkeit wurde von vornherein in Frage gestellt. Der Chef des Karlsruher Arbeitsamtes sah es schon als gutes Resultat an, wenn ein Fünftel der betroffenen Frauen wieder die Arbeit aufnehmen würde[25]. Das Ergebnis der Bemühungen im Landesarbeitsamtsbezirk Südwest entsprach aber nicht einmal diesen Erwartungen: Nur 17,6 Prozent der zwischen Juli 1941 und Juni 1942 über 36000 zur Wiederaufnahme der Arbeit aufgeforderten Frauen fanden sich dazu bereit. Reichsweit waren es immerhin etwa zwei Prozent mehr[26].

Ihre häuslichen und familiären Belastungen verwehrten es also der übergroßen Mehrheit unter den früheren Industriearbeiterinnen, wieder an die Werkbände zurückzukehren, wie auch der SD aus Baden meldete[27]: »Unbeschäftigt« waren sie nur nominell. Schließ-

---

21 GLA, 237/28847, Auszüge aus den Erlassen des RAM und des LAA zur Dienstverpflichtung von Frauen, Nachsatz zum RAM-Erlaß vom 6.7.1941; StA Freiburg, LKK 1353, RAM-Erlaß 6.7.1941.

22 Tilla Siegel sieht darin zu Recht eine »klassenspezifische« Staffelung der Frauenarbeit. (Leistung und Lohn, S. 172, Anm. 162).

23 StA Freiburg, LKK 1353, Landratsamt Konstanz an LKK, 9.8.1941.

24 Meldungen aus dem Reich, Nr. 210, 11.8.1941, S. 2638ff. Eine ähnliche Meldung ebenfalls aus Baden: Nr. 181 vom 25.4.1941, S. 2237. Weitere Berichte dieser Art: BA-MA, RW 21—44/4, KTB Rüko Mannheim, 4. Q. 1941, S. 143ff.; RW 20—5/10, Lagebericht RüIn V, 14.11.1941, S. 20.

25 GLA, 237/28847, LWA-Lagebericht 29.7.1941; Tagung der Unterkommission 12, Karlsruhe, 8.8.1941; 237/28848, LWA-Lagebericht zum 30.12.1941 (Zitat).

26 BA, R 89/28, Der Arbeitseinsatz im Deutschen Reich, Nr. 17, 5.9.1942, S. 10. Reichsergebnis: 19,8 Prozent.

27 Meldungen aus dem Reich, Nr. 224, 29.9.1941.

lich verlangte ihnen der Krieg zusätzliche Opfer und Kraft ab, angefangen von der Organisierung des Haushaltes bis hin zur Mitarbeit in wohltätigen Organisationen wie dem Reichsmütterdienst, der Nachbarschaftshilfe, der NS-Frauenschaft. Auf die hohen Belastungen, die in Agrargebieten noch durch die Mithilfe in der Landwirtschaft verstärkt wurden, deutet auch der Umstand hin, daß wie etwa im Landeskommissarbezirk Konstanz nur sehr wenigen Frauen der Familienunterhalt gekürzt wurde[28]. Darüber hinaus muß auch bedacht werden, daß im Südwesten das Potential an Arbeiterinnen, wie schon erwähnt, von vornherein wesentlich stärker ausgeschöpft wurde als im Reichsschnitt.

Zwei Problempunkte haben sich damit in der nationalsozialistischen Frauenpolitik in Baden bis 1941/42 herausgeschält, die auch in den folgenden Jahren nicht an Relevanz verloren: die Entscheidung, welcher Kreis von Frauen zwangsweise zur Fabrikarbeit herangezogen werden sollte, sowie die Frage, wie groß die Zahl potentieller Industriearbeiterinnen überhaupt noch war. Rückschlüsse darauf ergaben sich im Frühjahr 1943. In seinem Erlaß »über den umfassenden Einsatz von Männern und Frauen für Aufgaben der Reichsverteidigung«, auf dem auch die zum gleichen Zeitpunkt gestartete Stillegung der Betriebe basierte, ordnete Hitler am 13. Januar 1943 an, »alle Männer und Frauen, deren Arbeitskraft für diese Zwecke noch oder nicht voll ausgenutzt ist, zu erfassen und ihrer Leistungsfähigkeit entsprechend zum Einsatz zu bringen«[29]. Der Generalbevollmächtigte für den Arbeitseinsatz Fritz Sauckel erließ dazu am 27. Januar eine Verordnung, die für alle Männer im Alter zwischen 16 und 65 sowie für alle Frauen im Alter von 17 bis zum vollendeten 45. Lebensjahr eine Meldepflicht festschrieb[30].

So umfassend, wie sie klang, war diese Dienstpflicht aber nicht. Die Nationalsozialisten schreckten immer noch vor einer vollständigen Einbeziehung aller Frauen zurück und ließen mit leicht zu umgehenden Regelungen weiterhin erhebliche Ausnahmen zu. Schon allein die Festlegung auf ein ausgesprochen niedriges Lebensalter weist darauf hin, wie schwer dem Regime selbst die neue Verordnung gefallen war. Hitlers Erlaß hatte noch Frauen bis zum vollendeten 50. Lebensjahr einbezogen. Die Vorschrift tastete zudem werdende Mütter und Frauen mit einem noch nicht schulpflichtigen oder mit mindestens zwei Kindern unter 14 Jahren nicht an. Außerdem blieben Männer und Frauen, deren Wochenarbeitszeit über 48 Stunden betrug, sowie Schüler höherer Lehranstalten von der Meldung befreit. Die von Sauckel an die Arbeitsämter ergangenen Bestimmungen zur Meldepflicht lagen ebenfalls auf dieser Linie: Die Ämter sollten aus bevölkerungspolitischen, wirtschaftlichen sowie »stimmungsmäßigen« Gründen äußerste Rücksicht walten lassen und etwaige Einwände sorgfältig prüfen[31].

---

[28] StA Freiburg, LKK 1353, Schreiben der Landratsämter. Vgl. auch Tilla Siegel, Leistung und Lohn, S. 172, gegen Dörte Winklers These von den »zweifellos noch vorhandenen Reserven an Frauenarbeitskräften« (Frauenarbeit, S. 118).

[29] StA Freiburg, LKK 1376, »Erlaß des Führers über den umfassenden Einsatz von Männern und Frauen für Aufgaben der Reichsverteidigung«, 13.1.1943.

[30] »Verordnung über die Meldung von Männern und Frauen für Aufgaben der Reichsverteidigung«, vom 27.1.1943, RGBl 1943, I, S. 67f.

[31] Zitat nach Recker, Sozialpolitik, S. 181ff.; zur Vorgeschichte der Meldepflicht siehe ebd., S. 179ff.; Dörte Winkler, Frauenarbeit, S. 134ff.

Der für Deutschland zunehmend negative Kriegsverlauf, der im Winter 1942/43 schließlich zur Katastrophe von Stalingrad führte, hatte damit die Bedenken innerhalb der Berliner Führung gegen eine tatsächlich umfassende Dienstpflicht nicht überwinden können. Fritz Sauckels »Programm für den Arbeitseinsatz« von 1942 galt weiterhin:

»Neben körperlichen Schädigungen müssen aber deutsche Frauen und Mädchen auch vor Schädigungen ihres Seelen- und Gemütslebens nach dem Willen des Führers unter allen Umständen bewahrt werden[32].«

Zudem hatten schon die bisherigen partiellen Dienstverpflichtungen von Frauen in der zivilen Bevölkerung wie in der Wehrmacht beträchtliche und von den Nationalsozialisten gefürchtete Unmutsäußerungen hervorgerufen[33]. Als entschiedener Befürworter einer umfassenden Einbeziehung der Frauen trat dagegen Propagandaminister Joseph Goebbels auf, der sich aber nur der Propaganda nach durchsetzte. Auch Goebbels verwies auf eine negative Stimmungslage, führte sie aber mit einem ähnlichen Tenor wie bei den Stilllegungen auf die nicht in der Rüstung arbeitenden Frauen aus mittel- und oberständischen Schichten zurück. Deren Zurückhaltung schwächte seiner Ansicht nach die Stimmung eher, als dies eine allgemeine Arbeitspflicht vermocht hätte[34]. Im Gegensatz zu den Stillegungsaktionen unterstützten die badischen Mittelinstanzen angesichts des Arbeitskräftebedarfs Goebbels harte Linie. Frühere Versuche, freiwillige Frauen anzuwerben und ihnen etwa Teilzeitarbeit anzubieten, waren in Baden zwar nicht erfolglos verlaufen, hatten aber die allgemeine Misere bei den Arbeitskräften nicht lösen können[35].

Die Meldepflicht-Verordnung führte am Oberrhein zu einem enttäuschenden Ergebnis. Angesichts der politischen Rücksichtnahmen war nicht zu übersehen, daß die Behörden den »totale Krieg« nur dem Namen nach umsetzen konnten. Zudem zeigte sich erneut, daß der Kreis der potentiellen weiblichen Beschäftigten, die unter die Meldepflicht fielen, gerade in Baden wesentlich geringer war als vermutet. Von dem angestrebten Ziel, alle früheren Arbeiterinnen aus der Vorkriegszeit wieder in die Fabriken zu bekommen, konnte keine Rede sein. Mit Hilfe der Meldepflicht schafften die Behörden es gerade, mit 115000 die Zahl der in der Industrie arbeitenden deutschen Frauen im Juli 1943 vorübergehend auf den Stand vom Mai 1941 zu heben. 1939 waren es noch 122000[36].

Bis zum 30. September 1943 waren in Baden 10004 Männer und 76419 Frauen gemeldet worden. Aber gerade jeder fünfte unter den Männern und nicht einmal die Hälfte dieser Frauen konnte der Industrie zur Verfügung gestellt werden. Der Oberrhein lag bei den Frauen mit 49,7 Prozent weit unter dem Schnitt der Landesarbeitsbezirke, in denen bis 30. Juni 54,1 Prozent der gemeldeten Personen sich als einsetzbar erwiesen. Nur vier

---

[32] StA Freiburg, LA Villingen 389, »Das Programm des Generalbevollmächtigten für den Arbeitseinsatz, herausgegeben am Geburtstag des Führers 1942«, S. 7.

[33] Siegel, Leistung und Lohn, S. 171ff.; vgl. Dörte Winkler, Frauenarbeit, S. 114ff.; Eichholtz, Kriegswirtschaft, Bd 2, S. 228f.

[34] Vgl. Dörte Winkler, Frauenarbeit, S. 110ff.; Herbst, Der Totale Krieg, S. 200ff.

[35] GLA, 460/82, AA Karlsruhe an das LAA Südwest zum »Einsatz von Frauen mit verkürzter Arbeitszeit«, 21. 10. 1941; LAA-Runderlaß an die badischen Arbeitsämter, 16. 12. 1942, darin: Runderlaß der badischen Gaustabsleitung vom 23. 11. 1942.

[36] GLA, 237/24357, Beschäftigung der Industrie.

Gaue des Reiches wiesen noch geringere Anteile auf. In Baden verschlechterte sich der Anteil bis zum 30. September sogar bis auf 47,1 Prozent (Tabelle 21). Die Zahl der über die Meldepflicht verfügbaren Beschäftigten reduzierte sich somit auf insgesamt 37614, von denen die Männer gerade noch 2051 ausmachten[37]. Aber auch an dieser Angabe müssen noch Abstriche gemacht werden: Knapp 65 Prozent der gewonnenen einsetzbaren Frauen sah sich nur dazu imstande, weniger als 48 Stunden pro Woche zu arbeiten. Dieses Ergebnis lag im Vergleich zum Reich, wo nur 54,3 Prozent eine Teilzeitarbeit vorzogen, besonders hoch. Ein Großteil der in Südbaden sich meldenden Frauen stand der Wirtschaft dabei nicht einmal halbtags, sondern nur ein Drittel der üblichen 48 Stunden zur Verfügung[38].

Damit zeigte es sich noch einmal: Das Potential einsetzbarer und meldepflichtiger Frauen war im Südwesten weitaus mehr ausgeschöpft als im Reichsschnitt. Das machte sich besonders in den beiden Rüstungszentren Karlsruhe und Pforzheim bemerkbar, wo die

Tabelle 21

Die Meldepflicht 1943 in Baden:
Der Anteil der einsatzfähigen unter den gemeldeten Frauen in Prozent

Arbeitsamt	Einsatzfähige	davon: in der Rüstung in %	davon: 48 Wochenstunden in %
Freiburg	37,8	35,5	58,7
Heidelberg	55,1	50,4	57,1
Karlsruhe	43,9	38,1	73,9
Konstanz	54,1	41,4	52,7
Lörrach	51,2	60,4	63,1
Mannheim	52,3	38,7	68,5
Mosbach	52,7	31,5	40,1
Offenburg	50,8	33,6	63,1
Pforzheim	44,2	69,1	70,6
Rastatt	32,0	56,6	64,5
Villingen	49,4	70,5	69,4
Baden zus.	47,1	44,5	64,6

GLA, 460/36, GauAA Baden, »Die endgültigen Ergebnisse über den Einsatz von Männern und Frauen für Aufgben der Reichsverteidigung bis 30. September 1943«.

[37] BA, R 43 II/654b, Statistik über den Einsatz von Männern und Frauen für Aufgaben der Reichsverteidigung, Ergebnisse bis 30.6.1943. Die vier Gaue waren: Westfalen, Südbayern, Württemberg und Sachsen.

[38] Ebd. und BA-MA, RW 21–21/6, KTB Rüko Freiburg, 2. Q. 1943, S. 26f. Die Angabe für Baden gilt für September, die für das Reich für Juni 1943.

Raten einsatzfähiger Frauen stark unterdurchschnittlich ausfielen. In den beiden anderen wichtigen badischen Rüstungsbezirken Villingen und vor allem Mannheim standen auf den ersten Blick mehr Frauen zur Verfügung. Doch dafür wiesen die beiden Städte überdurchschnittliche Anteile meldepflichtiger Frauen auf, die höchstens eine Teilzeitarbeit annehmen wollten und konnten. In den Bezirken mit einer starken agrarischen Struktur wiederum, wie in Süd- und Mittelbaden mit Rastatt, Freiburg und Konstanz, schlug der hohe Anteil der Nebenerwerbslandwirte zu Buche[39]. Konstanz wies dennoch zusammen mit Heidelberg die höchsten Quoten auf. Beides waren Städte mit einer starken Dienstleistungs- und Einzelhandelsstruktur, auf die die Arbeitsämter auch angesichts der laufenden Stillegungsaktion noch am leichtesten zurückgreifen konnten.

Daß das Ausmaß der Teilzeitarbeit als Indiz dafür zu werten ist, daß die Meldepflicht in Baden keine besseren Ergebnisse bringen konnte, zeigt ein genauerer Blick auf die Strukturen. 86 Prozent der neuen weiblichen Beschäftigten hatten bis dahin nicht gearbeitet, und sie mußten auch kein Kind unter 14 Jahren versorgen. Dennoch konnten mit 59 Prozent die meisten von ihnen nachweisen, daß für sie auch ohne Nachwuchs eine weitere Belastung nicht tragbar war und daß demnach nur eine Teilzeitarbeit in Frage kam. Der Versuch der Arbeitsämter, diese Beschäftigten auf eine volle Arbeitsstelle zu überführen, hatte »fast gar keinen Erfolg«, wie das Gauarbeitsamt berichtete[40]. Die Belastung in der Haus- oder Landwirtschaft führte schließlich dazu, daß selbst diese halbe Arbeitsstelle häufig wieder aufgegeben werden mußte. Dabei spielte auch das traditionelle Rollenverständnis südbadischer Arbeiter eine Rolle. Die Schopfheimer Kammer bemerkte dazu:

»Es wird uns nämlich immer wieder angedeutet, daß die häusliche Arbeit der zum Einsatz gelangten Frauen sehr stark benachteiligt werden müsse, was sich als unvereinbar mit den häuslichen Fürsorgepflichten der Ehefrauen herausstellt. Sobald die Betreuung der in der Wirtschaft tätigen Ehemänner im eigenen Heime mangelhaft wird, entstehen häusliche Unzuträglichkeiten und was noch einschneidender ist, mit der Zeit Schwächungen der Arbeitskraft des Mannes[41].«

Die Ursache für das Scheitern der Aktion allein auf »die geringe Arbeitswilligkeit der meldeverpflichteten Frauen« zu schieben, greift also zu kurz, wenn nicht auch die starke Belastung gesehen wird, der die Frauen ausgesetzt waren. Statistisch ermittelte Angaben über angeblich noch vorhandene Arbeitskräfte unter den Frauen waren deshalb nicht realistisch[42].

---

[39] WSA Stgt., IHK Kon. 13, Wirtschaftsgeographische Lage und wirtschaftliche Struktur des Kammerbezirks Konstanz, o.D. (um 1940). Vgl. Müller, Wiesentäler Textilindustrie, S. 107ff.

[40] GLA, 460/36, GauAA Baden, »Die endgültigen Ergebnisse über den Einsatz von Männern und Frauen für Aufgaben der Reichsverteidigung bis 30. September 1943«; BA-MA, RW 20—5/22, Bericht des GauAA zur Arbeitslage im August 1943, 10.9.1943 (Zitat); vgl. Recker, NS-Sozialpolitik, S. 185.

[41] WSA Stgt., IHK Schopf. 1390, IHK an WSK Freiburg, 11.6.1943.

[42] Dörte Winkler, Frauenarbeit, S. 136 und 141; ähnlich Herbst, Totaler Krieg, S. 214. Dörte Winkler bringt selbst ein Gegenbeispiel sogar schon von 1940, wonach das Berliner Arbeitsamt bei der Überprüfung von 1000 Metallarbeiterinnen, die ihre Arbeit aufgegeben hatten, feststellen mußte, daß 95 Prozent der Frauen trifftige Gründe dafür vorweisen konnten (S. 94). Vgl. Tilla Siegel, Leistung und Lohn, S. 172.

Wenn die Zahl der nur für eine Teilzeitarbeit zur Verfügung stehenden Frauen umgerechnet wird auf volle Arbeitskräfte, brachte die Meldepflicht in Baden schätzungsweise cirka 30000 neue Beschäftigte. Doch auch diese Zahl der potentiell in den Arbeitsprozeß integrierbaren Männer und Frauen hat ihre Haken und Ösen. Denn schon relativ bald, bis Mitte des Jahres, zeigte sich, daß immer mehr der Frauen, die über die Meldepflicht in die Betriebe gekommen waren, wieder aus den Firmen herauswollten. Von den am 30. Juni in der badischen Wirtschaft beschäftigten Inländerinnen gaben bis 15. November über 8000 ihren Arbeitsplatz auf, zwischen Dezember 1943 und Februar 1944 noch einmal 6000[43]. Besonders prekär war, daß auch das Potential der seit längerem beschäftigten Arbeiterinnen unter der Aktion litt. Zum Teil fühlten sie sich von den Ausnahmebestimmungen der Meldepflichtverordnung betroffen; zum Teil sahen sie angesichts der vielen Frauen mit einer geringeren Arbeitszeit nicht ein, selbst einer Vollarbeit nachgehen zu müssen. Wenn sie es nicht schafften, ihre völlige Befreiung von der Arbeit oder wenigstens eine Reduzierung der Stundenzahl zu erreichen, versuchten sie, »sich mit allen Mitteln vom Arbeitseinsatz zu drücken«, berichtete das Freiburger Arbeitsamt[44]. In Karlsruhe vergrößerten sich die Abgänge meldepflichtiger Frauen bis Mitte 1944 durch Krankheit, Beanspruchung in der Landwirtschaft, auch durch Schwangerschaft, die allein um das Dreifache anstieg, immer mehr. Die Flucht in die Krankheit war ein besonders gängiges Mittel, aus der Arbeitspflicht herauszukommen. Ein Konstanzer Betrieb wies im August 1943 unter seinen Arbeiterinnen eine Fehlrate von 20 bis 30 Prozent auf. Die Gauwirtschaftskammer kam deshalb im Januar 1944 zu dem Ergebnis, die Arbeitsdisziplin lockere sich zunehmend: »Der Einsatz der Halbtagsfrauen hat sich hier übel ausgewirkt[45].«

Solange die Berliner Führung ihre politisch motivierte Zurückhaltung nicht aufgab, war es kaum möglich, den Kreis der weiblichen Beschäftigten wesentlich zu erhöhen. Das wird auch daran deutlich, wie die zitierte Anweisung Fritz Sauckels zur Meldepflicht von den Arbeitsämtern umgesetzt wurde. Im Gau erkannten die Arbeitsämter immerhin genau jede dritte der gemeldeten, bisher nicht beschäftigten Frauen als nicht einsetzbar an, obwohl sie kein Kind besaßen. Das summierte sich auf 28000 Personen, von denen nur rund 6400 gesundheitliche Gründe vorbringen konnten. Der verbleibende Teil dürfte auf Hausangestellte und Studentinnen sowie auf Angehörige der mittleren und höheren Gesellschaftsschichten entfallen[46]. Die Gauwirtschaftskammer erregte sich deshalb noch 1944

---

[43] GLA, 460/4, GauAA: Statistik der beschäftigten Inländerinnen; BA-MA, RW 20—5/22, Bericht des GauAA zur Entwicklung des Arbeitseinsatzes, August 1943, 10.9.1943; RW 21—44/6, S. 15f., KTB Rüko Mannheim, 2. Q. 1943.

[44] WSK Stgt., IHK Schopf. 1390, IHK an AA Lörrach, 23.6.1943; WSK Freiburg an Zweigstelle Schopf., 28.6.1943; StA Freiburg, NS 68, Freiburger Beauftragter des Reichstreuhänders der Arbeit, Bericht zum Oktober/November 1943 (Zitat); BA-MA, RW 20—5/22, Lagebericht GauAA für August 1943, 10.9.1943.

[45] GLA, 460/222, AA Karlsruhe an GauAA, 31.5.1944; 237/24379, Sitzung des Arbeitsausschusses der Rükom, 5.8.1943; 237/24381, Bericht der GWK für November 1943 bis Januar 1944, 24.1.1944 (Zitat); BA-MA, RW 21—21/8, KTB Rüko Freiburg, 4. Q. 1944, S. 25f. Zum Komplex Arbeitsdisziplin siehe Kapitel IV.8.

[46] GLA, 460/36, GauAA Baden, »Die endgültigen Ergebnisse über den Einsatz von Männern und Frauen für Aufgaben der Reichsverteidigung bis 30. September 1943«; vgl. Dörte Winkler, Frauenarbeit, S. 141f.

über die bestehenden Rücksichten auf den sozialen Stand. Das System enthüllte hier seinen Klassencharakter, die angebliche »Volksgemeinschaft« erwies sich erneut als Schimäre[47]. Wagner forderte angesichts dieser Zahlen schon in Februar 1943 bei einer Kundgebung in Karlsruhe die Frauen und Töchter der »führenden Männer (auf), ein gutes Beispiel (zu) geben«. Schon einen Monat später sah er sich dazu veranlaßt, die Dienststellenleiter von Staat und Partei streng vertraulich darauf hinzuweisen, vor allem von den Frauen und Töchtern der »führenden Persönlichkeiten« müsse erwartet werden, »daß sie ihrer Arbeitspflicht beispielhaft nachkommen«. Die Behördenchefs sollten ihren Beamten und Angestellten nahelegen, auf Hausgehilfinnen zu verzichten. Der badische Gauleiter spielte mit diesem Aufruf den Vorreiter. Im Reich kam es erst zwei Monate später zu einer entsprechenden Ermahnung durch Hitler[48].

Die anfängliche, auch in Baden spürbare Befriedigung der arbeitenden Schichten über die dem Namen nach umfassende Arbeitspflicht mußte sich angesichts ihrer unterschiedlichen Anwendung ins Gegenteil verkehren. Der badischen Gauleitung war schnell bekanntgeworden, daß die Bevölkerung mit der Verordnung nicht zufrieden war. Schon eine Woche nach Erlaß der Sauckel-Verordnung berichtete sie der Parteikanzlei, die Badener hätten allgemein eine Generalmobilmachung der Kräfte erwartet, darum werde die Verordnung wegen ihrer »unverständlichen ›Mäßigkeit‹« kritisiert: »Überall bestehe die Sorge, daß die veröffentlichten Ausnahmebestimmungen zu viele Möglichkeiten des Durchschlüpfens geben[49].«

Dazu kam, daß die badische Gauleitung mit dem Versuch, dieser Enttäuschung propagandistisch entgegenzusteuern und die Konsequenz ihrer Politik herauszustreichen, scheiterte. Wagner drohte auf der erwähnten Kundgebung in Karlsruhe, falls Appelle nichts nützten, werde mit »allen erfolgversprechenden Mitteln« eingegriffen. Und der Freiburger »Alemanne« machte sich die Vorurteile über die wohlhabenderen Schichten zunutze, um die angebliche Konsequenz der neuen Politik zu schildern. Deren Meldung auf dem Arbeitsamt sei für manche eine

»hochnotpeinliche Angelegenheit. Man denke sich, elegant gekleidet, mit rosa hochpolierten Fingernägeln, mit einem Teint wie die 'Thronende Madonna mit vier Heiligen' von Giovanni Bellini, auf dem Arbeitsamt erscheinen zu müssen, wo Menschen sind, die [arbeiten][50]!«

Dieser Feldzug mußte aber angesichts der erkennbaren Realitäten erfolglos bleiben. Da er die Erwartungen erhöhte, sie aber angesichts der vom Reich vorgegebenen Frauenpolitik nicht erfüllen konnte, führte die Propaganda dazu, daß die Stimmung noch schlechter wurde.

---

[47] GLA, 237/24381, Lagebericht GWK, 1. Q. 1944, 24.4.1944; zur sozialen Einordnung siehe Dörte Winkler, Frauenarbeit, S. 136, die entsprechende SD-Meldungen zitiert. Vgl. Herbst, Der totale Krieg, S. 219; Siegel, Leistung und Lohn, S. 172.

[48] Der Führer, Nr. 53, 22.3.1943; SA Mannheim, EWA Zug. -/11358, Nr. 114, Erlaß Wagner vom 30.3.1943; vgl. Dörte Winkler, Frauenarbeit, S. 136.

[49] BA, NS 6/414, Auszüge aus den Berichten der Gaue an die Parteikanzlei, 31.1. bis 13.2.1943, S. 42f. (Zitat); StA Freiburg, NS 68, Freiburger Beauftragter des Reichstreuhänders der Arbeit, Lagebericht Februar 1943.

[50] Der Führer, 22.2.1943, Nr. 53, Kundgebung Wagners in Karlsruhe am 21.2.1943 (Zitat 1); Der Alemanne, 23.2.1943, Nr. 54 (Zitat 2, Hervorheb. i.O.).

Zwei Personenkreise standen in Baden besonders im Blickfeld der Kritik: die Studierenden und die Evakuierten. Bei beiden Gruppen galt der Unmut ihrer angeblich zu geringen Arbeitslust, aber auch Sozialkritik an der Bevorzugung bestimmter Schichten spielte eine Rolle. So berichtete die badische Gauleitung an die Parteizentrale über die Studentinnen, es sei klar erkennbar, »daß die Mehrzahl solcher hoher Töchter einfach nicht in die praktische Arbeit hinein wolle«. Die Freiburger DAF notierte im Juli 1944, gerade angesichts der zunehmenden Intensität der Rüstungsarbeit und der Verlängerung der Arbeitszeit auf bis zu 72 Stunden pro Woche sei die Arbeitslust allein schon durch den Anblick Studierender »äußerst gefährdet«[51].

Die Studierenden warem aus der Meldepflicht herausgenommen worden, ohne daß die Berliner Führung diese Ausnahme in den Bestimmungen darlegte. Der Grund für den Verzicht war politisch-weltanschaulicher Natur: Es sollte verhindert werden, so die Reichskanzlei, daß nach Kriegsende

> »jeder wissenschaftliche Nachwuchs vor allem für die auf Dauer unentbehrlichen geisteswissenschaftlichen Fächer (Kultur) fehlt. Dieser Umstand ist politisch außerordentlich bedeutsam im Hinblick auf die Inanspruchnahme der politischen und geistigen Führungsaufgabe im neuen Europa durch Deutschland[52].«

Eine solche Deutung des Studienzwecks war allerdings nicht bis in die Mittelinstanz vorgedrungen. Die oberrheinische Rüstungskommission drängte seit Frühjahr 1943 auf eine stärkere Inanspruchnahme der Studierenden[53]. Die Straßburger Inspektion wollte sogar zwei Drittel der Studentinnen in die Fabriken stecken[54].

Als die Zahl der studierenden Frauen vom Winter- auf das darauffolgende Sommersemester 1944 in Freiburg und Heidelberg um über 1000 zugenommen hatte und insgesamt über 5100 umfaßte, forderte der oberrheinische Kommissionsvorsitzende und badische Ministerpräsident Walter Köhler im Mai oder Juni 1944 von Rüstungsminister Speer ein härteres Vorgehen[55]. Bis es tatsächlich zu Änderungen kam, sollten aber noch Monate vergehen. Erst im Herbst dieses Jahres verpflichtete die Berliner Führung im Rahmen des »totalen Krieges« alle 1944 eingeschriebenen Studierenden bis 31. Oktober 1944 für die Industrie[56].

Der Kritik der Bevölkerung unterlag auch der Kreis der nach Baden Evakuierten, die schon im November 1943 immerhin 145000 Personen vorwiegend aus Westfalen und

---

[51] BA, NS 6/414, Auszüge aus den Berichten der Gauleitungen, 31.1. bis 13.2.1943, hier: Bericht der Gauleitung Baden, S. 17; NS 5 I/58, Lagebericht der DAF Freiburg für Juli 1944, 25.7.1944.

[52] BA, R 43 II/655, Aktennotiz der Reichskanzlei, 7.1.1943, zit. nach Recker, NS-Sozialpolitik, S. 181, Anm. 119.

[53] GLA, 237/28849, Sitzung des Arbeitsausschusses der Rükom., 18.2.1943; ähnlich: 237/24381, Lagebericht der GWK, 1. Q. 1944, 24.4.1944.

[54] BA-MA, RW 20—5/56, RüIn an RMfRuKP, 15.3.1944. Entsprechende Forderungen zum Beispiel in: RW 21—21/6, S. 27f., KTB Rüko Freiburg, 2. Q. 1943; RW 21—21/9, S. 18, dass. 1. Q. 1944

[55] BA, R 3/1573, Speer an Bormann, 19.6.1944, Bl. 94ff. In Heidelberg war die Zahl der Studentinnen von 2183 auf 2686 gestiegen , in Freiburg von 1949 auf 2478. Zum Vergleich: 1937 studierten in Freiburg 431 Frauen (BA-MA, S. 10, RW 21—21/10, KTB Rüko Freiburg, 2. Q. 1944).

[56] Der Alemanne, Nr. 262, 29.9.1944; Vgl. Rolf-Dieter Müller, »Blitzmädels«, S. 50f.

Dortmund umfaßten. Allerdings waren knapp die Hälfte von ihnen Kinder[57]. Erst im Januar 1944 erhielten die Arbeitsämter nach einer Verordnung Sauckels die Möglichkeit, diejenigen Personen zu erfassen, die seit April des Vorjahres wegen Luftgefahr ihre Arbeit aufgegeben hatten, evakuiert oder geflohen waren[58].

Die Schwierigkeiten, die die neu eingeführte Meldepflicht schon bisher begleitet hatten, machten sich auch bei den Evakuierten bemerkbar. Unter ihnen gab es nur relativ wenig Männer und Frauen, die überhaupt in der Rüstung beschäftigt werden konnten. Der überwiegende Teil hatte seinen Beruf schon Jahre zuvor aufgegeben, viele der Frauen waren Mütter mit drei oder vier Kindern. Infolgedessen erwiesen sich von den knapp 19200 Frauen und Männern, die von den badischen Arbeitsämtern im Februar 1944 erfaßt wurden, nur 5200 als einsatzfähig — gerade 27 Prozent[59]. Darüber hinaus waren die meisten Meldepflichtigen nach den Berichten der badischen Arbeitsämter auch nicht dazu bereit, eine neue Stelle anzunehmen. Das galt besonders für die Frauen, die nach der Verordnung vom Januar 1943 zwar meldepflichtig, von ihrem Heimatarbeitsamt aber wegen ihrer persönlichen Umstände freigestellt worden waren. Obwohl sich die Verhältnisse mit der Flucht geändert hatten, bestanden diese Frauen auf ihre Weigerung. Schließlich machten sich auch die sozialen Unterschiede bemerkbar, da Familien mit Hausgehilfinnen meist nicht dazu bereit waren, auf sie zu verzichten. Diese Punkte führten zum Scheitern auch dieser Meldepflichtverordnung. Die vom Amt Sauckel vorgegebenen monatlichen Quoten zur Umsetzung der Evakuierten in die Rüstung wurden nie erreicht, meist nicht einmal die Hälfte davon[60].

Die erzwungene Anstellung meldepflichtiger Männer und Frauen stieß nicht nur bei den Betroffenen auf Unwillen, auch die vermeintlich davon profitierenden Firmen hatten häufig ihre Probleme damit. Die Rüstungskommission Oberrhein konstatierte, vielen Kriegsfirmen fehle »die richtige Bereitschaft«, die zum Teil arbeitsungewohnten Kräfte aufzunehmen. Dies betraf vor allem die sogenannten »Halbtagsfrauen«. Die Inspektion und das Reichswirtschaftsministerium mußten die Betriebe deshalb dazu anhalten, Beschäftigte auch für eine Teilzeitarbeit einzustellen[61]. Die Unternehmen hatten bei ihrer ablehnenden Haltung die tiefgreifenden betrieblichen Umstellungen im Auge, die bei einem massenhaften Einsatz zumal teilzeitarbeitender Frauen notwendig waren.

Womit sie zu rechnen hatten, offenbarte der Chef des Villinger Arbeitsamtes den zahlreichen Rüstungsindustriellen seines Bezirks kurz nach Beginn der Meldepflichtaktion im März 1943. Für die Anlernung mußten ohnehin knappe Fachkräfte bereitgestellt werden.

---

[57] StA Freiburg, LA Müllheim 250, SD-Außenstelle Müllheim an Landrat, 24.1.1944; GLA, 460/14, Statistik des GauAA über die am 1.11.1943 erfaßten Evakuierten. Die meisten befanden sich in den Räumen Rastatt (23092), Freiburg (21721), Mosbach (20766) und Heidelberg (19547).

[58] GLA, 460/14, Runderlaß des GBA, 25.1.1944.

[59] GLA, 460/14, GauAA an den GBA, 14.4.1944.

[60] GLA, 460/14, Runderlaß GauAA an die Arbeitsämter, 8.2.1944; Schreiben des GauAA an den GBA, 25.5.1944.

[61] GLA, 237/24379, Sitzung des Arb.Ausschusses der Rükom, 1.4.1943; WSA Stgt., IHK Schopf. 1390, Runderlaß der RWK, 30.4.1943, darin: Erlaß des RWM vom 17.4.1943 zum »Arbeitseinsatz beschränkt einsatzfähiger meldepflichtiger Frauen«; BA-MA, RW 20—5/56, Kommandeursbesprechung der RüIn OR, 14.4.1943.

Die deutschen Frauen sollten möglichst leichte Arbeiten erhalten, während die »Ostarbeiterinnen« dafür in schwerste Arbeitsbereiche umzusetzen waren. Bei diesen Umorganisationen durfte aber die Akkordleistung der bereits beschäftigten Arbeiter nicht sinken, zudem hatten die Firmen von vornherein mit Abgängen und Krankheitsfällen zu rechnen, für die sie aber »menschliches und soziales Verständnis« aufbringen sollten. Schließlich, so der Arbeitsamtschef Hessel, dürfe »das Ganze nicht etwa in Zwangsarbeit ausarte(n)«. Für die deutschen Arbeiterinnen galten weiterhin Schutzbestimmungen wie das Verbot von Nachtarbeit. Die Betriebsführer sollten sich davon aber nicht abschrecken lassen, lautete der Ratschlag, schließlich könnten zu diesen Zeiten Russinnen eingesetzt werden[62].

Die hohen Anteile teilzeitbeschäftigter Frauen, die in den vier badischen Rüstungszentren Karlsruhe, Mannheim, Pforzheim und Villingen von der Industrie übernommen wurden[63], könnten zu der Ansicht führen, die Rüstung hätte den Aufforderungen zur Einstellung entsprochen. In Karlsruhe etwa arbeiteten drei von vier Frauen, die insgesamt für einsetzbar befunden worden waren, weniger als 48 Stunden pro Woche, in Mannheim immer noch 68,5 Prozent. Die neuen Arbeitgeber dieser weiblichen Beschäftigten in Mannheim und Karlsruhe zählten aber nicht zur Kriegsindustrie, sondern zu den Konsumbereichen und zum Handel. In diesen Zentren lag der Anteil der Frauen und demnach auch der Teilzeitbeschäftigten, den die Rüstungsbetriebe übernahmen, stark unter dem badischen Schnitt. Mannheimer Kriegsfirmen wie Daimler-Benz und BBC kamen 1943/44 weiterhin nur auf einen Frauenanteil von gerade 19,5 und 26,8 Prozent[64]. In Pforzheim und Villingen stellten die Rüstungsbetriebe dagegen trotz der hohen Anteile an Teilzeitbeschäftigten wesentlich mehr der aus der Aktion gewonnenen Frauen ein als im badischen Schnitt und in den beiden Zentren. Die Schmuck- und Uhrenindustrien dieser Städte war offenbar eher bereit, trotz ihrer Umstellung auf Kriegsartikel weibliche Beschäftigte auch in Teilzeit zu akzeptieren. Entsprechend waren knapp zwei von drei Beschäftigten in Pforzheimer Firmen mit Zünderproduktion 1943 Frauen[65].

Die badischen Textilunternehmen bestätigen die These, daß insbesondere die auf die Rüstung umgestellten Betriebe für Frauenarbeit und für die Aufnahme von Teilzeitkräften offener waren als die traditionellen Kriegsfirmen, zumal sie meist zuvor schon auf der Arbeit weiblicher Beschäftigter basierten. Inwieweit diese Bereitschaft allerdings auf der Tatsache fußte, daß die Unternehmen keine andere Wahl hatten, wenn sie Beschäftigte haben wollten, muß offenbleiben. In der traditionellen Produktion der Textilbetriebe arbeiteten im Oktober 1943 nur 8,6 Prozent der Mitarbeiter als Halbtagskraft, bis September 1944 stieg der Anteil gerade auf 14,0 Prozent an. Dagegen war im Rüstungsbereich der Textilindustrie schon im Oktober 1943 mit 20,4 Prozent jede fünfte Beschäftigte eine Halbtagskraft, im September 1944 schließlich 21,7 Prozent[66]. Die Feststellung,

---

62 StA Freiburg, LA Villingen 388, Besprechung für den Arbeitsamtsbezirk Villingen, 4.3.1943; GLA, 237/24379, Rükom-Sitzung, 17.6.1943: Anweisung, die Umsetzung russischer Frauen in schwere Arbeit »rücksichtslos« weiterzuführen.

63 Siehe oben, Tabelle 21.

64 NA EAP 66-b/3, Beschäftigung BBC Mannheim (Angabe für 1944); DBA, DBAG 31, Sonderbericht.

65 GLA, 237/28850, Besprechung Sonderausschuß M IX (S-30-Fertiger), 1.3.1943.

66 WSA Stgt., IHK Schopf. 132, Rundschreiben der WSG Textilindustrie, o.D.

die Firmen hätten sich »mit allen verfügbaren Mitteln« dagegen gesträubt, Frauen aufzunehmen[67], muß angesichts dieses Ergebnisses relativiert werden. Dieses Urteil ist zu stark auf die traditionellen Rüstungsindustrien fixiert und berücksichtigt die unterschiedlichen Produktionsabläufe zu wenig.

Auch die unterschiedlichen regionalen Bedingungen werden bei einem solchen pauschalen Urteil außer acht gelassen, wie es sich bei einem Vergleich zwischen den Gauen Baden und Schwaben zeigt. Obwohl sich die großen Rüstungsschmieden am Oberrhein also zurückhielten, kamen die badischen Betriebe der Kommandos Mannheim und Freiburg im Juli 1944 unter ihren Beschäftigten auf einen Frauenanteil von 39 Prozent. Die Rüstungsfirmen im Gau Schwaben lagen mit ihren gerade 28,3 Prozent weit darunter. Hier machten sich die besonderen Ausgangsbedingungen der badischen Kriegsfirmen bemerkbar: die hohen Abzugsraten ihrer Mitarbeiter, ihr besonderer Charakter als Zulieferbetriebe auch durch die starke Einschaltung der Konsumbetriebe und schließlich die traditionell guten Erfahrungen oberrheinischer Unternehmer mit weiblichen Beschäftigten[68].

Auch der im Frühjahr 1944 erneuerte Aufruf an die Frauen zum »freiwilligen Ehrendienst in der Kriegswirtschaft« änderte nicht mehr viel daran, daß es in Baden wie im Reich nicht mehr gelang, das Potential weiblicher Beschäftigter wesentlich zu vergrößern, zumal die politischen Rücksichtnahmen weiterhin aufrechterhalten wurden. Erneut zeichnete die Partei für die Aktion verantwortlich, mit der nicht meldepflichtige Personen angesprochen wurden. Da Bormann jede »Einwirkung« auf Einzelpersonen untersagt hatte, sollte die badische NSDAP »aufklärend« tätig sein, wie Wagner anordnete. Sie bediente sich unter anderem Aufrufen über die Zeitungen, wie dem des Gauarbeitsamtspräsidenten Hermann Nickles mit dem schon fast resignierenden Motto: »Ihr dürft schaffen, wo Ihr wollt, aber schafft!«. Aber die Anstrengungen blieben erfolglos, obwohl Sauckel in einem Fernschreiben an Wagner darum gebeten hatte, sie nochmals zu intensivieren[69]. Nur 117 Männer und 2464 Frauen meldeten sich bis zum 15. Juni 1944 im gesamten Gau Baden-Elsaß, rund drei Viertel von ihnen wurde bis dahin ein Arbeitsplatz zugewiesen. Gerade jede zehnte Frau akzeptierte eine 48-Stunden-Woche; bei nicht einmal jeder zweiten reichte es zu einer Halbtagsstelle[70]. Auch danach änderte sich die Haltung der Frauen nicht mehr.

Zwischen 1942 und 1944 schafften es die badischen Behörden trotz aller Aktionen nur, die Zahl ihrer Arbeiterinnen um fünf Prozent zu erhöhen (Tabelle 22)[71]. Insgesamt ver-

---

[67] Dörte Winkler, Frauenarbeit, S. 139.

[68] GLA, 237/24352, Allgemeine Übersicht aus der Beschäftigtenmeldung, Kreis A, 1. Halbjahr 1944; Fear, Rüstungsindustrie, S. 210.

[69] GLA, 465d/44, GBA an die Gauleiter, 18.2.1944, darin Aufruf des GBA zum »freiwilligen Ehrendienst in der Kriegswirtschaft« vom 17.2.1944; Parteikanzlei an Gauleiter, 1.3.1944; Gauleiter Baden an Kreisleiter, 29.3.1944; Gaustabsamt an Kreisleiter, 22.4.1944, darin: GBA an Gauleiter Baden, 17.4.1944; Der Alemanne, Nr. 63, 4.3.1944.

[70] GLA, 465d/44, GBA an Arbeitsämter, Übersicht über den Freiwilligen Ehrendienst in der Kriegswirtschaft, Stand 15.6.1944, 7.7.1944; vgl. Dörte Winkler, Frauenarbeit, S. 142ff. Zum Fraueneinsatz im »totalen Krieg« siehe Kapitel IV.6.

[71] Der in Tabelle 23 für Baden 1943/44 verzeichnete Anstieg der weiblichen Beschäftigten bei einem gleichzeitigen Rückgang im Reich ist auf unterschiedliche Erhebungsdaten zurückzuführen.

loren Baden und das Reich von Kriegsbeginn bis Mitte 1944 einen gleich starken Anteil weiblicher Beschäftigter mit jeweils cirka fünf Prozent. In Baden vertauschten damit rund 6100 Frauen ihren Arbeitsplatz in der Fabrik mit dem in Familie oder Landwirtschaft.

Tabelle 22

Der Einsatz deutscher Arbeiterinnen in der badischen und der Reichsindustrie 1942 bis 1944

		1942	1943	1944	1939 zu 1944 in %	1942 zu 1944 in %
Baden	Gesamtindustrie	110353	113607	116141	- 5,1	5,2
	Produktionsgüterindustrie	33374	41537	49928	+ 70,7	+ 49,6
	Konsumgüterindustrie	62659	59991	55241	- 34,4	- 11,8
Reich	Gesamtindustrie	2369766	2428611	2376600	- 5,1	+ 0,3
	Produktionsgüterindustrie	912831	987924	1048888	+ 56,3	+ 14,9
	Konsumgüterindustrie	1143676	1095842	958352	- 38,3	- 16,1

Quelle: Baden: GLA, 237/24357; Reich: Wagenführ, Deutsche Industrie, Tab. 3b., S. 148ff. Angaben bis auf 1944 für Baden (März) jeweils für Mai (Zahlen für 1939 bis 1941 siehe Tabelle 20).

Die für die Steuerung des Arbeitseinsatzes in Baden zuständigen Landesarbeitsämter können für sich aber in Anspruch nehmen, die rüstungswichtigen Produktionsgüterindustrien im Gegensatz zu den ersten Kriegsjahren ab 1942 außergewöhnlich gut mit weiblichen Beschäftigten versorgt zu haben. Deren Zahl nahm in diesem Bereich um 14 Prozent mehr zu als im Reichsschnitt, wobei hauptsächlich die zahlreichen Aktionen ab Mai 1943 den höheren Anstieg auf Kosten der Konsumgewerbe bewirkten. Trotz des starken Abbaus der Beschäftigten, die im Konsumgütergewerbe ihr Geld verdienten, zeigt der Vergleich zum Reichsschnitt, daß die badischen Behörden diese Industrien noch relativ pfleglich behandelten: Der Verlust durch Auskämmungen und Stillegungen lag im Reich um knapp vier Prozent höher. Das machte sich besonders bemerkbar bei der Textilindustrie, die bei diesen Aktionen in Baden immer in erster Linie als Ziel galt, aber in der gesamten Kriegszeit mit knapp 42,9 gegenüber 47,8 Prozent erheblich weniger weibliche Beschäftigte verlor[72]. Daß dieses Potential nicht stärker für die Rüstung ausgenutzt werden konnte, scheiterte an objektiven Bedingungen, da die schwierige geographische Lage ebenso wie die strukturelle Zusammensetzung der Beschäftigten weitere Abzüge nicht zuließen, an der starken Einbeziehung zumal der Textilfirmen in die Kriegsproduktion und auch an politischen Widerständen aus den Reihen der zivilen Stellen, die sich Stillegungen widersetzten.

[72] Quellen wie Tabelle 22. Absolute Zahlen für Baden siehe Anhang.

2. Mord, Hunger und Ausbeutung: Ausländische Zwangsarbeiter in Baden

a) Jeder fünfte Beschäftigte ein »Fremdarbeiter«: Die Verteilung auf Gaue und Wirtschaftszweige

Ulrich Herbert kommt in seiner grundlegenden Schrift zur »Politik und Praxis des ›Ausländereinsatzes‹ in der Kriegswirtschaft des Dritten Reiches« zu dem Ergebnis, daß die Auswirkungen der in der obersten Etage der Kriegswirtschaft getroffenen Entscheidungen auf die mittlere und untere Ebene untersucht werden müssen, um die tatsächliche Praxis der Ausländer-Beschäftigung im Reich genauer beurteilen zu können[73]. Die Ausführung der Beschlüsse, ihre Auswirkungen auf den Arbeitseinsatz sowie die Behandlung der Zwangsarbeiter[74] waren höchst unterschiedlich. Zumal bei der immer längeren Dauer des Krieges verloren die Entscheidungen der Berliner Führungsebene mehr und mehr an Realitätsbezug, »während der Ausländereinsatz in der Praxis längst eine eigengesetzliche Dynamik gewonnen hatte. Die Initiative ging mehr und mehr an die regionalen, lokalen und betrieblichen Regimevertreter über«[75]. Das heißt letztlich, daß die Geschichte dieses Einsatzes erst dann geschrieben werden kann, wenn Studien auf mikroanalytischer Basis die bisherigen Erkenntnisse ergänzen. Das vorliegende Kapitel will für Baden einen Beitrag dazu leisten, wobei aber wichtige Punkte[76] außer Betracht bleiben mußten, etwa das Verhältnis insbesondere der landwirtschaftlichen Bevölkerung zu den Ausländern[77] oder auch das Verhalten der badischen NSDAP[78].

---

[73] Herbert, Fremdarbeiter, S. 19.

[74] Die Bezeichnung »Fremdarbeiter« läßt sich auf die Quellen des Dritten Reiches zurückführen und meint umgangssprachlich alle ausländischen Arbeitskräfte. Der Begriff »Zwangsarbeiter« ist demgegenüber wertbetonter und bezieht sich sowohl auf die Rekrutierungspraxis wie auf die Behandlung im Reich. Nur ein geringer Teil der ausländischen Beschäftigten kam freiwillig nach Deutschland. Die weitaus meisten wurden durch brutale Zwangsmaßnahmen der Besatzungsmacht ins Reich deportiert. Im besetzten Polen kam es im Frühjahr 1940 zu den ersten Verschleppungsmaßnahmen (vgl. Jochen August, Das Fallbeispiel der polnischen zivilen Arbeitskräfte und Kriegsgefangenen, S. 336f.). In Frankreich, Belgien und den Niederlanden wurde nach der Besetzung 1940 zunächst noch auf freiwillige Anwerbungen gesetzt, denen allerdings häufig falsche Versprechungen zugrunde lagen. Da sich hierbei aber zu wenige Arbeitskräfte meldeten, nahmen die Deutschen ab 1942 auch in Westeuropa Zwangsverpflichtungen vor. Seit Winter 1941 deportierten deutsche Behörden auch Menschen aus der Sowjetunion als »Ostarbeiter« ins Reich. Sie setzten hierbei auf brutale Gewalt und brandschatzten etwa ganze Dörfer, falls nicht genügend Arbeitskräfte zusammenkamen. Darüber hinaus wurden auch die Kriegsgefangenen zur Arbeit im Reich gepreßt (vgl. Herbert, »Ausländereinsatz«, S. 26ff.; ders., Fremdarbeiter, S. 359, Anm. 1, und Michael Schmid, »Ausländische Arbeitskräfte«, S. 559f.).

[75] Herbert, Fremdarbeiter, S. 351.

[76] Bei der Quellenarbeit mußte auf die Befragung von Zeitzeugen verzichtet werden. Vgl. hierzu die wichtige Untersuchung über Zwangsarbeiter in Offenburg, die sich wesentlich auf Aussagen ehemaliger holländischer Beschäftiger stützt. Der Autor Bernd Boll veröffentlichte einen Teil der Aussagen bereits: »... für praktisch jedermann die reine Sklaverei.« Erinnerungen ehemaliger Zwangsarbeiter aus Holland an ihren Alltag in Offenburg 1943/44, in: Allmende 21/22 (1988), S. 50 bis 82.

[77] Vgl. Roland Peter, Ausländische Zwangsarbeiter im Baden des Zweiten Weltkrieges, in: Otto Borst (Hg.), Minderheiten in der südwestdeutschen Geschichte, Stuttgart (Stuttgarter Symposion Bd 3). Erscheinungsdatum noch nicht bekannt.

Die Untersuchung will sich, um den Gesamtzusammenhang der Arbeit zu wahren, auf die Problematik konzentrieren, die Ludolf Herbst in seiner bahnbrechenden Studie »Der totale Krieg und die Ordnung der Wirtschaft« aufzeigte: der Widerspruch zwischen dem totalen Anspruch der rassistischen Weltanschauung und dem Bestreben, zu effizienten Formen der Rüstung zu kommen[79]. Die sich daraus für die Wirtschaft ergebenden Einflüsse liegen auf der Hand: Leistung und Produktivität ausländischer Zwangsarbeiter konnten so lange nicht gesteigert werden, als sie als »minderwertig« behandelt wurden. Bestand im regionalen Rahmen Interesse daran, diesen Gegensatz mit eigenen Maßnahmen zu unterlaufen? War dies überhaupt möglich? Diese Problematik betrifft den Kern des Ausländereinsatzes in der Kriegswirtschaft in Baden und im Reich, da von ihrer unterschiedlichen Beantwortung durch Eliten aus Staat und Wirtschaft selbst in ein und demselben Betrieb alles für die Zwangsarbeiter abhängen konnte: Ernährung, Unterbringung, Versorgung im Krankheitsfall, ihr Lohn — letztlich also ihr Überleben.

Aus ideologischen Gründen blieb der Einsatz polnischer Arbeitskräfte im Reich und auch in Baden nach Kriegsbeginn zunächst auf drei Bereiche beschränkt: Landwirtschaft, Meliorationen[80] und Bergbau. Dort wurde schwere körperliche Arbeit gefordert. Tätigkeiten in der Industrie hätten der angeblichen rassischen Minderwertigkeit der Polen widersprochen[81]. Beim Einsatz polnischer Arbeitskräfte und insbesondere der Kriegsgefangenen machte sich der Charakter Badens als Grenzland bemerkbar: Erst der Arbeitskräftemangel in der Landwirtschaft führte zur Zusage des Heeres-Oberkommandos vom 6. Februar 1940, bewachte polnische Kriegsgefangene auch innerhalb einer Grenzzone einzusetzen, die vermutlich der früheren »roten Zone« entsprach. Zivile ausländische Arbeitskräfte, in erster Linie Polen, durften jetzt auch in das Gebiet direkt hinter dieser Zone gebracht werden[82]. Bis dahin hatte die Wehrmacht Spionage und Fluchtgefahren befürchtet.

Nachdem die erste Scheu überwunden war, stieg die Zahl der in der südbadischen Landwirtschaft eingesetzten Kriegsgefangenen ebenso schnell an wie die der Anforderungen — bedingt auch durch die fortschreitende Landflucht, die die Zahl der Landwirte neben den Einberufungen weiter reduzierte[83]. Im Bezirk Donaueschingen, wo wegen der Grenznähe nur Kriegsgefangene eingesetzt werden durften, gab es bereits in der ersten Märzhälfte 1940 kaum mehr eine Gemeinde ohne Gefangenenlager[84]. Wie stark die südwestdeutsche Agrarwirtschaft auf die Kriegsgefangenen angewiesen war, machen die Zahlen vom September 1940 deutlich. In der Landwirtschaft Badens und Württembergs arbeiteten da-

---

[78] Besonders von Interesse erscheinen hier die auch reichsweit bisher nicht untersuchten zwangsweisen Abtreibungen bei sowjetischen Frauen, denen sich in Baden Ärzte und, vor allem im Bodenseegebiet, konfessionelle Schwestern entgegenstellten. Eine Quelle hierzu findet sich im Bericht des Gauamtes für Volksgesundheit, 24.7.1944 (GLA, 465d/812).

[79] Herbst, Der totale Krieg, S. 95ff.

[80] GLA, 237/45360, 12.12.1939, Anforderungen der Wasserwirtschaftsämter.

[81] Vgl. Herbert, Fremdarbeiter, S. 88.

[82] StA Freiburg, LA Müllheim, Zug. 1981/110 II, 211, Erlaß OKH, 6.2.1940; BA, R 41/63, S. 283, Reichsarbeitsministerium an RFSS, 23.2.1940. Zu der Zone siehe Kapitel III,2.

[83] GLA, 237/28857, AA Villingen, Bericht 1. Märzhälfte 1940.

[84] Ebd., AA Donaueschingen, Bericht 1. Märzhälfte 1940.

nach 42000 Kriegsgefangene, überwiegend Polen, in der gewerblichen Wirtschaft dagegen nur 22500. Ohne diese Zwangsarbeiter wäre die Ernte auf den Feldern verrottet[85].
Der erste Einsatz auf gewerblichem Gebiet wurde zuerst im Bergbau organisiert, als im Februar 1940 ein Transport von 175 polnischen Zivilarbeitern im Doggererz-Bergwerk in Zollhaus-Blumberg eintraf. Durch die gleichzeitigen Einziehungen deutscher Bergleute stieg der Ausländeranteil in diesem Werk von 1939 auf 1940 von 32 auf 45 Prozent. Bei diesen Quoten machte sich ein Problem bemerkbar, das zur Kernfrage des Ausländereinsatzes werden sollte: die Qualifizierung dieser Beschäftigten. Nach einer Bewertung des Bergamtes Dortmund betrugen die Arbeitsleistungen der meist bergfremden Polen gerade 60 bis 70 Prozent der deutschen Kumpel — die Produktivität verschlechterte sich somit deutlich[86]. Ein indirektes Anzeichen dafür war die große Abneigung ausländischer Beschäftigter gegen die harte Arbeit im Bergwerk, die zur reihenweisen Abwanderung von Italienern oder Polen führte[87].
Die badische Industrie verhielt sich bei den Anforderungen von ausländischen Arbeitskräften zunächst abwartend. In Heidelberg stellte die Stadtverwaltung etwa für Mitte 1940 fest, »das Interesse an der Beschäftigung von Gefangenen beim Gewerbe und in der Industrie (war) nicht besonders groß[88].« Viele Unternehmer glaubten zunächst noch an ein schnelles Kriegsende, weshalb Investitionen zur Anlernung ausländischer Beschäftigter als unrentabel angesehen wurden[89]. Der nach dem Ende des Frankreich-Feldzuges in Baden auftretende starke Mangel an Arbeitskräften ließ aber das Bedürfnis der Industrie nach neuen Beschäftigten ansteigen. Dazu kam, daß die Unternehmen bei den französischen Kriegsgefangenen ein höheres industrielles Arbeitsniveau erwarteten. Nach der relativ schnellen Freigabe französischer Gefangener für den Arbeitseinsatz am 5. Juli 1940 kamen deshalb prompte Reaktionen. Die Mannheimer IHK kündigte schon vorher, Ende Juni, dem Wirtschaftsamt der Stadt an, mit dem Einsatz von 1000 Kriegsgefangenen sei bald zu rechnen, und forderte dazu auf, für die Verpflegung zu sorgen. Kurz nach der Freigabe erfolgte ein Aufruf der Freiburger Kammer an ihre Mitgliedsfirmen, den Bedarf an Kriegsgefangenen zu melden, »für deren raschestmöglichen zweckentsprechenden Einsatz in der Wirtschaft besteht naturgemäß bei der derzeitigen Arbeitseinsatzlage das größte Interesse[90].« Schon am 24. Juli 1940 errechnete das Landeswirtschaftsamt für Süd- und Mittelbaden einen Bedarf von 11236 Kriegsgefangenen für die gewerbliche Wirtschaft — mithin genausoviel wie im stärker industrialisierten Württemberg und doppelt so viel wie in der badischen Landwirtschaft[91].

---

[85] BA, R 11/83, S. 235f; GLA, 237/28857, Bericht AA Villingen, Juli 40 u.a. Arbeitsämter.
[86] StA Freiburg, LA Donauesch. Zug. 1979/15, Nr. 119, 30.10.1939, Bericht der Doggererz-Bergbau Ges.; Herbert, Fremdarbeiter, S. 90.
[87] Von 115 Italienern, die im August 1940 in Zollhaus-Blumberg eingestellt wurden, fehlte im September 1940 der größte Teil (StA Freiburg, DAG IV, Bilanz 1940). Im Dezember 1940 flüchteten 170 von 200 eingesetzten polnischen Zivilarbeitern nach kurzer Zeit aus Blumberg (GLA, 309/1205, Lagebericht GSA Karlsruhe, 3.2.1941; 237/28857, AA Villingen, Feb. 1940).
[88] SA Heidelberg, 199 p/2, 13.1.1943, Amt für Wirtschaftsförderung.
[89] Vgl. Herbert, Fremdarbeiter, S. 89.
[90] SA Mannheim, 487/9, 27.6.1940; SA Freiburg, C4 XI/28—10, 15.7.1940 (Zitat).
[91] GLA, 237/28822, LWA-Lagebericht 24.7.1940 (Bedarf württembergische Wirtschaft: 12957 Kriegsgefangene; badische Landwirtschaft: 6543).

1941 gingen auch die letzten Firmen der Rüstungswirtschaft dazu über, ausländische Zwangsarbeiter zu beschäftigen. Wie schon die Aufforderung der IHK zeigte, kann dabei in der Regel keine Rede davon sein, daß die Zwangsarbeiter den Unternehmen hätten aufgezwungen werden müssen. Der Betriebsdirektor von Daimler-Benz Gaggenau forderte zu Jahresbeginn die Erlaubnis der Konzernleitung in Stuttgart-Untertürkheim an, daß er auf vom Arbeitsamt angebotene 50 bis 60 Kriegsgefangene zurückgreifen könne. Auch das Mannheimer Werk des Unternehmens beschäftigte 1941 erstmals 114 Ausländer. Die Anforderungen erreichten insgesamt solche Höhen, daß der Reichsarbeitsminister Kriegsgefangene nur noch an Produktionen der vordringlichen Stufen verteilte. Einige Betriebsführer besannen sich deshalb auf ihre Beziehungen, um doch noch an Zuteilungen zu kommen. Als der Mannheimer Traktorenfirma Heinrich Lanz im Juni 1941 über 550 italienische Zivilbeschäftigte zugewiesen wurden, hieß es auf der Sitzung der regionalen Prüfungskommission neidvoll: »Grund: Gute Verbindung, Parteimitglied mit goldenem Parteiabzeichen, [das] bei der Führerkanzlei ein- und ausgehen soll[92].«
Insgesamt machten sich auch bei den Zuteilungen ausländischer Zwangsarbeiter an Baden die strukturellen Nachteile der Landesökonomie bemerkbar. Im Verhältnis zu den Beschäftigten wiesen die Arbeitsbehörden Baden einen wesentlich geringeren Anteil an ausländischen Zwangsarbeitern zu als den Regionen im Schnitt. Schon in den ersten Kriegsjahren lag der südwestdeutsche Landesarbeitsamtsbereich, dem Baden und Württemberg angehörten, weit hinter den anderen Regionen (Tabelle 23). Im Hinblick auf seine Arbeitskräfte nahm der Südwesten unter den 21 Landesarbeitsämtern die sechste Stelle ein. Wenn aber der Ausländeranteil unter den Beschäftigten betrachtet wird, kam der Bezirk Anfang 1941 nur auf Rang 18 und im Jahr darauf, unter diesmal nur 19 Regionen, auf Rang 16[93]. Der im Mai 1943 neu gegründete Bezirk Baden/Elsaß schnitt noch schlechter ab und wurde zum Schlußlicht unter den Regionen. Es beschäftigte anteilmäßig die wenigsten ausländischen Zwangsarbeiter. Demgegenüber hatte Württemberg den Reichsschnitt übersprungen, und selbst der Gau Westmark, der in den ersten Kriegsjahren noch hinter dem Südwesten zurücklag, verbesserte sich erheblich.
Wegen der Zugehörigkeit Badens zunächst zusammen mit Württemberg, ab 1943 zusammen mit dem Elsaß zu verschiedenen Landesarbeitsämtern, ist eine genaue Analyse für das Land nur punktuell möglich. So zeigte sich Anfang 1942, daß das badische Gebiet in den ersten Kriegsjahren anteilsmäßig weniger ausländische Beschäftigte erhalten hatte als Württemberg und erst recht als der Reichsschnitt. Als Hauptursache muß gelten, daß die badische Industrie noch relativ gering an den Kriegsaufträgen beteiligt war. Die Reichsanstalt für Arbeit kam Anforderungen der eigentlichen Rüstungsgebiete im Inneren des Reiches schneller und stärker nach[94]. Darüber hinaus spielte vermutlich lange die hohe Zahl

---

[92] DBA, Kissel XIII/3, Briefe vom 17. und 20. Januar 1941; DBAG 31, Sonderbericht 1945; GLA, 237/28847, Sitzung der Arbeitstagung am 17.6.1941 (Zitat). Die Äußerung bezog sich auf den Direktor der Firma, Eduard Hofweber. Siehe dazu Kapitel II, 4.

[93] BA, R 89/28, Der Arbeitseinsatz im (Groß-)Deutschen Reich, Nr. 6, 20.3.1941 (Stand 1.1.1941); Nr. 6, 20.3.1942 (20.1.1942).

[94] Die höchste Zahl an »Fremdarbeitern« arbeitete 1941 wie 1942 in Niedersachsen, Brandenburg (mit Berlin) und Mitteldeutschland.

elsässischer Beschäftigter eine Rolle, die das Reichsarbeitsministerium fälschlicherweise in Baden vermutete[95]. Nach der Gründung des Straßburger Gauarbeitsamtes drückte der Anteil des Elsaß die Gesamtziffer weit in den Keller, woraus sich die letzte Stellung des Bezirks im Reichsschnitt erklärt. Da Gauleiter Robert Wagner den Einsatz von Ausländern aus politischen Gründen relativ niedrig halten wollte, beschäftigte die elsässische Wirtschaft im September 1944 nur rund 17000 Zwangsarbeiter — etwa 15 Prozent der in Baden eingesetzten. Die badische Industrie zwischen Weinheim und Konstanz allein kam Ende 1943 mit ihrer Quote von 14,5 Prozent immerhin an die Höhe des Rhein-Main-Gebietes mit 15,5 Punkten heran. Der Reichsschnitt lag aber zu diesem Zeitpunkt mit 19,7 Prozent immer noch in weiter Ferne, was sich bis Kriegsende nicht mehr geändert haben dürfte.

Tabelle 23

Der Anteil ausländischer Beschäftigter in Baden sowie in den Landes- und Gauarbeitsamtsbezirken in Prozent der Gesamtbeschäftigten

Bezirk	1.1.1941	20.1.1942	15.11.1943	30.9.1944
Baden	—	4,6	14,5	—
Südwest	3,5	5,7	—	—
Baden/Elsaß	—	—	11,3	12,9
Württemberg	—	—	19,0	21,3
Westmark	2,2	4,8	21,9	22,3
Reich	5,8	9,3	19,7	20,5

BA, R 89/28, Der Arbeitseinsatz im (Groß-)Deutschen Reich, Nr. 6, 20.3.1941 (Stand 1.1.1941); Nr. 6, 20.3.1942 (Stand: 20.1.1942); Nr. 1, 31.1.1944 (15.11.1943); Nr. 11/12, 30.12.1944 (30.9.1944).

Eine ausreichende Erklärung für diesen Umstand zu finden, ist schwierig und muß mangels Quellenaussage spekulativ bleiben. Neben der guten und häufig genutzten Fluchtmöglichkeit an der Grenze bietet sich als Ursache hierfür nur der Umstand an, daß die Einzugsraten badischer Industriearbeiter nach 1942 stets unterhalb des Reiches lagen[96]. Möglicherweise sollte dieser Vorteil durch geringere Zuteilungsraten ausgeglichen werden. Daß die Einbeziehung in die Rüstung allein nicht ausschlaggebend gewesen sein konnte, macht der allgemeine Bedarf an Beschäftigten deutlich. Das Gauarbeitsamt Baden/Elsaß lag im November 1943 mit über 51500 offenen Stellen nach Württemberg auf dem zweiten Rang im Reich. Wenn es also danach gegangen wäre, hätten die Zuweisungszahlen wesentlich höher sein müssen, zumal im September 1944 die Anteile ausländischer Beschäftigter auch in agrarischen Gebieten wie etwa in Mecklenburg sich immer noch wesentlich über dem Reichsschnitt befanden[97].

[95] Siehe zu der darüber ausbrechenden Kontroverse: Kapitel IV, 3. b.

[96] Siehe Kapitel IV, 2. a.

[97] Quellen siehe Tabelle 23. Ausländeranteil in Mecklenburg: 37,8 Prozent.

Die Zahlen der in Baden eingesetzten ausländischen Beschäftigten gewannen mit der im April 1942 beginnenden Verschleppung sowjetischer[98] Männer und Frauen enormen Auftrieb und nahmen in diesem Jahr um über das Doppelte zu (Tabelle 24). Fast zwei von fünf der sich im Frühjahr 1943 in Baden befindlichen Zwangsarbeiter kamen aus diesem Land.

Tabelle 24

Beschäftigte Ausländer in Baden

	Gesamt	davon Männer		Ostarbeiter		in Mannheim	
			in %		in %		in %
1.01.41	20487	16922	82,6	–	–	2451	11,9
20.01.42	29629	23585	79,6	–	–	5516	18,6
10.07.42	54613	57191	68,1	8451	33,8	11818	21,6
20.11.42	6444	42989	64,7	25225	37,9	13574	20,4
15.02.43	72600	46972	64,7	28104	38,7	–	–
1.07.43				32693			
31.12.43	93277	62402	66,9	33424	35,8	16934	18,1
31.03.44	95240	62763	65,9	35483	37,2	16687	17,5
30.09.44	106711	70002	65,6	38264	35,8	16760	15,7

BA, R 89/28, Der Arbeitseinsatz im (Groß-)Deutschen Reich, Nr. 6, 20.3.1941 (Stand 1.1.1941); Nr. 6, 1942 (20.1.1942); Nr. 1, 31.1.1944 (15.11.1943); Nr. 2/3, 31.3.1944 (31.12.1943); Nr. 11/12, 30.12.1944 (30.9.1944). 20.11.1942: GLA, 465d/92; 15.2.1943: 460/4; 1.7.1943: 237/28844.

Im Februar 1943 führte Sauckel in Frankreich die obligatorische Arbeitsdienstpflicht für das Reich ein, allerdings durften die Franzosen schon 1942 nach Ablauf ihres Arbeitsvertrages nicht mehr nach Hause zurück. Sie stellten in Baden vermutlich das Gros der über 20000 Männer und Frauen, um die die Ziffer 1943 anstieg. Auch im folgenden Jahr verzeichnete Baden noch einmal eine starke Zunahme, die etwa zur Hälfte von den Ostarbeitern getragen wurde. Die Wehrmacht ermöglichte diesen Anstieg, da sie bei ihrem Rückzug in Rußland die arbeitsfähigen Bewohner deportierte. Ein dritte Gruppe von Zwangsarbeitern bildeten nach dem Waffenstillstand ihres Landes vom 8. September 1943 die Italiener, die als sogenannte Militärinternierte zur Arbeit im Reich gezwungen wurden[99]. Die Reichsverwaltung wies dem Bezirk Baden/Elsaß im Oktober 1943 rund 11000 zu. Wieviele tatsächlich kamen, ist unklar[100].

[98] Im zeitgemäßen Sprachgebrauch »Ostarbeiter« oder »Russen«.

[99] Herbert, Fremdarbeiter, S. 251ff.; vgl. Eichholtz, Kriegswirtschaft, Bd 2, S. 237ff.; Gerhard Schreiber, Die italienischen Militärinternierten, S. 312.

[100] BA-MA, RW 20–5/51, Z-Abt. Gruppe I b pers. 1.2.1944.

Gegen Kriegsende griff die badische NS-Führung noch einmal auf das elsässische Potential an Arbeitskräften zurück. Gauleiter Wagner befahl im Dezember 1944, alle Männer zwischen 15 und 50 aus dem Nordelsaß, vor allem den Kreisen Hagenau und Weißenburg, ins Reich zu bringen. Die Gesamtzahl der Verschleppten geht aus den Quellen nicht hervor, das badische Innenministerium sprach Anfang 1945 aber immerhin von »einem erheblichen Teil der männlichen Bevölkerung« aus diesen Kreisen, der ins Reich deportiert wurde. Nach Mannheim verschleppten die Besatzer rund 1000 Männer aus der lothringischen Stadt St. Dié. Als sie Mitte November dort ankamen, besaßen »sie nur noch das, was sie auf dem Leibe tragen«, meldete das städtische Ernährungs- und Wirtschaftsamt. Das Vorhaben, aus dem Brückenkopf der Wehrmacht im Oberelsaß um Colmar ebenfalls die noch vorhandenen Beschäftigten herauszuholen, wurde aber zurückgestellt, um genügend Kräfte zum Schanzen zur Verfügung zu haben. Das Gauarbeitsamt wollte jeweils 1000 zu Räumarbeiten in Karlsruhe und Freiburg einsetzen[101].

Welche Auswirkungen hatte die relativ geringe Zuteilung ausländischer Beschäftigter auf die badische Wirtschaft? Der zunehmende Mangel an Arbeitskräften zwang die Behörden, seit Ende 1942 auf die bis dahin gut von den Zuteilungen ausländischer Männer und Frauen profitierende Landwirtschaft zurückzugreifen. 1940 beschäftigte die südwestdeutsche Agrarökonomie 55 Prozent der eingesetzten fremdländischen Kräfte. Im August 1942 belief sich ihr Anteil allein in Baden immer noch auf 48 Prozent, während er in Württemberg zu dieser Zeit nur noch 40 Prozent erreichte. Bis Kriegsende erhöhte sich danach die Zahl der in Baden und Elsaß in der Landwirtschaft beschäftigten Zwangsarbeiter um rund 7000 auf cirka 37700. Ihr Anteil fiel aber auf nur noch 35 Prozent[102].

Da die geringen Zuteilungen gleichzeitig von weiteren Einziehungen begleitet wurden, die auf eine schon zuvor von Beschäftigten stark ausgedünnte Landwirtschaft trafen, ließen die Arbeitsergebnisse notgedrungen stark nach. In der badischen Landwirtschaft sank die mit Getreide angebaute Fläche zwischen 1941 und 1943 um 13,2 Prozent, bei Spätkartoffeln sogar um 15,7[103].

Bemerkbar machte sich die geringere Zuteilung ausländischer Zwangsarbeiter an Baden auch in der Industrie. Das Gros der verschleppten Menschen hatte in den kriegswichtigen Produktionsgüterfirmen zu schuften, knapp 33000 von insgesamt knapp 55000 Ausländern in der badischen Industrie (Tabelle 25). Ihr Anteil an den Gesamtbeschäftigten erreichte in diesen Branchen knapp 17 gegenüber den 13,2 Prozent in der gesamten badischen Industrie (Tabelle 26). Das Land lag damit im Mai 1944 weit hinter dem Reich zurück mit einem Ausländeranteil von 24,4 in den Produktionsgüterbranchen und von 21,4 Prozent in der gesamten Industrie. Das Reichsarbeitsministerium schaffte es somit

---

101 SA Freiburg, C 4 IX/17—7, Höherer SS- und Polizeiführer im Wehrkreis V an das Bad. Innenministerium, 5.2.1945; C 4 XI/27—12, Rundbrief des Bad. Innenministeriums, 3.2.1945 (Zitat 1); GLA, 465d/45, Wagner an Bormann, 20.9.1944; SA Mannheim, EWA 1256, Aktennotiz EWA, 11.11.1944 (Zitat 2). Koppenhöfer, KZ-Häftlinge, S. 516.

102 BA, R 89/28, Der Arbeitseinsatz im Groß-Deutschen Reich, Nr. 1, 1941, S. 10; Nr. 6 bis 8, 1944, S. 48; BA-MA, RW 20—5/38, Ausländerstatistik des LAA Südwest, Stand 20.8.1942.

103 GLA, 237/28847, Aktennotiz LWA, 7.6.1941; 237/45517, Landesbauernschaft Baden an den Reichsbauernführer, 22.2.1944.

auch nicht durch die Zuteilung ausländischer Zwangsarbeiter, die starken Abzüge badischer Industriebeschäftigter aus den ersten Kriegsjahren quantitativ wettzumachen. Da selbst die rüstungswichtigen Industriezweige mit vergleichsweise geringen Zuteilungen auskommen mußten, konnten die Konsumfirmen am Oberrhein schwerlich damit rechnen, besser bedient zu werden. Ausländer nahmen in ihren Branchen gerade etwa die Hälfte des Reichsanteils ein.

Daß einzelne Rüstungsfirmen wesentlich mehr von der Zuteilung ausländischer Zwangsarbeiter profitierten als der industrielle Durchschnitt in Baden, liegt auf der Hand. Alle in Tabelle 27 verzeichneten badischen Großunternehmen — von den wichtigsten fehlen

Tabelle 25

Die Anzahl der ausländischen Arbeitskräfte in der badischen Industrie von 1941 bis 1944

Industrie	1941	1942	1943[1]	1943[2]	1944
Grundstoff	4267	4688	7577	7846	9089
Produktionsgüter	3922	11975	26328	27555	32963
Bau	3633	3630	3631	4059	5087
Konsumgüter	3268	4480	7267	6974	7416
Gesamt	15090	24773	44803	46434	54555

GLA, 237/24357. Für die Zeit vor 1941 ist keine gesicherte Angabe vorhanden. Stichtage 1941 und 1942 jeweils Mai, 1943[1] März, 1943[2] Juli, 1944 März.

Tabelle 26

Ausländische Arbeitskräfte in der badischen und der deutschen Industrie in Prozent der Gesamtbeschäftigten

	1941		1942		1943		1944	
	Baden	Reich	Baden	Reich	Baden	Reich	Baden	Reich
Grundstoff	3,8	6,8	5,8	10,1	11,1	18,6	14,1	20,3
Produktionsgüter	5,9	4,3	5,2	10,0	15,6	22,6	16,8	24,4
Bau	7,8	20,9	12,2	25,7	14,1	31,0	18,5	33,3
Konsumgüter	1,5	3,0	2,6	5,4	5,6	10,7	6,2	11,7
Gesamt	2,3	6,2	4,7	10,0	11,5	19,4	13,2	21,4

Angaben für Baden jeweils Mai, 1944 März, aus: GLA, 237/24357; Reichsstatistik aus: Wagenführ, Deutsche Industrie, S. 148 ff., Tabelle 3 b. (Eigene Berechnungen.) Die absolute Zahl der Gesamtbeschäftigten siehe Anhang.

nur die Heinrich Lanz AG sowie die Zellstoffwerke Waldhof — kamen auf einen höheren Anteil der Ausländer unter ihren Beschäftigten als die zugehörige Industriegruppe oder gar die gesamte badische Industrie im Schnitt. Auffallend sind die hohen Anteile der Deutschen Waffen- und Munitionsfabriken in Karlsruhe sowie insbesondere der Waffenfirma Mauser, wobei Mauser insgesamt seine Beschäftigtenzahl in diesen Jahren verdrei-, die Zahl der Ausländer aber vervierfachte. Der praktische Neuaufbau einer Rüstungsfirma im Krieg war offensichtlich nur mit der starken Zuführung von Zwangsarbeitern möglich. Bei den hohen Anteilen in der südbadischen Aluminiumindustrie spielten die harten Arbeitsbedingungen an den Schmelzöfen eine Rolle, die gezielt ausländischen Zwangsarbeitern zugedacht wurden. Auf der anderen Seite fällt die BBC Mannheim heraus. Die Konzernleitung hatte vermutlich wie die Firma Siemens[104] Bedenken gegen eine zu starke Ausweitung ihrer Belegschaft durch Ausländer, da damit der Anteil der Massenproduktion gestiegen, die technische Innovationsfähigkeit aber zunächst gebremst worden wäre. Wie noch zu zeigen sein wird, muß die Produktivität der Zwangsarbeiter allerdings höher angesetzt werden als häufig vermutet.

Tabelle 27

Ausländische Arbeitskräfte in badischen Rüstungsbetrieben und ihr Anteil an den Gesamtbeschäftigten in Prozent

	20.11.1942		31.5.1943		31.1.1944		31.7.1944	
	Zahl	%	Zahl	%	Zahl	%	Zahl	%
Daimler-Benz Mannheim	893	22,5	957	23,4	1079	27,2	1298	31,2
Bopp und Reuther Mannheim	465	22,2	564	22,7	524	22,5	447	22,3
Brown, Boveri und Co. MA	1269	17,7	1757	23,1	2008	25,4	1849	23,5
Motorenwerke Mannheim	770	30,6	787	29,2	774	30,4	861	33,8
Deutsche Waffen- und Munitionsfabriken Karlsruhe	2453	43,6	2673	41,9	2719	38,9	3038	41,6
Mauser Karlsruhe	198	42,5	438	54,5	625	59,2	803	59,0
Argus Karlsruhe	538	25,0	676	27,5	719	28,9	658	26,7
Daimler-Benz Gaggenau	1038	19,4	933	18,0	1238	24,5	1557	28,8
Eisen- und Stahlwerke Georg Fischer Singen	564	28,0	706	33,3	904	40,7	779	36,2
Aluminiumwerke Singen	603	27,4	645	28,6	767	33,7	741	33,6
Aluminiumwerke Wutöschingen	431	36,6	532	41,1	745	50,1	754	50,6
Kienzle App. AG Villingen	250	23,8	335	28,9	425	34,3	399	32,5
Aluminiumwerke Rheinfelden							1149	55,6

BA-MA, RW 20-5/36 (für 1942) und RW 20-5/57; Prozentanteile eigene Berechnung.

[104] Herbert, Fremdarbeiter, S. 230.

b) »Vollständig ausgehungert und ohne Arbeitswillen«

Teile der badischen Wirtschaft waren sich frühzeitig bewußt[105], daß vor allem drei Faktoren die Leistung der ausländischen Zwangsarbeiter maßgeblich beeinflußten: ihre Ernährung, die Unterbringung und ihr Lohn. Deren Niveau wurde jedoch von der rassistischen Stufenleiter des Nationalsozialismus bestimmt, die die Westarbeiter gegenüber den Arbeitskräften aus Osteuropa in jeder Hinsicht deutlich besser stellte. Beim Einsatz der polnischen und sowjetischen Zwangsarbeiter konnte deshalb kein Unternehmer daran vorbeigehen, daß diese Behandlung sich außerordentlich nachteilig auf die Arbeitsergebnisse auswirken mußte. Auch die zuständigen regionalen Wirtschaftsbehörden, wie der Karlsruher Prüfungsausschuß der Rüstungskommission Oberrhein, drangen bei ihren Betriebsprüfungen deshalb auf »günstigere Bedingungen« für die ausländischen Zwangsarbeiter[106].
Vor allem die vom Reichsernährungsministerium vorgeschriebenen, absolut unzureichenden Nahrungsrationen basierten auf einem rassistischen Ansatz. Zwar gab es immer wieder Verbesserungen, doch erst mit Wirkung vom 22. August 1944 wurden Ostarbeiter und die sowjetischen Kriegsgefangenen den westeuropäischen Gefangenen »im wesentlichen« gleichgestellt[107].
Tabelle 28 verdeutlicht die unterschiedlichen Zuteilungen an sowjetische zivile Arbeitskräfte und Kriegsgefangene auf der einen und an die Kriegsgefangenen aus Westeuropa auf der anderen Seite bis Mitte 1944. Besonders bei den höherwertigen Lebensmitteln Fleisch, Fett, Zucker gab es erhebliche Unterschiede. Bei anderen, wie bei Käse, Quark und Marmelade, erhielten die sowjetischen Beschäftigten überhaupt keine Zuteilungen. Besonders schwerwiegend waren die Differenzen bei den Essenszuteilungen für Lang- und Schwerarbeiter, unter die ein Großteil der sowjetischen Beschäftigten fiel. Insgesamt bewegten sich die Zuteilungen für die Deportierten aus dem kommunistischen Osten in der Regel am Rande des Existenzminimums.
Schon die ersten, Ende August 1941 in Baden eintreffenden 2500 sowjetischen Kriegsgefangenen, die beim Ausbau des Schluchseewerks eingesetzt werden sollten, waren in einem derart schlechten Zustand, daß sich der zuständige Arzt weigerte, ihren Einsatz zu genehmigen. In einer Besprechung der Prüfungskommission heißt es zu diesem Fall:

> »Es handelt sich um 17- bis 21jährige, die vollständig ausgehungert sind, apathisch, stur und ohne jeden Arbeitswillen. Die Gefangenen seien körperlich in einem Zustand, daß man sie erst nach Wochen einsetzen kann und daß man auch dann nur mit einer ganz geringen Arbeitsleistung rechnen kann.«

Diese Feststellung ist symptomatisch für die Lage der 1941 und 1942 aus den Wehrmachtlagern in Baden eintreffenden sowjetischen Kriegsgefangenen, die allen Beteiligten wohl bewußt war[108]. Auch die zivilen Ostarbeiter verloren schnell an Gewicht und damit an Leistungsfähigkeit, wie das Gauamt für Volksgesundheit im Oktober 1942 offenlegte:

---

105 Vgl. Besprechung am 13.7.1942 beim AA Ludwigshafen mit dem Rüko Mannheim und Vertretern aus Mannheimer Großunternehmen (BA-MA, S. 77ff., RW 21—44/4).

106 GLA, 460/227, AA Karlsruhe an LAA Baden, 10.6.1943.

107 StA Freiburg, LKK 1350, Erlaß vom 22.9.1944.

108 Herbert, Fremdarbeiter, S. 138ff., Zitat Göring S. 142; GLA, 237/28847, 9.8.1941ff., 30.8.1941 (Zitat); weitere Berichte: 237/28848, Besprechung zwischen Vertretern der Partei, des Staates, der

Tabelle 28

Ernährungssätze der Zwangsarbeiter in Mannheim pro Woche in Gramm

	November 1942		März 1944	
	SU-ZAK	K-Gef.	SU-ZAK	K-Gef
Roggenmehl	–	–	2062	1819
bzw. Brot	2600	2250	2750	2425
Fleisch	250	350	200	250
Margarine	130	206	130	218
Käse	–	31,25	–	125
Quark	–	31,25	–	125
Kartoffeln	7000	5250	6000	4250
Zucker	110	175	110	175
Nährmittel	118	118	62,5	62,5
Teigwaren	–	–	75	75
		Sätze für Langarbeiter		
Roggenmehl	–	–	2175	2175
bzw. Brot	2600	2650	2900	2900
Fleisch	300	480	300	380
Margarine	150	220	150	230
		Sätze für Schwerarbeiter		
Roggenmehl	–	–	2812	2512
bzw. Brot	3400	3180	3750	3350
Fleisch	400	580	400	480
Margarine	200	270	200	282

SA Mannheim, EWA 488; EWA Zug. 1958, Nr. 521. »SU-ZAK« meint Kriegsgefangene und zivile Arbeitskräfte aus der Sowjetuion; »K-Gef.« Gefangene aus Westeuropa. Das Ernährungsministerium änderte die Kartoffelration am 20. 10. 1943. Danach wurde ein Kilogramm Kartoffeln von einem Kilogramm Steckrüben ersetzt (SA Heidelberg, AA 439/7, Landesernährungsamt A, 23. 11. 1943).

»Im allgemeinen kann gesagt werden, daß der Ernährungszustand beim Antritt der Arbeit, im Großen gesehen, wesentlich besser war, als im Verlauf der Arbeit[109].«

Wirtschaft und der Wehrmacht, 5. 12. 1941; BA-MA, RW 20–5/5, S. 20, Geschichte der Rüstungsinspektion, 1. 10. 1940 bis 31. 12. 1941.

109 GLA, 465d/812, Bericht des Gauamtes für Volksgesundheit, 19. 10. 1942.

Nach Anfang 1943 ergab eine Untersuchung im Villinger Gefangenenlager Vb, daß der Arbeitseinsatz russischer Gefangener ohne Rücksicht auf ihren Zustand immer wieder zu Todesfällen führte. Von einem in der Wirtschaft eingesetzten Arbeitskommando, bei dem im November und Dezember vier Männer starben, waren von 36 Gefangenen nur 2 ausreichend ernährt: die beiden Köche. Die übrigen litten alle unter »einem hochgradig reduzierten Allgemeinzustand, starkem Fettschwund, Hungerödemen usw.« Bei einem anderen Kommando waren von 140 Gefangenen 66 ebenfalls wegen dieser Beschwerden untauglich. Die Rationen hatten zwar den vorgeschriebenen Sätzen entsprochen, aber die Arbeit war für diese Zuteilungen zu schwer. Diese Verhältnisse herrschten 1943 bei einem Großteil der sowjetischen Gefangenen im Südwesten vor[110]. Der Kommandeur der Kriegsgefangenen für Baden und Württemberg zog deshalb in einem Brief an das Landeswirtschaftsamt die Schlußfolgerung:

> »Es ist wirtschaftliche Unvernuft, sowjetische Kriegsgefangene zu Schwerarbeiten einzusetzen, zu denen sie bei ihren normalen Verpflegungssätzen das notwendige Leistungsvermögen nicht aufbringen, dabei langsam körperlich verfallen und am Ende aus dem Arbeitsprozeß zurückgezogen werden müssen, um Reviere und Lazarette zu bevölkern. Wo bei dieser Sachlage die Firmen nicht imstande sind, den sowjet. kgf. [kriegsgefangenen, R.P.] Schwerarbeitern aus eigenem Ernährungszulagen zu verschaffen, sind sie vor die Alternative zu stellen, entweder diesen Kgf. leichtere Arbeiten zuzuweisen oder sie für eine andere Verwendung, besonders in der Landwirtschaft, freizugeben. Jeder herabgewirtschaftete oder ausgewirtschaftete sowjet. Kgf. ist heute ein unersetzlicher Verlust für die deutsche Kriegswirtschaft[111].«

Der General brachte damit die Sache auf den Punkt: Wenn die Wirtschaft von den sowjetischen Beschäftigten profitieren wollte, hatte sie die auf ideologischen Gesichtspunkten basierenden Essensrationen beiseite zu schieben und selbst für eine zusätzliche Ernährung zu sorgen. Daß dies möglich war, hatte sich schon im Februar 1942 erwiesen, als der für die russischen Gefangenen in Mannheim zuständige Kommandeur dem Landesernährungsamt die Genehmigung höherer Sätze abrang, da »nur mit dieser zusätzlichen Menge erreicht werden kann, daß die russischen Kriegsgefangenen für die Industrie einsatzfähig werden«[112]. Ein großer Teil der Unternehmen machte sich diese Ansicht zu eigen und versorgte seine ausländischen Beschäftigten mit eigenen Zuteilungen. So berichtete die Firma Schnellpresse AG Heidelberg von zusätzlichen Rationen an Kartoffelgerichten, »um eine einigermaßen gute Arbeitsleistung herauszubringen.« Das dazu notwendige Kartoffelmehl wurde allerdings vom Ernährungsamt der Stadt verweigert[113]. Das Rüstungskommando Mannheim schildert die Erfahrungen der Firma:

> »Zunächst hatte die Betriebsführung dieses Werkes über den Gesundheitszustand der Russen sehr zu klagen, weil sie die nach sieben Monaten zum ersten Mal wieder erhaltenen warmen Speisen zu gierig aßen und dadurch nicht verdauen konnten. Es waren dauernd Ausfälle zu verzeichnen [...] Seitdem die Kriegsgefangenen gelernt haben, wieder zu essen, ist der Übelstand behoben[114].«

Unternehmen der Mannheimer Großindustrie bauten eigene Gemüsegärten an oder besorgten sich auf eine andere Art und Weise Lebensmittel, um die offiziellen Zuteilungen

---

[110] GLA, 237/28838, Runderlaß LWA, 8.2.1943.

[111] Ebd.

[112] SA Mannheim, EWA 487/9, EWA Aktennotiz 4.3.1942.

[113] SA Heidelberg, AA 439/7, 5.2.1943f.

[114] BA-MA, RW 21–44/4, Kriegstagebuch Rüko Mannheim, 1. bis 7. Juni 1942, Anlage 3.

zu verbessern. Das Rüstungskommando förderte diese Maßnahme mit Rundschreiben, die zudem dem Erfahrungsaustausch unter den Betrieben zugute kommen sollten. Auch die vom Wachpersonal begangenen Diebstähle an Lebensmitteln, die den Zwangsarbeitern zustanden, wurden von den Betrieben ab Anfang 1943 konsequenter verfolgt[115].
Neben diesen eigenen Anstrengungen versuchten Firmen, über politischen Druck zu besseren Zuteilungen für die Ausländer zu kommen. Nachdem zivile Zwangsarbeiter aus der Sowjetunion ab Frühjahr 1942 an den Werkbänken standen, hagelte es bis Kriegsende Beschwerden über die Ernährungszuteilungen aus allen Teilen des badischen Raumes. Karlsruher Unternehmer etwa beklagten sich gegenüber dem Arbeitsamt über die unzureichenden Zuteilungen. Insbesondere bei Betrieben mit längerer Arbeitszeit verursache das ungenügende Essen einen Rückgang der Arbeitsleistung. In Mannheim fragten Betriebe wie Lanz an, ab wann die Russen die gleiche Zuteilung erhalten sollten wie die deutsche Gefolgschaft. Und auch Behörden wie die Rüstungsinspektion und selbst Parteiorganisationen wie die DAF forderten höhere Zuteilungen[116].
Auch die Qualität der Ernährung war ein ständiges Ärgernis. Für die sowjetischen Beschäftigten gab es Freibankfleisch sowie das sogenannte »Russenbrot« zu essen, das zu 28 Prozent aus Zuckerrübenschnitzeln bestand. Beide »Nahrungsmittel« führten vor allem in Mannheim immer wieder zu Erkrankungen und daraufhin zu Beschwerden von Unternehmen[117]. Die Abgabe von Fuchsfleisch scheiterte 1944/45 daran, daß die Knappheit an Futtermitteln die beiden südbadischen Fuchsfirmen dazu zwang, das Fleisch an Hühner zu verfüttern[118].
Nicht alle Firmen bemühten sich trotz ihres Eigeninteresses darum, die Verpflegung der Zwangsarbeiter zu verbessern und damit die »Untermenschen-Ideologie« zurückzudrängen. In einigen hatte sich der Rassismus breit gemacht. In anderen wiederum verfolgte die Firma zwar offiziell die Absicht, die Männer und Frauen aus der Sowjetunion besser zu versorgen, doch Wachleute stahlen die Nahrungsmittel. Bei einer Besprechung im Mannheimer Arbeitsamt mit Behörden, der IHK und der Firma Bopp und Reuther hieß es deshalb im Juli 1942: Die Ernährung der russischen Arbeitskräfte sei in den verschiedenen Firmen »außerordentlich unterschiedlich«[119].
Es ist nicht bekannt, wieviele Ostarbeiter dem Hunger in badischen Firmen zum Opfer fielen. Ein Beispiel ist die Mannheimer Firma »Schiffs- und Maschinenbau«, in der russische Frauen und Kinder verhungerten. Russische Zwangsarbeiterinnen erhielten bei Bopp und Reuther Heringsköpfe zum Mittagessen, bei Daimler-Benz Mannheim waren die Mahlzeiten mit sandigen und halbgaren Karoffelschalen durchsetzt. Bei der Alumi-

---

115 BA-MA, RW 21—44/4, KTB Rüko Mannheim, 2. Q. 1942, S. 79f.; GLA, 465a/56/2/2268 (Motorenwerke Mannheim); 465d/812, Amtf. Volksgesundheit, 18.1.1943.

116 GLA, 460/320, AA Karlsruhe, Aktennotizen 5.5.1942 und 18.11.1943; SA Mannheim, EWA 488, 2.9.1942; EWA 521, 10.2.1945; BA, NS 5 I/58, DAF Freiburg, Berichte 29.10. 1942, Februar und Mai 1944; BA-MA, RW 20—5/56, Besprechung der RüIn OR, 19.4.1944

117 Vorgang in: Stadtarchiv (SA) Mannheim, EWA 488; vgl. Streit, Sowjet. Kriegsgefangene, S. 189.

118 StA Freiburg, LA Neustadt, Zug. 1979/85—100, Ministerium des Inneren an den Landrat, 5.11.1943 und 18.11.1944

119 SA Mannheim, EWA 228, Notiz 16.7.1942.

niumfirma Rheinfelden in Südbaden müssen die Zuteilungen so gering gewesen sein, daß Gerüchte entstanden, unter den russischen Gefangenen herrsche Kannibalismus. In vielen Firmen wurde beobachtet, daß sich Zwangsarbeiter an Mülltonnen zu schaffen machten, um nach Eßbarem zu suchen, oder sogar Gras aßen. Der nach Offenburg verschleppte Holländer A. van Buiten, der in der Firma Stahlbau Müller arbeiten mußte, schildert die Essenszuteilung für Russen als »Kessel mit heißem Wasser [...] Darin schwammen hier und da eine Kartoffel und ein Kohlblatt. Das war alles, und dafür mußten sie die schwerste Arbeit verrichten[120].« Auch die polnischen Zwangsarbeiter und ab Herbst 1943 die italienischen Militärinternierten waren nicht viel besser dran. In Mannheim berichtete im März 1944 der Kommandeur eines Lagers für 2800 Italiener, daß deren

»Gesundheitszustand und die körperliche Verfassung derart seien, daß die Kriegsgefangenen in der Regel Erkrankungen wie Lungenentzündung u. dergleichen nicht überstehen und daß in solchen Fällen schon nach wenigen Stunden der Tod eintrete[121].«

Daß sich die Ernährungslage bei einem Großteil der Osteuropäer nicht besserte, zeigte sich auch daran, daß viele von ihnen in der zweiten Hälfte des Krieges gezwungen waren, vor Bäckereien und Metzgereien zu betteln. Diese Erscheinung nahm Mitte 1944 in Baden so große Ausmaße an, daß Gauleiter Wagner die Mitglieder der NSDAP in Versammlungen darauf hinweisen ließ, daß die Ausländer und Kriegsgefangenen

»gut und ausreichend verpflegt (sind), sodaß Lebensmittelgeschenke an sie eine Schädigung unseres Volkes bedeuten. [...] Der Bettelei Fremdvölkischer oder Kriegsgefangener muß entschieden entgegengetreten werden[122].«

Die sogenannte »Leistungsernährung« versuchte schließlich, die Kriterien »Effizienz« und »Ideologie« miteinander zu verbinden. Zurückgehende Arbeitsergebnisse wurden mit einer reduzierten Zuteilung von Nahrungsmitteln beantwortet, wozu das Arbeitsamt Karlsruhe im Mai 1943 und auch die Rüstungskommission Oberrhein im Februar 1944 aufforderten. Allerdings war diese Methode zweischneidig, da zum einen bei dem geringen Niveau der Zuteilungen einer Reduzierung sofort ein Rückgang der Arbeitsergebnisse folgte. Zum zweiten mußte eine Solidarisierung der Zwangsarbeiter untereinander befürchtet werden. So scheiterte die Einführung der Leistungsernährung für indische Gefangene bei der Emmendinger Firma Ramie daran, daß die Männer eine Brotzulage mit der Bemerkung ablehnten: alle oder keiner. Der Mannheimer Kommandeur der dortigen polnischen Gefangenen wurde mit ähnlichen Erfahrungen zitiert: Eine Kürzung der Rationen sei »ein gefährliches Experiment. Die Polen seien trotzige Menschen und würden die Kürzung sofort mit Minderleistungen beantworten[123].«

---

120 BA-MA, RW 20—5/56, 17.4.1944; GLA, 465a/56/7/697 (Schiffs- und Maschinenbau MA); 465a/S/323 (Bopp und Reuther); 465a/56/2/6894 (Daimler-Benz); Witzig, Alu Wutöschingen; Boll, Sklaverei, S. 65 (Zitat); Josef Werner, Karlsruhe 1945, S. 40.

121 SA Mannheim, EWA 521, 24.3.1944. Die Situation der Polen beschreiben Erinnerungen, die im Daimler-Benz-Buch, S. 525ff., veröffentlicht wurden: Koppenhöffer, KZ-Häftlinge, S. 514—542.

122 BA, NS 5 I/58, Lagebericht der DAF Freiburg vom Februar 1944; NS 5 I/60, Kreisanordnungen 18/44, 10.8.1944; StA Freiburg, NS 64, 4.5.1944 (Zitat); Koppenhöfer, KZ-Häftlinge, S. 520f., zitiert Berichte von Zeitzeugen über die im Lager Mannheim-Sandhofen untergebrachten Italiener.

123 GLA, 460/321, AA Karlsruhe, Sitzungsprotokoll, 3.5.1943; 237/24379, Sitzung der Kommission am 3.2.1944; BA, NS 5I/58, Bericht DAF Freiburg 24.3.1944; SA Mannheim, EWA 521, 27. März 1944.

Ein bedeutender Teil der Mannheimer Industrie verwahrte sich aus diesen Gründen im März 1944 gegen den Versuch des städtischen Ernährungsamtes, die Schwer- und Langarbeiterzulagen für Italiener, Polen und Russen zu streichen. Nach mehreren Interventionen wurden die Zulagen wieder eingeführt[124]. Diese negativen Beurteilungen hinderte die Organisation Todt allerdings in Mannheim Anfang 1945 nicht daran, die Essensausgabe verstärkt als Disziplinierungsmittel einzusetzen. In einer Besprechung forderte ihr Vertreter, die Abgabe von Lebensmitteln mit der Arbeit bei den Aufräumarbeiten in der Stadt zu verbinden und sie bei Bummelei einzustellen. Schließlich wurde beschlossen, die Essensbons abends auf der Baustelle auszugeben, um diejenigen auszuschließen, die nicht gearbeitet hatten[125].

So blieb der Gegensatz zwischen Ideologie und Effizienz in der Ernährungsfrage bis Kriegsende erhalten. Wenn sich die einzelnen Unternehmen dafür entschieden, die ideologischen Vorurteile außer acht zu lassen und die Zwangsarbeiter ausreichend zu ernähren, war ihnen dies ohne Probleme möglich. Das Leben der Ausländer hing deshalb entscheidend davon ab, welchem Betrieb sie zugeteilt worden waren. Auch das Verhalten der deutschen Kollegen spielte eine große Rolle. Aus allen Teilen des Landes liegen Berichte vor, wonach Einheimische hungernde Menschen aus der Sowjetunion und Polen, aber auch aus Italien, mit Nahrungsmittel unterstützten[126]. Da die Hilfe als »unerlaubter Verkehr« mit Ausländern interpretiert wurde, mußte sie heimlich geschehen, zumal sie auch von den Geschäftsleitungen großer Unternehmen wie Bopp und Reuther verboten worden war[127]. Die meisten der Beschäftigten verhielten sich allerdings teilnahmslos[128].

c) Die »leistungsfördernde« Unterbringung

Zwei Treffen von Mannheimer Unternehmern mit Vertretern der Wirtschaftsverwaltung und der Partei verdeutlichten im Juli 1942, wieviel davon abhing, die Ausländer so gut unterzubringen, daß sie in den Unterkünften »ihre Heimat« sahen, wie es der Chef des Mannheimer Arbeitsamtes ausdrückte: »Nur so besteht die Möglichkeit, in den Leuten Interesse an ihrem Arbeitsplatz zu erwecken und dadurch höchstmögliche Leistung zu erreichen[129].«

Auch die Unterbringung der Ausländer war wie jeder andere Bereich abhängig von ihrer Nationalität sowie von ihrem Status als Kriegsgefangene oder »zivile« Beschäftigte. Westeuropäer konnten in Privatquartieren unterkommen, wenn es keine andere Möglichkeit

---

124 Vorgang in: SA Mannheim, EWA 521.

125 StA Freiburg, NS 64, Rundschreiben Wagner 4.5.1944; SA Mannheim, EWA, Zug. 1958, 288, 26.1.1945; GLA, 465c/25, 15.2.1945.

126 GLA, 357/30614, LA Karlsruhe, 22.4.1940, Bericht aus Weingarten; SA Mannheim, EWA 487, 25.6.1942; Boll, Sklaverei, zu Offenburg, S. 65; Witzig, Alu Rheinfelden; Koppenhöfer zu Daimler-Benz, S. 521 und 526.

127 GLA, 465d/1264, NS-Gaudienst 21.8.1940, »Zehn Gebote im Umgang mit Kriegsgefangenen«; 465a/S/323, Zeugenvernehmung im Sprachkammerverfahren Fritz Reuther, 12.11.1947.

128 Vgl. Werner, Bleib übrig!, S. 294f.

129 BA-MA, RW 21—44/4, KTB Rüko Mannheim, S. 77, 3. Q. 1942, Besprechung am 13.7.1942 (Zitat); SA Mannheim, EWA 228, Besprechung am 9.7.1942.

gab. Kriegsgefangene sollten von vornherein nur in Kolonnen eingesetzt und auch zusammen in Lagern untergebracht werden, was aber gerade in der badischen Landwirtschaft scheiterte[130]. Die Unterbringung ziviler polnischer Zwangsarbeiter erfolgte ebenso in »geschlossenen Sammelstätten«, also in Lagern, wie die der sowjetischen[131].

In Baden entstanden schnell Barackensiedlungen, in denen größere Unternehmen ihre Zwangsarbeiter unterbrachten, wie etwa schon im Juli 1940 bei der Waldshuter Chemiefirma Lonza für 200 Kriegsgefangene[132]. Mit der Ankunft der russischen Kriegsgefangenen und zivilen Zwangsarbeiter wurde die Unterkunftsfrage prekär. In Mannheim waren schon in der ersten Jahreshälfte 1942 kaum mehr geeignete Räumlichkeiten aufzutreiben. Obwohl die Firmen die Holzbaracken durchaus selbst als »ausgesprochene Provisorien« verstanden, gingen jetzt immer mehr Unternehmen dazu über, Lager zu errichten. Höhere Investitionen waren angesichts des Arbeitskräftemangels dabei kein Problem: Daimler-Benz Gaggenau etwa gab 1942 rund 450000 RM dafür aus[133]. Versuche in den kleineren Zentren, mit bestehenden Einrichtungen auszukommen, in Freiburg zum Beispiel mit Jugendherbergen, scheiterten bald entweder an den mangelnden hygienischen Voraussetzungen, oder sie erwiesen sich angesichts der großen Zahl der verschleppten Menschen als zu klein. Bis Dezember 1942 entstanden deshalb auch in Städten wie Heidelberg und Freiburg Barackenlager[134]. Ihre Träger waren entweder Stadtverwaltungen, größere Firmen oder auch sogenannte Arbeitsgemeinschaften mittelständischer Betriebe. Die Kostenbeteiligung von zum Beispiel in Pforzheim 300 Mark pro Kopf machte es auch kleineren Unternehmen möglich, sich zu beteiligen[135].

Die Heidelberger Stadtverwaltung, die die lokale Wirtschaft seit Jahren zu fördern suchte, ging bei dieser Unterstützung der Betriebe besonders weit. Im Februar 1942 wandte sich die Schnellpressenfabrik als erste Firma, der mehrere andere folgten, an die Stadtverwaltung mit der Bitte, ihr bei der Unterbringung russischer Gefangener behilflich zu sein. Eine Besprechung beim Arbeitsamt im Juni 1942 brachte zutage, daß die Zuweisung ausländischer Beschäftigter an Heidelberger Betriebe bis dahin kaum angelaufen war, da

---

130 Roland Peter, Ausländische Zwangsarbeiter im Baden des Zweiten Weltkrieges, in: Otto Borst (Hg.), Minderheiten in der südwestdeutschen Geschichte, Stuttgart, (Stuttgarter Symposion, Bd 3), Erscheinungsdatum noch nicht bekannt.

131 Bestimmungen in: StA Freiburg, LA Müllheim 236, Runderlaß Gestapo Karlsruhe, 10.3.1941 (Westeuropäer); »Vorwärts und nicht vergessen«, S. 512, Merkblatt Juli 1940; StA Freiburg, LA Lahr 293, Runderlaß RFSS, 10.9.1943, (Polen); LKK 1313, Erlaß des MdI, 17.11.1939 und Min.blatt für d. inn. bad. Verw., 30.8.1940, Nr. 37, Einsatz von Kriegsgefangenen; LA Rastatt, 225, Landratsamt an Daimler-Benz Gaggenau, 27.5.1942 (Ostarbeiter).

132 StA Freiburg, GAA 839, Bericht zu Lonza, 11.7.1940; GLA, 460/313, AA Karlsruhe an LAA, 17.4.1942.

133 BA-MA, RW 21—44/3, Kriegstagebuch Rüko Mannheim, 2. Q. 1941, S. 79; StA Freiburg, GAA 472, Laufenburger Schraubenfabrik, 25.11.1941; DBA, Werk Mannheim 27/1, 16.4.1942; Vorstandsprotokolle I/15, 3.6.1942; StA Freiburg, LA Rastatt 225, 16.6.1942.

134 StA Freiburg, LKK 1313, 31.5.1940 und 18.6.1940; SA Freiburg, D.Qua. 68, 25.4.1942 und 25.6.1942; SA Heidelberg, 199p/2, 18.6.1942 und 13.1.1943; AA 439/7, Ausländerlager des Kreises Heidelberg; BA, NS 5I/58, 29.12.1942, DAF Freiburg.

135 GLA, 237/28813, 30.11.1942. Ein Beispiel für einen Lagervertrag in Rheinfelden für fünf Unternehmen in: WSA Stuttgart, IHK Schopf. 12, 16.10.1942.

Möglichkeiten zur Unterbringung fehlten. Nachdem die Stadtverwaltung ausdrücklich bekundet hatte, »unter allen Umständen« müsse vermieden werden, daß der Einsatz ausländischer Beschäftigter in Heidelberg scheitere, wurde sie »in den Mittelpunkt des Arbeitseinsatzes gerückt«, wie es in einem Papier des Amtes für Wirtschaftsförderung heißt. Bis 1944 kaufte die Stadt Heidelberg fünf Baracken und vermietete sie an die Firmen. Die dabei entstandenen Kosten von rund 90000 Mark wurden bis 1944 weitgehend aus Mieteinnahmen und Überschüssen aus der Essensabgabe erwirtschaftet[136].

Der weitaus größte Teil der in der badischen Wirtschaft schuftenden Zwangsarbeiter lebte in solchen Barackenlagern aus Holzhäusern. Nach den Bestimmungen des Reichsministeriums für Bewaffnung und Munition sollten in einem Raum von 6 auf 8 Metern 18 Ostarbeiter oder 12 Ostarbeiterinnen oder 36 russische Kriegsgefangene untergebracht werden[137]. Im letzteren Falle blieben einem Menschen gerade 1,3 Quadratmeter, im ersteren doppelt soviel. Daß bei einer solchen Enge schnell Krankheiten entstanden, selbst wenn der größte Wert auf Reinlichkeit gelegt wurde, lag auf der Hand. Die Hygiene wurde aber häufig vernachlässigt: Lagerleitungen sorgten nicht für eine ausreichende Versorgung mit Waschmitteln oder wechselten die als Decken dienenden Strohsäcke nicht aus. Allerdings war die Situation unterschiedlich, da etwa in Mannheim die DAF ausdrücklich dafür verantwortlich gemacht wurde, für ausreichende hygienische Einrichtungen vor allem zum Waschen der Wäsche zu sorgen, um die Fleckfiebergefahr zu bannen. In den Lagern der Großstadt scheint das Problem auch adäquat bekämpft worden zu sein, da sich die Quellen zumindest in dieser Hinsicht nicht negativ äußern[138].

Die aus den Gefangenenlagern eingeschleppten Krankheiten vergrößerten die Schwierigkeiten noch. Entlausungsanlagen sollten die Entstehung von Seuchen verhindern, doch es fehlte an den erforderlichen Baracken, später auch an den notwendigen sanitären Anlagen. Obwohl das zuständige Karlsruher Innenministerium bereits im Januar 1941 angeordnet hatte, daß die Unterkünfte der Kriegsgefangenen Bade- und Duschvorrichtungen »wenn auch in einfachster Art« enthalten mußten, gelang es nie, das Problem zu lösen. Schon einen Monat später machte der Sanitätsoffizier beim Kommandeur der Kriegsgefangenen im Wehrkreis V darauf aufmerksam, daß die Verlausung der in badischen Arbeitskommandos eingesetzten Gefangenen »bedenklich fortschreite«[139]. Der Einsatz sowjetischer Beschäftigter zog den Aufbau neuer Barackenlager nach sich und verschärfte die Lage. Das Innenministerium verlangte deshalb im Juli 1942 für jeden Landkreis die Errichtung einer Entlausungsanlage »ohne Rücksicht auf die Kosten«, da die vorhandenen Einrichtungen nicht ausreichten. Dazu fehlte aber das Material, und noch im

---

[136] SA Heidelberg, 199p/2, Berichte des städtischen Amtes für Wirtschaftsförderung, 13.1.1943 (Zitate) und 11.10.1944.

[137] BA-MA, RW 20—5/23, Bericht der Abteilung Ib der Rükom, 19.12.1942.

[138] SA Heidelberg, 199p/4, 28.8.1944; GLA, 460/320, Gesundheitsamt Karlsruhe an Arbeitsamt, 7.5.1942, zu Zuständen bei der Herdfabrik Axtmann in Ettlingen und bei Neff in Bretten, die dann beseitigt wurden; Boll, Sklaverei, S. 59, 67.

[139] BA-MA, RW 20—5/23, 19.11.1942, Wochenbericht; StA Freiburg, LKK 1313, Erlaß des MdI, 7.1.1941; Runderlaß des Kommandeurs der Kriegsgefangenen, 11.2.1941.

Juli 1944 beschwerte sich das Amt für Volksgesundheit über die »außerordentlich geringen« Entlausungsmöglichkeiten im Gau Baden-Elsaß[140].

So blieben die Erlasse des Innenministeriums immer wieder Makulatur. Die tiefere Ursache dieser organisatorischen Probleme lag darin, daß die Deportation ausländischer Zwangsarbeiter ins Reich zumindest in Baden auf völlig ungenügende Vorbereitungen traf. Immer wieder erstellten Firmen und kommunale Verwaltungen Barackenlager unter dem Druck, den Arbeitseinsatz ausländischer Beschäftigter beschleunigen zu müssen, ohne ausreichende sanitäre Anlagen gewährleisten zu können. Eine Rolle spielte aber auch die Ideologie des »Untermenschentums«, die Menschen aus Osteuropa einen ausreichenden Schutz versagte.

Ein Beispiel ist das Schluchseewerk. Im Dezember 1941 stellte die Bauaufsicht des Gewerbeaufsichtsamtes fest, daß 170 größtenteils tuberkolosekranke sowjetische Kriegsgefangene in einer Baracke untergebracht wurden, wobei auf jeden Mann 0,8 Quadratmeter kamen. Der Beamte befürchtete, daß »über kurz oder lang« Seuchen ausbrechen könnten. Im Jahr darauf traf ein Mitarbeiter des Waldshuter Gesundheitsamtes im Werk Baracken einer Baufirma an, die teilweise mit doppelt sovielen ausländischen Beschäftigten belegt waren wie erlaubt. Alle hatten unter Ungeziefer zu leiden. Ein Bach wurde als Latrine benutzt, für 102 Arbeitskräfte waren drei Aborte vorhanden. Der Waldshuter Landrat erließ nach diesem Bericht eine Auflage an das Unternehmen, diese Zustände zu beseitigen. Von einem Entzug der Beschäftigten oder gar der Stornierung des Auftrages für die Firma war jedoch keine Rede. Trotz der fast 1200 ausländischen Beschäftigten gab es bis Ende 1942 noch keine Entlausungsanlage. Bis Mitte 1944 wurde keine Trinkwasserleitung in die sechs Lager des Werkes gelegt. Das Wasser kam aus einer provisorischen Quelle, das das Wasserwirtschaftsamt nur abgekocht zum Trinken zuließ[141].

Auch von den Kommunen angelegte Lager wiesen im sanitären Bereich Mängel auf. So mußten russische Zwangsarbeiter in der Heidelberger Unterkunft über ein Jahr lang bis Februar 1943 ohne eigenen Wasseranschluß auskommen. Im August 1944 waren die Baracken vollkommen mit Flöhen durchsetzt, da die Wasserleitung des Lagers nicht mehr funktionierte und der Inhalt der Strohsäcke lange nicht mehr ausgetauscht worden war[142].

Daß bei diesen Bedingungen Anlaß zur Sorge bestand, zeigt ein Vorfall Anfang 1942 in Furtwangen, als die Behörden das dortige Ostarbeiterlager wegen Typhus sperren mußten. 53 »Ausfälle«, womit in der Regel Todesfälle gemeint waren, wurden notiert. Die Zahl der insgesamt an Krankheiten Gestorbenen ist nicht bekannt. Daß es trotz oft unzureichender Bedingungen in Baden zu keinen größeren Epidemien kam, war nur ein Zufall, zumal immer wieder Typhusfälle auftraten[143]. Davon, daß den ausländischen Zwangsar-

---

[140] StA Freiburg, LA Villingen 1000, Erlaß des MdI, 10.7.1942; GLA, 465d/812, AfVG-Bericht, 24.7.1944.

[141] StA Freiburg, GAA Karlsruhe 1613, 17.12.1941, 17.9.1942; Ges.Amt Waldshut, Zug. 1982/12, 267, 29.8.1942; dass. Zug. 1982/1, P 18/266, gesamter Vorgang.

[142] SA Heidelberg, 199p/, 4.2.1943; 199p/4, 28.8. 1944ff. Ein weiteres Beispiel aus Freiburg: SA Freiburg, C 4 XII 10/1, 4.8.1942.

[143] BA-MA, RW 20–5/28, Wochenbericht des Rüko Freiburg, 15. bis 21. November 1942; GLA, 465d/812, Tätigkeitsbericht des Gauamtes für Volksgesundheit, II/44, 24.7.1944.

beitern in ihren Baracken eine »Heimat« geschaffen worden wäre, kann keinesfalls die Rede sein. Allenfalls gelang es einem Teil der Unternehmen, in den ihren Betrieben angeschlossenen Lagern einigermaßen ausreichende Bedingungen zu schaffen, um die Ansteckungsgefahr für die deutschen Beschäftigten zu verringern. Wo diese Interessen nicht zählten, hatte die Ideologie Vorrang — mit dem entsprechenden grausamen Schicksal ausländischer Männer und Frauen. Gemeint ist der 1944 beginnende Einsatz von Zwangsarbeitern bei der Verlagerung von Produktionsstätten unter Tage[144].

d) »Schärfer, also nicht zu weich anfassen«: Die Leistung der ausländischen Beschäftigten

Rein quantitativ gelang es der NS-Diktatur, mit dem Ausländereinsatz einen Großteil deutscher Beschäftigter zu ersetzen. In einer hochmodernen Industrielandschaft mußte die Frage aber lauten, ob die Arbeitsergebnisse den qualitativen Erfordernissen entsprachen. Die Antwort darauf hing davon ab, inwiefern Ausbildung und Leistung der ausländischen Männer und Frauen dem Niveau der deutschen Arbeitskräfte angepaßt werden konnten. Die Ausgangspositionen der Zwangsarbeiter aus den verschiedenen Herkunftsländern waren dabei denkbar unterschiedlich: Die Facharbeiter rekrutierten sich in erster Linie aus den Reihen der Franzosen, während die Ostarbeiter angelernt werden mußten. Die gute Qualifikation der Franzosen wird in den Quellen immer wieder hervorgehoben, beispielsweise von den Deutschen Waffen- und Munitionsfabriken in Karlsruhe[145]. Dagegen stammten die Ostarbeiter überwiegend aus landwirtschaftlichen Gebieten, die Zahl der Fachkräfte unter ihnen war, so das Karlsruher Arbeitsamt 1942, »verschwindend gering«. Hinzu kam noch, daß die ausgebildeten russischen Beschäftigten bereits in den Durchgangslagern Heilbronn und Bietigheim ausgesiebt worden waren — zum Verdruß der für die Wirtschaft zuständigen Institutionen, für die das Villinger Rüstungskommando den Lehrsatz formulierte: »Ein gesunder Fach- oder angelernter Arbeiter gilt mehr als 20 solcher ›Hilfskräfte‹.« Über die Qualifikationen der übrigen ausländischen Beschäftigten sagen die Quellen nichts aus. Allerdings schilderte ein in Offenburg eingesetzter Holländer, daß auch er nicht in seinem erlernten Beruf arbeitete — seine eventuell vorhandene Qualifikation also erst gar nicht anbringen konnte[146].

Der Einsatz der ausländischen und zumal der russischen Zwangsarbeiter in der badischen Industrie hätte sich bei diesem Leistungsstand nur wenig ausgezahlt[147], da sie wegen der mangelnden Qualifikation, aber auch wegen der unzureichenden Ernährung zunächst besonders unproduktiv arbeiteten. Andererseits bildeten sie für Unternehmen und Wirtschaftsverwaltung eines der wenigen Reservoirs, die deutsche Beschäftigte noch

---

[144] Siehe Kapitel III,9.

[145] GLA, 460/313, 11.3.1943; 237/28847, 9.8.1941, Aktennotiz des LWA zu den franz. Kriegsgefangenen; 237/28821, LWA-Lagebericht 6. Mai 1942; BA-MA, RW 21—44/5, S. 36, KTB Mannheim, 1. O. 1943.

[146] GLA, 460/313, AA Karlsruhe an Polizeipräsident, 17.8.1942; 460/320, dass., Aktennotiz 1.10.1942 (Zitat 1); BA-MA, RW 21—21/3, S. 53, KTB Rüko Villingen, 22.8.1942 (Zitat 2); Boll, Sklaverei, S. 62ff.

[147] Vgl. Herbert, Fremdarbeiter, S. 273.

ersetzen konnten. Der für Südwestdeutschland zuständige Reichstreuhänder der Arbeit, Wilhelm Kimmich, machte in einem Vortrag vor den Chefs der Unternehmen am Bodensee im November 1942 die Situation klar: »Es kommt darauf an, daß diese Hilfsarbeiter eine hohe Leistung erzielen[148].« Die Unternehmen schritten deshalb zu drei Maßnahmen: der innerbetrieblichen Ausbildung, der Bezahlung nach Akkord sowie der Einführung neuer Arbeitssysteme.

Südwestdeutsche Betriebe begannen frühzeitig mit Maßnahmen zur Umschulung und Weiterbildung ausländischer Beschäftigter, zumal sie auf diesem Gebiet im Reich führend waren[149]. Schon im ersten Quartal 1942 stellten die Ausländer im Südwesten mit 28,8 Prozent noch etwa jeden vierten, im zweiten Vierteljahr mit 50,5 Prozent aber schon jeden zweiten der Männer und Frauen, die in den Betrieben zum Metallarbeiter weitergebildet wurden[150].

Die innerbetriebliche Ausbildung der Zwangsarbeiter führte zu überraschenden Erfolgen, die an den Qualifikationsstrukturen von Brown, Boveri und Cie. sowie den Daimler-Benz-Werken Mannheim und Gaggenau ablesbar sind (Tabelle 29). Daten anderer Unternehmen stehen nicht zu Verfügung, eindeutige Tendenzen lassen sich aber erkennen. Beim BBC-Werk Mannheim-Käfertal hatten im Herbst 1944 zwar nur rund zehn Prozent der ausländischen Zwangsarbeiter eine Ausbildung als Facharbeiter, bei den deutschen Arbeitskräften trotz der zahlreichen Einziehungen immerhin noch 26 Prozent. Im Mannheimer Werk des Daimler-Benz-Konzerns gehörte aber Ende 1942, also schon nach der ersten großen Deportationswelle sowjetischer Männer und Frauen, jeder dritte

Tabelle 29

Die Qualifikationsstruktur der ausländischen Beschäftigten in drei badischen Großbetrieben in Prozent

	31.12.1942		31.12.1943		31.12.1944	
	Fach.	Angel.	Fach.	Angel.	Fach.	Angel.
BBC: Ausländische Beschäftigte			10,4	57,7	9,1	48,5
BBC: deutsche Arbeitskräfte					26,4	20,5
Daimler Benz Mannheim	32,0	48,4	14,8	54,6		
Daimler Benz Gaggenau	8,7	56,0	13,2	70,0		

NA, EAP 66-b/3, Unternehmensbericht BBC zur Beschäftigung; DBA, DBAG 123, »Mercedes-Stern und Fremdarbeiter«, Verf. H. Zapf. BBC-Angaben für deutsche Beschäftigte vom 31.8.1944. BBC = Werk Mannheim-Käfertal.

148 WSA Stgt., IHK Konstanz o.N. (Einladungen), 16.11.1942.

149 Siehe Kapitel IV, 2.b.

150 BA, R 89/28, Der Arbeitseinsatz im Deutsche Reich, Jg. 1942, Nr. 8/9, S. 14 und Nr 14/15, S. 27. Die Anteile auf Reichsgebiet lagen ähnlich bei 30,5 Prozent im ersten und 48,6 im zweiten Quartal.

ausländische Beschäftigte zu den Fachkräften, und noch Ende 1943 wiesen die Konzernfabriken in Mannheim und Gaggenau höhere Anteile als BBC auf[151]. Die Anteile der Angelernten unter den Ausländern lagen sogar noch wesentlich höher. Bei BBC und bei Daimler-Benz Mannheim waren 50 Prozent von ihnen angelernt worden, bei Daimler-Benz Gaggenau sogar 70 Prozent, während in der gesamten badischen Rüstungsindustrie gerade ein Drittel aller Beschäftigten zu den Angelernten zählte[152]. Mit diesen Ergebnissen ist bei diesen drei Fabriken, die zu den größten der badischen Industrie gehörten, neben der quantitativen auch eine gewisse qualitative Abhängigkeit von den Ausländern nachweisbar.

Das Anlern-System hatte allerdings mit mehreren Schwierigkeiten fertigzuwerden. Es geriet in Gefahr, wenn die Zahl der deutschen Fachkräfte unter ein bestimmtes Minimum gesunken war und es somit an Anlernpersonen fehlte. Des weiteren ließ sich das System der Akkordarbeit nicht in jedem Zweig der Kriegswirtschaft anwenden, die Produktivität der Zwangsarbeiter konnte also nicht immer optimal ausgenutzt werden. Solche Branchen beschäftigten aber in Baden einen besonders hohen Anteil an Ausländern unter ihren Mitarbeitern. In der chemischen Industrie des Oberrheins erreichte er schon im Mai 1942, also noch vor dem Hauptanstieg durch sowjetische Zwangsarbeiter, 45 Prozent[153]. Als weiterer negativer Faktor ließ sich die Vielzahl der eingesetzten Nationen und der damit notwendigen Sprachkenntnisse im gleichen Betrieb nicht ausgleichen. In der oberrheinischen Chemiewirtschaft etwa arbeiteten 1942 Beschäftigte aus zwölf Nationen; die Behörden beschrieben die Zusammenarbeit dementsprechend als »katastrophal«[154].

Daß die Arbeitsleistung ausländischer Zwangsarbeiter durch die Anlernung erheblich verbessert wurde, zeigt eine Untersuchung über das Leistungsvermögen der Ausländer bei BBC-Mannheim und Eberbach vom Dezember 1944. 88 Prozent der Ausländer wurden mit »gut« oder »sehr gut« eingestuft, nur 7,5 Prozent als »minderleistend«. Zusammen mit den Angaben über die hohen Anteile angelernter ausländischer Zwangsarbeiter bestätigt sich somit, daß Aussagen über die mangelnde Produktivität der Ausländer[155] differenziert werden müssen. Je länger die Zwangsarbeiter in einem deutschen Unternehmen beschäftigt waren, umso weniger kann von einer solchen Prämisse ausgegangen werden. Gerade bei den Ostarbeitern machten sich die Erfolge im Arbeitseinsatz rasch bemerkbar. Die Leistungen lagen bereits 1942 im Raum Mannheim bei 60 bis 130 Prozent der deutschen Beschäftigten. Die DWM, die größte badische Rüstungsschmiede, stellte fest, daß die Gesamtleistungen der Ostarbeiter »durchweg die der deutschen in gleichartiger Arbeit beschäftigten Arbeiter übersteigt«[156]. Auch den sowjetischen Kriegsgefangenen

---

151 NA, EAP 66-b/3 Unternehmensbericht BBC zur Beschäftigung; DBA, DBAG 123, »Mercedes-Stern und Fremdarbeiter«.

152 GLA, 237/24352, Allgemeine Übersicht aus der Beschäftigtenmeldung, 1. Halbjahr 1944.

153 BA-MA, RW 21—44/7, S. 19/2, KTB Rüko Mannheim, 4. Q. 1943; GLA, 237/28821, LWA-Lagebericht, 6.5.1942.

154 GLA, 237/28849, Prüf.Kommission 2.4.1942.

155 NA T 84—35, 8.12.1944, BBC Mannheim; Herbst, Der totale Krieg, 123f.; Milward, Arbeitspolitik, S. 82f.

156 BA-MA, RW 21—44/4, S. 78, KTB Rüko Mannheim, 12.—18.7.1942, Anl. 5, Sitzung beim Arbeitsamt; ebd., S. 75/1, 1.—7.6.1942, Anl. 3; GLA, 460/313, Sitzung bei der DWM, 11.3.1943 (Zitat).

wurde Mitte 1942 vom Mannheimer Kommando bescheinigt, trotz »ihrer starken Unterernährung« sehr fleißig zu sein. So kommt dieses Kommando in seinem Bericht für das erste Quartal 1943 zu einem bemerkenswerten Urteil, das die rassistische Behandlung der sowjetischen Zwangsarbeiter zugunsten der ökonomischen Effizienz ablehnt und indirekt die nationalsozialistische Auffassung des russischen »Untermenschen« ad acta legt:

»Im ganzen gesehen hat sich gegenüber der ursprünglichen Auffassung einer rein brutalen Behandlung der Russen, die zwar strenge, aber im Grunde genommen gerechte Behandlung bewährt und man kann sagen, daß die jetzt übliche Methode auf die Dauer bei den Russen höhere Leistungen hervorrufen wird[157].«

Bis in den Herbst 1944 hinein überwogen die guten Leistungen der Sowjetbürger, insbesondere der Frauen, bei weitem. Ihr Krankenstand beispielsweise, dessen Anstieg und Rückgang als Indikator für die Arbeitsmotivation dienen kann, war im Raum Mannheim noch im Juni 1944 »auffallend niedrig«, während der der westlichen Ausländer bereits einen hohen Anstieg zu verzeichnen hatte[158].

Für die Unternehmen begann sich mit diesem Leistungsanstieg der russischen Beschäftigten deren Arbeitseinsatz vermutlich bereits ab Herbst 1942 zu lohnen[159], zumal sie dabei Schutzbestimmungen außer acht lassen konnten, die weiterhin für deutsche Beschäftigte galten. Die Arbeitsämter forderten deshalb die Firmen dazu auf, in den Nachtstunden russische Frauen statt deutscher einzusetzen[160]. Das Gewerbeaufsichtsamt genehmigte im Rahmen des Jägerprogramms 1944 eine Arbeitszeit von 62,75 Wochenstunden für Ostarbeiterinnen statt den für deutsche Frauen geltenden 54; auf Antrag des Aluminiumwerkes Tscheulin in Teningen sogar 72 Stunden[161]. Daimler-Benz Mannheim verlangte im Juli 1944 von den italienischen Militärinternierten eine Arbeitszeit von wochentags 12,5, samstags 9,5 und sonntags 6 Stunden. Abzüglich den Pausen erreichten die meist stark geschwächten Gefangenen damit rund 70 Wochenstunden[162].

Auch die Arbeitsintensität gewann im Verlaufe des Krieges an Schärfe. Auf den Baustellen des Schluchseewerkes oder im Bergbau wurde schon in den ersten Einsatzjahren nur wenig Rücksicht auf die meist fachfremd eingesetzten Zwangsarbeiter genommen, wo-

---

157 BA-MA, RW 21—44/4, S. 36, KTB Rüko Mannheim, 1. Q. 1943, Anlage 10.

158 BA-MA, RW 20—5/31, Rüko Mannheim, 27. 6. 1944 (Zitat); ebd. RüIn OR, 5. 8. 1944; weitere Berichte zu den sowjet. Zwangsarbeitskräften in: WSA Stgt., IHK Kon. o. N. (Einladungen), Vortrag Kimmich, 16. 11. 1942; IHK Schopf. 1390, Vistra und Schappe Spinnerei Zell, 6. 7. 1943; GLA, 460/320, AA Karlsruhe, 5. 5. 1942; BA, NS 5I/58, Lagebericht DAF Freiburg, Juli 1943, Februar 1944; GLA, 237/24381, Wirtschaftskammer Karlsruhe, 25. 1. 1944.

159 Herbert, Fremdarbeiter, läßt diese These erst ab 1943 gelten. Die überaus positiven Quellenaussagen über die Leistungen russischer Zwangsarbeiter lassen sich in Baden aber schon früher nachweisen.

160 StA Freiburg, LA Villingen, Besprechung AA Villingen mit Unternehmern, 4. 3. 1943.

161 BA, NS 5I/60, Rundschreiben Kreisleitung Freiburg, 11. 6. 1942; StA Freiburg, GAA 1189, 22. 5. 1944, GAA an Alu. Wutöschingen; GAA 1203, 3. 3. 1944, Antrag der Alu Tscheulin, Teningen; GAA 1499, Metallwaren Eschle, Furtwangen, Antrag 18. 4. 1944 und weitere im Bestand des GAA.

162 SA Mannheim Zug. -/1954, Stadtwerke Mannheim, Brief der Daimler-Benz Mannheim zur Bereitstellung einer Straßenbahn mit Angaben der Abfahrtszeiten, 8. 7. 1944. (Der Faszikel ist im SA Mannheim nicht mehr auffindbar, der Brief ist aber nachgewiesen in: Schmid, »Ausländische Arbeitskräfte », S. 570; sowie in: Angelika Schmitt, KZ Mannheim-Sandhofen, S. 36).

durch es zu einem sehr starken »Verbrauch« der Männer kam[163]. Die Rüstungskommission Oberrhein ordnete Mitte Juni 1943 die »rücksichtslos[e]« Umsetzung russischer Frauen in eine schwerere Arbeit an. 1944 riefen die Kommission wie der Gauleiter dazu auf, die italienischen Militärinternierten und die zivilen Ausländer »schärfer, also nicht zu weich« anzufassen, um die Leistung zu steigern[164]. So ließ der Druck auf die ausländischen Beschäftigten in Baden trotz der immer besseren Leistungen keineswegs nach — im Gegenteil.

Die Steigerung des Leistungsniveaus war in Baden neben der Anlernung auch auf die Einbindung der ausländischen Zwangsarbeiter in innerbetriebliche Akkordsysteme zurückzuführen. Der Erlaß Sauckels vom 26. August 1942 verpflichtete die Unternehmen dazu, die Ostarbeiter möglichst im Akkord- oder Prämienlohn einzusetzen[165]. Bis es zu diesem Erlaß kam, hatten allerdings zuerst starke ideologische Hemmnisse überwunden werden müssen. Für die polnischen Kriegsgefangenen, die ersten Zwangsarbeiter im Reich und in Baden, führte der Reichstreuhänder der Arbeit Südwest in Stuttgart im Mai 1940 eine »Sozialausgleichsabgabe« von 15 Prozent ein, eine Sondersteuer, die die Unternehmer an das Reich abzuführen hatten[166]. Außertarifliche Zulagen und Feiertags-Bezahlung wurden vom Treuhänder im Juni 1940 gestrichen. Um dem »gesunden Volksempfinden« zu entsprechen, ordnete Reichsarbeitsminister Syrup im Oktober 1941 an, polnische Beschäftigte grundsätzlich in die niederste Tarifstufe einzuordnen, Leistungszulagen wurden indes nicht mehr ausgeschlossen[167]. Westliche Kriegsgefangene sollten zwischen 60 und 80 Prozent des Lohns bekommen, den die deutschen Arbeiter erhielten; bei westlichen Zivilbeschäftigten galt offiziell sogar Lohngleichheit[168]. Letztere hatten allerdings so viele Abzüge für Unterkunft, Verpflegung, Kleidung, Steuern und Pflichtbeiträgen zu tragen, daß die Firmen oft nur noch einen geringen Teil ihres Lohnes ausbezahlten[169].

Bei den zivilen sowjetischen Zwangsarbeitern war zunächst jeder finanzielle Anreiz zu einer Mehrleistung ausgeschlossen. Ihr Lohn wurde im Januar 1942 von einer sogenannten »Ostarbeitersteuer« auf maximal 50 Mark reduziert, wovon noch Verpflegung und Unterkunft zu bezahlen waren. Da diese Regelung mit dem von Speer anvisierten Ziel größerer Effizienz nicht vereinbar war und Proteste auch aus den badischen Betrieben kamen,

---

163 StA Freiburg, Ges.Amt Waldshut Zug. 1982/1, P 18/266, Arzt-Bericht nach Untersuchungen der Zwangsarbeiter aus den Ost- und Balkanstaaten am Schluchseewerk, 4.6.1942; GAA 1614, GAA an Arbeitsministerium, 6.9.1940; GLA, 237/28857, AA Villingen, Okt. 1940.

164 GLA, 237/24379, Protokolle der Sitzungen der Rüstungskommission vom 30.6.1943 und 9.2.1944 (Zitat); BA-MA, RW 21—21/6, S. 26f., KTB Rüko Freiburg, 2. Q. 1943; StA Freiburg, NS 64, Anordnung Nr. 6/44 des Gauleiters vom 4.5.1944.

165 GLA, 460/320.

166 Amtliche Mitteilungen des Treuhänders der Arbeit, Jg. 1940, Nr. 10, 15.5.1940, S. 100. Reichsweit gültig wurde die Steuer im August 1940, Herbert, Fremdarbeiter, S. 93.

167 Amtliche Mitteilungen, Jg. 1940, Nr. 12, 15.6.1940, S. 123; dass., Jg. 1942, Nr. 6, 15.3.1942, S. 21f.

168 Ministerialblatt für die badische innere Verwaltung, 30.8.1940, Nr. 37, S. 1043; StA Freiburg, LKK 1313, RdErl. des Reichsministers des Inneren vom 12.8.1940, Einsatz von Kriegsgef.; LRA Müllheim 236, Gestapo Karlsruhe 10.3.1941, Behandlung der im Reich eingesetzten ausländischen Arbeitnehmer.

169 Vgl. dazu Äußerungen des Holländers F.J. Fesevur in Boll, Sklaverei, S. 64.

ließ der neue Generalbevollmächtigter Fritz Sauckel am 30. Juni 1942 die Bezahlung von Prämien zu. Es sei »zwingendes Gebot der Stunde« hieß es in einer Verordnung im August, aus den Zwangsarbeitern »an Leistung so viel als möglich herauszuholen«[170]. Damit gewannen die Betriebe einen gewissen Spielraum in der Lohnfrage.

Mitte April 1943 schließlich – nach Stalingrad war das Reich mehr denn je auf die ausländischen Beschäftigten angewiesen – erhöhte Sauckel die Verdienste. Sie lagen allerdings nach Abzug der Kosten für Verpflegung und Unterkunft weiterhin erst bei rund einem Drittel der deutschen Einkünfte[171]. Den Endpunkt bildete schließlich im März 1944 die Anordnung Sauckels, die Löhne der Ostarbeiter denen der Polen anzugleichen. Sie erhielten dadurch zum Bruttogehalt Zulagen und Prämien. Weiterhin wurden aber Steuern, die Sozialausgleichsabgabe von 15 Prozent und die Kosten für Unterkunft und Verpflegung abgezogen[172].

Die Bedeutung der Lohnfrage für den Einsatz der sowjetischen Beschäftigten wurde in der badischen Industrie relativ schnell erkannt. In einem Lagebericht des Arbeitsamtes Rastatt heißt es:

»Die hohe Besteuerung und die Unmöglichkeit, bei dem geringen Restlohn die abgerissene und heruntergekommene Kleidung zu ersetzen, geben [...] keinen Anreiz zu Mehrfertigungen oder zu Akkordarbeiten, die bei der Behebung dieser Zustände ohne Zweifel zu erwarten wären[173].«

In einer Mitte Juli 1942 abgehaltenen Sitzung von Vertretern der Mannheimer Industrie, des Arbeitsamtes und des Rüstungskommandos wurde bekannt, daß es nach der ersten Lohnzahlung »ruckartig« zu einem Leistungsabfall der Ostarbeiter gekommen sei. Auch das Rüstungskommando verurteilte das System, »den Leuten so viel von ihrem Verdienst abzuschöpfen, dass ihnen praktisch der Gegenwert von drei bis vier Zigaretten pro Tag übrigbleibt.« Der Lösungsvorschlag, den Verdienst auf das Niveau der Belgier und Franzosen anzuheben, verstieß aber gegen ideologische Vorgaben. Der Kreisobmann der DAF lehnte den Firmenvorschlag deshalb ab[174].

Da Leistungsanreize, die diesen Namen auch verdienten, zunächst nicht möglich waren, praktizierten die Firmen eigene Methoden. Ein Mannheimer Unternehmen führte beispielsweise drei Verpflegungsklassen entsprechend den Arbeitsergebnissen ein, stellte Holzschuhe für die Arbeit, Musikinstrumente und Sportgeräte bereit. Ausflüge in die Stadt wurden allerdings von der Gestapo untersagt. Mit dieser Methode erreichte das Unternehmen ein so weitgehendes System des divide et impera, daß die sowjetischen Beschäftigten firmeninterne Strafen an ihren Landsleuten »von sich aus« ausführten[175]. Nachdem der Runderlaß Sauckels Leistungszulagen ermöglichte und ausdrücklich Akkordarbeit verlangte, kamen aus der badischen Industrie keine Beschwerden mehr über die immer noch geringe Lohnhöhe. Schließlich erzielten die Unternehmen bei diesem Lohnniveau

---

170 RGBl. I, S. 419, Verordnung über die Einsatzbedingungen der Ostarbeiter, 30. 6. 1942; GLA, 460/320, Runderlaß vom 26. 8. 1942 (Zitate).

171 GLA, 460/320, Runderlaß vom 26. 8. 1942.; 460/321, Verordnung des GBA zum 5. 4. 1943.

172 RGBl. I, 1944, S. 88ff.; vgl. Herbert, Fremdarbeiter, S. 267.

173 GLA, 237/28821, 29. 7. 1942.

174 BA-MA, RW 21–44/4, S. 78ff., KTB Rüko Mannheim, 12.–18. 7. 1942, Anlage 5.

175 Ebd.

und gleichzeitig guten Arbeitsergebnissen einen hervorragenden Profit aus dem Einsatz der Ostarbeiter.

Die Etablierung neuer Arbeitssysteme bildete einen dritten Faktor neben der Anlernung und den Lohnanreizen, der bei den positiven Arbeitsergebnissen der zivilen Zwangsarbeiter eine Rolle spielte. Die zunächst noch im April 1942 vertretene Politik, sie wie die Kriegsgefangenen »grundsätzlich« in Kolonnen antreten zu lassen, bewährte sich nicht. Die Ostarbeiter stifteten sich offensichtlich gegenseitig dazu an, sich bei der Arbeit nicht zu stark zu engagieren. Diese Haltung erreichte solche Ausmaße, daß Wilhelm Kimmich, Reichstreuhänder der Arbeit für Südwestdeutschland, Sabotage vermutete. Seine Lösung lief darauf hinaus, die Ostarbeiter zwischen die einheimischen Beschäftigten zu stellen[176]. Da die Deutschen im Akkordsystem selbst Interesse an guten Leistungen der Ausländer haben mußten, wurden sie durch dieses System als Aufpasser ihrer ausländischen Kollegen mißbraucht. Im Fall Daimler-Benz Mannheim gibt ein aufschlußreiches Zitat diese Situation wider, das zwar auf Franzosen und Italiener bezogen ist, aber auch für die Ostarbeiter galt:

»Wir wenigstens sind gezwungen, aus Mangel an Arbeitskräften jeden einzelnen Kriegsgefangenen, ob Franzose oder Italiener, auf Leistung zu bringen, und der übergroße Teil ist auch in Kameradschaften d.h. Akkordgemeinschaften eingegliedert, wo schon jeder deutsche Arbeiter an der Leistung des Italieners sehr stark interessiert ist, da dessen Minderleistung auch für das deutsche Gefolgschaftsmitglied Minderverdienst bedeuten würde[177].«

Ganz nebenbei wurde so der Anspruch erfüllt, die Deutschen als »Vorgesetzte und Aufsichtspersonen« einzusetzen, um deren ideologisch herausragende Position zu bestätigen. Darüber hinaus führte diese Einteilung zu einer Individualisierung der Zwangsarbeiter, die ein resistentes Verhalten erschwerte und die Kontrolle erleichterte. Das auf dem Eigeninteresse der Beschäftigten beruhende Arbeitssystem brachte vor allem Vorarbeiter, Meister und Wachmänner dazu, Zwangsarbeiter anzutreiben und schließlich zu mißhandeln, wie es sich in mehreren größeren badischen Unternehmen nachweisen läßt[178]. Daß die Firmenleitungen, wie in Spruchkammer-Verhandlungen nach dem Krieg behauptet wurde, nicht über diese Vorfälle informiert waren, ist kaum glaubhaft. Einige Firmenchefs forderten sogar zu Mißhandlungen auf, wie der Mannheimer Direktor von Daimler-Benz, Ernst Dekker[179], oder waren selbst gewalttätig, wie der Chef der Firma Allweiler in Radolfzell[180].

---

176 GLA, 237/28849, Protokoll der LWA-Besprechung vom 2.4.1942; WSA, IHK Konstanz o.N. (Einladungen), Vortrag Kimmich am 16.11.1942.

177 SA Mannheim, EWA 521, 24.3.1944, Daimler-Benz an EWA; vgl. auch die Schilderung eines holländischen Zwangsarbeiters in Offenburg, Boll, Sklaverei, S. 64.

178 GLA, 465a/56/2/6894; Dokumentation. Die Ermittlungen im Fall Marian Krainski, in: Daimler-Benz-Buch, S. 548 (Daimler-Benz); 465a/S/323; Badisches Volksecho, Jg. 2, Nr. 15, 17.4.1947 (Bopp und Reuther); 465c/53, Spruchkammerverfahren; Mannheimer Morgen, Nr. 19, 15.2.1947 (Motorenwerke Mannheim); 465b/181.009 (Alu Wutöschingen); 465b/162.979 (Maggi Singen); 465b/47.939 (Allweiler, Radolfzell); 465c/2 (BBC); 465a/56/SJ/70 (Heinrich Lanz); 465a/56/47/244 und 465c/17 (A. Neidig); StA Freiburg, GAA 1613 (Schluchseewerk); Das Volk, 14.5.1947 (Kaliwerk Buggingen); Witzig, a.a.O., S. 6f. (Aluminium Rheinfelden).

179 GLA, 465a/59/3/7780; Koppenhöfer, KZ-Häftlinge, S. 539.

180 GLA, 465b/47939, Spruchkammerverfahren.

Nur im Fall der Süddeutschen Kabelwerke in Mannheim ist bekannt, daß ein der SS angehörender Mitarbeiter, der Italiener mißhandelt hatte, deshalb entlassen wurde[181]. Die Gewalttaten nahmen einen solchen Umfang an, daß das OKW Anfang Januar 1943 darauf hinweisen mußte, Unternehmer und deutsche Beschäftigte seien nicht befugt, Kriegsgefangene zu mißhandeln. Dies nützte aber wenig: Noch im Februar 1945 mußte der Kommandeur der Sicherheitspolizei für Baden und Elsaß nach einem Erlaß des Reichsführers SS »härtest(e)« Bestrafung androhen, um Gewalt gegen Ostarbeiter zu verhindern[182].
Das NS-Regime verstand es auf diese Art und Weise, deutsche Beschäftigte zu seinen Komplizen zu machen. Eine Minderheit übernahm die NS-Ideologie der »Herrenrasse« und ließ sich korrumpieren, um auf Kosten der Ausländer Vorteile zu erlangen. Mit dieser Haltung, die sich vor allem in Mißhandlungen auswirkte, trugen diese Arbeiter dazu bei, die Diktatur zu stützen[183]. Allerdings gab es eben nicht nur ideologische Gründe für solche Gewaltaktionen — sie waren auch eine logische Folge der Firmenstrategie, die Interessen der deutschen Beschäftigten auf das reibungslose Funktionieren und damit auf die Antreibung der Zwangsarbeiter zu gründen.
Gewalt wurde aber nicht nur unsystematisch am Arbeitsplatz verübt, sondern Firmen diente sie auch als innerbetriebliches Sanktionsmittel. In den Sitzungen der Arbeitsämter Mannheim/Ludwigshafen und Karlsruhe mit Betriebsführern wurde zwar ausdrücklich davor gewarnt: »Unwürdige Prügelszenen [...] schädigen das Ansehen und den hohen kulturellen Stand des deutschen Volkes«. Das hieß aber nicht, daß die Prügelstrafe ganz abgeschafft wurde — sie sollte nur nicht mehr in aller Offenheit angewandt werden, aber weiter drohend im Hintergrund stehen: »Wo es unbedingt erforderlich ist und dann unter Ausschluß der Öffentlichkeit in Verbindung mit einer Arreststrafe« wurden Schläge akzeptiert[184]. Diese Methode paßt in das Schema von »Zuckerbrot und Peitsche«. Für diejenigen Zwangsarbeiter, die auf die vielfältigen Anreize nicht reagierten, sollten den Unternehmen Sanktionsmittel zur Verfügung stehen. Der drohende Terror bildete geradezu einen Bestandteil dieser Methode, um gegen Widerstand vorgehen zu können und die Zwangsarbeiter dazu zu bringen, die Arbeitsergebnisse aus Furcht vor Repressalien zu steigern. Die Unternehmen sollten, so der Leiter des Mannheimer Arbeitsamts, ihr »besonderes Augenmerk [...] auf schlechte Elemente« richten, die immer wieder unter den Ausländern festzustellen seien: »Ein sofortiges Ausmerzen ist notwendig, ggf. sollen solche Elemente in asoziale Lager ausgesondert werden[185].«
Arbeitslager und Arrest waren die beiden Terrormittel, die den Firmen zur Verfügung standen. Die Befugnisse, mit denen die Werkschutzleiter bei ihrer Verhängung ausgestattet waren, verdeutlichen die weitreichenden Kompetenzen der Unternehmen in der Auf-

181 GLA, 465a/56/10/373 (Süddt. Kabelwerke).
182 StA Freiburg, LKK 1685, Erlaß des Kommandeurs der Sicherheitspolizei für Baden und Elsaß, 14.2.1945; Streim, Sowjetische Kriegsgefangene, S. 188ff.
183 Vgl. August, Das Fallbeispiel der polnischen zivilen Arbeitskräfte und Kriegsgefangenen, S. 350ff.
184 GLA, 460/321, Sitzungsprotokoll AA Karlsruhe, 3.5.1943; BA-MA, RW 21—44/4, S. 77/2, KTB Rüko Mannheim, 12. bis 18.7.1942, Anlage 5 Sitzungsprotokoll 13.7.1942 (Zitat 1); ebd., S. 79ff., Anlage 5a, Bericht des Rüko über die Sitzung (Zitat 2).
185 BA-MA, RW 21—44/4, Bericht Rüko Mannheim über die Sitzung vom 13.7.1942, Anlage 5, S. 77/2.

sicht über die Ausländer. Der Werkschutz kam aus den Betrieben, setzte sich aus hauptamtlichen Mitarbeitern mit Bewachungsaufgaben sowie nebenamtlichen Angehörigen zusammen, die weiterhin in der Produktion arbeiteten. Er stand ebenso wie die meist zu »Abwehrbeauftragten« ernannten Betriebsführer in enger Verbindung mit den Sicherheitsbehörden, die aber den Firmen freie Hand ließen. Der Werkschutzleiter bestimmte etwa bei der Mannheimer Traktorenfirma Heinrich Lanz, ob ein dreitägiger Arrest verhängt oder die Meldung an die Gestapo weitergegeben werden sollte[186]. Einem solchen Bericht folgte in der Regel die Einweisung in ein Arbeitslager. Die Lager, die in erster Linie zur Einweisung ausländischer Zwangsarbeiter errichtet worden waren, bauten auf Gewaltakten gegen die Insassen auf, die immer wieder zu Todesfällen unter den Ausländern führten. Im Lager »Hochschwarzwald« bei Oberndorf erlebte etwa ein von der Firma Lanz an die Gestapo denunzierter Mannheimer mit, wie ein Pole zu Tode geprügelt wurde[187]. Ein Großteil der badischen Rüstungsunternehmen griff vermutlich auf solche Verschickungen in Straflager zurück, die offensichtlich zentral eingerichtet wurden. Zwangsarbeiter der Aluminiumfirma Rheinfelden kamen beispielsweise ebenfalls in das Lager bei Oberndorf[188]. Das Ausmaß der Strafverschickungen ist aber unbekannt.

Die Hauptvoraussetzung für Sanktionen bildeten Informationen darüber, welche Zwangsarbeiter wie arbeiteten: je detaillierter desto besser. Wie differenziert das System sein konnte, zeigt das Beispiel der Firma Heinrich Lanz in Mannheim, die ihren ausländischen Beschäftigten Noten zwischen eins und sechs erteilte und dabei noch zwischen »Führung«, also Verhalten, und Leistung unterschied: »Aufgrund der [...] Noten erhalten die Ausländer im Lager Vergünstigungen oder es werden Strafmaßnahmen eingeleitet«, heißt es in einem Rundschreiben der Firma. In Karlsruhe wurde eine solche Kontrolle im Mai 1943 nach Aufforderung durch das Arbeitsamt an die Rüstungsunternehmen vermutlich auf breiter Front eingeführt[189]. Zu diesem Überwachungsprojekt gehörte in manchen Betrieben ein durchorganisiertes Spitzelwesen[190], das sich auch gegen Deutsche richten konnte und schlechte Leistungen ebenso weitergab wie mißliebige Äußerungen.

In der zweiten Kriegshälfte ist es gelungen, die Leistungskraft der ausländischen Zwangsarbeiter trotz oder sogar wegen ihrer schlechten Lebensbedingungen so in die Kriegswirtschaft einzuspannen, daß sie die deutschen Beschäftigten weitgehend ersetzen konnten. Diese Tatsache ist sicherlich auch zurückzuführen auf Anstrengungen innerhalb der badischen Wirtschaft, die auf Ideologie basierende Behandlung durch die NS-Partei

---

186 GLA, 465a/56/SJ/70 (H. Lanz); 465a/56/S/323 (Bopp und Reuther, Mannheim); vgl. Schmid, »Ausländischen Arbeitskräfte«, S. 561.

187 GLA, 465a/56/SJ/70, (Lanz); vgl. Herbert, Fremdarbeiter, S. 308. Siehe Kapitel IV.5.

188 Weitere Beispiele sind: GLA, 465b/181.009 (Alu Wutöschingen); 465a/56/7/697 (Schiffs- und Maschinenbau AG Mannheim); Witzig, a.a.O., S. 9 (Alu Rheinfelden); Boll, S. 72 (Stahlbau Müller); vgl. Herbert, Fremdarbeiter, S. 307.

189 Rundschreiben der Heinrich Lanz AG, 28.6.1944, in: »Säumt keine Minute!«, S. 171; GLA, 460/321, Sitzung Arbeitsamt Karlsruhe mit Betriebsführern, 3.5.1943; NA T 84—35, BBC Mannheim, 8.12.1944.

190 Alu Wutöschingen (GLA, 465b/181.009), Heinrich Lanz, Mannheim (465a/56/SJ/70), Neidig, Mannheim (465a/56/47/244 und 465c/17).

umzusteuern in eine effizientere Richtung. Es gab dabei erfolgreiche Bemühungen bei der Unterkunft und der Ernährung, mit starken Abstrichen auch beim Lohn. Allerdings sind zwei Einschränkungen notwendig: Nur ein Teil der badischen Unternehmer hegte zum einen diese Absicht, sicherlich der größere. Daneben gab es gerade auch in größeren Firmen Tendenzen, der Ideologie zu folgen und die Versorgung der Zwangsarbeiter jedweder Art zu vernachlässigen. Da beides in ein und derselben Firma möglich war, wird die Komplexität der Frage deutlich. Die zweite Einschränkung betrifft die Intensität der Bemühungen. Sie endeten an dem Punkt, an dem die Kosten zu sehr in die Höhe gingen, wie etwa bei der Lohnfrage für sowjetische Beschäftigte, die offenbar als gelöst betrachtet wurde, nachdem Akkordarbeit und damit Leistungsanreize möglich wurden.

Daß die Steigerung der Leistung im Vordergrund stand, nicht irgendwelche philanthropischen Bemühungen, offenbart das Arbeitssystem. Es war aufgebaut auf der Verbindung eines Systems von Anreizen und Terror. Wer dem einen nicht verfiel, hatte mit dem anderen zu rechnen. Ein gut ausgebauter Informationfluß sorgte dafür, daß die Hierarchie der Sanktionen von der Prügelstrafe bis hin zur Einweisung ins Arbeitslager für einen ausreichenden Druck sorgte, während das Prämiensystem teilweise sogar mit den geringen öffentlichen Zuteilungen von Nahrungsmitteln abgestimmt war. Wer mehr essen wollte, hatte besser zu arbeiten. Daß sich die Mannheimer Unternehmen Mitte 1944 gegen die Einführung der »Leistungsernährung« zur Wehr setzten, ist weniger mit grundsätzlichen Erwägungen als damit zu erklären, daß eine Kürzung der Ernährung zu Unruhe und damit Minderleistungen geführt hätte.

Aus Sicht der Wirtschaft war dieses System von »Zuckerbrot und Peitsche« sicherlich erfolgreich: Ausbildung und Leistung der Zwangsarbeiter verbesserten sich so sehr, daß neben der quantitativen auch von einer qualitativen Abhängigkeit bedeutender Unternehmen der badischen Industrie geredet werden muß. Damit wird die Einschätzung nochmals unterstrichen, daß ohne die ausländischen Zwangsarbeiter die badische Kriegswirtschaft 1941 und erst recht 1942 in wesentlichen Teilen zum Erliegen gekommen wäre.

Das System von Anreiz und Terror muß demnach an erster Stelle als Ursache für die besseren Arbeitsergebnisse gelten. Alles wird damit aber nicht erklärt, zumal sich bei den sowjetischen Zwangsarbeitern die paradoxe Situation ergab, daß die am schlechtesten behandelten Ausländer die wohl beste Leistung erbrachten. Hier spielten auch sozialpsychologische Faktoren eine Rolle: der Versuch, durch gute Arbeit die eigene Identität und das Selbstwertgefühl zu behaupten oder zu steigern. Schließlich sind politische Gründe zu nennen: Angst vor der Roten Armee, die alle sowjetischen Zwangsarbeiter der Kollaboration verdächtigte, oder das Fehlen einer Perspektive für die Zeit nach dem deutschen Zusammenbruch[191].

---

191 Herbert, Fremdarbeiter, S. 295.

e) »Flucht unter rücksichtslosem Einsatz ihres Lebens«: Resistentes Verhalten unter den Zwangsarbeitern

Das Terror- und Ausbeutungssystem konnte die vielfältigen Versuche ausländischer Deportierter, sich zur Wehr zu setzen, nicht verhindern. Die Aktionen hingen besonders nach Stalingrad vom Verlauf des Krieges ab und provozierten Aufforderungen von Wirtschafts- und Parteiinstitutionen, härter durchzugreifen.
Der drohende Ausfall einer Arbeitskraft bewegte die Firmenchefs zunächst dazu, sich bei kleineren Verstößen gegen polizeiliche Anordnungen zurückzuhalten[192]. Schwerwiegender für die Unternehmen waren Versuche ausländischer Zwangsarbeiter, zu »bummeln«, wie es im damaligen Vokabular hieß, also sich bei der Arbeit absichtlich zurückzuhalten. Dabei ging es weniger darum, der deutschen Wirtschaft aus politischen Gründen zu schaden, sondern die Zwangsarbeiter wollten so ihre Lebensumstände verbessern oder sich einfach Erholungspausen verschaffen. Das Risiko eines derartigen Verhaltens war weit geringer als etwa eine Arbeitsniederlegung.
Solche Aktionen nahmen schon im Herbst 1940 im Doggererzbergwerk Zollhaus-Blumberg größere Ausmaße an, als sich die Fälle »willkürlichen Feierns« der Polen, aber auch der einheimischen Arbeitskräfte mehrten. Zollhaus-Blumberg steht für die defensive Ausrichtung dieser Taktik: Alle Beschäftigten suchten sich gegen die systematische Ausbeutung ihrer Kräfte zu wehren, die schnell zu Krankheiten und Erschöpfungszuständen führte. Dies zeigt auch, daß die ausländischen Zwangsarbeiter vom Beispiel der deutschen Beschäftigten profitierten und deren Abwehrhaltung gegen eine zu extreme Anspannung bei der Arbeit übernahmen. Auch sonst konnte das Verhalten der Einheimischen beispielgebend sein[193]: Im Kreis Freiburg weigerten sich polnische Landarbeiter sonntags zu arbeiten, wobei sie sich an ihren katholischen Arbeitgebern orientierten.
Eine besondere Taktik des Bummelns war die Flucht in die Krankheit, deren Häufigkeit aber auch die Härte der Arbeitsbedingungen widerspiegelt. Besonders unter den in Baden eingesetzten Westarbeitern gab es vor allem in der zweiten Kriegshälfte vielfältige Versuche, sich auf diese Weise der Arbeit zu entziehen. Das Mannheimer Rüstungskommando verwies im Juni 1944 auf außerordentlich hohe Ziffern unter den Westarbeitern, »die durch die militärischen Ereignisse stark beeinflußt« wurden, während es die Ostarbeiter ausdrücklich davon ausnahm. Die Behörden setzten dagegen Betriebsärzte ein, die in einigen Fällen den Krankenstand von elf auf vier Prozent der Belegschaften senkten und dabei radikal gesundschrieben. Die Höhe des Krankenstandes verdeutlicht auch die unterschiedlichen Bedingungen in den Betrieben. Bei BBC in Mannheim-Käfertal waren im Dezember 1944 nur rund drei Prozent der ausländischen Zivilarbeiter krank. Beim Motorenwerk Mannheim wiederum lagen die Anteile der Kranken zwischen Oktober und Dezember 1944 zwischen sechs und knapp elf Prozent, die einheimischen Beschäftigten

---

192 GLA, 460/309, Mitteilung AA Karlsruhe, 24.4.1941.

193 StA Freiburg, LKK 1284,15.2. 1940; BA, R 7/464, Lagebericht OBA Karlsruhe, 12.10.1940; NS 5 I/58, Lagebericht DAF Juni 1941; Runderlaß des RFSS an die Stapoleitstellen, »Einsatz von Arbeitskräften aus dem Osten«, 20.2.1942, nach: Herbert, Fremdarbeiter, S. 156.

hatten noch höhere Raten zu verzeichnen[194]. Rückschlüsse darauf, wie hart die Arbeit gewesen sein muß, lassen die Gefahren erkennen, die die Zwangsarbeiter auf sich nahmen, um einige Tage Pause machen zu können. Bei Lonza in Waldshut nahmen 1943 französische Kriegsgefangene Quecksilber ein. In einer feinmechanischen Fabrik in Lenzkirch brachte sich eine Ukrainerin kurz vor Weihnachten 1944 selbst Fingerverletzungen bei, um während der Feiertage nicht arbeiten zu müssen. Allerdings waren die Fälle in Baden bei weitem nicht so verbreitet, wie die Forschung vor allem für die Ostarbeiter konstatiert[195].

Selbst kollektive Aktionen waren denkbar. Sie blieben aber insgesamt nur vereinzelt und meist erfolglos. Politische Forderungen spielten dabei keine Rolle, es ging um konkrete Verbesserungen vor allem der Ernährung. Da alle Beteiligten das Konzentrationslager fürchten mußten, läßt eine solche Aktion auf eine Verzweiflung schließen, die die Folgen vergessen machte. Im Januar 1943 verweigerten 92 sowjetische Beschäftigte der Rastatter Waggonfabrik die Arbeitsaufnahme wegen ihrer mangelhaften Verpflegung. Die Polizei brachte die Zwangsarbeiter mit Gewalt an die Werkbank, »wobei drei Karabiner am Kolbenhals abbrachen«. Im Herbst 1944 »revoltierten« 18 russische Gefangene in Dörfern am Kaiserstuhl. Ihr weiteres Schicksal ist nicht bekannt[196].

Im Kriegsjahr 1944 nahm die Renitenz der in der badischen Industrie eingesetzten Zwangsarbeiter zu. Fast alle Lageberichte notieren ein »frech(es)« Benehmen oder »Aufsässigkeit« wobei die Berichte mit Ausnahme der Ostarbeiter alle ausländischen Gruppen beschuldigen[197]. Die vor Augen stehende Niederlage des Reiches stärkte das Selbstbewußtsein der Zwangsarbeiter: Es kam zu Bedrohungen der Wachmannschaften durch Polen oder auch durch Inder. Der zunehmende Zerfall der öffentlichen Ordnung in den Städten durch die Luftangriffe ermöglichte es den Zwangsarbeitern bis zum Kriegsende vor allem in Mannheim, wesentlich größere Freiheiten in Anspruch zu nehmen und sich frei in den Städten zu bewegen[198].

Das bei weitem wirkungsvollste defensive Mittel ausländischer Zwangsarbeiter war im grenznahen Baden die Flucht nach Frankreich oder in die Schweiz. Darüber existieren nur wenige Gesamtangaben, doch eine Vielzahl von Quellen spricht eine deutliche Spra-

---

[194] BA-MA, RW 21—44/4, S. 143 ff., KTB Rüko Mannheim, 4. Q. 1941; RW 20—5/31, Bericht Rüko Mannheim, 27.6.1944 (Zitat); RW 21—21/9, S. 35, KTB Rüko Freiburg, 1. Q. 1944; RW 20—5/51, S. 9, KTB RüIn OR, 2. Q. 1944; GLA, 465a/56/2/2268 (Motorenwerke Mannheim), NA T 84—35, BBC Mannheim, 8.12.1944.

[195] StA Freiburg, GAA 839, Notiz GAA über Lonza, 28.5.1943; GAA 1329, Fa. Wittner an AA, 21.12.1944 und Antwort, 28.12.1944; Herbert, Fremdarbeiter, S. 300.

[196] StA Freiburg, LA Rastatt 225, Gendarmerie Rastatt 4.8.1942; dies., 5.1.1943; NS 68, Lagebericht AA Freiburg, 22.9.1944.

[197] StA Freiburg, NS 64, Anordnung 6/44 des Gauleiters, 4.5.1944 (Zitat); GLA, 237/24379, Protokoll der Sitzung des Arbeitsausschusses der RüKommission, 9.2.1944; BA, NS 5I/58, Lagebericht DAF Freiburg, 26.5.1944.

[198] BA, NS 5I/58, Lagebericht DAF Freiburg, Februar 1944; NS 6/812, Bericht der Kreisleitung Pforzheim, 22.9.1944. BA-MA, RW 20—5/24, Bericht der RüIn OR, 5.8.1944; SA Freiburg, NS 68, Lagebericht AA Freiburg, 22.9.1944; GLA, 465d/22, Gauleitung Baden, 9.9.1944; SA Mannheim, EWA 288, Sitzung Arbeitsstab OT, 26. Januar 1945.

che. Trotz vieler Gegenmaßnahmen bekamen die Behörden die Fluchtwellen nie in den Griff: Im Gegensatz zur Arbeitsverweigerung erreichten sie schon in den ersten Kriegsjahren große Ausmaße und nahmen in der zweiten Kriegshälfte noch einmal zu.

Vor allem das Doggererz-Bergwerk Zollhaus Blumberg und das Schluchseewerk standen anfangs im Mittelpunkt: In Blumberg waren um die Jahreswende 1940/41 von 200 zugewiesenen polnischen Zwangsarbeitern 170 schnell wieder verschwunden[199]. Die französischen Kriegsgefangenen nutzten die nahe Grenze in einem solchen Ausmaß, daß Ende 1941 der stellvertretende Präsident des Landesarbeitsamtes Südwest, Zängel, im Badischen Finanz- und Wirtschaftsministerium zugeben mußte, daß »ein großer Teil« das Weite gesucht habe. Daß dabei die Nähe zur Grenze eine Rolle spielte, zeigt sich auch daran, daß in der zweiten Septemberhälfte 1941 mit 366 mehr Gefangene flohen als in Württemberg (352), wo wesentlich mehr eingesetzt waren. Die Fluchtwelle nahm Anfang 1942 solche Ausmaße an, daß die Arbeitsverwaltung im März alle französischen Gefangenen aus einem an die Schweiz angrenzenden, 20 km breiten Streifen entfernte und durch sowjetische Zwangsarbeiter ersetzte, um eine offenbar geplante Massenflucht zu verhindern[200].

Nach der Einführung der Arbeitspflicht in Deutschland für Franzosen, Holländer und Belgier machte sich ab Sommer 1943 eine neue Tendenz bemerkbar: Insbesondere Holländer und Franzosen nutzten ihre Urlaubsfahrten aus, um nicht mehr zurückzukehren[201]. Bei Lanz beispielsweise blieben 90 Prozent der beurlaubten Franzosen zuhause[202]. Diese Handlungen waren auch eine logische Folge der nicht eingehaltenen Versprechungen bei der Anwerbung. Fritz Sauckel schreckte aber als Chef des Arbeitseinsatzes davor zurück, den Urlaub für die Westarbeiter zu streichen, da er so deren Leistungswillen gefährdet hätte. Er ermächtigte allerdings im Juli 1943 die Reichstreuhänder, für die französischen Arbeitskräfte einzelner Betriebe Urlaubssperren zu verhängen. Die badischen Unternehmer waren mit solchen Anträgen zurückhaltend. Erst als im Februar/März 1944 noch einmal 900 Westarbeiter nicht zurückkehrten, wurden Sperren auf breiter Front verhängt. Während in den Vormonaten noch 400 von ihnen nicht nach Baden zurückgekehrt waren, sank die Zahl daraufhin auf 180 im April und 121 im Mai 1944[203].

Doch dieser Rückgang erwies sich nur als relativer Erfolg, da in Baden seit Anfang 1944 eine umfassende Fluchtbewegung eingesetzt hatte. So verschwanden monatlich 400 bis 500 Franzosen und auch bei den Kriegsgefangenen schnellten die Zahlen in die Höhe und übertrafen diejenigen des Vorjahres. Erstmals waren auch die Vergleichszahlen der

---

199 GLA, 309/1205, Lagebericht GSA Karlsruhe 28.8.1940 und 3.2.1941; BA, R 7/464, Lagebericht OBA Karlsruhe, 12.10.1940; StA Freiburg, Doggererz AG 2/9, 26.7.1940, 29.8.1940.

200 GLA, 237/28848, Aktennotiz LWA 24.11.1941 (Zitat); BA-MA, RW 20—5/5, S. 13, Geschichte der Rüln Stgt., 1. Jahreshälfte 1942.

201 BA-MA, RW 20—5/22, Lagebericht des GauAA Baden zum 10.9.1943; RW 20—5/29, Bericht Rüko Mannheim, 27.10.1943; GLA, 237/24378, Sitzung des Arbeitsausschusses der RüKommission, 6.8.1943.

202 Meldungen aus dem Reich, SD-Bericht vom 23.8.1943.

203 Ebd.; GLA, 237/24378, Sitzung des Arbeitsausschusses der RüKommission, 6.8.1943; BA-MA, RW 20—5/51, Bericht der Gruppe Ib der Rüln, 24.7.1944; ebd., S. 9, KTB der Rüln OR, 2. Q. 1944; vgl. Herbert, Fremdarbeiter, S. 310.

Nachbar-Wehrkreise geringer. Besonders ehemalige sowjetische Offiziere beteiligten sich an den Fluchten[204]. Als Achillesferse stellte sich im Verlauf der Kriegsjahre die Grenze zur Schweiz heraus, die gegen Ende noch stärker ins Blickfeld geriet. Schon bis Anfang Oktober 1942 waren in der Schweiz 11800 Flüchtlinge registriert worden, die überwiegende Zahl vermutlich Zwangsarbeiter aus dem badischen Raum. Schweizer Behörden schoben die Ausländer nach einer gelungenen Flucht zumindest bis Ende 1942 nicht über die Grenze ab[205].

Die Zwangsarbeiter der Unternehmen an der Grenze, insbesondere die sowjetischen Gefangenen, »benutzen jede sich bietende Gelegenheit, um unter rücksichtslosem Einsatz ihres Lebens die cirka 100 Meter entfernte« Schweiz zu erreichen, schreibt das Gewerbeaufsichtsamt 1943 über die Ausländer bei Lonza. Das ist wörtlich zu nehmen: Viele Zwangsarbeiter der Alu Rheinfelden ertranken bei der Flucht über den Rhein oder wurden im Wasser erschossen. Die Fluchtwelle in Südbaden erreichte eine solche Höhe, daß die Rüstungsinspektion sie Mitte 1944 als Argument benutzte, um weitere Verlagerungen von Betrieben in die Nähe der südlichen Grenze zu verhindern. Psychologisch bedeutsam war, daß es nie gelang, die Fluchtwelle zu bremsen. Diese Tatsache stärkte das Selbstbewußtsein der Zwangsarbeiter und sorgte schließlich dafür, daß Mitte 1944 das Gespenst einer fünften Kolonne auftauchte. Unruhen wurden befürchtet. Die IHK Konstanz meldete zudem Gerüchte, Hitlerjungen würden in der Singener Gegend Ausländer über die Grenze lotsen[206].

Wie viele der geflohenen Zwangsarbeiter wieder aufgegriffen wurden, ist mangels genauer Angaben nicht festzustellen. Ihre Zahl dürfte aber groß gewesen sein, da sie ohne Sprach- und Ortskenntnisse wenig Chancen hatten. Der Polizei im Landkreis Karlsruhe gingen »fast täglich« geflüchtete Zwangsarbeiter ins Netz. Um die Fluchtmöglichkeiten weiter zu verringern, ließ das badische Innenministerium 1941 alle Karten von Straßen und Bahnhöfen entfernen; die üblichen Routen waren bekannt und wurden wie die Autobahn zwischen Stuttgart und Karlsruhe überwacht. Die Bevölkerung wurde von der Gestapo über die badische Presse zur Denunziation aufgerufen: Jeder sei verpflichtet, flüchtige Kriegsgefangene zu ergreifen — wenn nötig auch mit Gewalt[207]. Gewalt sollte auch bei der Abschreckung helfen. Der Reichsführer SS erließ im März 1942 auf Antrag des Höheren SS- und Polizeiführers für Baden und Württemberg die Anweisung an die Polizei, auf fliehende Kriegsgefangene auf Anruf, auf sowjetische sofort zu schießen. Die

---

[204] GLA, 24379, Sitzung der RüKommission, 29.4.1944; 237/24387, Runderlaß des Kommandeurs der Kriegsgefangenen im Wehrkreis V, 12.5.1944; BA-MA, RW 21—21/12, S. 20, KTB Rüko Freiburg, 4. Q. 1944; vgl. auch Streim, Behandlung, S. 208ff.

[205] BA-MA, RW 20—5/23, Aktennotiz der Abteilung Ia der Rüln. vom 10.10.1942 nach einem Bericht der »Frankfurter Zeitung« vom 9.10.1942; GLA, 460/320, LAA Runderlaß, 30.11.1942.

[206] BA-MA, RW 20—5/53, Rüln an Hauptausschuß KfZ, Berlin, 9.6.1944 zur Verlagerung der Firma Teves; StA Freiburg, GAA 839, Aktennotiz des GAA, 28.5.1943 (Lonza); GLA, 237/28849, Betriebsprüfung bei Lonza, 2.4.1942; 465d/50, Lagebericht der Gauleitung Baden, 19.8.1944; WSA Stgt., IHK Konstanz 306, Beiratssitzung vom 29.12.1944; Witzig, Alu Rheinfelden.

[207] GLA, 357/30614, Kommandeur Stalag Va (Ludwigsburg) an Gendarmerie Württemberg und Baden, 9.9.1940; Gendarmerie Kreis Karlsruhe 11.8.1941 (Zitat); StA Freiburg, LA Offenburg 1228, 24.6.1941; Der Alemanne, Nr. 334, 3.12.1939; Der Führer, Nr. 278, 8.10.1941; Nr. 66, 7.3.1942.

Fluchtpsychose war so groß, daß das Badische Innenministerium diesen Erlaß schon im April auch auf die zivilen sowjetischen Zwangsarbeiter ausdehnte[208].

Den Zwangsarbeitern ging es bei ihrer Flucht nicht nur darum, das Ausland zu erreichen. Sie schafften sich auch die Möglichkeit, von Betrieben oder Industrien wegzukommen, in denen sie schlecht behandelt wurden oder zu hart arbeiten mußten. »Polen gehen gerne durch, um hinterher in die Landwirtschaft zu kommen«, kommentierte das Freiburger Rüstungskommando 1943 nach Beschwerden von Unternehmern diese Bestrebungen, die dadurch unterstützt wurden, daß gefaßte Kriegsgefangene erst wieder ins Villinger Lager zurückkamen. Die Gefangenen konnten sicher sein, ihren alten Arbeitsplatz nicht mehr wiederzusehen, zumal wenn sie in anderen Arbeitsamtsbezirken aufgegriffen worden waren. Die Ämter machten »die größten Schwierigkeiten« bei der Freigabe, so die Karlsruher Dienststelle, da sie die Gelegenheit nutzten, das eigene Reservoir an Beschäftigten zu erhöhen. Bis Mitte 1943 wurde im Bezirk Karlsruhe kein einziger gefaßter Ausländer an seinen ursprünglichen Arbeitsplatz zurückgebracht. Im Juli 1944 war eine nochmalige Anordnung des Gauarbeitsamtes notwendig, die Männer und Frauen »unter allen Umständen« zurückzubringen[209].

Ab 1944 wurden die gefaßten polnischen und sowjetischen Zivilarbeiter der Gestapo übergeben. Deren Einweisung in ein Arbeits- oder Konzentrationslager führte den Wirtschaftsunternehmen der SS Arbeitskräfte zu, belastete aber den regionalen Arbeitsmarkt. Das Karlsruher Arbeitsamt forderte deshalb im Juni 1944 vom Polizeipräsidenten, »den arbeitseinsatzmäßigen Notwendigkeiten Rechnung (zu) tragen« und die Gefaßten wieder an ihren ursprünglichen Arbeitsplatz zurückzuführen[210]. Ob sich die Behörde durchsetzen konnte, ist unwahrscheinlich, zumal sich der Einsatz von KZ-Häftlingen in der badischen Wirtschaft ab Mitte 1944 erhöhte.

Trotz der häufigen propagandistischen Warnungen vor Sabotage war diese Form des Widerstandes[211] in Baden kaum vorhanden. Vermutlich hat die angedrohte Todesstrafe die Zwangsarbeiter in Baden davon abgehalten, Sabotage zu verüben, zumal die Arbeitsorganisation in Akkordgruppen eine solche Handlung entscheidend erschwerte. Zwar taucht in den Quellen der Begriff »Sabotage« immer wieder auf, meint aber eher Bummelei und Arbeitsverweigerung[212]. Konkret bekannt sind nur wenige Sabotageakte, bei denen zudem zweifelhaft ist, ob sie wirklich als solche gedacht waren. Die Propaganda verführte dazu, in Arbeitsfehlern Sabotage zu erblicken, was für die beteiligten Ausländer allerdings schlimme Folgen zeitigen konnte. Zwei Hinrichtungen wegen angeblicher

---

208 GLA, 357/30614, Erlaß des Höheren Pol. u. SS-Führers, 31.3.1942; StA Freiburg, LKK 1685, Erlaß des Innenmin. vom 22.4.1942.

209 BA-MA, RW 20—521, »Bemerkungen« des Rüko Freiburg, 19.5.1943 (Zitat); GLA, 460/318, AA Karlsruhe an LAA, 12.4.1943; 460/316, Aktennotiz AA, 15.7.1944; 460/85, AA an Polizeipräsident Karlsruhe, 9.6.1944.

210 GLA, 460/85, Polizeipräsident Karlsruhe an AA, 30.5.1944; Antwort 9.6.1944.

211 Im Gegensatz zu den eher passiven Formen der Resistenz wie Arbeitsverweigerung und Flucht, zählte Sabotage zu den aktiven Handlungen, für die der Begriff des »Widerstandes« angebracht ist.

212 StA Freiburg, GAA 1329, Meldung der Firma Wittner, Leutkirch, 10.2.1945; BA-MA, RW 20—5/49, Tagung des Arbeitsausschusses der Kommission, 9.10.1943; BA, NS 5I/60, Kreisleiter Freiburg an die DAF, 10.11.1943; ebd., Aktennotiz, 22.11.1943.

Sabotage sind in Baden nachweisbar[213], doch bei beiden Geschehen waren Zeugen der Meinung, daß die beschuldigten Polen keine absichtlichen Arbeitsfehler verübten. Eine Ausnahme bildeten allerdings Aktionen des »Bundes brüderlicher Zusammenarbeit«, einer Organisation unter sowjetischen Zwangsarbeitern, die in der Mannheimer Firma Süddeutsche Drahtindustrie den Produktionsausschuß stark erhöhten. Auch in Bayern sind nur sehr wenige Fälle wirklicher Sabotageakte bekanntgeworden[214].

Andere Fälle politisch motivierter Widerstandshandlungen unter den ausländischen Beschäftigten in Baden waren ebenfalls selten, erreichten aber eine beträchtliche Ausstrahlung. Anfang 1940 wurde eine »erhebliche Anzahl« tschechischer Arbeiter der Firma Heinrich Lanz sowie des Blumberger Bergwerks an der Schweizer Grenze verhaftet. Ihr Ziel war Frankreich, um dort in die tschechische Legion einzutreten. In mindestens einem Fall kam es dabei zu einem Prozeß vor dem Volksgerichtshof[215]. Bedeutender war die erwähnte Organisation »Brüderliche Zusammenarbeit der Kriegsgefangenen«, die sich im Frühjahr 1943 von Bayern ausgehend über Rastatt im ganzen Land ausbreitete und hier mehr Anhänger fand als in anderen Reichsteilen. Die nur unter den sowjetischen Zwangsarbeitern vertretene Organisation hatte kein geringeres Vorhaben, als die Bewaffnung aller Zwangsarbeiter und den Sturz des Regimes. Als Nahziele ging es ihr um die Vorbereitung von Fluchten und um Sabotageakte. In Baden entstanden durch die häufige Versetzung ehemaliger Soldaten in Arbeitskommandos Kommitees in Rastatt, Mannheim, Karlsruhe, Heidelberg, Villingen, Baden-Baden und Offenburg. Mit der Bildung eines »illegalen Bataillons« ging das Rastatter Kommitee über die Arbeit von Zweigstellen in den anderen Reichsteilen hinaus. Zwischen Mai und Juli 1944 verhaftete die Gestapo in Baden 319 Mitglieder des BSW. Sie wurden alle in Dachau ermordet[216].

---

213 Den Hinrichtungen fielen zwei polnische Zwangsarbeiter in Mannheim und Offenburg zum Opfer. Eine ausführliche Dokumentation des Mannheimer Geschehens in: Die Ermittlungen im Fall Marian Krainski, Auszüge aus einem Verfahren gegen ehemalige Mitarbeiter des Mannheimer Daimler-Benz-Werkes, in: Daimler-Benz-Buch, S. 543 bis 558; dazu auch: GLA, 465a/56/2/6894; Zeugenaussagen zu dem Offenburger Vorfall in: Boll, Sklaverei, S. 70f.

214 Brodski, Im Kampf gegen den Faschismus, S. 462f.; Grossmann, Bayern, S. 516. Die Quellen erwähnen nur einen weiteren Fall von Sabotage, der bei der Rastatter Firma Reisshauer Werkzeug GmbH verübt worden sein soll (GLA, 237/28814, LWA-Aktennotiz 14.7.1943.)

215 GLA, Lagebericht des GSA Karlsruhe, 28.8.1940, S. 8f.; Schadt, Verfolgung und Widerstand, S. 119f.

216 Angaben nach Brodski, Im Kampf gegen den Faschismus, S. 462 ff und 484f.; vgl. Herbert, Fremdarbeiter, S. 316ff.

VI. Schlußbetrachtung

Von einer einheitlichen Entwicklung Deutschlands zur Zeit der nationalsozialistischen Diktatur kann keine Rede sein. Das Beispiel Baden zeigt, daß es für die Menschen während dieser Jahre entscheidend davon abhing, in welcher Region des Reiches sie lebten: ob in den Gebieten Inner- und Mitteldeutschlands oder in grenznahen Städten und Dörfern. Der nationalsozialistische Primat der Aufrüstung bestimmte die unterschiedliche soziale und wirtschaftliche Entwicklung dieser Regionen. Er verbot zum einen die Gründung und Unterstützung von Industriebetrieben an der Peripherie, um sie nicht dem Zugriff möglicher Kriegsgegner auszusetzen. Und er zwang zum anderen, selbst diejenigen Firmen, die nichts mit der Rüstung zu tun hatten, in ihrer Entwicklung zu behindern. Nur so war es möglich, die Konkurrenz aus den Konsumbranchen für die Rüstung einzuschränken. Die NS-Wirtschaftspolitik stellte damit Randregionen, die wie Baden ein Übergewicht an Konsumbetrieben aufwiesen, gleich doppelt ins Abseits.

Der Krieg gab diesem negativen Trend für die Grenzregionen noch einmal einen kräftigen Schub, als sie angesichts der Wehrmachtpläne um ihre wirtschaftliche Basis fürchten mußten. Vor allem der Widerstand aus den Reihen der Gauleiter und der Industrie verhinderte letztlich den endgültigen ökonomischen Niedergang der Randgebiete. Als die ersten Schüsse fielen, hatte das Schlagwort »Grenzlandnot« in Baden dennoch eine stärkere Berechtigung als jemals zuvor: Im ökonomischen Bereich trafen wegfallende private Aufträge mit einem Boykott der staatlichen Bestellungen zusammen und nur mit Mühe gelang es vielen Betrieben, sich über die Zeit zu retten. Und im sozialen Bereich mußte die Bevölkerung mit einem wesentlich stärkeren Abzug ihrer Männer zur Wehrmacht oder in andere Reichsregionen fertig werden als das in innerdeutschen Gebieten ansonsten der Fall war. Erst nach dem Ende des Frankreich-Feldzuges ab Mitte 1940 ging es ökonomisch aufwärts. Endgültig einbezogen in die Rüstungswirtschaft wurde Baden allerdings erst im Frühjahr 1941, als die Vorbereitungen für den Überfall auf Rußland anliefen, die Kapazitäten in Mitteldeutschland aber ausgelastet waren.

Daß die militärische Wirtschaft in den westlichen Randgebieten verspätet zum Zuge kam, schlug sich auch auf die Struktur der künftigen Rüstungsindustrie nieder. Die badische Kriegsfertigung basierte in erster Linie auf dem Maschinenbau sowie den Vor- und Zulieferanten im Metallgewerbe, womit sie, abgesehen von wenigen Umstellungen im Uhren- und Schmuckbereich, nahezu nahtlos an die Vorkriegsproduktion anschließen konnte. Auch die Betonung kleinerer und mittlerer Unternehmen verhinderte in Baden den Aufbau einer dominierenden Rüstungsschmiede. Da solche Werke die ökonomische Ausgangslage und damit die wirtschafts- und sozialpolitischen Entscheidungen in innerdeutschen Regionen maßgeblich beeinflußten, finden sich hier auch wesentliche politisch-strukturelle Unterschiede.

Der Faktor Geographie behielt seine Bedeutung, auch nachdem die Grenzländer stärker an der Kriegswirtschaft beteiligt wurden. Dafür sorgten die Luftangriffe der Alliierten, die etwa Berliner, Hamburger und vor allem westfälische Firmen dazu veranlaßten, im Südwesten Schutz zu suchen. Die einheimischen Betriebe mußten sich damit der Konkurrenz um knapp gewordene Räume und Beschäftigte stellen. Auf der anderen Seite ergaben sich aus der zumindest teilweise geschützten Lage jetzt auch ökonomische Vorteile für die badische Wirtschaft, da die Ausschüsse und Ringe bei ihren Aufträgen Gebiete bevorzugten, die die Bomber schwer erreichen konnten. Insbesondere der Raum Villingen im Schwarzwald profitierte von dieser Entwicklung, die allerdings auch auf das in den dortigen Firmen vorhandene Know-how aufbauen konnte.

Die ökonomische wie die strukturelle Ausgangslage sorgten dafür, daß die badische Bevölkerung von Aufrüstung und Kriegsbeginn noch stärker betroffen wurde als die meisten anderen Deutschen: Es dauerte länger, bis mit der Arbeitslosigkeit auch die Folgen der Weltwirtschaftskrise überwunden waren. Und im Krieg galten Baden und wohl auch andere Gaue und Länder zumindest so lange als Menschenreservoir für Wehrmacht und innerdeutsche Rüstungsindustrie, als die militärischen Aufträge nicht in großem Maßstab in die Randregionen flossen. Auf diese Weise wurde das Arbeitskräftepotential der Grenzindustrien entscheidend geschwächt, zumal es sich bei den eingezogenen und zwangsverpflichteten Männern und Frauen in starkem Maße um Fachkräfte handelte, deren Fähigkeiten insbesondere im Metallbereich dringend gebraucht worden wären. Bis Kriegsende konnten die im Vergleich zum Reichsgebiet wesentlich höheren Verluste nicht mehr ausgeglichen werden.

Auch innerhalb der Gaue ließ sich Ersatz nur schwer finden. Diese Entwicklung war nicht nur auf die Grenzregionen beschränkt, da sich im gesamten Reich bis Kriegsende ein großer Teil der weiblichen Beschäftigten aus den Fabriken zurückzog. Baden lag bei diesen Verlusten zwar bei Kriegsende mit dem Reichsschnitt gleichauf, seine Industrie hatte allerdings in den ersten Kriegsmonaten einen für die Firmen fast katastrophalen Abgang erlitten. Eine wichtige Ursache für diese Rückzugstendenzen war die relativ hohe finanzielle Unterstützung, die den Soldatenfrauen zustand. Da die Einziehungen zur Wehrmacht in der Peripherie anfangs wesentlich höher ausfielen als in den zentralen Regionen, nutzte in diesen Gegenden ein außerordentlich starker Anteil der weiblichen Beschäftigten die Möglichkeit, der Fabrikarbeit den Rücken zu kehren. Grenzgaue wie Baden waren so doppelt benachteiligt.

Daß die Frauen nur schwer wieder in die Fabriken zurückgeholt werden konnten, ergab sich aus dem typischen Merkmal der badischen Wirtschaft. Hier waren vor dem Krieg vor allem diejenigen Branchen verbreitet, die auf der Mitarbeit weiblicher Beschäftigter fußten. Die Industrie hatte deshalb den Anteil der Frauen, die familiäre Pflichten, Krankheit oder Alter nicht daran hinderten, in den Werkshallen ihr Geld zu verdienen, bereits vergleichsweise stark ausgeschöpft. Zumal auch die Belastungen durch den Krieg und den Ausfall der Männer in der Landwirtschaft erheblich zugenommen hatten, muß bezweifelt werden, ob ein wesentlich höherer Anteil weiblicher Beschäftigter hätte gewonnen werden können und ob die bei Kriegsbeginn erlittenen Verluste wieder auszugleichen gewesen wären. Die immer wieder geforderten konsequenteren Versuche, mehr Frauen in die Fabriken zu bringen, scheiterten demzufolge nicht allein an der politischen Rücksichtnahme auf die deutsche Bevölkerung, sondern auch an objektiven Bedingungen.

Angesichts dieses Faktums griffen die Arbeitseinsatzverwaltung wie die Industrie bereitwillig auf die angebotenen ausländischen Zwangsarbeiter zurück. Wie das Beispiel Baden zeigt, wurde aber die Peripherie hierbei nicht als gleichwertig anerkannt, obwohl die vollständige Integration in die Kriegsrüstung nach 1942 längst vollzogen war. Eine entsprechende und die wirtschaftliche Bedeutung unterstreichende Zuteilung ausländischer Zwangsarbeiter ließ auf sich warten. Vermutlich wirkten sich hierbei auch die infolge der geographischen Lage vorhandenen Fluchtmöglichkeiten aus. Vor allem angesichts der relativ hohen Abzugsrate von Fachkräften mußten die Industrien in den Randgebieten versuchen, die gegebenen Möglichkeiten weitgehend auszunutzen. Das schloß auch das Bemühen ein, die Leistung ausländischer und vor allem der stark vertretenen sowjetischen Männer und Frauen zu verbessern. Der Qualifikationsstandard der Zwangsarbeiter erwies sich schließlich als erstaunlich hoch. Demzufolge muß nicht nur eine quantitative, sondern auch eine qualitative Abhängigkeit der Betriebe in Randregionen wie Baden von den ausländischen Zwangsarbeitern konstatiert werden. Hinter den guten Arbeitsergebnissen steckte neben der Anlernung ein System von Anreizen und Terror, das mit Vergünstigungen und schließlich mit einem höheren Leistungslohn lockte, aber mit Arbeitslager drohte. Dabei führte das System des Gruppenakkords zu vielfältigen Gewalttaten und einer Offenbarung der rassistischen Ideologie, die hinter diesen Arbeitsbeziehungen steckte. Die Verstrickung badischer Rüstungsfirmen in die nationalsozialistischen Gewaltherrschaft wird hierbei deutlich.

Da die ökonomische Benachteiligung der Grenzgebiete auf politischen Entscheidungen beruhte, wurde das Verhältnis zwischen Gaupartikularismus und Reichszentralismus neu belastet. Die Politik von Gauleiter Wagner und Ministerpräsident Köhler, die badische Interessenlage auch gegen Anordnungen der Berliner Ministerien zu verteidigen, wurzelte in der Stimmungslage der Bevölkerung. In den Jahren seit 1919 war das Gefühl der Benachteiligung gegenüber den anderen Reichsgebieten ständig präsent und verstärkte sich nach 1933 eher noch. Die Spannungen drohten im Krieg anzusteigen, wie sich etwa in Pforzheim oder bei den Schließungsaktionen zeigte, da die Berliner Ministerien die sozialen Folgen ihrer Entscheidungen außer acht ließen, aber gleichzeitig deren ökonomische Wirksamkeit von vornherein überschätzten. Für die badische Partei wie für die Administration war es deshalb politisch geradezu lebensnotwendig, sich als Korrektiv der Reichspolitik bei Eingriffen in regionale Belange darstellen zu können. Bei Aufgabe einer solchen Rolle wäre die badische Bevölkerung früher und stärker von den Auswirkungen der Reichspolitik getroffen worden. Die regionale NSDAP hätte sich damit als unselbständiges und rein ausführendes Organ der von Berlin ausgehenden und für das Grenzland nachteiligen Politik ausgewiesen. Die Möglichkeit, negative Stimmungslagen aufzufangen, wäre damit verloren gewesen. Welche Bedeutung die Partei einer solchen Situation beimaß, verdeutlicht nicht zuletzt ihre ständige Furcht vor einer Wiederholung der Lage, aus der sich schließlich die Revolution von 1918/19 entwickelt hatte.

Die Politik der regionalen Administrationen, die Belange ihres Gebietes zu stützen, bewirkte damit eine wichtige politische Stabilisierung, die für die Diktatur schon mittelfristig von größerem Nutzen war, als es kurzfristige Erfolge bei der kriegswirtschaftlichen Zielsetzung hätten sein können. Die Unterstützung Hitlers für seine regionalen

»Vizekönige« macht auch deutlich, daß der Diktator diese Rolle erkannt hatte und sie nicht missen wollte. Der Versuch, diese Interessenvertretung nur als fehlende Einsicht in kriegswirtschaftliche Notwendigkeiten abzuqualifizieren, unterschätzt die regionalen Ausformungen des Nationalsozialismus und ihre Bedeutung.
Die Polykratie-These muß angesichts dieser Erkenntnisse auch die Konfliktherde zwischen der zentralen und den mittleren Ebenen mitbedenken. Erst wenn diese Auseinandersetzungen einbezogen werden, ist eine tiefergehende Beschreibung der Herrschaftspraxis im nationalsozialistischen Staat möglich. Darüber hinaus erfordert die Erweiterung dieser These auch gleichzeitig ihre teilweise Umbewertung: Die auf dem Gaupartikularismus fußenden Konflikte trugen, wie gezeigt, durchaus auch dazu bei, die NS-Herrschaft zu stabilisieren. Sie können deshalb nicht von vornherein negativ als kontraproduktive Erscheinungsform des »Dritten Reiches« begriffen werden. Die Breite der sich auf der mittleren Ebene abspielenden Auseinandersetzungen zeigt sich auch daran, daß die von Berlin ausgehenden Konflikte mit bürokratischen Eigeninteressen angereichert wurden. Dazu gehörte etwa das von den Rüstungsinspektionen vertretene Vorhaben, in ihren Gebieten jeweils die gesamten ökonomischen Abläufe steuern zu wollen und sich quasi als regionale Wirtschaftsdiktatoren zu etablieren. Hinzuweisen ist auch auf die im letzten Kriegsjahr zunehmende Tendenz der Kreisleiter, als Beauftragte für die Rekrutierung der Teilnehmer verschiedener Aktionen immer autonomer zu handeln und die Anweisungen der Gauleitung außer acht zu lassen.
Das an den badischen Interessen orientierte Verhalten der badischen Partei wie der Landesverwaltung erklärt sich nicht nur aus dem Bemühen heraus, damit die Position der NSDAP zu festigen, sondern auch durch die personelle Besetzung der badischen Spitzenämter. Der Gauleiter selbst verfügte in ökonomischen Fragen über keinerlei Kompetenz. Er delegierte deshalb den gesamten wirtschaftlichen Bereich an Ministerpräsident Walter Köhler, der als Aktivist der »Kampfzeit« vor 1933 und ehemaliger stellvertretender Gauleiter Wagners Vertrauen besaß. Köhler nahm während der gesamten nationalsozialistischen Zeit sämtliche ökonomischen Spitzenpositionen in Baden ein und verfügte damit über eine Machtfülle, die unter den Mitarbeitern der Gauleiter im Reich ihresgleichen suchte und selbst von Rüstungsminister Albert Speer anerkannt wurde. Im Gegensatz zu anderen Gauen entwickelten sich aus dieser Konstellation heraus aber keine Machtkämpfe zwischen Gauleiter und Ministerpräsident, sondern Walter Köhler akzeptierte die Stellung Wagners bis in die letzten Kriegstage hinein ohne Wenn und Aber.
Walter Köhler verfolgte eine pragmatische Wirtschaftspolitik, die sich nach 1933 relativ schnell an den Interessen des Landes orientierte und sich auf die traditionelle Wirtschaftsverwaltung sowie auf die Industrie- und Handelskammern stützte. Schon vom Selbstverständnis her war deshalb im Krieg eine Änderung der Position kaum möglich. Der Ministerpräsident wehrte einen ökonomisch schädlichen Einflußgewinn der NSDAP auf die Wirtschaftsverwaltung ab und verdrängte sie schließlich weitgehend daraus. Allerdings darf bei dieser Bewertung nicht außer acht gelassen werden, daß Köhler in Baden in etwa eine ähnliche Position und Haltung wie Rüstungsminister Albert Speer im Reich einnahm. Letztlich funktionierte er auch als Vorsitzender der oberrheinischen Rüstungskommission hervorragend und trug das Seine bei für das Gelingen der Kriegsproduk-

tion. Für Gauleiter Wagner war er deshalb in seinen Ämtern die Idealbesetzung, und es bestand für ihn kein Grund, Köhlers Position und Einfluß zurückzudrängen.

Das Beispiel der südwestdeutschen Region Baden verdeutlicht, wie sehr die sozioökonomische Entwicklung einer Region des sogenannten »Dritten Reiches« von ihrer geopolitischen Ausgangslage abhängig war. Die historische Forshcung sollte die sich daraus ergebenden politischen Auswirkungen nicht übergehen, wenn sie die Erkenntnis über die NS-Herrschaft vertiefen will. Weitere regionale Untersuchungen sind notwendig, um einen Vergleich für die Ergebnisse aus Baden zu ermöglichen und eine genauere Innenansicht des Systems zu gewinnen.

Anhang

Tabelle 30

Die Beschäftigten in der badischen Industrie 1939—1944

Industrie	1939	1940	1941	1942	1943	1944
Grundstoff insgesamt	**44555**	**40457**	**43384**	**40612**	**43949**	**43125**
Bergbau	4294	4639	4963	3491	2825	2751
Eisenschaff.	135	62	170	223	213	214
Metallindustrie	5243	4497	5263	5508	6332	6101
Kraftstoff	251	136	218	235	313	268
Säge	8232	6723	6670	5709	5512	5341
Chemische Industrie	17180	16382	18066	18392	21668	20290
Papier, Pappe, Zell-, Holzst.	9220	8018	8034	7054	7086	8160
Produktionsgüter insges.	**129128**	**117463**	**120489**	**128689**	**143509**	**157633**
Gießerei	7544	6551	6813	6729	8428	8640
Masch., Stahl- Fahrzeugbau	55642	53467	56352	61919	67490	69143
Elektro	13584	11578	12934	13796	11817	22311
Feinmechanik und Optik	1998	1751	1837	1764	2171	3028
Eisen-Stahl-und Blechwaren	8518	8252	9067	11341	16132	16057
Werkstoffverfeinerung	4145	3783	3926	4176	5193	5090
Metallwaren	37697	32081	29587	28964	32308	33364
Bauwirtschaft insgesamt	**44186**	**24831**	**20460**	**15648**	**12750**	**12381**
Stein und Erden	14788	10702	10270	7576	6181	6054
Bauindustrie	29398	14129	10190	8072	6569	6327
Konsumgüter insgesamt	**154265**	**122105**	**121907**	**108124**	**100645**	**94381**
Holzverarbeitung	14470	11037	10641	10211	11637	10687
Glas	1253	894	751	631	602	559
Keramik	1884	1362	1606	1416	1710	1625
Papierverarbeitung	4975	4335	4060	3570	3454	2997
Druck	10089	7769	7789	7007	5481	5330
Leder	11170	6057	8037	7549	8507	8590
Textil	39687	28005	27789	25549	23962	22469
Bekleidung	6937	5476	5868	5057	5422	5068
Lebensmittel	58967	53049	51347	43923	36897	33977
Brauerei	3163	2732	2626	2344	2166	1813
Spiritus	1363	1073	1027	645	496	498
Gesamt	**372134**	**304856**	**306240**	**293073**	**300883**	**307520**

GLA 237/24357, 1939 bis 1942, jeweils Mai; 1943, Juli; 1944, März.

Verzeichnis der Tabellen, Schaubilder und Karten

1. Tabellen

2. Schaubilder und Karten

Abkürzungen

AA	Arbeitsamt
AfSG	Archiv für Sozialgeschichte
AfVG	Amt für Volksgesundheit
AOK	Armeeoberkommando
AT	Arbeitstagung
AWS	Aluminium-Walzwerke Singen
AZS	»Aktion Ziviler Sektor«
BA	Bundesarchiv
BA-MA	Bundesarchiv-Militärarchiv
BAmt	Bergamt
BBC	Brown, Boveri und Compagnie AG
BDC	Berlin Document Center
BFWM	Badisches Finanz- und Wirtschaftsministerium
BWA	Bezirkswirtschaftsamt
CdZ	Chef der Zivilverwaltung (des Elsaß)
DAF	Deutsche Arbeitsfront
DBA	Daimler-Benz-Archiv
DBAG	Daimler-Benz AG
DWM	Deutsche Waffen- und Munitionsfabriken Karlsruhe
EWA	Ernährungs- und Wirtschaftsamt (Mannheim)
Fa	Firma
FWM	Finanz- und Wirtschaftsministerium
GAA	Gewebeaufsichtsamt
GB	Generalbevollmächtigter
GBA	Generalbevollmächtigter für den Arbeitseinsatz
GBW	Generalbevollmächtigter für die Wirtschaft
GG	Geschichte und Gesellschaft
GLA	Generallandesarchiv
GSA	Gesundheitsamt
GauAA	Gau(Landes-)arbeitsamt
GWK	Gauwirtschaftskammer
GWohnK	Gauwohnkommissar
HK	Handelskammer
HSSPF	Höherer SS- und Polizeiführer
HWK	Handwerkskammer
IHK	Industrie- und Handelskammer
IHK Kon	Industrie- und Handelskammer Konstanz
IHK Schopf	Industrie- und Handelskammer Schopfheim
KTB	Kriegstagebuch
KZ	Konzentrationslager
LAA	Landesarbeitsamt
LKK	Landeskommissär Konstanz
LA	Landratsamt
LWA	Landeswirtschaftsamt
MA	Mannheim

MdI	Minister des Inneren
NA	National Archives
NPL	Neue Politische Literatur
NSKK	Nationalsozialistisches Kraftfahrkorps
OB	Oberbürgermeister
OBA	Oberbergamt
OHK	Oberkommando des Heeres
OKW	Oberkommando der Wehrmacht
OR	Oberrhein
ORR	Oberregierungsrat
PK	Prüfungskommission
PVS	Politische Vierteljahresschrift
RAM	Reichsarbeitsministerium
RBN	Reichsbetriebsnummer
REM	Reichsernährungsministerium
RGBL	Reichsgesetzblatt
RLM	Reichsluftfahrtministerium
RM	Reichsministerium
RMfBuM	Reichsministerium für Bewaffnung und Munition
RMfRuKP	Reichsministerium für Rüstung und Kriegsproduktion
RSH	Reichsstatthalter
RüA	Rüstungsamt
RüIn OR	Rüstungsinspektion Oberrhein
RüIn Stgt.	Rüstungsinspektion Stuttgart
Rüko	Rüstungskommando
Rükom	Rüstungskommission
RVK	Reichsverteidigungskommissar
RWK	Reichswirtschaftskammer
RWM	Reichswirtschaftsministerium
SA	Stadtarchiv
SD	Sicherheitsdienst der SS
SE	Sondereinziehung
Sopade	(Exil-)SPD
SS	Schutzstaffel
StA	Staatsarchiv
Stalag	Stammlager
StS	Staatssekretär
uk	unabkömmlich
VjfZG	Vierteljahrsheft für Zeitgeschichte
VO	Verordnung
W-Betrieb	Wehrmachtsbetrieb
WK	Wehrkreis
WKB	Wehrkreisbeauftragter
WSA	Wirtschaftsarchiv Stuttgart
WSK	Wirtschaftskammer
WWF	Wehrwirtschaftsführer
WWI	Wehrwirtschaftsinspektion
WWStab	Wehrwirtschaftsstab (im OKW)
ZfG	Zeitschrift für Geschichtswissenschaft
ZGO	Zeitschrift zur Geschichte des Oberrheins
ZSA	Zentrales Staatsarchiv Potsdam

Quellen und Literatur

1. Ungedruckte Quellen (Bestände)

Bundesarchiv Koblenz (BA)

NS 4	Konzentrationslager
NS 5	DAF
NS 6	Parteikanzlei
NS 26	Hauptarchiv
R 2	Reichsfinanzministerium
R 3	Reichsministerium für Bewaffnung und Munition/für Rüstung und Kriegsproduktion
R 7	Reichswirtschaftsministerium
R 8 I	Reichsstelle für Textilwirtschaft
R 8 X	Reichsstelle für Edelmetalle
R 11	Reichswirtschaftskammer
R 12 I	Reichsgruppe Industrie
R 13 I	Wirtschaftsgruppe Eisenschaffende Industrie
R 13 III	Wirtschaftsgruppe Maschinenbau
R 13 V	Wirtschaftsgruppe Elektro
R 13 XIV	Wirtschaftsgruppe Textilindustrie
R 41	Reichsarbeitsministerium
R 43 II	Reichskanzlei

Bundesarchiv Militärarchiv Freiburg (BA-MA)

RW 19	OKW/Wehrwirtschafts- und Rüstungsamt
RW 20—5/7—10	Rüstungsinspektion Stuttgart
RW 20—5/11—18	Rüstungsinspektion Oberrhein
RW 20—12	Rüstungsinspektion Wiesbaden
RW 21—21/4—12	Rüstungskommando Freiburg
RW 21—44	Rüstungskommando Mannheim
RW 21—21/1—3	Rüstungskommando Villingen
RW 19—9	Wehrwirtschaftsinspektion Stuttgart

Generallandesarchiv Karlsruhe (GLA)

233	Staatsministerium
236	Luftschädenverzeichnisse
237	Finanz- und Wirtschaftsministerium
337	Bezirksamt Sinsheim
344	Bezirksamt Bruchsal
356	Bezirksamt Heidelberg
357	Bezirksamt Karlsruhe
364	Bezirksamt Mosbach
371	Bezirksamt Rastatt
460	Arbeitsamt Bruchsal
460	Arbeitsamt Karlsruhe
460/1	Landes(Gau-)arbeitsamt Baden
465a/b	Spruchkammern
465c	Document Center (aus US-Gewahrsam)
465d	NSDAP Baden
466	Regierungspräsidium Nordbaden
501	Außenhandelsstelle Baden — Pfalz
	Nachlaß Tellenbach

Zentrales Staatsarchiv Potsdam
(heute: Bundesarchiv Abteilung Potsdam)

Deutsche Bank
Reichskreditgesellschaft
Reichswirtschaftsministerium
Revisions- und Treuhand AG
Statistisches Reichsamt

Berlin Document Center (BDC)

Personalakten zu:
Walter Köhler
Robert Wagner
verschiedenen Industriellen

Staatsarchiv Freiburg (StA Freiburg)

Doggererz AG
Gewerbeaufsichtsamt
Landeskommissär Konstanz (LKK)
Landratsamt Donaueschingen
Landratsamt Emmendingen
Landratsamt Freiburg
Landratsamt Lahr
Landratsamt Lörrach
Landratsamt Mülheim
Landratsamt Neustadt
Landratsamt Offenburg
Landratsamt Rastatt
Landratsamt Säckingen
Landratsamt Überlingen
Landratsamt Villingen
Landratsamt Waldshut
NS-Akten
Staatliche Gesundheitsämter Lörrach, Neustadt, Waldshut

Stadtarchive

Freiburg
Heidelberg
Karlsruhe
Konstanz
Mannheim
Pforzheim

Wirtschaftsarchiv Baden-Württemberg in Stuttgart-Hohenheim (WSA Stgt.)

IHK Konstanz
IHK Lahr
IHK Schopfheim

Daimler-Benz Archiv Stgt. Untertürkheim (DBA)

DBAG
Bestand Kissel
Bestand Haspel
Bestand Hoppe
Kriegswerke
Protokolle Vorstandssitzungen bis 1942; 14/15.9.43.
Werke Mannheim und Gaggenau

National Archives

T 84, Rollen 35 und 38, Gauwirtschaftskammer Oberrhein
Rolle 36, Firmenberichte aus Mannheim

Schriftliche Informationen von Herrn Fritz Witzig über die Kriegsjahre bei den Aluminiumwerken Rheinfelden.

2. Publizierte Quellen

Akten der Parteikanzlei der NSDAP, Rekonstruktion, Sammlung der in anderen Provenienzen überlieferten Dokumente, München 1983.

Der Alemanne, Jg. 1933 bis 1945.

Allweiler, Gotthard, Pumpenfabrik AG, Radolfzell, Betriebsordnung von 1934.

Als die Freiheit unterging. Eine Dokumentation über Verweigerung, Widerstand und Verfolgung im Dritten Reich in Südbaden, hrsg. von Manfred Bosch, Konstanz 1985.

Baden. Geschichte, Verwaltung, Kultur, Wirtschaft, hrsg. von der Badischen Landesregierung, Freiburg 1948.

Badens Wirtschaft voran, Sonderausgabe des »Führer« anläßlich seines 10jährigen Jubiläums, 1.11.1937.

Badische Denkschrift über die wirtschaftliche und kulturelle Notlage Badens als Grenzland und besetztes Gebiet, hrsg. von der Badischen Landesregierung, Karlsruhe 1929.

Badisches Gewerbeaufsichtsamt, Berichte für die Jahre 1935/1936. Erstattet an das Ministerium für Finanzen und Wirtschaft, Karlsruhe 1937.

Bad. Stat. Landesamt, Baden in Wort und Zahl auf Grund amtlichen Materials, Karlsruhe 1928.

Bad. Stat. Landesamt, Badische Gemeindestatistik mit den wichtigsten Angaben für die Gemeinden des Landes Baden, Karlsruhe 1943.

Bad. Stat. Landesamt, Handel und Verkehr in Baden im Jahre 1925, Karlsruhe 1927.

Bad. Stat. Landesamt, Die Industrie in Baden im Jahre 1925, Karlsruhe 1926.

Bad. Stat. Landesamt, Stat. Jahrbuch für das Land Baden, 42.—44. Jg., 1925, 1930, 1938.

Bad. Stat. Landesamt, Stat. Mitteilungen über das Land Baden, Bd 13/14, Jg. 1938/39.

Bad. Stat. Landesamt, Statistische Mitteilungen des Landes Baden, 14.1939.

Bad. Stat. Landesamt Freiburg, Die Industrie in Südbaden. Eine Darstellung der Lage der südbadischen Industrie 1938—1946, Freiburg 1950.

Bad. Stat. Landesamt Freiburg, Industrieberichterstattung, Sonderheft, Wirtschaftszahlen von 1936, Freiburg 1948.

Bad. Stat. Landesamt Freiburg, Jahresheft des Wirtschaftsstatistik in Baden, 1947 und 1948, Freiburg.

Bad. Stat. Landesamt Freiburg, Stat. Mitteilungen für Baden, Jahresheft 1948.

Bad. Stat. Landesamt Karlsruhe, Stat. Zahlen aus Nordbaden, Sept. 1946 bis Dez. 1948.

Badische Wirtschaftszeitung, Amtl. Organ der Badischen IHKs, Jg. 1932—1936; 1939—1942.

Bericht der im Bad. Industrie- und Handelstag vereinigten neun badischen Industrie-und Handelskammern, Über die Wirtschaftslage in Baden, 1. Quartal 1932 bis 4. Quartal 1936, Karlsruhe.

Bericht der Wirtschaftskammer für Baden über die Wirtschaftslage, 1. und 3. Quartal 1937.

Die Daimler-Benz AG 1916—1948, Schlüsseldokumente zur Konzerngeschichte 1926 bis 1948, hrsg. von Karl-Heinz Roth, Michael Schmid, Nördlingen 1986.

Damit nichts bleibt wie es ist, Dokumente zur Geschichte der Arbeiterbewegung in Heidelberg 1845—1949, bearb. von Peter Merz, Heidelberg 1986.

Die Deutsche Industrie, Gesamtergebnisse der amtlichen Produktionsstatistik. Schriftenreihe des Reichsamtes für wehrwirtschaftliche Planung, H. 1, Berlin 1939.

Der deutsche Südwesten zur Stunde Null, Zusammenbruch und Neuanfang im Jahr 1945 in Dokumenten und Bildern, Hrsg. vom GLA Karlsruhe, Karlsruhe 1975.

Deutschland-Berichte der Sozialdemokratischen Partei Deutschlands (Sopade), 1934—1940, Salzhausen 1980[3], 7 Bände.

Dokumente über die Verfolgung der jüdischen Bürger in Baden-Württemberg durch das nationalsozialistische Regime 1933—1945, hrsg. von Paul Sauer, Stgt. 1966, Veröffentlichungen der staatlichen Archivverwaltung Baden-Württemberg, Bd 16, 17.

Dokumente zur Geschichte der Arbeiterbewegung in Württemberg und Baden 1848—1949. Ausgewählt und bearbeitet von Peter Scherer und Peter Schaaf, Stgt. 1984.

Freiburger Zeitung, Jg. 1933.
Der Führer, Jg. 1933 bis 1945.
Gauarbeitsamt und Reichstreuhänder der Arbeit Baden, Amtl. Mitteilungsblatt des Präsidenten, Nr. 2, 1944.
Goebbels, Joseph, Tagebücher 1945, Die letzten Aufzeichnungen, Hamburg 1977.
Hakenkreuzbanner, Jg. 1933 bis 1939.
»Industrie und Wirtschaft im Grenzland«, Sonderbeilage des Alemannen zum 30.1., Alemanne 29.1.1939.
Länderrat des amerik. Besatzungsgebiets, Stat. Handbuch von Deutschland 1928—1944, München 1949.

Mannheim in Wort, Zahl und Bild, Seine Entwicklung seit 1900, Ein Handbuch, bearb. von Karl Hook, Mannheim 1954.
Meldungen aus dem Reich. Auswahl aus den geheimen Lageberichten des Sicherheitsdienstes der SS 1939—1944, hrsg. von Heinz Boberach, München 1964.
Meldungen aus dem Reich 1938—1945. Die geheimen Lageberichte des Sicherheitsdienstes der SS, Hg. Heinz Boberach, Hersching 1984, 17 Bd
Ministerialblatt für die innere bad. Verwaltung, Jan. 35—Nov. 45.
Mitteilungen der Handelskammer für den Kreis Konstanz, 16. und 17. Jg., 1932 und 1933.
Mitteilungen der Handelskammer für den Kreis Offenburg in Lahr, 33. Jg. 1933.
Mitteilungen der Handelskammer für die Kreise Lörrach und Waldshut zu Schopfheim, 21. Jg. 1933, Nr. 2 und 3.

Nachrichten der Handelskammer Freiburg, 9.1930—12.1933.
Die NS-Gemeinde, Gauausgabe Oberrhein, 2. 1940—3.1943.
Das Oberrheingebiet als deutscher Wirtschaftsfaktor, in: Monatsschrift der Technik, Gau Baden Bd 3, 1937, S. 192—202.
Oberrheinisches Wirtschaftsblatt, Mitteilungsblatt der Gauwirtschaftskammer Oberrhein, Jg. 1943/44.
Reichstreuhänder der Arbeit für das Wirtschaftsgebiet Südwest, Amtliche Mitteilungen, Nr. 3, 1937 bis Nr. 9, 1943.

»Säumt keine Minute!«, Dokumente zur Geschichte der Arbeiterbewegung in Mannheim 1848—1948, Bearb. von Wolfgang Brach und Fritjof Kleff, Mannheim 1986.
Die Stadtverwaltung Mannheim im Jahrfünft 1933—1937, Mannheim 1938.
Stat. Amt Mannheim, Mannheimer Stat. Taschenbuch, Mannheim 1936.
Stat. Amt Mannheim, Stat. Monatsberichte der Stadt Mannheim, 1933—1939.
Statistisches Handbuch von Deutschland 1928—44, hrsg. vom Länderrat des amerikanischen Besatzungsgebiets, München 1949.
Statistik in Baden, Juli 1946, hrsg. von den Französischen Besatzungsautoritäten, H. 1, Jg. 1.

Die Tagebücher von Josef Goebbels. Sämtl Fragmente. Teil 1, Aufzeichnungen 1924—1941, 4 Bände, hrsg. von Elke Fröhlich, München 1987.

Verfolgung und Widerstand unter dem Nationalsozialismus in Baden. Die Lageberichte der Gestapo und des Generalstaatsanwalts Karlsruhe 1933—1940, hrsg. von Jörg Schadt, Stgt. 1976.
Verzeichnis der Haftstätten unter dem Reichsführer SS (1933—1945), KZ-Lager und Außenkommandos sowie andere Haftstätten unter dem Reichsführer SS in Deutschland und deutsch besetzten Gebieten, Hg.: Internationaler Suchdienst, Arolsen o.J. (1979).
»Vorwärts und nicht vergessen«, Dokumente zur Geschichte der Arbeiterbewegung in Gaggenau, Baden-Baden, Rastatt, 1832—1984, Gaggenau 1988.

Wirtschaftskammer Baden unter Mitwirkung der badischen Industrie- und Handelskammern und der Bad. Handwerkskammer, Das Wirtschaftsjahr 1937 in Baden. Wirtschaftsbericht für Industrie, Handel und Handwerk, o.O. (Karlsruhe).

3. Literatur

Albiez, Gustav, Eisenerzbergbau in Blumberg 1934 bis 1942, in: Schriften des Vereins für Geschichte und Naturgeschichte der Baar, Bd 30 (1974), S. 170—200.
Allgeier, Rudi, Grenzland in der Krise. Die badische Wirtschaft 1928 bis 1933, in: Die Machtergreifung in Südwestdeutschland. Das Ende der Weimarer Republik in Baden und Württemberg 1928 bis 1933, hrsg. von Thomas Schnabel, Stgt. 1982, S. 150—183.
August, Jochen, Die Entwicklung des Arbeitsmarktes in Deutschland in den 30er Jahren und der Masseneinsatz ausländischer Arbeitskräfte während des 2. Weltkrieges. Das Fallbeispiel der polnischen zivilen Arbeitskräfte und Kriegsgefangenen 1939/40, in: AfSG 1984, S. 305—353.

Badische Biographien, Neue Folge, Bd II, Hg. Bernd Ottnad, Stgt. 1987.
Badische Geschichte, Vom Großherzogtum bis zur Gegenwart, Stgt., 1979.
Bagel-Bohlen, Anja Elke, Hitlers industrielle Kriegsvorbereitung 1936—39, Koblenz/Bonn 1975.
Bauer, Hans, Krieg- und Grenzlandnot, in: Karlsruhe. Wirtschaftszentrum am Oberrhein, Hg. IHK Karlsruhe, o.D. (1953), S. 111—129.
Bayern in der NS-Zeit, Soziales Verhalten und politisches Verhalten der Bevölkerung im Spiegel vertraulicher Berichte, Hg. Martin Broszat, Eike Fröhlich, Falk Wiesemann, München 1977.
Becker-Bender, Emil, Querschnitt durch die Mannheimer Wirtschaft, Mannheim 1939.
Benz, Wolfgang, Herrschaft und Gesellschaft im NS-Staat, Studien zur Struktur- und Mentalitätsgeschichte, Frankfurt/M. 1990.
Berner, Herbert, Der 2. Weltkrieg, in: Der Landkreis Konstanz, Bd 1, Sigmaringen 1968, S. 418—422.
Blaich, Fritz, Die bayerische Industrie 1933—1939. Elemente von Gleichschaltung, Konformismus und Selbstbehauptung, in: Bayern in der NS-Zeit, Bd 2, München, Wien 1979, S. 237—280.
ders., Grenzlandpolitik im Westen 1926 bis 1936. Die »Westhilfe« zwischen Reichspolitik und Länderinteresssen, Stgt. 1978.
ders., Die wirtschaftliche Entwicklung Deutschlands 1933 bis 1939 als Problem der Betriebs- und Firmengeschichte, in: Archiv und Wirtschaft, Jg. 12 (1979), S. 73—82.
ders., Wirtschaft und Rüstung im »Dritten Reich«, Düsseldorf 1987 (Hist. Seminar, Bd 1).
Boelcke, Willi A., Die deutsche Wirtschaft 1930—1945, Interna des Reichswirtschaftsministeriums, Düsseldorf 1983.
ders., Hitlers Befehle zur Zerstörung oder Lähmung des deutschen Industriepotentials 1944/45, in: Tradition 1968, Bd 13, S. 301—316.
ders., Industrialisierung im Kammerbezirk Schwarzwald-Baar-Heuberg, vom 17. Jahrhundert bis 1945, in: Zeitschrift für Württembergische Landesgeschichte, 42 Jg. 1983, S. 282—303.
ders., Industrie im Raum Singen, in: Singen, Ziehmutter des Hegaus, Singener Stadtgeschichte, Bd 1, hrsg. von Herbert Berner, Konstanz 1987, S. 227—255.
ders., Kriegsfinanzierung im internationalen Vergleich, in: Kriegswirtschaft und Rüstung 1939—1945, hrsg. von Friedrich Forstmeier/Hans-Erich Volkmann, Düsseldorf 1977, S. 14—72.
ders., Sozialgeschichte Baden-Württembergs 1800—1989, Stgt. 1989.
ders., Wirtschaftsgeschichte Baden-Württembergs, Stgt. 1987.
ders., Wirtschaft und Sozialsituationen, in: Das Dritte Reich in Baden und Württemberg, hrsg. von Otto Borst, Stgt. 1987, S. 29—35.
Boll, Bernd, »... für praktisch jedermann die reine Sklaverei«. Erinnerungen ehemaliger Zwangsarbeiter aus Holland an ihren Alltag in Offenburg 1943/44, in: Allmende Nr. 21/22 (1988), S. 50—82.
Bramke, Werner, Vom Freistaat zum Gau. Sachsen unter der faschistischen Diktatur 1933 bis 1939, in: ZfG 31 (1983), S. 1067—1078.
Bräunche, Ernst O., Die NSDAP in Baden 1928—1933, in: Die Machtergreifung in Südwestdeutschland, hrsg. von Thomas Schnabel, Stgt. 1982.
Brinkmann, Karl, Baden, in: Die ländliche Arbeitsverfassung im Westen und Süden des Reiches. Beiträge zur Landfluchtfrage, Heidelberg/Berlin 1941, S. 246—254.

Brodski, J. A., Die Lebenden kämpfen — Die illegale Organisation brüderliche Zusammenarbeit der Kriegsgefangenen (BSW), Berlin 1968.

Broszat, Martin, Grundzüge der gesellschaftlichen Verfassung des Dritten Reiches, in: Das Dritte Reich, Herrschaftsstruktur und Geschichte, Hg.: ders./Horst Möller, München 1983, S. 38—63.

Broszat, Martin, Der Staat Hitlers, Grundlegung und Entwicklung seiner inneren Verfassung, München 198611 (1. Auflage 1969).

Burger, Oswald, Schatten in schöner Landschaft, Das KZ in Überlingen, in: Konstanzer Trichter, hrsg. von Jochen Kelter, Konstanz 1983, S. 18—25.

Burger, Oswald, Zeppelin und die Rüstungindustrie am Bodensee, Teil 1 und 2, in: 1999, H. 1/2, 1987.

Christiansen, Carl, Die Wirtschaft der Südwestmark in Einzeldarstellungen, Die Pforzheimer Schmuckwarenindustrie, in: Die badische Schule 4 (Handelsschule), 1937, S. 200—204.

Caroli, Michael und Christian Peters, Der Anfang nach dem Ende, Mannheim 1945—49, Mannheim 1985.

Das Daimler-Benz-Buch. Ein Rüstungskonzern im ›Tausendjährigen Reich‹, Hamburg 1987 (Schriften der Hamburger Stiftung für Sozialgeschichte des 20. Jahrhunderts, Bd 3).

Dann, Otto, Die Region als Gegenstand der Geschichtswissenschaft, in: Archiv für Sozialgeschichte, Bd 23, S. 652—661.

Dedi, Liselotte, Die oberbadische Textilindustrie unter dem besonderen Einfluß ihrer Grenzlandlage, Säckingen 1935.

Deutsche Waffen- und Munitionsfabrik Karlsruhe (Friedrich Haßler, Adolf Bihl) 50 Jahre, Berlin 1939.

Die deutschen Eliten und der Weg in den 2. Weltkrieg, hrsg. von Martin Broszat, Klaus Schwabe, München 1989.

Deutschlands Rüstung im Zweiten Weltkrieg. Hitlers Konferenzen mit Albert Speer 1942—1945, Frankfurt/M 1969.

Diehl-Thiele, Peter, Partei und Staat im Dritten Reich, Untersuchungen zum Verhältnis von NSDAP und allgemeiner innerer Staatsverwaltung 1933—1945, München 1969.

Direktorium der Aluminium-Industrie-Aktien-Gesell. Neuhausen, Geschichte der Aluminium-Industrie-Aktien-Gesellschaft Neuhausen, 1888—1938, Bd 2: 1921—1938, o. O. 1942/43.

Dlugoborski, Waclaw, Einleitung: Faschismus, Besatzung und sozialer Wandel. Fragestellung und Typologie, in: Zweiter Weltkrieg und sozialer Wandel, Achsenmächte und besetzte Länder, hrsg. von Waclaw Dlugoborski, Göttingen 1981, S. 11—64.

Das Dritte Reich, Herrschaftsstruktur und Geschichte, Vorträge aus dem Institut für Zeitgeschichte, hrsg. von Martin Broszat, München 1983.

Das Dritte Reich in Baden und Württemberg, hrsg. von Otto Borst, Stgt. 1987.

Düwell, Kurt, Die regionale Geschichte des NS-Staates zwischen Mikro- und Makroanalyse, in: Jahrbuch für westdeutsche Landesgeschichte 9, 1983, S. 287—344.

Düwell, Kurt, Vergleichende Strukturfragen einer Regionalgeschichte der NS-Zeit, in: Staatliches Institut für Lehrerfort- und Weiterbildung des Landes Rheinland-Pfalz, Studienmaterialien Bd 25, S. 92—110, Speyer 1979.

Echle, Willi, Gaggenau in Vergangenheit und Gegenwart, 1968.

Echle, Willi, Geschichte der Daimler-Benz AG, Werk Gaggenau, in: Um Rhein und Murg, Bd 2 (1962), S. 63—78.

Eiber, Ludwig, Arbeiter unter der NS-Herrschaft, Textil- und Porzellanarbeiter im nordöstlichen Oberfranken 1933—1939, München 1979.

Eichholtz, Dietrich, Geschichte der deutschen Kriegswirtschaft 1939—1945, Bd 1: 1939—1941, Berlin (Ost), 1969; Bd 2: 1941—1943, 1985.

»Eigentlich habe ich nichts gesehen ...« Beiträge zu Geschichte und Alltag in Südbaden im 19. und 20. Jahrhundert, hrsg. von Heiko Haumann und Thomas Schnabel, Freiburg 1987.

Eitel, Paul, Die Industriegebiete des südlichen Baden, Stgt. 1932.

Eusterbrock, Dirk, Industrielle Entwicklung und Integration im südlichen Oberrheingebiet (Oberbaden und Oberelsaß) 1740—1966, Freiburg 1968, Diss.

Fabricius, Helmut, Die südbadische Industrie im Spiegel der Statistik, Freiburg 1948, Diss.

Fait, Barbara, Die Kreisleiter der NSDAP-nach 1945, in: Von Stalingrad zur Währungsunion, Zur Sozialgeschichte des Umbruchs in Deutschland, Hg.: Martin Broszat, Klaus-Dieter Henke, Hans Woller, München 1988, S. 213—300.

Fear, Jeffrey, Die Rüstungsindustrie im Gau Schwaben 1939—1945, in: VJfZG 35 (1987), S. 193ff.

Fischer, Wolfram, Die Wirtschaftspolitik des Nationalsozialismus, Lüneburg 1961.

Fliedner, Hans-Joachim, Die Judenverfolgung in Mannheim, 2 Bände, Stgt. 1981.

Frei, Alfred G., Alltag-Region-Politik, Anmerkungen zur neuen Geschichtsbewegung, in: Geschichtsdidaktik 9 (1984), S. 107—120.

Frei, Alfred G. u.a., Regionalgeschichte: Neue Chancen für Gesellschaftsanalyse, in: Argument 131 (1982) S. 55—67.

Frei, Alfred G., Neue Regionalgeschichte: Linke Heimattümelei oder kritische Gesellschaftsanalyse? Tendenzen einer neuen Regionalgeschichtsforschung, in: Argument 126 (1981), S. 239—252.

Frei, Norbert, Der Führerstaat, NS-Herrschaft 1933—45, München 1987.

Freiburg im Breisgau, Stadtkreis und Landkreis, Amtliche Kreisbeschreibung, Bd I,2, hrsg. vom Stat. Landesamt Baden-Württemberg, Freiburg 1965.

»Die Freiheit ist noch nicht verloren«, Zur Geschichte der Arbeiterbewegung am Oberrhein 1850—1933, hrsg. vom Arbeitskreis Regionalgeschichte, Freiburg 1983.

Fremdarbeiter in Waldkirch und Umgebung zur Zeit des Nationalsozialismus, Hg. Arbeitsgemeinschaft »Geschwister Scholl«-Gymnasium, Waldkirch 1989.

Frevert, Ute, Frauen an der ›Heimatfront‹, in: Nicht nur Hitlers Krieg, hrsg. von Christoph Kleßmann, Düsseldorf 1989, S. 51—70.

Gaedicke, Herbert, Die Umsätze im Wirtschaftskammerbezirk Baden 1928 bis 1938, in: Bad. Wirtschaftszeitung, Nr. 9 (Mai), 1942, 22. Jg., S. 143f.

Die Geschichte Baden-Württembergs, hrsg. von Reiner Rinker und Winfried Setzler, Stgt. 1986.

Gesellschaft für Spinnerei und Weberei, Chronik der Gesellschaft für Spinnerei und Weberei Ettlingen, 1836—1936, Karlsruhe 1936.

Göhri, Josef, Breisgauer Kriegstagebuch 1939—1946, Horb 1984.

Gossweiler, Kurt, Der Übergang von der Weltwirtschaftskrise zur Rüstungskonjunktur in Deutschland 1933—1934, in: Jahrbuch für Wirtschaftsgeschichte, 1966 II, S. 55—116.

Grenzland Baden-Spaten zur Hand! Vom Werden und Schaffen des Arbeitsgaues 27 Baden, Karlsruhe 1936.

Die Grenzstadt Konstanz 1945, hrsg. von Helmut Maurer, Konstanz 1988.

Griesmeier, Josef, Die Entwicklung der Wirtschaft und der Bevölkerung von Baden und Württemberg im 19. und 20. Jahrhundert. Ein statistischer Rückblick auf die Zeit des Bestehens der Länder Baden und Württemberg, in: Jahrbücher für Statistik und Landeskunde von Baden-Württemberg, 1. Jg., H. 2, 1954/55, S. 121—242.

Grill, John Horstpeter, Local and Regional Studies on National Socialism: A Review, in: Journal of Contemporary History 21, (1986), S. 252—294.

Grill, John Horstpeter, The Nazi Movement in Baden, 1920—1945, North Carolina Press 1983.

Grill, John Horstpeter, The Nazi Party in Baden, 1920—1945, 2 Bände, University of Michigan, Ann Arbor 1975.

Grossmann, Anton, Fremd- und Zwangsarbeiter in Bayern 1939—1945, in: VJfZG 34 (1986).

Habermus und Suppenwürze, Singens Weg vom Bauerndorf zur Industriestadt, hrsg. von Alfred G. Frei, Singen 1987.

Hagedorn, Kurt, Die finanzwirtschaftliche Struktur der Stadt Heidelberg, Diss. Heidelberg 1950.

Hall, Bernhard und Dieter Schonebohm, ›Westwallzigeuner‹ — die Evakuierung von Weisweil und Wyhl: 1939, 1940 und 1944/45, in: »Eigentlich habe ich nichts gesehen ...« Beiträge zu Geschichte und Alltag in Südbaden im 19. und 20. Jahrhundert, hrsg. von Heiko Haumann und Thomas Schnabel, Freiburg 1987, S. 143—172.

Hardach, Karl, Wirtschaftsgeschichte Deutschlands im 20. Jahrhundert, Göttingen 1976.
Hartmann, Robert, Industrialisierung im »Dritten Reich«, Untersuchungen zu den Lohn- und Arbeitsbedingungen in Deutschland 1933 bis 1945, Göttingen 1989.
Haselier, Günther, Geschichte der Stadt Breisach am Rhein, Band 3, Der Sturz in den Abgrund 1890 bis 1945, Breisach 1985.
Haumann, Heiko, Alltagsgeschichte, Regionalgeschichte, Gesellschaftsgeschichte. Zu einigen Neuerscheinungen, in: Argument 27 (1985), S. 405—418.
Haumann, Heiko, Arbeiteralltag in Stadt und Land, Neue Wege der Geschichtsschreibung, Berlin 1982.
Haumann, Heiko, Rückzug in die Idylle oder ein neuer Zugang zur Geschichte? Probleme und Möglichkeiten der Regionalgeschichte, in: Alemannisches Jahrbuch 1984/86, 1988, S. 7—21.
Heidelberg unter dem Nationalsozialismus, Studien zu Verfolgung, Widerstand und Anpassung, hrsg. von Jörg Schadt und Michael Caroli, Heidelberg 1985.
Heimerich, Hermann, Lebenserinnerungen eines Mannheimer Oberbürgermeisters, hrsg. und bearb. von Jörg Schadt, Stgt. 1987.
Heinemann, Ulrich, Krieg und Frieden an der ›inneren Front‹, Normalität und Zustimmung, Terror und Opposition im »Dritten Reich«, in: Nicht nur Hitlers Krieg, hrsg. von Christoph Kleßmann, Düsseldorf 1989, S. 25—50.
Hennig, Eike, Regionale Unterschiede bei der Entstehung des deutschen Faschismus. Ein Plädoyer für »mikroanalytische Studien« zur Erforschung der NSDAP, PVS, Juli 1980, S. 152—173.
Henning, Hansjoachim, KfZ-Industrie und Autobahnbau in der Wirtschaftspolitik des Nationalsozialismus 1933—36, in: VJfSWG 65, 1978, S. 217—242.
Hentschel, Volker, Deutsche Wirtschafts- und Sozialgeschichte 1815—1945, Königstein 1980.
Hentschel, Volker, Daimler-Benz im Dritten Reich. Zu Inhalt und Methode zweier Bücher zum gleichen Thema, in: VfSWG 1988, Bd 75, S. 74—100.
Herbert, Ulrich, Der »Ausländereinsatz«. Fremdarbeiter und Kriegsgefangene in Deutschland 1939 bis 1945-Ein Überblick, in: Herrenmenschen und Arbeitsvölker, Ausländische Arbeiter und Deutsche 1939 bis 1945, Beiträge zur nationalsozialistischen Gesundheits- und Sozialpolitik, Bd 3, Berlin 1986, S. 13—54.
Herbert, Ulrich, Fremdarbeiter. Politik und Praxis des »Ausländer-Einsatzes« in der Kriegswirtschaft des »Dritten Reiches«, Berlin/Bonn 1985.
Herbst, Ludolf, Der Krieg und die Unternehmensstrategie deutscher Industriekonzerne in der Zwischenkriegszeit, in: Die deutschen Eliten und der Weg in den 2. Weltkrieg, hrsg. von Martin Broszat, Klaus Schwabe, München 1989, S. 72—135.
Herbst, Ludolf, Der totale Krieg und die Ordnung der Wirtschaft, Die Kriegswirtschaft im Spannungsfeld von Politik, Ideologie und Propaganda 1939 bis 1945, Stgt. 82.
Herrschaftsalltag im Dritten Reich, hrsg. von Hans Mommsen und Susanne Willems, Düsseldorf 1988.
Hetzer, Gerhard, Die Industriestadt Augsburg. Eine Sozialgeschichte der Arbeiteropposition, in: Bayern in der NS-Zeit, Bd III, Wien/München 1981, S. 1—234.
Hetzer, Gerhard, Unternehmer und leitende Angestellte zwischen Rüstungseinsatz und politischer Säuberung, in: Von Stalingrad zur Währungsunion, Zur Sozialgeschichte des Umbruchs in Deutschland, Hg.: Martin Broszat, Klaus-Dieter Henke, Hans Woller, München 1988, S. 551—592.
Heyen, Franz-Josef, Nationalsozialismus im Alltag, Quellen zur Geschichte des Nationalsozialismus vornehmlich im Raum Mainz-Koblenz-Trier, 1967.
Hildebrand, Klaus, Das 3. Reich, Oldenburg 1987.
Hildenbrand, Manfred, Der »Vulkan« in Haslach im Kinzigtal, in: Die Ortenau, 57. Jahrgang 1977, S. 313—336.
Hinrichs, Ernst, Regionale Sozialgeschichte als Methode der modernen Geschichtswissenschaft, in: ders. und Wilhelm Norden, Regionalgeschichte. Beispiele und Probleme, Hildesheim 1980.
Hoffmann, Hans, Die Landflucht im südlichen Baden, Freiburg 1938.
Hoffmann, Herbert, Im Gleichschritt in die Diktatur? Die nationalsozialistische Machtergreifung in Heidelberg und Mannheim 1930—1935, Diss. Heidelberg, Frankfurt 1985.

Horn, Wolfgang, Regionale Entwicklung des NS, in: NPL 21, 1976, S. 366ff.
Horster, Paul, Der Hochrhein als Industriegebiet, in: Die Industrie am Hochrhein von Konstanz bis Basel, 8. Sonderheft der Freiburger Zeitung 1930, S. 7—14.
Hourant, Robert, Die Gleichschaltung der badischen Gemeinden 1933/34, Stgt. 1985, Diss.
Hüttenberger, Peter, Die Gauleiter. Studie zum Wandel des Machtgefüges in der NSDAP, Stgt. 1969.
Hüttenberger, Peter, Nationalsozialistische Polykratie, in: Geschichte und Gesellschaft, 2. Jg. 1976, S. 417—442.

Die Industrie am Hochrhein, von Konstanz bis Basel, 1930, 8. Sonderheft der Freiburger Zeitung, Die Industrie in Oberbaden.
Die Industrie der Stadt Freiburg im Breisgau, in: Die Industrie in Oberbaden, 5. Sonderheft der Freiburger Zeitung 1928, S. 5—52.
Die Industrie in Oberbaden, Hf. 1—8, Sonderhefte der Freiburger Zeitung, 1927—1930.
Irek, Joachim, Mannheim in den Jahren 1945 bis 1949. Geschichte einer Stadt zwischen Diktatur und Republik, 2 Bände (Darstellung und Dokumentation) Stgt. 1983.

Janssen, Gregor, Das Ministerium Speer, Deutschlands Rüstung im Krieg, Berlin/ Frankfurt 1968.
John, Jürgen, Faschistische Rüstungswirtschaft und regionale Industrie. Problem der industriellen Entwicklung in Thüringen 1933—1939, Jena 1969, Diss.
John, Jürgen, Rüstungsindustrie und NSDAP-Organisation in Thüringen 1933—1939, in: ZfG 22 (1974), S. 412—422.
Jungbeck, Joachim, Zerstörung und Wiederaufbau, in: Das Daimler-Benz-Buch, Nördlingen 1987, S. 375—382.

Kahlert, Helmut, 300 Jahre Schwarzwälder Uhrenindustrie, Gernsbach 1986.
Kaiser, Hans, Arbeitsbeschaffung durch Hochbau, insbesondere ihre volkswirtschaftlichen Fernwirkungen, entwickelt am Heidelberger Klinikbau, Stgt. 1936, Diss. Heidelberg.
Karner, Stefan, Die Steiermark im Dritten Reich 1938—1945, Graz/Wien 1986.
Keller, Ludwig, Geschichte der Stadt Weil am Rhein, Freiburg 1961.
Keller, Ursula, Die Entwicklung der Industrie in Heidelberg im Rahmen ihrer geographischen und industriepolitischen Voraussetzungen, Heidelberg 1961, Diss.
Kettenacker, Lothar, Nationalsozialistische Volkstumspolitik im Elsaß, Stgt. 1973.
Kissel, Hans, Der Deutsche Volkssturm 1944/45, Eine territoriale Miliz im Rahmen der Landesverteidigung (Beiheft 16/17 der Wehrwissenschaftlichen Rundschau), Berlin, Frankfurt 1962.
Klingel, Jürgen, Zur Funktion und Entwicklung der Konzentrationslager. Das Lager Leonberg, in: Nationalsozialistische Konzentrationslager im Dienst der totalen Kriegsführung, hrsg. von H. Vorländer, Stgt. 1978, S. 19—70.
Köllmann, Wolfgang, Zur Bedeutung der Regionalgeschichte im Rahmen struktur- und sozialgeschichtlicher Konzeptionen, in: AfSG 15 (1975), S. 43—50.
Kollmer, Gert, Tendenzen wirtschaftlichen Wachstums in Südwestdeutschland zwischen 1918 und 1945, in: Zeitschrift für württembergische Landesgeschichte, 38. Jg. (1979), S. 188—216.
Kranig, Andreas, Lockung und Zwang, Zur Arbeitsverfassung im »Dritten Reich«, Stgt. 1983.
Kratzsch, Gerhard, Der Gauwirtschaftsberater im Gau Westfalen-Süd, in: Dieter Rebentisch, Verwaltung contra Menschenführung im Staat Hitlers, Studien zum politisch-administrativen System, hrsg. von Karl Teppe, Göttingen 1986, S. 173—207.
Kriegswirtschaft und Rüstung 1939—1945, hrsg. von Friedrich Forstmeier/Hans-Erich Volkmann, Düsseldorf 1977.
Kroener, Bernhard R., Müller, Rolf D., Umbreit, Hans, Kriegsverwaltung, Wirtschaft und personelle Ressourcen, »Das Deutsche Reich und der Zweite Weltkrieg«, Bd 5/1, Stgt. 1988.
Kroener, Bernhard, Die personellen Ressourcen des Dritten Reiches im Spannungsfeld zwischen Wehrmacht, Bürokratie und Kriegswirtschaft 1939 bis 1942, in: ders. u.a., Kriegsverwaltung, Wirtschaft und personelle Ressourcen, S. 693—1002.

Kugler, Anita, Die Behandlung des feindlichen Vermögens in Deutschland und die »Selbstverantwortung« der Rüstungsindustrie. Dargestellt am Beispiel der Adam Opel AG von 1941 bis Anfang 1943, in: 1999, Heft 2/1988, S. 46—74.

Kuss, H., Die Ausbreitung nationalsozialistischer Herrschaft im westlichen Teil des Deutschen Reiches. Ein Bericht über neuere regional- und lokalgeschichtlichen Arbeiten, in: Blätter für deutsche Landesgeschichte 12 (1985), S. 539—582.

Lais, Eduard, Lebensfähiges Baden. Badischer Wirtschaft und Südweststaat, Karlsruhe 1970.

Lais, Eduard, Oberrhein als Glacis. Grenzlandwirtschaft zwischen zwei Weltkriegen, in: 1880—1955. Eine Festschrift zum 75jährigen Bestehen der IHK Freiburg, Freiburg 1955, S. 78—91.

Lais, Eduard, Wirtschaft zwischen zwei Zeitaltern. Geschichte und heutiger Stand der badischen Wirtschaft, in: Bad. Wirtschaftszeitung Nr. 7 bis 16, 1935.

Die Machtergreifung in Südwestdeutschland. Das Ende der Weimarer Republik in Baden und Württemberg 1928—1933, hrsg. von Thomas Schnabel, Stgt. 1982.

Mai, Gunther, »Warum steht der deutsche Arbeiter zu Hitler?«, Zur Rolle der Deutschen Arbeitsfront im Herrschaftssystem des Dritten Reiches, in: GG 12 (1986), S. 212—234.

Mason, Timothy, Sozialpolitik im Dritten Reich, Arbeiterklasse und Volksgemeinschaft, Opladen ^{2}1978.

Mason, Timothy, Arbeiterklasse und Volksgemeinschaft, Dokumente und Materialien zur deutschen Arbeiterpolitik 1936—1939, Opladen 1975.

Matzerath, Horst, Nationalsozialismus und kommunale Selbstverwaltung, Stgt./Berlin 1970.

Merz, Hans-Georg, Beamte und Beamtenpolitik in Baden, Studien zu ihrer Geschichte bis in die Anfangsjahre des NS-Herrschaftssystems, Freiburg 1985, Diss.

Milward, Alan S., Arbeitspolitik und Produktivität in der deutschen Kriegswirtschaft unter vergleichendem Aspekt, in: Kriegswirtschaft und Rüstung 1939—1945, hrsg. von Friedrich Forstmeier und Hans-Erich Volkmann, Düsseldorf 1977, S. 73—91.

Milward, Alan S., Die deutsche Kriegswirtschaft 1939—1945, Stgt. 1966.

Müller, Gisela, Die Entstehung und Entwicklung der Wiesentäler Textilindustrie bis zum Jahre 1945, Schopfheim 1965, Diss.

Müller, Karl-Friedrich, Das Jahr 1945 in Südbaden, Frankf. 1987, Diss.

Müller, Rolf Dieter, »Blitzmädels« und »Trümmerfrauen« — Der Kriegsalltag der Frauen 1944/45, in: ders./Ueberschär/Wette, Wer zurückweicht wird erschossen! Freiburg 1985, S. 49—58.

Müller, Rolf Dieter, Die Mobilisierung der deutschen Wirtschaft für Hitlers Kriegsführung, in: Kroener, Bernhard u. a., Kriegsverwaltung, Wirtschaft und personelle Ressourcen, S. S. 49—692.

Müller, Rolf Dieter, Politik der verbrannten Erde? — Südbaden in der Kriegswirtschaft 1944/45, in: ders./ Ueberschär/Wette, Wer zurückweicht, wird erschossen! S. 38—48.

Müller, Rolf Dieter/Gerd R. Überschär, Wolfram Wette, Wer zurückweicht, wird erschossen! Kriegsalltag und Kriegsende in Südwestdeutschland 1944/45, Freiburg 1985.

Müller, Willy, Im KZ in Friedrichshafen und in Überlingen. Autobiographische Notizen, in: Gerhard Raichle u. a., Die »ausgesperrte Geschichte«. Beiträge zur Geschichte der Arbeiterbewegung und des Nationalsozialismus in Friedrichshafen, Geschichte am See, Bd 26, Friedrichshafen 1985, S. 275—282.

Naber, Franziska, Die wirtschaftlichen und sozialen Verhältnisse der Zigarettenarbeiter im Bezirk Wiesloch, o. O., 1943, Diss. Univ. Heidelberg.

Nationalsozialismus in Überlingen, Arbeitsgruppe Regionalgeschichte, Friedrichshafen 1984, Geschichte am See 22.

Nationalsozialistische Konzentrationslager im Dienst der totalen Kriegsführung, Sieben württembergische Außenkommandos des Konzentrationslagers Natzweiler/Elsaß, Hrsg.: Herbert Vorländer, Stgt. 1978.

1933, Machtergreifung in Freiburg und Südbaden, Ernst-Otto Bräunche, Werner Köhler u. a., Freiburg 1983 (Reihe Stadtarchiv, Hf. 4).
Nicht nur Hitlers Krieg. Der 2. Weltkrieg und die Deutschen, hrsg. von Christoph Kleßmann, Düsseldorf 1989.

Oberbadische Industriezentren: Industrie im Kinzigtal, in: Die Industrie in Oberbaden, 4. Sonderheft der Freiburger Zeitung 1928, S. 26—52.
Der Oberrhein in Geschichte und Gegenwart. Von der Römerzeit bis zur Gründung des Landes Baden-Württemberg, Hg.: Horst Buszello, Freiburg 1986.
Das Oberrheingebiet als deutscher Wirtschaftsfaktor, in: Monatsschrift der Technik, Gau Baden, Jg. 1937, H. 3, S. 192—202.
Ott, Hugo, Das Land Baden im Dritten Reich, in: Badische Geschichte. Stgt. 1987, S. 184—205.
Ott, Hugo, Einleitung zu Berichten von KZ-Priestern der Erzdiözöse Freiburg, in: Freiburger Diözesan-Archiv 90, 1970, S. 5—23.
Ott, Hugo, Nachwort dazu, in: FDA 92, 1972, S. 232—237.
Ott, Hugo, Die wirtschaftliche und soziale Entwicklung von der Mitte des 19. Jhdts. bis zum Ende des Ersten Weltkriegs, in: Bad. Geschichte, Stgt. 1987, S. 103—142.

Pawelleck, Stefan, Die badische Finanzverwaltung 1919—1952, Freiburg 1986, Diss.
Peter, Heinrich, Nationalsozialistische Wirtschaftsführung 1933/36 unter besonderer Berücksichtigung Badens, in: Die badische Schule, Jg. 1937, S. 12—18.
Peter, Roland, NS-Wirtschaft in einer Grenzregion: Die badische Rüstungsindustrie im Zweiten Weltkrieg, in: Cornelia Rauh-Kühne/Michael Ruck (Hg.), Regionale Eliten zwischen Diktatur und Demokratie 1933—1948, Bd 1 der Reihe »Nationalsozialismus und Nachkriegszeit in Südwestdeutschland«, München 1993, S. 171—193.
Peter, Roland, Ausländische Zwangsarbeiter im Baden des Zweiten Weltkrieges, in: Minderheiten in der südwestdeutschen Geschichte, hrsg. von Otto Borst, Stuttgart, Stuttgarter Symposion Bd 3. (Erscheinungsdatum noch nicht bekannt).
Peter, Roland, Wie die Nazis aus der Baar ein Ruhrgebiet machen wollten, in: Badische Zeitung, 12. 3. 1994.
Peters, Christian, Der Anfang nach dem Ende. Mannheim 1945 bis 1949. Mannheim 1985.
Petzina, Dieter, Deutsche Wirtschaft in der Zwischenkriegszeit, Wiesbaden 1977.
Petzina, Dieter, Die Mobilisierung deutscher Arbeitskräfte vor und während des Zweiten Weltkrieges, in: VfZG, 18. Jg. (1970), S. 443—455.
Petzina, Dieter, Soziale Lage der deutschen Arbeiter und das Problem des Arbeitseinsatzes während des Zweiten Weltkrieges, in: Zweiter Weltkrieg und Sozialer Wandel, Achsenmächte und besetzte Länder, hrsg. von W. Dlugoborski, Göttingen 1981, S. 65 bis 86.
Peukert, Detlef, Volksgenossen und Gemeinschaftsfremde. Anpassung, Ausmerze und Aufbegehren unter dem Nationalsozialismus, Köln 1982.
Pfisterer, Heinz, Beiträge zur Neuordnung in Wiederaufbaugemeinden des südlichen Oberrheingebiets, o. O. (Freiburg) 1943, Diss. masch.
Pflugfelder, Thilo, Verfolgungsmaßnahmen gegen Juden in Baden im 3. Reich, Stgt. 1980.
Die Pforzheimer Schmuck- und Uhrenindustrie, Beiträge zur Wirtschaftsgeschichte der Stadt Pforzheim, Hrsg. von Erich Maschke, Pforzheim 1968.
Pickel, Ingrid, Die Machtergreifung der Nationalsozialisten in Singen, 1983.
Plum, Gustav, Die Ertragsgestaltung der Industrie in Baden, in: Badische Wirtschaftszeitung, Nr. 14, Juli 1942, 22. Jg., S. 216—221.
Pohl, Hans u. a., Die Daimler-Benz AG in den Jahren 1933 bis 1945. Eine Dokumentation, Stgt. 1986.
Pohl, Hans, Politik und Wirksamkeit der IHKs 1801—1949, Stgt. 1987.
Pollmann, Birgit und Hans-Ulrich Ludewig, Nationalsozialistische Wirtschaftspolitik im Lande Braunschweig 1930—1939, Teil 1 und 2, in: Braunschweigisches Jahrbuch 64 (1984), S. 115—137 und 66 (1985), S. 129—171.
Probleme und Methoden der Landesgeschichte, Hg.: Pankratz Fried, Darmstadt 1978.

Raichle, Gerhard, M. Schmolze, Die ausgesperrte Geschichte, Beiträge zur Geschichte der Arbeiterbewegung und des Nationalsozialismus in Friedrichshafen, Friedrichshafen 1985.

Rauh-Kühne, Cornelia, Katholisches Milieu und Kleinstadtgesellschaft. Ettlingen 1918—1939, Sigmaringen 1991.

Rebentisch, Dieter, Führerstaat und Verwaltung im 2. Weltkrieg. Verfassungsentwicklung und Verwaltungspolitik 1939—1945, Frankfurter Historische Abhandlungen Bd 29, Stgt. 1989.

Rebentisch, Dieter, Karl Teppe (Hg.), Verwaltung contra Menschenführung im Staat Hitlers, Studien zum politisch-administrativen System, Göttingen 1986.

Recker, Marie-Luise, Nationalsozialistische Sozialpolitik im Zweiten Weltkrieg, Oldenburg 1985.

Rehberger, Horst, Die Gleichschaltung des Landes Baden 1932/33, Heidelberg 1966.

Riedel, Hermann, Ausweglos! Der letzte Akt des Krieges im Schwarzwald, Ostbaar und der Donau Ende April 1945, Villingen-Schwenningen 1975.

Riedel, Hermann, Halt, Schweizer Grenze! Das Ende des Zweiten Weltkrieges im Südschwarzwald und am Hochrhein in dokumentarischen Berichten deutscher, französischer und Schweizer Beteiligter und Betroffener, Konstanz 1983.

Roggenbass, Otto, Trotz Stacheldraht, 1939 bis 1945, Grenzland am Bodensee und Hochrhein in schwerer Zeit, Konstanz 1964.

Rohr, Erwin, Die finanzwirtschaftliche Struktur der Stadt Mannheim, Heidelberg 1949, Diss.

Sachse, Carola, T. Siegel, H. Spode, W. Spohn, Angst, Belohnung, Zucht und Ordnung, Herrschaftsmechanismen im Nationalsozialismus, Opladen 1982

Salm, Fritz, Im Schatten des Henkers, Widerstand in Mannheim gegen Faschismus und Krieg, Frankfurt 1979.

Sauer, Otto, Die ländliche Arbeitsverfassung in Baden, Hohenheim 1940.

Sauer, Paul, Württemberg in der Zeit des Nationalsozialismus, Ulm 1975.

Sauer, Paul, Die Zeit des Nationalsozialismus, in: Die Geschichte Baden-Württembergs, Hg.: Reiner Rinker und Winfried Setzler, Stgt. 1986, S. 274—289.

Sauter, Adolf, Grenzwirtschaft am Bodensee, in: Führer durch die Ausstellung »Kultur und Wirtschaft am Bodensee«, 16.—24.7.1938 in Konstanz, Berlin, S. 25—30.

Schach, Alfred, Der Arbeitseinsatz im Arbeitsamtsbezirk Karlsruhe mit besonderer Berücksichtigung der autoritären Arbeitseinsatzmaßnahmen, Speyer 1938, 95 S., Diss.

Schadt, Jörg, Verfolgung und Widerstand, in: Das Dritte Reich in Baden und Württemberg, hrsg. von Otto Borst, Stgt. 1987, S. 96—120.

Schäfer, Hermann, Regionale Wirtschaftspolitik in der Kriegswirtschaft. Staat, Industrie und Verbände während des Ersten Weltkrieges in Baden, Stgt. 1983, Diss.

Schäfer, Hermann, Wirtschaftliche und soziale Probleme des Grenzlandes, in: Badische Geschichte, Stgt. 1979, S. 168—183.

Schätzle, Julius, Stationen zur Hölle, Konzentrationslager in Baden und Württemberg 1933/45, Frankfurt 1980.

Schetty, Ein 1/2 Jahrhundert Färberei Schetty, Weil am Rhein, Festschrift 1949.

Schlipphak, Fritz, Heidelberg gestern, heute und morgen, Heidelberg 1953.

Schmid, Michael, »Unsere ausländischen Arbeitskräfte«, Zwangsarbeiter in den Werken und Barackenlagern des Daimler-Benz-Konzerns. Ein Überblick, in: Das Daimler-Benz-Buch, S. 559—593.

Schmitt, Angelika, Die Geschichte des Konzentrationslagers Mannheim-Sandhofen. Ein Beitrag zur Zeitgeschichte im regionalen Bereich, Zulassungsarbeit, masch., PH Ludwigsburg 1976.

Schmitt, Hans, Die Industriegebiete des nördlichen Baden, Stgt. 1933.

Schmitt, Heinz, Karlsruhe ehemals, gestern und heute. Eine Stadt im Wandel der letzten 60 Jahre, Stgt. 1980.

Schnabel, Thomas, Gerd Überschär, Endlich Frieden, Das Kriegsende in Freiburg 1945, Freiburg 1985.

Schnabel, Thomas, Stadtverwaltung und Kriegsalltag in Freiburg 1944/45, in: ders./ Überschär, Endlich Frieden, Freiburg 1985, S. 41—66.

Schnabel, Thomas, Südbaden im Dritten Reich, in: Der Oberrhein in Geschichte und Gegenwart. Von der Römerzeit bis zur Gründung des Landes Baden-Württemberg, hrsg. von Horst Buszello, Freiburg 1986, S. 162—200.

Schnabel, Thomas, Württemberg zwischen Weimar und Bonn 1928 bis 1945/46, Stgt. 1986.

Schoop, Albert, Die Ereignisse im Frühjahr 1945, von der Schweiz aus gesehen, in: Die Grenzstadt Konstanz 1945, hrsg. von Helmut Maurer, Konstanz 1988, S. 65—82.

Schott, Dieter; Werner Trapp, Das Konstanz der 20er und 30er Jahre, Konstanz 1985.

Schreiber, Gerhard, Die italienischen Militärinternierten im deutschen Machtbereich 1943 bis 1945. Verraten-Verachtet-Vergessen, München 1990 (Beiträge zur Militärgeschichte, Bd 28).

Schülin, Fritz, Brombach 786—1972, Lörrach 1973.

Schwarz, Gudrun, Die nationalsozialistischen Lager, Frankfurt 1990.

Seidler, Franz W., »Deutscher Volkssturm«. Das letzte Aufgebot 1944/45, München/Berlin 1989.

Seidler, Franz W., Fritz Todt, Baumeister des Dritten Reiches, Frankfurt 1986.

Sepainter, Fred Ludwig, Von der napoleonischen Zeit bis in unsere Tage, in: Weil am Rhein, hrsg. von dems., Weil 1986, S. 90—213.

Siegel, Tilla, Leistung und Lohn in der nationalsozialistischen »Ordnung der Arbeit«, Opladen 1989.

dies., Lohnpolitik im NS-Deutschland, in: C. Sachse, dies., H. Spode, W. Spohn, Angst, Belohnung, Zucht und Ordnung, Herrschaftsmechanismen im Nationalsozialismus, Opladen 1982, S. 54—139.

dies., Rationalisierung statt Klassenkampf, Zur Rolle der DAF in der nationalsozialistischen Ordnung der Arbeit, in: Herrschaftsalltag im Dritten Reich, hrsg. von Hans Mommsen, Susanne Willems, Düsseldorf 1988, S. 97—224.

Späth, Fritz, Wyhl am Kaiserstuhl einst und jetzt: Ein Grenzdorfschicksal am Oberrhein, Endingen 1963.

Speer, Albert, Erinnerungen, Berlin 1966.

Stein, Robert, Vom Wehrmachtsstraflager zur Zwangsarbeit bei Daimler-Benz, in: 1999, H. 4/87.

Steinbach, Lothar, Mannheim, Erinnerungen aus einem halben Jahrhundert Sozialgeschichte, Stgt. 1984.

Steinbach, Peter, Neue Wege der regionalhistorisch orientierten Alltagsgeschichte, in: Hessisches Jahrbuch für Landesgeschichte, Bd 30/1980, S. 312—336.

Steinbach, Peter, Regionale Parteiengeschichte, historische Wahlforschung und moderne Landesgeschichte, Bemerkungen zu einigen Neuerscheinungen, in: Hessisches Jahrbuch für Landesgeschichte 26 (1976), S. 200—266.

Steinbach, Peter, Zur Diskussion um den Begriff der Region — eine Grundsatzfrage der modernen Landesgeschichte, in: Hessisches Jahrbuch für Landesgeschichte, Bd 31 (1981), S. 185—210.

Stelzner, Jürgen, Arbeitsbeschaffung und Wiederaufrüstung 1933—36, NS-Beschäftigungspolitik und Aufbau der Wehr- und Rüstungswirtschaft, Tübingen 1976, Diss.

Stender, Detlev, Arbeiter zweier Großbetriebe der Singener Metallindustrie in der ersten Hälfte des 20. Jhdts. Eine lebens- und strukturgeschichtliche Studie, Veröffentlichungen des Projekts Regionale Sozialgeschichte Nr. 16, Konstanz 1986.

Stiefel, Karl, Baden 1648—1952, 2 Bände, Karlsruhe 1977.

Streim, Alfred, Die Behandlung sowjetischer Kriegsgefangener im »Fall Barbarossa«. Eine Dokumentation unter Berücksichtigung der Unterlagen deutscher Strafverfolgungsbehörden und der Materialien der Zentralen Stelle der Landesjustizverwaltungen zur Aufklärung von NS-Verbrechen, Heidelberg/Karlsruhe 1981.

Streit, Christian, Sozialpolitische Aspekte der Behandlung der sowjetischen Kriegsgefangenen, in: Zweiter Weltkrieg und sozialer Wandel, Hg. W. Dlugoborski, Göttingen 1981, S. 184—198.

Tellenbach, Klaus, Die badische Verwaltung im Dritten Reich. Von Erlebnissen eines Landrats, in: ZGO 1986, Bd 134, S. 377—412.

Teppe, Karl, Der Reichsverteidigungskommissar. Organisation und Praxis in Westfalen, in: Verwaltung contra Menschenführung im Staat Hitlers, Studien zum politisch-administrativen System, hrsg. von Dieter Rebentisch, Karl Teppe, Göttingen 1986, S. 278—301.

Teppe, Karl, Provinz-Partei-Staat. Zur provinziellen Selbstverwaltung im Dritten Reich, untersucht am Beispiel Westfalen, Münster 1977.

Thomas, Georg, Geschichte der deutschen Wehr- und Rüstungswirtschaft (1918—1943/45), Köln 1966.

Ueberschär, Gerd R., Der Bombenkrieg — Totaler Krieg bis zum bitteren Ende 1944/45, in: Müller/ders./Wette, Wer zurückweicht wird erschossen!, Freiburg 1985, S. 11—22.

Ueberschär, Gerd R., Freiburg im Luftkrieg 1939—1945, Freiburg 1990.

Ueberschär, Gerd R., Freiburgs letzte Kriegstage bis zur Besetzung durch die französische Armee am 21. April 1945, in: Th. Schnabel/ders., Endlich Frieden, Freiburg 1985, S. 8—40.

Ueberschär, Gerd R., »Volkssturm« und »Werwolf« — Das letzte Aufgebot in Baden, in: Müller/ders./Wette, Wer zurückweicht wird erschossen!, Freiburg 1985, S. 11—22.

Veith, Werner, Die wirtschaftliche Entwicklung Badens seit 1933. Dargestellt an Veränderungen der Beschäftigtenzahl und im Vergleich mit dem Deutschen Reich, in: Bad. Wirtschaftszeitung, 19. Jg. (1939), 2. August-Heft, Nr. 16, S. 408—411.

Verwaltung contra Menschenführung im Staat Hitlers, Studien zum politisch-administrativen System, hrsg. von Dieter Rebentisch, Karl Teppe, Göttingen 1986.

Voges, Michael, Klassenkampf in der Betriebsgemeinschaft: Die Deutschlandberichte der Sopade (1934—1940) als Quelle zum Widerstand der Industriearbeiter im Dritten Reich, in: AfSG, Bd 21, Jg. 1981, S. 329—384.

Volderauer, Richard, Gau Baden baut auf! in: Das Buch der deutschen Gaue, Bayreuth 1938, S. 261—271.

Volkmann, Hans-Erich, Außenhandel und Aufrüstung 1933 bis 1939, in: Wirtschaft und Rüstung am Vorabend des Zweiten Weltkrieges, hrsg. von Friedrich Forstmeier und Hans-Erich Volkmann, Düsseldorf 1975, S. 81—131.

Volkmann, Hans-Erich, Die NS-Wirtschaft in Vorbereitung des Krieges, in: Das Deutsche Reich und der Zweite Weltkrieg, Bd 1, Ursachen und Voraussetzungen der Deutschen Kriegspolitik, Stgt. 1979, S. 177—370.

Volkmann, Hans-Erich, Zum Verhältnis von Großwirtschaft und NS-Regime im Zweiten Weltkrieg, in: Zweiter Weltkrieg und sozialer Wandel, hrsg. von W. Dlugoborski, Göttingen 1981, S. 87—116.

Von Stalingrad zur Währungsunion, Zur Sozialgeschichte des Umbruchs in Deutschland, Hg.: Martin Broszat, Klaus-Dieter Henke, Hans Woller, München 1988.

Vorländer, Herbert, Das Konzentrationslager Natzweiler-Struthof im Elsaß und seine Außenkommandos in Württemberg und Baden, in: Nationalsozialistische Konzentrationslager im Dienst der totalen Kriegsführung, Sieben württembergische Außenkommandos des Konzentrationslagers Natzweiler/Elsaß, Hg.: Herbert Vorländer, Stgt. 1978, S. 1—18.

Wagenbrenner, Leonhard, Die Kriegsjahre 1939—1945 im Landkreis Rastatt, in: Um Rhein und Murg. Heimatbuch des Landkreises Rastatt, Bd 10 (1970), S. 9—54.

Walcz, Günter M., Doggererz in Blumberg, Das ungewöhnliche Schicksal einer Stadt — ein Kapitel deutscher Bergbaugeschichte, Konstanz 1983.

Walter, Friedrich, Schicksal einer deutschen Stadt, Geschichte Mannheims 1907—1945, 2 Bände, Frankfurt 1949/50.

Waskönig geb. Wilmer, Maria Theresia, Die Arbeitsverdienste badischer Gefolgschaftsmitglieder im März 1941 (nach Beitragsunterlagen der DAF), Heidelberg 1942, masch. Diss.

Weber, Alexander, Soziale Merkmale der NSDAP-Wähler. Eine Zusammenfassung bisheriger empirischer Untersuchungen und eine Analyse in den Gemeinden der Länder Baden und Hessen, Freiburg 1969, Diss.

Weick, Käte, Widerstand und Verfolgung in Singen und Umgebung. Berichte, Lebensbilder und Dokumente, Stgt. o.J.

Weil am Rhein, Hg.: Ludwig Sepainter, Weil 1986.

Werner, Josef, Hakenkreuz und Judenstern. Das Schicksal der Karlsruher Juden im Dritten Reich (Veröffentlichungen des Karlsruher Stadtarchivs, Bd 9), Karlsruhe 1988.

Werner, Josef, Karlsruhe 1945. Unter Hakenkreuzbanner, Trikolore und Sternenbanner, Karlsruhe 1985.
Werner, Wolfgang F., Die Arbeitserziehungslager als Mittel nationalsozialistischer »Sozialpolitik« gegen deutsche Arbeiter, in: Zweiter Weltkrieg und sozialer Wandel, hrsg. von W. Dlugoborski, Göttingen 1981, S. 138—150.
Werner, Wolfgang F., »Bleib übrig!« Deutsche Arbeiter in der nationalsozialistischen Kriegswirtschaft, Düsseldorf 1983.
Wette, Wolfram, Durchhalte-Terror in der Schlußphase des Krieges. Das Beispiel der Erschießungen in Waldkirch am 10/11.4.45. in: Müller/Ueberschär/ders., Wer zurückweicht wird erschossen! Freiburg 1985, S. 70—73.
Weyres v. Levetzov, Hans-Joachim, Die deutsche Rüstungswirtschaft von 1942 bis Ende des Krieges, München 1975.
Widerstand gegen den Nationalsozialismus in Mannheim, hrsg. von Erich Matthias und Hermann Weber, Mannheim 1984.
Widerstand im deutschen Südwesten, 1933—45, Hg. Manfred Bosch, Stgt 1984.
Winkel, Harald, Geschichte der württembergischen IHKs Heilbronn, Reutlingen, Stgt. und Ulm 1933—1980, Zum 125jährigen Bestehen, Stgt. 1980.
Winkler, Dörte, Frauenarbeit im 3. Reich, Hamburg 1977.
Wirtschaft und Rüstung am Vorabend des Zweiten Weltkrieges, hrsg. von Friedrich Forstmeier und Hans-Erich Volkmann, Düsseldorf 1975.
Wöhrle, Walter, Die gegenwärtige Lage der Schwarzwälder Uhrenindustrie, in: Die badische Schule 3, 1936, S. 204f.
Wolf, Werner, Luftangriffe auf die deutsche Industrie 1942—45, München 1985.
Wolffsohn, Michael, Arbeitsbeschaffung und Rüstung im NS-Deutschland, in: Militärgeschichtliche Mitteilungen 22, 1977, S. 9—21.
Wolffsohn, Michael, Industrie und Handwerk im Konflikt mit der staatlichen Wirtschaftspolitik? Die Politik der Arbeitsbeschaffung 1930—1934, Diss. Berlin 1977.

Zang, Gert, Die unaufhaltsame Annäherung an das Einzelne, Reflexionen über den theoretischen und praktischen Nutzen der Regional- und Alltagsgeschichte, Arbeitskreis für Regional- und Alltagsgeschichte, Konstanz 1985 (Reihe Nr. 6).
Zier, Hans Georg, Geschichte der Stadt Pforzheim von den Anfängen bis 1945, Stgt. 1982.
Ziegler, Jürgen, Mitten unter uns, Natzweiler-Struthof: Spuren eines Konzentrationslagers, Hamburg 1986.
Zollitsch, Wolfgang, Arbeiter zwischen Weltwirtschaftskrise und Nationalsozialismus. Ein Beitrag zur Sozialgeschichte der Jahre 1928—1936, Göttingen 1990.
Zweiter Weltkrieg und sozialer Wandel, Achsenmächte und besetzte Länder, hrsg. von Waclaw Dlugoborski, Göttingen 1981.
Zweihundertfünfzig Jahre Karlsruhe. Die Chronik zum Jubiläum der Stadt von Herbert Meininger, Herbert Doerrschuck, Karlsruhe 1965.

Orts- und Länderregister

(Das Stichwort Baden ist nicht aufgenommen)

Firmenregister

Personenregister

www.ingramcontent.com/pod-product-compliance
Lightning Source LLC
LaVergne TN
LVHW070905300926
849162LV00012B/1856